现代大型高炉布料理论与操作

程树森　等著

北　京

冶金工业出版社

2023

内 容 提 要

本书对高炉操作制度之一的布料制度进行了系统性研究，分析了冶金炉料的一些基础性能参数，介绍了无钟炉顶布料的发展历程、装备概况以及布料方式等。在布料规律方面，对布料过程建立了三维综合数学模型，并运用数值仿真技术分析了布料设备参数和高炉操作参数对布料过程的影响，并对布料批重影响进行了理论分析。另外，本书结合国内诸多高炉开炉布料测试结果，对无钟炉顶布料过程的检测进行了研究。

本书可供钢铁企业的炼铁工作者、高炉操作技术人员阅读，也可供研究院所的科研人员和高校有关师生参考。

图书在版编目（CIP）数据

现代大型高炉布料理论与操作／程树森等著 . —北京：冶金工业出版社，2023. 10

ISBN 978-7-5024-9399-8

Ⅰ . ①现… Ⅱ . ①程… Ⅲ . ①高炉—布料 Ⅳ . ①TF542

中国国家版本馆 CIP 数据核字（2023）第 027607 号

现代大型高炉布料理论与操作

出版发行	冶金工业出版社	**电　话**	（010）64027926
地　址	北京市东城区嵩祝院北巷 39 号	**邮　编**	100009
网　址	www. mip1953. com	**电子信箱**	service@ mip1953. com

责任编辑　杨　敏　美术编辑　彭子赫　版式设计　郑小利
责任校对　李　娜　责任印制　窦　唯
三河市双峰印刷装订有限公司印刷
2023 年 10 月第 1 版，2023 年 10 月第 1 次印刷
710mm×1000mm　1/16；43 印张；841 千字；668 页
定价 268. 00 元

投稿电话　（010）64027932　投稿信箱　tougao@cnmip. com. cn
营销中心电话　（010）64044283
冶金工业出版社天猫旗舰店　yjgycbs. tmall. com
（本书如有印装质量问题，本社营销中心负责退换）

前　　言

伴随着我国科学技术的飞速发展，近 20~30 年间炼铁设备设计、建造及工艺操作技术取得了重大进步，我国高炉炉容不断扩大，高炉生产指标的不断提升，炼铁技术正在从"追赶"走向"超越"。炼铁操作技术人员在科学理论指导下，不断地突破已有经验的束缚，不断地进行自我革命，极大地丰富和发展了炼铁理论和生产实践经验，进行了大胆的探索，这些创新的实践活动加深了对科学炼铁理论的认识，同时也对科学炼铁理论的深化、发展和完善提出了新的要求。本书正是在向近 20~30 年间我国高炉设计、建造及操作专家和技术人员的学习过程中完成的。

高炉操作者面对的是一个存在着非线性复杂的多相化学反应及流体流动的高温高压反应器，消除各种干扰因素，客观地判断高炉炉况是感知高炉的唯一正确途径！

高炉操作者和管理者都已意识到熟悉并掌握高炉布料规律，对实现现代大型高炉长寿、高效、低碳、环保及绿色具有十分重要的作用。通过装布料可以控制料面形状，料面形状又直接影响煤气流分布，煤气流分布又影响高炉的长寿、稳顺及低碳。

高炉操作基本制度包括：装料制度、送风制度、造渣制度和热制度。在大型高炉的实际操作中，为了实现高炉长寿高产稳产，时常需要调整煤气流分布。在送风制度、热制度及造渣制度基本不易改变的条件下，常常去改变装布料制度。

高炉大小可以不同、设计的结构参数可以不同、原燃料可以不同、气候条件可以不同及操作人员习惯也可以不同，但高炉炉料运动规律和煤气流流动规律是相同的，这些规律的定量化表示就是其数学模型。

数学模型不可能描述全部影响因素之间的关系，但它抓住了最主要影响因素之间的关系，即主要矛盾的主要方面。

本书以作者二十多年对高炉布料过程炉料运动及分布规律机理研究、试验研究和开炉检测为基础，系统分析了现代大型高炉串罐式和并罐式无钟炉顶高炉装布料特点，对无钟炉顶设备和工艺进行了较为详细的研究，旨在更为清晰、准确及完整地解析现代大型高炉装布料规律，从而为现代大型高炉精准智能控制装布料操作提供基础。

本书通过翔实的理论计算和试验研究阐释了高炉布料过程炉料运动规律。全书共分15章，第1章为布料基础知识，阐述了高炉原燃料相关物理参数、国内外无钟炉顶设备发展状况、无钟炉顶布料设备的组成及优缺点、无钟炉顶布料操作方式和布料的重要性。第2章为炉缸活跃性及圆周工作均匀性相关研究，系统研究了高炉下部制度对燃烧带深度的影响、死焦堆温度的影响因素、料柱压差的影响因素、大型高炉软熔带形状和料面形状之间协同关系、中心加焦模式的影响和原料冶金性能对死料柱透气透液性的影响。第3章为无钟高炉布料过程炉料运动数学模型，主要包括节流阀处炉料流速数学模型、节流阀至溜槽间炉料运动数学模型、多环布料过程溜槽内炉料运动数学模型、炉顶空区内炉料运动数学模型、料面上炉料落点分布及瞬时流量数学模型、料面形状数学模型和数学模型试验验证。第4章为无钟炉顶设备结构及操作参数对炉料运动的影响，主要包括无钟炉顶形式、中心喉管内径、溜槽悬挂点高度、溜槽倾动矩、溜槽长度、溜槽截面形状、炉料种类、"倒罐"模式、节流阀开度、溜槽倾角、溜槽转速、溜槽旋转方向、料线高度和炉顶煤气流速对布料过程炉料运动及分布的影响。第5章分析了临界批重与炉料堆角之间的关系，并提出了焦炭批重特征数和矿石批重特征数。第6章为料层透气性影响研究，论述了布料矩阵、批重大小、炉料混装和分装、中心加焦、炉料分级入炉对料层透气性的影响，并提出了无钟布料协同性理论。第7章为炉顶设备结构对料面炉料分布的影响离散元仿真，系统剖析了上料主皮带夹角、料罐结构、换向溜槽倾角、中心喉管直径、旋转溜槽结构和插入件结构及安装位置对料面炉料分布的影响。第8章为装布料过程炉料运动及偏析研究，分析了并罐式和串罐式高炉布料过程中炉料从料仓运动至料面整个过程中炉料运动行为。第9章为大比例球团布料过程离散元仿真，研究了入炉球团矿比例对布料过程中炉料落点分布和流量分布的影响，并分析了入炉球团矿比例对综合炉料冶金性能的影响。第10章为1∶1并罐无钟炉顶高炉布料试验测试，主要研究了溜槽结构、中心喉管直径、入炉球团矿比例和溜槽转速对炉料落点偏析的影响，并分析了料面径向上炉料粒度分布。第11章为高炉布料对煤气流分布的影响，系统研究了中心加焦量、炉料冶金性能、料面形状、边缘炉料透气性和炉瘤位置对煤气流分布的影响。第12章建立了料柱运动的一维非稳态非线性数学模型，研究了料柱的非稳定运动的影响因素。第13章简要介绍了基于图像的矿石粒度测量技术，实现了矿石粒度在线检测。第14章简要介绍了高炉三维料面重建技术，使用计算机辅助三维建模软件建立料面的三维形状和料层矿焦比，能够分析任意位置的料层厚度和矿焦比信息。第15章简要介绍了课题组研发的高炉过程智能监测与诊断系统。

本书由程树森负责撰写及统稿。参加各章撰写的人员如下：

第1章：程树森　赵宏博　杜鹏宇　滕召杰　青格勒　周东东

第2章：程树森　李洋龙　牛　群　陈　川　赵宏博　续飞飞

第3章：赵国磊　程树森

第4章：赵国磊　程树森

第5章：杜鹏宇　程树森

第6章：滕召杰　胡　伟　杜鹏宇　程树森

第7章：徐文轩　邦嘉文　李　超　杜鹏宇　程树森

第8章：赵国磊　滕召杰　程树森

第9章：徐文轩　程树森

第10章：徐文轩　牛　群　胡　伟　邦嘉文　程树森

第 11 章：赵国磊　　滕召杰　　程树森

第 12 章：程树森　　薛庆国

第 13 章：郭常胜　　程树森

第 14 章：杜鹏宇　　程树森

第 15 章：徐文轩　　程树森

参与本书有关计算及试验工作的还有朱清天、高旭东、白永强、吴桐、徐腾飞、李超、张鹏、刘奇、曹腾飞、付朝阳、胡祖瑞、李扬、郭喜斌、周生华、万雷等专家和学者。对本书研究内容做出贡献的还有张福明、赵军、钱世崇、左海滨、国宏伟、孙磊、钱亮、张利君、郭敏雷、吴狄锋、潘宏伟、朱进锋、赵晶晶、宿立伟、解宁强、余松、陶涛、蔡浩宇、郭靖、葛军亮、严政、张岚、张英伟、乐庸亮、张天旭、杨宽、韩海龙、辛磊、陈艳波、马金芳、高绪东、王子金、孙建设、杨子荣、李志伟等专家和学者，在此对他们表示最衷心的感谢！他们在北京科技大学攻读硕士博士学位期间，正值风华正茂、意气风发、朝气蓬勃的人生阶段。他们富有牺牲精神、冒险精神、创造力和执行力，他们如火的热情化作对追求科学技术创新的默默坚守。尽管他们是我的学生，但更是我的一面镜子、一面擂动的战鼓、一位位亲密的战友。本书的出版也是对我们在一起激情奋斗岁月的纪念。

在撰写本书过程中，得到了许多钢铁企业一线管理操作专家和技术人员无私的大力支持和帮助，本书内容涉及的研究也得到了国家自然科学基金委的大力支持，在此对他们表示最真诚的感谢！同时，本书参考了国内外的大量文献，在此向文献作者表示感谢！另外，在此对我的博士生导师东北大学萧泽强教授及内蒙古科技大学（原包头钢铁学院）贺友多教授、博士后导师北京科技大学杨天钧教授及刘述临教授、薛庆国教授、王新华教授、苍大强教授等表示最衷心的感谢！他们在科研、教学、生活等方面的教诲和帮助永远铭记在心，并鼓舞和鞭策着我努力奋进不敢有丝毫的懈怠。北京科技大学自动化学院尹怡欣教授、张森教授、陈先中教授等在精准布料控制方面给予我许多宝贵的指导，在此表示深深的感谢！本人也非常感恩冶金与生态工程学院历届领导及同事们对我的研究工作给予的强大支持。

　　由于作者水平所限，加之经验不足，书中疏漏之处，敬请各位专家、学者和广大读者批评指正，以便在再版时予以修正完善。

程树森

2023 年 1 月

目　　录

1 布料基础知识

1.1 颗粒的有关物理参数

高炉布料过程主要是颗粒流运动过程，颗粒的参数对高炉布料规律有直接影响。炉料进入高炉后，形成高炉料柱，料柱以散料层形式存在，散料层的物理特性对高炉内煤气流分布、高炉顺行有重要影响。研究布料规律及煤气流分布的规律，需要用到原燃料的一些物理性质，如炉料的粒度、空隙度、堆密度、表观密度、形状系数、比表面积等。研究布料规律之前，对散料层物性特征的概念及测试原理进行说明。

由形状不一、粒径相同或不同的同种或多种颗粒组成，并有一定空隙，能让具有一定压力的气（液）体从空隙流过的粒料群称为散料层。散料层既非固体也非液体，但却具有固体和流体的部分性质，如外观似固体，然而内部又无结合力；颗粒之间可以相对位移，作用的外力可向各个方向传递，这一点类似流体，然而其内部又有较大的摩擦力，力也只能在一定范围内有可传递性，到一定程度后力就会消失，又不能像流体那样可以任意改变形状。散料层具有既不同于固体，也不同于液体的一些特殊力学特性。因此，散料层中的固体颗粒直接影响散料层的力学性能。

1.1.1 颗粒当量直径及表观密度的概念及测定

当量直径是指和炉料颗粒的体积（不包括炉料开口孔的体积）相等的球体的直径，它是计算料层阻损和雷诺数的必需参数。

表观密度是指材料在自然状态下（长期在空气中存放的干燥状态），单位体积的干质量。对于形状规则的材料，直接测量体积；对于形状非规则的材料，可用蜡封法封闭孔隙，然后再用排液法测量体积。对于焦炭和矿石，表观密度为颗粒排除开孔后的密度。

炉料的当量直径可以通过测试炉料的表观密度后求得。高炉炉料（矿石、焦炭）基本为多孔物质，即具有与外部相通的开口孔和不通的闭孔，因此其密度分为真密度、表观密度和堆密度三种。其中真密度指炉料在绝对密实状态下的单位体积内固体物质的实际质量，不包括内部空隙；表观密度指对于多孔材料来说去除了其开口孔后的密度，即表观密度=材料的质量/（实质部分的容积+闭孔容积）；堆密度指包括颗粒内外孔及颗粒间空隙的松散颗粒堆积体的平均密度。

依据目前钢铁企业的高炉所用矿石和焦炭的主要粒度分布，分别取不同粒级的炉料，采用"煮蜡法"测试其表观密度。"煮蜡法"测试具体步骤如下：

（1）采用精度为 0.1g 的电子天平称量得到所取炉料的原始质量 M_0，如图 1-1 所示；

图 1-1 炉料原始质量的称量

（2）将称好质量的炉料完全浸泡在加热至液态的石蜡中，将炉料煮至不再产生气泡以完全排除其开口孔内的空气，并使液态的石蜡填满开口孔；

（3）将完全浸泡在石蜡内的炉料冷却至室温，使炉料全部被石蜡所包裹，如图 1-2 所示；

图 1-2 煮沸的石蜡浸没不同粒径和种类的炉料

（4）将包裹石蜡的炉料（以下称炉料-石蜡）取出，称量得到包裹石蜡后的质量 M_1，如图 1-3 所示；

图 1-3　炉料-石蜡的质量称量

（5）将不同大小的炉料-石蜡放入盛有溶液的量筒中，其体积变化记为 V_1，如图 1-4 所示；

（6）根据炉料的原始质量以及炉料-石蜡的质量和体积，按式（1-1）计算其表观密度；

$$\gamma_{表观} = \frac{M_0}{V_1 - \dfrac{M_1 - M_0}{\rho_{石蜡}}} \qquad (1\text{-}1)$$

式中　$\gamma_{表观}$——炉料的表观密度，kg/m^3；

M_0——炉料的原始质量，kg；

M_1——炉料-石蜡的质量，kg；

V_1——炉料-石蜡的体积（V_1 为含开口孔的炉料体积和表面覆盖的石蜡体积之和），m^3。

图 1-4　炉料-石蜡的体积测量

（7）计算出炉料的表观密度后，按式（1-2）求得其当量直径。

$$d_p = \sqrt[3]{\frac{6M_0}{\pi\gamma_{表观}}} \qquad (1\text{-}2)$$

式中　d_p——炉料的当量直径，m。

按照上述步骤对不同种类不同粒级的炉料进行表观密度的测试和当量直径的计算，为了降低试验过程中的误差，每种炉料的每个粒级都取 10 组样进行测试，将每个粒级的 10 组测试结果去掉最大值和最小值后取平均值，得到不同粒级的烧结矿、球团矿、块矿、焦炭的表观密度和当量直径如表 1-1 所示。

（1）对于不同种类的炉料，表观密度由大到小的顺序为：球团矿>块矿>烧结矿>焦炭；

表 1-1 不同种类和粒级炉料的表观密度和当量直径测定结果

炉料种类	粒度/mm	$\overline{\gamma_{表观}}$/kg·m^{-3}	$\overline{d_p}$/mm	粒级系数/%
烧结矿	<5	3485	4.39	87.80
烧结矿	5~10	3373	7.77	77.70
烧结矿	10~16	3453	10.66	66.30
烧结矿	16~25	3811	13.39	53.56
烧结矿	25~40	3547	26.92	67.30
烧结矿	40~60	3640	43.64	72.73
球团矿	<10	4469	9.00	90.00
球团矿	10~12.5	4164	10.47	83.76
球团矿	12.5~16	3391	12.74	79.62
球团矿	16~19	4381	14.91	78.47
块矿	<10	3505	9.88	98.80
块矿	10~16	4276	13.07	81.69
块矿	16~19	3945	15.04	79.16
块矿	19~25	3856	21.15	84.60
块矿	25~40	3941	28.08	70.20
焦炭	10~16	1191	10.93	68.31
焦炭	16~25	1270	13.58	54.32
焦炭	25~40	1111	28.10	70.25
焦炭	40~60	1216	43.57	72.62
焦炭	60~80	1255	62.46	78.07

（2）对于同种炉料，在真密度相同的情况下表观密度越大代表内部闭孔率越低，表观密度和粒级大小无线性关系；

（3）不同种类的炉料其当量直径和所在粒级的接近程度差别较大，且当量直径均小于炉料粒级的上边界值，为了对此差别进行量化比较，本书中建立"粒级系数"的概念，定义"粒级系数"如下式：

$$粒级系数 = \frac{d_p}{所在粒级上边界值} \times 100\% \qquad (1-3)$$

粒级系数越大代表炉料的当量直径越接近预期粒级的上边界值，也意味着炉料的开口孔率越小，这是由于当量直径是由炉料去除开口孔后的体积求得，如表1-2为实测的烧结矿的开口孔率[$(1-\gamma_{假}/\gamma_{表观})\times100\%$]和粒级系数，可见开口孔率和粒级系数是负相关的。

对于不同种类的炉料来说，粒级系数的总体排序为：块矿>球团矿>焦炭>烧结矿，这和实际中球团矿和块矿的气孔率明显低于烧结矿和焦炭相符合。

表 1-2 烧结矿开口孔率和粒级系数测试结果

粒度/mm	开口孔率/%	粒级系数/%
<5	22.30	87.80
5~10	24.02	77.70
10~16	27.32	66.25
16~25	39.85	53.56

对于同种炉料，粒级系数和粒级大小的关系如图 1-5 所示，可见球团矿和块矿随粒级的增加其粒级系数逐渐降低，粒级系数基本保持在 70%~80%，烧结矿和焦炭随粒级的增加，其粒级系数先减小后增大，并且在 16~25mm 处粒级系数达到最低（55%），说明此粒级的炉料和预期的粒级差别最大且开口孔率最高。开口孔率高的炉料入炉后和气体发生反应的动力学条件增强，但同时也可能因反应加剧导致粒径减小粉料量增加。因此，对于此粒级的烧结矿或焦炭，应提高其反应程度并防止其粉化。

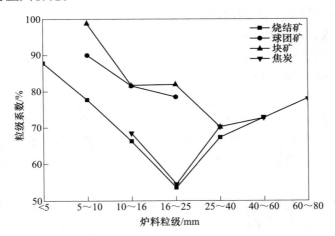

图 1-5 炉料粒级系数随粒级的变化

1.1.2 颗粒形状系数

对于非球形颗粒，用形状系数表示颗粒的形状，最常用的形状系数是球形度 ϕ，它的定义式为：

$$\phi = \frac{\text{与非球形颗粒体积相等的球体的表面积}}{\text{非球形颗粒的表面积}}$$

由于相同体积的颗粒，球形颗粒的表面积最小，因此颗粒的形状系数 $\phi \leqslant 1$。

形状系数对于散料层的透气性有影响，研究高炉内气流分布规律时，需要测试原燃料的形状系数。

1.1.3 比表面积及影响因素

颗粒的比表面积为颗粒表面积与其体积之比，间接反映了颗粒受到的物理化学作用与重力作用的相对大小。比表面积定义为单位体积颗粒所具有的表面积，其单位为 m^2/m^3，对球形颗粒为：$a_球 = S/V = 6/d_p$。

1.1.4 散料层堆密度及空隙度

空隙度是散料层的另一重要参数，它对料层透气性有较大影响，也是料柱阻损计算中的必需参数，通常用散料层中颗粒间的空隙体积与整个散料层体积之比来表示，如下式：

$$\varepsilon = \frac{V_{空隙}}{V_{料层}} = 1 - \frac{V_料}{V_{料层}} = 1 - \frac{\gamma_堆}{\gamma_{表观}} \qquad (1\text{-}4)$$

式中 ε——堆料的空隙度；

     $V_{空隙}$——散料层中颗粒间的空隙体积，m^3；

     $V_{料层}$——散料层体积，m^3；

     $V_料$——颗粒的总体积，m^3；

     $\gamma_堆$——堆料的堆密度，kg/m^3；

     $\gamma_{表观}$——颗粒的表观密度，kg/m^3。

对于单一粒径的炉料，在已知其表观密度的基础上，可以测出堆密度后由上式直接计算出空隙度，但高炉入炉炉料即使是单一粒级其颗粒大小也是不均匀的，因此对不同粒级的矿石和焦炭的空隙度及堆密度进行了实测，测试步骤如下：

（1）将炉料装入容积为 V 的圆筒中（圆筒内径和高度远大于炉料尺寸）；

（2）装满后称重得到装入炉料的质量 M_0；

（3）将水注入盛有炉料的容积直至溢出；

（4）浸泡一段时间后将水倒出；

（5）再次注水至刚好将炉料浸没，通过两次浸水使水尽量进入炉料的空隙和开口孔中，称得第二次浸水后水和料的总质量 M_1，通过式（1-5）可得到不同料堆的空隙度和堆密度。

$$\varepsilon = \frac{(M_1 - M_0)/\rho_水}{V}, \gamma_堆 = \frac{M_0}{V} \qquad (1\text{-}5)$$

采用上述方法测得高炉不同粒级矿石和焦炭的空隙度和堆密度。由于目前大多数钢铁企业只对烧结矿和焦炭的粒度进行分级，对球团矿和块矿不区分粒级，因此在测试球团矿和烧结矿时直接采用了现场料样。为了验证已测的表观密度是否具有代表性，还利用表观密度和堆密度计算了料堆的空隙度，和实测空隙度进行了对比，如表1-3所示。

表1-3　不同种类和粒级炉料的空隙度和堆密度测试结果

炉料种类	粒度/mm	d_p/mm	$\gamma_堆$/kg·m^{-3}	实测 ε	由 $\gamma_堆$ 和 $\gamma_表观$ 计算的 ε
烧结矿	<5	4.39	1694	0.413	0.414
烧结矿	5~10	7.77	1636	0.426	0.415
烧结矿	10~16	10.66	1622	0.445	0.430
烧结矿	16~25	13.39	1520	0.498	0.501
烧结矿	25~40	26.92	1397	0.522	0.506
烧结矿	40~60	43.64	1343	0.535	0.531
焦炭	10~16	10.93	602	0.425	0.395
焦炭	16~25	13.58	536	0.452	0.478
焦炭	25~40	28.10	509	0.463	0.442
焦炭	40~60	43.57	508	0.483	0.482
焦炭	60~80	62.46	475	0.518	0.522
烧结矿	原始混合	—	1750	0.425	—
球团矿	原始混合	—	2300	0.375	—
块矿	原始混合	—	2275	0.325	—

（1）不同种类的炉料堆密度排序为：球团矿>块矿>烧结矿>焦炭，其中球团矿和块矿的密度接近，都是烧结矿的1.3倍左右，是焦炭密度的4倍左右，可见合理提高入炉矿石中球团矿或块矿的比例不但可以增加入炉矿石品位还可以提高单位炉容内的混合矿石质量；

（2）烧结矿或焦炭的堆密度基本随其粒度的增大而减小；

（3）不同种类的入炉矿石空隙度排序为：块矿<球团<烧结矿，其中块矿空隙度仅为0.325，这是由于高炉现场对块矿不进行分级，其粒度不均匀且粉末较多，从改善料柱透气性的角度建议对块矿也进行粒级划分；

（4）烧结矿或焦炭随粒度的增大（或随当量直径的增加），空隙度有增加的趋势，但是由于空隙度还受表观密度的影响，因此和粒度（当量直径）并不是完全的线性相关，图1-6为炉料的空隙度随当量直径的变化，可见当烧结矿或焦炭的当量直径超过14mm后，即超过16~25mm粒级后，随当量直径的增大，空隙度增加趋于缓慢。拟合得到烧结矿及焦炭的空隙度和其当量直径为乘幂或对数的关系，得到由当量直径（单位mm）计算空隙度的两种方程（两种方程的计算误差非常接近，最大误差都在10%以内），具体如下：

对烧结矿： $$\varepsilon = 0.059\ln(d_\mathrm{p}) + 0.319$$

或 $$\varepsilon = 0.339 d_\mathrm{p}^{0.125}$$

对焦炭： $$\varepsilon = 0.044\ln(d_\mathrm{p}) + 0.323$$

或 $$\varepsilon = 0.343 d_\mathrm{p}^{0.095}$$

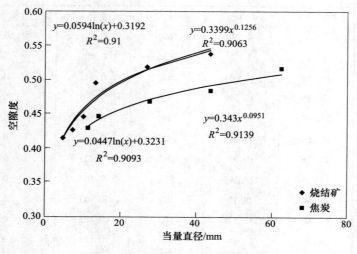

图 1-6 炉料空隙度随粒级的变化

（5）对于单种粒级的炉料来说，通过表观密度和堆密度计算所得的空隙度和实测的空隙度误差绝对值在 5% 以内，说明测得的单种粒级的表观密度具有代表性，可用于单粒级炉料空隙度的计算。

前面测试炉料的空隙度包括两部分：颗粒之间的间隙及颗粒上的开气孔。根据 Ergun 计算散料层的透气性，方程中的空隙度 ε 为散料层中的通气体积分数，因此测试散料层的空隙度时，把炉料颗粒的开气孔去掉。为此需要测试不同颗粒的开气孔率。颗粒开气孔率测试过程采用 GB/T 2997—2000 检验标准，利用该方法分别测试矿石和焦炭的开气孔率。表 1-4 所示为不同颗粒的开气孔率测试结果。

表 1-4 炉料颗粒开气孔率的测试结果

炉料	粒径/mm	开气孔率/%
焦炭	40	10.0
	60	12.6
	80	14.3
烧结矿	10	20.5
	20	20.2
	30	23.0

从测试结果可知，焦炭颗粒的开气孔率远低于烧结矿颗粒。根据测试得到的开气孔率，以及测试得到的空隙度，可以得到利用 Ergun 公式计算散料层透气性所需要的 ε 值。表 1-5 所示为不包含颗粒开气孔率时，测试所得到的散料层的空隙度。

表 1-5 散料层的空隙度测试结果

炉料	粒径/mm	空隙度（含气孔）	空隙度（不含气孔）
烧结矿	16~25	0.498	0.37
烧结矿	25~40	0.522	0.40
烧结矿	40~60	0.535	0.40
焦炭	25~40	0.463	0.40
焦炭	40~60	0.483	0.41
焦炭	60~80	0.518	0.44

测定了不同粒级炉料的当量直径后，可以按下式计算出其比表面积：

$$S = \frac{6}{\phi d_{\mathrm{p}}} \tag{1-6}$$

式中 S——非球形颗粒的比表面积，m^{-1}；

ϕ——颗粒的形状系数，指颗粒形状与它同体积的球形颗粒的偏差程度，由同体积的球的表面积除以颗粒的表面积求得，无量纲数。

表 1-6 为不同种类不同粒级炉料的比表面积。

表 1-6 不同粒级的炉料的比表面积

炉料种类	炉料粒级/mm	当量直径/mm	比表面积/m^{-1}
烧结矿	<5	4.39	0.99
烧结矿	5~10	7.77	0.55
烧结矿	10~16	10.66	0.38
烧结矿	16~25	13.39	0.27
烧结矿	25~40	26.92	0.13
烧结矿	40~60	43.64	0.07
焦炭	10~16	10.93	0.41
焦炭	16~25	13.58	0.31
焦炭	25~40	28.10	0.15
焦炭	40~60	43.57	0.09
焦炭	60~80	62.46	0.06

1.1.5　炉料堆角的概念及测试

散料在堆放时能够保持自然稳定状态的最大角度（单边对地面的角度），称为自然堆角。在这个角度形成后，再往上堆加这种散料，就会自然滚落，并保持这个角度。不同种类的散料堆角各不相同。在高炉布料过程中，入炉料的自然堆角对高炉料面的形成有重要影响。由于炉料是矿石和焦炭交替加入高炉内，矿石和焦炭的堆角差异是形成料面平台的一个重要原因。知道高炉入炉料的堆角大小，结合高炉布料中的料流轨迹，对分析料面形状有重要意义，从而最终建立合理的布料矩阵。

测试高炉入炉料堆角大小，使用的仪器设备为激光倾角测距仪。该仪器可以直接测量角度的大小，也可以测量距离值。在测试过程中，采用两种方法同时测量，结果相互验证。方法一为直接测量法。利用激光测距仪可以直接测量角度的功能，直接将激光测距仪贴在料堆上，读出一个堆角值。测试过程中，在料堆的 8 个方向测量角度，每个方向测量 3 次，最终取平均值，图 1-7 所示为测试过程示意图。方

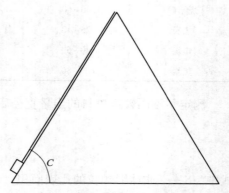

图 1-7　直接测量炉料自然堆角

法二为极坐标法，在极坐标的情况下，分别测试测量点到料堆的水平距离，将激光测距仪转动一定角度后，测量出转动的角度和到料堆的距离，最后利用正余弦定理，得到料堆的堆角大小，图 1-8 所示为极坐标法测试的原理。图 1-9 所示为在料场测试炉料自然堆角的过程，图中示意图所示为选择测量的 8 个方向。

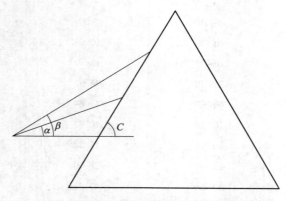

图 1-8　极坐标法测量炉料自然堆角

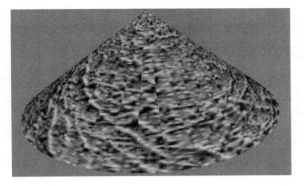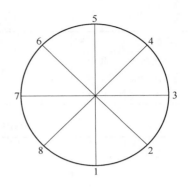

图 1-9　入炉料自然堆角的测试过程

利用直接测量法和极坐标法，分别测试了入炉的焦炭、球团和烧结的自然堆角。表 1-7、表 1-8 所示分别为直接法、极坐标法测量得到的炉料堆角值，利用极坐标法测试得到了三角形的边长和夹角值。

表 1-7　球团矿自然堆角测试结果　（单位：（°））

测试方位	1	2	3	4	5	6	7	8
第一次测试	30.8	30.5	28.5	28.7	30.0	31.1	24.7	31.6
第二次测试	31.4	29.5	28.6	31.0	28.6	27.4	28.6	27.6

根据以上测试得到的数据，可以得到利用直接法测试球团矿的堆角，两次测量结果分别为 29.49° 和 29.09°。通过分析可知两次测试结果的方差分别为 4.32 和 1.87，方差较小，测试结果较为可靠。

表 1-8　极坐标法测试结果

测试方位	1	2	3	4	5	6	7	8
$\alpha/(°)$	0.9	-0.1	-1.9	0.1	0.7	2.0	0.8	-1.2
A/m	0.321	0.245	0.406	0.351	0.432	0.400	0.296	0.360
$\beta/(°)$	14.2	10.3	10.1	10.4	9.5	13.8	12.2	7.4
B/m	0.623	0.341	0.474	0.637	0.641	0.770	0.474	0.459
堆角/(°)	27.21	34.15	30.19	30.73	26.50	26.66	26.00	29.85

利用极坐标法测试球团矿堆角，测试结果方差为 7.40，球团矿的堆角为 29.09°。考虑到测试误差，可以认为球团矿的自然堆角为 29°~30°。

入炉焦炭的堆角测试结果如表 1-9 和表 1-10 所示。

根据直接法测试焦炭的自然堆角，将测试结果取平均值，得到焦炭三次测试结果的平均值分别为：38.79°、37.74° 和 38.03°。对三次测试得到的数据进行方差分析，可知测量结果的方差分别为：3.24、5.17 和 5.72。表 1-10 所示为极坐标法测试焦炭堆角得到的数据。通过计算得到，利用极坐标法测试得到的料堆堆

表 1-9　焦炭自然堆角测试结果　　　　　　　　　（单位：（°））

测试方位	1	2	3	4	5	6	7	8
第一次测试	40.2	41.5	36.5	38.7	40.1	35.9	37.9	39.5
第二次测试	40.5	40.4	37.6	39.6	34.3	35.7	35.2	38.6
第三次测试	42.9	39.4	37.5	39.9	35.7	35.4	36.2	37.2

表 1-10　极坐标法焦炭堆角测试结果

测试方位	1	2	3	4	5	6	7	8
α/(°)	1.2	0.1	0.5	0.4	0.3	-0.3	-0.5	0.2
A/m	2.169	2.252	1.940	1.865	0.868	2.025	2.022	2.051
β/(°)	13.1	15.8	15.6	12.2	14.6	15.2	11.6	13.9
B/m	3.133	4.022	3.633	2.746	2.755	3.255	2.740	3.900
堆角/(°)	36.97	34.00	31.62	34.71	40.63	37.74	40.65	34.71

角为 36.38°，通过分析可知，测试结果方差为 9.40。通过对比发现，直接测量法对应的第一次测试结果方差最小。可以认为焦炭自然堆角的测试结果为 38.79°。考虑到测试的误差，最终可以认为焦炭的堆角为 37°~39°。

入炉烧结矿的堆角测试结果如表 1-11 和表 1-12 所示。

表 1-11　烧结矿自然堆角测试结果　　　　　　　　　（单位：（°））

测试方位	1	2	3	4	5	6	7	8
第一次测试	36.2	33.5	35.9	33.1	33.5	33.6	33.9	33.3
第二次测试	36.2	33.7	34.4	35.6	32.7	31.3	34.1	31.7
第三次测试	34.6	29.9	30.1	29.7	30.4	31.3	31.2	31.8

表 1-12　极坐标法测试结果

测试方位	1	2	3	4	5	6	7	8
α/(°)	0.4	-0.3	0.8	-0.1	0.8	0.3	-0.8	0
A/m	0.439	2.108	2.076	1.727	1.052	0.805	0.626	2.180
β/(°)	19.1	11.5	8.1	8.1	15.2	15.5	15.4	15.5
B/m	0.994	3.478	2.749	2.332	1.836	1.555	1.108	4.237
堆角/(°)	32.78	32.96	32.84	31.78	33.75	30.98	30.46	30.40

根据直接法测试烧结矿的自然堆角，将测试结果取平均值，得到烧结矿的自然堆角直接测量结果分别为 34.13°、33.71° 和 31.13°。三次测试结果方差分别为：1.29、2.66 和 2.61。表 1-12 所示为极坐标法测试焦炭堆角得到的数据，通过计算得到，利用极坐标法测试得到的料堆堆角为 31.99°，测试结果方差为 1.41。四次测试结果方差较为接近，为此取四次测量结果的平均值作为烧结矿的自然堆角，烧结矿自然堆角为 32.74°。考虑到测试的误差，可以认为烧结矿的堆角为 32°~33°。

散料层的堆角大小与颗粒大小、形状、均匀性、表面特性和散料的堆密度等均有关，同时散料层的堆角还与盛料容器的几何形状、粗糙度和气氛条件等有关。高炉炉料的堆角通过开炉前加料的测定，与散料的落下高度（h）、炉喉半径（R）有关：

$$\tan\beta = \tan\beta_0 - kh/R \tag{1-7}$$

式中　β——高炉炉料的堆角；

　　　β_0——炉料的自然堆角；

　　　k——取决于炉料性质的常数。

可见炉料在炉内的堆角是随落下高度和炉喉半径的不同而变化的，因此可以用调节料线和炉喉间隙以改变炉料在炉内堆角的办法来控制布料。

1.2　高炉原料简介

1.2.1　烧结矿

烧结矿烧结过程的成矿机理、配料、布料、化学反应、冶金性能及温度分布等许多学者均已进行了深入研究，本节基于前人的研究结果（表1-13~表1-16、图1-10）前提下，主要强调如何通过混矿生产出优质烧结矿。

烧结矿是带有微气孔的各向异性的高炉原料。烧结矿成矿机理是通过在不同原料熔剂的颗粒交界面生成适量的液相，固态颗粒通过这些液相黏结成较大颗粒烧结矿，在这些颗粒之间存在气隙，使得CO、H_2容易渗入，进行间接还原。液相组成及微观结构决定了烧结矿强度和还原度，如表1-13、表1-14所示，烧结矿中的赤铁矿、磁铁矿和铁酸一钙的液相黏结强度较大，其次为钙铁橄榄石及铁酸二钙，其中钙铁橄榄石中，当$x \leqslant 1.0$时，其抗压性较好；强度最差的是玻璃相。

表 1-13　烧结矿中主要矿物的强度

矿物名称	瞬时抗压强度/MPa
赤铁矿 Fe_2O_3	2.68
磁铁矿 Fe_3O_4	4.68
$CaO_x \cdot FeO_{2-x} \cdot SiO_2$	
$x=0$	2.03
$x=0.25$	2.65
$x=0.5$	5.66
$x=1.0$	2.33
$x=1.0$（玻璃）	0.46
$x=1.5$	1.02
铁酸一钙	3.71
铁酸二钙	1.53

在玻璃相中的骸晶状菱形赤铁矿在还原过程发生晶形转变膨胀，从而导致低温还原粉化增大，通过氧化钙与菱形骸晶状赤铁矿接触反应降低其含量，有利于

改善烧结矿的低温还原粉化性；赤铁矿、铁酸钙及磁铁矿等矿物较易还原，玻璃相及橄榄石等矿相是较难还原的矿物，如表 1-14 所示，在 850℃，10、8、11、9、1、7、2、6 易与 CO 发生间接还原反应。在 700℃以上，1、2、6、7 更易与 H_2 发生间接还原反应。这些反应的发生均有利于节约焦炭。因此，在不影响高炉料柱透气性的条件下，在烧结矿制粒过程中增加 CaO 与 Fe_2O_3 的接触是非常重要的。由表 1-14 可见，Fe_2O_3 及含 CaO、Fe_2O_3 的物质，如 1、5、6、7、8、9、10、11，其间接还原性均较好，因此，保证烧结过程的烟气处在氧化性气氛下，对提高烧结矿还原性及强度有重要意义。烧结过程应促进铁酸钙的形成。

表 1-14　烧结矿中不同矿物的相对还原度　　　　（单位：%）

序号	矿物名称		在氢气中还原 20min			在 CO 中还原 40min
			700℃	800℃	900℃	850℃
1	赤铁矿 Fe_2O_3		91.6			49.5
2	磁铁矿 Fe_3O_4		95.6			25.5
3	铁橄榄石		2.7	3.7	14.0	5.0
4	钙铁橄榄石（$CaO_x \cdot FeO_{2-x} \cdot SiO_2$）	$x=0.25$				
		$x=0.5$				
		$x=1.0$	3.9	7.7	14.9	12.8
		$x=1.0$（玻璃）				
		$x=1.2$				12.1
		$x=1.3$				9.4
		$x=1.5$				
5	$2CaO \cdot FeO \cdot 2SiO_2$		0.0	0.0	6.8	
6	$2CaO \cdot Fe_2O_3$		20.5	83.6	95.6	25.3
7	$CaO \cdot Fe_2O_3$		76.5	96.5	100.0	49.3
8	$CaO \cdot 2Fe_2O_3$					58.3
9	$CaO \cdot FeO \cdot Fe_2O_3$					51.5
10	$3CaO \cdot FeO \cdot 7Fe_2O_3$					59.5
11	$CaO \cdot Al_2O_3 \cdot 2Fe_2O_3$					57.5

　　黏结成烧结矿原矿颗粒之间的气隙决定了其"渗气性"，铁酸钙液相与"渗气性"二者决定了烧结矿的间接还原性，是影响高炉煤气利用率的重要因素之一；一般返矿中含有玻璃相、次生赤铁矿及小粒级原生铁矿，铁酸钙含量较低。

　　总之，从提高烧结矿强度、减少返矿、改善低温还原粉化性能及提高其还原性方面看，铁酸钙起着举足轻重的作用。在磁铁矿烧结过程中，应该使 Fe_3O_4 充分氧化成 Fe_2O_3，以便增加铁酸钙生成量，以及复合铁酸钙的生成量。

　　为了降低烧结矿的返矿量和改善低温还原粉化性能，增加燃料量，容易提高烧结料层温度及烧结烟气的还原性,生成更多不必要的液相,减少烧结矿颗粒内部气隙,降低其还原性,同时也减少了 Fe_2O_3 量,进而减少铁酸钙系的量,降低了烧结矿的间接还原性。提高氧化亚铁含量,改变高碱度烧结矿的正常矿相,不利于烧结矿的间接还原性能的改善,抵消了高炉布料的作用。降低烧结矿的间接还原度就会直接降低高炉煤气利用率,导致烧结矿在块状带还原预热不好,非正常降低软熔带高度,增加高炉中下部压差,高炉炉缸负担加重,特别是对于大高炉,严重影响其炉缸活跃性。

生成铁酸钙液相的先决条件是在制粒过程中有足够数量的氧化钙(高碱度)及氧化铁(赤铁矿或氧化气氛烧结)和尽可能让氧化钙颗粒与氧化铁矿石颗粒直接接触,以便在其界面生成铁酸钙液相。由于氧化钙的加入量是有限制的,为了尽可能让"有效的氧化钙"和氧化铁颗粒充分反应和直接接触,要求氧化钙颗粒小而多,氧化钙的活性要高,易于与矿石颗粒黏结,由于其他氧化物(如 MgO、MnO 和 Al_2O_3 等)的加入,会阻止氧化钙与氧化铁的直接接触和扩散,铁酸钙的生成量会减少(见图 1-10),应尽可能减少其他氧化物的加入量。

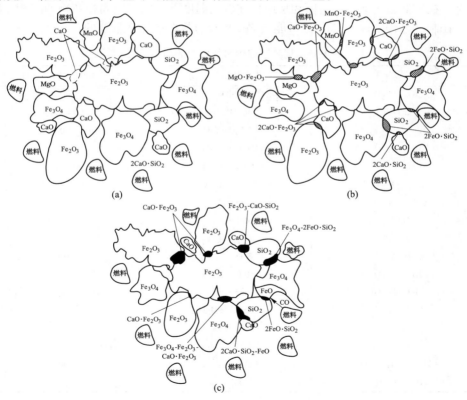

图 1-10 烧结固相反应和液相反应示意图
(a)烧结矿制粒;(b)烧结固相反应;(c)烧结液相反应

从表 1-15 可知，固相反应是在一定的温度（通常在 500~700℃）条件下，当各种氧化物相互接触时，各离子间克服晶格的结合力，在晶格内部进行位置互换，并扩散到与之相邻的其他晶格内进行反应，烧结过程可能发生的固相反应。（1）在 500~590℃ 之间，CaO 与 Fe_2O_3 进行固相反应，可形成 $CaO \cdot Fe_2O_3$、$2CaO \cdot Fe_2O_3$。（2）在 600℃，MgO 与 Fe_2O_3 进行固相反应，生成 $MgO \cdot Fe_2O_3$。（3）在 500~690℃，CaO 与 SiO_2 反应生成 $2CaO \cdot SiO_2$。在 520~530℃，CaO 与 $MgCO_3$、$MgSiO_3$、$MnSiO_3$、$Al_2O_3 \cdot SiO_2$ 等反应，生成 $CaCO_3$ 及 $CaSiO_3$ 和 MgO、MnO、Al_2O_3。只要 CaO 颗粒与以上矿物接触，就易消耗 CaO。（4）在 950℃，烧结料的 SiO_2 不与 Fe_2O_3 发生固相反应，而与 Fe_3O_4 发生固相反应，形成 $2FeO \cdot SiO_2$。由此可见：（1）为了生成更多的铁酸钙类液相，就需要增加 CaO 颗粒与 Fe_2O_3 颗粒接触。（2）在烧结过程中添加石灰石和白云石均会减少 CaO 与 Fe_2O_3 接触的概率，减少铁酸钙液相量。（3）在矿石中，如果 SiO_2、MgO、Al_2O_3、MnO 多，就会消耗 CaO，减少铁酸钙液相量。（4）由于混匀矿一旦布料进入烧结台车，混匀矿颗粒在烧结过程其相对位置基本不发生变化，从表 1-15 可见，在较低温度下，进行固相反应，在较高温度下生成相应固相产物的液相。因此，在制粒过程中保证 CaO 尽可能与 Fe_2O_3 充分接触是非常重要的。

表 1-15　烧结过程中可能发生的固相反应

反应物质	反应的固相产物	出现反应产物的开始温度/℃
$SiO_2 + Fe_2O_3$	Fe_2O_3 在 SiO_2 中固溶体	575
$2CaO + SiO_2$	$2CaO \cdot SiO_2$	500~690
$2MgO + SiO_2$	$2MgO \cdot SiO_2$	685
$MgO + Fe_2O_3$	$MgO \cdot Fe_2O_3$	600
$CaO + Fe_2O_3$	$CaO \cdot Fe_2O_3$	500~610
$2CaO + Fe_2O_3$	$2CaO \cdot Fe_2O_3$	400
$CaCO_3 + Fe_2O_3$	$CaO \cdot Fe_2O_3$	590
$MgO + Al_2O_3$	$MgO + Al_2O_3$	920~1000
$MgO + FeO$	镁浮氏体	700
$FeO + Al_2O_3$	$FeO \cdot Al_2O_3$	1100
$MnO + Al_2O_3$	$MnO \cdot Al_2O_3$	1000
$MnO + Fe_2O_3$	$MnO \cdot Fe_2O_3$	900
$CaO + MgCO_3$	$CaCO_3 + MgO$	525
$CaO + MgSiO_3$	$CaSiO_3 + MgO$	560
$CaO + MnSiO_3$	$CaSiO_3 + MnO$	565
$CaO + Al_2O_3 \cdot SiO_2$	$CaSiO_3 + Al_2O_3$	530
$(Fe_3O_4, Fe_xO) + SiO_2$	$2FeO \cdot SiO_2$	950

此外，生成铁酸钙类液相温度在 1200℃ 左右便可。在不同温度下得到不同的液相共晶混合物，如表 1-16 所示。

表 1-16 烧结混合料中的易熔化化合物和共晶混合物

系 统	液相特性	熔化温度/℃
FeO-SiO$_2$	2FeO·SiO$_2$	1205
	2FeO·SiO$_2$-SiO$_2$ 共晶混合物	1178
	2FeO·SiO$_2$-FeO 共晶混合物	1177
Fe$_3$O$_4$-2FeO·SiO$_2$	2FeO·SiO$_2$-Fe$_3$O$_4$ 共晶混合物	1142
MnO-SiO$_2$	2MnO·SiO$_2$ 异分熔化	1323
MnO-Mn$_2$O$_3$-SiO$_2$	MnO-Mn$_3$O$_4$-2MnO·SiO$_2$ 共晶混合物	1303
2FeO·SiO$_2$-2CaO·SiO$_2$	铁钙橄榄石 CaO$_x$·FeO$_{2-x}$·SiO$_2$，$x=0.19$	1150
2CaO·SiO$_2$-FeO	2CaO·SiO$_2$-FeO 共晶混合物	1280
CaO-Fe$_2$O$_3$	CaO-Fe$_2$O$_3$→液相+2CaO·Fe$_2$O$_3$ 异分熔化	1216
	CaO·Fe$_2$O$_3$-CaO·2Fe$_2$O$_3$ 共晶混合物	1200
FeO-Fe$_2$O$_3$-CaO	（18%CaO+82%FeO）-2CaO·Fe$_2$O$_3$ 固溶体的共晶混合物	1140
Fe$_3$O$_4$-Fe$_2$O$_3$-CaO·Fe$_2$O$_3$	Fe$_3$O$_4$-CaO·Fe$_2$O$_3$	1180
	Fe$_2$O$_3$-2CaO·Fe$_2$O$_3$ 共晶混合物	
Fe$_2$O$_3$-CaO-SiO$_2$	2CaO·SiO$_2$-CaO·Fe$_2$O$_3$-CaO·2Fe$_2$O$_3$ 共晶混合物	1192

为了生成液相，需要添加燃料供热，如图 1-10 所示，燃料颗粒尽可能粘附在生球的最外层，并保持适当小的粒度，以免在矿石颗粒周围形成还原性氛围，热量通过导热对流及辐射传入混匀矿颗粒之间。为了提供液相形成的足够热量，优化生球粒径、燃料添加量、燃料添加方式、料层蓄热及台车速度等参数就十分必要。

液相急冷过程会产生更多玻璃相，在适当的冷却速度下，能够形成较小晶粒的结晶体增强其烧结矿强度，减少返矿。抽风烧结过程台车表层烧结矿冷却速度非常快，抽风抽力越大，冷却速度越快，特别是在南方的雨天或北方的冬天台车烧结矿表面和侧壁的保温是非常重要的，通过降低冷却速度，提高烧结矿强度，特别要注意天气变化对烧结矿质量的影响。

为了制粒，需要向烧结矿粉喷水，从图 1-10 中不难看出，低水通量缓慢雾化喷水更有利于水分均布在矿石和熔剂颗粒表面，快喷和滴喷导致水分在矿石和熔剂中分布不均，影响粒度和熔剂分布的均匀性。

尽可能在烧结矿的破碎过程中，保证颗粒更趋于球形，粒级更均匀，以提高综合炉料结构料层的透气性。

1.2.2 球团矿

球团矿是高炉炼铁的主要块状熟料之一。优质球团矿各向同性、品位高、杂质少、粒度均匀、强度较高的冶金炉料。欧洲一些大型高炉的炉料结构采用大比例球团，甚至全球团冶炼，配合低灰分的焦炭和煤粉，大大降低了高炉的渣比和燃料比。我国 2019 年在京唐投产的 3 号 5500m³ 高炉使用大比例球团，以推动我国炼铁技术持续进步！

细磨铁精矿用于烧结，不利于烧结生产。球团工序能耗一般为 30 ~ 50kg/t，较好的烧结工序能耗指标可降低 30% ~ 40%。我国铁矿石开采量大，采出矿石大多是贫磁选精矿，必须进行细磨和选别，才适合生产球团矿。

1.2.2.1 酸性球团矿

（1）结晶发育完善的酸性球团矿呈钢灰色，条痕为赭红色，粒度 9 ~ 12.5mm，气孔率 20% ~ 25%，其中开气孔率占 70% 以上，真密度为 4.8 ~ 5.0g/cm³，随品位的升高而升高。

（2）当脉石矿物为石英时，只要磁铁矿（Fe_3O_4）氧化充分，形成赤铁矿（Fe_2O_3），石英不与赤铁矿反应，仍以独立的形态存在于球团矿中，故不影响球团矿的强度。如果磁铁矿氧化不够充分时，它会在高温焙烧带与石英（SiO_2）反应，形成硅酸铁（$2FeO \cdot SiO_2$）液相，覆盖于磁铁矿颗粒表面，阻碍氧的扩散，影响磁铁矿继续氧化，因而在球团矿内部形成未被氧化的磁铁矿核心，在焙烧后冷却过程中，液相凝固、体积收缩，使球团矿内部产生同心环状裂纹，球团矿的还原性和强度受到影响。

（3）如果铁矿粉中的脉石是硅酸盐，其中高熔点的硅酸盐在焙烧球团矿的温度下不熔化，仍以独立的矿物存在；低熔点的硅酸盐矿物，如长石（$K[AlSi_3O_8]$），在高温下熔化，分布于赤铁矿颗粒之间，液相状态有助于赤铁矿结晶的发育，冷凝后则充当黏结相存在于赤铁矿颗粒之间，有助于提高球团矿的强度，而不利于它的还原性。

（4）酸性球团矿的矿物组成比较简单，以赤铁矿为主，有时有未被氧化的少量磁铁矿在球团矿的核心。脉石矿物有石英及各种硅酸盐形成的渣相。特别是当酸性球团矿中的赤铁矿（Fe_2O_3）还原到浮氏体 $n(FeO)$ 阶段，在高温下与脉石中的 SiO_2 迅速反应，形成液态渣相，阻碍还原气体 CO 和 H_2 的扩散，使球团矿外层形成一金属铁壳，内部为液态渣相包围的浮氏体，还原难以继续。

1.2.2.2 碱性球团矿

（1）碱性球团矿也称熔剂性球团矿或自熔性球团矿，是指在配料过程中，添加含有 CaO 的矿物生产的球团矿（四元碱度大于 0.82）。

（2）当焙烧温度较高及在高温下停留时间较长时，则形成赤铁矿和铁酸钙的交织结构。因为铁酸钙在焙烧温度下可以形成液相，故气孔呈圆形。试验证明，当有硅酸盐同时存在的情况下，铁酸盐只能在较低温度下稳定。1200℃ 时，铁酸盐在相应的硅酸盐中固溶。结晶良好的自熔性球团矿呈钢灰色，条痕为红褐色。

（3）熔剂性球团矿与酸性球团矿相比，其矿物组成较复杂。除赤铁矿为主外，还有铁酸钙、硅酸钙、钙铁橄榄石等。正常情况下，熔剂性球团矿主要矿物是赤铁矿，铁酸钙黏结相的数量随碱度的不同而不同，还有少量硅酸钙，含 MgO 较高的球团矿中，还有铁酸镁，由于 FeO 可被 MgO 置换，实际上为镁铁矿，可以写成 $(Mg \cdot Fe)O \cdot Fe_2O_3$。熔剂性球团矿的烧结温度较低，在此温度下停留时间较短时，它的显微结构为赤铁矿链晶，以及局部由固体扩散而生成的铁酸钙。

自熔性球团矿一般含有 CaO、MgO、SiO_2、Al_2O_3 等，用同样的细铁精矿生产的自熔性球团矿与酸性球团矿相比较，前者含铁量较低、含硫较高。

（4）自熔性球团矿的气孔率较高，一般在 25% 以上，强度较低，但单个球的抗压强度也能达到 2000N 以上，转鼓指数可达95%。真密度与原料的含铁量和球团矿的碱度有关，在 $4.5g/cm^3$ 左右；视密度与气孔率关系密切，在 $3.4g/cm^3$ 左右。

（5）自熔性球团矿的矿物组成和结构比较复杂，但仍以赤铁矿（Fe_2O_3）为主，赤铁矿连晶是其固结的基本形式。铁酸钙（$CaO \cdot Fe_2O_3$）为主要的黏结相。少量的硅灰石（$CaO \cdot SiO_2$）和正硅酸钙（$2CaO \cdot SiO_2$）分布在赤铁矿、铁酸钙颗粒之间的渣相中。

1.2.2.3 优质的球团矿生产

（1）选好精矿粉，精矿粉表面越粗糙越好，比表面积最好达到 $1500cm^2/g$ 以上。精矿粉颗粒形貌呈砾石状或片状且颗粒表面光滑成球性较差。

（2）选择好黏结剂，常用的黏结剂是膨润土，最好选择 2 小时吸水率400%以上，膨胀指数 18mL/2g 以上的膨润土。

（3）矿粉配加吸水率和膨胀指数高的膨润土时生球落下和抗压强度指标好，有利于降低配比，提高球团品位。

（4）生球的焙烧是关键。1）磁铁矿粉球团主要靠氧化再结晶固结，需要有充足的氧和合适的温度。2）Fe_3O_4 氧化成 Fe_2O_3 且 Fe_2O_3 大量形成互连晶时，氧化球团矿抗压强度最高，质量最好，否则抗压强度低，低温还原粉化指数和抗磨指数降低。3）赤铁矿粉球团主要靠高温下矿粉晶粒长大再结晶的形式固结。纯赤铁矿粉球团矿需要在超过 1300℃ 的温度下焙烧，晶粒之间连晶长大，抗压强度才能达到要求，但焙烧温度也不能超过 Fe_2O_3 的分解温度，否则球团矿抗压强度反而降低。

（5）配加 CaO 后，容易生成液相，焙烧过程的温度制度是控制熔剂性球团矿液相量及矿相的关键点之一。

（6）对于生产磁铁矿熔剂性球团矿，液相的数量不仅与 CaO 的量有关，还与磁铁矿的氧化程度有关。如果氧化不完全，则有可能生成有害的 $CaO\text{-}FeO\text{-}SiO_2$ 体系的固溶体。

（7）适宜生产熔剂性球团矿的精矿粉其 SiO_2 要低，则添加的 CaO 就少，球团矿的品位就高。

（8）整个配矿过程中无论是膨润土还是 CaO，添加量相对原矿都是微量的，在大工业生产过程中其混匀是非常重要的。

（9）溶剂性球团矿成球机理是氧化铁连晶和液相黏结共同作用。因此，石灰的粒度要小而活性度要高。

1.3 我国部分大高炉焦炭指标

本统计以全国 15 座 4000m³ 以上大高炉的生产数据为依据。此 15 座高炉分别为 bs1、bs2、bs3、bs4、w8、mA、mB、s、t5、sq3、sj1、sj2、ab1、ab2、bx，bs、m、sj、ab 分别指 bs1~bs4、mA 与 mB、sj1 与 sj2、ab1 与 ab2 的高炉指标的平均值，"全国" 是指全国 15 座大高炉的平均值。焦炭指标为灰分（A）、挥发分（V）、硫含量（S）、碳含量（C）、M40、M10、CSR、CRI、焦炭粒度小于 25mm 量及焦炭粒度平均值。

图 1-11 是参与统计的大高炉容积图，大高炉的平均容积为 4569.5m³，7 座高炉的容积高于全国平均高炉容积。8 座高炉的炉容低于全国平均高炉容积，这 8 座高炉为 bs3、w8、mA、mB、t5、sq3、ab1、ab2。

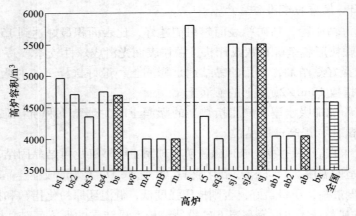

图 1-11 全国 15 座大高炉炉容

1.3.1 焦炭灰分（A）

图 1-12 为全国焦炭灰分平均值与标准差关系图，从图中可知：

（1）焦炭灰分最低为 sq3（11.94%），灰分最高为 m（12.67%）。大高炉焦炭灰分的波动范围在 11.94% 到 12.67% 之间，全国焦炭灰分平均值为 12.22%。

（2）w8、m、s 的四座高炉焦炭灰分高于全国平均值，其余 11 座大高炉的焦炭灰分均低于全国平均值。bs 和 sq3 的焦炭灰分标准差较小，说明其焦炭灰分指标稳定。

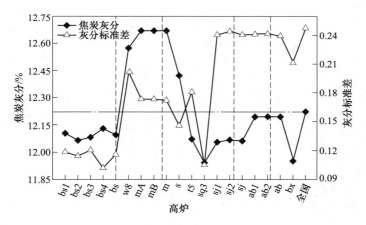

图 1-12　全国焦炭灰分平均值与标准差关系

（3）对比 bs 四座高炉，bs4 号焦炭灰分较其他三座 bs 高炉高，且高炉焦炭灰分标准差较其他三座高炉小。bs4 焦炭灰分一直比其他三座高炉高，最近三年其焦炭灰分一直没有得到改善。需要指出的是四座高炉的灰分差别不大，bs 四座高炉焦炭灰分指标控制较好。

（4）m 两座高炉所用焦炭相同，体现在图中为各项焦炭指标均一致。在全国 15 座大高炉中，m 高炉的焦炭灰分最高，其标准差在全国焦炭灰分标准差中为中等水平，最近三年中 m 高炉的焦炭灰分指标较稳定。

（5）sj、ab、bx 的焦炭灰分低于全国平均值，但标准差较大，可知其焦炭灰分在最近三年中波动幅度较大。对高炉的整体稳定产生一定的影响。

（6）比较 bs、sj、ab、m，综合焦炭灰分及标准差，可知 bs 的焦炭灰分控制较好，焦炭灰分低于全国平均值，稳定性较好。

1.3.2　挥发分（V）

图 1-13 为全国焦炭挥发分平均值与标准差关系图，从图中可知：

（1）焦炭挥发分的最低值为 ab（0.95%），最大为 w8（1.30%），全国大高炉焦炭挥发分波动范围 0.95% 到 1.30%，平均值为 1.14%。

（2）bs 四座、ab 两座、bx 高炉焦炭挥发分低于全国焦炭平均挥发分，其他高炉的焦炭挥发分均高于全国平均值。焦炭挥发分标准差较小的为 bs 四座高炉、t5、sj1 号高炉及 ab 的两座高炉。

（3）bs 四座高炉的挥发分基本相同，且标准差较低，可知 bs 四座高炉焦炭挥发分指标控制较好，对 bs 高炉的长期稳定顺行有利。

（4）m 的两座高炉所用焦炭相同，体现在图中为各项焦炭指标均一致。在全国 15 座大高炉中，m 高炉的焦炭挥发分最大，其标准差较高，可知在最近三年中 m 高炉的焦炭挥发分指标较高且稳定性不好。

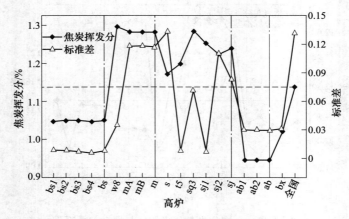

图 1-13　全国焦炭挥发分平均值与标准差关系

（5）sj 焦炭挥发分高于全国平均值，两座高炉的挥发分标准差差别较大。sj1 号高炉挥发分高于 sj2 号高炉，但标准差低于后者，可知 sj1 号高炉焦炭挥发分指标在最近三年中波动幅度较小，sj2 号高炉波动较大。

（6）比较 bs、sj、ab、m 高炉的焦炭挥发分及标准差，可知 bs 的焦炭挥发分指标控制较好，焦炭挥发分低于全国平均值且稳定性较好。

1.3.3　硫含量（S）

图 1-14 为全国焦炭硫含量平均值与标准差关系图，从图中可知：

（1）焦炭硫含量最低为 bs1 号（0.63%），硫含量最高为 ab2（0.87%）。大高炉焦炭硫含量的波动范围在 0.63% 到 0.87% 之间，全国焦炭硫含量平均值为 0.72%。

（2）bs 四座、m 两座、t5、bx 高炉焦炭硫含量低于全国平均值，其余 7 座大高炉的焦炭硫含量均高于全国平均值。ab 的焦炭硫含量较高，焦炭硫含量的标准差较大，说明 ab 的焦炭硫含量指标稳定性不好。

（3）从 bs 四座高炉比较可知，bs3 号焦炭硫含量较其他三座 bs 高炉高，且高炉焦炭硫含量标准差较其他 bs 三座高炉大。可认为在 bs 系统内，bs3 号高炉焦炭硫含量一直比其他三座高炉高，最近三年其焦炭硫含量波动较明显。

（4）ab 的两座高炉所用焦炭相同，体现在图中为各项焦炭指标均一致。在全国 15 座大高炉中，ab 高炉的焦炭硫含量最高，ab1 号标准差较低，ab2 号高炉的焦炭硫含量标准差较高。可知在最近三年中 ab2 号高炉的焦炭硫含量指标波动幅度较大，这对高炉冶炼影响较大。

（5）w8、s、sj 的焦炭硫含量高于全国平均值，标准差亦较小，可知 w8、s 与 sj 的焦炭硫含量在最近三年中波动幅度较小。对高炉的整体稳定性有好处。

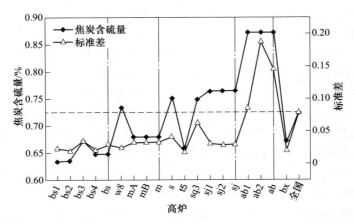

图 1-14　全国焦炭硫含量平均值与标准差关系

（6）比较 bs、m、sj、ab，综合焦炭硫含量及标准差，可知 bs 的焦炭硫含量控制较好，其焦炭硫含量低于全国平均值，稳定性较好。

1.3.4　碳含量（C）

图 1-15 为全国焦炭碳含量平均值与标准差关系图，从图中可知：

（1）焦炭碳含量最低为 mB（85.51%），碳含量最高为 bs2（86.88%）。大高炉焦炭碳含量的波动范围在 85.51% 到 86.88% 之间，全国焦炭碳含量平均值为 86.33%。

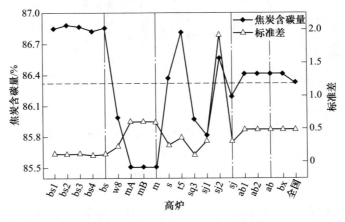

图 1-15　全国焦炭碳含量平均值与标准差关系

（2）w8、m、sq3、sj1 高炉的焦炭碳含量低于全国平均值，其余 10 座大高炉的焦炭碳含量均高于全国平均值。sj2 高炉的碳含量标准差较大，说明其碳含量在最近三年内波动较大。其他各高炉的焦炭碳含量标准差均较小，说明全国绝大部分高炉的焦炭碳含量指标稳定。

（3）bs 四座高炉比较可知，bs2 号高炉焦炭碳含量较其他三座 bs 高炉高，bs4 号高炉焦炭碳含量较其他 bs 三座高炉低。但四座高炉的碳含量标准差均较小，且几乎相等。说明 bs 四座高炉的焦炭碳含量指标稳定。

（4）m 的两座高炉所用焦炭相同，体现在图中为各项焦炭指标均一致。在全国 15 座大高炉中，m 高炉的焦炭碳含量最小，其标准差在全国焦炭碳含量标准差较高，可知在最近三年中 m 高炉的焦炭碳含量稳定性不好。

（5）sj 两座高炉的焦炭碳含量差别较大，sj1 号高炉的焦炭碳含量低，标准差较小，sj2 号高炉焦炭碳含量高，标准差亦较大。

（6）比较 bs、m、sj、ab 综合焦炭碳含量及标准差，可知 bs 的焦炭碳含量控制较好，焦炭碳含量高于全国平均值，稳定性较好。

1.3.5 M40 与 M10 指标

图 1-16 为全国焦炭 M40 平均值与标准差关系图，从图中可知：

（1）焦炭 M40 最低为 bs1 号高炉（87.80%），M40 最高为 sj1 号高炉（91.08%）。大高炉焦炭 M40 的波动范围在 87.80%到 91.08%之间，全国焦炭 M40 平均值为 89.4%。

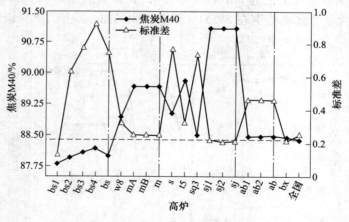

图 1-16 全国焦炭 M40 平均值与标准差关系

（2）bs 四座高炉焦炭 M40 低于全国平均值，其余 11 座大高炉的焦炭 M40 均高于全国平均值。bs1、m、sj、bx 的焦炭 M40 标准差较小，说明其焦炭 M40 指标稳定。

（3）从 bs 四座高炉比较可知，M40 的指标及标准差随着高炉炉号的升序而逐渐增大，这说明 bs4 号高炉最近三年改善幅度较大，bs3 及 bs2 号高炉的 M40

指标次之，bs1 号高炉没有得到显著的改善。bs1 号高炉 M40 指标在 bs 内部最小，标准差较小。

（4）m 的两座高炉所用焦炭相同，体现在图中为各项焦炭指标均一致。在全国 15 座大高炉中，m 高炉的焦炭 M40 较大，其标准差较小，可知在最近三年中 m 高炉的焦炭 M40 指标较稳定。

（5）sj 的焦炭 M40 最高，且标准差较小，可知其焦炭 M40 指标在最近三年一直保持较好的水平。这对 sj 高炉的整体稳定有利。

（6）比较 bs、m、sj、ab，综合焦炭 M40 及标准差，可知 sj1 的焦炭 M40 控制较好，焦炭 M40 不仅高于全国平均值，且稳定性好。bs4 号高炉的 M40 指标在最近三年内得到较大的改善。

图 1-17 为全国焦炭 M10 平均值与标准差关系图，从图中可知：

（1）焦炭 M10 最低为 t5 号高炉（5.32%），M10 最高为 ab2 号高炉（6.59%）。大高炉焦炭 M10 的波动范围在 5.32% 到 6.59% 之间，全国焦炭 M10 指标的平均值为 5.92%。

（2）w8、m、s、t5、bx 的高炉焦炭 M10 低于全国平均值，其余 9 座大高炉的焦炭 M10 均高于全国平均值。m、sj、bx 的焦炭 M10 标准差较小，说明其焦炭 M10 指标稳定。

（3）bs 四座高炉焦炭 M10 指标，随着高炉编号的升高，该指标逐渐降低，但 M10 的标准差在逐渐升高。这说明 bs4 号高炉 M10 指标最近三年改善幅度较大，bs3、bs2 号高炉的 M10 指标改善次之，bs1 号高炉没有得到显著的改善。bs1 号高炉 M10 指标在 bs 内部最大，标准差较小。

（4）m 的两座高炉所用焦炭相同，在全国 15 座大高炉中，m 高炉的焦炭 M10 较小，其标准差亦较小，可知在最近三年中 m 高炉的焦炭 M10 指标较稳定。

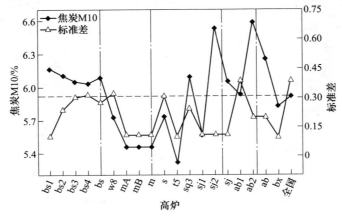

图 1-17　全国焦炭 M10 平均值与标准差关系

（5）sj2 号高炉的焦炭 M10 高于全国平均值，其标准差较小，可知其焦炭 M10 在最近三年中波动幅度不大。

（6）比较 bs、m、sj、ab，综合焦炭 M10 及标准差，可知 sj1 的焦炭 M10 控制较好，焦炭 M10 低于全国平均值，稳定性较好。bs4 号高炉的 M10 指标在最近三年内得到较大的改善。

1.3.6 CRI 与 CSR 指标

图 1-18 为全国焦炭 CRI 平均值与标准差关系图，从图中可知：

（1）焦炭 CRI 指标最低为 bx 高炉（20.37%），最高为 ab1 号高炉（26.91%）。大高炉焦炭 CRI 的波动范围在 20.37% 到 26.91% 之间，全国焦炭 CRI 平均值为 24.01%。

（2）bs、w8、sj2、ab1 号高炉焦炭 CRI 指标高于全国平均值，其余 8 座均低于全国平均值。bs、m、bx 的焦炭 CRI 标准差较小，说明其焦炭 CRI 指标稳定。

（3）从 bs 四座高炉比较可知，bs1 号焦炭 CRI 较其他三座 bs 高炉高，其高炉焦炭 CRI 标准差较小。bs4 号高炉标准差较低，对高炉的长期稳定顺行有利。

（4）m 的两座高炉的焦炭 CRI 低于全国平均值，其标准差较小，可知在最近三年中 m 高炉的焦炭 CRI 指标较稳定。

（5）sj1 号高炉的 CRI 指标比 sj2 号高炉小，ab1 号高炉的 CRI 指标比 ab2 号高炉大。ab 的 CRI 指标标准差比 sj 大，可知 sj 焦炭 CRI 比 ab 稳定。

（6）比较 bs、m、sj、ab，综合焦炭 CRI 及标准差，可知 bs 的焦炭 CRI 指标控制较好，焦炭 CRI 指标高于全国平均值，且稳定性较好。

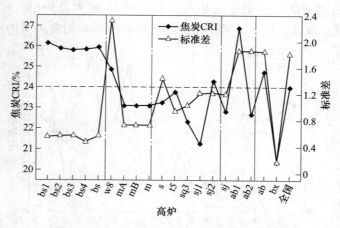

图 1-18   全国焦炭 CRI 平均值与标准差关系

图 1-19 为全国焦炭 CSR 平均值与标准差关系图，从图中可知：

（1）焦炭 CSR 最低为 ab1 号高炉（62.8%），CSR 最高为 sj1（70.57%）。大高炉焦炭 CSR 的波动范围在 62.8% 到 70.57% 之间，全国焦炭 CSR 平均值为 67.62%。

（2）bs 四座、sq3、w8、ab 两座高炉焦炭 CSR 低于全国平均值，其余 7 座大高炉的焦炭 CSR 均高于全国平均值。bs 和 m 高炉的焦炭 CSR 标准差较小，说明其焦炭 CSR 指标稳定。

（3）从 bs 四座高炉比较可知，bs4 号高炉焦炭 CSR 较其他三座 bs 高炉略高，且焦炭 CSR 标准差较其他 bs 三座高炉小。可认为在 bs 系统内，bs4 号高炉焦炭 CSR 一直比其他三座高炉略高，最近三年其焦炭 CSR 较稳定。

（4）m 与 sj 高炉的焦炭 CSR 指标高于全国平均值，其标准差亦较小，可知在最近三年中 m 与 sj 的焦炭 CSR 指标较稳定。

（5）ab 高炉的 CSR 指标低于全国平均值，但标准差较大，可知其焦炭 CSR 在最近三年中波动幅度较大。

（6）比较 bs、m、sj、ab，综合焦炭 CSR 及标准差，可知 bs 的焦炭 CSR 控制较好，焦炭 CSR 指标低于全国平均值，稳定性较好。

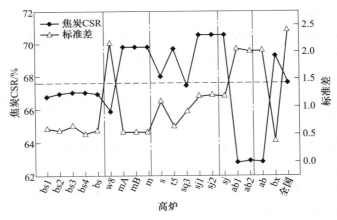

图 1-19　全国焦炭 CSR 平均值与标准差关系图

1.3.7　焦炭的粒径

图 1-20 为全国焦炭粒度小于 25mm 比例与标准差关系图，从图中可知：

（1）对于焦炭粒度小于 25mm 比例这一指标，最低的是 mB 号高炉（1.34%），最高的是 bs3 号高炉（4.78%）。大高炉焦炭粒度小于 25mm 指标的波动范围在 1.34% 到 4.78% 之间，全国平均值为 3.13%。

（2）bs、w8、sq3、ab 的 8 座高炉焦炭粒度小于 25mm 高于全国平均值，其余 7 座均低于全国平均值。bx 的标准差较大，说明 bx 的焦炭粒度小于 25mm 指

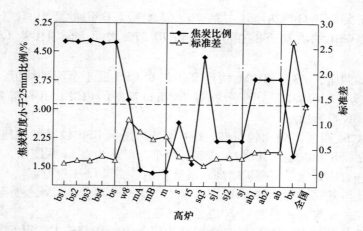

图 1-20 全国焦炭粒度小于 25mm 的比例与标准差关系

标波动较大，全国其他高炉标准差较小，说明其焦炭粒度小于 25mm 指标稳定。

（3）从 bs 四座高炉比较可知，焦炭粒度小于 25mm 差别不大，高炉焦炭粒度小于 25mm 标准差均较小。

（4）m 的两座高炉焦炭粒度小于 25mm 最小，其标准差较高，可知在最近三年中 m 高炉的焦炭粒度小于 25mm 指标稳定性不好。

（5）sj 高炉的焦炭粒度小于 25mm 低于全国平均值，ab 指标高于全国平均值。两者的标准差均较小，说明企业焦炭粒度小于 25mm 指标在最近三年保持稳定。

（6）综合焦炭粒度小于 25mm 及标准差，可知 sj 的焦炭粒度小于 25mm 控制较好，焦炭粒度小于 25mm 高于全国平均值，且稳定性好。

图 1-21 为全国焦炭平均粒度平均值与标准差关系图，从图中可知：

（1）焦炭平均粒度最低为 ab1 号高炉（48.20mm），最高为 sj2 号高炉（55.95mm）。大高炉焦炭平均粒度的波动范围在 48.20mm 到 55.95mm 之间，全国焦炭平均粒度平均值为 51.86mm。

（2）w8、t5、sj 的四座高炉焦炭平均粒度高于全国平均值，其余 11 座大高炉的焦炭平均粒度均低于全国平均值。bs 和 ab 的焦炭平均粒度标准差较小，说明其焦炭平均粒度指标稳定。

（3）从 bs 四座高炉比较可知，bs4 号焦炭平均粒度较其他三座 bs 高炉高，焦炭平均粒度标准差较其他 bs 三座高炉高。可知 bs4 号高炉的焦炭粒度在最近三年内有较小幅度的改善。其他 bs 高炉焦炭平均粒度保持较好的稳定状态，其焦炭平均粒度接近全国平均水平。

（4）比较 bs、sj、ab、m，综合焦炭平均粒度及标准差，可知 sj 的焦炭平均粒度控制较好，焦炭平均粒度高于全国平均值，稳定性亦较好。

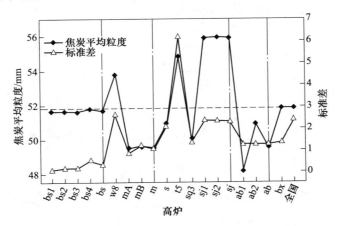

图 1-21　全国焦炭平均粒度平均值与标准差关系

1.3.8　焦炭的综合指标

图 1-22 为全国大高炉吨铁焦比、大块焦比与小块焦比。从图中可知：焦比最小的为 bs4 号高炉（313.69kg/t），最高为 bx 号高炉（401.27kg/t），平均值为 353.4kg/t。焦比的波动范围为 313.69kg/t 到 401.27kg/t。大块焦比最小的为 bs4 号高炉（288.76kg/t），最大为 sj1 号高炉（367.81kg/t），平均值为 317.53kg/t。大块焦比的波动范围为 288.76kg/t 到 367.81kg/t。小块焦比最小的为 t5 号高

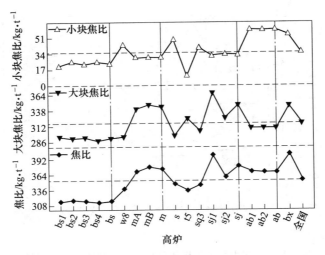

图 1-22　全国大高炉焦比与大块焦比、小块焦比

炉（9.45kg/t），最大为 ab1 号高炉（59.69kg/t），平均值为 35.72kg/t。小块焦比的波动范围为 9.45kg/t 到 59.69kg/t。

图 1-23 为全国大高炉焦比、煤比及燃料比关系图。

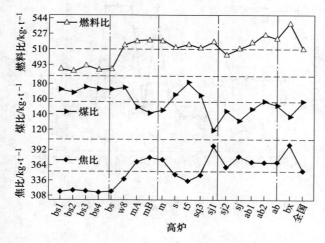

图 1-23 全国大高炉焦比与煤比、燃料比

图 1-24 和图 1-25 分别为全国大高炉焦炭灰分及标准差与焦比、利用系数、燃料比的图。从图中可以看出，焦炭灰分和标准差同时较低的，其焦比亦较低，利用系数亦稍高于全国平均水平，如 bs 与 sq3 号高炉。焦炭标准差较大的，高炉的利用系数低于全国平均水平。大高炉的利用系数平均值为 2.17。

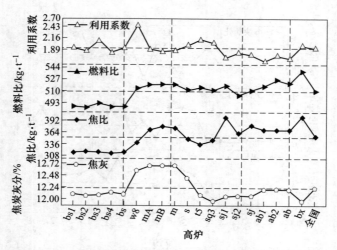

图 1-24 全国大高炉焦炭灰分与焦比、利用系数、燃料比

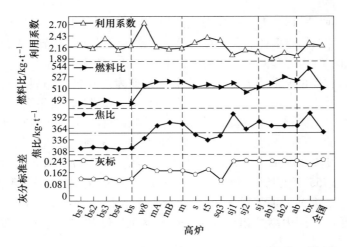

图 1-25 全国大高炉焦炭灰分标准差与焦比、利用系数、燃料比

1.4 国内外无钟炉顶设备的发展状况

高炉炉顶布料设备作为高炉生产的主要设备，经历了从钟式的巴利式布料器、布朗式布料器、马基式布料器、变径炉喉马基式布料器、三钟、四钟、双钟双阀、双钟四阀等多种形式的布料设备，到无钟炉顶布料设备等几个重要发展阶段，以下是基于前人文献的简要总结。

最早出现的炉顶设备是巴利式布料器。巴利式布料器用手工操作，炉料放进料斗后，打开大钟，炉料沿大钟斜面进入炉内，使炉内料面呈漏斗形，即边缘料面高，中心料面低。边缘料面高有利于边缘煤气流利用的改善；中心料面低有利于中心气流的发展，改善炉缸中心的活跃性。巴利式布料器在结构上有缺点，同时布料时也会出现炉料分布不均匀、粒度偏析的情况。为了改善巴利式布料器的缺点，美国艾比威尔厂使用了布朗式布料器，该厂为高炉布料器设计提出了一个重要原则——旋转。

在巴利式布料器及布朗式布料器的基础上，美国马基公司设计了马基式布料器。马基式布料器吸收了巴利式及布朗式布料器的长处，利用双钟双斗克服加料时煤气泄漏的缺陷，将小钟、小斗设计成可以旋转的模式，把炉料按六站放到大斗内，使炉料较为均匀地分布在大斗里。

随着巨型高炉不断出现，高炉炉喉直径不断增大，钟式布料器中心布料少的现象突出，中心和边缘料面高度差随之增加，高炉内气流分布出现异常。为了解决以上问题，出现了变径炉喉马基式布料器。变径炉喉马基式布料器于 1964 年由联邦德国克虏伯公司设计建成。它在炉喉内有一组活动钢板，通过改变钢板的角度，使入炉料碰到钢板后运动轨迹发生变化，落到指定位置，解决了中心布矿的问题。马基式布料器在低压上使用时，其密封性尚能满足要求。但炉顶压力超过 147kPa 时，容易漏气，大钟易磨损，无法适应现代高炉的生产需要。因此出现了三钟、四钟、双钟双阀、双钟四阀等多种形式的布料设备。这些设备结构复杂，在巨型高炉上必须与复杂的机械结构配套使用，使用过程中存在很大的局限性。

马基式布料器的缺陷推动了新型布料器的研发。在钟式布料的基础上，出现了一种新型的布料设备——无钟炉顶布料设备。无钟炉顶设备由卢森堡 Paul Wurth（PW）公司莱格里主持设计。第一个无钟布料器投产于 1972 年联邦德国汉博恩（Hamborn）厂 4 号高炉。PW 无钟炉顶设备以全新的原理克服马基式布料器的基本缺陷，很快在高炉上取得广泛使用。在第一个无钟装置投产后的 10 年里，世界范围内就有 55 座大高炉相继采用。现在新建的大型高炉普遍采用无钟炉顶。

我国第一个无钟炉顶装置于 1979 年应用于首钢 2 号高炉。由于无钟炉顶布料调整的灵活性，国内高炉相继投入无钟炉顶布料设备，无钟炉顶布料在国内得到广泛的推广。

无钟布料器主要由料罐和溜槽组成，料罐相当于钟式布料炉顶大小钟之间的大料斗。料罐的两端是两个密封阀，直径一般在 1m 左右，上密封阀相当于小钟，下密封阀相当于大钟。放料时，溜槽以一定角度在高炉内旋转，上密封阀关闭，下密封阀打开，炉料通过节流阀，沿导料管流入旋转溜槽内，边旋转边落入高炉内，一般一批料分为 8~12 圈（大高炉圈数多）落入炉内。

相对于钟式炉顶，无钟炉顶溜槽的倾角可以自由变化，因此炉料可以布到炉喉任意位置，而无需借助变径炉喉，从根本上改变了大钟布料的局限性。初期投入生产的无钟布料器都是并罐式无钟炉顶，由两个并列的料罐分别装料。由于并罐式无钟炉顶中料流在导料管内沿一侧运动，造成炉料在炉喉内分布不均匀，推动了串罐式无钟炉顶的研制面世。串罐式无钟炉顶由于排料口与导料管在同一条中心线上，克服了料流偏析的缺点，炉料在炉内均匀分布。

随着高炉容积的不断扩大及布料技术的进步，双罐式无钟炉顶装料能力显示出不足。大高炉布料经常要求在一组布料矩阵中，有复杂的料种、质量、次序搭配，装料时序不仅限于一批矿一批焦的装料方式，这就要求炉料的装料能力进一步提高。因此在两并罐炉顶的基础上，出现了一种新型的并罐设备——三并罐式无钟炉顶。

三并罐式无钟炉顶最早于 1990 年在日本川崎公司水岛 3 号高炉上应用。到 2006 年千叶公司先后有 6 座大高炉应用三并罐式无钟炉顶，显示了它的优越性能。

无钟布料器从 1972 年出现到现在，一共 50 年的时间，在这段时间内无钟炉顶设备逐步普及，甚至一些小高炉上也装有无钟炉顶。由于无钟炉顶的出现，装料制度调节更加灵活多变，因此研究无钟炉顶装料的规律，总结布料制度对高炉操作至关重要。

世界部分大型高炉使用无钟炉顶设备情况统计如表 1-17 所示。

表 1-17　国外高炉无钟炉顶统计

厂名及炉号	高炉容积/m³	装料设备
君津 3 号高炉	4800	串罐无料钟
君津 4 号高炉	5555	串罐无料钟
京滨 1 号高炉	4907	串罐无料钟
户畑 1 号高炉	4407	并罐无料钟
鹿岛 2 号高炉	4800	并罐无料钟
鹿岛 3 号高炉	5370	串罐无料钟
施威尔根 1 号高炉	4337	并罐无料钟
雷德卡 1 号高炉	4573	并罐无料钟
水岛 3 号高炉	4359	三罐无料钟
水岛 4 号高炉	5005	三罐无料钟
千叶 6 号高炉	5153	三罐无料钟

中国部分大型高炉使用无钟炉顶设备情况统计如表 1-18 所示。

表 1-18　中国部分大型高炉无钟炉顶统计

厂名及炉号	高炉容积/m³	炉顶设备
宝钢 1 号高炉	4966	并罐
宝钢 2 号高炉	4063	串罐
宝钢 3 号高炉	4350	串罐
武钢 2 号高炉	1536	串罐
武钢 5 号高炉	3200	并罐
唐钢 3 号高炉	3200	并罐
鞍钢 10 号高炉	2580	串罐
鞍钢 11 号高炉	2580	并罐
首迁 3 号高炉	4000	并罐
宣钢 2 号高炉	2500	并罐
京唐 1、2 号高炉	5500	并罐
迁钢 3 号高炉	4000	并罐
太钢 5、6 号高炉	4350	串罐

1.5　无钟炉顶高炉布料设备的组成

1.5.1　按装料工艺划分

无钟炉顶设备从高炉装料工艺上划分为三种形式：第一种是串罐式结构（如图 1-26（a）所示）；第二种是并罐式结构（如图 1-26（b）、（c）所示）；第三种是三并罐结构（如图 1-26（d）所示）。

无论是串罐式炉顶、并罐式炉顶还是三并罐式炉顶，基本由五个部分构成：

（1）受料漏斗：用于接受由上料设备送来的炉料；

（2）料罐：用于向炉内装料的密封设备，防止装料过程中煤气的泄漏；

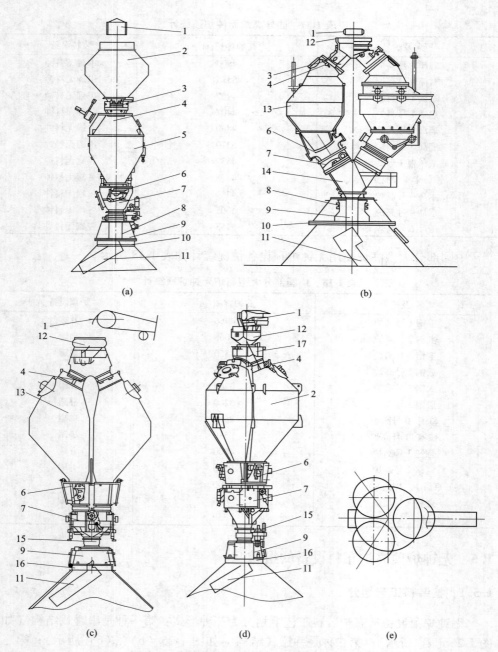

图 1-26　无钟炉顶布料设备（引自前人文献）

（a）串罐；（b）双并罐；（c）新型并罐；（d）三并罐；（e）三并罐俯视图

1—胶带机；2—受料罐；3—排料闸阀；4—上密封阀；5—称量料罐；6—料流调节阀；7—下密封阀；
8—中心喉管；9—布料器；10—钢圈；11—旋转溜槽；12—受料漏斗；13—料罐；14—叉形管；
15—波纹管；16—炉顶钢圈；17—上料闸

（3）Y形管和中心喉管：用于连接料罐和溜槽的导料设备，是料罐内炉料入炉的通道；

（4）旋转溜槽：用于定位炉料在炉内的分布位置，实现定点布料、环形布料、扇形布料、螺旋布料的布料方式；

（5）旋转溜槽的驱动装置：也称为气密箱，由电机、行星传动齿轮、水冷装置、气密系统等构成，实现溜槽的旋转和溜槽倾角的调整。液压式驱动主要靠调节液压缸的直线运动和电机的旋转运动实现布料溜槽的位置调整。

1.5.1.1 串罐式无钟炉顶

串罐式无钟炉顶布料器主要由上料罐、下料罐、中心喉管、气密箱和溜槽组成，下罐排料口与中心喉管在同一中心线上。布料时上料罐和下料罐相互隔离，下料罐的上密封阀关闭，确认节流阀开度，下密封阀打开，炉料沿中心喉管按照一定的料流速度经过旋转溜槽下落到炉喉料面。

串罐式炉顶分料器结构又可分为静态分料器和动态分料器。所谓静态分料器是炉料进入上料罐的过程，料流的流入方向不发生变化，而是以四个固定不变的方向进入上料罐。动态分料器是炉料在进入炉顶上料罐的过程中，料流的流入方向不断旋转变化，分料器以固定角度做旋转运动。动态分料器装料过程与旋转溜槽布料过程相似，但动态分料器无法进行倾角角度的调整，只进行旋转运动。

1.5.1.2 并罐式无钟炉顶

并罐式无钟炉顶布料器主要由受料斗、并列式的两个料罐（有双并罐和新型并罐两种）、Y形管、喉管、气密箱和溜槽组成。两个并列式料罐各有两个橡胶密封阀，密封阀直径一般为 $\phi 1m$ 左右。放料时，料罐顶部的上密封阀关闭，下密封阀打开，溜槽按照预定角度在炉内旋转布料，炉料从料罐排料口经过喉管进入到旋转溜槽后，落到炉喉不同径向位置，形成不同的料面结构。由于炉料在中心喉管内易沿一侧偏析，造成炉料在炉喉内分布不均匀，在炉料粒度差别过大时，这种偏析比钟式还要严重，这是并罐式无钟装置的固有缺点。为了克服并罐式炉顶炉料偏析的缺点，使炉料在炉内分布均匀，PW 推出新式料罐下料的布料器，使料流中心尽量靠近高炉中心线，弥补炉料偏析的缺陷。该结构下料阀和密封阀可以分别拆装，维护方便，该结构主要特点是在底部的出料口位置对传统并罐式结构进行了设计优化，具有更大的灵活性。目前，新型并罐式无钟炉顶设备正在被广泛地推广应用。

应用串罐式炉顶设备进行布料时，原燃料布到炉喉时不会产生偏析，但应用并罐式炉顶设备进行布料时，则会产生较为严重的偏析（包括炉料体积、质量、粒度、碱度、矿焦比在高炉炉喉径向、周向上产生偏析）。并罐式炉顶设备从图1-26（b）变到（c）有利于克服偏析。

1.5.1.3 三并罐式无钟炉顶

三并罐式无钟炉顶结构能够把粒度和质量不同的各种原料分成多批装入高炉

内的任意位置，在 5000m³ 以上的特大型高炉上应用较多。三并罐式无钟炉顶由炉顶上料闸及旋转翻板、上密封阀、并列布置的 3 个料罐、料流调节阀、下密封阀、中心喉管、布料器、旋转溜槽、布料器润滑、冷却、均排压系统、炉顶钢圈及无料钟支承结构等组成。三并罐式无钟炉顶装料的基本顺序与并罐无钟炉顶类似，其上料能力更强，炉喉布料偏析较小。三并罐式无钟炉顶最早是从川崎水岛厂 3 号高炉发展起来的，其主要目的是为了能大量使用细颗粒炉料，降低原料成本，因此提出按照焦炭和矿石的不同粒度，分别装入高炉，强化从炉墙到高炉中心的原料粒度偏析，并能够单独控制中心部位的矿焦装入能力。达到利用料罐中物料的粒度偏析来控制炉喉的气流分布，有效实施高炉上部调剂操作的目的。

无钟炉顶并罐式（包括三并罐）和串罐式的主要区别：

（1）Y 形管：并罐式炉顶有 Y 形管，串罐式炉顶无 Y 形管；

（2）料罐的分布位置：并罐式炉顶料罐在同一个水平高度分布，串罐式炉顶料罐在不同水平高度分布；

（3）下密封阀的数量：并罐式炉顶下密封阀的个数大于或等于两个，串罐式炉顶下密封阀的数量为一个；

（4）石盒（插入件）：并罐式炉顶的料罐内部没有防止颗粒偏析的石盒装置，串罐式炉顶下料罐内安装有防止颗粒偏析的石盒装置。

由于并罐式炉顶和串罐式炉顶的设备差异，导致二者的料流轨迹出现偏差，尤其是并罐式炉顶容易造成蛇形偏析，致使炉料分布不均匀，影响煤气的分布。虽然串罐式无钟炉顶布料均匀，但其设备的高度比并罐式炉顶要高出许多，这导致高炉框架结构高度要增加，高炉容积越大，高度增加越多。

1.5.2 按布料设备结构划分

无钟炉顶设备按布料器的内部机械结构划分为：齿轮传动结构、液压传动结构、钢丝绳传动结构三种形式。国内中小高炉布料设备基本采用钢丝绳结构或液压传动的布料设备，2000m³ 级以上的高炉主要采用齿轮传动和液压传动的布料设备，3000m³ 级以上的高炉基本采用齿轮传动的布料设备。由于齿轮传动的布料设备主要由卢森堡 PW 公司供货，受知识产权的限制，因此国内高炉倾向于采用具有自主知识产权的液压传动的布料设备，其使用效果也不断获得国内钢铁企业的认可，企业使用比例也不断上升。

1.5.2.1 齿轮式布料设备

该结构形式的布料器主要由 PW 公司供货，国内西冶也提供该形式的布料设备。其包括上齿轮箱和倾动齿轮箱，如图 1-27 所示。传动齿轮的作用是：通过上齿轮箱和布料溜槽倾动齿轮箱，使布料溜槽旋转和改变角度。布料溜槽的旋转是通过上齿轮箱的小齿轮传动实现的。小齿轮将动力传送到第一个筒式旋转联轴节上面，又通过管状悬挂件将力传送到旋转体上。布料溜槽的倾动是通过上变速

箱的下部小齿轮的传动来实现的。这个小齿轮
把动力传递到第二个辊式旋转联轴节上，接着
通过环形大齿轮和布料溜槽倾斜齿轮把摆动
作传送到布料溜槽上。由于高炉的工作温度较
高，有时可达800℃，为保护机械，就给传动齿
轮装备了一个水冷装置，用以冷却暴露在高炉
辐射热中的部件。齿轮式布料设备虽然结构复
杂，但其传动可靠，使用寿命长，完全能保证
一代炉役的使用要求。

1.5.2.2 液压式布料设备

国产布料设备经过多年的研发投入，开发
出液压式无钟装料设备，如图1-28所示。主要
供货厂家有秦冶、中鼎泰克、石阀三厂。由于
具有自主知识产权，使用效果良好。近年来，
国产无料钟炉顶设备已在我国中小高炉上全面
取代了进口的PW无料钟炉顶设备，形成了具有
核心竞争能力的国产装备，现在正致力于向大型高炉推广。

图1-27 齿轮式布料设备

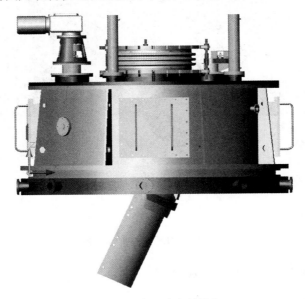

图1-28 液压式布料设备

布料设备的传动包括溜槽的转动和溜槽的倾动。

溜槽的旋转运动是由电机通过蜗轮减速机，以及小齿轮带动装在回转支承齿

圈的转套旋转，从而使挂在转套上的溜槽旋转。电机为冶金起重型变频电机，电机功率为 7.5~8.5kW，一般采用 6 级电机。控制布料溜槽的实际转速为：中小高炉为 3~12r/min，大型高炉为 2~8r/min。

溜槽的倾动是通过三个由比例阀控制的液压缸的直线运动来实现的。液压缸通过连杆与托圈相连，托圈同臂架与下回转支承连接，并与转套连接。花键轴的一端装有辊轮，在臂架的滑槽内滚动。液压缸的上下动作就可实现花键轴的转动，从而实现托架摆动，进而使溜槽往复倾动，实现不同的布料方式。

1.5.2.3 钢丝绳式布料设备

该结构形式布料设备主要依靠钢丝绳和滑轮复合运动实现布料溜槽的倾动，布料溜槽旋转仍然采用电机旋转传递给减速机，通过齿轮传动实现溜槽的旋转运动，如图 1-29 所示。由于设备结构简单，价格低廉，主要集中在 1000m³ 级以下的小型高炉上使用。

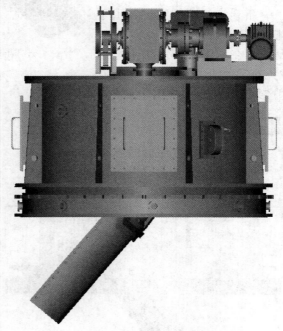

图 1-29　钢丝绳式布料设备

1.6　无钟炉顶布料设备的优缺点

1.6.1　无钟炉顶布料设备的优点

无钟炉顶将料流控制由重量控制发展为体积-时间联合控制。对于改善高炉布料，提高炉顶压力，充分利用煤气的化学能和热能及延长高炉寿命起到了重要作用。与钟式炉顶相比，无钟炉顶具有下列优点：

（1）高炉连续布料成为可能：当旋转溜槽在一个密闭料罐下进行布料时，另一个料罐（受料斗）可以进行装料；

（2）高炉操作者有多种布料模式选择：定点布料、扇形布料、单环布料、螺旋布料（多环）；

（3）炉顶布料设备与其他高压炉顶布料设备相比，布料灵活，结构紧凑；

（4）与钟式炉顶相比，溜槽能够在短时间内更换。

国外对无钟炉顶布料设备的优点进行了详细说明，主要优点如下：

（1）溜槽倾角可以任意变动，炉料可以分布到炉喉任意位置，无需借助其他变径布料设备，从而改变了钟式布料的局限性。溜槽角度的调整和旋转完全依靠机械结构的运动控制，调整灵活，而且有多种布料方式，这是无钟布料器的主要特点。

（2）溜槽旋转布料时，一批炉料一般需要布8~12圈，炉料在炉内的分布完全由溜槽控制，炉料的分布较钟式布料更均匀。

（3）无钟布料器的上、下密封阀直径较小，密封阀板上嵌有弹性良好的橡胶密封圈，在高压环境中其密封效果好。料罐的下密封阀上部有一个流量调节阀控制炉料下降流量，上、下密封阀只密封料罐，隔离高炉内部气体，不接触炉料，阀体寿命较长，密封维护费用低。钟式布料结构布料过程中炉料不断摩擦大钟密封面，密封性较差。

（4）无钟炉顶布料器与钟式布料器相比，其重量小，安装高度低，维修灵活，运输方便，而且投资费用比钟式布料器少。

1.6.2　无钟炉顶布料设备的缺点

虽然无钟布料器优点很多，但它也存在一些缺点：

（1）它必须用氮气或净煤气充压，增加气体消耗；

（2）无钟布料装置由于采用橡胶密封胶圈，入炉炉料不能使用热烧结矿，顶温一般控制在500℃以下；

（3）无钟布料装置每布一批炉料溜槽要转8~12圈，如果炉料颗粒度差别过大，炉料在炉内的偏析更加严重，一般使用冷料分级入炉，减少偏析；

（4）中心喉管容易卡料，要求原料整粒好。

串罐式炉顶是在并罐式无钟炉顶发展起来的，它弥补了并罐布料出现的颗粒偏析情况，串罐式无料钟炉顶同并罐式无料钟炉顶相比有许多优点：

（1）由于料罐与下料口均在高炉中心线上，所以在下料过程中不出现"蛇形运动"现象，从而进一步改善布料效果，减轻了中心喉管磨损；

（2）串罐式无料钟炉顶在胶带机头部装有挡料板，从而克服了炉料粒度偏析。旋转罐和称量罐内装有导料器，改善了下料条件，消除了下料堵塞现象；

（3）串罐上料罐为常压罐，从而节省了一套上下密封阀、料流调节阀和均压放散设施，可节省投资 15%~20%。

上述两种无钟炉顶设备各有优缺点，由于串罐无钟炉顶设备具有设备少、维修方便、投资少、布料均匀等优点，大多数高炉操作者倾向于采用串罐无钟炉顶设备，但并罐式高炉的装料过程连续，适合高炉连续的生产作业，装料能力强，并且高炉支撑框架高度和投资比串罐式炉顶低。对原料分级入炉的企业倾向于采用并罐式炉顶。

总体看来，无钟炉顶与钟式炉顶相比，不论从结构上还是布料功能上都是具有突破性的。因此，在高炉上，特别是大高炉得到了广泛的应用。但是无钟布料器的布料功能在实践中还没有被完全掌握和使用，所以需要进一步研究它的布料规律，以充分发挥无钟炉顶布料器的优势。

1.7　无钟炉顶布料操作方式

（1）定点布料。定点布料是指无钟炉顶的布料溜槽停止转动，溜槽倾角保持固定不变的下料的过程。它的特点是炉料在高炉内的落点和料流轨迹无变化，料流始终下落到炉喉处某个固定点料面位置处，布料过程中受力分析简单，炉料运动单一。该布料操作方法在实际高炉布料过程中常应用于炉况失常、抑制管道气流发展的情况。

（2）扇形布料。扇形布料是指无钟炉顶旋转溜槽倾角保持固定不变，溜槽在圆周方向上不是整圈的旋转运动，而是在小于 360° 范围内溜槽转动布料的过程。它使炉料在高炉内部沿某个角度内分布，该布料操作方法在生产中对炉况失常进行调节，保证高炉顺行。

（3）单环布料。单环布料是指无钟炉顶旋转溜槽倾角保持固定不变，溜槽在圆周方向上进行 360° 整圈的旋转运动的过程。它是高炉进行多环布料的基础，炉料在布料过程中受力复杂，运动轨迹受离心力和科氏力的影响大。

（4）多环布料或螺旋布料。多环布料是指布料过程中，不仅溜槽在圆周方向上进行 360° 整圈的旋转运动，而且溜槽倾角在不断变化，溜槽出口处的运动轨迹呈螺旋线。该布料方式是日常高炉生产中常用的布料方法，它对炉喉料面的形状和料层的透气性起决定性作用。

在生产操作过程中，单环布料主要用于调节路况，改变炉内的料面形状，改善炉料的透气性，但需要多次布料调整，控制性差。在多环布料条件下，调整煤气流分布时，一般通过增加或减少边缘炉料的圈数流，改变矿石或焦炭在高炉中心的圈数来实现，不必改动所有各环圈数。调整后的煤气流分布是否准确，通过十字测温能快速反应，容易判断。多环布料，由于把粉料分散到较大的面积内，从而降低了粉料的破坏作用，提高了料柱透气性。

1.8 布料的重要性

高炉装料制度决定了高炉的炉料分布，炉料分布又直接影响着高炉径向上透气性的不同、煤气流以及温度的分布。炉料透气性好将促进煤气流发展，反之则抑制煤气流发展，甚至导致悬料、管道等炉况的发生。在料面附近的煤气流分布也将受料面形状的影响而发生改变。因而布料是高炉控制煤气流径向分布的最重要因素之一，它对高炉利用系数、能耗、操作稳定性等有很大影响。

前人针对料面形状与煤气流分布之间的关系进行了一系列研究，指出布料过程中要严格控制两点：一是料面形状，二是矿焦比，两者缺一不可。合理料面形状的形成为实现合理的矿焦比分布提供了保证条件，合理的矿焦比分布又决定了煤气流合理分布、炉内化学反应顺利进行的决定因素。日本钢管公司提出改变炉喉矿焦比来控制煤气分布，使中心成为煤气通道，尽力抑制边缘气流。他们所确定的炉料和煤气理想分布遵循以下原则：（1）在高炉大部分横断面上，煤气和固体炉料接触均匀，能最大限度地利用煤气；（2）中心煤气流峰值强而窄，能保持高炉透气性和稳定操作；（3）提高边缘矿焦比，限制炉体热损失和炉墙磨损。

（1）布料对料柱结构的影响。布料操作是高炉上部调节的重要手段，也是决定高炉长寿高效的重要因素之一。因此，研究无钟布料规律对于高炉操作来说是极为重要的。

在大高炉操作过程中，高炉的热制度、造渣制度及送风制度基本上是不能频繁更改的。模型实验和高炉解体研究均已证明，炉料在高炉内的分布直到熔化前，都是保持炉喉布料的层状结构，在软熔带以上的所有区间，矿焦相对比例和炉喉大体相近，因此布料对高炉煤气流的影响就不是一批料的作用，而是整个固体料柱的作用。

（2）布料对高炉软熔带的影响。高炉布料的料面形状对软熔带的形状及形成均有重要作用，特别是炉喉料层中的矿焦比对软熔带的高度起重要作用。不同的装料制度对软熔带的影响如表 1-19 所示。从表中可见，综合考虑各因素情况，特别是对于目前使用铜冷却壁的高炉，只有冷却壁长寿，高炉才能长寿，冷却壁长寿的前提是在冷却壁热面形成渣铁壳，要想在冷却壁热面有渣铁壳，其热面就必须有液态的渣铁，必须有煤气流。特别对于大型高炉，由于高炉周长几十米，边缘煤气流的存在对边缘矿石的还原预热也有非常重要的作用，对提高高炉效率意义十分重大。因此选择收边-平台-深窄漏斗型料面形状最有利。选择合理的装料制度，对保证高炉顺行以及保护高炉内衬都有重要意义。

表 1-19　装料制度的影响

装料制度	软熔带形状	煤气阻力	炉墙侵蚀	顶温	炉墙散热	煤气利用率	稳定性	挂渣皮
开放边缘抑制中心	Λ型	☆	☆☆☆☆☆	☆☆☆☆☆	☆☆☆☆☆	☆	☆	☆☆
倒W型	倒W型	☆☆	☆☆☆☆	☆☆☆	☆☆☆	☆☆	☆☆	☆☆☆
开放中心抑制边缘	V型	☆☆☆☆	☆☆☆	☆☆	☆☆	☆☆☆	☆☆	☆
平面状	平面	☆☆☆☆☆	☆☆	☆☆	☆	☆☆☆☆☆	☆☆	☆
平台-漏斗型	∨	☆☆☆	☆☆		☆☆	☆☆☆☆	☆☆☆	☆☆
收边-平台-深窄漏斗型	∨∨	☆☆	☆☆		☆☆	☆☆☆☆☆	☆☆☆☆	☆☆☆☆

注：☆表示最小（短、难）；☆☆☆☆☆表示最大（长、容易）。

1.9　小结

　　本章简要概述了与布料理论及操作具有紧密关系的炉料的一些物理参数的基本概念及检测方法。由于高炉的原燃料颗粒近似球形及内部存在气孔，根据颗粒当量直径、表观密度、表面积、粒级系数、形状系数、料层空隙度及炉料堆角的概念和测试方法，并对烧结矿等原燃料相关物性参数进行了测试。通过对烧结矿成矿机理的讨论，着重指出加料顺序、混匀、雾化喷水及气候对其质量影响的重要性。简要概括了酸性球团矿和碱性优质球团矿的特点及生产优质球团矿的条件。总结了我国大型高炉的焦炭质量，对于我国较低灰分、挥发分、硫分含量的焦炭，以及钾负荷控制较好的现代大型高炉，指标整体较好，但利用系数还有待进一步提高。最后简要介绍了无钟布料设备种类及结构，以及布料操作方式及其重要性。

2 炉缸活跃性及圆周工作均匀性

布料是决定高炉料柱结构和透液透气性的最重要的操作之一。通过布料操作实现预定的炉喉料面形状，达到合理的煤气流分布，保证煤气与每一颗矿石的充分接触。对原料进行充分的间接还原和预热，节约炉缸热量，为炉缸活跃奠定基础。

大高炉操作的核心是保证高炉炉缸中心活跃，实现圆周工作均匀。所谓的炉缸中心活跃就是燃烧带产生的高温煤气流能够顺利到达高炉炉缸中心，加热还原高炉风口以上区域的原燃料和风口以下区域的渣铁水，使炉缸中心区域的渣铁水温度高，熔融渣铁能够顺利地从软熔带到滴落带、再运动到炉缸区域。对于大型高炉，为了实现这一目的必须引导燃烧带高温煤气流到达炉缸中心，而不是通过"吹透"使得燃烧带产生的高温煤气流到达高炉中心。引导煤气流到达料柱中心，就必须依赖布料操作。

2.1 风速对燃烧带深度（炉缸中心活跃性）的影响

日本学者实测和计算了风量和喷煤量对风口燃烧带深度的影响。图 2-1 给出了高炉不同风量与燃烧带深度之间的关系。从图 2-1 中可以看出，计算（实线）和实测（虚线）均表明：当风量从 0 增加到 $1500 \text{m}^3/\text{min}$[❶]时，风口燃烧带深度随风量的增加线性增加，增加速度很快；当风量从 $1500 \text{m}^3/\text{min}$ 增加到 $3700 \text{m}^3/\text{min}$ 时，风口燃烧带深度随风量的增加基本不变。这意味着：

（1）从计算看风口燃烧带深度最深 2.5m 左右，实测最深 1.6m 左右；

（2）对于炉缸直径较小的高炉（初始风量较小），增加风量对"吹透中心"有较大作用；

（3）对于炉缸直径较大高炉单纯增加风量不能增加风口燃烧带深度，即不可能通过增加风量"吹透中心"；

（4）高炉喷煤对风口燃烧带深度的影响与风量大小有关：1）当风量在 $3700 \sim 5000 \text{m}^3/\text{min}$ 范围内时，风口燃烧带深度随风量的增加而逐渐降低。2）当风量在 $5000 \sim 7000 \text{m}^3/\text{min}$ 范围内时，风口燃烧带深度随风量的增加有所增加。

---

❶ 本书中风量均指标准状态下的风量。

在喷煤量相差不大的时候，例如 130kg/t 铁时，4000m³ 的高炉与 2000m³ 高炉相比，4000m³ 的高炉的风量更大，风口数更多，料柱更大。平均到每（风口）立方米热风中的煤粉量要更少，煤粉燃烧会更充分，煤粉对燃烧带的煤气量动能影响更少，未燃煤粉更少，对料柱的透气性影响更小。3）在喷煤情况下，当风量从 6000m³/min 增加到 7000m³/min 时，与在全焦冶炼时风量在 1500~3500m³/min 范围内风口燃烧带深度相当。4）总的来看，喷煤是大大减小了风口燃烧带深度。

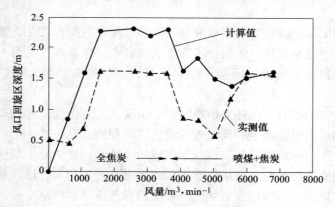

图 2-1 风量与风口燃烧深度关系图

喷煤降低燃烧带深度及带来的影响：

（1）煤粉在喷枪的流速远低于风速，煤粉进入风口燃烧带与煤气混合后，会降低燃烧带煤气的动能，由于煤粉颗粒细小，煤气速度较高，未燃煤粉将跟随煤气进入料柱。

（2）煤粉在燃烧带燃烧与热风燃烧焦炭不同，进入燃烧带煤粉的温度远远低于高炉内进入燃烧带焦炭的温度，煤粉与热风燃烧相对于高炉内焦炭与热风燃烧是冷却了燃烧带的煤气，减少了燃烧带煤气体积，压量关系得以改善，料速增加。由于此时煤气质量基本没有变，导致燃烧带煤气的速度降低，燃烧带煤气动能降低，影响了燃烧带深度的增加。

（3）由于喷煤压量关系得以改善，为提高风温和富氧率奠定了基础。风温和富氧率的提高，提高了煤粉的燃烧率，降低了未燃煤粉量，增加了煤气中的 CO 含量，提高了原料的间接还原量，使得料速增加，产量增加，单位时间炉缸渣铁量增加，炉缸活跃性得以改善。需要注意的是喷煤时需要及时通过提高风温和增加富氧，增加煤粉燃烧率，平衡压量关系，控制料速，保证供给高炉的热量与产量平衡，防止炉缸变凉，炉况出现大的波动。风温的提高只是提高了理论燃烧温度、增加燃烧带煤气体积及改善煤粉燃烧率；富氧直接增加了煤粉和焦炭的燃烧率，以及提高了煤气的 CO 量。相较于热风，富氧不含氮气，对提高燃烧带温度和缩小煤气体积都有利。由此可见，在喷煤过程中富氧是非常重要的。

（4）由于喷煤过程焦炭负荷加重，为了保证焦层厚度不变，必须增加矿批，进而导致矿石层加厚。

（5）由于喷煤时，边缘煤气流增加，燃烧带深度缩短，未燃煤粉容易进入料柱中心，影响料柱中心透气性。因此喷煤时需要及时调整布料，适度加重边缘，打开中心，防止未燃煤粉堵住高炉料柱中心，保证中心的畅通，引导煤气流到达高炉中心。

（6）由于小颗粒的"渗透"作用，在大矿批厚矿层时，矿层和焦层之间的混合层增加，透气性变差，矿层内部矿石的预热温度降低，还原性变差；厚矿层软熔时透气阻力增大，软熔层内部温度和还原不充分。

解决这些问题的办法：（1）改善焦层及料柱中心焦炭质量，保证焦层及焦柱中心透气性；（2）改善矿石层的透气性，缩小矿石的粒级差，提高矿石的还原度；（3）在矿石层中添加低灰分高反应性的焦丁；（4）降低高炉的钾含量，特别要防止钾对中心料柱焦炭的破坏。

从后面图 2-8～图 2-11 可以看到在燃烧带前端集中分布有许多小于 15mm，甚至小于 10mm 的焦粉，这是由于大风量下焦炭在风口燃烧带及其附近剧烈摩擦、碰撞、破碎引起的。表 2-1 为沃罗格钢铁公司容积为 5000m³ 高炉不同阶段操作参数。从表 2-1 中可以看出，随着风量的提高，高炉压差上升。当风量从 7548m³/min 提高到 7955m³/min 时，风量增加了 407m³/min，产量提高了 321t/d，压差上升了 17kPa，焦比降低了 7kg/tHM，在 53 天内风口损坏了 38 个。当继续提高风量至 8202m³/min 时，风量增加了 247m³/min，产量仅提高了 17t/d，焦比提高了 8kg/tHM，实际生产过程中发现高炉操作不稳定，23 天内烧坏风口 24 个，且高炉容易发生悬料，产生管道。

表 2-1　沃罗格 9 号高炉各期操作指标

阶段	I	II	III
持续时间/d	31	53	23
产量/t·d⁻¹	9499	9820	9837
焦比/kg·(tHM)⁻¹	470	463	471
风量/m³·min⁻¹	7548	7955	8202
风温/℃	1128	1177	1177
含氧量/%	31.6	30.5	28.3
炉顶压力/kPa	171	189	190
风压/kPa	352	387	386
压差/kPa	181	198	196
烧损风口数量/个	23	38	24
每日烧坏风口数/个	0.7	0.7	1.04

高温渣铁滴落到风口上是难以将风口烧坏的, 除了风口质量问题外, 破损的主要原因, 一是边缘渣皮及未彻底还原软熔炉料频繁脱落砸坏风口 (上部损坏); 二是由于燃烧带缩短, 回旋的焦炭磨损风口的上下部。这二者均表明炉缸边缘煤气流不稳和料柱中心透气透液性变差。

日本 NKK 和住友公司通过研究, 分别得出如下关系式:

$$Y = -20.58DI + 1.833CRI + 0.136v - 0.007t + 1898.4 \tag{2-1}$$

式中　Y——死料柱中的粉焦 (<5mm) 比例, %;

　　　　t——风口前理论燃烧温度, ℃;

　　　　v——鼓风速度, m/s;

　　　DI——焦炭转鼓指数, %;

　　CRI——焦炭反应性, %。

从式 (2-1) 可以看出, 影响死焦堆第一因素是焦炭的转鼓指数; 第二因素是焦炭的反应性; 第三因素就是风速 (注意不是风量, 在提高风量时, 应该扩大风口面积), 过高的风速不但不能活跃炉缸中心, 反而会增加炉缸内粉焦含量, 恶化炉缸透气透液性, 降低炉缸活跃性。因此, 要合理控制高炉鼓风参数, 尤其当炉缸料柱的透气性较差时, 通过提高风速增加鼓风动能 "吹透中心" 是有害的。

2.2　炉缸直径对燃烧带深度 (炉缸中心活跃性) 的影响

表 2-2 为若干高炉实测的燃烧带深度。从表中可以看出, 燃烧带深度随炉缸直径增大而增加。炉缸直径从 4.7m 增加到 15.5m, 相应的风口燃烧带深度从 0.78m 增加到 2.00m, 炉缸直径增加了 230%, 而燃烧带深度仅增加了 156%。炉缸直径从 4.7m 增加到 15.5m, 炉缸周长从 14.76m 增加到了 48.67m, 炉缸中心 "无火焰区" 的直径从 3.13m 增加到 11.5m, "无火焰区" 面积从 7.70m² 增加到 103.82m², 增加了 12.5 倍。由此可见, 小高炉燃烧带深度与炉缸直径比大, 容易通过增加风量 "吹透中心", 相反, 大高炉燃烧带深度与炉缸直径比小, 导致大高炉炉缸中心难以吹透, 导致边缘温度高, 炉缸中心温度低, 回旋区所在的边缘区域产生的铁水温度高, 炉缸中心区域的铁水温度低, 容易使高炉炉缸中心的渣铁黏度增加, 流动性降低, 甚至凝固在炉缸中心死料柱空隙中, 加剧炉缸铁水环流, 导致大高炉出现 "蒜头状" 侵蚀。因此, 大高炉对焦炭质量有较高的要求, 对高炉料柱透气透液性控制、原料质量、送风制度、炉渣碱度的控制及布料技术提出了更高要求。可以说, 大高炉操作更需要理论与技术的支撑。

表 2-2　不同炉缸直径高炉实测的燃烧带深度

炉缸直径/m	4.70	5.20	5.55	5.60	6.10	6.80	7.20	7.70	8.80
炉缸周长/m	14.76	16.33	17.43	17.58	19.15	21.35	22.61	24.18	27.63
燃烧带深度/m	0.78	0.95	0.90	0.95	0.90	1.12	1.03	1.03	1.36
燃烧带面积/炉缸面积	0.56	0.60	0.54	0.56	0.50	0.55	0.51	0.51	0.52
"无火焰区"直径/m	3.13	3.30	3.75	3.70	4.30	4.56	5.13	5.63	6.08
"无火焰区"面积/炉缸面积	0.44	0.40	0.46	0.44	0.50	0.45	0.51	0.54	0.48
"无火焰区"面积/m²	7.70	8.56	11.02	10.75	14.51	16.35	20.69	24.92	29.02
炉缸直径/m	9.40	9.80	10.00	10.30	11.00	11.60	12.50	13.40	15.50
炉缸周长/m	29.52	30.77	31.40	32.34	34.54	36.42	39.25	42.08	48.67
燃烧带深度/m	1.21	1.20	1.11	1.33	1.28	1.45	1.70	1.88	2.00
燃烧带面积/炉缸面积	0.47	0.43	0.39	0.45	0.41	0.44	0.47	0.48	0.45
"无火焰区"直径/m	6.98	7.40	7.78	7.64	8.44	8.70	9.10	9.64	11.50
"无火焰区"面积/炉缸面积	0.55	0.57	0.61	0.55	0.59	0.56	0.53	0.52	0.55
"无火焰区"面积/m²	38.22	42.09	47.51	45.84	55.92	59.42	65.01	72.95	103.82

2.3　风口大小对软熔带（高炉圆周均匀性）的影响

在高炉操作中经常希望通过调节风口的大小，来达到"吹透"炉缸中心的目的。日本研究者对小仓 2 号高炉进行了炉体解剖调查，调研了风口尺寸对软熔带的影响，如图 2-2 和表 2-3 所示。

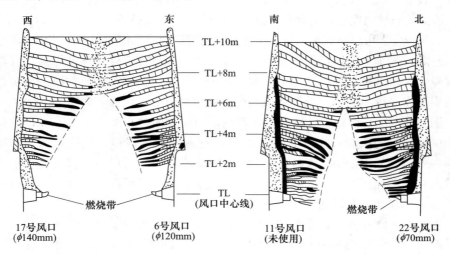

图 2-2　日本小仓 2 号高炉风口面积对炉料分布的影响

表 2-3　日本小仓 2 号高炉风口直径与软熔带根部之间的关系

风口编号	风口面积	软熔带根部
17	较大	较窄、较高
6	较小	较低、较宽
22	过小	急剧下移
11	等于 0	低于风口中心线、较宽

使用较大面积的风口，如 17 号风口（ϕ140mm），该风口风量较大，导致上方的软熔带根部较窄、较高；使用较小面积的风口，如 6 号风口（ϕ120mm），该风口风量相对较小，导致软熔带根部较低、较宽；若风口面积过小，如 22 号风口（ϕ70mm），软熔带根部急剧下移，基本位于风口位置；未使用的 11 号风口，该风口风量为 0，对应位置无燃烧带，导致软熔带根部低于风口中心线。软熔带根部低，甚至接近炉缸渣铁水液面，会导致未被充分还原和加热的矿石进入渣铁水，导致炉缸边缘变凉。炉缸风口圆周工作不均匀，导致软熔带不对称，有可能导致炉况失稳。这就是当炉缸局部发生侵蚀，堵风口或缩小风口面积的原因。

从图 2-2 中可以发现：（1）从块状带和软熔带料层中的层状结构可以看出，对应风口风量相同的块状带和软熔带料层结构基本相同，这说明若风口面积在高炉周向基本相同，分别沿着高炉高度方向、径向和周向料层下降速度分布基本上是相同的。（2）若风口面积在高炉周向基本相同，则块状带、软熔带及死焦堆关于高炉中心是基本对称的。（3）被堵风口上方的炉料下降速度减慢，软融带沿高炉径向增宽，软融带位置降低，软融带根部位于风口处。（4）正常风口面积相应位置的软熔带较高、较窄，滴落到炉缸渣铁水温度较高，有利于炉缸的活跃性；较小的风口或被堵住风口相应的软熔带位置低且宽，软熔带的阻力大大增加，滴落的渣铁温度低，不利于炉缸的活跃性。（5）在高炉设计过程，减少风口数目，一定程度上可以看成堵风口，可能会导致高炉圆周工作的均匀性受到破坏。

总之，缩小个别风口面积会导致该风口风量减少，燃烧带深度缩短，软熔带位置降低，软熔带在高炉径向上变宽。高炉圆周风口面积差别较大时，会引起高炉圆周工作严重不均匀。长期堵风口会使对应风口上方结瘤，如图 2-3 所示。

图 2-4 为日本小仓 2 号高炉风口燃烧带的横截面分布图，给出了风口的位置及相应燃烧带的深度。从图中可见：（1）面积相同的风口，燃烧带深度和宽度也存在差异，如 13、14 号风口；（2）面积相差越大的风口，风口燃烧带的深度和宽度相差越大，如 1、13 号风口。由此可见，尽可能保证高炉周向的风口面积相同、少调和微调风口面积。

表 2-4 为日本小仓 2 号高炉风口直径与风口燃烧带深度之间的关系。从表中可以看出，总的来说随着风口直径的增加，风口风量增加，风口燃烧带深度增加；因此，缩小风口面积，意味着风口风量的减小，不一定能够提高该风口的鼓

图 2-3 未使用风口上方炉墙结瘤

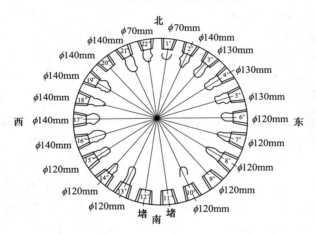

图 2-4 日本小仓 2 号高炉风口燃烧带的分布

风动能。风口直径为 70mm 时，由于风口风量只有其他风口的 1/5～1/3，故风口燃烧带深度只有 200～250mm，而风口直径增大到 140mm 时，风口燃烧带的深度增加到 430～715mm。风口直径为 130mm 的 4 号和 140mm 的 21 号风口燃烧带深度在 550～600mm 之间变化，波动不大。

表 2-4 日本小仓 2 号高炉风口直径与风口燃烧带深度之间的关系

风口编号	风口直径/mm	燃烧带深度/mm	焦炭平均直径/mm	焦炭密度/g·cm⁻³	一个风口炉腹煤气量/m³·min⁻¹
1	70	200	7.4	0.92	6.3
22	70	250	18.8	0.89	12.3
6	120	400	13.4	0.93	29.2
5	120	470	11.3	0.86	29.9

风口编号	风口直径/mm	燃烧带深度/mm	焦炭平均直径/mm	焦炭密度/g·cm⁻³	一个风口炉腹煤气量/m³·min⁻¹
4	130	600	13.2	0.96	45.4
2	140	430	10.6	0.92	32.5
7	140	450	9.9	0.90	32.6
8	140	490	10.5	0.86	35.5
21	140	550	12.4	0.91	43.7
9	140	715	15.2	0.86	57.5

　　特别要注意，对于 2、7、8 号风口，其风口直径均为 140mm，而其风口燃烧带深度在 430~490mm 之间变化，小于 4、5 号风口，其风口直径分别为 130mm、120mm，其原因就是 2、7、8 号风口对应的焦炭粒径小于 4、5 号风口；9 号风口直径与 2、7、8、21 相同均为 140mm，但其燃烧带深度远远大于 2、7、8、21，这是由于其风口的焦炭粒径大于其他风口的原因造成的。

　　风口参数对煤气流的影响主要表现在风口参数对燃烧带大小的影响，Matsui通过微波反射测量，研究了风口直径对燃烧带深度和塌陷周期的影响，如图 2-5所示。燃烧带的深度可以从微波反射强度的第二波峰位置获得。从峰值检测位置到第二峰值位置的传播时间称为燃烧带的塌陷周期。从图中可见，随着风口直径由 0.11m 增加至 0.135m，风口燃烧带深度不断增加，而风口燃烧带的塌陷周期降低。这是由于较大的风口直径，导致风口较大的风量，更多的焦炭进入风口燃烧带，并与燃烧带接触、反应，导致风口燃烧带体积极易减小。

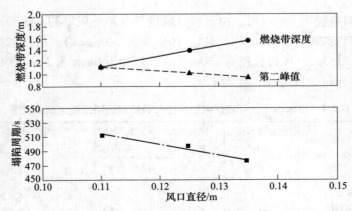

图 2-5　风口直径对风口燃烧带深度和塌陷周期的影响

Matsui 提出燃烧带的稳定性可以用三个指标评价：（1）第一波峰的波动，能够反映风口燃烧带焦炭燃烧的稳定性；（2）第二波峰的波动，能够反映焦炭进入燃烧带的稳定性；（3）第一波峰与第二波峰的距离，能够反应燃烧带结构的波动。图 2-6 所示为风口直径对燃烧带稳定性的影响。随着风口直径的增加，风口燃烧带深度和第二波峰位置的波动降低，同时燃烧带深度的波动增加，降低了风口燃烧带的稳定性。因此，适量减小风口直径，有助于维持风口燃烧带的稳定性和风口燃烧带的深度。

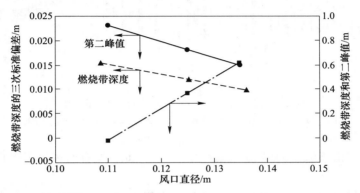

图 2-6 风口直径对风口燃烧带稳定性的影响

图 2-7 所示为风口直径对风口流量和风口动能的影响。从图中发现，当少部分风口直径由 210mm 缩小至 180mm 时，其风口流量和风口动能明显降低，而其余风口的流量和动能有所增加。当大部分风口直径由 210mm 缩小至 180mm 时，这些风口的流量降低，而其余风口的流量增大；但是由于缩小的风口流速增加，

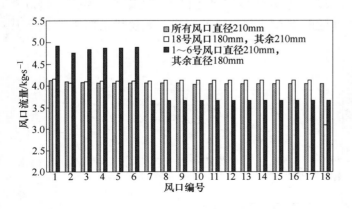

(a)

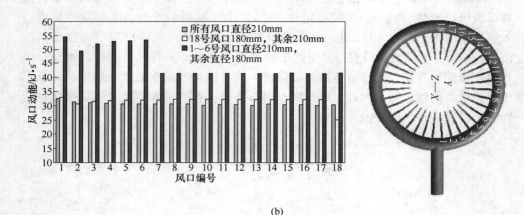

(b)

图 2-7 风口直径对风口流量和风口动能的影响

（a）风口直径对风口流量的影响；（b）风口直径对风口动能的影响

其余风口由于流量的增加，流速也增加，因此，所有的风口都表现出动能增大的现象。

由此可见：（1）燃烧带的深度不是靠大风速"吹"出来的，焦炭的质量严重影响其深度；（2）即使相同的风口面积其燃烧带的深度、宽度和高度也是不完全相同的。这很可能是由于原燃料质量及布料造成，给操作带来非常大的困难，因此有必要稳定原燃料质量，实现精准布料。

2.4 风口倾斜角度对燃烧带深度的影响

图 2-8 为风口不同向下倾斜角度对燃烧带深度和高度的影响。从图中可以看出，风口燃烧带深度和高度随时都在变化，一般来说，燃烧带的深度要大于其高度。

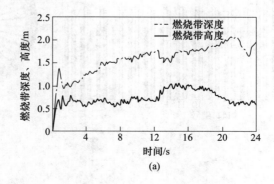

(a)

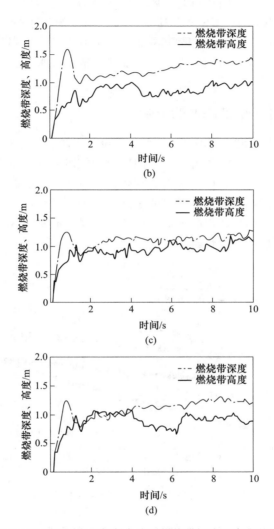

图 2-8 风口不同向下倾斜角度对燃烧带深度和高度的影响

（a）0°；（b）3°；（c）7°；（d）11°

由图可见：（1）风口倾斜只能缩短燃烧带深度，其原因是由于风口的倾斜，沿着高炉径向风速降低，产生了沿着高炉高度方向的速度风量，高度方向上的风量会导致高炉煤气流回旋，导致焦炭破碎；（2）随着风口倾斜角度的增加风口燃烧带深度减小，高度变化不大；（3）风口燃烧带深度和高度随着时间不断发生变化，处在不稳定状态，高度波动小于深度波动；（4）风口倾斜为7°时，风口燃烧带的深度和高度波动最小，有利于稳定风口燃烧带的深度和高度。

总之, 当直风口变为斜风口时, 风口燃烧带的高度增加, 但燃烧带深度却大幅度降低。因此, 风口倾斜不仅不利于把高炉高温煤气引导到高炉中心, 形成"瘦而高"的软熔带, 而且还容易发展边缘, 冲刷炉墙, 不利于高炉长寿。由于风温远低于铁水温度, 风口倾斜也不能够加热炉缸的铁水, 目前的斜风口更不能解决二套上翘问题。

2.5 风口长度对燃烧带深度的影响

图 2-9 为风口的长度由 620mm 增加至 730mm 对鼓风参数的影响, 未调整风口长度不变。图中实心点曲线为已调整的风口的鼓风参数, 空心点曲线为未调整的风口的鼓风参数。由于风口面积没有变化, 风量变化的曲线与风速变化的曲线相重合。从图中发现: 增加部分风口的长度后, 增加长度风口的风量、风速和鼓风动能都降低, 而未调整风口的风量、风速和鼓风动能都提高。由此可见, 增加风口长度也不能增加风口燃烧带的深度。

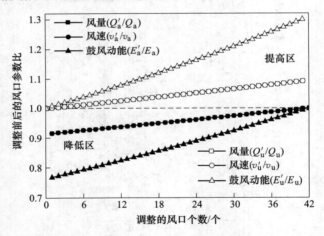

图 2-9 增加风口长度对于鼓风参数的影响

某高炉有 42 个风口, 假设调整前各风口长度均为 620mm, 风口直径均为 130mm。在总风量不变的条件下, 计算调整风口长度对于各个风口风量、风速和鼓风动能的影响。图 2-10 所示为减小风口长度对于鼓风参数的影响, 图中实心点曲线为已调整的风口的鼓风参数, 空心点曲线为未调整的风口的鼓风参数。图 2-10 中已调整的风口长度由 620mm 减小至 510mm, 未调整的风口长度不变。横坐标表示调整的风口个数, 纵坐标为调整之后与调整之前的风口鼓风参数 (风量、风速、鼓风动能) 的比值, 纵坐标大于 1 为提高区, 表示调整之后鼓风参数增加; 小于 1 为降低区, 表示调整之后风口的鼓风参数减小。由于风口面积没有变化, 风量变化的曲线与风速变化的曲线相重合。

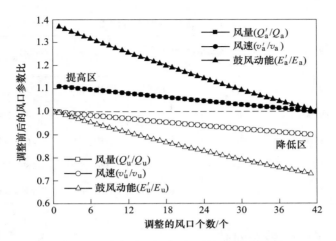

图 2-10　减小风口长度对于鼓风参数的影响

从图中发现：（1）增加部分风口的长度后，增加长度风口的风量、风速和鼓风动能都降低，而未调整风口的风量、风速和鼓风动能都提高；并且随着调整风口个数的增加，未调整的风口的鼓风参数逐渐增加，而已调整风口的鼓风参数降低幅度减缓。（2）减小风口长度后，已调整风口的风量、风速、鼓风动能提高，而未调整风口的风量、风速、鼓风动能相应降低。随着调整风口个数的增加，已调整风口的鼓风参数增加幅度逐渐减小，而未调整风口的鼓风参数逐渐降低。（3）当调整全部风口长度时，各风口鼓风参数与调整前相同。

假设调整前，已调整的风口风速为 250m/s，根据计算结果可知，调整后已调整风口的风速降低为 229.0m/s，未调整的风口的风速为 250.5m/s。可见，增加 1 个风口的长度，会降低该风口的风量、风速和鼓风动能，而其他风口的风量、风速和鼓风动能都相应增加。即其他风口风量、风速和鼓风动能的增加是以长度增加的风口的风量、风速和鼓风动能的降低为代价的。

表 2-5 为国内某些高炉风口参数。从表中可见，随着高炉容积和炉缸直径的增加，高炉风口长度和风速都要增加。但是风口长度与炉缸直径之比很小，约为 4%～6%，随着高炉炉缸直径的增加比值逐渐降低。燃烧带深度范围一般在 0.8～1.8m 左右，国内某 5500m³ 高炉炉缸直径为 15.5m，假设燃烧带深度为 1.5m，不包括燃烧带的炉缸区域直径为 12.5m，占炉缸直径的 80.65%；风口长度增加 110mm 后，若燃烧带深度不变，不包括燃烧带的炉缸区域直径为 12.28m，占炉缸直径的 79.23%。可见，通过增加某风口长度，提高该风口的热风到达中心的能力的效果甚微，并且该风口实际的风量、风速和鼓风动能反而减小。而其他风口的风量和鼓风动能反而更大，起到了与预期相反的效果。

表 2-5　国内高炉风口参数

高炉容积 /m³	炉缸直径 /m	风口长度 /mm	风口长度与 炉缸直径比/%	风口直径/mm	风速/m·s⁻¹	风口个数 /个
1080	7.65	465	6.08	130~140	230~260	20
2000	9.00	500	5.56	110~120	240~260	28
2500	11.4	585	5.13	110~120	260~280	30
3200	13.3	580~620	4.36~4.66	120~130	280~290	36
5500m³	15.5	620~700	4.00~4.71	120~130	240~260	42

2.6　死焦堆温度的影响因素

Shibaike 等提出的关于死焦堆温度的经验式如下：

$$DMT = 28.09(D_{pcoke} - 25.8) + 11.2(\eta_{co,c} - 27.2) +$$
$$2.91(T_{iron} - 342 \times R_2 - 11.0 \times w(Al_2O_3) - 1041.4) +$$
$$2.445(FR - 483) + \frac{0.165 \times T_f \times V_{bosh}}{D_H^3} + 326 \qquad (2-2)$$

式中　　DMT——死焦堆的温度，℃；

D_{pcoke}——死焦堆焦炭尺寸，mm；

$\eta_{co,c}$——炉身探针测得的炉中心 CO 利用率，%；

FR——燃料比，kg/t；

T_{iron}——铁水温度，℃；

R_2——高炉渣的二元碱度；

$w(Al_2O_3)$——渣中 Al_2O_3 的质量分数，%；

T_f——理论燃烧温度，℃；

V_{bosh}——炉腹煤气量，m³/min；

D_H——炉缸直径，m。

DMT 为死焦堆的温度，它代表了炉缸的活跃性。从公式中可以看出，死料柱温度和炉缸活跃性与焦炭质量、高炉煤气分布、铁水温度、炉渣流动性、燃烧带理论燃烧温度、燃料比、风量和炉缸直径有关。公式中的每一项系数代表该项对 DMT 的权重的影响，以每一项的系数之和作为分母，系数作为各项对 DMT 温度影响的权重，从中可以看到：

（1）炉缸中焦炭粒度对 DMT 的影响最大，焦炭粒度的影响占了 60% 左右。

由此可见，影响炉缸中心活跃性的第一因素是炉缸焦炭的粒度，而且其粒度不得小于 26mm，否则焦炭将会严重影响高炉炉缸中心活跃性。

由于入炉焦炭粒度从 25mm 到 80mm 不等，为了实现高炉炉缸中心焦炭粒度大于 26mm，在上料、装料及布料过程中必须将粒度大强度好的焦炭装入高炉炉喉中心，小于 25mm 焦炭在进入滴落带之前消耗掉。图 2-11~图 2-14 给出了我国首钢、宝钢和沙钢及国外专家学者通过风口区取焦得到的焦炭粒度分布。由于受取样器大小、高炉休风坐料的影响，所取焦炭不一定真正代表实际运行时过风口燃烧带中心高炉炉缸横截面焦炭的粒度分布，但也能够看出：

1）首钢、宝钢、沙钢及国外高炉在距风口入口 2.5m 处燃烧带前端焦炭粒度基本在 10~25mm 左右，而且随着离开风口前端距离的增加，焦炭粒度还在下降。在 2.0~2.5m 之间，取焦粒径在 10mm 左右，且基本不变，但这并不能推断大于 2.5m 后，炉缸中心料柱中的焦炭粒径是多大，另一个重要原因是取样器前端尺寸较小，难以取到大直径焦炭。但可以得出燃烧带前端小粒径焦丁在逐渐增加，透气透液性逐步变差。

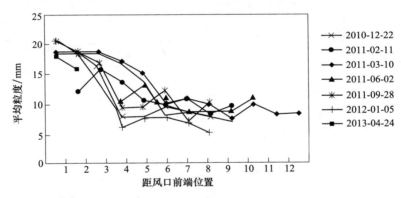

图 2-11　距风口前端不同距离的焦炭平均粒度

2）由于燃烧带前端焦炭粒度逐渐减小，由图 2-15 可以看出其渣铁滞留量增加，说明此处高温煤气流较弱，导致物理热不足，渣铁流动性差。滞流的渣铁反过来进一步堵塞风口前端，导致进入料柱中心煤气流减少，回旋的煤气量、煤气流速度增强，卷起更多的焦炭回旋，碰撞风口壁面及炉墙，导致风口破损，炉墙渣皮不稳。燃烧带产生的高温煤气难以到达炉缸中心，大部分气流遇到燃烧带前端折返，周而复始，产生了回旋的高温煤气流，这就是回旋区产生的原因。若回旋区前端小颗粒较多，渣铁滞流量又大，增大风量可能不仅不能"吹透"中心，反而会使更多焦炭回旋、破碎，小颗粒焦炭在风口前端累积，导致料柱透气透液性进一步下降。

图 2-16 所示为焦炭粒度对死焦堆温度的影响，从图中可知，当死焦堆中焦

炭粒度由 25mm 减小到 10mm 时，死焦堆温度减小 420℃，死焦堆温度发生较大变化，可能造成炉缸中心不活跃的现象。在实际高炉操作过程中，死焦堆中颗粒大小发生变化，也可能造成死焦堆温度的波动，引起炉缸的不稳定。

3）由图 2-12 可见，增加喷煤量，会使风口焦炭更碎，主要原因是大喷煤量导致产生大量的未燃煤粉，炉缸焦柱透气性变差，高炉燃烧带缩短，焦炭回旋加剧。研究指出，煤粉在燃烧带难以完全燃尽，大部分进入软熔带堵塞焦窗，影响其透气透液性。为了防止未燃煤粉严重影响软熔带的透气透液性，在大喷煤时，倒 V 形软熔带顶部不能有熔融的渣铁，其敞开的焦窗，未燃煤粉可以通过此处进入块状带。这就要求布料时，炉喉中心不能布矿。大喷煤时，料柱中心的透气透液性要求更高，因此需要更好的焦炭。

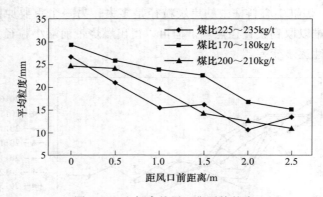

图 2-12 宝钢高炉风口焦平均粒度

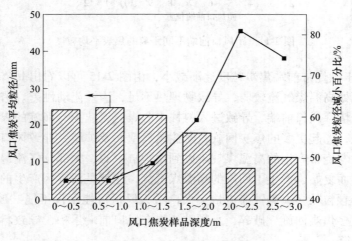

图 2-13 风口焦炭粒度变化

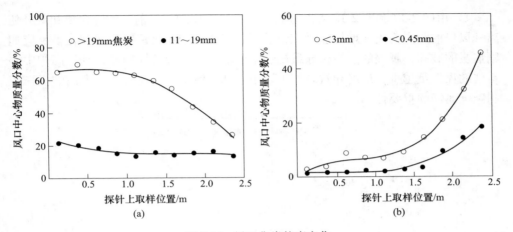

图 2-14 风口焦炭粒度变化

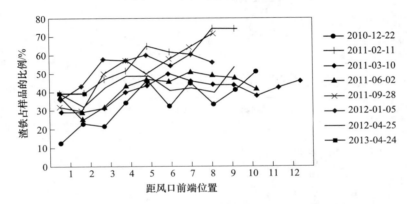

图 2-15 距风口前端不同距离的焦炭中渣铁滞留量比例

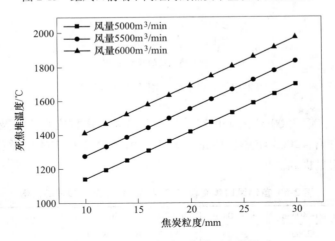

图 2-16 焦炭粒度对死焦堆温度的影响

4）由图 2-17 和图 2-18 可以看到，从风口入口到风口前端的钾含量和灰分随离开风口的距离而迅速增加。燃烧带前端焦炭灰分和氧化钾发生物理化学反应加剧焦炭的破碎，越碎的焦炭，导致燃烧带前端的透液透气性越差，到达高炉中心料柱的煤气量越少，最终导致高炉炉缸中心越不活跃。由此可见，大高炉操作控制碱金属钾的重要性。

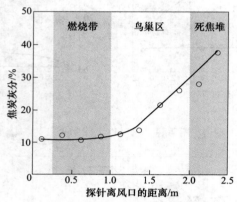

图 2-17 风口前端不同位置灰分变化

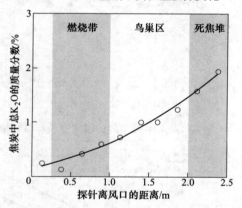

图 2-18 风口前端不同位置钾含量变化

表 2-6 为首钢 2500m³ 高炉焦炭质量变差后风口焦粒度组成以及风口损坏数。从表中可以看出，2003 年焦炭质量变差后，由于没有相应的调整鼓风参数，风口损坏数目明显提高。

表 2-6 首钢风口焦炭粒度组成（%）以及风口损坏次数

时间	60~40mm	40~30mm	30~20mm	20~10mm	<10mm	风口损坏/次
2002 年	32.63	20.03	17.27	8.09	5.07	2
2003 年	22.47	15.86	22.91	15.86	13.22	17

应用式（2-2）可以看出，焦炭粒径由 30mm 减少到 20mm，DMT 由 1481℃减小到 1200℃，温度减小了 281℃；当然，死料柱焦炭粒径由 30mm 增加到 40mm，DMT 由 1219℃增加到 1500℃，增加了 281℃；焦炭粒径的变化关系到炉缸中心渣铁的软熔、熔化和滴落。值得注意的是死料柱焦炭粒径要大于 26mm，低于该值会使 DMT 降低。

（2）在式（2-2）中煤气利用率对 DMT 的影响占比达 20%左右，仅次于焦炭对死焦堆透气透液性的作用。高炉中心区域煤气利用率高表明燃烧带产生的煤气能够到达炉缸中心。由于煤气能够到达炉缸中心，所以煤气能够覆盖高炉径向上的整个料层。若料层透气性好和原料还原度高则能够实现高的煤气利用率。矿石与煤气充分接触，被充分预热和间接还原，提升了软熔带高度，降低了燃料比，减少了对炉缸中渣铁水的吸热，保证了炉缸的活跃性。

图 2-19 所示为在不同焦炭粒度情况下，煤气利用率与死焦堆温度的关系。从图中可以看出，高炉内煤气利用率降低，死焦堆的温度降低，煤气利用率增加 1%，死焦堆温度增加 12°。对于实际高炉，当高炉焦炭粒度较低、煤气利用较差时，对应的死焦堆温度较低，此时对应的炉缸温度低。由于焦炭粒度小时，炉缸炉底的透气透液性差，此时需要采取相应措施，防止温度进一步降低。

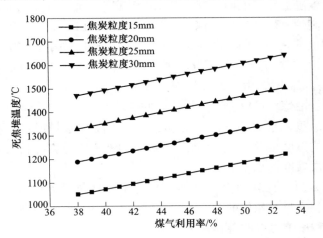

图 2-19 煤气利用率与死焦堆温度的关系

（3）式（2-2）第三项表明高的铁水温度、适当的炉渣碱度和低的氧化铝含量，对死焦堆透液透气性有利。由于炉渣的黏度大约是铁水黏度的 100 倍，炉渣的黏度决定了炉缸的透液透气性。高的铁水温度、适当的炉渣碱度和低的氧化铝含量有利于增加炉渣的流动性。当炉渣碱度低于 1 时，炉渣流动性的随炉渣温度和成分变化较大，越大高炉内部温度分布越不均匀，炉渣流动性的稳定性变差，不利于高炉操作的稳定性。图 2-20 给出了碱性渣和酸性渣的黏度随炉渣温度的变化。

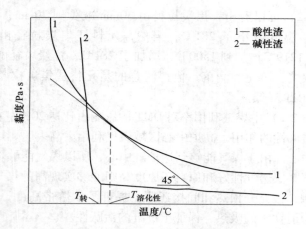

图 2-20　温度对熔渣黏度的影响

从图 2-21 中可以看出，当炉渣温度超过熔化性温度一定范围时，碱性渣的黏度要比酸性渣的黏度小，此时，碱性渣黏度随温度变化呈现稳定性，也就意味着此时温度波动对炉渣流动性影响较少，更有利于其在高炉内部均匀的滴落和流动。酸性渣黏度随温度降低而升高，随温度升高而降低，随温度的波动呈现不稳定性。由于大高炉燃烧带温度、深度、高度及宽度在时间空间上均不完全相同，高炉料柱温度也不完全相同，即使炉料在空间上是均匀的，高炉周向及径向炉渣黏度也不同，导致软熔带、滴落带高度不同，料柱透液透气性不同。对于碱性渣，当温度超过 $T_{转}$ 时，由于碱性渣对温度波动有一定的"容忍性"，高炉生产选用碱性渣进行冶炼，可以保证高炉炉渣的流动性、圆周工作均匀性和炉缸活跃性。碱性渣的碱度不能接近 1，严格意义上讲，高炉原料成分的波动和布料偏析，如果其平均碱度接近 1，就可能导致高炉内部有些地方的料层碱度远大于 1，一些地方的料层碱度远小于 1。

（4）式（2-2）第四项表明，增加燃料比 10kg/t 铁，死焦堆温度增加 24℃ 左右。相比焦炭和原料对死焦堆温度的影响较小。这表明尽管增加燃料比，降低焦炭负荷，一定程度上可以改善料柱透气性，如果焦炭和原料质量得不到改善，炉缸死焦堆透气性难以改变。死焦堆温度的提高可能是由块状带原料还原和预热引起的。

（5）式（2-2）第五项表明，DMT 温度与炉缸直径的立方成反比，死料柱温度随炉缸直径的增加而降低，增加炉腹煤气量相当于增加风量和氧量。在其他条件不变的情况下，某厂 5500m³ 高炉炉缸直径由 15.5m 增加到 16.0m，DMT 由 1116℃ 降低到 1007℃，降低了 109℃。5500m³ 高炉风量由 8000m³/min 提高到 8500m³/min，DMT 由 1021℃ 增加到 1090℃，增加了 69℃；由此可见，高炉炉缸直径越大，DMT 的温度越难以提高，焦炭质量是活跃高炉中心的核心，大高炉靠提高风速"吹透中心"几乎是不可能的。

图 2-21 所示为高炉鼓风量对死焦堆温度的影响。从图中可以看出,高炉鼓风量增加,死焦堆的温度增加,风量增加 $100m^3/min$,死焦堆温度增加 27.3℃。

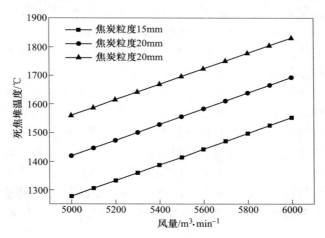

图 2-21 高炉鼓风量对死焦堆温度的影响

图 2-22 所示为不同炉缸直径,在不同鼓风量的条件下死焦堆温度变化情况。从图中可以看出,在其他条件不变的情况下,死焦堆温度随着炉缸直径的增大而减少。当风量为 $5000m^3/min$ 时,炉缸直径从 12m 增加到 13m,死焦堆温度降低291.5℃;当炉缸直径为 12m 时,风量从 $5000m^3/min$ 增加到 $5100m^3/min$ 时,死焦堆温度增加 27.3℃。炉缸直径减小 1m 与风量增加 $1000m^3/min$ 对死焦堆温度的影响近似相等。

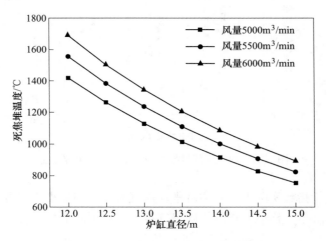

图 2-22 炉缸直径对死焦堆温度的影响

2.7   高炉炉缸煤气流分布

高炉大型化是现代高炉发展的趋势，高利用系数、低能耗及长寿命是现代高炉追求的目标。随着喷煤量的提高，炉内焦层厚度减薄，炉缸中心不活跃区域逐渐扩大，炉缸侵蚀、破坏速度十分迅速，高炉炉缸成为了高炉长寿的限制性环节。宝钢 2 号高炉、迁钢 1 号高炉以及首钢 2 号高炉操作实践证明，炉缸死焦堆透气性和透液性差是造成炉缸侵蚀加剧的主要原因之一。由于炉缸中心煤气流较弱，使死焦堆处于呆滞状态，炉芯焦炭更新缓慢，同时边缘气流偏强，加重了煤气流对边缘炉墙的冲刷，而且炉缸周边滴落带铁水增加，使得炉缸侧壁炭砖侵蚀加剧。宝钢、首钢通过调整炉缸煤气流分布，适当抑制边缘，发展中心煤气流，从而降低了铁水环流速度，有利于保护炉缸。当炉缸活跃性较差时，许多高炉操作者为了"吹透炉缸中心"，经常采用提高鼓风动能的方法，然而过高的鼓风动能可能会产生悬料或管道，不利于高炉稳定顺行。因此，通过调整炉缸焦炭粒径和空隙度，从而改善炉缸透气性，引导煤气到达炉缸中心对高炉长寿高效至关重要。

通过统计宝钢、鞍钢、武钢、本钢、包钢、首秦、迁安、上钢等厂 2004 年至 2006 年上半年利用系数等高炉操作数据，计算得到了炉腹煤气量指数和炉缸横截面积的关系，炉腹煤气量指数单位为 $m^3/(min \cdot m^2)$，各厂高炉单位炉缸断面积通过的炉腹煤气量比较接近，炉腹煤气量指数一般为 $58 \sim 66 m^3/(min \cdot m^2)$，如图 2-23 所示。

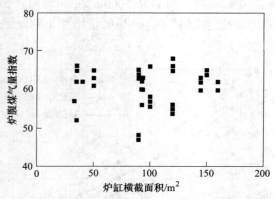

图 2-23   炉腹煤气量指数与炉缸横截面积的关系

炉腹煤气量指数实际上就是炉缸平均煤气流速，炉缸平均煤气流速表示单位时间内通过炉缸单位横截面积的炉腹煤气量，可用下式表示：

$$v = \frac{V_{BG}}{S} \qquad\qquad (2-3)$$

式中 v——煤气流速，m/min；

  V_{BG}——炉腹煤气量，m³/min；

  S——炉缸径向横截面积，m²。

实际高炉中，炉缸煤气流分布并不均匀，因此，下面计算通过高炉炉缸煤气流模型计算不同区域的煤气流速，研究炉缸直径、焦炭粒径、空隙度以及鼓风动能对炉缸煤气流分布的影响。

2.7.1 高炉炉缸煤气流模型

高炉炉缸煤气流模型同样建立在 Ergun 公式基础上。图 2-24（a）、（b）分别为炉缸径向横截面示意图和轴向横截面示意图，将炉缸沿径向按等面积划分为八个区域，由外向内依次为 1、2、…、8。其中 1 表示炉缸边缘区域，8 表示炉缸中心区域。八个区域的宽度如表 2-7 所示。图 2-25 为炉缸的网格结构，计算的料柱高度为 2m，风口以上和风口以下各 1m。

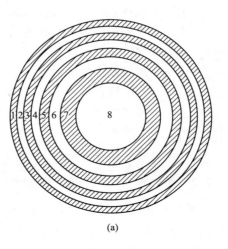

(a)

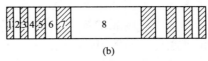

(b)

图 2-24　炉缸轴向横截面
（a）径向横截面；（b）轴向横截面

表 2-7　区域宽度

区域	1	2	3	4	5	6	7	8
宽度 R/m	0.065	0.069	0.075	0.083	0.095	0.112	0.146	0.355

注：R 为炉缸半径，m。

假设渣铁滴落主要影响焦炭空隙度，因此，本书主要研究炉缸直径、焦炭粒径、空隙度以及鼓风动能对炉缸煤气流分布的影响。通过建立煤气流动三维数学模型，计算通过不同区域的煤气流速。煤气流动控制方程如下：

图 2-25　炉缸网格结构

$$\nabla p = -(f_1 + f_2 |\boldsymbol{v}|)\boldsymbol{v} \qquad (2-4)$$

$$f_1 = \frac{150\mu(1-\varepsilon)^2}{(\phi d_p)^2 \varepsilon^3} \qquad (2-5)$$

$$f_2 = \frac{1.75\rho_f(1-\varepsilon)}{\phi d_p \varepsilon^3} \qquad (2-6)$$

$$\nabla \cdot \boldsymbol{v} = 0 \tag{2-7}$$

式中　p——煤气压力，Pa；

f_1——气体克服颗粒表面的黏滞阻力系数；

f_2——克服湍流漩涡和孔道截面突然变化而造成的阻力损失系数；

$\boldsymbol{v}$——煤气流速，m/s；

μ——煤气动力黏度，Pa·s；

ε——空隙度；

ϕ——形状系数；

d_p——焦炭粒径，m；

ρ_f——煤气密度，kg/m³。

2.7.2　炉缸直径对煤气流分布的影响

当炉缸直径为 11m，根据图 2-24 将炉缸按等面积划分为八个区域，每个区域内焦炭粒径均为 30mm，空隙度均为 0.35，煤气流量为 5700m³/min，炉腹煤气量指数为 60，计算不同区域的煤气流速，结果如图 2-26 所示。从图中可以看出通过边缘和中心区域的煤气流速分别为 1.21m/s、0.75m/s，越靠近炉缸中心，煤气流速越低，即使当炉缸内焦炭粒径和空隙度分布均匀，边缘煤气流速大于中心煤气流速，炉缸煤气流自然有向边缘发展的趋势。而在实际高炉中，由于燃烧带的存在，炉缸边缘的透气性远远好于中心。所以在高炉实际操作中，需要适当抑制边缘，发展中心。

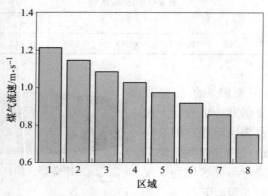

图 2-26　炉缸煤气流分布

为了研究炉缸直径对煤气流分布的影响，当炉缸直径为 8m、11m、16m 时，根据图 2-24 将炉缸按等面积划分为八个区域，炉缸内焦炭粒径均为 30mm，空隙度均为 0.35，根据图 2-23 可知，各高炉的炉腹煤气量指数比较接近，假设炉腹煤气量指数均为 60，则相应的煤气流量分别为 3014m³/min、5700m³/min、

12058m³/min，计算通过每个区域的平均煤气流速，结果如图 2-27 所示。从图中可以看出随着炉缸直径的增大，相同区域的平均煤气流速逐渐降低，当炉缸直径为 8m、12m、16m 时，边缘区域平均煤气流速分别为 1.08m/s、1.21m/s、1.58m/s，中心平均煤气流速分别为 0.93m/s、0.75m/s、0.58m/s，边缘和中心区域平均煤气流速的差值分别为 0.15m/s、0.46m/s、1.00m/s，说明随着炉缸直径的增大，边缘煤气流速越来越高，中心煤气流速逐渐降低，煤气流分布越来越不均匀。因此，炉缸直径越大，越难吹透中心。

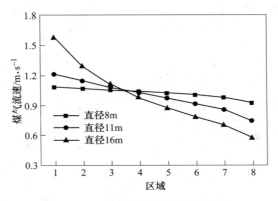

图 2-27 不同炉缸直径的煤气流速

2.7.3 焦炭粒径对煤气流分布的影响

首钢、宝钢风口焦取样说明越靠近炉缸中心焦炭平均粒径越小，并且小颗粒所占的比例越来越多。当炉缸直径为 11m，煤气流量为 5700m³/min 时，根据图 2-24 将炉缸按等面积划分为八个区域，每个区域内焦炭空隙度均为 0.35，焦炭粒径分布如图 2-28 所示。从区域 1 至区域 8 焦炭粒径线性递减，曲线 1 表示焦炭

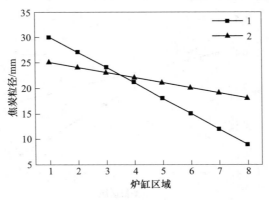

图 2-28 焦炭粒径分布

粒径由 30mm 减小至 9mm，曲线 2 表示焦炭粒径由 25mm 降低至 18mm。

图 2-29 中的曲线 1、2 的计算条件分别对应图 2-28 曲线 1、2。由图 2-29 可见，曲线 1 边缘煤气流速和中心煤气流速分别为 1.44m/s、0.55m/s。曲线 2 边缘和中心区域煤气流速分别为 1.28m/s、0.69m/s。通过对比曲线 1 和曲线 2 可以看出，当边缘区域焦炭粒径降低 5mm，中心焦炭粒径提高 9mm 之后，边缘煤气流速降低了 11.1%，中心煤气流速提高了 25.5%。因此，炉缸内焦炭粒径分布影响煤气流分布，适当降低边缘焦炭粒径、提高中心焦炭粒径可以增强中心煤气流，有利于引导煤气到达炉缸中心。

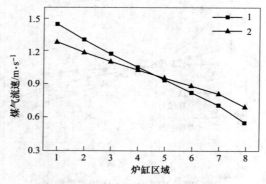

图 2-29   通过不同区域煤气流速

2.7.4   料柱空隙度对煤气流分布的影响

当炉缸直径为 11m，煤气流量为 5700m³/min 时，根据图 2-24 将炉缸按等面积划分为八个区域，每个区域内焦炭粒径均为 30mm，炉缸内焦炭空隙度分布如图 2-30 所示。从区域 1 至区域 8 焦炭空隙度线性递减，曲线 1 表示空隙度由 0.45 减小至 0.1，曲线 2 表示空隙度由 0.4 降低至 0.26。

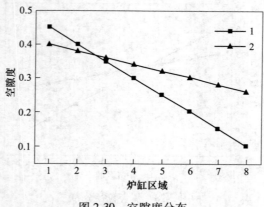

图 2-30   空隙度分布

图 2-31 曲线 1、2 的计算条件对应图 2-30 曲线 1、2。由图中可见，越靠近炉缸中心区域，通过的煤气流速越小，由曲线 1 可见，边缘和中心区域煤气流速分别为 2.25m/s、0.15m/s。由曲线 2 可见，边缘和中心煤气流速分别为 1.56m/s、0.51m/s，与曲线 1 相比，边缘区域煤气流速降低了 30.7%，中心区域增加了 240.0%。因此，改变焦炭空隙度分布是调整炉缸煤气流分布的有效手段，增大炉缸中心焦炭空隙度有利于增强中心煤气流，从而引导煤气到达炉缸中心。

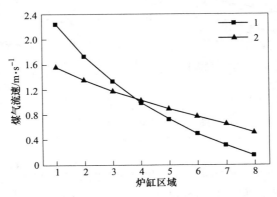

图 2-31　通过不同区域的煤气流速

2.7.5　鼓风动能对煤气流分布的影响

鼓风动能是指高炉某一风口单位时间内鼓风所具有的能量，其表达式为：

$$E_i = \frac{1}{2} m_i v_i^2 \tag{2-8}$$

式中　E_i——通过第 i 个风口热风的鼓风动能，J；

　　　m_i——通过第 i 个风口热风的鼓风质量，kg；

　　　v_i——通过第 i 个风口热风的鼓风速度，m/s。

高炉操作者为了"吹透中心"，经常采用提高鼓风动能的方法，通过表达式可以看出鼓风动能由热风的质量和热风的速度决定，因此通过增大风量和风速可以提高鼓风动能。由于煤气量与风量之间的关系可近似表示为：

$$V_B = \frac{p V_M}{(1.21 + w) t} \tag{2-9}$$

式中　V_M——煤气量，m³/s；

　　　V_B——风量，m³/s；

　　　w——富氧率，$w = 2\%$；

　　　t——理论燃烧温度，$t = 2273K$；

　　　p——热风压力，$p = 500kPa$。

因此，当炉缸直径为 11m，热风进口压力为 500kPa 时，根据式（2-9）可得风量与压差之间的关系，如图 2-32 所示。

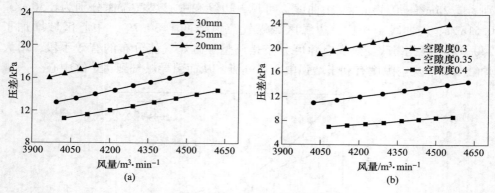

图 2-32 风量对压差的影响
（a）不同焦炭粒径；（b）不同空隙度

图 2-32（a）为焦炭粒径不同时风量对压差的影响。从图中可以看出三条曲线整体的变化趋势相同，随着风量的提高，压差逐渐增大。当空隙度为 0.35，焦炭粒径分别为 30mm、25mm、20mm 时，风量每增加 $1m^3/min$，压差分别提高 5.8Pa、7.0Pa、8.5Pa，由此可见焦炭粒径越小，风量对压差的影响越明显。图 2-32（b）为不同空隙度下风量对压差的影响，变化趋势和图 2-32（a）相似，当焦炭粒径为 30mm，空隙度分别为 0.4、0.35、0.3 时，风量每增加 $1m^3/min$，压差分别提高 3.7Pa、5.8Pa、10.0Pa，随着空隙度的减小，风量对压差的影响越来越明显。

同时，从中可以看出，在相同压差下，当焦炭粒径和空隙度越大时，风量越大。高炉实际操作过程中，为了保障炉料正常下降，料柱存在"极限压差"。因此，当焦炭粒径和空隙度越大时，与"极限压差"相对应的"极限风量"越大，说明在保障高炉稳定顺行的前提下，炉缸的透气性越好，高炉才可以接受更大风量。

当风量超过"极限风量"之后可能会导致煤气流穿过料层形成局部通道而逸走，产生"管道行程"。因此，在高炉实际操作中，提高风量会引起高炉压差上升，并且炉缸焦炭粒径和空隙度越小时，压差上升幅度越大。提高炉缸焦炭粒径和空隙度有利于增大"极限风量"，从而提高冶炼强度，当风量超过"极限风量"时，有可能产生管道。所以，为了保证高炉稳定顺行，风量必须和炉缸透气性协调一致。

2.8 高炉局部悬料、管道及崩料机理

高炉内部出现局部的悬料、管道和崩料是高炉常见的非稳定操作现象。对高炉的稳定、顺行会带来不利的影响。产生悬料、管道及崩料的根本原因是高炉料

柱内部煤气流量与透气性失衡，即绕流到该处的煤气流量远大于该处料柱能够通过的煤气量。如果不及时地调整原燃料和操作策略，有可能导致炉况失常。

杨永宜教授给出高炉料面下某处散料柱的净重力 q_h 如下式所示：

$$q_h = \frac{(\gamma_s - \Delta p/H)D}{4f\xi}(1 - e^{-4f\xi\frac{H}{D}}) \tag{2-10}$$

式中　　　q_h——料柱高度 $H(m)$ 处的单位体积炉料净重力，N/m^3；

　　　　　γ_s——高度为 $H(m)$ 处料柱的单位体积重力，N/m^3；

$gradp = \Delta p/H$——单位高度煤气流在料柱中产生的压差，Pa，见公式（2-11）；

　　　　　D——料柱直径，m；

　　　　　ξ——散料对炉墙的侧压力系数；

　　　　　f——散料与炉墙的摩擦系数。

特别需要引起注意的是导致高炉局部悬料是不需要整个料柱高度的透气性与煤气流量失衡，而是只要在料柱中局部有一薄层炉料的透气性差，高炉就会出现局部悬料，见公式（2-10）。当 $\Delta p/H$ 大于 γ_s 时，高炉就会出现悬料。γ_s 是单位体积炉料的密度乘以重力加速度，一旦高炉原燃料确定，高炉的密度变化不大，γ_s 也就基本确定了，影响 $\Delta p/H$ 的因素见公式（2-11），事实上只要料层某处的炉料透气性差就可使得 q_h 小于零，高炉发生悬料。

高炉局部出现的悬料、管道和崩料是接续发生的。发生悬料的根本原因是料柱单位高度的压差大于料柱的有效密度。当料柱的有效重量大于零的时候，料柱才能够下行。这就是当频繁出现局部悬、崩料时，降低风量，通过减少 $\Delta p/H$ 增加 q_h 的原因。

导致局部料柱有效重量小于零的原因：（1）如图 2-33（a）所示，在高炉中上部，由于原燃料出现粉末、大小颗粒掺混、原燃料球形度差等原因导致局部透气性不好，使得局部单位高炉料柱压差大于料柱有效重量，局部料柱出现悬料；（2）在软熔带，由于焦窗或渣铁流动性不好，导致其透气性差，局部料柱出现悬料。

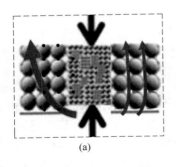　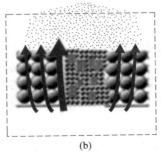　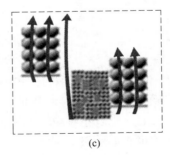

(a)　　　　　　　　　　(b)　　　　　　　　　　(c)

图 2-33　料柱透气性示意图

当局部悬料发生时，悬料处的料柱透气性变差，煤气流几乎不能通过该处，透气性差的地方煤气流就会绕流到透气性好的地方，料柱中透气性好的地方煤气流速就会越来越大，一些小的颗粒或粉尘就会被吹起，由于曳力与煤气流流速和颗粒速度的差平方成正比的原因，被吹起的小颗粒炉料和粉尘就会落到煤气流速度小的地方，也即透气性差的地方，导致透气性差的地方的透气性变得更差，透气性好的地方，透气性就会变得更好。这样就会导致管道的形成和发生，如图 2-33（b）所示。一旦管道形成，大量的煤气流就会从管道流走，管道周边透气性差的料柱对煤气流压差的影响几乎为零，根据公式，局部料柱的有效重力几乎为料柱的重量，此时便发生局部塌料崩料，如图 2-33（c）所示。由此可见，除了对原燃料质量的要求外，通过布料尽可能减少或消灭局部透气性差的地方是非常重要的。

2.9　料柱压差的影响因素

透气性是散料层的一个最重要的流体力学特性，它表示在一定条件下，流体通过料层能力的大小。影响高炉透气性的因素包括入炉原料的粒度、空隙度及形状系数等。空隙度的影响因素如图 2-34 所示。

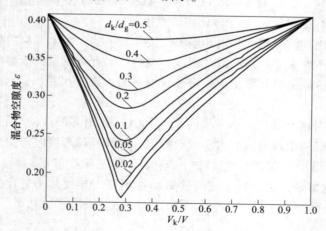

图 2-34　两种粒度球形混合物的空隙度

d_k—细粒级直径；d_g—粗粒级直径；V_k—小颗粒的体积；V—颗粒的总体积

图 2-34 为两种球形粒度混合物的空隙度变化情况。从图中可以看出，只要颗粒粒度是均匀一致的，不论颗粒大小，单一颗粒炉料的空隙度最大，约为 0.41。随着小颗粒炉料体积分数的增大，混合炉料的空隙度先降低再升高，且随着颗粒的粒级差别的增大，也即 d_k/d_g 越小，空隙度也越来越小。从图中可以看出，当大颗粒与小颗粒的混装比例为 7∶3 左右时，空隙度最小，此时空隙度比

只有大颗粒或者小颗粒的空隙度都小，这样会大大增加料柱的阻力。因此，当大颗粒和小颗粒分级入炉时，对于同一批炉料，炉料的空隙度增加，其透气性就会改善。

当小颗粒体积分数约为 30% 时，空隙度达到最小值；随着 d_k/d_g 的降低，混合炉料的空隙度逐渐降低。当大颗粒和小颗粒分级入炉时，对于相同的粒级的颗粒层，空隙度增加，其透气性会改善。但是要特别注意的是，尽管总体上大小颗粒的体积比达不到 2:1，但大小颗粒的在混合层局部其比例是非常可能达到 2:1 的，若 d_k/d_g 又很小，其透气性将会是非常差的。

在高炉中需要特别引起注意的是焦炭和矿石的交界面，如果焦炭粒径是 60mm，矿石粒径是 3mm，在交界面其粒径比就是 0.05，基本上不透气。

在喷煤量增大时，未燃煤粉增加，料柱中的未燃煤粉与焦炭粒径之比远远小于 0.01，如果有未燃煤粉在局部累计，该局部几乎就不透气。

尽管许多作者给出了描述的高炉不同区域压差的具体公式，但 Ergun 公式是目前通过理论推导描述流体流过颗粒床层普遍被应用的公式，它较全面准确地考虑了影响颗粒床透液透气性的因素。

根据 Ergun 公式：

$$\mathrm{grad}p = \frac{\Delta p}{H} = -(f_1 + f_2|\boldsymbol{u}|)\boldsymbol{u} \tag{2-11}$$

$$f_1 = 150\frac{\mu(1-\varepsilon)^2}{(d_e\phi_s)^2\varepsilon^3} \tag{2-12}$$

$$f_2 = \frac{(1-\varepsilon)\rho}{\phi_s d_e \varepsilon^3} \tag{2-13}$$

$$|\boldsymbol{u}| = \sqrt{u_x^2 + u_y^2} \tag{2-14}$$

式中　　$\mathrm{grad}p$——炉料料柱的压差梯度，也即单位高度料柱受到的压差，Pa；该数越大，表明流体越难以通过该颗粒床层，料柱的透气性也就越差；

f_1，f_2——阻力系数；

Δp——单位面积料柱受到的煤气流压差，Pa；

H——料柱的高度，m；

μ——流体的黏度，Pa·s；

$\boldsymbol{u}$——空炉煤气流流速，m/s；

u_x——煤气流速在 x 方向上的分量，m/s；

u_y——煤气流速在 y 方向上的分量，m/s；

ε——料柱的空隙度；

d_e——料柱颗粒的当量直径，m；

ϕ_s——料柱炉料颗粒形状系数；

ρ——流体的密度，kg/m^3。

其中，Δp、H、μ、u、u_x、u_y、ε、d_e、ϕ_s、ρ 是透气性的影响因素。

料柱的压差梯度与空隙度 ε 的三次方的倒数成正比，从图 2-34 中可以看到，应该减少颗粒粒级差，若焦炭的平均粒级是 60mm，原料最小粒级为 6mm，则 d_k/d_g 为 0.1，此时需要特别注意的是，在矿焦混合层局部，当小于 6mm 的颗粒达到一定量时（需要注意的是不需要特别大的量），在焦层与矿层之间的混合层小颗粒体积就会占混合层体积的 30% 左右，其空隙度会变得非常小。

2.9.1 料柱空隙度对其压差的影响

料柱空隙度对压差的影响如图 2-35 所示，计算过程中选用颗粒当量直径 30mm，形状系数 0.72，煤气流密度为 $1.09kg/m^3$。从图中可以看出，透气性随空隙度的减小而减小，当空隙度降到 0.3 以下时，料柱压差对煤气流量的变化十分敏感，煤气流量稍微的增大就会导致料柱的透气性急剧恶化（压差大幅度升高）。从图中可以看到，粒度对料柱透气性的影响也可以大致分为三个区域：（1）压差敏感区。当料柱空隙度小于 0.25 时，一旦增加风量，料柱压差迅速升高，透气性严重变差，甚至发生悬料。也就是说，当料柱空隙度小于 0.25 时，该区域对风量变化是敏感的，也是不稳定的。对于大型高炉，炉缸面积 $100m^2$ 左右，温度分布随时随地都在变化，很难保证高炉局部区域煤气流量稳定，也即很难保证不同空隙度的地方下料速度均匀一致，高料料柱局部速度出现时快（崩料）时停（悬料）的现象，表现在该处的探尺上就是所谓的"滑尺"或"横尺"。（2）压差缓变区。在料柱局部空隙度大于 0.25 且小于 0.35 时，料柱局部的压差随风量增加而增加，随风量减小而减小，当局部煤气流量增加时，

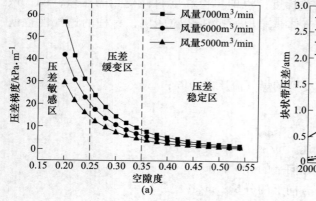
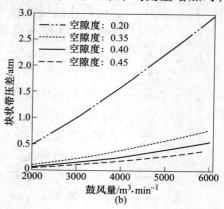

图 2-35　空隙度对高炉压降梯度的影响

（a）风量衡定；（b）空隙度衡定（顶压为 2.0atm，1atm＝1.01325×10^5Pa）

料柱局部压差上升，料柱局部下降速度变慢，局部的压量关系紧张，料柱局部对应的探尺下降迟缓。料柱难行，需要适当减风维持料柱的正常运行速度。如果需要不停地调整风量来维持高炉下料，这就表明可能料层空隙度变小。（3）压差稳定区。当料柱局部空隙度大于 0.35 时，该处的压差随风量增加，变化小且平稳，此时有利于高炉增加风量，提高产量。

从图 2-34 中，也可以看到当 d_k/d_g 小于 0.1，小颗粒体积占整个体积的 30%时，局部料柱空隙度便小于 0.25，这在焦炭与原料的交界面处（混合层）很容易出现。

2.9.2 炉料球形度对料柱压差的影响

假设高炉原燃料形状如图 2-36 所示。

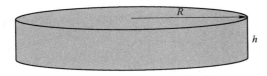

图 2-36　高炉原燃料形状示意图

根据球形度定义有：

$$\pi R^2 h = \frac{1}{6}\pi d^3 \tag{2-15}$$

$$d_e = (6R^2 h)^{\frac{1}{3}} \tag{2-16}$$

$$\phi_s = \frac{S_{pb}}{S_{fb}} = \frac{\text{同体积的球形颗粒表面积}}{\text{非球形颗粒表面积}} = \frac{\pi d^2}{2\pi R^2 + 2\pi Rh} = \frac{\pi\left(\frac{6h}{R}\right)^{\frac{2}{3}}}{2\left(1 + \frac{h}{R}\right)} \tag{2-17}$$

式中　R——炉料颗粒半径，m；

　　　h——炉料颗粒厚度，m；

　　　d_e——等效球形炉料颗粒的直径，m。

由式（2-11）~式（2-14）可知，当：$h \to 0$，$\phi_s \to 0$；得到 $\Delta p \to \infty$，因此要注意：

（1）在高炉生产过程中避免薄片状烧结矿和块矿入炉（即 $h \to 0$，$\phi_s \to 0$，$\Delta p \to \infty$）；

（2）在还原竖炉、石灰竖炉要避免片状原料入炉；

（3）球形炉料的形状系数接近 1，有利于减少煤气流动阻力，提高球团比例有利于高炉透气性改善；

（4）在烧结台车上，避免烧结原料呈薄片状（特别要注意水分、烧结过程产生大面积的液相和布料器研究）。

（5）烧结矿尽可能破碎为球形。

图 2-37 显示了块状带压差随炉料形状系数的变化。随着顶压的增加，形状系数的变化对块状带压差的影响越来越小。当顶压一定时，块状带压差随着形状系数的减小呈非线性的增大，并且其增加的速率越来越快。形状系数也就是颗粒的球形度，形状系数越大颗粒就越接近球形。因此在实际生产中，要保证烧结矿破碎过程的球形度和块矿的球形度，提高球团矿的比例。

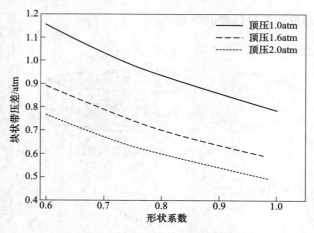

图 2-37　炉料形状系数对块状带压差的影响

（1atm＝1.01325×10⁵Pa）

2.9.3　料柱炉料粒度对其压差的影响

图 2-38 所示为颗粒直径对压降梯度的影响，计算过程颗粒形状系数为 0.72，散料层空隙度为 0.4。对于相同空隙度，随着颗粒直径的增加，料柱压差在减小，透气性增加。从图中可以看到，炉料粒度对料柱透气性的影响也可以大致分为三个区域：

（1）压差敏感区。当炉料粒度小于 8mm 时，一旦增加风量，料柱压差迅速升高，透气性严重变差，甚至发生悬料。也就是说，当料柱炉料粒度小于 8mm 时，该区域对风量变化是敏感的，也是不稳定的。对于大型高炉，当炉料粒度小于 8mm 时，高料料柱局部速度易出现时快（崩料）时停（悬料）的现象，表现在该处的探尺上就是所谓的"滑尺"或"横尺"。

（2）压差缓变区。在料柱局部炉料粒度大于 8mm 且小于 15mm 时，料柱局部的压差随风量增加而增加，随风量减小而减小，当局部煤气流量增加时，料柱

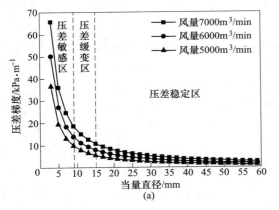 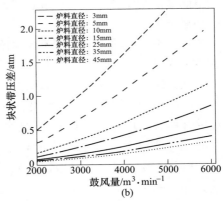

图 2-38 颗粒直径对压降梯度的影响

（a）风量衡定；（b）炉料直径衡定（顶压为 2.0atm，1atm = 1.01325×10⁵Pa）

局部压差上升，料柱局部下降速度变慢，局部的压量关系紧张，料柱局部对应的探尺下降迟缓。料柱难行，需要适当通过减风，维持料柱的正常运行速度，该粒度区对风量变化是非稳定区。

（3）压差稳定区。当料柱局部炉料粒度大于 15mm 时，该处的压差随风量增加，变化小且平稳，此时有利于高炉增加风量，提高产量。

2.10 大型高炉软熔带形状讨论

大型高炉的优势就是炉缸直径大且炉缸面积大，只有整个炉缸横截面积都在炼铁，才能真正发挥大高炉的优势。为了达到这一目的，必须引导燃烧带煤气流到达高炉炉缸中心，理论和实践均已表明倒"V"形软熔带是实现高炉长寿、稳定、顺行和高效的重要保证。

要形成倒"V"形软熔带，高炉料柱横截面从边缘到中心的温度就应该尽可能高。（1）炉缸死焦堆小且透液透气性好，使得燃烧带的高温煤气流容易到达炉缸中心；（2）高炉料柱中心的透气性要好，使得煤气流沿高炉高度方向从炉缸中心容易穿过滴落带、软熔带、块状带到达高炉料面。（3）对于现代大型高炉，其炉缸直径大于 10m，炉缸周长在 30~40m 左右。为了高炉长寿，炉身下部、炉腰、炉腹安装有铜冷却壁，确保边缘有适量煤气量以便炉身下部以下有熔化的渣铁，以便在铜冷却壁热面形成渣皮，另外也确保炉墙附近大量矿石的还原预热，提高炉缸活跃性，边缘适量煤气流还可防止矿石磨损冷却壁及边缘黏结。（4）考虑到软熔带的透气性，特别是大喷煤时的透气性，以及保护炉身下部、炉腰、炉腹的冷却壁，软熔带应具有"翘边-瘦而高 Λ-开发中心"的形状。

为了让煤气流易于流到高炉中心，高炉中心最好少加原燃料，甚至不加原燃料！中心是"空"的最透气，这也就是正"V"形料面的原因！一些高炉操作者在不能够控制原料滚入高炉中心的条件下，为了实现倒"V"形软熔带，采用中心加焦技术。

图 2-39 为两种不同软熔带对比分析图。从图中可以看出：(1)"瘦高型"的软熔带（如图 2-39（a）左侧所示）可以增加焦窗个数，减少软熔带对煤气的阻力，从而减少整个高炉料柱的压差。(2)"瘦高型"的软熔带增大了块状带炉料区域，也即增加了间接还原预热区，有利于提高煤气利用率，减少高炉煤气对炉墙的冲刷，渣皮稳定，利于高炉长寿。(3)"瘦高型"的软熔带有利于"压缩"中心死焦柱，易将高温的煤气流引导到炉缸中心，实现整个高炉炉缸横截面炼铁。(4)"矮胖型"的软熔带（如图 2-39（a）右侧所示）会带来很多不利的影响：缩小间接还原区、高温煤气流易于冲击炉墙、渣皮脱落频繁、增大死料柱、缩小风口燃烧带深度和高度、渣铁水和焦炭易于碰撞风口、中心渣铁和死料柱温度低、加剧铁水环流等。(5)"瘦高型"的软熔带有利于加深燃烧带和稳定燃烧带的深度和高度。(6)"瘦高型"的软熔带有利于保护风口免受渣铁水及焦炭的碰撞，延长风口寿命。(7) 如图 2-39（b）左侧料面的煤气流温度分布对应"瘦高型"的软熔带，相应的料面煤气流温度分布也是"瘦高型"的；中心煤气流温度高，说明高炉中心基本没有矿石，尽管中心煤气流通道畅通且煤气利用率低，但由于其很"窄"，流过的煤气量不大。煤气流温度平台较宽且温度较低，说明燃烧带产生的绝大部分煤气流都被有效地利用。(8) 图 2-39（b）右侧料面的煤气流温度分布对应"矮胖型"的软熔带，料面的煤气流温度分布也呈现

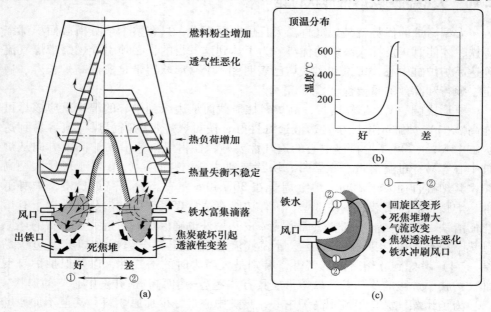

图 2-39　软熔带、料面煤气流温度分布及燃烧带

"矮胖型"，表现为中心和边缘两股煤气流，中心煤气流较弱。（9）图2-39（c）①—①的燃烧带深度和高度的变化对应着"瘦高型"的软熔带，由图可见，燃烧带较深且波动幅度小，稳定性好。（10）图2-39（c）②—②的燃烧带深度和高度的变化对应着"矮胖型"的软熔带，由图可见，燃烧带有时候很深，有时候很浅，波动幅度非常大，稳定性不好，燃烧带的大幅度波动会导致高炉炉况波动。

2.11　高炉料面形状的讨论

从图2-40（a）可以看到高炉料柱下降速度是不同的。按照料柱运动速度的快慢可以将料柱分成三个区域，一个是炉墙边缘的料速下降较慢的区域，燃烧带对应的上方中间区域是下降较快的区域，高炉中心区域的"死焦堆"是所谓的最慢速区。从图2-40（b）中可以看到，燃烧带正上方的炉料基本上是垂直落下，速度最快，靠近炉墙的炉料下降速度次之；中间慢速运动区的炉料一边下降，一边向炉墙方向运动。中心区的炉料以很低的速度一边向炉墙运动一边缓慢下降。按照高炉料柱炉料沿着径向炉料下降速度快慢组织布料，中心附近炉料下降速度最慢，尽可能不布或少布燃料（漏斗），中间部分下降最快，尽可能多布原燃料（平台），边缘下降较慢，适度布原燃料（收边），这就是"漏斗-平台-收边"的料面模式。为了尽可能提高料层透气性及煤气利用率，尽可能收窄中心，缩短边缘的"收尾"，降低中间矿层厚度，其相应的软熔带必然是"瘦高型"软熔带，如图2-41所示，死焦堆变得"窄"而小。

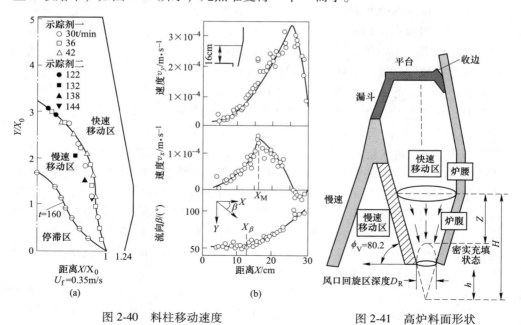

图2-40　料柱移动速度　　　　　　　　图2-41　高炉料面形状

2.12　高炉布料模式

2.12.1　中心有矿石和焦炭的"漏斗-平台"型料面

如图 2-42 所示，当中心有矿石时，矿石在还原过程产生粉化，降低中心料柱空隙度，相关反应式如下：

$$3Fe_2O_3(s) + CO == 2Fe_3O_4(s) + CO_2 - 52.55kJ/mol$$

$$Fe_3O_4 + CO == 3FeO + CO_2 + 40.4kJ/mol$$

$$1/4Fe_3O_4 + CO == 3/4Fe + CO_2 - 3.87kJ/mol$$

$$FeO + CO == Fe + CO_2 - 18.63kJ/mol$$

$$Fe_2O_3 + 3C + 3/2O_2 == 2Fe + 3CO_2 - 384.6kJ/mol$$

还原矿石的二氧化碳与焦炭进行熔损反应，降低焦炭强度，导致焦炭产生粉化，反应式如下所示。

$$CO_2(g) + C == 2CO(g)$$

中心料柱的矿石软熔后会严重恶化中心的透气性，甚至导致中心料柱不透气。为了不让矿石进入料柱中心，一些厂家采用中心加焦技术。

图 2-42　中心有矿石的
"漏斗—平台"型料面

2.12.2　中心加焦存在的问题

中心加焦技术确实解决了矿石滚落到高炉料柱中心的问题，但带来了以下问题，如图 2-43 所示：（1）中心加焦过多，势必导致加到高炉中心焦炭粒径不匀，中心料柱空隙度降低，不利于中心料柱的透气性；（2）矿焦比一定，中心布焦圈数多，矿焦比一定时，导致中间及边缘布焦少，煤气少，中间及边缘炉料间接还原差，预热也差，间接还原及预热不充分的矿石进入炉缸，炉缸易"堆积"；（3）中心焦柱粗大，中心焦柱的煤气量大，炉顶温度容易超限；（4）由于中心无 CO_2，中心料柱的小颗粒焦炭不容易熔损被消灭，影响料柱透气性；（5）更多未经利用的煤气通过高炉中心，煤气利用率低，燃料比提高；（6）一般中心加焦时焦炭堆尖位于离高炉中心一定距离半径的圆上，真正的料柱中心透气性较差，透气性好的区域是中心加焦过程滚落到料面上的大颗粒焦炭形成的环带，随着中心加焦的继续，堆尖位置的粉焦下行，中心加焦时间越长，高炉中心以及离中心一定距离的圆上变得越不透气。

为了改善中心透气性需要更多的中心加焦，中心焦柱会变得越来越大。布矿的"平台"越来越窄，矿层越来越厚，矿层对应的焦层越来越薄。当焦层中的焦炭既不能保障透气性也不能保障矿石直接还原所需的碳量时，更多的未被充分

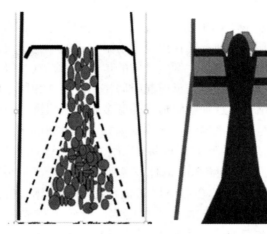

图 2-43 中心加焦

还原和预热的矿石进入炉缸，高炉炉缸工作状态将会恶化。

有的高炉操作者认为，当焦炭质量下降或高炉碱金属高时，采用中心加焦技术可以保证高炉顺行，事实上可能恰恰相反。（1）当焦炭溶损性能（CRI）差时，焦层中的焦炭和中心加焦环带的大颗粒焦炭与二氧化碳反应后容易破碎，导致"平台"和中心焦炭柱透气性变差，高炉"压量"关系紧张；（2）当焦炭的热强度（CSR）差时，到达炉缸的焦炭将会粉化，使得风口燃烧带产生的煤气流不能直接到达高炉中心，更多的燃烧带煤气产生回旋，回旋的气流带动焦炭回旋，焦炭破碎，磨损风口，发展边缘；（3）当高炉的碱金属含量高时，更多的含有碱金属蒸汽的煤气通过中心焦柱，如表 2-8、表 2-9 所示，5%钾单质或氯化钾溶液均会对焦炭产生严重破坏，导致高炉中心焦柱透气性恶化。

表 2-8　钾蒸气溶液对焦炭的破坏　（单位:%）

焦样/高温强度	CRI	CSR
原始焦炭	24.67	63.88
3%的钾单质+焦炭	35.05	65.87
5%的钾单质+焦炭	68.18	28.96
8%的钾单质+焦炭	64.7	32.29

表 2-9　氯化钾溶液对焦炭的破坏　（单位:%）

焦样/高温强度	CRI	CSR
原始焦炭	24.67	63.88
浸泡在5%氯化钾溶液中的焦炭	34.24	51.77
浸泡在10%氯化钾溶液中的焦炭	32.45	51.34
浸泡在15%氯化钾溶液中的焦炭	33.82	51.6

碱金属会使焦炭的反应性 CRI 提高，在相同钾吸附量下，钾对焦炭溶损反应的催化是高于钠的。这是由于钾、钠在焦炭上吸附方式的不同所决定的，钠在焦炭上的吸附以表面吸附为主，覆盖在发生反应的焦炭表面，这种吸附形式的碱金属非但没有催化作用甚至还会对溶损反应起阻碍作用。而在相同的吸附量下，钾更多的是与碳进行化学结合，这种吸附形式的碱金属对溶损反应有极大的催化作用。吸附钾后的焦炭质量下降迅速，劣化程度远大于吸附钠的焦炭。碱金属进入焦炭内部会与焦炭的灰分发生反应形成钾霞石（$K_2O \cdot Al_2O_3 \cdot 2SiO_2$）和钠霞石（$Na_2O \cdot Al_2O_3 \cdot 2SiO_2$），伴随 30% 的体积膨胀，使焦炭产生裂纹，甚至破碎成小块焦炭。此外，钾会与碳结合形成层间化合物（如 C_8K、$C_{60}K$ 等），产生10% 以上体积膨胀；可能正是由于这些不规则膨胀导致了焦炭内部组织产生裂纹，使焦炭强度下降。在高炉碱金属控制中，主要应该控制钾。

由于碱金属及锌循环的原理是低温时它们的蒸气在低温的粉尘颗粒或炉墙表面形核（异质形核容易）、液化或固化，随粉尘回到高炉料柱中，如果切断其在粉尘颗粒表面液化或排出含有碱和锌的粉尘就截断它们绝大部分循环的可能性。提高煤气温度和降低顶压可以部分实现上述目的，但提高煤气温度和降低顶压无疑会降低煤气利用率、提高燃料比及增加炉顶设备被破坏的可能性。

由此可见，中心加焦难以解决长期焦炭质量差和钾负荷高的问题。

中心加焦需要满足：（1）优质焦炭；（2）加到中心的焦炭是粒度最大的且均匀一致的；（3）中心的焦柱尽可能细；（4）降低入炉减负荷。

因此，通过上、下部调节，并保证良好的焦炭质量，把高温煤气引导到高炉中心是高炉稳定、顺行、长寿的关键。

与此同时，从燃烧带引导到高炉中心的高温煤气向上加热滴落带中的渣铁水，向下加热炉缸渣铁水，提高渣铁水温度和死料柱温度，保证炉缸渣铁水和死料柱具有充沛的物理热，渣铁具有良好的流动性，使得炉缸中心具有良好的透液透气性，减少铁水环流，延长高炉寿命。

根据 Ergun 公式，颗粒的当量直径越小，高炉料柱的压差越大。不同粒径的炉料混合会减小料柱的空隙度。高炉操作中，为了保证高炉中心的透气性，应尽量避免高炉中心颗粒的混合，增加焦炭粒径，为此可通过在高炉中心单独加入少量粒度大、颗粒均匀的焦炭，改善高炉中心的透气性。通过以上分析，炉料按不同粒级分装时，可以减少料层的颗粒混合，在不改变原料条件下，增加空隙度，提高料柱的透气性。

因此，为了形成"翘边-瘦而高的倒 V-开放中心"的软熔带，符合炉料运动规律，保护炉喉、炉墙，高炉料面应具有"收边-平台-瘦而深 V-开放中心"的炉料形状。

2.13 原料冶金性能对透气透液性的影响

2.13.1 高炉实际还原过程料层压差变化 (阻损变化)

炼铁原料的标准还原粉化试验是将其加热到500℃左右，开始通入含有20%CO的混合气体，恒温1h。在高炉冶炼过程原料在此温度停留时间一般不到1h。根据某厂高炉料批和炉型尺寸计算：在450~550℃范围内炉料停留时间约为20min。为此测试了不同还原时间烧结矿的粉化情况，结果如表2-10所示。由表2-10可见，烧结矿粉化程度随还原时间的延长而增加，但是在40min内粉化变化明显，40min后粉化程度基本不变。这说明提高料速有利于减少矿石还原粉化的影响。

表 2-10 还原时间对烧结矿粉化程度的影响

还原时间/min	>6.3mm	>3.15mm	<0.5mm
20	64.15%	82.17%	5.10%
40	28.78%	66.33%	7.88%
60	28.08%	64.65%	8.30%

由表2-10可见，原料的粉化程度随还原时间的变化而变化。为了模拟料层在实际高炉冶炼过程的透气性，设计了如下试验：在90min内温度以5℃/min的速率从450℃升高至900℃，在90min后以2.5℃/min的速率从900℃升高至1100℃，如图2-44所示在不同的温度区间内所通气体成分也不同。由于高温下升温速率控制的难度增大，因此不同试验达到1100℃所需的时间略有不同。

图2-44所示为烧结矿层的还原度和压差随温度的变化，横轴为反应时间，横轴的起点代表从450℃开始进行记录，纵轴分别为料层的阻损（图中左边的 Y 轴，单位Pa）和矿石的还原度（图中右边的 Y 轴，单位%）。

该图有如下三个主要特点：

（1）料柱在550℃之前的料层阻损 $\Delta p_{始}$ 730Pa，还原结束阻损 $\Delta p_{终}$ 1350Pa，压差增加率 $\Delta p(\%)$ 为85%。在通常认为低温还原粉化最严重的450~550℃区域，压差随温度的变化率 $S_{\Delta p-T}=0.2\text{Pa}/℃$，相对于高温，此时料层透气性恶化程度较轻，主要原因是在逐渐升温过程中烧结矿在此温度区间停留20min左右。由表2-10可知20min内烧结矿的还原粉化程度较轻，相应的还原度RI和还原速率 S_{RI-T} 也较低，分别仅为6.69%和0.03%/℃。

（2）在550~900℃的中温还原区，矿石料层的透气性继续恶化，且随温度升高恶化的趋势较慢，$S_{\Delta p-T}$ 达0.76Pa/℃，可能由于在此温度区域 Fe_2O_3 还原为 Fe_3O_4 的反应充分，发生晶格转变使得矿石产生裂纹，此外在高于570℃后 Fe_3O_4 继续被还原成FeO，烧结矿的矿相种类增多，各相受热膨胀不同使得烧结矿在升温还原过程中粉化，相应的RI达20.55%，S_{RI-T} 达0.04%/℃；在550~900℃之间，还原速度缓慢上升，阻损增加缓慢。

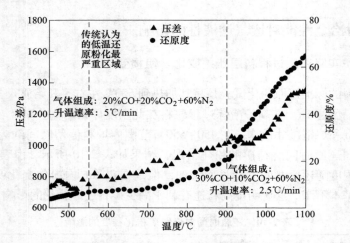

图 2-44　烧结矿逐渐升温过程料层压差和还原度的变化

（3）在 900~1100℃ 的高温热储备区，由于温度升高和 CO 增加，有利于还原反应的进行，因此 $S_{\Delta p\text{-}T}$ 明显提高至 0.22%/℃，反应后 RI 也达 64.79%；在 900~960℃ 料层阻损维持不变。在 1000℃ 以后料层透气性又开始明显恶化，这可能是由于铁氧化物大多已转变成浮氏体，Fe_xO 和其他矿物结合成低熔点物质，此外高温下铁酸钙大量被还原，还原后烧结矿强度的降低也会导致炉料粉化透气性下降，使得此阶段的 $S_{\Delta p\text{-}T}$ 高达 1.75Pa/℃。在此温度区间烧结矿的还原度和料层阻损增加迅速。

由图 2-45 给出了球团矿层的还原度和压差随温度的变化，横轴为反应时间，横轴的起点从 450℃ 开始，纵轴分别为料层的阻损和矿石的还原度。

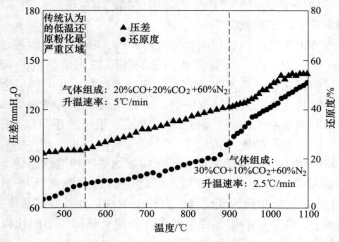

图 2-45　球团矿逐渐升温过程料层压差和还原度的变化

（1mmH₂O = 9.80665Pa）

该图也有如下三个主要特点：

（1）料层在550℃之前阻损为$\Delta p_{始}=930\text{Pa}$，还原结束时$\Delta p_{终}=1419\text{Pa}$，压差增加率$\Delta p$为52.58%，即球团矿在逐渐升温还原过程料层透气性恶化程度相比烧结矿较轻。其还原粉化最严重的区域也不在450~550℃区域。

（2）在550~900℃的中温还原区，球团的还原度在缓慢增加，料层的透气性逐渐恶化，但随温度升高压差变化较慢。

（3）在900~1100℃的高温热储备区，由于温度升高和气体成分调整后CO增加，都有利于还原反应的进行，球团还原度随温度的升高也逐渐加快，最高S_{RI-T}可达0.13%/℃。$S_{\Delta p-T}$明显提高至0.22%/℃，反应后RI也达64.79%；球团矿出现了与烧结矿相同的规律，在此温度区间球团矿的还原度和料层阻损增加迅速。料层透气性随温度的升高逐渐变差，并且在1050℃以后基本不再变化。

（4）比较图2-44、图2-45可以看出，相应温度下，球团的还原度高于烧结矿，球团的料层压差高于烧结矿。

对表2-11的两组含钛量不同的烧结矿进行了非等温还原粉化试验，测试低温还原粉化率、实时压差及还原度。

表2-11　烧结矿化学成分　　　　　　　　（单位：%）

成分 烧结矿类型	TFe	FeO	CaO	SiO₂	TiO₂	MgO	Al₂O₃
含钛烧结矿	55.79	8.12	11.56	5.94	2.34	2.08	1.69
普通烧结矿	57.09	7.94	9.87	5.15	0.09	0.34	1.72

图2-46为普通烧结矿逐渐升温试验得到的压差随温度的变化关系，横坐标表示温度，纵坐标表示压差（mm水柱）。根据图中的曲线变化趋势，将其划分为5个区域，依次标记为A、B、C、D、E，并将每个区域进行线性拟合，得到的直线分别记为L_A、L_B、L_C、L_D、L_E。

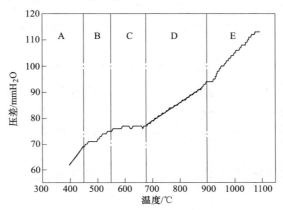

图2-46　普通烧结矿逐渐升温过程压差的变化
（1mmH₂O = 9.80665Pa）

在 400~449℃ 区间范围，压差随温度的变化关系 L_A：$\Delta p = 0.14 \times T + 5$（$R^2 = 0.996$）。

在 450~550℃ 区间范围，压差随温度的变化关系 L_B：$\Delta p = 0.06 \times T + 41$（$R^2 = 0.995$）。

在 650~899℃ 区间范围，压差随温度的变化关系 L_D：$\Delta p = 0.07 \times T + 30$（$R^2 = 0.995$）。

在 900~1100℃ 区间范围，压差随温度的变化关系 L_E：$\Delta p = 0.11 \times T - 10$（$R^2 = 0.986$）。

根据上述拟合的直线关系，计算压差增长率 Δp 及压差随温度的变化率 $\Delta p'$，计算结果如表 2-12 所示。在通常认为的低温还原粉化最严重的 450~550℃ 区域，料层透气性恶化程度反而较轻，压差增长率 Δp 为 0.09，压差随温度的变化率 $\Delta p'$ 仅为 0.6Pa/℃，这是因为烧结矿在逐渐升温过程中在此区间停留的时间为 20min，粉化过程尚未彻底完成，故烧结矿粉化程度较轻。

表 2-12　普通烧结矿的阻损在逐渐升温过程中的变化

温度范围/℃	Δp_0/Pa	Δp_1/Pa	压差的增长率 Δp/%	$\Delta p'$/Pa·℃$^{-1}$
450~550	680	740	8.8	0.6
650~899	755	930	23.2	0.7
900~1100	810	1110	37.0	0.9

在 900~1100℃ 区域，料层透气性恶化程度最大，压差增长率 Δp 最大为 0.23，压差随温度的变化率 $\Delta p'$ 也达到最大 0.9Pa/℃，这可能是由于开始有金属铁被还原出来，铁晶须使小颗粒重新黏结；在 1000℃ 以后料层透气性又开始明显恶化，这可能是由于铁氧化物大多已转变成浮氏体的形式，而 Fe_xO 又可和其他矿物结合形成低熔点物质，此外高温下铁酸钙大量被还原，还原过程产生的应力和还原后烧结矿强度的降低也可能导致炉料粉化透气性下降，使得此阶段的 $\Delta p'$ 值达到最大。

图 2-47 描述的是普通烧结矿逐渐升温过程还原度的变化，横坐标是温度，纵坐标是还原度。根据实验测得的数据，还原过程可划分为两个不同的时期：（1）400~900℃；（2）900~1100℃。

在 400~900℃ 区间范围，还原度随温度的变化关系：L_A：$RI = 0.03 \times T - 10$（$R^2 = 0.961$）。

在 900~1100℃ 区间范围，还原度随温度的变化关系：L_B：$RI = 0.18 \times T - 138$（$R^2 = 0.998$）。

在 900~1100℃ 的高温热储备区，还原度随温度的变化明显高于 400~900℃ 区间。其原因是由于温度升高和气体成分中 CO 含量的增加，都有利于反应的进

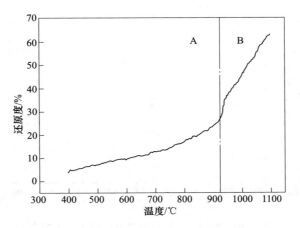

图 2-47 普通烧结矿逐渐升温过程还原度的变化

行，反应后还原度 RI 为 63%。

图 2-48 描述的是普通烧结矿逐渐升温过程料层压差和还原度的变化。总体上来看，随着还原度的不断增加，压差也在不断增加。

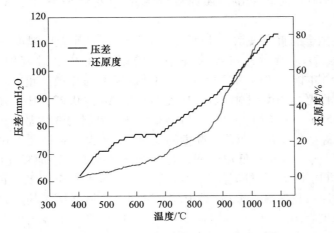

图 2-48 普通烧结矿逐渐升温过程料层压差和还原度的变化
（1mmH$_2$O=9.80665Pa）

图 2-49 为含钛烧结矿逐渐升温实验得到的压差随温度的变化关系，横坐标表示温度，纵坐标表示压差（mmH$_2$O）。根据图中的曲线变化趋势，将其划分为 3 个区域，依次标记为 A、B、C，并将每个区域进行线性拟合，得到的直线分别记为 L_A、L_B、L_C。

在 400~649℃区间范围，压差随温度的变化关系 L_A：$\Delta p = 0.05 \times T + 38$（$R^2 = 0.974$）。

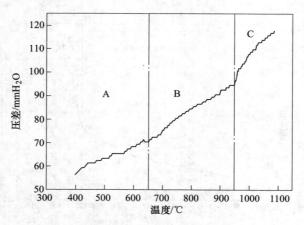

图 2-49 含钛烧结矿逐渐升温过程压差的变化

(1mmH$_2$O = 9.80665Pa)

在 650~900℃区间范围，压差随温度的变化关系 L_B：$\Delta p = 0.08 \times T + 19$（$R^2 = 0.992$）。

在 900~1100℃区间范围，还原度随温度的变化关系 L_C：$\Delta p = 0.16 \times T - 54$（$R^2 = 0.992$）。

根据上述拟合的直线关系，计算压差增长率 Δp 及压差随温度的变化率 $\Delta p'$，计算结果如表 2-13 所示，与普通烧结矿的阻损在升温过程中的变化对比（表 2-12），有共同点：（1）在通常认为的低温还原粉化最严重的 400~650℃区域，料层透气性恶化程度相对较轻，压差增长率 Δp 为 0.22，压差随温度的变化率 $\Delta p'$ 仅为 0.5Pa/℃；（2）在 900~1100℃区域，料层透气性恶化程度最大，压差增长率 Δp 最大为 0.36，压差随温度的变化率 $\Delta p'$ 也达到最大 1.6Pa/℃。但是也存在不同之处：（1）在低温区间，含钛烧结矿的低温还原粉化区域由 450~550℃扩展至 400~650℃，同时压差的增长率由 0.09 增加至 0.22，说明钛增加了烧结矿低温还原粉化区域；（2）对于高温区间，含钛烧结矿的压差随温度的变化率 $\Delta p'$ 由普通烧结矿的 0.8 增加至 1.6，说明钛也增加了烧结矿在高温区间的还原粉化程度。总之，高钛增加了烧结矿在低温区间和高温区间的粉化程度，不利于高炉顺行。同时也说明，对于高钛烧结矿，更应该考虑烧结矿在逐渐升温过程中的粉化规律和不同温度区间下的粉化程度。

表 2-13 含钛烧结矿的阻损在升温过程中的变化

温度范围/℃	Δp_0/Pa	Δp_1/Pa	压差的增长率 Δp/%	$\Delta p'$/Pa·℃$^{-1}$
400~649	580	705	21.6	0.5
650~899	710	910	28.2	0.8
900~1100	900	1220	35.6	1.6

图 2-50 描述的是含钛烧结矿逐渐升温过程还原度的变化，横坐标是温度，纵坐标是还原度。根据实验测得的数据，还原过程可划分为两个不同的时期：（1）400~900℃；（2）900~1100℃。

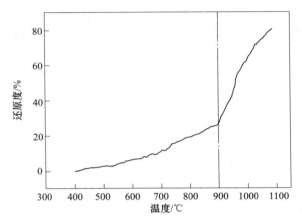

图 2-50　含钛烧结矿逐渐升温过程还原度的变化

在 400~900℃ 区间范围，还原度随温度的变化关系 L_A：$RI = 0.05 \times T - 24$（$R^2 = 0.950$）。

在 900~1100℃ 区间范围，还原度随温度的变化关系 L_B：$RI = 0.29 \times T - 230$（$R^2 = 0.963$）。

在 900~1100℃ 的高温热储备区，还原度随温度的变化明显高于 400~900℃ 区间。其原因是由于温度升高和气体成分中 CO 含量的增加，都有利于反应的进行。另外，含钛烧结矿在高温下的粉化增加了烧结矿与还原气体的接触面积，也可能促使了反应的进行，反应后 RI 为 79%。

图 2-51 描述的是含钛烧结矿逐渐升温过程料层压差和还原度的变化。总体上来看，随着还原度的不断增加，压差也在不断增加。

图 2-52 对比的是含钛烧结矿和普通烧结矿的压差增长率。对于含钛烧结矿，其压差的增长率高于普通烧结矿，说明含钛烧结矿在逐步升温过程中更容易引起压差增大，不利于高炉顺行。图 2-53 对比的是含钛烧结矿和普通烧结矿的压差随温度的变化。总体来看，对于含钛烧结矿，其压差随温度的变化率高于普通烧结矿，说明温度的变化更容易引起压差增大，也不利于高炉顺行。

图 2-54 对比了含钛烧结矿和普通烧结矿逐渐升温过程还原度对比。当温度小于 700℃ 时，含钛烧结矿的还原度小于普通烧结矿。当温度高于 700℃ 时，含钛烧结矿的还原度大于普通烧结矿，其原因可能是含钛烧结矿此时引起的粉化程度比较严重，增加了烧结矿与还原气体的接触，一定程度上促进了烧结矿的还原。

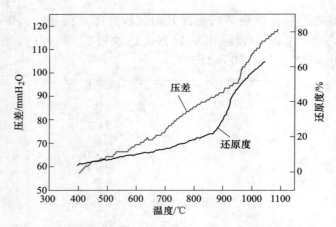

图 2-51　含钛烧结矿逐渐升温过程料层压差和还原度的变化

（1mmH₂O = 9.80665Pa）

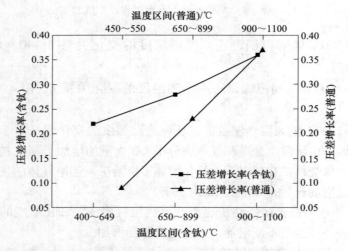

图 2-52　含钛烧结矿和普通烧结矿逐渐升温过程压差增长率对比

　　在高炉块状区不同的炉料结构其还原度和在料层中产生的压差是不同的，其标准低温还原粉化实验不能准确全面反映高炉生产实际情况。高炉炉料结构一般由烧结矿、球团和块矿组成，三者在块状带的还原度和压差均不相同，如果布料过程在高炉径向、周向和高度方向炉料结构、炉料碱度及炉料体积与煤气流量和焦炭量不相适应，势必导致在高炉径向、周向和高度方向上料层的还原度和压差不同，出现局部"横尺""滑尺"、悬料、管道及崩料现象，影响高炉稳定顺行。

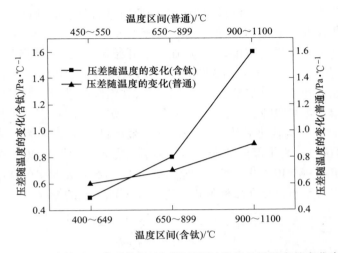

图 2-53 含钛烧结矿和普通烧结矿逐渐升温过程压差随温度的变化率对比

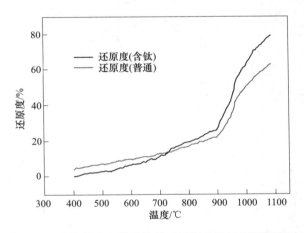

图 2-54 含钛烧结矿和普通烧结矿逐渐升温过程还原度对比

2.13.2 料层滴落过程压差变化（阻损变化）

图 2-55 给出了某厂综合炉料的熔滴实验结果，从图中可以看到该压差曲线有如下三个特点：（1）当实验温度小于 500℃时，料层压差变化很小。（2）当实验温度从 500℃到 1307℃，料层压差随着温度的升高在逐渐升高，这一温度段原料从还原粉化到开始部分软化。（3）从 1307℃到 1420℃料层压差随温度升高快速升高，压差达到最高，这一阶段原料从部分软化到开始滴落。（4）从 1420℃到 1450℃这一温度段，原料从开始滴落到基本结束滴落，压差快速降低，流动性好的渣铁基本滴落完毕。（5）从 1450℃到 1480℃压差有所上升并开始波动，表

明原料在熔化成为液态的熔体过程中，部分原料难熔化或流动性较差，在滴落过程堵塞部分焦炭孔隙且难以滴落。（6）软熔区间 1450－1307＝143℃ 可以看成炉料在高炉径向上软熔带的宽度。（7）在滴落开始后，压差下降到 1500Pa（表明熔化后的），然后又振荡上升到 3000Pa，然后又回落到 2500Pa，这表明熔化后渣铁熔体无论成分和流动性都是不均匀的，滴落在断续中进行，其黏度高流动性差的渣熔体滞留在焦炭空隙。该种原料如果布在高炉中心附近，实验指出当温度达到 1520℃ 时，其原料软化后滴落性仍极差，最后部分仍未滴落（或未熔化，见图中的位移曲线），为了保证其全部熔化滴落仍需要继续提高煤气温度。（8）本实验中烧结矿在 90% 以上，一般在高炉中不可能局部有如此多的烧结矿，但由于皮带上料、装料及布料存在多种偏析，有可能出现类似的情况。

配料情况	90.69%烧结矿(2)+4.31%球团+5.00%块矿(R=1.10)		
试样高度/mm	60	试样质量/g	203.01
收缩4%温度T/℃	1064	最大压差ΔP_1/Pa	4503
收缩4%压差ΔP/Pa	354	最大压差温度T_1/℃	1437
收缩10%温度T_a/℃	1143	最大压差收缩率H/%	61.26
收缩10%压差ΔP_{10}/Pa	403	滴落温度T_1/℃	1489
收缩40%温度T_a/℃	1307	滴落压差ΔP_4/Pa	2591
收缩40%压差ΔP_{40}/Pa	918	滴落收缩率H_4/%	70.74
软化区间(T_s-T)/℃	243	实验结束温度T_1/℃	1520
软化区间$(T-T_1)$/℃	164	实验结束压差ΔP_4/Pa	2983
软化区间(T_s-T_1)/℃	－114	实验结束收缩率H_a/%	86.21
压差陡升温度T_s/℃	1193	特征值S_n/kPa·℃	418
压差陡升收缩率H_s/%	17.51	熔融区间(T_s-T_a)/℃	296
陡升压差ΔP_s/Pa	490	熔融带厚度ΔH/mm	31.94
总特征值S/kPa·℃	361	注：$S=\int_{1d}^{Fd}(\Delta P-\Delta P_s)\mathrm{d}T$	

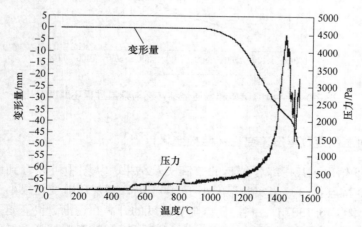

图 2-55　高比例烧结矿综合炉料熔滴实验

该实验对实际高炉操作有如下指导作用：（1）高炉料层的原料不是同步熔化的，部分高熔点高黏度熔体会堵塞焦窗。（2）若高炉料柱中附近有与实验相同的原料，即高炉布料出现偏析，炉料混合不好，实验表明高炉料柱中的煤气流温度至少要达到1520℃以上，对于成分及黏性不均匀的渣铁熔体，到达中心的煤气流温度要求的甚至更高，才能保证渣铁的完全熔化滴落。如果要实现"瘦高型"的倒"V"形软熔带，不但高炉料柱中煤气流温度要求更高，而且必须要有相当的煤气量，这样才能保证高炉料柱中区域具有还原熔化原料足够的热量，这就是大高炉为什么要强调一定要将高温煤气流引导到中心的原因。（3）如果布料使得在高炉径向、周向和高度方向炉料结构、炉料碱度及炉料体积分布不均匀，势必导致在高炉径向、周向和高度方向上料层的还原度、软熔滴落温度、软熔带高度、软熔带宽度和压差不同，高炉操作过程就难以保证其圆周工作均匀，燃烧带产生的煤气流难以到达高炉中心，由此可见，除了焦炭，原料对高炉操作的重要性。（4）如果燃烧带产生的煤气流不能够顺畅被引导到高炉中心，高炉料柱中的透气性就会严重恶化，软熔带降低，甚至没被充分还原预热的炉料进入炉缸，导致炉缸不活，环流加剧，不得不采取中心加焦，扩大中心无焦空间。（5）通过中心加焦产生中心无矿空间，尽可能不让原料靠近高炉料柱中心，而靠近燃烧带，使燃烧带产生的煤气流能够覆盖径向上的料层宽度。（6）为了保证高炉的长寿、稳定及顺行，焦炭的质量及原料熔化后熔体的成分均匀性及黏度（流动性）都十分重要。

图2-56给出了某厂综合炉料的熔滴实验结果，从图中可以看到该压差曲线有如下三个特点：（1）当实验温度小于500℃时，料层压差变化很小；（2）当实验温度超过500℃到1200℃，料层压差随着温度的升高在逐渐升高，这一温度段原料从还原粉化到开始部分软化。（3）从1200℃到1480℃料层压差随温度升高快速升高，压差达到最高，这一阶段原料从部分软化到开始滴落。（4）从1480℃到1520℃这一温度段，原料从开始滴落到基本结束滴落，压差快速降低，由位移曲线和压差曲线可以看到，原料基本熔化完毕，熔化后的渣铁熔体基本滴落完毕。（5）该种原料在软化、滴落开始、滴落中间压差都出现了波动，这表明熔化后渣熔体成分和流动性不是很均匀。（6）该种原料如果布在高炉中心附近，实验指出当温度达到1520℃时，其原料软化后才能彻底滴落。

对比图2-55和图2-56可以看出，不同的综合炉料配比，其软熔滴落性能是不同的，因此，高炉上料、装料及布料一定要保证其原料成分、体积及碱度等至少在高炉周向上是均匀的，以实现高炉圆周工作的均匀性。

2.13.3 焦矿混装对高炉生产的影响

为了让大矿批厚矿层中的矿石得到充分的还原，有必要在矿层中混装焦丁，矿层中二氧化碳较多，容易消耗焦丁。为了不至于让未溶损完的焦丁堵塞软熔带或滴落带的焦炭层空隙度，保证混装的焦丁在到达软熔带之前消耗完，一是焦丁不能够太大，二是焦丁的反应溶损要快。

配料情况		69.98%烧结矿(18-1)+25.02%球团+5.00%块矿 (R=1.10)	
试样高度/mm	60	试样重量/g	216.59
收缩4%温度$T/℃$	1035	最大压差ΔP_1/Pa	2650
收缩4%压差ΔP/Pa	225	最大压差温度T_1/℃	1445
收缩10%温度$T_a/℃$	1108	最大压差收缩率$H/\%$	69.69
收缩10%压差ΔP_{10}/Pa	257	滴落温度T_i/℃	1476
收缩40%温度$T_s/℃$	1254	滴落压差ΔP_d/Pa	2331
收缩40%压差ΔP_{40}/Pa	446	滴落收缩率H_4/%	77.72
软化区间$(T_s-T_1)/℃$	219	实验结束温度T_1/℃	1520
软化区间$(T_s-T_1)/℃$	146	实验结束压差ΔP_d/Pa	730
软化区间$(T_s-T_1)/℃$	8	实验结束收缩率H_a/%	95.48
压差陡升温度$T_s/℃$	1262	特性值S_n/kPa·℃	209
压差陡升收缩率H_s/%	41.40	熔融区间$(T_s-T_1)/℃$	214
陡升压差ΔP_s/Pa	490	熔融带厚度ΔH/mm	21.79
总特性值S/kPa·℃	171	注: $S=\int_{1d}^{fd}(\Delta P-\Delta Ps)dT$	

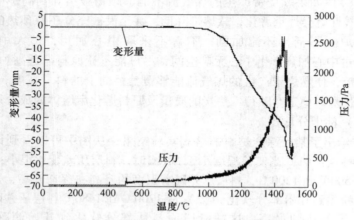

图 2-56 常规综合炉料结构熔滴实验研究

图 2-57 给出从常温~1250℃非等温条件下原料的还原度变化情况。非等温还

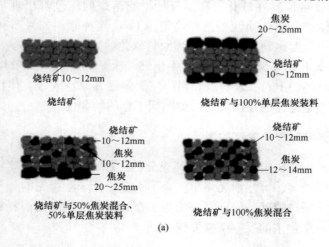

烧结矿10~12mm

烧结矿

烧结矿与100%单层焦炭装料

焦炭 20~25mm

烧结矿 10~12mm

烧结矿 10~12mm

焦炭 10~12mm

焦炭 20~25mm

烧结矿与50%焦炭混合、 50%单层焦炭装料

烧结矿 10~12mm

焦炭 12~14mm

烧结矿与100%焦炭混合

(a)

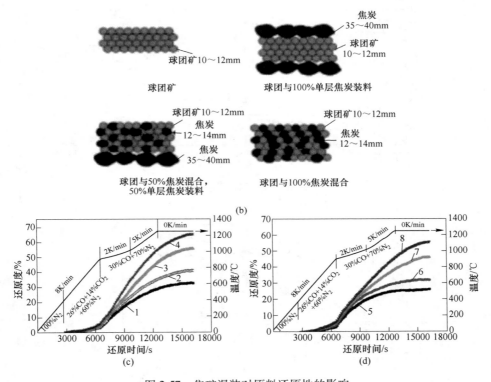

图 2-57　焦矿混装对原料还原性的影响

（a）烧结矿非等温还原试验中炉料的装入模式；（b）球团矿非等温还原试验中炉料的装入模式；
（c）不同装料模式下烧结矿非等温还原试验结果；（d）不同装料模式下球团矿的非等温还原曲线
1—烧结矿；2—烧结矿与 100%单层焦炭装料；3—烧结矿与 50%焦炭混合、
50%单层焦炭装料；4—烧结矿与 100%焦炭混合；5—球团矿；6—球团与 100%单层焦炭装料；
7—球团与 50%焦炭混合、50%单层焦炭装料；8—球团与 100%焦炭混合

原试验表明当原料与小块焦充分混合后，装入高炉时，炉料的还原性得到了较大改善。

图 2-58 和图 2-59 说明原料中混装的小块焦容易发生溶损反应，在原料颗粒周围容易产生更多的煤气量，有利于提高原料在块状带的还原度。图 2-58 所示为混装催化和钝化焦丁在还原过程中料层压差的比较。从 400℃ 到 1200℃ 的区域内，混装钝化焦丁的压差均大于催化的，尤其是在 850℃ 左右催化的阻损开始明显小于钝化的，这可能是由于混装的催化焦丁提前发生熔损反应，使得料层的空隙度增加，气体通过阻力减小。

图 2-59 所示为混装催化和钝化焦丁对煤气利用率的影响，从 900~1000℃ 的高温区间，混装催化的煤气利用率明显大于钝化的，由于催化焦丁的熔损开始反应温度提前，进而生成了更多的 CO 还原铁氧化物。

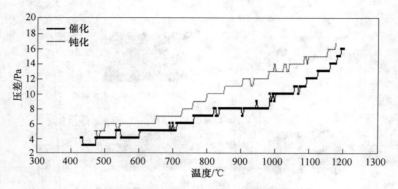

图 2-58　混装焦丁对料层压差的影响

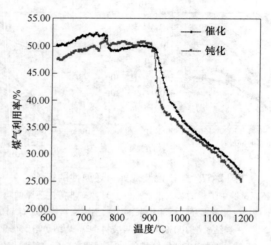

图 2-59　混装焦丁对煤气利用率的影响

图 2-57~图 2-59 对高炉实际冶炼的指导作用在于：

（1）矿层混装焦丁可以提高原料在块状带的还原度，从而提高煤气利用率，降低燃料比；（2）混装关键在"混合"，只有充分混合，才能显示出效果，这就要求在上料、装料和布料过程实现小块焦和原料的充分混合；（3）混装的小块焦可以使用一些易溶损的焦炭；（4）由于上料、装料及布料过程均会有"渗透"现象发生，混装的小块焦，会沉到料层底部，破坏焦窗透气性；（5）混装的小块焦最好在到达软熔带之前反应完毕，否则会对"死焦堆"产生不利影响。

综上，在烧结矿中混装催化的焦丁大大改善了高温软熔时料层的透气性，给高炉冶炼带来了有利影响，表 2-14 即为混装催化焦丁的烧结矿的高温性能变化。

表 2-14　焦丁某钢厂烧结矿高温软化熔滴性能影响

试验条件	软熔性能			熔滴性能				
	$T_{10\%}/℃$	$T_{40\%}/℃$	$\Delta T_A/℃$	$T_s/℃$	$T_d/℃$	$\Delta T/℃$	$\Delta p_{max}/kPa$	总特性值 $S/kPa·℃$
不含催化焦丁	1173	1298	125	1396	1550	154	2.597	250.73
混装催化焦丁	1168	1261	93	1354	1431	46	0.98	38.48

通过矿石混装催化焦丁，模拟高炉块状带和软熔带内料柱的透气性和矿石的还原性影响可知，此方法可以有效地利用小粒级焦丁，促进矿石的还原，并提高料柱的透气性。

2.14　小结

（1）由于燃烧带煤气在炉缸边缘生成，即使炉缸内焦炭粒径和空隙度分布均匀，炉缸边缘煤气流速仍然大于中心煤气流速，炉缸煤气流有自然发展边缘的趋势。在高炉实际操作中，需要适当抑制边缘，引导边缘煤气向中心流动。为了提高炉缸活跃性，对于直径较小的小高炉，可以采取"吹透"中心的方式。对于现代大型高炉，随着炉缸直径的增大，尽管高炉总体煤气量增加，但是中心煤气相对流量下降迅速，煤气流分布越来越不均匀。因此，炉缸直径越大，越难"吹透"中心。当风量在一定范围，增加风量可以增加燃烧带深度；风量超过该范围，增加风量无助于增加燃烧带深度，反而增加燃烧带煤气流回旋强度，破碎焦炭和磨损风口，导致炉墙渣皮不稳。大高炉必须通过改善原燃料质量和科学精准布料操作引导煤气流尽可能到达高炉中心，压缩死焦堆体积，实现倒 V 形软熔带。

（2）炉缸直径越大的高炉，圆周工作均匀性越重要。通过减小部分风口面积、采用部分斜风口、增加部分风口长度十几毫米等措施，基本上不能增加燃烧度深度，还会导致高炉圆周工作不均匀。影响炉缸活跃性的因素排序为炉缸中心死焦堆中的焦炭粒度、煤气利用率、铁水温度、燃料比及风量/（炉缸直径）^{3}。特别强调的是碱金属钾对焦炭破坏远胜于钠，钾主要与焦炭灰分反应，钾负荷高、焦炭灰分高更容易导致焦炭劣化。通过精准科学布料实现煤气流与矿石尽可能充分接触；矿石被预热和还原，提高煤气利用率，节约炉缸热量，提高铁水温度，活跃炉缸。

（3）料层压差与 $1/\varepsilon^3$ 成正比。对于单一粒径的炉料，料层空隙度与粒径无关；两种粒径炉料，大颗粒与小颗粒体积比为 7:3 时，料层空隙度最小，而且大小颗粒粒径差越大，料层空隙度越小，小颗粒体积占比小于 5%~10% 对空隙度影响不大；防止片状炉料入炉；对于空隙度、粒度，料层存在压差敏感区、缓变区和稳定区，尽可能在布料过程使得料层处在压差稳定区。炉料严格过筛，提高入炉炉料下限，减少原燃料混合。高炉料层局部存在粉末，导致局部料柱透气性变差，将会导致高炉出现局部先悬料、再管道，最终发生塌料和崩料。

（4）高炉料柱沿径向炉料运动规律是高炉中心炉料运动速度最慢、中间部分速度最快、靠近边缘炉料运动速度次之。为了保持料层的层状结构及透气性，以及炉缸活跃，料面形状应满足炉料径向运动规律及炉缸活跃性均匀性要求。布料应使得料面呈现"收边-平台-窄而深的漏斗-中心开放"的形状，"收边"可以避免炉料碰撞炉墙，大颗粒焦炭和原料滚落到炉墙，提高炉墙附近的透气性，边缘要有足量焦炭，以提供透气性和边缘矿石直接还原的所需碳量，保证边缘存在液态渣铁，炉身下部、炉腰及炉腹冷却壁热面能够形成渣铁壳，高炉圆周工作均匀，提高大型高炉生产率。"漏斗"可以最大程度减少中心的炉料，实现大颗粒且粒度均匀的焦炭通过滚落方式到达"窄而深的漏斗"底部，形成中心无矿石，达到中心煤气流开放的目的，有利于提升软熔带高度，较厚、较宽的平台布在径向中间部位，平台宽度与燃烧带长度协同，漏斗的深度取决于焦炭的堆角，提高煤气利用率，符合料柱径向炉料运动规律，同一批炉料同时还原熔化。

（5）在高炉操作中，对应上述料面形状，就会产生"翘边-瘦高倒 V 形-中心开放"的软熔带，"翘边"是由于料面的"收边"导致，边缘有适量的煤气流，在炉身下部、炉腰、炉腹的铜冷却壁热面附近有液态渣铁并能够凝结成渣铁壳，延长铜冷却壁寿命，防止矿石磨损铜冷却壁，防止炉墙结厚，实现高炉圆周工作均匀性及稳定高效。"瘦高倒 V 形-中心开放"是由"平台-窄而深的漏斗-中心开放"的料面导致的。特别强调指出，软熔带的"中心开放"是由于料面中心无矿石。这样的软熔带形状可以压缩死焦堆体积、增加焦窗数目、熔融过程生成的熔融液态渣铁易于滴离焦窗，增加间接还原区体积，避免通过焦窗的煤气流冲击炉墙，"中心开放"的软熔带还可以在喷煤过程保证焦窗的透气性。中心加焦不是解决高炉长期稳顺、低耗及炉缸活跃性的根本性措施。

（6）炉料在 500℃ 左右停留时间超过 20min 后，随停留时间增加，还原度增加，料层压差增加，在 40min 后基本不变。模拟大于 500℃ 高炉块状带的间接还原发现炉料在大于 900℃ 后，压差及还原度增加较快，在相同温度下，球团的还原度大于烧结矿，但球团料层压差也大于烧结矿。在常规的低温还原粉化严重区域的料层压差及还原度增加率远远小于 900~1100℃ 区域。在矿石层炉料开始滴落前，压力陡升达到峰值，其峰值是 1100℃ 时的 3~4 倍，可见软熔带矿层几乎是不透气的。"瘦高倒 V 形-中心开放"的软熔带有利于增加焦窗数目、液态渣铁迅速滴离软熔带、提高其透气性及缩小死焦堆体积。矿石中混装粒度合适及适量焦丁（尽可能提高煤气中一氧化碳活度），提高矿石的间接还原度和预热矿石，有利于利用煤气的化学热和物理热，节约炉缸热量，活跃炉缸。

3 无钟高炉布料过程炉料运动数学模型

　　高炉装料过程一般指将槽下炉料运输至炉顶料罐，并按一定生产要求装至高炉内的过程，是高炉生产中最重要的环节之一。其中，炉料从料罐排出下落运动至料面堆积分布的布料过程直接决定着高炉内炉料分布状况，因此也是生产中最常用的调控手段。针对无钟高炉布料过程，建立合理的炉料运动及分布数学模型，不仅对揭示布料规律及其影响因素有着重要意义，还对预测不同操作条件下炉内炉料分布状况至关重要，还可有效指导实际高炉生产布料操作。长期以来，国内外许多专家学者在高炉布料过程建模方面做了大量工作，有力推动了高炉生产技术的进步，随着当前大型高炉朝着精细化、智能化操作方向发展，在前人研究工作基础上进一步开发高精度布料数学模型是十分必要的；另一方面，高炉布料设备发展迅速，研究不同型式设备布料规律，开发适合特定设备的布料数学模型十分必要。

　　无钟高炉炉顶按照料料罐布置形式主要分为串罐式炉顶和并罐式炉顶两种，炉顶结构的差异必然导致两者布料过程中炉料运动规律不同，图 3-1 为串罐式和并罐式无钟炉顶布料过程炉料运动示意图。布料时炉料流出节流阀后下落至炉喉料面的运动过程基本可分为三个阶段，第一阶段为炉料从节流阀至溜槽间的运动过程，第二阶段为炉料在布料溜槽内的运动过程，第三阶段为炉料在炉顶空区下落运动过程。串罐式炉顶和并罐式炉顶布料过程差异主要在第一阶段，即从节流阀至溜槽间的运动规律不同，对于串罐式炉顶，节流阀出口中心位于高炉中心线上，炉料在中心喉管内沿高炉中心线落至溜槽上；而对于并罐式炉顶，节流阀出口偏离高炉中心线，炉料需经中间漏斗对中装置流入中心喉管内，并偏向喉管对侧下行，料流中心不在高炉中心线上，导致在溜槽布料角度不变情况下料流在溜槽内落点呈现周期性变化，使得炉料运动规律更加错综复杂。由于布料过程炉料运动各环节紧密相连，两种形式无钟炉顶在初始阶段布料规律的不同直接影响着后续炉料运动及分布行为，因此应区别研究串罐式炉顶和并罐式炉顶布料规律。

　　本文在前人研究工作的基础上，基于料流整体运动状态的假设，建立了无钟高炉串罐式和并罐式炉顶整个布料过程中炉料运动及分布的综合数学模型，图 3-2 为模型结构图，由若干子模型组成。

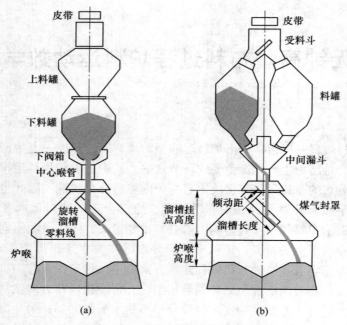

图 3-1　无钟炉顶布料过程炉料运动示意图

（a）串罐式高炉；（b）并罐式高炉

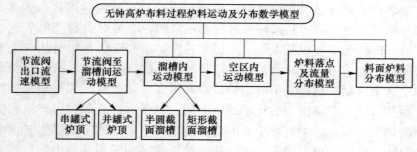

图 3-2　布料数学模型结构图

3.1　节流阀处炉料流速数学模型

　　位于装料料罐排料口处的节流阀（即料流调节阀）是无钟炉顶关键设备之一，且是无钟炉顶装料系统中调节排料速度或时长的唯一手段，起着控制炉内布料均匀、合理的作用。因此，研究节流阀处炉料流动特性，建立其数学模型，对调整炉料排放速度、预测后续环节炉料运动行为等有着重要意义。

　　节流阀处炉料排放速度计算方法主要有两种，第一种是采用针对料仓装置排料口料流速度建立的存仓公式，即式：

$$v_0 = \lambda \sin\phi \sqrt{3.2gR_a} \tag{3-1}$$

$$R_a = \frac{S}{L_S} - \frac{d}{4}$$

式中　v_0——节流阀出口处炉料速度，m/s；

　　　λ——原料流量系数，一般为 0.6~1.2，焦炭取较小值，烧结矿和块矿取较大值，球团取最大值；

　　　ϕ——出口处料流中心线与水平面间夹角，竖直排料时 $\phi = 90°$；

　　　g——重力加速度，$g = 9.8\text{m/s}^2$；

　　　R_a——排料口水力半径，m；

　　　S——出口投影面积，m^2；

　　　L_S——出口投影边长，m；

　　　d——炉料平均粒度，m。

该公式较好地解决了节流阀处排料速度的定量计算问题，被许多学者建立的布料数学模型广泛采用。但同时利用存仓公式也存在一定问题，即 λ 取值困难，导致计算误差较大，且对料罐与炉内存在压差或节流阀开口面积随矿批变动而改变的情况适用性较差。该方法较适用于无实际生产数据支持，仅对出口炉料速度作粗略估算时的情况。

第二种计算方法则是采用水力学连续性方程计算流经节流阀炉料流速，如式：

$$v_0 = \frac{W}{\pi\rho \left(\dfrac{2S}{L_S} - \dfrac{d}{2} \right)^2} \tag{3-2}$$

式中　W——炉料流出节流阀时质量流量，kg/s；

　　　ρ——炉料堆密度，kg/m^3。

在上式计算中，确定排料过程炉料流量 W 和节流阀开口面积 S 是关键，两者均与节流阀开度 γ 大小直接相关，一般可通过开炉测试得到炉料流量与节流阀开度间关系 $W = f(\gamma)$，而节流阀开口面积变化规律还与节流阀形式有关，不同类型节流阀，其开口面积随开度变化规律不同。

目前，无钟高炉采用的节流阀主要有两种类型，即中心开启式节流阀（俗称"瓜皮阀"）和弧形闸板阀，如图 3-3 所示。中心开启式节流阀的阀板由两块同心的半球形闸板构成，通过连杆机构驱动，闸板中间成方形漏料口，并始终对正高炉中心线，保证料流沿中心线下落，主要应用在串罐式无钟炉顶，实现中心排料。弧形闸板阀则由单块弧形板构成，常见闸板投影形状有八角形、圆形、长方形等，主要应用在并罐式无钟炉顶，通过单侧开启实现排料，其结构简单易于控制。

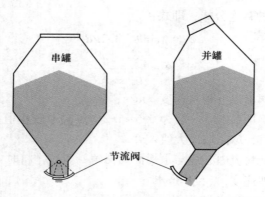

图 3-3　节流阀形式

对于高炉常用的中心开启式节流阀，其开度与开口大小变化过程如图 3-4 所示。该型节流阀为两侧对称开启，随着节流阀开度增加，其开口形状以喉管中心线为中心向四周不断扩张，图中灰色部分为开口区域，可见开口形状变化经历了三个阶段，先是呈方形增加，再是介于方形和圆形之间，最后节流阀增大到一定程度时开口区域即为整个喉管截面，呈圆形。

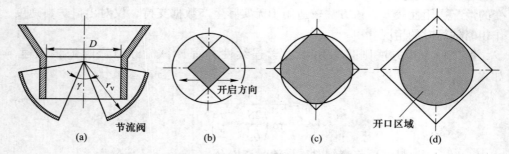

图 3-4　中心开启式节流阀开度与开口大小变化示意图

根据节流阀结构及其开口区域变化规律，可得节流阀开口投影面积及开口投影边长计算公式，如下：

$$S = \begin{cases} 2(r_v \sin\gamma)^2 & \gamma \in \left(0, \arcsin\dfrac{D}{2r_v}\right) \\[3mm] \dfrac{\pi D^2}{4} - D^2 \arccos\left(\dfrac{\sqrt{2}r_v \sin\gamma}{D}\right) + \sqrt{2}r_v \sin\gamma\sqrt{D^2 - 2(r_v \sin\gamma)^2} & \gamma \in \left(\arcsin\dfrac{D}{2r_v}, \arcsin\dfrac{D}{\sqrt{2}r_v}\right) \\[3mm] \dfrac{\pi D^2}{4} & \gamma \in \left(\arcsin\dfrac{D}{\sqrt{2}r_v}, \gamma_{\max}\right) \end{cases}$$

(3-3)

$$L_S = \begin{cases} 4\sqrt{2}\, r_v \sin\gamma & \gamma \in \left(0,\ \arcsin\dfrac{D}{2r_v}\right) \\[3mm] \pi D - 4D\arccos\left(\dfrac{\sqrt{2}\, r_v \sin\gamma}{D}\right) + 4\sqrt{D^2 - 2\left(r_v\sin\gamma\right)^2} & \gamma \in \left(\arcsin\dfrac{D}{2r_v},\ \arcsin\dfrac{D}{\sqrt{2}\, r_v}\right) \\[3mm] \pi D & \gamma \in \left(\arcsin\dfrac{D}{\sqrt{2}\, r_v},\ \gamma_{max}\right) \end{cases}$$

$$(3\text{-}4)$$

式中　γ——节流阀开度，（°）；

　　　D——中心喉管内径，m；

　　　r_v——节流阀半径，m。

对于并罐式无钟炉顶常采用的弧形闸板阀，以投影形状为矩形的阀板为例，其开口大小随节流阀开度变化情况如图 3-5 所示。随着节流阀开度增加，开口呈弓形不断扩张，最终至整个圆形。

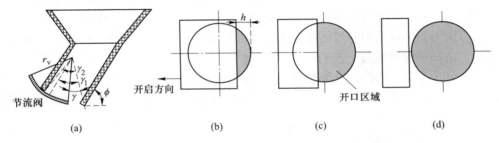

图 3-5　弧形闸板阀开度与开口大小变化示意图

节流阀开口呈弓形变化时，假设弓形高度为 h，则弓形面积及边长可统一表示为下式：

$$S = \frac{D^2}{4}\arccos\left(1 - \frac{2h}{D}\right) + \left(h - \frac{D}{2}\right)\sqrt{Dh - h^2} \tag{3-5}$$

$$L_S = D\arccos\left(1 - \frac{2h}{D}\right) + 2\sqrt{Dh - h^2} \tag{3-6}$$

其中弓形高度 h 随节流阀开度变化规律为：

$$h = \begin{cases} r_v\left[\sin\gamma_1 - \sin(\gamma_1 - \gamma)\right] & \gamma \in (0, \gamma_1) \\ r_v\left[\sin\gamma_1 + \sin(\gamma - \gamma_1)\right] & \gamma \in (\gamma_1, \gamma_2) \\ D & \gamma \in (\gamma_2,\ \gamma_{max}) \end{cases} \tag{3-7}$$

3.2　节流阀至溜槽间炉料颗粒运动数学模型

串罐式无钟炉顶与并罐式无钟炉顶在节流阀以下至布料溜槽间的设备结构差别较大，导致炉料在两者内部流动规律不同，故需分别建立炉料颗粒运动模型。

3.2.1 炉料颗粒在串罐式炉顶内运动过程

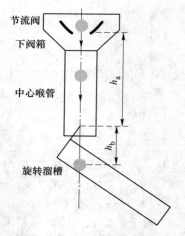

图 3-6 炉料颗粒在串罐式炉顶
中心喉管内下落过程

串罐式无钟炉顶布料时，节流阀开启后，炉料以高炉中心线为中心竖直下落，在正常开度情况下可以认为炉料不与中心喉管发生碰撞，直接落至布料溜槽上，其示意图如图 3-6 所示。其中，可将炉料颗粒下落高度分为两部分，一是从节流阀出口至溜槽悬挂点间高度 h_a，该段距离对特定无钟炉顶是固定不变的；二是从溜槽悬挂点至炉料颗粒在溜槽内落点间高度 h_b，该段距离是随溜槽倾角变化着的。因此，可得到炉料落至溜槽碰撞后初速度为：

$$v_1 = K\cos\alpha\sqrt{v_0^2 + 2g(h_a + h_b)} \qquad (3\text{-}8)$$

式中 v_1——炉料颗粒与溜槽碰撞后初速度，m/s；

K——炉料颗粒与溜槽碰撞速度损耗系数；

α——溜槽倾角，(°)；

h_a——节流阀出口至溜槽悬挂点间高度，m；

h_b——溜槽悬挂点至炉料颗粒在溜槽内落点间高度，m；对于串罐式炉顶

$h_b = \dfrac{e}{\sin\alpha}$，其中 e 为溜槽倾动距，m。

对于串罐式无钟炉顶，当溜槽布料角度固定不变时，在溜槽圆周旋转过程中炉料在溜槽内落点位置不变，则不同时刻落下的炉料在溜槽内运动距离相同。当溜槽倾动至其他档位布料时，炉料颗粒在溜槽内落点位置发生变化，使得在溜槽内运动距离不同。炉料在溜槽内运动距离长短直接影响着炉料颗粒运动状态，对炉料控制作用也不相同，为了刻画炉料在溜槽内运动过程中实际利用溜槽部分的长短，定义任一时刻炉料在溜槽内落点位置至溜槽末端间的沿溜槽轴向距离为溜槽有效长度。根据该定义，可知串罐式无钟炉顶布料过程溜槽有效长度计算公式为：

$$L = L_0 - \frac{e}{\tan\alpha} \qquad (3\text{-}9)$$

式中 L——溜槽有效长度，m；

L_0——溜槽总长度，m。

3.2.2 并罐式炉顶内运动过程

相比串罐式无钟炉顶，并罐式无钟炉顶布料过程炉料运动过程则复杂得多，

并罐式炉顶节流阀偏离高炉中心线，布料时节流阀开启后，炉料先流入中间漏斗内，经其汇聚并流入中心喉管内，在中心喉管内沿侧壁下落至溜槽内，其运动过程如图3-7所示。

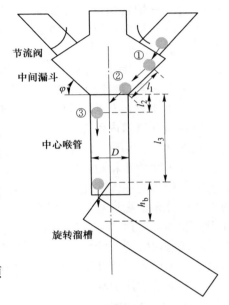

为了便于分析炉料颗粒运动情况，将颗粒在中间漏斗及中心喉管内运动分为几个不同的阶段。首先，炉料颗粒离开节流阀后在中间漏斗内沿其侧壁滑行，从上图中位置①运动至位置②，其运动加速度为：

$$a = g(\sin\varphi - \mu'\cos\varphi) \qquad (3\text{-}10)$$

式中　a——炉料颗粒运动加速度，$\mathrm{m/s^2}$；

　　　φ——中间漏斗侧壁与水平面间倾角，$(°)$；

　　　μ'——炉料颗粒与中间漏斗侧壁摩擦系数。

图 3-7　炉料颗粒在并罐式炉顶中间漏斗及中心喉管内下落过程

则炉料颗粒运动至位置②时的速度为：

$$v_1' = \sqrt{v_0^2 + 2al_1} \qquad (3\text{-}11)$$

式中　v_1'——炉料颗粒在位置②处的速度，$\mathrm{m/s}$；

　　　v_0——炉料颗粒在位置①处的速度，$\mathrm{m/s}$；

　　　l_1——中间漏斗侧壁长度，m。

炉料离开位置②后进入竖直喉管内，并冲向对侧在位置③处与喉管发生碰撞，假设碰撞后颗粒水平方向速度完全损耗，则位置③处颗粒竖直向下速度为：

$$v_1'' = K'\left(v_1'\sin\varphi + \frac{gD}{v_1'\cos\varphi}\right) \qquad (3\text{-}12)$$

式中　v_1''——炉料颗粒在位置③处竖直向下的速度，$\mathrm{m/s}$；

　　　K'——炉料颗粒与竖直喉管碰撞速度损耗系数；

　　　D——中心喉管内径，m。

接着，炉料颗粒在喉管内竖直下落，直至落到溜槽内，同时也将该段下降高度分为两部分，一是从位置③处下落至节流阀悬挂点高度平面，二是从节流阀悬挂点至溜槽落点间高度 h_b，后者不仅与溜槽倾角有关，还与溜槽圆周位置有关，对于同一布料角度，溜槽处于不同圆周方位时，该段高度是不同的。经分析炉料颗粒在喉管内运动情况，可得颗粒落至溜槽碰撞前的速度为：

$$v_1''' = \sqrt{v_1''^2 + 2g(l_3 - l_2 + h_b)} \qquad (3\text{-}13)$$

式中　v_1'''——炉料颗粒落至溜槽碰撞前的速度，m/s；

　　　　l_2——炉料颗粒离开中间漏斗与喉管碰撞前在喉管内下降高度，$l_2 = D\tan\varphi$

　　　　$+ \dfrac{gD^2}{2(v_1'\cos\varphi)^2}$，m；

　　　　l_3——竖直喉管上端距溜槽悬挂点高度，m。

　　上式中参数 h_b 计算较为复杂，与炉料在溜槽内具体落点位置有关，故需要建立炉料颗粒在溜槽内落点分布描述的数学模型。

　　从图 3-7 中可看出，并罐式无钟炉顶布料过程中料流在中心喉管内偏离中心线，导致了即使布料角度固定不变时，料流在溜槽内落点也不是固定的，而是随溜槽圆周旋转周期性变化。这一现象很早便被研究人员发现，并建立了炉料在溜槽内落点分布定量计算的数学模型，认为在半圆形截面溜槽内的落点轨迹投影形状为标准的椭圆形，一直沿用至今。然而，经过对炉料运动、碰撞等过程仔细分析，发现落点轨迹形状并非呈简单的椭圆形，故有必要建立其较为准确的数学模型描述，为精确计算并罐式炉顶布料规律奠定基础。

　　为了定量描述炉料颗粒在并罐式无钟炉顶内运动行为，首先需要建立合适的空间坐标系统，如图 3-8 所示。本文针对炉料运动过程，建立了 $OXYZ$ 定坐标系和 $Pxyz$ 动坐标系两套坐标系统，分别刻画炉料颗粒在炉顶宏观空间和在旋转溜槽内的运动信息。对于 $OXYZ$ 定坐标系，原点 O 点位于高炉中心线上，OXY 坐标面位于零料面上，Z 轴竖直向下，与实际料线对应；对于 $Pxyz$ 动坐标系，该坐标系相对溜槽静止，随溜槽一起旋转，原点 P 点为高炉中心线与溜槽内表面的交点，x 轴沿溜槽长度方向向下，y 轴为溜槽底面切线方向，z 轴垂直溜槽内表面。

　　对于特定一侧料罐放料时，炉料在中心喉管内沿固定一侧下落，随着溜槽圆周旋转，炉料在溜槽内的落点也在不断变化，当溜槽旋转一周，炉料在溜槽内落点的集合便形成了落点轨迹形状。从相对运动角度来看，可认为溜槽固定不动，而是喉管内料流在以溜槽转速反方向旋转，相应地落点轨迹可认为是与中心喉管同轴的以料流中心至高炉中心线间距离为半径的圆柱面与溜槽内表面几何相交而成的交线形状。而由于不同类型溜槽，其内表面形状不同，导致落点轨迹形状亦不相同，常用溜槽主要有半圆形截面溜槽和矩形截面溜槽，如图 3-9 所示，下面分别讨论。

　　在上述建立的坐标系下，以中心喉管内料流圆周旋转而成的圆柱面方程为：

$$X^2 + Y^2 = r_c^2 \tag{3-14}$$

式中　r_c——中心喉管内料流中心距高炉中心线距离，m。

　　对于半圆形截面溜槽，其内表面为近似半圆柱面状，假设溜槽水平投影位于 X 轴正方向上，则溜槽内表面柱面方程可表示为：

$$\left[X\cos\alpha - Z\sin\alpha + \left(\frac{e-R}{\sin\alpha} - H\right)\sin\alpha\right]^2 + Y^2 = R^2 \tag{3-15}$$

式中　R——半圆形截面溜槽内表面半径，m；

　　　H——溜槽悬挂点至零料线间高度，m。

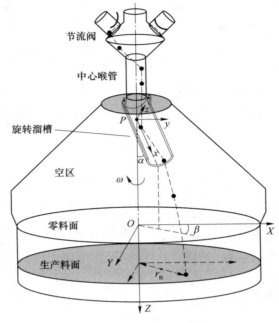

图 3-8　无钟炉顶坐标系统

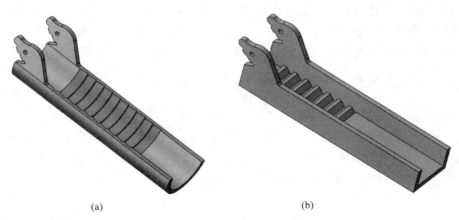

（a）　　　　　　　　　　　　　　（b）

图 3-9　不同类型溜槽

（a）半圆形截面溜槽；（b）矩形截面溜槽

对于矩形截面溜槽，其内表面为一平面，其空间方程为：

$$X\cos\alpha - Z\sin\alpha - H\sin\alpha + e = 0 \tag{3-16}$$

联合式（3-14）和式（3-15），可得到炉料在半圆形截面溜槽内落点轨迹三维形状的参数式方程为：

$$\begin{cases} X = r_c \cos\beta \\ Y = r_c \sin\beta \\ Z = \dfrac{e - R}{\sin\alpha} - H + r_c \cot\alpha \cos\beta + \dfrac{\sqrt{R^2 - r_c^2 \sin^2\beta}}{\sin\alpha} \end{cases} \tag{3-17}$$

式中　β——溜槽旋转过程所处的圆周方位角度，（°）。

联合式（3-14）和式（3-16），可得到炉料在矩形截面溜槽内落点轨迹三维形状的参数式方程为：

$$\begin{cases} X = r_c \cos\beta \\ Y = r_c \sin\beta \\ Z = \dfrac{e}{\sin\alpha} - H + r_c \cot\alpha \cos\beta \end{cases} \tag{3-18}$$

可见，炉料在溜槽内落点轨迹形状为空间三维曲线，由曲线方程可得到任一圆周角度时的落点空间位置。因此，可得到上文中求解炉料下落速度所需参数 h_b，对于半圆形截面溜槽 $h_b = \dfrac{e - R}{\sin\alpha} + r_c \cot\alpha \cos\beta + \dfrac{\sqrt{R^2 - r_c^2 \sin^2\beta}}{\sin\alpha}$，对于矩形截面溜槽 $h_b = \dfrac{e}{\sin\alpha} + r_c \cot\alpha \cos\beta$。

为了进一步研究炉料颗粒在溜槽内落点变化对炉料运动的影响，需将落点轨迹方程转化至 $Pxyz$ 坐标系，并投影在溜槽底面切面（即 Pxy 坐标面）上，得到落点轨迹平面曲线方程。当溜槽位于 X 轴正向方位时，两坐标系转换关系为 $x = \dfrac{X}{\sin\alpha}$，$y = -Y$，则半圆形截面溜槽内炉料落点轨迹投影形状为：

$$\begin{cases} x = \dfrac{r_c \cos\beta - R\cos\alpha + \cos\alpha\sqrt{R^2 - r_c^2 \sin^2\beta}}{\sin\alpha} \\ y = r_c \sin\beta \end{cases} \tag{3-19}$$

矩形截面溜槽内炉料落点轨迹投影形状为：

$$\begin{cases} x = \dfrac{r_c \cos\beta}{\sin\alpha} \\ y = r_c \sin\beta \end{cases} \quad 或 \quad \dfrac{x^2}{r_c^2/\sin^2\alpha} + \dfrac{y^2}{r_c^2} = 1 \tag{3-20}$$

上述公式直观反映了炉料在溜槽内落点轨迹形状，可知炉料在半圆形截面溜槽内落点轨迹投影形状并非为椭圆形，而在矩形截面溜槽内落点轨迹投影形状为椭圆形，图 3-10 分别给出了半圆形截面溜槽和矩形截面溜槽内落点轨迹空间三维形状及投影形状分布。

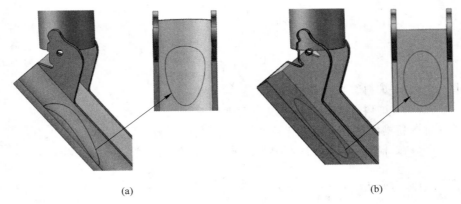

(a)   (b)

图 3-10   不同类型溜槽内炉料落点轨迹形状
（a）半圆形截面溜槽；（b）矩形截面溜槽

不同于串罐式无钟炉顶，并罐式无钟炉顶布料过程炉料在溜槽内不断变化的落点位置也使得炉料落至溜槽后的初始速度计算变得更加复杂，除了炉料颗粒以一定速度碰撞溜槽后的转化速度，还存在因落点位置移动引起的附加相对速度。对于半圆形截面溜槽，因炉料主要在溜槽轴向和横截面圆周方向上运动，建立基于 $Pxyz$ 动坐标系转化的柱坐标系（R，θ，x），具体可参见下一节半圆形截面溜槽内炉料运动过程建模坐标系统描述，则关于炉料落点轨迹投影形状的方程式可转化为下式：

$$\begin{cases} x = \dfrac{r_c\cos\beta - R\cos\alpha + \cos\alpha\sqrt{R^2 - r_c^2\sin^2\beta}}{\sin\alpha} \\ \theta = \arcsin\left(\dfrac{r_c\sin\beta}{R}\right) \end{cases} \qquad (3\text{-}21)$$

对上式中 x、θ 分别求导，得到附加相对速度，则炉料颗粒落至溜槽后在轴向和圆周切向上相对溜槽运动速度分别为：

$$v_{1,x} = Kv_1'''\cos\alpha + \frac{\mathrm{d}x}{\mathrm{d}t} = Kv_1'''\cos\alpha - \frac{\omega r_c\sin\beta}{\sin\alpha} - \frac{\omega r_c^2\cot\alpha\sin\beta\cos\beta}{\sqrt{R^2 - r_c^2\sin^2\beta}} \qquad (3\text{-}22)$$

$$v_{1,\theta} = -Kv_1'''\sin\alpha\sin\theta + R\frac{\mathrm{d}\theta}{\mathrm{d}t} = -Kv_1'''\sin\alpha\sin\theta + \frac{\omega Rr_c\cos\beta}{\sqrt{R^2 - r_c^2\sin^2\beta}} \qquad (3\text{-}23)$$

式中　$v_{1,x}$——炉料颗粒在溜槽轴向上初始速度，m/s；

　　　$v_{1,\theta}$——炉料颗粒在溜槽圆周切向上初始速度，m/s；

　　　θ——炉料颗粒在溜槽横截面上圆周偏转角度，（°）。

采用矩形截面溜槽布料时，对炉料落点方程式中 x、y 求导得到附加相对速度，则炉料颗粒落至溜槽后在轴向和宽度方向上相对溜槽运动速度分别为：

$$v_{1,x} = Kv_1''' \cos\alpha + \frac{dx}{dt} = Kv_1''' \cos\alpha - \frac{\omega r_c \sin\beta}{\sin\alpha} \qquad (3-24)$$

$$v_{1,y} = 0 + \frac{dy}{dt} = \omega r_c \cos\beta \qquad (3-25)$$

式中　$v_{1,x}$——炉料颗粒在溜槽轴向上初始速度，m/s；

　　　$v_{1,y}$——炉料颗粒在溜槽宽度方向上初始速度，m/s。

炉料在溜槽内落点位置变化还导致了炉料在溜槽内运动距离发生变化，根据上述落点分布计算公式，可计算出半圆形截面溜槽的有效长度变化为：

$$L = L_0 - \frac{e}{\tan\alpha} - \frac{r_c \cos\beta - R\cos\alpha + \cos\alpha\sqrt{R^2 - r_c^2 \sin^2\beta}}{\sin\alpha} \qquad (3-26)$$

矩形截面溜槽布料过程中有效长度变化为：

$$L = L_0 - \frac{e}{\tan\alpha} - \frac{r_c \cos\beta}{\sin\alpha} \qquad (3-27)$$

3.3 多环布料过程溜槽内炉料运动数学模型

炉料离开中心喉管后径直落在旋转溜槽上，旋转溜槽是无钟炉顶中核心设备，依照设定程序实现溜槽复合运动，进而控制溜槽内炉料运动并将炉料合理分布至炉喉料面上，因此，建立精确的旋转溜槽内料流运动数学模型是开发整体布料数学模型的重中之重。纵观已开发的溜槽内炉料运动模型，许多模型过于简化，不能准确反映料流在溜槽内实际三维运动状态，而且几乎所有模型均是针对单环布料炉料运动行为进行建模，即布料溜槽仅作圆周旋转运动，为了准确反映实际布料过程，本文进一步建立多环布料过程炉料在溜槽内运动的三维综合数学模型，综合考虑溜槽同时旋转和倾动时的布料过程，同时也涵盖了对单环布料炉料运动的描述。

在当前高炉布料操作中，主要采用多环布料制度将炉料分布至炉喉不同径向位置，而这主要通过控制布料溜槽绕高炉中心轴线圆周旋转和绕悬挂点旋转倾动来实现。在由外环向内环布料过程中，当在指定档位布料时，溜槽仅作圆周旋转运动，当按程序进入下一档位布料时，溜槽同时圆周旋转和倾动，到达下一档位后又继续圆周旋转布料，按布料程序依次进行装入整批炉料。图3-11 为多环布料过程溜槽运动及炉料运动示意图。

无论对于串罐式炉顶还是并罐式炉顶，炉料在溜槽内运动过程中的受力状态不受上部炉顶形式的影响，串罐式和并罐式炉顶对其运动的影响主要是炉料在溜槽内运动的初始落点位置和初始速度等初始条件不同，进而影响炉料颗粒具体运动信息。下面将从动力学角度分析炉料颗粒在溜槽内运动过程受力状态，以建立

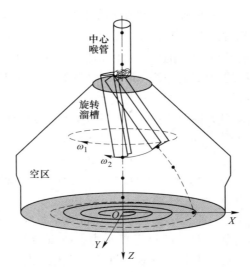

图 3-11 多环布料过程示意图

其运动方程。

由于布料过程溜槽始终处于旋转状态，炉料颗粒在溜槽内相对运动问题实质上就是非惯性系中质点（系）的运动问题。而求解力学问题的基本牛顿定律只适用于惯性参考系，为了建立适用于非惯性系统的动力学方程，需利用复合运动理论建立质点在非惯性系中运动量与其在惯性系运动量之间的关系，通过在惯性系中应用牛顿定律得到质点受力与运动间关系，进而得到质点在非惯性系中受力与运动间关系。

在上一节内容已建立了布料过程描述的惯性坐标系 $OXYZ$（定参考系）和非惯性坐标系 $Pxyz$（动参考系），炉料颗粒相对于定参考系 $OXYZ$ 的运动称为绝对运动，炉料颗粒相对于动参考系 $Pxyz$ 的运动称为相对运动，动参考系 $Pxyz$ 相对于定参考系 $OXYZ$ 的运动称为牵连运动。根据牛顿第二定律，在惯性坐标系 $OXYZ$ 中炉料颗粒运动方程为：

$$ma_a = F_\Sigma \tag{3-28}$$

式中　m——炉料颗粒质量，kg；

　　　a_a——炉料颗粒绝对加速度，m/s²；

　　　F_Σ——作用在颗粒上的所有真实力的合力，N。

由加速度合成定理可知

$$a_a = a_r + a_e + a_C \tag{3-29}$$

式中　a_r——炉料颗粒在动参考系 $Pxyz$ 中的相对加速度，m/s²；

　　　a_e——炉料颗粒的牵连加速度，m/s²，$a_e = a_P + a_w \times r + \omega \times (\omega \times r)$，其中 a_P 为

动参考系 $Pxyz$ 的原点 P 的加速度，m/s^2；r 为炉料颗粒在动参考系 $Pxyz$ 中相对原点 P 的矢径，m；ω、a_w 分别为动参考系 $Pxyz$ 相对于定参考系 $OXYZ$ 的角速度和角加速度，rad/s 和 rad/s^2；

a_C——炉料颗粒的科氏加速度，m/s^2，$a_C = 2\omega \times v_r$，v_r 其中为炉料颗粒相对于动参考系 $Pxyz$ 的相对速度，m/s。

将上式代入前式，得炉料颗粒在动坐标系 $Pxyz$ 内的相对运动方程为：

$$ma_r = F_\Sigma - ma_e - ma_C$$
$$= F_\Sigma + F_e + F_C \tag{3-30}$$

式中　F_e——牵引惯性力，N，$F_e = -ma_e = -ma_P - ma_w \times r - m\omega \times (\omega \times r)$，包含了惯性离心力项；

F_C——科氏惯性力，N，$F_C = -ma_C = -2m\omega \times v_r$。

牵引惯性力和科氏惯性力（即科里奥利力，Coriolis force，简称科氏力）均属惯性力范畴，惯性力实际上并不存在，即不存在施力体，也不存在反作用力，因此惯性力也被称为假想力。惯性力的大小和方向取决于所选定的非惯性坐标系的运动，而真实力的大小和方向与参考系的选择无关。惯性力概念的提出是因为在非惯性系中，牛顿运动定律并不适用，但是为了实际应用的方便，使牛顿运动定律也能在非惯性系中使用而人为增加的力。惯性离心力和科氏力均是为了使牛顿运动定律在旋转参考系下依然能够使用而假想的力，科氏力是对旋转体系中进行直线运动的质点由于惯性相对于旋转体系产生的直线运动的偏移的一种描述，两者均是惯性作用在非惯性系内的体现。

具体针对炉料颗粒在布料溜槽内运动过程进行受力分析，溜槽主要进行水平圆周旋转和纵向倾动旋转，炉料颗粒在溜槽内受到的作用力主要包括：（1）重力 mg；（2）支持力 F_N；（3）摩擦力 $F_f = \mu F_N$；（4）受到的牵引惯性力 F_e 包含：1）由动参考系 $Pxyz$ 的原点 P 运动产生的惯性力 $F_{e,1} = -ma_P$，2）由溜槽非匀速倾动产生的惯性力 $F_{e,2} = -ma_t \times r_2$，3）由溜槽水平圆周旋转产生的离心力 $F_{e,3} = -m\omega_1 \times (\omega_1 \times r_1)$，4）由溜槽纵向旋转产生的离心力 $F_{e,4} = -m\omega_2 \times (\omega_2 \times r_2)$；（5）炉料受到的科氏惯性力包含：1）由溜槽水平圆周旋转产生的科氏力 $F_{C,1} = -2m(\omega_1 \times v)$，2）由溜槽纵向旋转产生的科氏力 $F_{C,2} = -2m(\omega_2 \times v)$。

其中，μ 为炉料颗粒与溜槽摩擦系数；ω_1、ω_2 分别为溜槽水平圆周旋转和纵向倾动时的角速度，rad/s；a_t 为溜槽倾动时的角加速度，rad/s^2；r_1、r_2 分别为炉料颗粒至溜槽水平圆周旋转中心轴和倾动中心轴的矢径，m；v 为炉料颗粒在溜槽内相对运动速度，m/s。溜槽水平圆周旋转和纵向倾动时的角速度及角加速度与溜槽倾角 α 和圆周方位角 β 具有如下关系：$\omega_1 = \dfrac{d\beta}{dt}$，$\omega_2 = \dfrac{d\alpha}{dt}$，$a_t = \dfrac{d\omega_2}{dt} = \dfrac{d^2\alpha}{dt^2}$。

综上所述，炉料颗粒在溜槽内综合运动方程为：

$$ma_r = mg + \mu F_N - ma_P - m\omega_1 \times (\omega_1 \times r_1) - m\omega_2 \times (\omega_2 \times r_2) -$$
$$ma_t \times r_2 - 2m(\omega_1 \times v) - 2m(\omega_2 \times v) \tag{3-31}$$

对于不同结构形式的布料溜槽，虽然内部炉料受力状态相同，但结构差异可能导致炉料受力大小及方向不同，对炉料运动的分析方法也不相同，因此下面分别对半圆形截面溜槽和矩形截面溜槽内炉料运动行为进行分析。

3.3.1 半圆形截面溜槽

实验及生产实践均表明，炉料颗粒落至溜槽后不仅沿其轴向向下运动，同时在溜槽横截面圆周方向上也发生偏转运动，因此可将炉料颗粒在溜槽内的复合运动分解为轴向运动和圆周切向运动进行分析。由于半圆形截面溜槽内表面为圆柱状，为了便于建立颗粒运动数学模型，将前文建立的动坐标系 $Pxyz$ 转化为柱坐标系，原点 P 及 x 轴均不变，图 3-12 给出了炉料颗粒在溜槽内运动过程中不同视角下的运动分布。

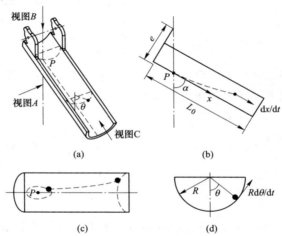

图 3-12 半圆形截面溜槽内炉料颗粒运动过程
(a) 三维视图；(b) 视图 A；(c) 视图 B；(d) 视图 C

基于上述分析炉料颗粒在溜槽内运动时所受作用力，将作用力分别沿溜槽轴向和圆周切向分解，即可建立炉料颗粒在轴向和圆周切向上运动方程。在溜槽轴向方向上，炉料颗粒运动方程为：

$$\frac{d^2x}{dt^2} = g\cos\alpha - \mu\frac{dx}{dt}\frac{F_N}{mv} + \frac{e\cos\alpha}{\sin^3\alpha}(\omega_2^2 + \omega_2^2\cos^2\alpha - a_t\sin\alpha\cos\alpha) +$$

$$\omega_1^2[x\sin\alpha + R\cos\alpha(1 - \cos\theta)]\sin\alpha + \omega_2^2\left(x + \frac{e}{\tan\alpha}\right) + a_t[e - R(1 - \cos\theta)] -$$

$$2\omega_1 R\frac{d\theta}{dt}\sin\alpha\cos\theta - 2\omega_2 R\frac{d\theta}{dt}\sin\theta \tag{3-32}$$

在溜槽圆周切向方向上，炉料颗粒运动方程为：

$$R\frac{\mathrm{d}^2\theta}{\mathrm{d}t^2} = -g\sin\alpha\sin\theta - \mu R\frac{\mathrm{d}\theta}{\mathrm{d}t}\frac{F_N}{mv} - \frac{e\sin\theta}{\sin^2\alpha}(\omega_2^2 + \omega_2^2\cos^2\alpha - a_t\sin\alpha\cos\alpha) +$$

$$\omega_1^2(x\sin\alpha\cos\alpha + R\cos^2\alpha + R\sin^2\alpha\cos\theta)\sin\theta - \omega_2^2(e - R + R\cos\theta)\sin\theta +$$

$$a_t\left(x + \frac{e}{\tan\alpha}\right)\sin\theta + 2\omega_1\frac{\mathrm{d}x}{\mathrm{d}t}\sin\alpha\cos\theta + 2\omega_2\frac{\mathrm{d}x}{\mathrm{d}t}\sin\theta \tag{3-33}$$

上述式中的支持力 F_N 表达式为：

$$F_N = m \times g\sin\alpha\cos\theta + \omega_1^2(R - R\sin^2\alpha\cos^2\theta - R\cos^2\alpha\cos\theta - x\sin\alpha\cos\alpha\cos\theta) +$$

$$\omega_2^2(e - R + R\cos\theta)\cos\theta + \frac{e\cos\theta}{\sin^2\alpha}(\omega_2^2 + \omega_2^2\cos^2\alpha - a_t\sin\alpha\cos\alpha) -$$

$$a_t\left(x + \frac{e}{\tan\alpha}\right)\cos\theta + 2\omega_1\frac{\mathrm{d}x}{\mathrm{d}t}\sin\alpha\sin\theta + 2\omega_1 R\frac{\mathrm{d}\theta}{\mathrm{d}t}\cos\alpha - 2\omega_2\frac{\mathrm{d}x}{\mathrm{d}t}\cos\theta + R\left(\frac{\mathrm{d}\theta}{\mathrm{d}t}\right)^2$$

$$\tag{3-34}$$

式中　v——炉料颗粒运动合速度，$v = \sqrt{\left(\dfrac{\mathrm{d}x}{\mathrm{d}t}\right)^2 + \left(R\dfrac{\mathrm{d}\theta}{\mathrm{d}t}\right)^2}$。

对于生产中溜槽多处于固定档位进行环形布料情形，此时溜槽仅存在水平圆周旋转运动，溜槽倾动转速及角加速度均为零，即 $\omega_2 = 0$、$a_t = 0$，则炉料在溜槽轴向和圆周切向上的运动方程变为：

$$\frac{\mathrm{d}^2 x}{\mathrm{d}t^2} = g\cos\alpha + \omega_1^2[x\sin\alpha + R\cos\alpha(1 - \cos\theta)]\sin\alpha -$$

$$2\omega_1 R\frac{\mathrm{d}\theta}{\mathrm{d}t}\sin\alpha\cos\theta - \mu\frac{\mathrm{d}x}{\mathrm{d}t}\frac{F_N}{mv} \tag{3-35}$$

$$R\frac{\mathrm{d}^2\theta}{\mathrm{d}t^2} = -g\sin\alpha\sin\theta + \omega_1^2(x\sin\alpha\cos\alpha + R\cos^2\alpha + R\sin^2\alpha\cos\theta)\sin\theta +$$

$$2\omega_1\frac{\mathrm{d}x}{\mathrm{d}t}\sin\alpha\cos\theta - \mu R\frac{\mathrm{d}\theta}{\mathrm{d}t}\frac{F_N}{mv}$$

$$\tag{3-36}$$

$$F_N = m \times g\sin\alpha\cos\theta + 2\omega_1\frac{\mathrm{d}x}{\mathrm{d}t}\sin\alpha\sin\theta + 2\omega_1 R\frac{\mathrm{d}\theta}{\mathrm{d}t}\cos\alpha + R\left(\frac{\mathrm{d}\theta}{\mathrm{d}t}\right)^2 +$$

$$\omega_1^2(R - R\sin^2\alpha\cos^2\theta - R\cos^2\alpha\cos\theta - x\sin\alpha\cos\alpha\cos\theta)$$

$$\tag{3-37}$$

3.3.2   矩形截面溜槽

随着无钟炉顶设备的发展，布料溜槽的结构也逐渐多样化，除了典型的半圆形截面形状溜槽，目前有不少企业还应用了矩形截面形式的溜槽，其内表面为平面。溜槽结构形式的较大差异，必然导致炉料在溜槽内部运动规律不同，使得炉喉内炉料分布也有所差异。目前，针对矩形截面溜槽布料规律的研究仍然非常缺乏，建立合理的矩形截面溜槽布料数学模型为实际生产操作提供理论指导则显得十分迫切。

图 3-13 给出了炉料颗粒在矩形截面溜槽内运动描述的坐标系统及不同视角下炉料运动过程，将炉料颗粒在溜槽内复合运动分解为沿溜槽长度方向（x 方向）和溜槽宽度方向（y 方向）上的运动。

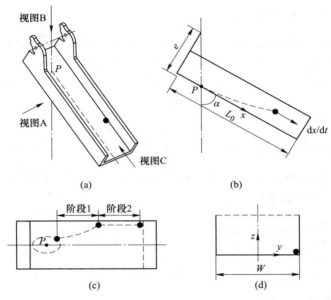

图 3-13　矩形截面溜槽内炉料颗粒运动过程
（a）三维视图；（b）视图 A；（c）视图 B；（d）视图 C

通过分析炉料颗粒在矩形截面溜槽内的运动过程，发现炉料颗粒在溜槽宽度方向上运动行为与半圆形截面溜槽的存在较大差异，炉料颗粒在半圆形截面溜槽内向溜槽末端运动过程中在圆周方向上连续偏转，而在矩形截面溜槽内炉料颗粒先向着溜槽侧壁方向运动，当运动至侧壁后因其阻挡作用将不再发生横向运动，只沿着溜槽长度方向运动。因此，可将炉料在溜槽内运动过程分为两个阶段，"阶段 1"为炉料颗粒从溜槽内落点位置向侧壁运动过程，颗粒同时沿 x 方向和 y 方向运动，"阶段 2"为颗粒沿溜槽侧壁向溜槽末端运动过程，此时颗粒仅沿 x 方向运动，如图 3-13（c）所示。其中，"阶段 1"为炉料运动必经过程，而"阶段 2"运动过程在溜槽转速较小时可能不存在，即炉料在向溜槽末端运动过程中始终未碰撞到侧壁。

综合分析炉料颗粒运动受力情况，在"阶段 1"运动过程中炉料颗粒沿 x 方

向和 y 方向的运动方程为：

$$\frac{\mathrm{d}^2x}{\mathrm{d}t^2} = g\cos\alpha + \omega_1^2 x\sin^2\alpha + \omega_2^2\left(x + \frac{e}{\tan\alpha}\right) + a_t e - 2\omega_1\frac{\mathrm{d}y}{\mathrm{d}t}\sin\alpha + \tag{3-38}$$

$$\frac{e\cos\alpha}{\sin^3\alpha}(\omega_2^2 + \omega_2^2\cos^2\alpha - a_t\sin\alpha\cos\alpha) - \mu\frac{\mathrm{d}x}{\mathrm{d}t}\frac{F_N}{mv}$$

$$\frac{\mathrm{d}^2y}{\mathrm{d}t^2} = \omega_1^2 y + 2\omega_1\frac{\mathrm{d}x}{\mathrm{d}t}\sin\alpha - \mu\frac{\mathrm{d}y}{\mathrm{d}t}\frac{F_N}{mv} \tag{3-39}$$

式中的支持力 F_N 表达式为：

$$F_N = mg\sin\alpha - \omega_1^2 x\sin\alpha\cos\alpha + \omega_2^2 e + 2\omega_1\frac{\mathrm{d}y}{\mathrm{d}t}\cos\alpha - 2\omega_2\frac{\mathrm{d}x}{\mathrm{d}t} - a_t\left(x + \frac{e}{\tan\alpha}\right) +$$

$$\frac{e}{\sin^2\alpha}(\omega_2^2 + \omega_2^2\cos^2\alpha - a_t\sin\alpha\cos\alpha)$$

$$\tag{3-40}$$

式中　v——炉料颗粒运动合速度，$v = \sqrt{\left(\frac{\mathrm{d}x}{\mathrm{d}t}\right)^2 + \left(\frac{\mathrm{d}y}{\mathrm{d}t}\right)^2}$。

若炉料颗粒在溜槽内下落过程中横向偏移至溜槽侧壁，则后续将进入"阶段2"运动过程，仅沿溜槽侧壁向下运动，在 x 方向运动方程为：

$$\frac{\mathrm{d}^2x}{\mathrm{d}t^2} = g\cos\alpha + \omega_1^2 x\sin^2\alpha + \omega_2^2\left(x + \frac{e}{\tan\alpha}\right) + a_t e - \mu\frac{\mathrm{d}x}{\mathrm{d}t}\frac{F_N}{mv} + \tag{3-41}$$

$$\frac{e\cos\alpha}{\sin^3\alpha}(\omega_2^2 + \omega_2^2\cos^2\alpha - a_t\sin\alpha\cos\alpha)$$

上式中支持力 F_N 表达式为：

$$F_N = mg\sin\alpha - \omega_1^2 x\sin\alpha\cos\alpha + \omega_2^2 e - 2\omega_2\frac{\mathrm{d}x}{\mathrm{d}t} - a_t\left(x + \frac{e}{\tan\alpha}\right) + \tag{3-42}$$

$$\frac{e}{\sin^2\alpha}(\omega_2^2 + \omega_2^2\cos^2\alpha - a_t\sin\alpha\cos\alpha)$$

3.4　炉顶空区内炉料运动数学模型

3.4.1　炉料运动轨迹数学模型

在高炉布料过程中，炉料流出溜槽后还需经过一段区域才能到达料面，该区域为料面以上无炉料区域，称为炉顶空区。空区内充满大量流动煤气，因此炉料颗粒在空区内下落问题即为颗粒在气体中运动问题，已建立的许多布料数学模型将炉料在空区下落过程简化为自由落体运动，忽略空区煤气流影响。实际上，炉料是由许多不同尺寸大小颗粒组成，小颗粒受气流影响较大，同时密度较小的颗粒也易受影响；另一方面，料面径向上煤气流速并非均匀的，一般中心区域煤气流速远高于边缘煤气流速，因此炉料靠近中心区域下落时所受影响更大，煤气流对布料过程影响不能完全忽略不计。

颗粒在气流中运动过程中，除受到自身重力外，还要受到浮力、曳力（或阻力）、压力梯度力、附加质量力、Basset 力、Saffman 力和 Magnus 力等作用力，其中当流体性质或流场形式不同时，各作用力主导作用及力的大小不同，部分作用力在一些场合中可占据主导作用，而在另一些场合中可以忽略不计。对于炉料在实际高炉炉顶煤气流中下落情况而言，则主要考虑炉料重力、煤气浮力和曳力的作用。

根据牛顿第二定律，炉料颗粒下落运动方程为：

$$m \frac{\mathrm{d}v_{\mathrm{p}}}{\mathrm{d}t} = mg + F_{\mathrm{b}} + F_{\mathrm{d}} \tag{3-43}$$

式中　m——炉料颗粒质量，kg，$m = \frac{1}{6}\pi\rho_{\mathrm{p}}d_{\mathrm{p}}^3$，其中 ρ_{p} 为炉料颗粒密度，kg/m³，d_{p} 为颗粒当量直径，m；

　　　　v_{p}——炉料颗粒运动速度，m/s；

　　　　F_{b}——煤气浮力，N，$F_{\mathrm{b}} = \frac{1}{6}\pi g\rho_{\mathrm{g}}d_{\mathrm{p}}^3$，其中 ρ_{g} 为煤气流密度，kg/m³；

　　　　F_{d}——煤气曳力，N，表达式如下式：

$$F_{\mathrm{d}} = -\frac{1}{8}\pi\rho_{\mathrm{g}}d_{\mathrm{p}}^2 C_D |v_{\mathrm{p}} - v_{\mathrm{g}}|(v_{\mathrm{p}} - v_{\mathrm{g}}) \tag{3-44}$$

式中　v_{g}——煤气流速，m/s；

　　　　C_D——曳力系数，表达式为 $C_D = \frac{24}{Re}(1 + b_1 Re^{b_2}) + \frac{b_3 Re}{b_4 + Re}$，其中雷诺数 $Re = \frac{\rho_{\mathrm{g}}d_{\mathrm{p}}|v_{\mathrm{p}} - v_{\mathrm{g}}|}{\mu_{\mathrm{g}}}$，$\mu_{\mathrm{g}}$ 为煤气黏度系数，Pa·s，式中经验系数 b_1、b_2、b_3、b_4 是颗粒形状系数 ϕ_{s} 的函数，表达式如下式：

$$\begin{cases} b_1 = \exp(2.3288 - 6.4581\phi_{\mathrm{s}} + 2.4486\phi_{\mathrm{s}}^2) \\ b_2 = 0.0964 + 0.5565\phi_{\mathrm{s}} \\ b_3 = \exp(4.905 - 13.8944\phi_{\mathrm{s}} + 18.4222\phi_{\mathrm{s}}^2 - 10.2599\phi_{\mathrm{s}}^3) \\ b_4 = \exp(1.4681 + 12.2584\phi_{\mathrm{s}} - 20.7322\phi_{\mathrm{s}}^2 + 15.8855\phi_{\mathrm{s}}^3) \end{cases} \tag{3-45}$$

因此，炉料颗粒运动方程式进一步转化为：

$$\frac{\mathrm{d}v_p}{\mathrm{d}t} = \frac{3\mu_{\mathrm{g}}C_D Re}{4\rho_{\mathrm{p}}d_{\mathrm{p}}^2}(v_{\mathrm{g}} - v_{\mathrm{p}}) + \frac{\rho_{\mathrm{p}} - \rho_{\mathrm{g}}}{\rho_{\mathrm{p}}}g \tag{3-46}$$

为了便于求解炉料颗粒在空区内运动行为，可将颗粒运动分解为沿径向（x'

方向)、切向（y' 方向）和纵向（z' 方向）三个方向上的运动，如图 3-14 所示。其中，在径向和切向上，炉料颗粒以脱离溜槽时的分速度在煤气曳力作用下作减速运动，而在纵向上，炉料颗粒则受到重力、煤气浮力和曳力的综合作用。

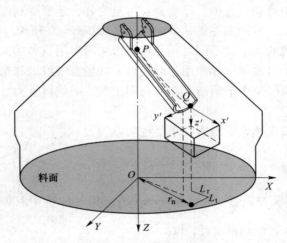

图 3-14　炉料颗粒在空区内运动过程

则在径向、切向和纵向上炉料颗粒运动方程为：

$$\begin{cases} \dfrac{d^2 x'}{dt^2} = \dfrac{3\mu_g C_D Re}{4\rho_p d_p^2} \left(v_{g,x'} - \dfrac{dx'}{dt} \right) \\[3mm] \dfrac{d^2 y'}{dt^2} = \dfrac{3\mu_g C_D Re}{4\rho_p d_p^2} \left(v_{g,y'} - \dfrac{dy'}{dt} \right) \\[3mm] \dfrac{d^2 z'}{dt^2} = \dfrac{3\mu_g C_D Re}{4\rho_p d_p^2} \left(v_{g,z'} - \dfrac{dz'}{dt} \right) + \dfrac{\rho_p - \rho_g}{\rho_p} g \end{cases} \tag{3-47}$$

式中　$v_{g,x'}$，$v_{g,y'}$，$v_{g,z'}$——分别为煤气在径向、切向、纵向上的分速度，m/s。

炉料颗粒在空区内下落所需时间主要与颗粒在溜槽出口处至料面间高度有关，对于不同形式溜槽结构计算公式不同。对于半圆形截面溜槽，炉料颗粒在空区内下落高度为：

$$\Delta h = H - e\sin\alpha - L_0\cos\alpha + R(1 - \cos\theta)\sin\alpha + h_{SL} \tag{3-48}$$

式中　h_{SL}——料面至零料线间高度，m。

对于矩形截面溜槽，下落高度为：

$$\Delta h = H - e\sin\alpha - L_0\cos\alpha + h_{SL} \tag{3-49}$$

由炉料在空区内下落高度，利用纵向上颗粒运动方程可求解出下落所需时间，进而能够求得炉料颗粒分别在径向和切向上的运动距离，最终确定落点位置。

3.4.2 料流宽度数学模型

在高炉布料过程中，炉料是以料流形态运动着的，其整体运动也是由组成料流的众多颗粒运动的集合，因此料流在空间内形态不同于单个颗粒，料流横截面形状及大小反映出料流分布信息。料流横截面多为不规则形状，一般定义高炉内料流横截面在高炉径向上的宽度为料流宽度，料流宽度直接决定着炉料在料面径向上落料范围，对于实际生产中合理选择布料档位宽度有着重要意义。诸多炉内实测试验结果表明，炉料离开溜槽后在空区内下落过程中，料流宽度是不断增大的，而实际料流宽度主要由溜槽出口处的初始料流宽度决定。炉料在溜槽这一旋转系统内运动时，不仅沿着溜槽长度方向向末端运动，还在溜槽横截面上发生偏转，随着运动距离增大，偏转程度也不断加重。图 3-15 为半圆形截面溜槽和矩形截面溜槽在溜槽出口处的料流偏转示意图，可以看出料流偏转形成了一斜面，该斜面倾斜角度为 δ，在溜槽截面上从溜槽底部料流至料流最高点处高度为料流高度 $h_{b,0}$，料流高度直接决定了溜槽出口处料流宽度大小。

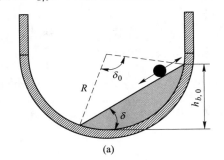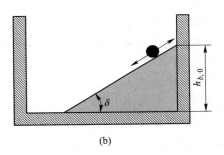

图 3-15 溜槽出口处料流偏转示意图
（a）半圆形截面溜槽；（b）矩形截面溜槽

为了求得料流达到溜槽出口时偏转程度，即料流斜面倾斜角度 δ，可假设在溜槽内任意长度处料流偏转形成的斜面处于瞬时平衡状态，此时位于料流斜面表面处颗粒受力平衡，根据前文对溜槽内炉料颗粒运动受力分析，可建立斜面上炉料颗粒平衡方程。对于半圆形截面溜槽，颗粒受力平衡方程为：

$$\left(\omega_1^2 R\sin\theta + 2\omega_1 \frac{\mathrm{d}x}{\mathrm{d}t}\sin\alpha\right)\cos\delta = \left\{g\sin\alpha - \omega_1^2\left[x\sin\alpha + R\cos\alpha(1 - \cos\theta)\right]\cos\alpha\right\}\sin\delta \tag{3-50}$$

料流倾斜角度为：

$$\delta = \arctan \frac{\omega_1^2 R\sin\theta + 2\omega_1 \dfrac{\mathrm{d}x}{\mathrm{d}t}\sin\alpha}{g\sin\alpha - \omega_1^2\left[x\sin\alpha + R\cos\alpha(1 - \cos\theta)\right]\cos\alpha} \tag{3-51}$$

对于矩形截面溜槽，溜槽出口处料流倾斜面上颗粒受力平衡方程为：

$$\left(\omega_1^2 y + 2\omega_1 \frac{\mathrm{d}x}{\mathrm{d}t}\sin\alpha \right)\cos\delta = \left(g\sin\alpha - \omega_1^2 x\sin\alpha\cos\alpha \right)\sin\delta \tag{3-52}$$

则料流倾斜角度为：

$$\delta = \arctan\frac{\omega_1^2 y + 2\omega_1 \dfrac{\mathrm{d}x}{\mathrm{d}t}\sin\alpha}{g\sin\alpha - \omega_1^2 x\sin\alpha\cos\alpha} \tag{3-53}$$

根据布料过程初始炉料流量及炉料颗粒在溜槽内运动速度，可以计算得到在溜槽出口处的料流截面面积：

$$S = \frac{Q_0}{\rho_s v_{2,x}} \tag{3-54}$$

式中　　S——溜槽出口处料流截面面积，m^2；

　　　　Q_0——节流阀出口处炉料流量，$\mathrm{kg/s}$；

　　　　ρ_s——炉料堆密度，$\mathrm{kg/m}^3$；

　　　　$v_{2,x}$——溜槽出口处沿溜槽长度方向的炉料流速，$\mathrm{m/s}$。

同时，根据溜槽内料流截面形状几何关系，可建立料流截面面积表达式。对于半圆形截面溜槽，料流截面为圆环形，其面积计算公式为：

$$S = \frac{1}{2}R^2(\delta_0 - \sin\delta_0) \tag{3-55}$$

式中　　δ_0——溜槽出口处横截面上料流对应的圆心角，rad。

采用数值手段对上式求解，可得到料流圆心角 δ_0，则半圆形截面溜槽出口处的料流高度计算公式为：

$$h_{b,0} = R - R\cos\left(\frac{\delta_0}{2} + \delta \right) \tag{3-56}$$

式中　　$h_{b,0}$——半圆形截面溜槽出口处的料流高度。

对于矩形截面溜槽，料流截面为直角三角形，料流截面面积与料流高度之间的关系为：

$$S = \frac{1}{2}h_{b,0}^2\cot\delta \tag{3-57}$$

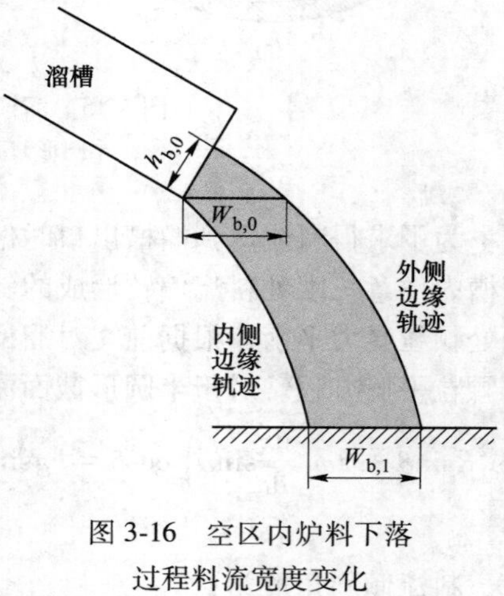

图 3-16　空区内炉料下落过程料流宽度变化

图 3-16 为炉料在空区内下落过程料流宽度变化示意图，可见料流由两条边缘轨迹线包围，分别将靠近高炉中心一侧的料流轨迹和靠近炉墙一侧的料流轨迹定义为内侧边缘轨迹和外侧边缘轨迹，两条

轨迹线在径向上的距离即为料流宽度。根据上面得到的溜槽出口处料流高度，则初始料流宽度近似可表示为：

$$W_{b,0} = \frac{h_{b,0}}{\cos\alpha} \tag{3-58}$$

式中　　$W_{b,0}$——溜槽出口处初始料流宽度，m。

　　除了炉料颗粒在空区下落过程中互相碰撞及煤气阻力作用之外，导致炉料下降过程中料流宽度不断增大的一个主要原因就是溜槽出口处不同位置炉料颗粒速度存在一定差异。基于前文建立的溜槽内炉料运动数学模型计算出的溜槽末端颗粒速度，以此对溜槽出口处的内、外侧料流速度 v_i 和 v_o 进行修正，有：

$$\begin{cases} v_i = \lambda_i v_2 \\ v_o = \lambda_o v_2 \end{cases} \tag{3-59}$$

式中　　v_i——溜槽出口处内侧料流速度，m/s；

　　　　v_o——溜槽出口处外侧料流速度，m/s；

　　　　λ_i——内侧料流速度修正系数；

　　　　λ_o——外侧料流速度修正系数；

　　　　v_2——溜槽出口处料流速度，m/s。

　　根据修正后的内、外侧料流速度，结合炉料颗粒在空区内运动数学模型，可分别计算出内、外侧料流在料面上的落点位置，两者距离即为料面处料流宽度 $W_{b,1}$。

3.5　料面上炉料落点分布及瞬时流量数学模型

　　炉料经过中心喉管、旋转溜槽、空区等环节运动，最终落至料面上，前面建立的炉料颗粒运动过程数学模型为准确预测最终炉料落点位置奠定了基础。炉料在料面上落点径向距离（即落点半径，r_n）直接决定着径向上的料面分布及矿焦比分布，生产中也主要是通过改变溜槽布料角度控制炉料在料面上落点的径向位置。除高炉径向上炉料分布外，周向上炉料分布状况对高炉生产同样至关重要，炉内炉料圆周均匀分布对保障高炉正常、高效冶炼意义重大，图 3-17 为炉料圆周落点分布示意图。对于串罐式无钟炉顶，其中心下料模式保证了相同布料角度时炉料在料面上的落点半径在周向上基本一致，而对于并罐式无钟炉顶，相同布料角度时炉料落点半径 r_n 在周向上发生变化，给实际生产带来不利影响。

　　炉料在料面上的落点半径主要由炉料颗粒径向上运动距离和切向上运动距离两部分合成，其中径向上运动距离包括在溜槽内运动水平投影距离和在空区径向运动距离两部分。而且对于不同溜槽形式，炉料在料面上落点半径计算方式不同，对于半圆形截面溜槽，有：

$$r_n = \sqrt{\left[L_0\sin\alpha - e\cos\alpha + R\cos\alpha(1 - \cos\theta) + L_r\right]^2 + (L_t - R\sin\theta)^2} \tag{3-60}$$

式中 r_n——炉料颗粒在料面上的落点半径，m；

  L_r——炉料颗粒在空区内径向上运动距离，m；

  L_t——炉料颗粒在空区内切向上运动距离，m。

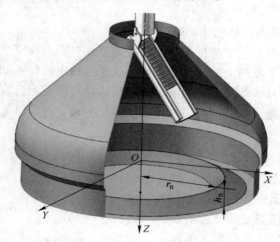

图 3-17　料面上炉料圆周落点分布

对于矩形截面溜槽，有：

$$r_n = \sqrt{(L_0\sin\alpha - e\cos\alpha + L_r)^2 + (L_t - y)^2} \tag{3-61}$$

除了考虑炉料在料面上径向落点位置外，还需考虑其圆周分布，即炉料颗粒落点所在的圆周方位角度。由于布料过程中炉料主要受旋转溜槽控制，随其一起圆周转动，且离开溜槽后也存在圆周切向运动速度，故炉料颗粒在落至料面的过程中其圆周方位角度也是在不断变化着的。图 3-18 首先建立了典型的并罐式无钟炉顶布料过程炉顶设备及炉料圆周分布坐标系统，两个料罐中心位于 X 轴上，且关于 Y 轴左右对称，若为串罐式炉顶，则料罐中心位于原点 O 处。定义 X 轴正向为 $0°$，沿顺时针方向圆周角度从 $0°$ 变化至 $360°$，初始时刻溜槽长度方向与 X 轴正向一致，即溜槽初始圆周角度为 $0°$，假定溜槽沿顺时针方向旋转，当某一时刻炉料颗粒落至溜槽时溜槽所在圆周角度为 β，该炉料颗粒运动至溜槽末端时溜槽所在圆周角度为 β_c，炉料颗粒落至料面时颗粒所在圆周角度为 β_{SL}。

则半圆形截面溜槽布料过程炉料在料面上落点圆周角度为：

$$\beta_{SL} = \beta + \frac{180}{\pi}\left\{\omega_1 t_c + \arctan\left[\frac{L_t - R\sin\theta}{L_0\sin\alpha - e\cos\alpha + R\cos\alpha(1 - \cos\theta) + L_r}\right]\right\} \tag{3-62}$$

对于矩形截面溜槽，为：

$$\beta_{SL} = \beta + \frac{180}{\pi}\left[\omega_1 t_c + \arctan\left(\frac{L_t - y}{L_0\sin\alpha - e\cos\alpha + L_r}\right)\right] \tag{3-63}$$

式中　　β——炉料颗粒落至溜槽时溜槽所在圆周角度，(°)；

β_{SL}——炉料颗粒落至料面时颗粒所在圆周角度，(°)；

t_c——炉料颗粒在溜槽内运动时间，s。

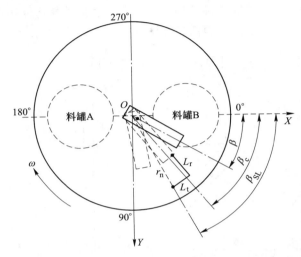

图 3-18　并罐式无钟炉顶布料过程圆周描述坐标系统

对于并罐式无钟炉顶布料过程，除了炉料在料面上落点圆周分布不均外，料面上所接受炉料流量在圆周方向上也呈现周期性变化，而后者较少被人们注意到，实际上料面炉料流量圆周分布不均会直接影响到周向料层厚度分布，导致厚薄不均，不利于保证高炉操作稳定。下面将从并罐式炉顶布料过程炉料运动角度分析料面炉料流量圆周变化机理。

炉料从节流阀流出直至落至炉喉料面的整个运动过程所需的总时间设为 T，由前文可知整个炉料运动过程基本可划分为三个子阶段，即炉料从节流阀运动至溜槽过程、炉料在溜槽内运动过程和炉料在空区内下落过程，炉料在三个阶段内运动时间分别为 t_t、t_c 和 t_f，则 $T=t_t+t_c+t_f$。图 3-19 解析了并罐式无钟炉顶布料过程中炉料运动历程不同导致料面炉料流量圆周变化机理，其中认为节流阀处炉料流量恒定不变，为 Q_0。以节流阀在较短时间间隔 Δt 内所排出的炉料为研究对象，则该段时间内排出的炉料总质量为 $Q_0\Delta t$。标记 Δt 时间间隔内所形成料流的料头和料尾处颗粒为"颗粒 a"和"颗粒 b"，即如图中所示，$t=0$ 时刻"颗粒 a"从节流阀流出，"颗粒 b"则在 $t=\Delta t$ 时刻从节流阀流出。假定"颗粒 a"和"颗粒 b"从节流阀运动至料面过程所需时间分别 T_a 和 T_b，则两者落至料面的时刻分别为 $t=T_a$ 和 $t=\Delta t+T_b$，时间间隔为 $\Delta t+T_b-T_a$，在该段时间内料面接收的炉料量等于 Δt 时间内节流阀处排出的炉料量，则该段时间内料面上炉料平均流量

为 $\overline{Q} = \dfrac{Q_0 \Delta t}{\Delta t + T_{\mathrm{b}} - T_{\mathrm{a}}}$。由此可知，料面上炉料流量圆周变化的主要原因是 T_{a} 与 T_{b} 数值不同，这主要是由于圆周上不同时刻排出的炉料在溜槽内落点不同，导致在溜槽、空区等环节运动历程不同，故运动总时间也不相同，且随溜槽圆周旋转呈现周期性变化。而对于串罐式无钟炉顶，由于布料过程炉料运动历程不随溜槽所处圆周方位而改变，故料面上炉料流量在圆周方向上较为均匀。

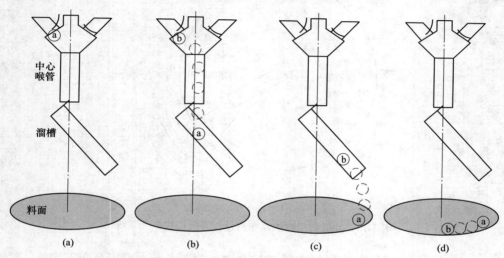

图 3-19　并罐式无钟炉顶料面瞬时流量变化原理示意图
(a) $t = 0$；(b) $t = \Delta t$；(c) $t = T_{\mathrm{a}}$；(d) $t = \Delta t + T_{\mathrm{b}}$

当时间间隔 Δt 足够小时，料面上的炉料平均流量 $\overline{Q}$ 接近于瞬时流量 Q，可表示为：

$$Q = \frac{\mathrm{d}t}{\mathrm{d}T + \mathrm{d}t} Q_0 = \frac{\mathrm{d}\beta}{\omega_1 (\mathrm{d}t_{\mathrm{t}} + \mathrm{d}t_{\mathrm{c}} + \mathrm{d}t_{\mathrm{f}}) + \mathrm{d}\beta} Q_0 \tag{3-64}$$

由上式可知，料面上瞬时炉料流量与圆周方位角度 β 有关，主要取决于炉料运动总时间变化。

为了进一步定量评估炉内圆周方向上炉料流量分布状况，引入相对流量偏差 σ，以表征料面瞬时流量偏离初始平均流量 Q_0 的程度，表达式为：

$$\sigma = \left| \frac{Q - Q_0}{Q_0} \right| \times 100\% \tag{3-65}$$

定义圆周方向上瞬时炉料流量最大值和最小值间的差值与平均炉料流量的相对值为料面炉料流量不均匀率 ψ，即

$$\psi = \frac{Q_{\max} - Q_{\min}}{Q_0} \times 100\% \tag{3-66}$$

式中　Q_{max}——料面圆周方向上瞬时炉料流量的最大值，kg/s；

　　　Q_{min}——料面圆周方向上瞬时炉料流量的最小值，kg/s。

3.6　料面形状数学模型

当炉料经由炉顶设备并按预定装料制度装至炉内后，会在料柱表面形成特定的炉料分布，具体反映在料层表面的料面轮廓形状。料面形状决定了炉内径向上炉料分布状况，从而影响着炉内煤气流分布，高炉布料过程也主要是以获得适宜的料面形状为目的。图 3-20 给出了常见的单环布料和多环布料时炉内料面形状分布，可见单环布料时炉料在径向上只有一个落点，炉料向落点两侧滚动形成不同坡面，可根据炉料堆积特性建立料面形状描述数学模型；而对于大中型高炉常采用的多环布料方式，在布料过程中采用多个档位将炉料分布至径向不同位置，通过调整布料角度及布料圈数可以灵活改变料面堆积形状，满足生产需求，多环布料所形成料面形状没有统一固定形式，需基于单环布料料面形状叠加的方法来描述其形状。

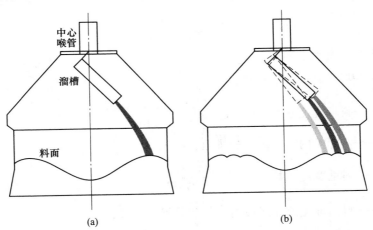

图 3-20　不同布料制度下料面形状示意图
（a）单环布料；（b）多环布料

为描述单环布料过程形成的料面形状，前人建立了许多模型，从提出两端直线描述径向料面形状到提出复杂的多段直线加曲线的描述方法，均在一定程度上反映出了料面轮廓整体分布。部分研究表明，在炉料落点附近区域和高炉中心区域，料面呈现明显的曲线状，结合炉料自然堆积时其轮廓近似呈正态曲线分布，可以此为基础进一步修正得到料面轮廓描述方程。图 3-21（a）为料面轮廓径向分布示意图，图 3-21（b）为料面倾角径向变化示意图，在堆尖附近区域料面倾角极大值和极小值分别为料面内、外堆角。料面内堆角一般指料面堆尖至高炉中心之间的斜面与水平面的夹角，外堆角则是料面堆尖至炉墙间的斜面与水平面的夹角，为负值。炉内料面内堆角与炉料自然堆角较为接近，而外堆角则由于炉料冲击及炉墙阻挡作用一般小于内堆角。

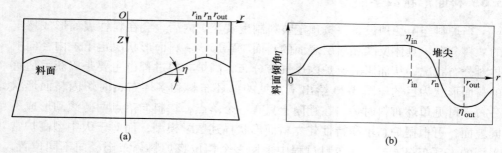

图 3-21 料面形状定义
（a）料面径向曲线轮廓；（b）料面倾角径向变化

基于正态分布形状修正后，在半径方向上的料面高度函数可表示为：

$$Z(r) = k_0 - k_1 \exp\left[-\left(\frac{r - r_n}{k_1} \right)^2 \right] - k_3 r \tag{3-67}$$

式中　r_n——炉料落点半径，m；

$\quad\quad k_0$——料线高度补偿系数，m；

$\quad\quad k_1$——料堆高度系数，m，$k_1 = \dfrac{k_2(\tan\eta_{in} - \tan\eta_{out})}{1.716}$；

η_{in}，η_{out}——实际炉内料面内、外堆角，（°）；

$\quad\quad k_2$——料堆宽度系数，m，$k_2 = \dfrac{r_{out} - r_{in}}{\sqrt{2}}$；

r_{in}，r_{out}——料面堆尖处曲线段内、外侧分界点半径，m；

$\quad\quad k_3$——堆角系数，m，$k_3 = \dfrac{\tan\eta_{in} + \tan\eta_{out}}{2}$。

由上式可看出料面形状与炉料内、外堆角密切相关，而在炉内炉料堆积过程中，除了与炉料自身物理性质有关外，堆角往往还受到料线高度和落点半径的影响。综合上述影响因素，可建立如下关系式：

$$\begin{cases} \eta_{in} = a_{in} + b_{in}h + c_{in}\dfrac{r_n}{R_{th}} \\[2mm] \eta_{out} = a_{out} + b_{out}h + c_{out}\dfrac{r_n}{R_{th}} \end{cases} \tag{3-68}$$

式中　a_{in}，a_{out}——最大料面内、外堆角，（°）；

b_{in}，b_{out}——料线高度影响因子，$-\dfrac{a_{in}}{10}<b_{in}<-\dfrac{a_{in}}{20}$，$-\dfrac{a_{out}}{20}<b_{out}<0$；

c_{in}，c_{out}——落点半径影响因子，$-\dfrac{a_{in}-20}{20}<c_{in}<0$，$-(a_{out}-10)<c_{out}<-(a_{out}-20)$；

h——料线高度，m；

R_{th}——炉喉半径，m。

求解料面形状时，利用上述料面模型计算出料面轮廓线所围区域炉料体积，采用迭代法和二分法逐次逼近实际装入炉料体积，最终得到布完料后料面方程。对于多环布料，炉料将分布在多个不同径向环位上，落点半径不同，则对应于每个环位位置可分别计算得到装入指定圈数炉料后的料面方程，由各个档位炉料料面方程叠加及交叉即可得到装入整批炉料后的料面方程。

3.7 数学模型试验验证

在数学模型投入实际应用之前，采用适当手段验证数学模型的合理性或确定模型所需经验参数是一项很有必要的工作，一般通过物理试验进行。为了验证本文开发的布料过程炉料运动分布数学模型计算精度，根据实际高炉溜槽参数在相似理论指导下建立了 1∶7 缩小比例的布料模型试验装置，如图 3-22 所示，其中图（a）为试验模型总装图，图（b）和（c）分别为试验用半圆形截面溜槽和矩形截面溜槽实物图。实验中采用了变频电机设备，通过调整电机频率可输出不同

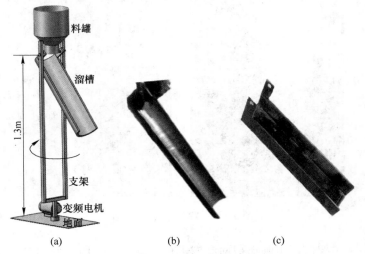

图 3-22　布料试验装置

（a）实验装置示意图；（b）半圆形截面溜槽实物；（c）矩形截面溜槽实物

转速，电机输出端与支架相连，布料溜槽则通过螺栓固定在支架上端，溜槽悬挂点距地面高度为 1.3m，通过电机驱动支架圆周旋转进而带动溜槽旋转布料。溜槽倾角为手动设置，根据试验方案在试验前分别设定至不同角度。在溜槽上部安装有一料罐，用于装入试验炉料。此外，为了测量试验过程炉料落点分布，设计了金属料盒取样装置，其总长 400mm、宽度 50mm，料盒中每个隔间的长度为 50mm。

为了比较不同形式溜槽对布料过程影响，参照半圆形截面溜槽主要尺寸制作了同比例矩形截面溜槽，两者主要参数见表 3-1 所示。

表 3-1　溜槽主要参数　　　　　　　（单位：mm）

溜槽类型	长度	倾动距	截面半径	截面宽度
半圆形截面溜槽	600	125	65	—
矩形截面溜槽	600	125	—	130

利用上述试验装置，分别测试了不同溜槽布料角度及溜槽转速对炉料落点的影响，并对比了半圆形截面溜槽和矩形截面溜槽对布料过程炉料落点的影响，测试过程如图 3-23 所示。试验中使用了焦炭、小烧结矿和球团矿三种炉料，平均粒径分别为 40mm、10mm 和 15mm。

图 3-23　炉料落点测试过程

试验中，主要使用半圆形截面溜槽进行测试，通过调节变频电机使溜槽转速达到 3s/圈。为了考察不同布料档位时炉料落点分布情况，选取了若干不同溜槽倾角进行了布料试验。图 3-24 给出了不同溜槽倾角时炉料落点位置变化情况，其中离散点为试验实测值，曲线为利用本文所开发数学模型计算结果。同时，图中对比了焦炭、烧结矿和球团矿三种不同属性炉料的落点变化规律，由于炉料颗粒粒径、形状系数、与设备的摩擦系数等参数不同，相同条件下其落点也不相同。从图中可以看出，随着溜槽倾角增大，炉料落点半径均不断增加，且在相同布料角度下球团矿的落点半径最大，焦炭次之，烧结矿落点半径最小。对比模型计算结果和试验测量结果，可发现两者符合程度较好，焦炭、烧结矿和球团矿落点半径的模型计算值与实测值之间的最大相对偏差依次为 3.7%、2.5% 和 3.3%，表明数学模型计算精度能够较好满足要求。

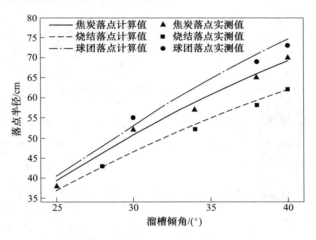

图 3-24　溜槽倾角对炉料落点的影响

　　生产中，除了溜槽倾角变化会改变炉料落点分布外，溜槽圆周转速大小也会对炉料落点位置产生影响，主要是由于溜槽转速变化会使得溜槽内炉料颗粒所受离心力和科氏力大小发生变化，同时改变溜槽出口处的炉料圆周切向速度，进而影响颗粒在空区内的下落轨迹。在试验中，固定溜槽倾角为 40°，分别设置溜槽转速为 10r/min、14r/min、20r/min、24r/min 和 40r/min，待溜槽转速稳定后测量了小烧结矿炉料落点半径变化，并与模型理论计算结果进行了对比，如图 3-25所示。可知，随着溜槽转速增加，烧结矿落点半径不断增大，且其变化率同时增大，模型计算结果能够很好地反映出实测落点半径变化趋势。

　　一直以来，无钟炉顶系统中配备的溜槽形式主要为半圆形截面形式溜槽，随着矩形截面溜槽的出现，其被越来越多的高炉采用，但针对矩形截面溜槽布料规律研究尚有许多不足之处。为了比较半圆形截面溜槽和矩形截面溜槽布料规律，以前者为基础制作了矩形截面溜槽模型，其长度和倾动距等主要参数与半圆形截面溜槽相同，以此实测了不同溜槽倾角时烧结矿落点半径变化情况，如图 3-26所示。从图中可见，相同布料角度时半圆形截面溜槽所布烧结矿落点位置比矩形

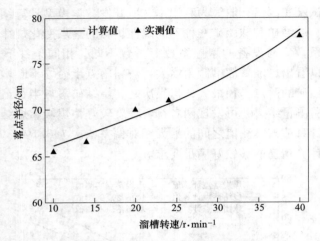

图 3-25　溜槽转速对烧结矿落点的影响

截面溜槽的要远，两者对应的落点半径平均相差 3.2cm，且溜槽倾角较大时，两者偏差也较大。无论对于半圆形截面溜槽还是矩形截面溜槽，模型计算结果均与试验测量结果变化一致。

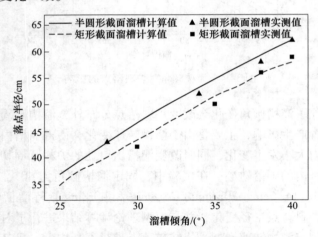

图 3-26　不同溜槽形式对烧结矿落点的影响

3.8　高炉布料过程炉料运动预测系统开发

　　根据本章以上内容，编写了高炉布料过程炉料运动预测系统。该软件采用 C++ 语言开发，针对高炉布料过程，可以实现高炉布料过程炉料运动行为计算。软件主要包括落点轨迹计算，落点偏析计算、矿焦比计算，料面形状计算等功能，同时可以设置不同参数来适用于不同条件，实现计算数据的存储以及历史数据的查询等功能。

参数设置是本软件的一项基本功能，通过参数设置界面，可以设置高炉参数、无钟设备参数、炉料属性、煤气属性等数据，从而使软件可以适用于不同条件下的操作，使得软件适用性更广。图 3-27 为参数设置界面，单击各个按钮，就会弹出图中所示对话框，从而进行参数的设置。

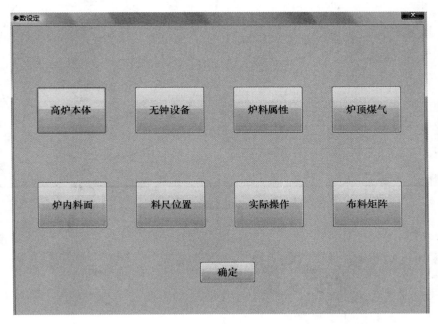

图 3-27　参数设置界面

落点轨迹计算是本软件的主要功能之一，软件设计最初目的为了能够方便的计算出不同料线、不同溜槽倾角、不同溜槽方位角下的炉料落点。通过设置界面上的料线高度、溜槽倾角、溜槽方位角和溜槽转速，就可以计算出相应条件下的炉料落点半径。为了能够了解某个料线处的溜槽最大倾角，软件计算不同料线处的极限倾角，可以方便的知道溜槽的调节范围。图 3-28 为落点轨迹计算界面。此外，由于并罐高炉布料过程中会存在落点偏析，本软件还可以计算并罐高炉布料时不同溜槽起始角时炉料落点半径，进而计算落点偏析指数。

料面形状计算是软件的另一个主要功能，通过计算可以直观地了解高炉内矿焦层分布，并且可以计算料面径向矿焦比分布。软件界面上有生产参数以及布料矩阵设置按钮，可以设置生产参数以及布料矩阵，从而模拟高炉装料过程。软件还可以计算矿石层、焦炭层厚度。同时软件还可以模拟炉料下降过程。图 3-29 为料面形状计算界面。

落点查询为对炉料落点计算的扩展，通过落点查询界面，可以计算某个溜槽

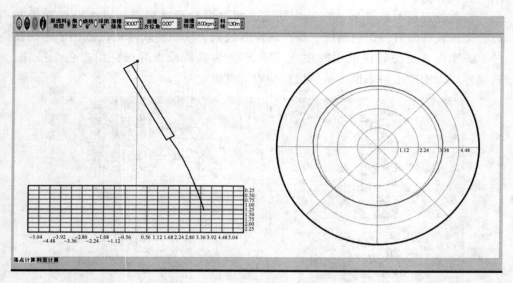

图 3-28 落点轨迹计算界面

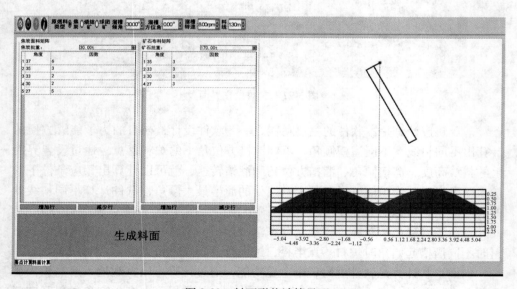

图 3-29 料面形状计算界面

角度以及料线高度范围内，按特定量增加的所有角度和料线高度下的落点半径值。同时能够将计算结果保存在可读文档中，从而可以方便的了解落点的分布情况。

3.9　小结

　　针对当前大型高炉布料操作精细化与智能化发展对布料过程机理与预测数学模型提出的新要求，考虑典型的串、并罐式无钟炉顶系统差异以及布料溜槽设备多样性对布料规律影响，在对布料过程中炉料从节流阀出口落至溜槽、受溜槽控制运动、在空区内下落以及在料面上堆积分布过程的详细分析基础上，建立了整个无钟炉顶布料过程的炉料运动及分布综合数学模型，并通过 1：7 布料模型试验验证了模型的准确性与可靠性。具体如下：

　　（1）建立了节流阀出口处炉料流速数学模型，基于水力学连续性方程得到料罐排料流速预测方程，针对串罐式无钟炉顶常用的"瓜皮阀"和并罐式无钟炉顶常用的弧形闸板阀等节流阀形式，研究了其开启过程漏料口大小变化规律。

　　（2）在料罐以下布料设备中，串罐式无钟炉顶与并罐式无钟炉顶主要差异在于节流阀至布料溜槽间的设备结构，这也是导致两种形式无钟炉顶布料规律差异根源所在。基于设备结构特点，分别建立了炉料颗粒在两种形式无钟炉顶内节流阀至溜槽间的运动模型。对于并罐式炉顶，由于料流在中心喉管内偏行，导致炉料在溜槽内落点位置随溜槽旋转作周期性变化，并建立了半圆形截面溜槽和矩形截面溜槽内炉料落点轨迹的三维及二维投影形状的数学模型，首次指出半圆形截面溜槽内炉料落点轨迹为非椭圆状，矩形截面溜槽内落点轨迹为椭圆状。

　　（3）针对实际多环布料过程中布料溜槽同时水平圆周旋转和倾动的特点，综合分析炉料颗粒在溜槽内运动过程受力状况，首次建立了多环布料过程中半圆形截面溜槽内炉料颗粒复合运动的三维数学模型；同时，针对矩形截面溜槽布料规律研究不足之处，首次建立了炉料颗粒在矩形截面溜槽内三维复合运动数学模型。

　　（4）考虑炉料在空区下落受到自身重力和煤气阻力等作用，建立了炉料颗粒在空区内三维运动数学模型，并将该复合运动分解为径向、圆周切向和纵向运动。同时，布料过程炉料以料流形式运动，分别针对半圆形截面溜槽和矩形截面溜槽建立了空区内料流宽度数学模型。

　　（5）基于建立的炉料颗粒运动数学模型，建立了炉料落点径向位置及圆周方位角度方程。对于并罐式无钟炉顶，除了炉料落点圆周分布不均外，还发生料面瞬时流量圆周变化，并在解析其变化机理的基础上建立了料面瞬时流量计算模型以及表征圆周均匀状况的物理量。

　　（6）结合物料堆积机理，利用基于正态分布曲线修正后的方程描述单环布料时炉内形成的料面形状分布，以此建立了单环布料时料面形状数学模型，通过对其料面形状叠加可进一步得到多环布料时料面分布。

　　（7）根据实际高炉炉顶结构参数建立了 1：7 缩小比例的相似布料模型实验

装置，测试了不同溜槽布料角度及溜槽转速对炉料落点的影响，并对比了半圆形截面溜槽和矩形截面溜槽对布料过程炉料落点的影响。同时，对实验测量结果和本文所建立数学模型的理论计算结果进行了对比，发现模型预测结果能够较好地反映实测数据变化趋势，且两者相对偏差较小，能够满足计算要求，证明了数学模型的准确性与可靠性。

4 无钟炉顶设备结构及操作参数对炉料运动的影响

高炉布料过程是高炉日常操作重要一环，掌握高炉布料规律对保持高炉高效稳定生产意义重大。然而在布料过程中炉料运动分布规律错综复杂，任一环节或外在因素改变都会对布料过程产生影响，按影响因素类型不同可将布料过程主要影响因素分为两大类：一类是无钟炉顶布料设备结构参数，另一类是高炉生产操作参数。前者主要包括炉顶形式、中心喉管内径、溜槽悬挂点高度、溜槽倾动距、溜槽总长度及溜槽截面形状等参数，研究炉顶设备结构参数对布料影响规律可为后续设备设计及优化提供依据；后者则主要包括节流阀开度、布料角度、溜槽转速、料线高度、煤气流速等参数，一般生产中通过调整上述参数改变炉料运动及分布状态，研究操作参数影响规律能够为实际生产操作指明方向。本章主要介绍炉顶设备结构参数对布料过程的影响。

以国内某大型 5500m³ 并罐式无钟炉顶高炉设备参数及实际生产操作参数为例，利用本文建立的布料过程炉料运动及分布数学模型分析炉顶设备参数及生产操作参数等因素对高炉布料过程炉料运动及分布的影响，以揭示布料过程内在规律。

表 4-1 列举了该 5500m³ 高炉炉顶设备主要参数，在计算过程中以高炉设备实际尺寸为基础合理选取并确定所研究参数得取值情况，以探究设备结构参数变化对布料过程影响。

表 4-1 高炉炉顶布料设备主要参数

参　数	数　值	参　数	数值
中间漏斗倾角/(°)	55	溜槽总长度/m	4.5
中间漏斗高度/m	3.095	溜槽截面半径/m	0.505
中心喉管长度/m	1.85	溜槽转速/s·r⁻¹	8.5
中心喉管内径/m	0.73	溜槽倾动速度/(°)·s⁻¹	1
溜槽悬挂点距零料线高度/m	6.793	炉喉直径/m	11.2
溜槽倾动距/m	1.015	操作料线/m	1.3

计算中采用高炉实际生产所用原燃料参数，不同种类炉料布料规律有所区别，表 4-2 列举了焦炭、烧结矿和球团矿三种炉料的基本物理属性参数。在炉料

运动分布计算中，主要以炉料平均粒径为准进行计算。

表 4-2　原燃料物理属性

种类	表观密度/kg·m^{-3}	形状因子	摩擦系数	平均粒径/mm
焦炭	990	0.72	0.50	52
烧结矿	3300	0.60	0.65	14
球团矿	3800	0.92	0.40	12

高炉生产中实际采用的布料矩阵如表 4-3 所示，焦炭所用布料档位较多，矿石则主要集中分布在炉喉径向中间区域，下文计算中布料角度取值参考实际布料角度。

表 4-3　布料矩阵

布料角度/(°)	37	35	33	30	27	24	21	11
焦炭圈数	6	3	2	2	2	1	1	4
矿石圈数		5	6	6	4			

在对布料影响因素分析过程中，采用单变量研究方法，即只改变所研究参数取值情况，其他条件均与上述实际高炉保持一致；在研究非溜槽布料角度因素的影响时，取布料角度30°。由于所研究高炉设备形式单一，为了进一步对比研究串罐式炉顶与并罐式炉顶以及矩形截面溜槽与半圆形截面溜槽对布料过程影响的异同，本文参照实际高炉相应结构参数确定串罐式炉顶和矩形截面溜槽的结构参数取值。对于并罐式无钟炉顶布料过程，A、B 两料罐布料过程对称，本文主要对料罐 A 排料过程进行研究。

4.1　无钟炉顶形式对布料过程的影响

高炉无钟炉顶按炉顶料罐排列形式不同主要有串罐式炉顶和并罐式炉顶两种，串罐式炉顶的两个料罐沿高炉中心线呈上下分布，使得料罐中心排料，而并罐式炉顶的两料罐则处于同一水平面上关于高炉中心线对称布置，在料罐以下设备中它与串罐式炉顶最大区别就是并罐式炉顶两料罐与中心喉管通过中间漏斗连接，将偏离中心线的料流引入中心喉管内，这一固有结构使得布料过程中料流在中心喉管内偏向一侧下行，是导致并罐式炉顶布料圆周偏析产生的根源。通过分析并罐式炉顶布料过程炉料运动行为，发现从中心喉管下落炉料在溜槽内表面的落点位置随着溜槽圆周旋转而发生周期性变化则是导致并罐式炉顶布料圆周偏析的关键所在。

基于上述初始条件，计算得到溜槽采用30°倾角布料时炉料在半圆形截面溜槽内落点轨迹分布，并转化为在动坐标系 Pxy 坐标面上的投影形状，如图 4-1 所示。由图可见，落点轨迹投影形状关于 x 轴对称分布，在 x 轴和 y 轴方向落点距坐标系中心 P 点最远距离分别为 0.5m 和 0.25m，且整体落点轨迹投影形状并非如文献报道所述呈椭圆形状。对于串罐式无钟炉顶，当溜槽布料角度恒定时，在溜槽圆周旋转布料过程中炉料在溜槽内落点位置始终位于高炉中心线与溜槽内表面交点处，即图中 P 点（$x=0$，$y=0$）处。正是由于串罐式炉顶和并罐式炉顶布料时炉料在溜槽内落点分布巨大差异，使得料面炉料圆周分布规律不同。

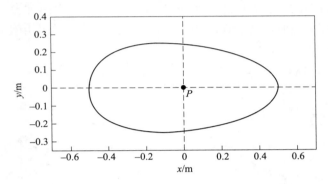

图 4-1　炉料在溜槽内落点分布

　　对于并罐式炉顶，炉料在溜槽内落点位置的变化直接影响到炉料颗粒在溜槽内运动距离长短，在溜槽长度方向上从颗粒落点位置至溜槽末端距离定义为溜槽有效长度，其变化规律如图 4-2 所示。当溜槽位于 0°方位角时，炉料在溜槽内落点离溜槽末端最近，溜槽有效长度最小，为 2.242m；当溜槽旋转至 180°时，溜槽有效长度最大，为 3.242m，曲线关于 0°~180°线对称分布。对于串罐式炉顶，溜槽有效长度在圆周方向上无变化，均为 2.742m。

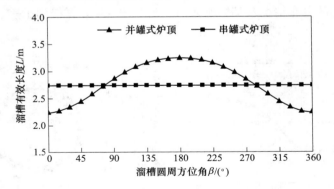

图 4-2　溜槽有效长度在圆周方向上的变化

　　图 4-3 进一步给出了串、并罐式炉顶布料时炉料颗粒在溜槽内运动时间随溜槽旋转的变化规律。串罐炉顶布料时，炉料在倾角为 30°溜槽内的运动时间为

0.48s；而对于并罐式炉顶，由于溜槽在不同圆周方位时落至溜槽的炉料颗粒在溜槽内有效运动距离不同，导致炉料颗粒在溜槽内运动时间随溜槽圆周方位变化。溜槽位于0°方位时，颗粒运动时间最短，为0.40s，溜槽位于230°时，颗粒运动时间最长，可达0.58s。从图中可看出颗粒运动时间曲线并非像上图中溜槽有效长度变化曲线一样关于0°~180°线对称分布，这是由于炉料在溜槽内运动时间不仅取决于在溜槽内运动距离长短，还与炉料颗粒落至溜槽时的初始速度等因素有关，当溜槽位于0°~180°圆周方位时，颗粒初始切向速度为负值，而在180°~360°圆周方位时，初始切向速度为正值，在两者综合作用影响下形成了图中的曲线分布。

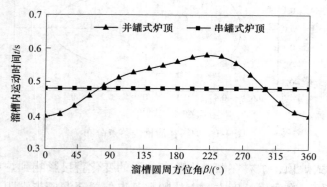

图4-3　焦炭在溜槽内运动时间周向变化

建立布料过程炉料运动数学模型主要目的之一就是准确预测炉料在料面上的落点分布情况，它直接关系到生产高炉内炉料分布状况。实际布料操作中，主要通过多环布料选择若干不同布料角度控制炉料在高炉径向上的分布，对炉料在炉内圆周方向上的分布情况及其影响认识不足。图4-4计算得到了串、并罐式无钟

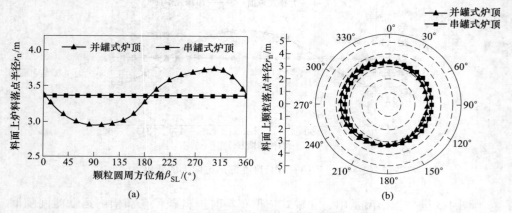

(a)　　　　　　　　　　(b)

图4-4　焦炭颗粒在料面上落点圆周分布

炉顶采用溜槽倾角30°布料时焦炭颗粒在料面上落点圆周分布情况,对于串罐式炉顶,焦炭落点半径周向上保持一致,为3.361m,落点轨迹形状呈现圆形;对于并罐式炉顶,焦炭落点半径周向不均,最小值为2.951m,最大值为3.743m,落点半径最大差值可达0.792m。同时,可发现焦炭落点距中心最近和最远处所在的圆周方位角度分别约为103°和301°,与溜槽有效长度及颗粒运动时间圆周变化区别较大,这是由于炉料落至溜槽后还需经过一定时间才能落至料面上,故炉料落至溜槽时溜槽所在方位角与炉料最终落至料面时所在方位角度存在一定的角位差,颗粒落点方位角滞后于溜槽方位角。

并罐式炉顶布料时,除了炉料在料面上的落点圆周分布不均外,其在料面上的瞬时流量圆周分布也不均匀,造成了炉内圆周方向上料层厚度及矿焦比分布不均匀,对高炉高效稳定生产有较大影响。图4-5为计算得到的两种不同形式无钟炉顶布料过程中料面上焦炭瞬时流量圆周分布,串罐式炉顶布料过程炉料流量较为均匀,根据实际布料参数计算约为168kg/s;而并罐式炉顶布料时,料面焦炭瞬时流量圆周变化较为复杂。在圆周方位210°处,焦炭流量最小,为156.14kg/s,在圆周方位343°处,焦炭流量达到最大值184.42kg/s,在周向上焦炭流量整体不均匀率可达16.83%。与焦炭落点圆周分布相比,两者并无特定对应关系,由前文所建立流量计算数学模型可知,瞬时流量主要取决于布料过程炉料颗粒运动总时间的变化率。

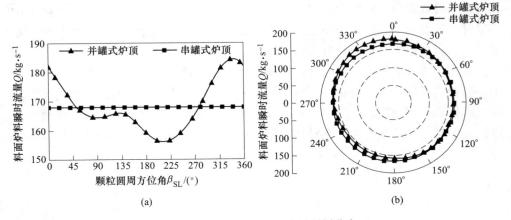

图4-5 料面上焦炭瞬时流量圆周分布

4.2 中心喉管内径对并罐式高炉布料过程的影响

中心喉管是炉顶气密箱的重要组成部分,它将高炉内煤气环境与气密箱内的机械结构隔绝,保证其正常运转。中心喉管主要作用是将炉料引导至布料溜槽内,并通过溜槽控制炉料在炉内的分布情况,在高炉设计阶段,中心喉管内径的选择往往以保证生产中最大料流量可顺利通过、不发生卡料等现象为准。对于串罐式无钟炉顶，在炉料可正常通过中心喉管情况下，中心喉管内径大小对布料过程炉料运动及分布没有明显的影响，喉管内料流中心始终位于中心线上。而对于并罐式炉顶，由于料流偏向喉管一侧下行，喉管内料流中心偏离高炉中心线，故当料流量恒定时，喉管内径的变化直接影响着喉管内料流中心距高炉中心线的距离（即料流中心半径），内径越大，料流中心半径越大，如图 4-6 所示。

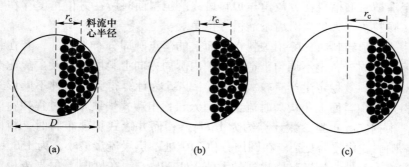

图 4-6　中心喉管内径变化对内部炉料填充状况影响示意图

　　为了研究中心喉管内径对并罐式炉顶布料过程的影响，基于实际设备参数选取 0.60m、0.73m 和 0.90m 三组不同喉管内径，在保持炉料流量不变情况下可计算得到喉管内对应的料流中心半径依次约为 0.15m、0.25m 和 0.35m，实际上中心喉管内径变化对并罐式炉顶布料过程的影响也主要是通过料流中心半径变化影响后续布料过程炉料运动及分布。

　　首先，中心喉管内径变化直接影响到炉料在溜槽内落点分布，图 4-7 计算了中心喉管内径分别为 0.60m、0.73m 和 0.90m 时炉料在半圆形截面溜槽内落点轨迹二维投影形状分布。从图中可看出，随着中心喉管内径增大，炉料在溜槽内落点轨迹形状以坐标原点为中心整体不断向外扩张，表明炉料落点分散程度增加。

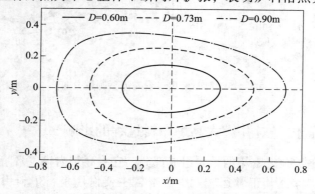

图 4-7　中心喉管内径对炉料在溜槽内落点分布的影响

三条曲线由内向外，在 x 轴上落点最大距离依次为 0.3m、0.5m 和 0.7m，在 y 轴上落点最远距离依次为 0.15m、0.25m 和 0.35m。因此，尤其对于并罐式炉顶，在保证中心喉管能够满足生产最大过料量时，应尽量减小喉管内径，提高炉料落至溜槽内时的集中程度。

炉料在溜槽内落点轨迹投影形状分布还可反映出溜槽有效长度圆周变化规律，如图 4-8 所示。当溜槽从 0° 方位旋转至 180° 方位过程中，炉料在溜槽内落点位置逐渐向溜槽上端移动，溜槽有效长度不断增大，而从 180° 旋转至 360° 方位过程中，落点位置向溜槽末端移动，溜槽有效长度逐渐减小，两段曲线变化对称分布。当中心喉管内径从 0.60m 增大至 0.90m 时，从图中可看出溜槽有效长度最小值不断减小，最大值不断升高，两者差值依次为 0.6m、1.0m 和 1.4m，其圆周变化曲线逐渐变得陡峭，表明周向变化幅度加剧。

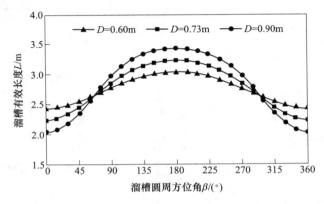

图 4-8 中心喉管内径对溜槽有效长度圆周变化的影响

中心喉管内径变化对溜槽内炉料落点分布的影响必然导致炉料在料面上分布规律不同，图 4-9 计算了不同中心喉管内径对应的料面上焦炭落点圆周分布。可

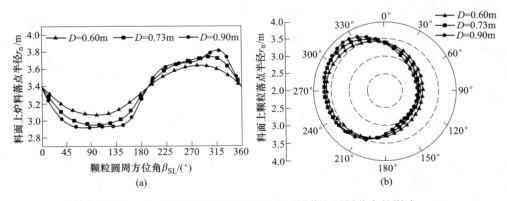

图 4-9 中心喉管内径对料面上焦炭颗粒落点圆周分布的影响

见，中心喉管内径变化时，三组曲线变化趋势基本相同，近似呈正弦曲线分布，均约在 0°~180°圆周区间内焦炭颗粒落点半径较小，在 180°~360°圆周区间内落点半径较大。但随着中心喉管内径增大，周向上焦炭落点最大值与最小值间的差值不断增大，依次为 0.58m、0.79m 和 0.90m，表明炉料落点圆周分布不均匀程度加重。从图 4-9（b）中也可看出，中心喉管内径增大时，焦炭落点圆周分布曲线有整体向左边移动的趋势。

图 4-10 进一步分析了中心喉管内径变化对料面上焦炭流量圆周分布的影响，图中三条曲线周向分布大体一致，曲线极值点所在圆周方位基本相同。不同之处主要在于偏离初始平均流量程度不同，随着中心喉管内径增大，周向上流量最小值进一步减小，而流量最大值进一步增大，两者差值依次为 15.76kg/s、28.28kg/s 和 42.25kg/s，则在圆周上焦炭流量不均匀率依次可达 9.38%、16.83% 和 25.15%。结果表明，中心喉管内经增大加重了炉料流量圆周分布不均匀程度，使得炉内料层厚度周向波动较大，给高炉圆周操作带来了较大挑战。

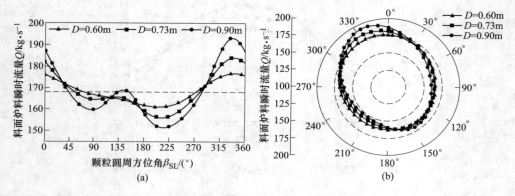

图 4-10　中心喉管内径对料面上焦炭瞬时流量圆周分布的影响

4.3　溜槽悬挂点高度对布料过程的影响

在无钟炉顶高炉设计中，布料溜槽悬挂点距零料线的高度是重要参数之一，溜槽悬挂点高度越高，炉料布至料面指定位置时所需溜槽倾角越小，即溜槽有效工作角度范围越小，实际中应按生产要求合理确定溜槽悬挂点高度，充分发挥无钟炉顶布料优越性能。

溜槽悬挂点高度变化对炉料下落至溜槽以及在溜槽内的运动过程影响较小，主要对炉料在空区下落过程影响较大。本书所采用高炉炉顶参数，分别选取 6.0m、6.793m 和 7.5m 三组溜槽悬挂点高度数值进行研究。图 4-11 给出了采用不同溜槽悬挂点高度数值计算出的焦炭颗粒在炉顶空区内下落轨迹，溜槽布料角度均为 30°。由图可见，溜槽悬挂点高度增大时，炉料颗粒流出溜槽时的初始位置较高，在空区内下落高度较高，三者距 1.3m 料线的高度依次为 2.95m、3.75m 和 4.45m。随着溜槽悬挂点高度增加，空区内料流轨迹整体向靠近炉墙的外侧移动，下落曲线变化趋势基本相同，在料面处落点半径依次为 3.06m、3.36m 和 3.61m。

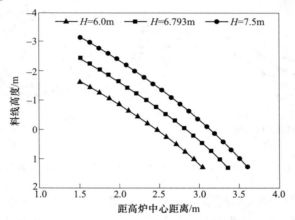

图 4-11　溜槽悬挂点高度对焦炭在空区内下落轨迹的影响

在相同布料角度下，溜槽悬挂点高度越高，布料过程中炉料下落高度越大，炉料在料面上的落点位置距离高炉中心越远，图 4-12 研究了串罐式高炉布料时焦炭落点半径与溜槽悬挂点高度之间的变化关系。焦炭落点半径随着溜槽悬挂点高度增加而增大，但增幅逐渐减小。

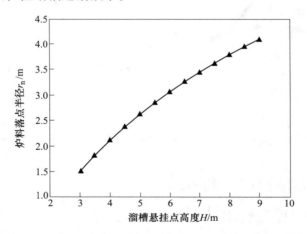

图 4-12　串罐式炉顶布料时溜槽悬挂点高度对焦炭落点半径的影响

在并罐式无钟炉顶高炉布料过程中，溜槽悬挂点高度增加同样会使得炉料在料面上落点半径增大，图 4-13 给出了溜槽悬挂点高度分别为 6.0m、6.793m 和

7.5m 时的焦炭在料面上落点圆周分布。从图中可看出，三条曲线变化趋势一致，溜槽悬挂点高度变化仅改变炉料落点整体远近程度，不改变落点圆周分布规律。

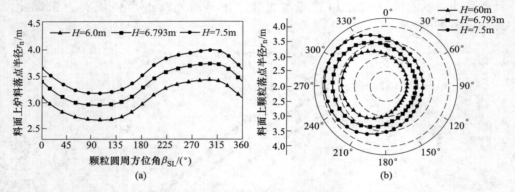

图 4-13　溜槽悬挂点高度对料面上焦炭颗粒落点圆周分布的影响

图 4-14 计算了不同溜槽悬挂点高度时并罐式炉顶布料过程中料面上焦炭瞬时流量圆周分布状况，可见图中三条曲线基本重合，表明溜槽悬挂点高度变化对并罐式炉顶布料中炉料流量圆周分布没有影响，仅影响着炉料落点位置。

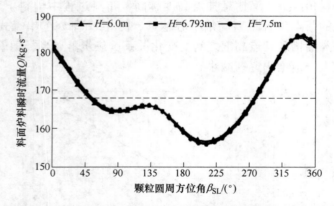

图 4-14　溜槽悬挂点高度对料面上焦炭瞬时流量圆周分布的影响

4.4　溜槽倾动距对布料过程的影响

溜槽倾动距是指溜槽悬挂耳轴中心线至溜槽内表面的垂直距离，其长度变化也会对布料过程产生一定影响。图 4-15 给出了串罐式无钟炉顶布料过程中溜槽倾动距的变化对溜槽有效长度和焦炭颗粒在料面上落点半径的影响，其中布料角度固定为 30°。当溜槽倾动距增大时，溜槽内表面与高炉中心线交点位置相对溜槽往溜槽末端移动，即炉料落至溜槽位置至溜槽末端距离不断减小，溜槽有效长度减小，由前文溜槽有效长度计算公式可知，溜槽有效长度随溜槽倾动距线性变化，当溜槽倾动距增大 0.1m 时，溜槽有效长度减少 0.17m。同时，溜槽倾动距增大时，由于炉料在溜槽内运动时间缩短，流出溜槽时速度较小，炉料在料面上的落点半径也不断减小，更加靠近高炉中心，且曲线变化率小幅增加。当溜槽倾动距为零时，焦炭落点半径达 4.7m，而当溜槽倾动距增加到 1.2m 时，焦炭落点半径减小到 3.07m。

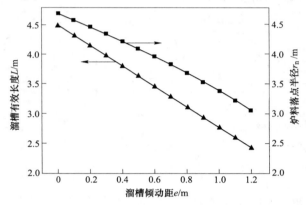

图 4-15　串罐式炉顶布料时溜槽倾动距与溜槽有效长度和炉料落点之间变化关系

　　为了研究溜槽倾动距变化对并罐式炉顶布料过程的影响，分别选取 0.8m、1.015m 和 1.2m 作为不同溜槽倾动距的值。图 4-16 为在三组不同溜槽倾动距取值下计算得到的炉料在溜槽内落点轨迹投影形状，其中横坐标采用距离溜槽上端的距离进行展示，而非动坐标系中的 x 轴。图中直观反映出炉料在溜槽内落点形状随溜槽倾动距增大而整体沿溜槽长度方向向溜槽末端偏移，且落点形状大小无变化。当溜槽倾动距从 0.8m 增加至 1.015m 时，落点形状整体向溜槽末端方向偏移 0.37m，增加至 1.2m 时，又整体偏移 0.32m。

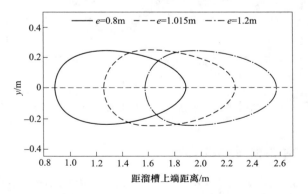

图 4-16　溜槽倾动距对炉料在溜槽内落点分布的影响

图 4-17 为采用不同溜槽倾动距时焦炭颗粒在料面上落点圆周分布。当溜槽倾动距增大时，焦炭颗粒落点半径整体减小，从图 4-17（b）可看出焦炭落点圆周分布曲线向内收缩。但整体看来，各曲线圆周变化趋势基本一致，溜槽倾动距变化几乎不改变炉料落点圆周偏析状况。

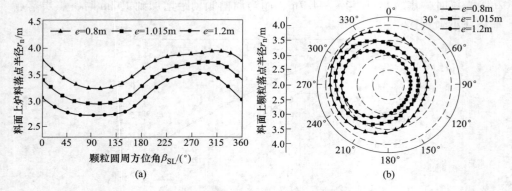

图 4-17   溜槽倾动距对料面上焦炭颗粒落点圆周分布的影响

此外，还分析了不同溜槽倾动距对并罐式高炉布料过程中焦炭在料面上瞬时流量圆周分布的影响，如图 4-18 所示。由图可知，三条曲线变化趋势一致，仅具体的焦炭流量数值略有偏差，焦炭瞬时流量最大值和最小值几乎相同，表明溜槽倾动距变化对料面上炉料流量圆周分布不均匀率没有明显影响。

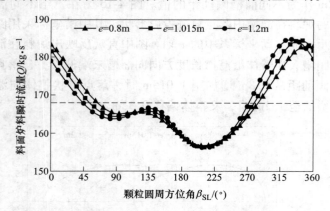

图 4-18   溜槽倾动距对料面上焦炭瞬时流量圆周分布的影响

4.5   溜槽长度对布料过程的影响

溜槽总长度是溜槽设备的重要参数之一，同时也是无钟炉顶高炉设计中主要考虑因素之一。一般高炉容积越大，其炉顶空间越大，所配备溜槽尺寸也较大，目前大型高炉所采用溜槽长度可达四米多。溜槽长短直接影响着炉料在溜槽内的运动距离，溜槽越长，炉料颗粒运动时间则越长，对炉料的控制作用更为显著。

由前文分析可知，炉料在溜槽内运动过程中不仅沿其长度方向向溜槽末端运动，对于半圆形截面溜槽，由于受到旋转作用力炉料颗粒还会在溜槽截面上发生偏转运动，颗粒偏转角度沿溜槽长度方向变化如图4-19所示。对于串罐式炉顶布料过程，料流落至溜槽瞬间未有偏转，随着在溜槽内向下运动，在科氏力等作用下颗粒偏转角度不断增大，对于当前溜槽长度4.5m，溜槽末端处颗粒偏转角度可达39°。同时，由于溜槽内料流偏转，导致料流在溜槽出口处截面形状发生变化，当溜槽长度增加时，溜槽出口处的初始料流宽度也不断增加，且其变化率也逐渐增大。溜槽长度为4.5m时，溜槽出口处的料流宽度约为0.42m。

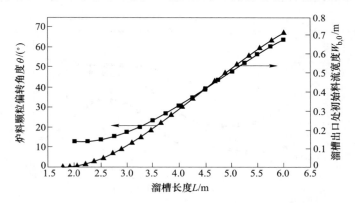

图4-19 溜槽长度对溜槽内炉料颗粒偏转及初始料流宽度的影响

由于溜槽长度增加导致炉料在溜槽内运动时间延长，其流出溜槽时速度增大，故在料面上落点位置更远，溜槽采用30°倾角时焦炭在料面上落点半径随溜槽长度变化规律如图4-20所示。随溜槽长度增加，焦炭落点半径逐渐增大，但

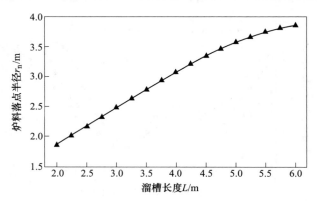

图4-20 串罐式炉顶布料时溜槽长度对焦炭落点半径的影响

增幅减小，在曲线初始阶段溜槽长度变化 0.1m 时焦炭落点变化约 0.062m，而在曲线末尾阶段溜槽长度变化 0.1m 时焦炭落点仅变化约 0.022m。

　　对于并罐式无钟炉顶布料过程，溜槽长度增加也会使得炉料落点半径整体增大，图 4-21 为分别取溜槽长度为 3.5m、4.5m 和 5.5m 时焦炭在料面上落点圆周分布状况。由图可知，溜槽长度增大时，焦炭圆周落点整体更远，但落点半径圆周变化规律不同，各曲线极值点所处相位不同。对于三组不同溜槽长度，由小至大，其对应的圆周方向上落点最大值所在方位角度分别为 264°、301° 和 338°，这主要是由于溜槽长度增加使得炉料在溜槽出口处的圆周切向速度增大，从而使得炉料在料面上落点方位角度增大。因此，从整体上看，溜槽长度增加不仅使炉料落点圆周分布曲线整体上移，且在圆周方位上发生平移，存在一定角位差。

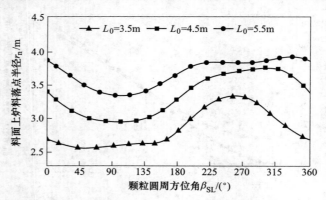

图 4-21　溜槽长度对料面上焦炭颗粒落点圆周分布的影响

　　图 4-22 为溜槽长度变化对料面上焦炭流量圆周分布的影响，可以看出，图中三条曲线变化趋势基本一致，焦炭流量圆周分布不均匀程度也基本相似，仅各曲线存在一定方位差，即不同溜槽长度布料时，料面上炉料瞬时流量最大值或最

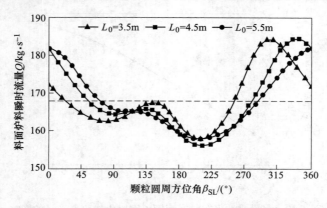

图 4-22　溜槽长度对料面上焦炭瞬时流量圆周分布的影响

小值所在圆周方位不同，而具体流量数值变化不大。因此，溜槽长度变化除直接影响炉料落点远近外，还主要影响料面上炉料落点和流量的圆周方位，溜槽长度越长，对应方位角度越大。

4.6 溜槽截面形状对布料过程的影响

布料溜槽是无钟炉顶装料设备的核心部分，对于控制和调节炉内炉料分布起着决定性作用，溜槽自身结构及尺寸参数也会对布料过程炉料运动及分布产生影响。长期以来，布料溜槽主要以半圆形截面（或弧形截面）结构为主，随着布料设备的发展，溜槽结构形式也逐渐多样化，其中矩形截面溜槽是另一种当前被较多采用的溜槽设备，两种形式溜槽的截面示意图如图 4-23 所示，其截面主要变化参数为溜槽截面半径 R 或截面宽度 W。目前，对于矩形截面溜槽布料规律研究较少，且对于两种形式溜槽布料规律差异认识不足，因此很有必要对比研究两者布料过程中对炉料运动行为及分布状况的影响。

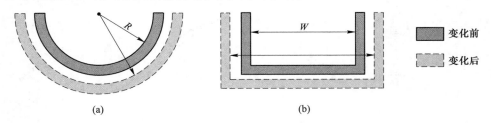

图 4-23 不同形式溜槽截面形状及其变化前后形状示意图
（a）半圆形截面溜槽；（b）矩形截面溜槽

由于溜槽截面形状的差异，在并罐式无钟炉顶布料过程中炉料在半圆形截面溜槽和矩形截面溜槽内的落点分布也会有所差异，图 4-24 给出了溜槽倾角为 30° 布料时炉料在两种不同形式溜槽内落点轨迹分布二维投影形状。可见，炉料在半

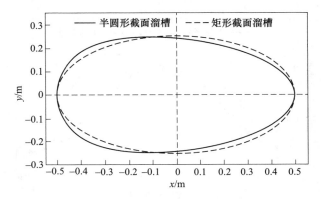

图 4-24 溜槽截面形状对炉料在溜槽内落点分布的影响

圆形截面溜槽内落点轨迹投影形状为非标准椭圆形，而在矩形截面溜槽内的落点形状为椭圆形，且两者在 x 方向和 y 方向最大落点距离均相同，分别为 0.5m 和 0.25m。与半圆形截面溜槽对应落点形状相比，矩形截面溜槽对应落点形状在 x 轴正向向外扩张，而在 x 轴负向则向内收缩。

　　炉料在溜槽内落点分布差异导致炉料颗粒在溜槽内运动距离变化，半圆形截面溜槽和矩形截面溜槽布料时溜槽有效长度随溜槽圆周旋转变化如图 4-25 所示。可见，溜槽有效长度变化曲线均关于 0°~180°线对称，溜槽位于 0°方位角时，溜槽有效长度最小，均为 2.242m，溜槽位于 180°方位角时，溜槽有效长度达到最大值，均为 3.242m。除 0°和 180°两点外，在圆周方向上半圆形截面溜槽对应的溜槽有效长度均大于矩形截面溜槽对应有效长度，表明炉料颗粒在矩形截面溜槽内沿长度方向运动距离较短。

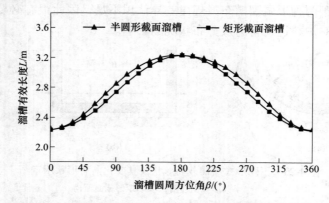

图 4-25　溜槽截面形状对溜槽有效长度圆周变化的影响

　　图 4-26 进一步给出了炉料颗粒分别在半圆形截面溜槽和矩形截面溜槽内运动时间圆周分布情况。由于颗粒在溜槽内运动时间还受到落至溜槽时初始速度的

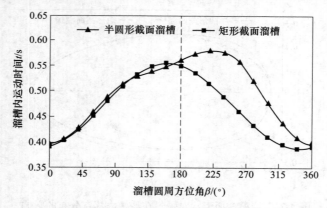

图 4-26　溜槽截面形状对焦炭在溜槽内运动时间周向变化的影响

影响，其圆周分布与溜槽有效长度圆周分布并不完全一致。对于半圆形截面溜槽，颗粒运动时间最大值为0.58s，此时溜槽方位角为225°；对于矩形截面溜槽，颗粒运动时间最大为0.56s，溜槽方位角为160°。从整体上看，炉料在半圆形截面溜槽内运动时间要略高于在矩形截面溜槽内运动时间，且当溜槽位于180°~360°时，两者差值较大。

此外，半圆形截面溜槽和矩形截面溜槽布料过程中料流宽度也有所不同，图4-27给出了两者布料角度依次为27°、30°、33°和35°时溜槽出口处初始料流宽度数值。可见，除在较小角度（27°）布料时矩形截面溜槽对应料流宽度稍大于半圆形截面溜槽对应料流宽度，在30°、33°和35°等常用布料角度处矩形截面溜槽对应料流宽度均小于后者，且随着溜槽倾角增大，前者增幅较小，后者增加较快，两者差值不断增大。由此可知，采用矩形截面溜槽布料有利于减小料流宽度，使料流更加集中。

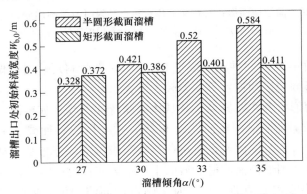

图4-27 溜槽截面形状对溜槽出口处初始料流宽度的影响

图4-28进一步分析了并罐式炉顶分别采用半圆形截面溜槽和矩形截面溜槽布料时焦炭在料面上的落点以及瞬时流量圆周分布状况。从图4-28（a）可知，采用矩形截面溜槽布料焦炭平均落点半径更小，约为3.01m，而半圆形截面溜槽布料焦炭平均落点半径约为3.36m；半圆形截面溜槽布料时焦炭落点半径最大值与最小值间差值为0.79m，而矩形截面溜槽对应的落点半径差值仅为0.20m，表明矩形截面溜槽布料时炉料落点半径圆周偏差较小。

从图4-28（b）焦炭流量圆周分布可看出，矩形截面溜槽布料时料面焦炭流量圆周分布曲线与平均流量曲线较为接近，而半圆形截面溜槽对应的焦炭流量分布曲线与平均流量曲线偏差较大，半圆形截面溜槽和矩形截面溜槽布料时焦炭流量圆周分布不均匀率分别为16.83%和6.92%，表明矩形截面溜槽布料有利于减小炉料流量圆周偏析。此外，从焦炭落点和流量圆周分布图均可看出，约在圆周方位180°~360°区间内，两种形式溜槽对应的炉料落点半径和瞬时流量偏差最

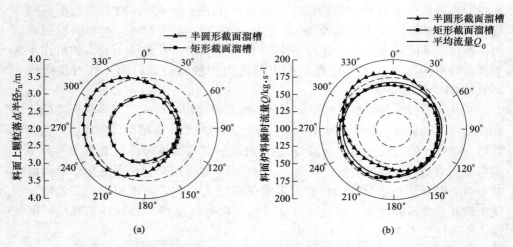

图 4-28 溜槽截面形状对料面上焦炭落点和瞬时流量圆周分布的影响
(a) 落点圆周分布；(b) 流量圆周分布

大，这主要与图 4-26 中两种溜槽位于 180°~360°时炉料运动时间偏差较大导致的溜槽出口处炉料颗粒运动速度等偏差较大有关。

除溜槽截面形状存在差异外，其具体截面特征参数（如半圆形截面溜槽的截面半径 R 和矩形截面溜槽的截面宽度 W 等）也会因设备而异。由于矩形截面溜槽的截面宽度在合理范围内变化时对炉料在溜槽内落点分布及运动影响较小，因此下面主要研究半圆形截面溜槽的截面半径参数变化对布料过程的影响。

图 4-29 为串罐式无钟炉顶布料时半圆形截面溜槽出口处焦炭料流宽度及在料面上落点半径随溜槽截面半径变化分布情况。由图中曲线变化可知，随着溜槽截面半径增大，在放料过程炉料平均流量保持不变的情况下，溜槽出口处料流宽度不断减小，每当截面半径增大 0.1m 时，料流宽度平均减小 0.04m。而料面上

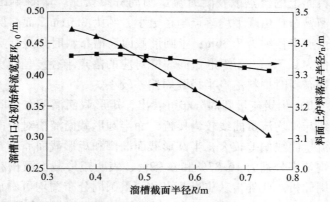

图 4-29 溜槽截面半径对溜槽出口处料流宽度及料面上焦炭落点半径的影响

焦炭落点半径虽然随着溜槽截面半径增大缓慢减小，但变化趋势并不明显，表明溜槽截面半径参数对炉料落点半径影响较小。

图 4-30 为溜槽截面半径分别取 0.4m、0.505m 和 0.6m 时料面上焦炭落点和瞬时流量圆周分布状况。其中，溜槽截面半径变化时焦炭落点半径圆周分布曲线变化趋势基本一致，主要是最大或最小落点半径处对应的圆周方位角度略有差异，当溜槽截面半径增大时，炉料在溜槽末端偏转程度减小，使得落至料面时所在圆周方位角度也有所减小。对于料面上炉料流量圆周分布，溜槽截面半径变化对炉料流量圆周变化趋势并无明显影响，主要影响到瞬时流量极值大小，随着溜槽截面半径增大，焦炭瞬时流量最小值随之减小，最大值随之增大，三者对应的焦炭流量圆周分布不均匀率依次为 19.68%、16.83% 和 14.18%，可见溜槽截面半径增大有助于减小炉料流量圆周偏析。

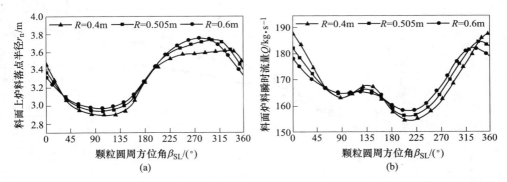

图 4-30 溜槽截面半径对料面上焦炭落点和瞬时流量圆周分布的影响

(a) 落点圆周分布；(b) 流量圆周分布

4.7 不同种类炉料布料过程运动及分布规律

在高炉冶炼过程中，需源源不断向炉内装入所需炉料，经炉顶装料设备装入炉内的炉料主要包括焦炭燃料和含铁矿石原料，后者又主要包含烧结矿和球团矿，部分高炉还加入一定块矿。其中，在装料过程中，焦炭单独构成一批料，烧结矿、球团矿等含铁原料则组成另一批料，交替装入高炉内。图 4-31 为不同种类入炉原料。对于不同种类炉料，其密度、粒度、形状系数及与设备摩擦系数等属性参数均不相同，因此在布料过程中相同布料条件下各炉料颗粒运动行为及最终分布状况也会有所差异。

由于焦炭、烧结矿和球团矿颗粒属性差异，布料过程中在溜槽内运动行为不同，图 4-32 为三种炉料颗粒在溜槽内向末端运动过程中速度变化。从图中可见，炉料颗粒在综合力作用下向溜槽末端运动过程中速度不断增大，但其加速度不断减小，颗粒运动速度增幅减小。对比三种炉料运动速度可知，烧结矿运动速度最小，

焦炭　　　　　　　　　烧结矿　　　　　　　　球团矿

图 4-31　炉料种类

焦炭次之，球团矿运动速度最大，沿运动方向三者差值不断增大。在溜槽末端，焦炭、烧结矿和球团矿颗粒运动速度分别达 6.72m/s、6.14m/s 和 7.02m/s。

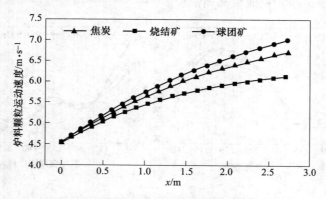

图 4-32　不同种类炉料颗粒在溜槽内运动速度变化

　　由于焦炭、烧结矿和球团矿三种炉料颗粒流出溜槽时速度不同，其在空区内下落轨迹也因此有所差异，如图 4-33 所示。在炉料下落过程中，其距高炉中心距离不断增大，且在相同高度处烧结矿距中心距离最近、焦炭次之、球团矿位置最远。炉料落至料面时，三者落点半径由小到大依次为 3.24m、3.36m 和 3.43m。

　　在并罐式炉顶布料过程中，同样呈现烧结矿、焦炭和球团矿落点半径依次增大的规律，炉料在料面上落点圆周分布如图 4-34 所示。各炉料落点半径圆周分布曲线变化趋势基本一致，但约在 0°~180° 区间内，三者落点半径差值较小，而在 180°~360° 区间内，三者落点半径差值较大。这主要是由于该区间对应的炉料在溜槽内运动时间较长，三种炉料运动时间差异增大，导致炉料落点半径偏差增大。烧结矿、焦炭和球团矿落点半径圆周最大值与最小值间差值分别为 0.52m、0.79m 和 0.96m，表明落点圆周偏差程度不断加大。

　　在高炉装料时，焦炭和矿石原料交替单独装入，在节流阀出口处焦炭和矿石实际平均流量分别为 168kg/s 和 965kg/s。在并罐式炉顶布料时，料面上焦炭和

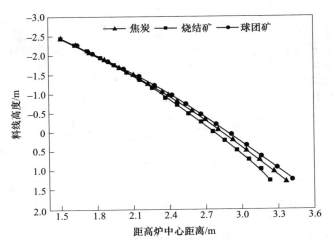

图 4-33 不同种类炉料在空区内下落轨迹

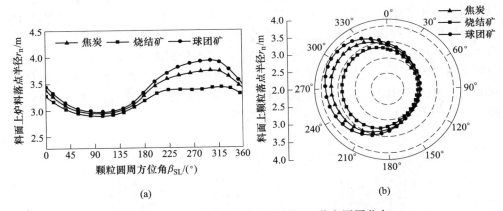

(a)

(b)

图 4-34 不同种类炉料颗粒在料面上落点圆周分布

矿石瞬时流量均呈现圆周不均匀分布,如图 4-35 所示。图中两条水平虚线分别为焦炭和矿石平均流量,可见焦炭与矿石瞬时流量圆周变化趋势一致,整体呈现先减小后增大趋势,两者圆周分布不均匀率分别为 16.83% 和 20.52%,表明料面上矿石瞬时流量圆周偏析程度更重。

4.8 "倒罐"模式对并罐式高炉布料过程的影响

在并罐式无钟炉顶高炉生产实践中,为了减轻炉内料柱圆周偏析状况,往往在装料过程中采用"倒罐"模式,即按"料罐 A 装入焦炭、料罐 B 装入矿石"方式装入若干批炉料后转换为按"料罐 A 装入矿石、料罐 B 装入焦炭"方式装

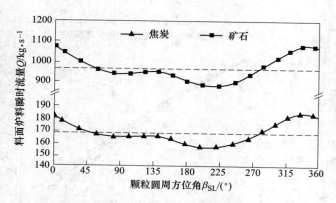

图 4-35 不同种类炉料在料面上瞬时流量圆周分布

料，并按此方式交替切换装料模式，图 4-36 为料罐 A 和料罐 B 分别排放焦炭布料过程示意图。当料罐 A 排料时，料流在中心喉管内偏向 0°方位一侧，此时当溜槽位于 0°方位时炉料在溜槽内落点位置距离溜槽末端最近；而当料罐 B 排料时，料流在中心喉管内偏向 180°方位一侧，在溜槽位于 0°方位时炉料在溜槽内落点位置距离溜槽末端最远。在上述两种布料过程中，溜槽旋转一周后炉料在溜槽内落点形成的轨迹形状完全相同，只是溜槽位于相同圆周方位时料罐 A 排出的炉料在溜槽内落点位置与料罐 B 排出炉料在溜槽内落点位置不同，两者间存在 180°方位差，即料罐 B 排料时溜槽位于 β 方位角时的落点位置与料罐 A 排料时溜槽位于（$\beta+180°$）方位角时的落点位置相同。

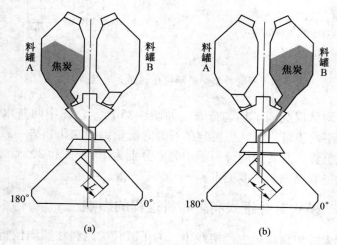

图 4-36 并罐式无钟炉顶不同料罐排料过程示意图
（a）料罐 A 排料；（b）料罐 B 排料

图 4-37 给出了并罐式炉顶料罐 A 和料罐 B 分别布料时溜槽有效长度随溜槽圆周旋转变化情况。从图中可见，两组曲线变化趋势完全相反，料罐 A 排料时溜槽有效长度变化曲线先增大后减小，而料罐 B 排料时溜槽有效长度变化曲线先减小后增大，但两组曲线最大值和最小值均相同，分别为 3.242m 和 2.242m。而且两组曲线圆周变化方位相差 180°，与上述分析的不同料罐排料时炉料在溜槽内落点位置变化相对应。

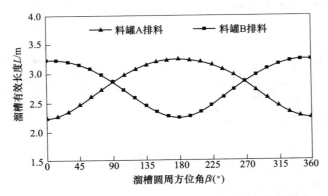

图 4-37 "倒罐"模式对溜槽有效长度圆周变化的影响

由于溜槽圆周旋转布料时不同料罐排料过程中炉料在溜槽内运动距离变化不同，使得炉料在料面上落点圆周分布及瞬时流量圆周分布也不相同。图 4-38 为料罐 A 和料罐 B 分别排料时料面落点圆周分布，从图 4-38（a）中可看出，两者圆周变化趋势相反，在 0°~180°圆周区间内，料罐 A 所排炉料落点距离高炉中心较近，料罐 B 所排炉料落点较远；在 180°~360°区间内，则相反。图 4-38（b）则可反映出两料罐布料时焦炭落点圆周分布曲线关于中心对称，即任一曲线围绕中心旋转 180°后与另一曲线重合。

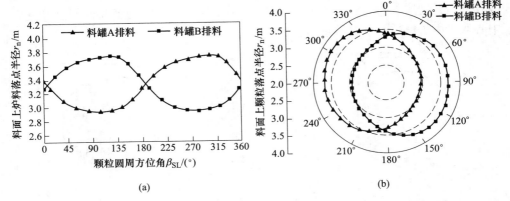

(a)　　　　　　　　　　(b)

图 4-38 "倒罐"模式对料面上焦炭颗粒落点圆周分布的影响

图 4-39 为料罐 A 和料罐 B 分别排料时料面上焦炭瞬时流量圆周分布，与炉料落点圆周分布规律相似，两组焦炭瞬时流量圆周分布曲线也存在 180°方位角差，故在图 4-39（a）中变化趋势相反，图 4-39（b）中两曲线同样关于中心对称分布。但"倒罐"布料模式对炉料在料面上落点和瞬时流量圆周分布偏析程度没有影响，A、B 料罐分别布料时对应的料面焦炭流量圆周分布不均匀率均为 16.83%。通过分析"倒罐"模式装料对炉料分布的影响，可知其对于实际并罐式高炉操作有一定帮助作用，能够避免高炉圆周上长期处于特定的偏析炉料分布。

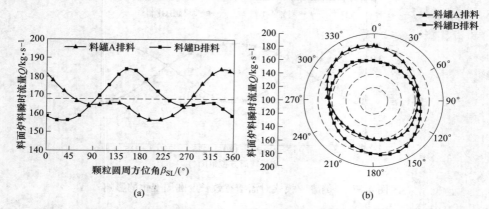

(a)   (b)

图 4-39 "倒罐"模式对料面上焦炭瞬时流量圆周分布的影响

4.9 节流阀开度对并罐式高炉布料过程的影响

节流阀是无钟炉顶装料系统中调节料罐排料速度或排料时间的主要手段，起着控制料罐内炉料均匀、合理地分布至炉内的作用。在实际生产中，常通过调节节流阀开度大小控制排料口截面积的变化，在中心喉管内径等设备尺寸不变的情况下，当节流阀开度较小时，中心喉管内填充的炉料较少，料流中心偏离中心轴线较远，开度增大时，料流中心半径则不断减小。图 4-40 为节流阀开度变化时中心喉管内炉料填充状况示意图。

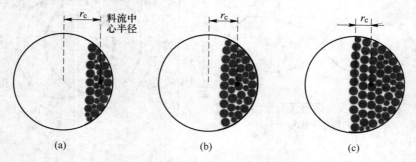

(a)   (b)   (c)

图 4-40 节流阀开度变化对中心喉管内炉料填充状况影响示意图

节流阀开度变化主要影响到布料过程排料流量，进而影响该批料布料时长及在炉内的布料总圈数。对于串罐式无钟炉顶布料过程，节流阀开度变化对炉内炉料圆周分布没有明显影响，主要是布料流量变化导致料流宽度发生一定变化。对于并罐式炉顶布料过程，与中心喉管内径变化对布料过程影响规律相似，节流阀开度变化的影响实质上也是由于喉管内料流中心半径改变影响到炉料在溜槽内落点轨迹分布，进而对料面上炉料圆周分布产生影响。当节流阀开度增大时，排料流量增大，喉管内料流中心半径减小，使得炉料在溜槽内落点投影形状整体不断缩小，落点位置偏差程度降低，整体炉料运动及分布偏差程度也得到减弱。

为了研究不同节流阀开度对炉料分布影响，基于实际操作参数，选取三组节流阀开度数值 $\gamma = 45°$、$\gamma = 52°$ 和 $\gamma = 60°$，计算出对应的料流中心半径依次约为 0.30m、0.25m 和 0.15m，同时排料流量也不断增大，对应的焦炭平均流量依次约为 150kg/s、168kg/s 和 180kg/s。

图 4-41 为三组不同节流阀开度对应的焦炭在料面上落点圆周分布。从图中可看出，节流阀开度变化不影响炉料落点圆周变化趋势，三组曲线均近似呈正弦曲线分布，在 0°~180° 圆周区间内，炉料颗粒落点半径较小，在 180°~360° 区间内，落点半径较大。但随着节流阀开度增大，焦炭落点半径周向最小值不断增大，最大值不断减小，三者对应的最大落点半径与最小落点半径差值依次为 0.85m、0.79m 和 0.58m，表明炉料颗粒落点圆周分布偏析程度降低。

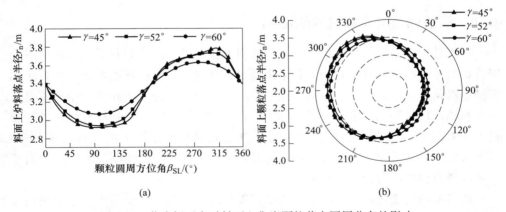

图 4-41 节流阀开度对料面上焦炭颗粒落点圆周分布的影响

节流阀开度变化同样影响着料面上炉料流量圆周分布状况，在上述三组不同节流阀开度下焦炭在料面上瞬时流量圆周分布如图 4-42 所示。由于节流阀开度分别为 $\gamma = 45°$、$\gamma = 52°$ 和 $\gamma = 60°$ 时，焦炭排料流量增大，其初始平均值分别为 150kg/s、168kg/s 和 180kg/s，因此图中焦炭瞬时流量圆周变化曲线分别围绕各自平均流量变化。对于不同节流阀开度，焦炭流量圆周分布曲线变化趋势基本一致，整体均呈现先减小后增大趋势，均约在 210° 圆周方位时瞬时流量达到最小值。对比三组曲线可发现，当节流阀开度增大时，炉料瞬时流量整体增大，流量圆周最大值与最小值间的差值不断减小，依次为 31.49kg/s、28.28kg/s 和 16.89kg/s，三者对应的焦炭流量圆周分布不均匀率依次为 20.99%、16.83% 和 9.38%。因此，在生产中增大节流阀开度有利于减小炉料在料面上的落点和瞬时流量圆周偏析程度。

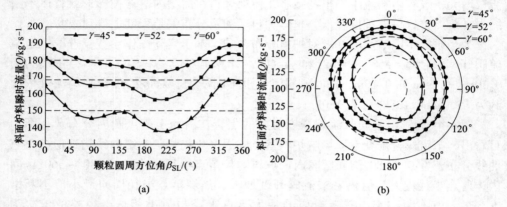

图 4-42　节流阀开度对料面上焦炭瞬时流量圆周分布的影响

4.10　溜槽倾角对布料过程的影响

在无钟炉顶高炉布料操作中，多环布料方式是最常用的布料手段，设计时一般将炉喉截面按一定方法划分为若干个同心圆环面，每个圆环面对应一个特定的溜槽布料角度，以此形成了与圆环面等量的多个布料档位，实际生产中并不是每个布料档位均被利用，往往需根据实际高炉操作状况选择其中若干档位进行布料。图 4-43 展示了多环布料过程中通过改变溜槽倾角控制炉内炉料合理分布。对于采用不同溜槽倾角布料时，炉料运动及分布规律不同，阐明其影响机理对于合理选择布料档位有着重要意义。

当溜槽倾角变化时，炉料落至溜槽位置相应发生变化，使得炉料在溜槽内运动距离、运动时间及料流偏转程度均产生变化，其中溜槽有效长度和溜槽出口处料流宽度随溜槽倾角变化规律如图 4-44 所示。可见，随着溜槽倾角增大，炉料在溜槽内落点位置向着溜槽上端移动，溜槽有效长度不断增大，但其增长幅度不断减小；同时由于炉料在溜槽内运动距离增加，炉料受溜槽控制作用变得显著，料流在溜槽末端偏转程度增大，初始料流宽度也不断增大，但并非线性增大，在溜槽倾角小于 32° 时增长率逐渐增加，溜槽倾角大于 32° 时增长率逐渐降低。

随着溜槽倾角增加，炉料流出溜槽时的位置距离高炉中心变远，且沿高炉径

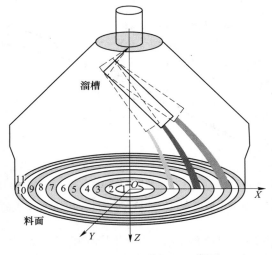

图 4-43 多环布料过程示意图

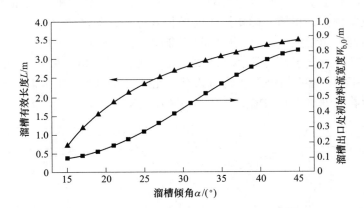

图 4-44 溜槽倾角对溜槽有效长度和溜槽出口处料流宽度的影响

向运动分速度增大，使得炉料在料面上落点更远，图 4-45 给出了串罐式炉顶布料过程中焦炭、烧结矿和球团矿三种不同炉料在料面上的落点半径随溜槽倾角变化规律。可看出，当溜槽倾角较小时，炉料落点半径随倾角增大近似呈线性增长，当溜槽倾角较大时，炉料落点半径增长率逐渐减小。对于三种炉料，相同条件下烧结矿落点半径最小，焦炭次之，球团矿落点半径最大，且三者差值随着溜槽倾角增加而逐渐增大。

在并罐式炉顶布料过程中，溜槽倾角改变对布料过程影响更为复杂，为研究其影响规律，基于实际布料矩阵选取 27°、33° 和 37° 三组不同溜槽倾角进行研究。

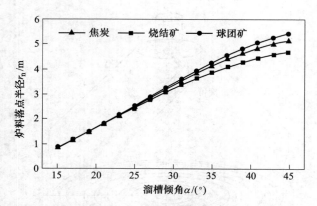

图 4-45　串罐式炉顶布料时溜槽倾角对料面上炉料落点的影响

　　首先，计算了并罐式炉顶布料时三组不同溜槽倾角下炉料在溜槽内落点轨迹投影形状分布，如图 4-46（a）所示。其中图 4-46（a）为在动坐标系 $Pxyz$ 中描述的落点分布，实际上溜槽倾角改变时动坐标系原点也是变化着的，为了刻画出落点相对绝对位置分布，将横坐标变换为溜槽长度方向，如图 4-46（b）所示。可看出，随着溜槽倾角增大，落点轨迹形状逐渐缩小，其中在 y 方向上落点最大或最小值不变，在 x 方向上落点距离不断缩小，x 方向最大落点距离依次为 0.55m、0.46m 和 0.42m，落点轨迹形状趋向圆形。此外，溜槽倾角增大时，溜槽内炉料落点形状沿着 x 轴整体向溜槽上端移动，离溜槽末端距离不断增大。

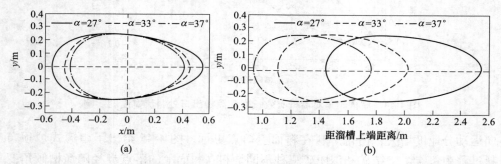

图 4-46　溜槽倾角对炉料在溜槽内落点分布的影响
（a）相对动坐标系原点分布；（b）相对溜槽分布

　　图 4-47 为溜槽倾角分别为 27°、33°和 37°时溜槽有效长度随溜槽圆周方位的变化，溜槽位于 0°和 180°方位分别对应溜槽有效长度最小值和最大值。随着溜槽倾角增大，溜槽有效长度圆周变化曲线整体上移，其长度数值增大，与上述溜槽内炉料落点形状变化规律相对应。而且当溜槽倾角增大时，溜槽有效长度圆周最大值与最小值间差值不断减小，即曲线变得更加平坦，溜槽倾角分别为 27°、

33°和37°时对应的长度差值依次为1.10m、0.92m和0.83m。

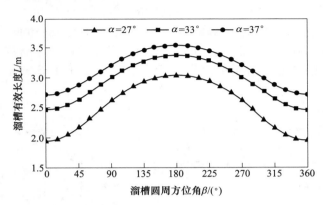

图4-47 溜槽倾角对溜槽有效长度圆周变化的影响

溜槽有效长度变化是炉料在溜槽内运动时间的主要影响因素之一，图4-48给出了溜槽倾角分别为27°、33°和37°时溜槽内炉料运动时间随溜槽圆周方位的变化。图中三组曲线变化趋势相似，在溜槽从0°旋转至360°过程中，炉料运动时间先增大后减小，运动时间最大值均约在220°~240°范围内。当溜槽倾角增大时，溜槽内炉料运动时间也整体增大，三者对应的运动时间圆周最小值依次为0.34s、0.46s和0.53s，最大值依次为0.52s、0.65s和0.74s。

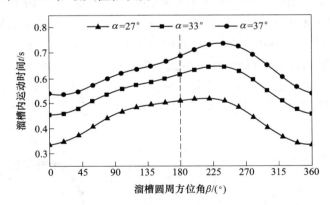

图4-48 溜槽倾角对焦炭在溜槽内运动时间周向变化的影响

溜槽倾角对炉料在料面上落点半径影响较大，而对于并罐式炉顶布料过程，除径向分布外，周向上炉料分布规律也不相同。图4-49为溜槽倾角分别取27°、33°和37°时焦炭在料面上落点圆周分布，可见溜槽倾角增大时炉料落点半径整体增大，各布料角度对应的焦炭落点半径圆周变化趋势相似但并不一致，溜槽倾角分别为27°、33°和37°时对应的焦炭落点半径平均值分别为2.85m、3.84m、

4.39m，落点半径在周向上大体上围绕各自平均落点半径波动，且对于不同的溜槽倾角，最大落点半径和最小落点半径对应的颗粒圆周方位角不同。此外，随着溜槽倾角增大，三者对应的焦炭落点半径圆周最大值与最小值间的差值依次为0.82m、0.66m 和 0.43m，表明炉料落点半径圆周偏差程度逐渐减小，这主要是由于溜槽倾角增大时炉料在溜槽内落点形状缩小，使得炉料运动及分布圆周变化程度减小。

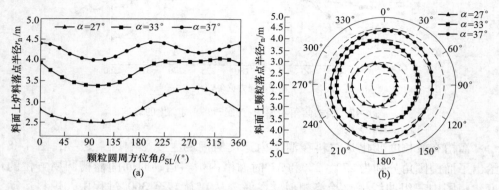

图 4-49 溜槽倾角对料面上焦炭颗粒落点圆周分布的影响

此外，还分析了溜槽倾角变化对炉料在料面上瞬时流量圆周分布的影响，图4-50 为溜槽倾角分别取 27°、33°和 37°时料面上焦炭流量圆周分布。溜槽倾角变化时，焦炭瞬时流量圆周变化趋势基本一致，在同一方位处具体流量数值略有差别，约在方位角 0°~100°范围内，溜槽倾角越大，焦炭瞬时流量越大；而在100°~350°圆周方位内，近似呈现焦炭流量随溜槽倾角增大而减小。溜槽倾角变化对料面上炉料瞬时流量圆周偏差程度影响较小，溜槽倾角为 27°、33°和 37°时对应的焦炭流量圆周分布不均匀率分别为 14.80%、17.65% 和 16.45%，差别并不显著。

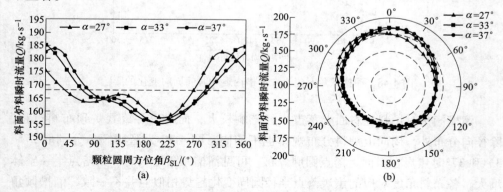

图 4-50 溜槽倾角对料面上焦炭瞬时流量圆周分布的影响

图 4-51 为不同溜槽倾角布料时矿石在料面上瞬时流量圆周分布，从图中可看出矿石瞬时流量圆周变化规律与焦炭基本一致，仅其具体流量数值较大。当溜槽倾角为 27°、33° 和 37° 时，对应的矿石流量圆周分布不均匀率分别为 18.49%、20.82% 和 18.57%，均略高于相应布料角度时焦炭流量圆周不均匀率，表明矿石流量圆周偏析程度大于焦炭布料圆周偏析。

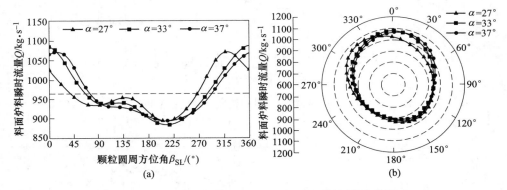

图 4-51　溜槽倾角对料面上矿石瞬时流量圆周分布的影响

4.11　溜槽转速对布料过程的影响

在高炉布料操作中，除调节溜槽倾角外，溜槽的转动速度也是重要参数之一。在正常生产时，虽然一般很少变动溜槽转速，但其转速大小的选择对布料过程意义重大。对于多环布料过程，溜槽除了始终作水平圆周旋转运动外，当其跨档位布料时，溜槽还将围绕其悬挂轴作倾动旋转运动，故溜槽转速一般包括溜槽水平圆周转速和倾动转速两种，其中以前者为主。

溜槽水平圆周转速大小主要影响炉料环形布料过程，当溜槽水平圆周转速增大时，炉料在溜槽内所受科氏力等作用增强，导致炉料运动状态发生变化，图 4-52 给出了溜槽出口处初始料流宽度和料面上焦炭落点半径随溜槽转速增大时的变化情况。可看出，两者随溜槽转速增加均不断增大，但初始料流宽度相对焦炭落点半径变化其增幅更为显著，当溜槽转速从 20s/r 增加至 5s/r 时，料流宽度从 0.21m 增加到 0.73m，增幅高达 248%，而焦炭落点半径从 3.03m 增加至 3.87m，增幅仅为 28%。

为研究并罐式炉顶布料时溜槽水平转速的影响，计算了溜槽转速分别为 10s/r、8.5s/r 和 7s/r 时焦炭在料面上落点圆周分布，如图 4-53 所示。从图中可看出，随着溜槽转速增加，周向上焦炭落点半径整体增大，但曲线圆周变化趋势保持一致，整体存在一定方位差，三者落点半径圆周最大值依次为 3.68m、3.74m 和 3.84m，对应的方位角度分别为 295°、301° 和 318°。

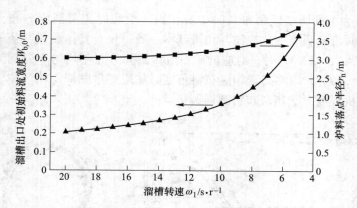

图 4-52　溜槽水平圆周转速对溜槽出口处料流宽度及料面上焦炭落点半径的影响

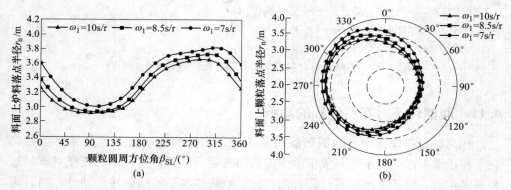

图 4-53　溜槽水平圆周转速对料面上焦炭颗粒落点圆周分布的影响

图 4-54 为不同溜槽转速时料面上焦炭瞬时流量圆周分布。从图中可看出，虽然三组焦炭瞬时流量圆周分布曲线变化趋势相似，但相同圆周方位处流量数值差别明显，随着溜槽转速增加，焦炭瞬时流量圆周最小值进一步减小，而最大值不断增大，溜槽转速分别为 10s/r、8.5s/r 和 7s/r 时对应的焦炭流量圆周最大值与最小值间的差值分别为 22.93kg/s、28.28kg/s 和 35.80kg/s，炉料流量圆周偏析程度加大，表明溜槽转速增加不利于保证炉料圆周均匀分布。

在无钟炉顶高炉多环布料过程中，一般将炉料从外环逐渐布至内环，即溜槽从大角度档位倾动至小角度档位，且该过程为非连续过程，如图 4-55 所示。当溜槽在倾角为 35° 档位布完指定圈数炉料后，将倾动至 33° 档位进行布料，在此过程中炉料落点轨迹呈螺旋形分布，溜槽倾动速度大小直接决定了螺旋布料过程所需时间；溜槽倾动至 33° 后将进行环形布料，布完指定圈数后继续向内倾动至下一档布料，依次完成各档位布料。

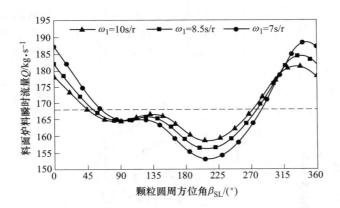

图 4-54　溜槽水平圆周转速对料面上焦炭瞬时流量圆周分布的影响

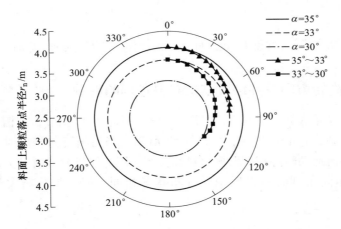

图 4-55　溜槽跨档位多环布料时料面上焦炭颗粒落点圆周分布

在正常布料制度下，炉料往往被分布至靠近炉墙的若干料面环位处，此时相邻布料档位对应的溜槽角度差较小，一般为 2°~3°，因此在跨档位布料时，炉料经历螺旋布料过程较为短暂，其对炉料分布的影响一般被忽略不计。而在采用中心加焦装料制度时，一般需将最后几圈炉料布至高炉中心区域，故溜槽需从较大布料角度倾动至中心加焦布料角度，由于多数无钟炉顶溜槽倾动机构限制原因，溜槽倾动速度较慢，因此中心加焦时溜槽大角度倾动使得螺旋布料影响显著。为此，以溜槽从 27° 连续倾动至 11° 进行中心加焦为例，基于实际溜槽倾动速度选取 $\omega_2 = 1°/s$、$2°/s$ 和 $3°/s$ 三组不同倾动速度对焦炭落点圆周分布进行研究，如图 4-56 所示。可见，在溜槽倾动至中心的过程中，炉料除了沿周向分布外，其落点半径不断减小，呈现螺旋线轨迹。当溜槽倾动速度增大时，溜槽倾动过程所需时间依次减少，分别为 16s、8s 和 5.3s，相应地在周向上布料圈数依次为 1.8、0.9 和 0.6 圈，因此在中心加焦时提高溜槽倾动速度有利于减少溜槽倾动过程中所消耗的炉料，提高实际中心加焦量，改善中心加焦效果。

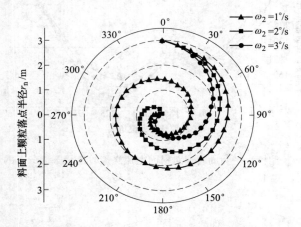

图 4-56 溜槽倾动速度对料面上焦炭颗粒落点圆周分布的影响

4.12 溜槽旋转方向对并罐式高炉布料过程的影响

除了溜槽倾角和转速，溜槽水平圆周旋转方向也可以调节，溜槽可围绕高炉中心顺时针旋转或逆时针旋转，如图 4-57 所示。当溜槽转向相反时，炉料在溜槽内落点及料流运动轨迹相对溜槽呈对称分布，因此溜槽沿顺时针方向和沿逆时针方向旋转相同角度时布料后炉料分布状况相同，即炉料分布关于 0°~180°

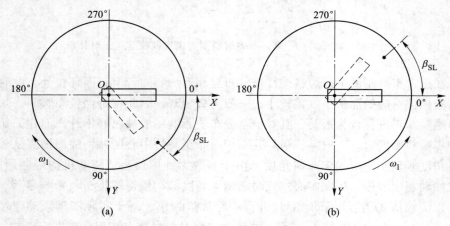

图 4-57 溜槽旋转方向不同时布料过程示意图
（a）顺时针旋转；（b）逆时针旋转

线（X 轴）对称。由于一般认为串罐式无钟炉顶布料过程炉料在料面上圆周分布均匀，故改变溜槽转向对其布料过程并没有明显影响；而在并罐式无钟炉顶布料过程中，料面上炉料圆周分布不均匀，当改变溜槽旋转方向时，炉料圆周不均匀分布也将被改变，因此改变溜槽旋转方向也常被用作并罐式高炉布料圆周偏析调控的主要手段之一。

在并罐式炉顶布料过程中改变溜槽旋转方向时，炉料在溜槽内落点轨迹形状并不发生改变，只是相同时刻炉料相对溜槽位置不同，同样炉料在溜槽内运动轨迹以及在空区内下落轨迹也关于溜槽对称分布。图 4-58 为溜槽分别顺时针旋转和逆时针旋转时焦炭在料面上落点圆周分布。从图中可看出，两组焦炭落点圆周分布曲线变化趋势完全相反，且曲线关于 0°~180°线对称分布。溜槽顺时针旋转时，焦炭落点半径分别在方位角 103°和 301°达到最小值和最大值；溜槽逆时针旋转时，则分别在 257°和 59°方位角达到最小值和最大值。此外，还可看出溜槽转向仅影响料面上炉料落点半径变化趋势，对落点圆周偏析程度无影响，两者落点半径最大值与最小值均相同。

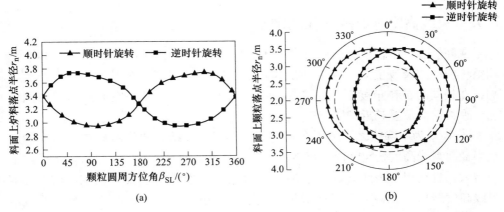

图 4-58　溜槽旋转方向对料面上焦炭颗粒落点圆周分布的影响

图 4-59 为溜槽转向改变时焦炭在料面上瞬时流量圆周分布。可看出，与炉料落点变化规律相似，溜槽分别顺时针旋转和逆时针旋转时焦炭瞬时流量圆周分布曲线也关于 0°~180°线对称分布，两者圆周流量最大值分别位于 343°和 17°圆周方位处，流量最小值则分别位于 210°和 150°方位处。溜槽旋转方向改变对料面上焦炭瞬时流量圆周分布偏析程度无影响，两者对应的流量不均匀率均为 16.83%。

通过上述分析可知，并罐式炉顶布料过程中改变溜槽转向可以改变炉料落点和瞬时流量圆周分布，使其关于轴线对称分布，而在前文分析的"倒罐"装料模式则使得炉料圆周分布关于高炉中心对称，因此在生产中结合"倒罐"装料

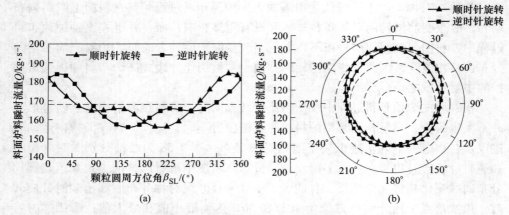

图 4-59 溜槽旋转方向对料面上焦炭瞬时流量圆周分布的影响

和改变溜槽转向能够在一定程度上减小并罐式高炉布料过程炉料圆周偏析程度，改善炉内炉料分布状况。

4.13 料线高度对炉料分布的影响

在高炉生产中，改变操作料线高低也是常用的调控操作手段之一，可以起到调整炉内压差及改变煤气流分布的作用。同时料线高度对布料过程也会产生影响，在相同的布料角度下，随着料线高度增大，炉料颗粒在空区内运动时间增加，颗粒落点位置趋近炉墙分布。

图 4-60 为串罐式无钟炉顶布料过程中焦炭、烧结矿和球团矿在料面上的落点半径随料线高度变化情况。可看出，料线高度增加时，三种炉料落点半径均不断增大，且在相同条件下始终有烧结矿、焦炭、球团矿的落点半径依次增大。随料线高度增加，炉料落点半径增长幅度逐渐减小，但三种炉料落点半径差值增

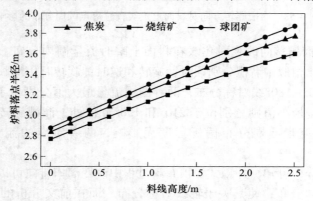

图 4-60 串罐式炉顶布料时料线高度对焦炭落点半径的影响

大，料线高度为 0m 时，烧结矿、焦炭、球团矿的落点半径依次为 2.77m、2.84m、2.88m，当料线高度达 2.5m 时，烧结矿、焦炭、球团矿的落点半径依次为 3.61m、3.78m、3.88m。

图 4-61 为计算出的并罐式炉顶布料时料线高度分别取 0.8m、1.3m 和 1.8m 时焦炭在料面上落点半径圆周分布。随着料线高度增加，炉料落点半径圆周整体增大，但曲线圆周变化趋势不变，表明料线高低主要影响炉料落点远近，并不改变颗粒落点圆周变化趋势。

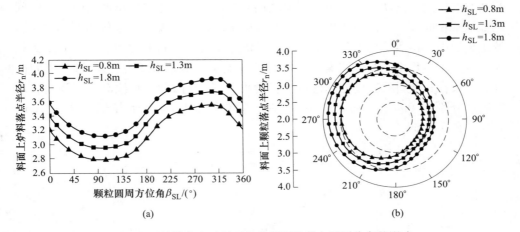

图 4-61　料线高度对料面上焦炭颗粒落点圆周分布的影响

图 4-62 为不同料线高度时焦炭在料面上瞬时流量圆周分布。由图可见，图中三条流量变化曲线几乎重合，表明了料线高度对炉料流量圆周偏析程度几乎没有影响。在圆周方向上，三组不同料线高炉对应的焦炭瞬时流量最小值均约为 156kg/s，最大值约为 184kg/s。

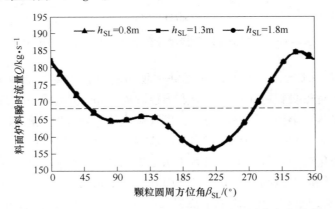

图 4-62　料线高度对料面上焦炭瞬时流量圆周分布的影响

4.14   炉顶煤气流速对布料过程的影响

高炉布料过程中，炉料颗粒流出溜槽后在空区内继续下落，除受自身重力外，炉料颗粒还要受到煤气浮力及曳力的作用。炉料颗粒所受煤气阻力的大小主要与颗粒和煤气流之间相对速度有关，在不同操作条件下高炉炉顶平均煤气流速不同，其对布料过程影响程度也不同。

图 4-63 为计算出的空区煤气平均流速分别取 0m/s、5m/s 和 8m/s 时焦炭颗粒在空区内的下落轨迹。从图中下落轨迹曲线可看出，颗粒流出溜槽时所在空间位置基本相同，在下落过程中随着料线高度增加，不同煤气流速作用下的焦炭颗粒距高炉中心距离的偏差逐渐增大，煤气流速越大，炉料颗粒距高炉中心距离越远，这是主要是由于煤气流速增大使得炉料颗粒下落阻力增大，运动时间增加，进而导致在相同料线高度处的落点半径增大。当达到 1.3m 料线高度平面时，煤气流速分别为 0m/s、5m/s 和 8m/s 对应的焦炭颗粒落点半径依次为 3.36、3.44m 和 3.55m。

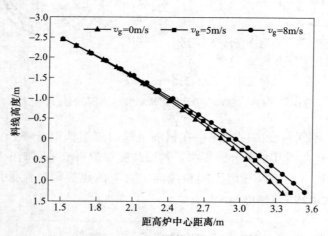

图 4-63   煤气流速对焦炭颗粒在空区内下落轨迹的影响

图 4-64 进一步给出了在并罐式无钟炉顶布料过程中煤气流速分别为 0m/s、5m/s 和 8m/s 时焦炭颗粒在料面上落点半径圆周分布。从图中可见，当煤气流速增大时，焦炭落点半径圆周整体增大，煤气流速从小到大对应的焦炭落点半径圆周最小值依次为 2.95m、3.02m、3.10m，最大值依次为 3.74m、3.84m、3.97m。但煤气流速变化对炉料落点半径圆周变化趋势几乎没有影响，不同煤气流速布料时炉料落点半径最大值或最小值所在圆周方位基本相同。

图 4-65 为不同煤气流速影响下焦炭在料面上瞬时流量圆周分布。可以看出，对于不同煤气流速，焦炭瞬时流量圆周变化趋势基本一致，整体呈先减小后增大

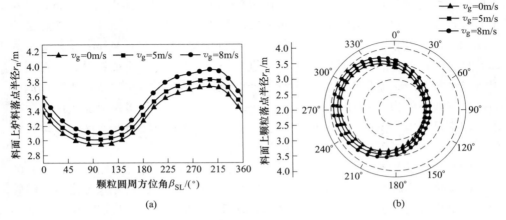

图 4-64 煤气流速对料面上焦炭颗粒落点圆周分布的影响

趋势，但与炉料落点变化规律不同的是，随着煤气流速增大，焦炭瞬时流量圆周最小值减小、最大值增加，表明焦炭流量圆周分布不均匀程度呈增大趋势。当煤气流速分别为 0m/s、5m/s 和 8m/s 时，焦炭瞬时流量圆周最大值与最小值间差值分别为 28.28kg/s、30.76kg/s 和 34.05kg/s，流量圆周不均匀率依次可达 16.83%、18.31% 和 20.27%，炉料分布不均匀程度加重。

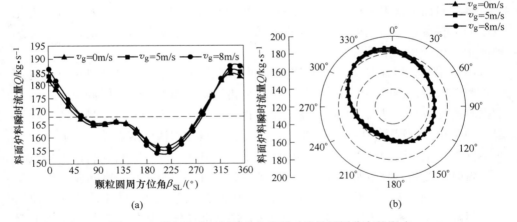

图 4-65 煤气流速对料面上焦炭瞬时流量圆周分布的影响

4.15 小结

（1）高炉无钟炉顶主要分为串罐式无钟炉顶和并罐式无钟炉顶两种，两者布料规律有着较大差异。在特定档位布料过程中，串罐式炉顶布料时炉料在溜槽内落点位置固定不变，而并罐式炉顶布料时炉料在溜槽内落点位置随着溜槽圆周旋转周期性变化，其轨迹二维投影形状为非椭圆形。同样，并罐式炉顶布料时溜槽有效长度和炉料在溜槽内运动时间也随着溜槽圆周方位角度变化，溜槽方位为0°和180°时，溜槽有效长度分别达最小值2.242m和最大值3.242m；溜槽方位为230°时，炉料在溜槽内运动时间达最大值0.58s。串罐式炉顶布料时炉料在料面上落点半径及瞬时流量圆周分布均匀，而并罐式炉顶布料时焦炭落点半径周向分布不均，最小值为2.951m，最大值可达3.743m，料面上焦炭瞬时流量圆周分布不均匀率可达16.83%。炉料在溜槽上的落点是溜槽破损较为严重区域，优化该位置的材质结构对于延长溜槽寿命具有重要意义。

（2）由于并罐式炉顶布料过程中料流在中心喉管内偏向一侧下行，中心喉管内径变化主要对并罐式炉顶布料过程有较大影响，且当放料流量恒定时，喉管内径的变化直接影响料流中心半径大小。计算了喉管内径分别为0.60m、0.73m和0.90m时炉料运动分布情况，结果表明随着喉管内径增大，炉料在溜槽内落点轨迹投影形状不断扩大，落点分散程度增加；溜槽有效长度圆周分布曲线逐渐变得陡峭，三者对应的周向最大差值依次为0.6m、1.0m和1.4m；同时，料面上炉料落点和瞬时流量圆周分布不均匀程度加重，周向焦炭流量不均匀率依次可达9.38%、16.83%和25.15%。

（3）溜槽悬挂点高度变化主要影响炉料在空区内下落过程以及在料面上分布状况，在相同布料角度下，溜槽悬挂点高度越高，炉料在空区内下落高度越大，其在料面上落点半径越大。在并罐式炉顶布料过程中，溜槽悬挂点高度变化仅改变炉料落点整体远近程度，不改变落点半径圆周变化趋势，同时对料面上炉料流量圆周分布几乎没有影响。

（4）溜槽倾动距增大时，溜槽内表面与高炉中心线交点位置相对溜槽更加靠近溜槽末端，造成溜槽有效长度减小，使得炉料在溜槽内运动时间缩短，流出溜槽时速度减小，进而在料面上落点半径也不断减小，更加靠近高炉中心。在并罐式炉顶布料过程中，随着溜槽倾动距增大，炉料在溜槽内落点轨迹投影形状大小不发生变化，而相对溜槽位置不断向溜槽末端方向移动；炉料在料面上落点半径及瞬时流量圆周分布曲线变化趋势基本一致，仅落点半径大小有明显变化。

（5）溜槽长短直接影响着炉料在溜槽内运动距离，溜槽越长，炉料颗粒运动时间则越长，对炉料控制作用更为显著。随着溜槽长度增加，炉料在半圆形截面溜槽出口处偏转角度不断增大，溜槽出口处的初始料流宽度不断增加，炉料在料面上落点半径也逐渐增大，但其增幅逐渐降低。并罐式炉顶布料时，由于溜槽长度增加使得溜槽出口处炉料圆周切向速度增大，造成炉料在料面上落点位置所在圆周方位角度增大，因此炉料落点半径和瞬时流量圆周分布曲线整体上存在一定的角位差，但圆周变化趋势基本相同。

（6）布料溜槽是无钟炉顶核心设备之一，常用溜槽形式按其截面形状不同主要有半圆形截面溜槽和矩形截面溜槽两种。并罐式炉顶布料时，炉料在半圆形截面溜槽内落点轨迹投影形状为非椭圆形，在矩形截面溜槽内落点形状为标准椭圆形，且两者在溜槽 x 方向和 y 方向上最大落点距离均相等。除 0°和 180°两点外，在圆周方向上半圆形截面溜槽对应的溜槽有效长度均大于矩形截面溜槽对应有效长度，炉料在溜槽内运动时间整体也较长。采用矩形截面溜槽布料时，料流更加集中，料面上炉料落点半径和流量圆周偏差较小，焦炭流量圆周不均匀率仅为 6.92%，远小于半圆形截面溜槽对应的 16.83%。此外，溜槽截面半径增大会使料流宽度显著减小，但对炉料落点半径影响不大，对炉料落点半径和流量圆周变化趋势也无明显影响，但在一定程度上能够减小炉料流量圆周偏析。

（7）高炉入炉炉料主要包含焦炭、烧结矿、球团矿等，不同种类炉料颗粒的密度、粒度、形状系数及与设备摩擦系数等属性参数均不相同，导致布料过程中运动行为及分布存在差异。炉料在溜槽内运动过程中，烧结矿运动速度最小，焦炭次之，球团矿运动速度最大，同样在空区内下落过程中，在相同高度平面上烧结矿落点最近，焦炭次之，球团矿落点最远。烧结矿、焦炭和球团矿落点半径圆周最大值与最小值间差值分别为 0.52m、0.79m 和 0.96m，表明落点圆周偏差程度不断加大。对于料面上炉料瞬时流量圆周分布，虽然焦炭与矿石流量曲线圆周变化趋势基本一致，但矿石流量圆周偏析程度更重，两者圆周分布不均匀率分别为 16.83%和 20.52%。

（8）"倒罐"装料是大型并罐式无钟高炉布料操作中常用的炉料分布控制手段，当溜槽处于同一圆周方位处，料罐 A 与料罐 B 分别排料时炉料在溜槽内落点位置不同，两者间存在 180°方位差，导致两种情况下溜槽有效长度圆周变化趋势完全相反。料罐 A 和料罐 B 分别排料时炉料在料面上的落点半径圆周分布曲线和瞬时流量圆周分布曲线均各自关于高炉中心对称，因此可在一定程度上改变炉料圆周分布状况，但对炉料落点及流量圆周偏析程度没有明显影响。

（9）节流阀是无钟炉顶装料系统中调节排料速度或时间的主要手段，直接影响着中心喉管内炉料填充状况。与中心喉管内径变化对布料过程影响规律相似，节流阀开度变化也主要是通过改变喉管内料流中心半径而影响到炉料在溜槽内落点轨迹分布，进而对料面上炉料圆周分布产生影响。当节流阀开度分别为 45°、52°和 60°时，料流中心半径不断减小，炉料落点半径圆周变化趋势一致，但落点圆周分布偏析程度逐渐降低，三者对应的最大落点半径与最小落点半径差值依次为 0.85m、0.79m 和 0.58m，焦炭流量圆周分布不均匀率则分别为 20.99%、16.83%和 9.38%，表明在生产中增大节流阀开度有利于减小炉料在料面上的落点和瞬时流量圆周偏析程度。

（10）无钟高炉生产中，调节溜槽倾角是主要的炉料分布控制手段之一。当溜槽倾角增大时，炉料在溜槽内落点位置向溜槽上端移动，溜槽有效长度增大，使得炉料在溜槽内运动距离增加，炉料在溜槽出口处的初始料流宽度也不断增大，同时在料面上落点半径也相应增大，但增幅逐渐减小。在并罐式炉顶布料过程中，溜槽倾角增大时，炉料在溜槽内落点轨迹形状不仅在 x 方向收缩，还整体向溜槽上端移动。对于不同溜槽倾角，炉料落点及流量圆周分布规律不同，增大溜槽倾角会使炉料落点半径圆周偏差程度减小，但对炉料流量圆周偏析影响不大。

（11）无钟布料溜槽可围绕高炉中心线和悬挂耳轴分别进行水平圆周旋转运动和倾动，其转动速度大小会对布料过程产生一定影响。溜槽水平圆周转速增大时，溜槽出口处料流宽度会大幅增加，在料面上落点半径也会相应增大。对于并罐式炉顶布料过程，溜槽水平圆周转速增大对炉料落点半径圆周变化趋势没有明显影响，仅使落点半径整体增加，但会使得炉料流量圆周偏析程度增大，溜槽转速分别为 10s/r、8.5s/r 和 7s/r 时对应的焦炭流量圆周最大值与最小值间的差值分别达 22.93kg/s、28.28kg/s 和 35.80kg/s。溜槽倾动速度变化主要影响跨档位布料时炉料螺旋布料过程，溜槽倾动速度增大有利于减少溜槽倾动过程中所消耗的炉料，改善炉料分布状况。

（12）改变溜槽旋转方向是并罐式高炉布料过程中调节炉料圆周分布的主要手段之一，其对溜槽内最终炉料落点轨迹形状无影响，但当溜槽分别沿不同方向旋转时炉料在溜槽内落点位置不同，并关于溜槽轴线对称，致使后续布料过程发生变化。当溜槽分别沿顺时针方向和逆时针方向旋转时，炉料在料面上的落点半径和瞬时流量圆周分布曲线均各自关于 0°~180° 线对称，因此在生产中能够在一定程度上减小炉内整体料柱的圆周偏析程度，改善炉内炉料分布状况。

（13）高炉生产料线高低直接影响炉料在空区内下落高度大小，料线高度越大，炉料颗粒在空区内运动时间越长，在料面上落点位置距离中心越远。当料线高度增加时，炉料落点半径圆周整体增大，但曲线圆周变化趋势基本不变，而炉料瞬时流量圆周变化则基本不发生变化。

（14）炉料颗粒在空区下落过程中会受到煤气阻力的作用，煤气阻力大小主要与颗粒和煤气流之间相对速度有关。当煤气流速增大时，炉料颗粒下落阻力增大，运动时间增加，进而导致落点半径增大。在并罐式炉顶布料过程中，随着煤气流速增加，焦炭落点半径圆周整体不断增大，但炉料落点半径圆周变化趋势几乎不受影响；而料面上焦炭流量圆周分布不均匀程度则呈增大趋势，煤气流速分别为 0m/s、5m/s 和 8m/s 时对应的焦炭流量圆周不均匀率依次可达 16.83%、18.31% 和 20.27%。

5 无钟炉顶布料批重的研究

批重对炉料分布的影响是所有装料制度各参数中最重要的。批重不仅对高炉操作，而且对上料设备的设计有重要意义，例如，料罐的容积、直径、平台的位置、炉顶支撑结构的高度等。批重决定高炉内料层的厚度，批重越大，料层越厚，整个料柱的层数减少，焦炭矿石之间的混合层减少，有利于减少料柱阻力；批重还决定布料时间，批重越大，布料时间越长。当节流阀开度和溜槽转速一定时，批重大小直接影响到布料圈数，这也就影响到多环布料的均匀性和料层厚度及料面形状。

影响布料操作批重的因素：

（1）炉容：炉容越大，炉喉直径也越大，批重相应增加。

（2）原燃料：原燃料品位越高，粉末越少，平均颗粒直径越大，则炉料透气性越好，批重可适当扩大。

（3）冶炼强度：随冶炼强度提高，风量增加，中心气流加大，需适当扩大批重，以抑制中心气流。

（4）喷吹量：当冶炼强度不变，高炉喷吹燃料时，由于喷吹物在风口内燃烧，炉缸煤气体积和炉腹煤气速度增加，促使中心气流发展，需适当扩大批重，抑制中心气流。随着冶炼条件的变化，喷吹量增加，中心气流不易发展，边缘气流反而发展，这时则不能加大批重。

5.1 批重计算数学方程

炉料落入高炉内部，在旧料面（原始料面）上形成新料面（二次料面），在高炉内部形成带有一定宽度平台的料面，尤其是炉喉直径较大的大型高炉，平台的宽度越宽。不同的平台宽度对计算装料批重的数学方程影响不同，为统一数学模型，建立多线段方程描述炉料批重对布料的影响。

炉料在原始料面上形成新的料面形状，如图 5-1 所示。为准确说明截面形状和批重的关系，定义图 5-1 中由线段 $\overline{O2}$，$\overline{24}$ 与 $\overline{46}$ 形成原始料面形状，由线段 $\overline{13}$，$\overline{35}$ 与 $\overline{56}$ 形成二次料面形状，高炉中心线 $\overline{OZ}$ 到新料面有料处点 1 的距离为 a_0。在 XOZ 截面内，旧料面和新料面之间的截面有两种形式：一种是新料面（二次料面）炉料堆角大于旧料面（原始料面）炉料堆角；另一种是新料面（二次料面）炉料堆角小于旧料面（原始料面）炉料堆角。

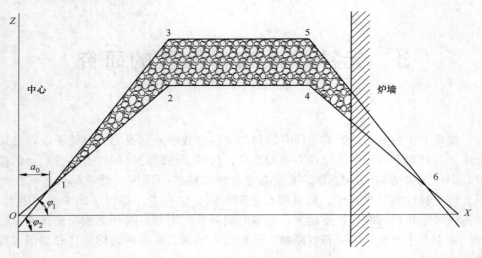

图 5-1　$\varphi_1 < \varphi_2$，炉料在炉喉的分布形式 1

5.1.1　二次料面炉料堆角大于原始料面炉料堆角

对于二次料面炉料堆角 φ_2 大于原始料面炉料堆角 φ_1 的截面形式，即 $\varphi_1 < \varphi_2$，如图 5-1 所示。如果炉料批重小，炉料没有被布到高炉中心，二次料面在点 1 处与原始料面相交，批重截面是由线段 $\overline{13}$、$\overline{35}$、$\overline{56}$、$\overline{64}$、$\overline{42}$ 与 $\overline{21}$ 围成闭合截面的颗粒填充部分。

炉料批重分析计算如下：

$$\text{批重截面各点坐标：} \begin{cases} \text{点 } 1(a_0,\ a_0\tan\varphi_1) \\ \text{点 } 2(n,\ n\tan\varphi_1) \\ \text{点 } 3(n,\ a_0\tan\varphi_1 + (n - a_0)\tan\varphi_2) \\ \text{点 } 4(n + L,\ n\tan\varphi_1) \\ \text{点 } 5(n + L,\ a_0\tan\varphi_1 + (n - a_0)\tan\varphi_2) \\ \text{点 } 6(2n + L - a_0,\ a_0\tan\varphi_1) \end{cases} \tag{5-1}$$

由各点坐标，采用两点式直线方程，简化得到各线段方程：

$$\begin{cases} \text{点 1、3 形成的线段 a：} \ y = (x - a_0)\tan\varphi_2 + a_0\tan\varphi_1 \\ \text{点 5、6 形成的线段 b：} \ y = (2n + L - x - a_0)\tan\varphi_2 + a_0\tan\varphi_1 \\ \text{点 1、2 形成的线段 c：} \ y = x\tan\varphi_1 \\ \text{点 4、6 形成的线段 d：} \ y = (2n + L - x)\tan\varphi_1 \\ \text{点 3、5 形成的线段 e：} \ y = a_0\tan\varphi_1 + (n - a_0)\tan\varphi_2 \\ \text{点 2、4 形成的线段 f：} \ y = n\tan\varphi_1 \end{cases} \tag{5-2}$$

式中　y——料面的纵向位置，m；

　　　x——高炉中心线到料面上任一点的水平距离，m；

　　　n——高炉中心线到炉料堆尖的水平距离，m；

　　　a_0——高炉中心线到二次料面有料处点 1 的距离，m；

　　　φ_1——原始料面在炉喉的堆角，(°)；

　　　φ_2——二次料面在炉喉的堆角，(°)；

　　　L——平台宽度，m。

如果点 1 和原点 O 重合，形成的批重截面称为临界批重。如果批重继续扩大，不仅高炉中心有料，而且料层有一定厚度。如果点 1 在高炉中心线上，高炉中心形成有厚度的料层截面，如图 5-2 所示。在这种情况下，不同径向处的料层厚度分别为：

中心厚度：
$$Y_c = \Delta y_1 = x(\tan\varphi_2 - \tan\varphi_1) + y_0 \tag{5-3}$$

边缘厚度：
$$Y_b = \Delta y_2 = (2n + L - x)(\tan\varphi_2 - \tan\varphi_1) + y_0 \tag{5-4}$$

平台厚度：
$$Y_p = \Delta y_3 = n(\tan\varphi_2 - \tan\varphi_1) + y_0 \tag{5-5}$$

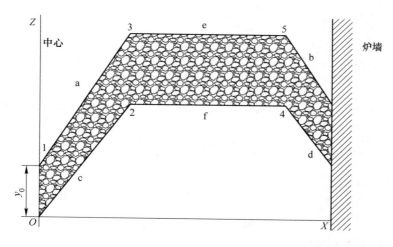

图 5-2　$\varphi_1 < \varphi_2$，炉料在炉喉的分布形式 2

则，炉料的批重计算公式为：

$$V = 2\iint_\Omega \pi x \mathrm{d}x\mathrm{d}y = 2\pi\int_0^n x\mathrm{d}x\int_{x\tan\varphi_1}^{x\tan\varphi_2+y_0}\mathrm{d}y +$$

$$2\pi\int_n^{n+L} x\mathrm{d}x\int_{n\tan\varphi_1}^{n\tan\varphi_2+y_0}\mathrm{d}y + 2\pi\int_{n+L}^{\frac{d_1}{2}} x\mathrm{d}x\int_{(2n+L-x)\tan\varphi_1}^{(2n+L-x)\tan\varphi_2+y_0}\mathrm{d}y \tag{5-6}$$

$$I_1 = 2\pi \int_0^n x\mathrm{d}x \int_{x\tan\varphi_1}^{x\tan\varphi_2+y_0} \mathrm{d}y$$

$$= 2\pi \int_0^n (\tan\varphi_2 - \tan\varphi_1)x^2 + y_0 x\mathrm{d}x \tag{5-7}$$

$$= 2\pi \cdot \frac{x^3}{3}(\tan\varphi_2 - \tan\varphi_1)\mid_0^n + 2\pi \cdot y_0 \cdot \frac{x^2}{2}\mid_0^n$$

$$= \frac{2\pi n^3}{3}(\tan\varphi_2 - \tan\varphi_1) + \pi n^2 y_0$$

$$I_2 = 2\pi \int_n^{n+L} x\mathrm{d}x \int_{n\tan\varphi_1}^{n\tan\varphi_2+y_0} \mathrm{d}y$$

$$= 2\pi \int_n^{n+L} x(\tan\varphi_2 - \tan\varphi_1)n\mathrm{d}x + 2\pi \int_n^{n+L} y_0 x\mathrm{d}x \tag{5-8}$$

$$= 2\pi n(\tan\varphi_2 - \tan\varphi_1) \cdot \frac{x^2}{2}\mid_n^{n+L} + \pi y_0 x^2 \mid_n^{n+L}$$

$$= n\pi(\tan\varphi_2 - \tan\varphi_1)(2n + L)L + \pi y_0(2n + L)L$$

$$I_3 = 2\pi \int_{n+L}^{\frac{d_1}{2}} x\mathrm{d}x \int_{(2n+L-x)\tan\varphi_1}^{(2n+L-x)\tan\varphi_2+y_0} \mathrm{d}y$$

$$= 2\pi \int_{n+L}^{\frac{d_1}{2}} x \cdot \left[(2n + L - x)(\tan\varphi_2 - \tan\varphi_1) + y_0\right]\mathrm{d}x$$

$$= 2\pi \cdot (\tan\varphi_2 - \tan\varphi_1) \cdot \int_{n+L}^{\frac{d_1}{2}} (2n + L) \cdot x - x^2\mathrm{d}x + 2\pi \int_{n+L}^{\frac{d_1}{2}} y_0 x\mathrm{d}x \tag{5-9}$$

$$= 2\pi \cdot (\tan\varphi_2 - \tan\varphi_1)\left\{\frac{1}{2}(2n + L)\left[\left(\frac{d_1}{2}\right)^2 - (n + L)^2\right] - \right.$$

$$\left. \frac{1}{3}\left[\left(\frac{d_1}{2}\right)^3 - (n + L)^3\right] + \pi y_0\left[\left(\frac{d_1}{2}\right)^2 - (n + L)^2\right]\right.$$

则
$$W = \rho V = \rho(I_1 + I_2 + I_3) \tag{5-10}$$

式中　　ρ——炉料密度;

I_1，I_2，I_3——分别为中心、平台和边缘炉料的体积。

5.1.2　二次料面炉料堆角小于原始料面炉料堆角

　　二次料面炉料堆角 φ_2 小于原始料面炉料堆角 φ_1 的截面形式，即 $\varphi_1 > \varphi_2$，如图 5-3 所示。如果平台料层厚度等于零，炉料分布于高炉中心和边缘两侧的斜面，料层截面由线段 $\overline{12'}$、$\overline{2'2}$、$\overline{2O}$ 与 $\overline{O1}$ 围成批重截面和由线段 $\overline{3'4}$、$\overline{45}$、$\overline{53}$ 与 $\overline{33'}$ 围成批重截面，则称为二次料面炉料堆角 φ_2 小于原始料面炉料堆角 φ_1 的临界布

料批重。图5-3中颗粒填充部分为二次料面炉料堆角 φ_2 小于原始料面炉料堆角 φ_1 的布料临界批重。

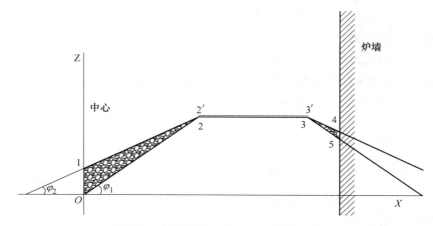

图 5-3 $\varphi_1 > \varphi_2$，炉料在炉喉的分布形式1

炉料批重分析计算：

批重截面各点坐标：
$$
\begin{cases}
点\ O(0,\ 0)\\[4pt]
点\ 1(0,\ n(\tan\varphi_1 - \tan\varphi_2))\\[4pt]
点\ 2(n,\ n\tan\varphi_1)\\[4pt]
点\ 2'(n,\ n\tan\varphi_1)\\[4pt]
点\ 3(n+L,\ n\tan\varphi_1)\\[4pt]
点\ 3'(n+L,\ n\tan\varphi_1)\\[4pt]
点\ 4\left(\dfrac{d_1}{2},\ n\tan\varphi_1 - \left[\dfrac{d}{2} - (n+L)\right]\tan\varphi_2\right)\\[10pt]
点\ 5\left(\dfrac{d_1}{2},\ n\tan\varphi_1 - \left[\dfrac{d}{2} - (n+L)\right]\tan\varphi_1\right)
\end{cases}
\tag{5-11}
$$

由各点坐标，采用两点式直线方程，简化得到各线段方程：
$$
\begin{cases}
点\ 1、2'\ 形成的线\ a：y = x\tan\varphi_2 + n(\tan\varphi_1 - \tan\varphi_2)\\[4pt]
点\ 3'、4\ 形成的线\ b：y = (n+L-x)\tan\varphi_2 + n\tan\varphi_1\\[4pt]
点\ O、2\ 形成的线\ c：y = x\tan\varphi_1\\[4pt]
点\ 3、5\ 形成的线\ d：y = (2n+L-x)\tan\varphi_1\\[4pt]
点\ 2'、3'\ 形成的线\ e：y = n\tan\varphi_1\\[4pt]
点\ 2、3\ 形成的线\ f：y = n\tan\varphi_1
\end{cases}
\tag{5-12}
$$

式中　y——料面的纵向位置，m；

　　　x——高炉中心线到料面上任一点的水平距离，m；

　　　n——高炉中心线到炉料堆尖的水平距离，m；

　　　φ_1——原始料面在炉喉的堆角，(°)；

　　　φ_2——二次料面在炉喉的堆角，(°)。

如果临界批重继续增大，点2′和点2分离，点3′和点3分离，料面平台有一定厚度，其厚度为y_0，如图5-4所示。

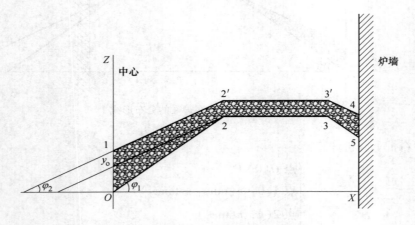

图5-4　$\varphi_1 > \varphi_2$，炉料在炉喉的分布形式2

在这种情况下，不同径向处的料层厚度分别为：

中心厚度：　　$Y_c = \Delta y_1 = x\tan\varphi_2 + n(\tan\varphi_1 - \tan\varphi_2) - x\tan\varphi_1 + y_0$

$$= (n - x)(\tan\varphi_1 - \tan\varphi_2) + y_0 \tag{5-13}$$

边缘厚度：　　$Y_b = \Delta y_2 = [(n + L - x)(\tan\varphi_2 - \tan\varphi_1)] + y_0 \tag{5-14}$

平台厚度：　　　　　　$Y_p = \Delta y_3 = y_0 \tag{5-15}$

则，二次料面炉料堆角小于原始料面炉料堆角的批重计算公式：

$$V = 2\iint\limits_{\Omega} \pi x \mathrm{d}x \mathrm{d}y$$

$$= 2\pi \int_0^n x\mathrm{d}x \int_{x\tan\varphi_1}^{x\tan\varphi_2 + n(\tan\varphi_1 - \tan\varphi_2) + y_0} \mathrm{d}y + 2\pi \int_n^{n+L} x\mathrm{d}x \int_{n\tan\varphi_1}^{n\tan\varphi_1 + y_0} \mathrm{d}y + \tag{5-16}$$

$$2\pi \int_{n+L}^{\frac{d_1}{2}} x\mathrm{d}x \int_{(2n+L-x)\tan\varphi_1}^{(n+L-x)\tan\varphi_2 + n\tan\varphi_1 + y_0} \mathrm{d}y$$

$$I_1 = 2\pi \int_0^n x\mathrm{d}x \int_{x\tan\varphi_1}^{x\tan\varphi_2 + n(\tan\varphi_1 - \tan\varphi_2) + y_0} \mathrm{d}y$$

$$= 2\pi \int_0^n x \cdot (n - x) \cdot (\tan\varphi_1 - \tan\varphi_2) + y_0 x\mathrm{d}x$$

$$= 2\pi \cdot (\tan\varphi_1 - \tan\varphi_2)\left(\frac{n}{2}x^2 - \frac{x^3}{3}\right)\bigg|_0^n + 2\pi \cdot y_0 \cdot \frac{x^2}{2}\bigg|_0^n \qquad (5\text{-}17)$$

$$= \frac{\pi n^3}{3}(\tan\varphi_1 - \tan\varphi_2) + \pi n^2 y_0$$

$$I_2 = 2\pi \int_n^{n+L} x\mathrm{d}x \int_{n\tan\varphi_1}^{n\tan\varphi_1 + y_0} \mathrm{d}y$$

$$= 2\pi \int_n^{n+L} n\tan\varphi_1 + y_0 - n\tan\varphi_1\mathrm{d}x \qquad (5\text{-}18)$$

$$= \pi y_0(2n + L)L$$

$$I_3 = 2\pi \int_{n+L}^{\frac{d_1}{2}} x\mathrm{d}x \int_{(2n+L-x)\tan\varphi_1}^{(n+L-x)\tan\varphi_2 + n\tan\varphi_1 + y_0} \mathrm{d}y$$

$$= 2\pi \int_{n+L}^{\frac{d_1}{2}} x\left[(n + L - x)(\tan\varphi_2 - \tan\varphi_1) + y_0\right]\mathrm{d}x$$

$$= 2\pi(\tan\varphi_2 - \tan\varphi_1)\int_{n+L}^{\frac{d_1}{2}} (n + L)x - x^2\mathrm{d}x + 2\pi\int_{n+L}^{\frac{d_1}{2}} y_0 x\mathrm{d}x \qquad (5\text{-}19)$$

$$= 2\pi(\tan\varphi_2 - \tan\varphi_1)\left\{\frac{1}{2}(n + L)\left[\left(\frac{d_1}{2}\right)^2 - (n + L)^2\right] - \right.$$

$$\left. \frac{1}{3}\left\{\left(\frac{d_1}{2}\right)^3 - (n + L)^3\right\} + \pi y_0\left[\left(\frac{d_1}{2}\right)^2 - (n + L)^2\right]$$

则，二次料面炉料堆角小于原始料面炉料堆角的炉料批重为：

$$W = \rho V = \rho(I_1 + I_2 + I_3) \qquad (5\text{-}20)$$

5.2 炉料临界批重与平台宽度的关系

5.2.1 焦炭临界批重与平台宽度及落点半径的关系

由于大型高炉炉喉直径较大，不同的布料操作会使料面出现不同的平台宽度，为分析不同平台宽度对临界批重的影响，分别取不同落点半径和不同平台宽度计算临界批重和料层厚度，分析平台宽度和料流轨迹落点半径对临界批重的变化规律。计算选取参数如表 5-1 所示。

表 5-1　计算临界批重选择的参数

炉喉直径/m	焦炭堆密度/kg·m^{-3}	焦炭堆角/(°)
8.4	550	39
料线深度/m	矿石堆密度/kg·m^{-3}	矿石堆角/(°)
1.5	1800	37

　　不同的料面形状具有不同的临界批重值，选取平台宽度为 0~2m，落点半径从 3.3m 到 4.2m，即落点位置最大取值等于炉喉半径。由式（5-4）~式（5-10）计算，得到临界批重、临界体积、临界批重边缘厚度和平台厚度，见表 5-2~表 5-5。

表 5-2　不同截面形状临界批重　　　　　（单位：t）

平台宽度/m	落点半径/m									
	4.2	4.1	4.0	3.9	3.8	3.7	3.6	3.5	3.4	3.3
0	4.7988	4.7908	4.7667	4.7271	4.6724	4.6029	4.5190	4.4212	4.3097	4.1850
0.2	4.7823	4.7907	4.7828	4.7589	4.7196	4.6650	4.5957	4.5120	4.4144	4.3031
0.4	4.7315	4.7572	4.7662	4.7589	4.7356	4.6968	4.6429	4.5742	4.4911	4.3940
0.6	4.6450	4.6887	4.7154	4.7254	4.7191	4.6968	4.6589	4.6060	4.5382	4.4561
0.8	4.5211	4.5837	4.6289	4.6569	4.6683	4.6633	4.6424	4.6059	4.5543	4.4879
1.0	4.3584	4.4407	4.5050	4.5519	4.5817	4.5948	4.5916	4.5724	4.5377	4.4878
1.2	4.1553	4.2579	4.3423	4.4089	4.4579	4.4898	4.5050	4.5039	4.4869	4.4543
1.4	3.9102	4.0340	4.1392	4.2261	4.2952	4.3467	4.3812	4.3989	4.4004	4.3859
1.6	3.6215	3.7674	3.8941	4.0022	4.0921	4.1640	4.2185	4.2559	4.2765	4.2809
1.8	3.2878	3.4564	3.6055	3.7355	3.8470	3.9401	4.0154	4.0731	4.1138	4.1378
2.0	2.9075	3.0995	3.2718	3.4246	3.5583	3.6734	3.7703	3.8492	3.9107	3.9551

表 5-3　不同截面形状临界体积　　　　　（单位：m^3）

平台宽度/m	落点半径/m									
	4.2	4.1	4.0	3.9	3.8	3.7	3.6	3.5	3.4	3.3
0	8.7252	8.7105	8.6668	8.5948	8.4953	8.3689	8.2164	8.0385	7.8358	7.6091
0.2	8.6950	8.7103	8.6960	8.6526	8.5810	8.4819	8.3559	8.2037	8.0261	7.8238
0.4	8.6027	8.6495	8.6658	8.6525	8.6102	8.5397	8.4416	8.3166	8.1655	7.9890
0.6	8.4454	8.5250	8.5735	8.5916	8.5801	8.5396	8.4708	8.3745	8.2513	8.1020
0.8	8.2202	8.3341	8.4162	8.4672	8.4878	8.4787	8.4407	8.3744	8.2805	8.1598
1.0	7.9244	8.0739	8.1910	8.2762	8.3304	8.3542	8.3483	8.3135	8.2503	8.1597

平台宽度/m	落点半径/m									
	4.2	4.1	4.0	3.9	3.8	3.7	3.6	3.5	3.4	3.3
1.2	7.5550	7.7417	7.8952	8.0161	8.1053	8.1633	8.1910	8.1890	8.1580	8.0988
1.4	7.1094	7.3346	7.5258	7.6839	7.8094	7.9032	7.9658	7.9981	8.0007	7.9743
1.6	6.5846	6.8497	7.0802	7.2768	7.4401	7.5709	7.6700	7.7379	7.7755	7.7834
1.8	5.9779	6.2843	6.5554	6.7919	6.9945	7.1638	7.3007	7.4057	7.4797	7.5232
2.0	5.2864	5.6355	5.9487	6.2265	6.4697	6.6790	6.8550	6.9986	7.1103	7.1910

表 5-4 不同截面形状料层边缘厚度　　　　　　　（单位：m）

平台宽度/m	落点半径/m									
	4.2	4.1	4.0	3.9	3.8	3.7	3.6	3.5	3.4	3.3
0	0.2362	0.2249	0.2137	0.2024	0.1912	0.1799	0.1687	0.1574	0.1462	0.1350
0.2	0.2474	0.2362	0.2249	0.2137	0.2024	0.1912	0.1799	0.1687	0.1574	0.1462
0.4	0.2587	0.2474	0.2362	0.2249	0.2137	0.2024	0.1912	0.1799	0.1687	0.1574
0.6	0.2699	0.2587	0.2474	0.2362	0.2249	0.2137	0.2024	0.1912	0.1799	0.1687
0.8	0.2811	0.2699	0.2587	0.2474	0.2362	0.2249	0.2137	0.2024	0.1912	0.1799
1.0	0.2924	0.2811	0.2699	0.2587	0.2474	0.2362	0.2249	0.2137	0.2024	0.1912
1.2	0.3036	0.2924	0.2811	0.2699	0.2587	0.2474	0.2362	0.2249	0.2137	0.2024
1.4	0.3149	0.3036	0.2924	0.2811	0.2699	0.2587	0.2474	0.2362	0.2249	0.2137
1.6	0.3261	0.3149	0.3036	0.2924	0.2811	0.2699	0.2587	0.2474	0.2362	0.2249
1.8	0.3374	0.3261	0.3149	0.3036	0.2924	0.2811	0.2699	0.2587	0.2474	0.2362
2.0	0.3486	0.3374	0.3261	0.3149	0.3036	0.2924	0.2811	0.2699	0.2587	0.2474

表 5-5 不同截面形状料层平台厚度　　　　　　　（单位：m）

平台宽度/m	落点半径/m									
	4.2	4.1	4.0	3.9	3.8	3.7	3.6	3.5	3.4	3.3
0	0.2362	0.2305	0.2249	0.2193	0.2137	0.2081	0.2024	0.1968	0.1912	0.1856
0.2	0.2362	0.2305	0.2249	0.2193	0.2137	0.2081	0.2024	0.1968	0.1912	0.1856
0.4	0.2362	0.2305	0.2249	0.2193	0.2137	0.2081	0.2024	0.1968	0.1912	0.1856
0.6	0.2362	0.2305	0.2249	0.2193	0.2137	0.2081	0.2024	0.1968	0.1912	0.1856
0.8	0.2362	0.2305	0.2249	0.2193	0.2137	0.2081	0.2024	0.1968	0.1912	0.1856
1.0	0.2362	0.2305	0.2249	0.2193	0.2137	0.2081	0.2024	0.1968	0.1912	0.1856
1.2	0.2362	0.2305	0.2249	0.2193	0.2137	0.2081	0.2024	0.1968	0.1912	0.1856
1.4	0.2362	0.2305	0.2249	0.2193	0.2137	0.2081	0.2024	0.1968	0.1912	0.1856
1.6	0.2362	0.2305	0.2249	0.2193	0.2137	0.2081	0.2024	0.1968	0.1912	0.1856
1.8	0.2362	0.2305	0.2249	0.2193	0.2137	0.2081	0.2024	0.1968	0.1912	0.1856
2.0	0.2362	0.2305	0.2249	0.2193	0.2137	0.2081	0.2024	0.1968	0.1912	0.1856

　　根据焦炭堆角和矿石堆角大小，如果二次料面堆角大于原始料面堆角，原始料面必须为矿石层，二次料面为焦炭层，因此，计算临界批重时以焦炭为例。图5-5说明在落点半径不变，临界批重随平台宽度的增加呈抛物线变化，落点半径越小，临界批重极大值越小，并且极大值的位置与平台宽度密切相关。炉料临界批重是由临界批重体积和炉料密度乘积计算得到。因此，临界批重体积变化趋势与临界批重变化趋势相一致，如图5-6所示。

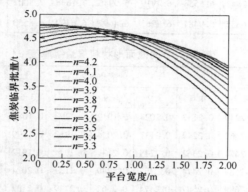

图 5-5　不同平台宽度和落点的焦炭临界批重　　　　扫码看彩图

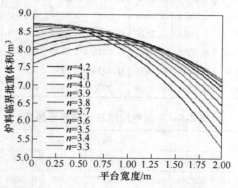

图 5-6　不同平台宽度和落点临界批重体积　　　　扫码看彩图

　　由表5-4、表5-5可知不同平台宽度和落点半径对应的边缘厚度和平台厚度。在不同平台宽度，相同落点情况下边缘厚度呈线性增长，不同落点对应的直线斜率相同，如图5-7所示。平台厚度在平台宽度不同，落点半径相同情况下为固定值；在落点半径变化，平台宽度不变情况下呈线性增长，如图5-8所示。

　　不同落点和平台宽度对应不同的截面形状和料层厚度，导致临界批重不同。在分析批重特征数时必须根据临界批重进行计算，确定批重的变化范围。

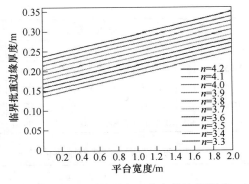

图 5-7　不同平台宽度和落点的边缘厚度　　　　扫码看彩图

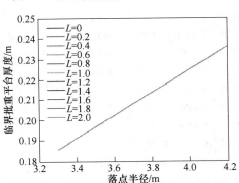

图 5-8　不同平台宽度和落点平台厚度　　　　扫码看彩图

5.2.2 矿石临界批重与平台宽度及落点半径的关系

矿石临界批重变化与料流轨迹落点，平台宽度密切相关。根据图 5-3 料层截面形状，选取平台宽度为 0~2m，落点位置从 3.3m 到 4.2m。由式（5-14）~式（5-20）计算，得到矿石临界批重、临界体积、临界批重中心厚度和边缘厚度，见表 5-6~表 5-9，计算参数见表 5-1。

表 5-6　不同截面形状矿石临界批重　　　　（单位：t）

平台宽度/m	落点半径/m									
	4.2	4.1	4.0	3.9	3.8	3.7	3.6	3.5	3.4	3.3
0	7.8527	7.3183	6.8360	6.4046	6.0228	5.6894	5.4030	5.1624	4.9663	4.8135
0.2	6.7834	6.3005	5.8685	5.4861	5.1520	4.8650	4.6238	4.4270	4.2736	4.1621
0.4	5.8159	5.3820	4.9977	4.6617	4.3728	4.1296	3.9310	3.7756	3.6622	3.5895
0.6	4.9451	4.5576	4.2184	3.9263	3.6800	3.4782	3.3196	3.2030	3.1272	3.0907
0.8	4.1659	3.8222	3.5257	3.2749	3.0687	2.9056	2.7846	2.7043	2.6633	2.6606
1.0	3.4731	3.1708	2.9143	2.7023	2.5336	2.4068	2.3208	2.2741	2.2657	2.2941
1.2	2.8618	2.5983	2.3793	2.2036	2.0698	1.9767	1.9231	1.9076	1.9290	1.9861

平台宽度/m	落点半径/m									
	4.2	4.1	4.0	3.9	3.8	3.7	3.6	3.5	3.4	3.3
1.4	2.3267	2.0995	1.9155	1.7734	1.6721	1.6102	1.5865	1.5996	1.6484	1.7315
1.6	1.8629	1.6694	1.5178	1.4069	1.3355	1.3022	1.3058	1.3450	1.4186	1.5252
1.8	1.4652	1.3028	1.1812	1.0989	1.0548	1.0476	1.0760	1.1388	1.2346	1.3622
2.0	1.1286	0.9948	0.9005	0.8443	0.8250	0.8414	0.8920	0.9758	1.0913	1.2373

表 5-7　不同截面形状矿石临界体积　　　　　　（单位：m³）

平台宽度/m	落点半径/m									
	4.2	4.1	4.0	3.9	3.8	3.7	3.6	3.5	3.4	3.3
0	4.3626	4.0657	3.7978	3.5581	3.3460	3.1608	3.0017	2.8680	2.7591	2.6742
0.2	3.7686	3.5003	3.2603	3.0478	2.8622	2.7028	2.5688	2.4595	2.3742	2.3123
0.4	3.2311	2.9900	2.7765	2.5898	2.4293	2.2942	2.1839	2.0976	2.0346	1.9942
0.6	2.7473	2.5320	2.3436	2.1813	2.0444	1.9323	1.8442	1.7795	1.7373	1.7171
0.8	2.3144	2.1235	1.9587	1.8194	1.7048	1.6142	1.5470	1.5024	1.4796	1.4781
1.0	1.9295	1.7616	1.6191	1.5013	1.4076	1.3371	1.2893	1.2634	1.2587	1.2745
1.2	1.5899	1.4435	1.3218	1.2242	1.1499	1.0982	1.0684	1.0598	1.0717	1.1034
1.4	1.2926	1.1664	1.0641	0.9852	0.9290	0.8946	0.8814	0.8887	0.9158	0.9619
1.6	1.0349	0.9274	0.8432	0.7816	0.7419	0.7234	0.7254	0.7472	0.7881	0.8473
1.8	0.8140	0.7238	0.6562	0.6105	0.5860	0.5820	0.5978	0.6326	0.6859	0.7568
2.0	0.6270	0.5527	0.5003	0.4691	0.4584	0.4674	0.4956	0.5421	0.6063	0.6874

表 5-8　不同截面形状中心厚度　　　　　　（单位：m）

平台宽度/m	落点半径/m									
	4.2	4.1	4.0	3.9	3.8	3.7	3.6	3.5	3.4	3.3
0	0.2362	0.2305	0.2249	0.2193	0.2137	0.2081	0.2024	0.1968	0.1912	0.1856
0.2	0.2249	0.2193	0.2137	0.2081	0.2024	0.1968	0.1912	0.1856	0.1799	0.1743
0.4	0.2137	0.2081	0.2024	0.1968	0.1912	0.1856	0.1799	0.1743	0.1687	0.1631
0.6	0.2024	0.1968	0.1912	0.1856	0.1799	0.1743	0.1687	0.1631	0.1574	0.1518
0.8	0.1912	0.1856	0.1799	0.1743	0.1687	0.1631	0.1574	0.1518	0.1462	0.1406
1.0	0.1799	0.1743	0.1687	0.1631	0.1574	0.1518	0.1462	0.1406	0.1350	0.1293
1.2	0.1687	0.1631	0.1574	0.1518	0.1462	0.1406	0.1350	0.1293	0.1237	0.1181
1.4	0.1574	0.1518	0.1462	0.1406	0.1350	0.1293	0.1237	0.1181	0.1125	0.1068
1.6	0.1462	0.1406	0.1350	0.1293	0.1237	0.1181	0.1125	0.1068	0.1012	0.0956
1.8	0.1350	0.1293	0.1237	0.1181	0.1125	0.1068	0.1012	0.0956	0.0900	0.0843
2.0	0.1237	0.1181	0.1125	0.1068	0.1012	0.0956	0.0900	0.0843	0.0787	0.0731

表 5-9　不同截面形状边缘厚度 （单位：m）

平台宽度/m	落点半径/m									
	4.2	4.1	4.0	3.9	3.8	3.7	3.6	3.5	3.4	3.3
0	0	0.0056	0.0112	0.0169	0.0225	0.0281	0.0337	0.0394	0.0450	0.0506
0.2	0	0.0056	0.0112	0.0169	0.0225	0.0281	0.0337	0.0394	0.0450	0.0506
0.4	0	0.0056	0.0112	0.0169	0.0225	0.0281	0.0337	0.0394	0.0450	0.0506
0.6	0	0.0056	0.0112	0.0169	0.0225	0.0281	0.0337	0.0394	0.0450	0.0506
0.8	0	0.0056	0.0112	0.0169	0.0225	0.0281	0.0337	0.0394	0.0450	0.0506
1.0	0	0.0056	0.0112	0.0169	0.0225	0.0281	0.0337	0.0394	0.0450	0.0506
1.2	0	0.0056	0.0112	0.0169	0.0225	0.0281	0.0337	0.0394	0.0450	0.0506
1.4	0	0.0056	0.0112	0.0169	0.0225	0.0281	0.0337	0.0394	0.0450	0.0506
1.6	0	0.0056	0.0112	0.0169	0.0225	0.0281	0.0337	0.0394	0.0450	0.0506
1.8	0	0.0056	0.0112	0.0169	0.0225	0.0281	0.0337	0.0394	0.0450	0.0506
2.0	0	0.0056	0.0112	0.0169	0.0225	0.0281	0.0337	0.0394	0.0450	0.0506

　　由于矿石堆角小于焦炭堆角，在高炉炉喉处形成图 5-3 料层截面形状，在相同落点半径，临界批重随着平台宽度的增加而减少，如图 5-9 所示。不同平台宽度和落点半径对应的临界批重体积变化与临界批重变化相一致，在相同落点位置，随着平台宽度的增加，临界体积减小，如图 5-10 所示。

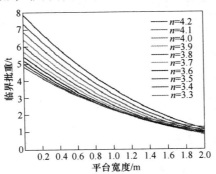

图 5-9　不同平台宽度和落点矿石临界批重　　　扫码看彩图

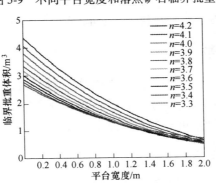

图 5-10　不同平台宽度和落点矿石临界批重体积　　　扫码看彩图

由表 5-8、表 5-9，不同平台宽度和落点位置对应的中心厚度和边缘厚度。在不同平台宽度，相同落点位置（n 为固定值）情况下矿石中心厚度呈线性减少，不同落点位置对应的直线斜率相同，如图 5-11 所示。在落点位置不同，临界批重边缘厚度随着落点位置的增加而减少，不同平台宽度情况下，临界批重边缘厚度的变化曲线相重合，呈线性减少，如图 5-12 所示。

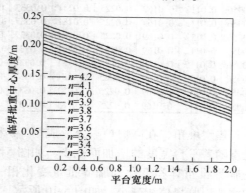

图 5-11　不同平台宽度和落点矿石中心厚度　　　扫码看彩图

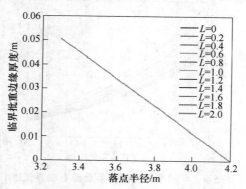

图 5-12　不同平台宽度和落点矿石边缘厚度　　　扫码看彩图

5.3　焦炭批重特征数

一批炉料在炉喉的分布是规则的，料层的边缘厚度，平台厚度和中心厚度反映了炉料的透气性。料层边缘厚度与料层中心厚度之比 D_{p1}，平台料层厚度和中心料层厚度之比 D_{p2} 是衡量炉料分布的重要参数，称为炉料的批重特征数。则批重特征数：

$$\begin{cases} D_{p1} = Y_b / Y_c \\ D_{p2} = Y_p / Y_c \end{cases} \tag{5-21}$$

炉料批重在很大程度上决定高炉煤气流分布。在布料矩阵不变的情况下，炉料批重的变化，尤其是矿石批重的变化，对炉况的顺行和炉料的透气性分布影响极大。为准确分析批重特征数和批重的关系，建立料层厚度变化的关系，需要计算批重增加对批重特征数的影响，即批重变化对料层厚度的影响。

5.3.1　不同平台宽度焦炭批重特征数（二次料面炉料堆角大于原始料面炉料堆角）

批重计算参数如表 5-10 所示。

表 5-10　批重特征数计算选取参数

炉喉直径/m	平台宽度/m	焦炭堆密度/kg·m^{-3}	焦炭堆角/(°)
8.4	0.4；0.8；1.2；1.6；2.0	550	39
落点位置/m	料线深度/m	矿石堆密度 kg·m^{-3}	矿石堆角/(°)
3.7	1.5	1800	37

焦炭堆角大于矿石堆角，原始料面是矿石，二次料面是焦炭，才可以形成批重料层截面，如图 5-13 所示。

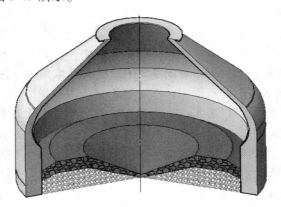

图 5-13　二次料面堆角大于原始料面堆角的料层截面

首先，计算焦炭临界批重。令中心厚度 $y_0 = 0$，平台宽度 $L = 0.4\text{m}$，料流轨迹落点在 $n = 3.7\text{m}$，形成平台形料面形状，由式（5-6）、式（5-10）计算焦炭的临界批重（t/m^3）和矿石的临界批重（t/m^3），由式（5-4）~式（5-6）计算中心厚度（m）、边缘厚度（m）、平台厚度（m），得到：

$$\begin{cases} W_{矿临} = \rho_矿 V_临 = 15.3715 \\ W_{焦临} = \rho_焦 V_临 = 4.6968 \\ Y_c = 0 \\ Y_b = 0.2024 \\ Y_p = 0.2081 \end{cases}$$

随着炉料批重不断增加，炉料体积不断变化，体积和批重的关系如图 5-14 所示，边缘料层厚度与中心料层厚度之比 Y_b/Y_c 和平台料层厚度与中心料层厚度之比 Y_p/Y_c 的变化关系如图 5-15 所示。

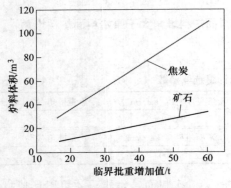 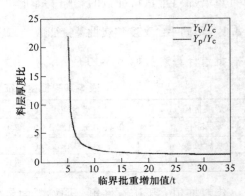

图 5-14　炉料批重和体积的关系　　图 5-15　炉料批重特征值变化（$L=0.4m$）

图 5-14 中，焦炭体积随着批重不断增加，体积增长比率大于矿石增长比率。如果要在炉喉横截面具有相等的炉料体积和相同的料层厚度，焦炭批重增加比率要小于矿石批重增加比率。由于在高炉布料操作中，矿石粒度小于焦炭粒度，焦炭堆角大于矿石堆角，如果要出现图 5-2 中二次料面堆角大于原始料面堆角的截面形状，原始料面必须由矿石形成，二次料面必须由焦炭形成。因此，在图 5-15 中，二次料面批重变化是以焦炭批重为准，在料面形状变化过程中，边缘厚度与中心厚度之比 Y_b/Y_c 曲线，平台厚度与中心厚度之比 Y_p/Y_c 曲线，二者重合。曲线变化分为 3 个不同的特征区：激变区，缓变区，微变区。在激变区内，$4.69t<W_{焦临}<7t$，随着临界批重的增加，中心料层厚度增加较快，高炉中心加重也快；在微变区内，$15t<W_{焦临}<35t$，随着临界批重的增加，中心料层厚度增加与边缘料层厚度增加对炉料分布影响不大；在缓变区内，$7t<W_{焦临}<15t$，料层厚度比值变化介于激变区和微变区之间。当炉料批重波动在激变区变化，对料面影响较大，易造成气流分布失控，应当避免在激变区内的批重调整；当炉料批重在微变区变化，料层厚度分布稳定，煤气流稳定，对高炉顺行，改善煤气利用率有重要作用。

为准确验证批重变化引起料层厚度变化，讨论不同平台宽度的情况下，是否会出现批重特征数的激变区，缓变区和微变区。

不同批重平台宽度对应不同炉料临界批重。令中心厚度 $y_0=0$，平台宽度为 0.8m，料流轨迹落点在 $n=3.7m$，形成平台形料面形状，由式（5-6）~式（5-10）计算焦炭的临界批重（t/m^3）和矿石的临界批重（t/m^3），由式（5-3）~式（5-5）计算中心厚度（m）、边缘厚度（m）、平台厚度（m），得到：

$$\begin{cases} W_{矿临} = \rho_{矿}V_{临} = 15.2616 \\ W_{焦临} = \rho_{焦}V_{临} = 4.6633 \\ Y_c = 0 \\ Y_b = 0.2249 \\ Y_p = 0.2081 \end{cases}$$

随着炉料批重不断增加，批重特征数 $\begin{cases} D_{p1} = Y_b/Y_c \\ D_{p2} = Y_p/Y_c \end{cases}$ 的变化曲线如图 5-16 所示。

令中心厚度 $y_0 = 0$，平台宽度 $L = 1.2m$，料流轨迹落点在 $n = 3.7m$，形成平台形料面形状，由公式（5-6）~式（5-10）计算焦炭的临界批重（t/m^3）和矿石的临界批重（t/m^3），由式（5-3）~式（5-5）计算中心厚度（m）、边缘厚度（m）、平台厚度（m），得到：

$$\begin{cases} W_{矿临} = \rho_{矿}V_{临} = 14.6939 \\ W_{焦临} = \rho_{焦}V_{临} = 4.4898 \\ Y_c = 0 \\ Y_b = 0.2474 \\ Y_p = 0.2081 \end{cases}$$

则批重特征数 $\begin{cases} D_{p1} = Y_b/Y_c \\ D_{p2} = Y_p/Y_c \end{cases}$ 的变化曲线如图 5-17 所示。

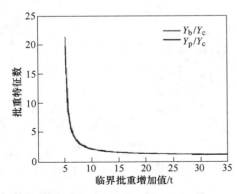
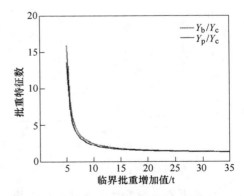

图 5-16 炉料批重特征值变化（$L = 0.8m$）　　图 5-17 炉料批重特征值变化（$L = 1.2m$）

同理，令中心厚度 $y_0 = 0$，平台宽度 $L = 1.6m$，料流轨迹落点在 $n = 3.7m$，形成平台形料面形状，由式（5-6）~式（5-10）计算焦炭的临界批重（t/m^3）和矿石的临界批重（t/m^3），由式（5-3）~式（5-5）计算中心厚度（m）、边缘厚度（m）、平台厚度（m），得到：

$$\begin{cases} W_{\text{矿临}} = \rho_{\text{矿}} \cdot V_{\text{临}} = 13.6276 \\ W_{\text{焦临}} = \rho_{\text{焦}} V_{\text{临}} = 4.1640 \\ Y_c = 0 \\ Y_b = 0.2699 \\ Y_p = 0.2081 \end{cases}$$

则批重特征数 $\begin{cases} D_{p1} = Y_b / Y_c \\ D_{p2} = Y_p / Y_c \end{cases}$ 的变化曲线如图 5-18 所示。

令中心厚度 $y_0 = 0$，平台宽度 $L = 2.0\text{m}$，料流轨迹落点在 $n = 3.7\text{m}$，形成平台形料面形状，由式（5-6）~式（5-10）计算焦炭的临界批重（t/m^3）和矿石的临界批重（t/m^3），由式（5-3）~式（5-5）计算中心厚度（m）、边缘厚度（m）、平台厚度（m），得到：

$$\begin{cases} W_{\text{矿临}} = \rho_{\text{矿}} V_{\text{临}} = 12.0222 \\ W_{\text{焦临}} = \rho_{\text{焦}} V_{\text{临}} = 3.6734 \\ Y_c = 0 \\ Y_b = 0.2924 \\ Y_p = 0.2081 \end{cases}$$

则批重特征数 $\begin{cases} D_{p1} = Y_b / Y_c \\ D_{p2} = Y_p / Y_c \end{cases}$ 的变化曲线如图 5-19 所示。

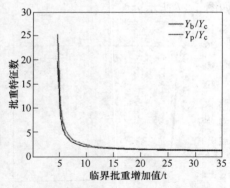 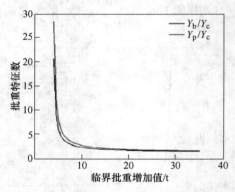

图 5-18 炉料批重特征数变化（$L = 1.6\text{m}$）　　图 5-19 炉料批重特征数变化（$L = 2.0\text{m}$）

由上述关于批重平台宽度对炉料批重特征数的变化影响可知，当炉料二次料面堆角大于原始料面堆角时，料流轨迹落点固定，不同的平台宽度对应不同的炉料临界批重，随着批重的不断增加，批重特征数呈指数曲线下降，批重特征数变化可以分为三个不同区域：激变区、缓变区和微变区。当炉料批重在激变区时，批重波动对布料影响较大。所以，矿石批重选在激变区是不合适的。炉料批重在微变区时，不论批重扩大或减少，对批重特征数即料层厚度之比均无显著影响。

在微变区炉料分布稳定，煤气流稳定，特别是有利于形成合理的软融层，对高炉稳定顺行、改善煤气利用，均有重要作用，因此批重值应在微变区。如果炉料粉末很多，料柱透气性较差，为保证高炉推论顺行，防止微变区批重使煤气两头堵塞，合理批重值应在缓变区内，提高煤气的透气性。在此缓变区，批重少许波动不致引起煤气流较大变化；适当改变批重，又可调剂煤气分布。

5.3.2 不同料流轨迹落点焦炭批重特征数（二次料面炉料堆角大于原始料面炉料堆角）

焦炭不同落点批重计算参数如表 5-11 所示。

表 5-11 批重特征数计算选取参数

炉喉直径/m	平台宽度/m	焦炭堆密度/kg·m^{-3}	焦炭堆角/(°)
8.4	1.2	550	39
落点位置/m	料线深度/m	矿石堆密度/kg·m^{-3}	矿石堆角/(°)
4.1；3.9；3.7；3.5；3.3	1.5	1800	37

为确定批重的变化范围，确定临界批重数值。当平台宽度 $L=1.2\text{m}$，落点位置 $n=4.1\text{m}$，由式（5-6）~式（5-10）计算焦炭的临界批重（t/m^3）和矿石的临界批重（t/m^3），由式（5-3）~式（5-5）计算中心厚度（m）、边缘厚度（m）、平台厚度（m），得到：

$$\begin{cases} W_{\text{矿临}} = \rho_{\text{矿}} V_{\text{临}} = 13.9351 \\ W_{\text{焦临}} = \rho_{\text{焦}} V_{\text{临}} = 4.2579 \\ Y_{\text{c}} = 0 \\ Y_{\text{b}} = 0.2924 \\ Y_{\text{p}} = 0.2305 \end{cases}$$

则批重特征数 $\begin{cases} D_{\text{p1}} = Y_{\text{b}}/Y_{\text{c}} \\ D_{\text{p2}} = Y_{\text{p}}/Y_{\text{c}} \end{cases}$ 的变化曲线如图 5-20 所示。

同理，在料面形状的平台宽度为 1.2m，落点位置 $n=3.9\text{m}$，由式（5-3）~式（5-10）计算炉料临界批重和料层厚度，得到：

$$\begin{cases} W_{\text{矿临}} = \rho_{\text{矿}} V_{\text{临}} = 13.9351 \\ W_{\text{焦临}} = \rho_{\text{焦}} V_{\text{临}} = 4.4089 \\ Y_{\text{c}} = 0 \\ Y_{\text{b}} = 0.2699 \\ Y_{\text{p}} = 0.2193 \end{cases}$$

批重特征值变化如图 5-21 所示，同样出现料流批重特征数激变区，缓变区和微变区，仅是批重特征数值大小不同，说明在相同料层平台宽度，不同料流轨迹落点情况下，批重的增加会使料层厚度的比值增大，即批重特征数变大。

当平台宽度为 1.2m，落点位置分别在半径 3.7m，批重特征值变化见第 5.3.1 节的图 5-17 所示。

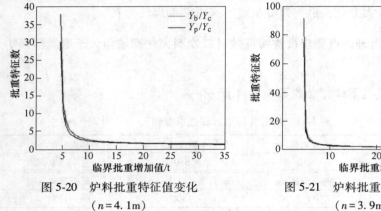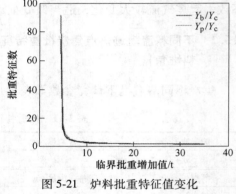

图 5-20　炉料批重特征值变化　　　　图 5-21　炉料批重特征值变化

（$n = 4.1\text{m}$）　　　　　　　　　　（$n = 3.9\text{m}$）

当平台宽度为 1.2m，落点位置分别在半径 3.5m 和 3.3m，由式（5-6）~式（5-10）计算焦炭的临界批重（t/m³）和矿石的临界批重（t/m³），由式（5-3）~式（5-5）计算中心厚度（m）、边缘厚度（m）、平台厚度（m），得到落点半径在 3.5m 处时

$$
\begin{cases}
W_{矿临} = \rho_{矿}V_{临} = 14.7402 \\
W_{焦临} = \rho_{焦}V_{临} = 4.5039 \\
Y_c = 0 \\
Y_b = 0.2249 \\
Y_p = 0.1968
\end{cases}
\qquad 和落点半径在 3.3m 处时
\begin{cases}
W_{矿临} = \rho_{矿}V_{临} = 14.5778 \\
W_{焦临} = \rho_{焦}V_{临} = 4.4543 \\
Y_c = 0 \\
Y_b = 0.2024 \\
Y_p = 0.1856
\end{cases}
\qquad 的临界批
$$

重和料层厚度，则批重特征数 $\begin{cases} D_{p1} = Y_b/Y_c \\ D_{p2} = Y_p/Y_c \end{cases}$ 的变化曲线如图 5-22、图 5-23 所示。

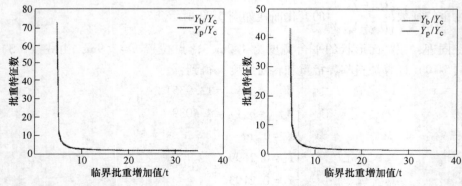

图 5-22　炉料批重特征值变化（$n = 3.5\text{m}$）　　图 5-23　炉料批重特征值变化（$n = 3.3\text{m}$）

由图 5-20~图 5-23 可知，批重特征数在平台宽度为 1.2m，不同的落点位置，变化区分为三种，激变区、缓变区和微变区。当炉料批重在激变区时，批重波动对批重特征值影响较大，此时增加批重高炉中心厚度急剧增大，边缘厚度增加较小，不利于合理控制高炉中心气流；当炉料批重在微变区时，批重变化对批重特征数无显著影响，边缘料层厚度和中心料层厚度增加幅度基本一致；当炉料批重在缓变区，批重波动对炉料料层厚度变化介于激变区和微变区之间，可以利用缓变区对高炉炉顶料层厚度及炉料的透气性进行炉况调节，处理失常炉况。

5.4 矿石批重特征数（二次料面炉料堆角小于原始料面炉料堆角）

矿石自然堆角和焦炭自然堆角不同，一般矿石堆角小于焦炭堆角，当原始料面是焦炭，二次料面是矿石时，料层截面形状如图 5-3 所示。在二次料面炉料堆角小于原始料面炉料堆角情况下，批重计算与二次料面炉料堆角大于原始料面炉料堆角的情况不相同，使矿石批重特征数变化趋势与焦炭批重特征数出现差别。焦炭不同落点批重计算参数如表 5-12 所示。

表 5-12 批重特征数计算选取参数

炉喉直径/m	平台宽度/m	焦炭堆密度/kg·m⁻³	焦炭堆角/(°)
8.4	0.4；0.8；1.2；1.6；2.0	550	39
落点半径/m	料线深度/m	矿石堆密度/kg·m⁻³	矿石堆角/(°)
3.7（距炉墙 0.5m）	1.5	1800	37

5.4.1 不同平台宽度矿石批重特征数变化

为确定矿石批重的变化，计算矿石临界批重数值，批重计算参数如表 5-10 所示，计算结果如表 5-6 所示，然后分析矿石在临界批重不断增加的情况下批重特征数的变化。

当平台宽度 $L=0.4$m，料流轨迹落点半径 $r=3.7$m，落点位置 $n=3.3$m，形成中心和边缘矿石分布多的料面截面，如图 5-24 所示。随着矿石批重不断增加，批重特征数的变化关系如图 5-25 所示。当平台宽度 $L=0.8$m，料流轨迹落点半径 $r=3.7$m，落点位置 $n=2.9$m，批重特征数的变化关系如图 5-26 所示。随着矿石批重不断增加，批重特征数不断上升，这与焦炭批重特征曲线变化趋势相反，并且矿石批重特征曲线无激变区，缓变区和渐变区之分，矿石批重曲线呈指数增加趋势。

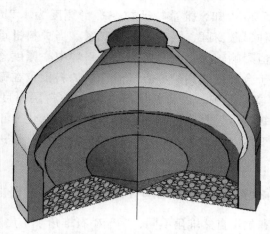

图 5-24 二次料面炉料堆角小于原始料面炉料堆角的料层截面

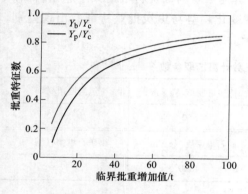

图 5-25 矿石批重特征数
($L=0.4$m,$n=3.3$m)

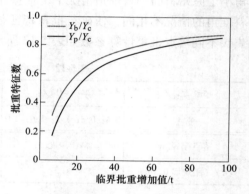

图 5-26 矿石批重特征数
($L=0.8$m,$n=2.9$m)

当平台宽度 $L=1.2$m,料流轨迹落点半径 $r=3.7$m,落点位置 $n=2.5$m,批重特征数的变化关系见图 5-27。当平台宽度 $L=1.6$m,料流轨迹落点半径 $r=3.7$m,落点位置 $n=2.1$m,批重特征数的变化关系见图 5-28。当平台宽度 $L=2.0$m,料流轨迹落点半径 $r=3.7$m,落点位置 $n=1.7$m,批重特征数的变化关系见图 5-29。

无论批重扩大或减小,对炉料分布均有显著影响。随着矿石批重的不

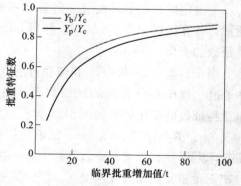

图 5-27 矿石批重特征数
($L=1.2$m,$n=2.5$m)

断增加，矿石批重截面厚度不断增加，批重特征数值全部小于1，说明平台厚度和边缘厚度始终小于中心厚度。即随着批重增加，平台厚度增大，中心矿石层和边缘矿石层厚度也增大，二者料层厚度大于平台厚度。虽然批重特征数增长幅度在减小，但批重形成料面截面使煤气两头堵，即高炉中心和边缘透气性差，此时随着批重的增加，中心透气性更差，对高炉顺行操作将产生严重影响。尤其在小批重分装情况下，导致煤气流波动变化较大，不利于高炉生产。在这种条件下，批重作为调剂手段，失去意义，为控制煤气流分布，必须采用调整布料矩阵的方式，减少矿石在高炉中心和边缘的分布。

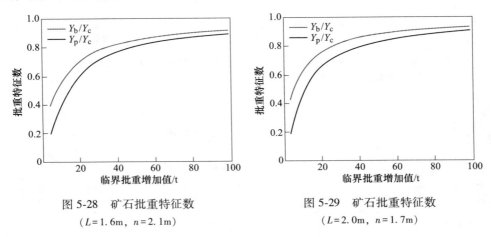

图 5-28　矿石批重特征数　　　　　图 5-29　矿石批重特征数
（$L=1.6\text{m}$，$n=2.1\text{m}$）　　　　　（$L=2.0\text{m}$，$n=1.7\text{m}$）

5.4.2　不同落点半径矿石批重特征数变化

矿石不同落点批重计算参数如表 5-13 所示。

表 5-13　批重特征数计算选取参数

炉喉直径/m	平台宽度/m	焦炭堆密度/kg·m⁻³	焦炭堆角/(°)
8.4	1.2	550	39
落点半径/m	料线深度/m	矿石堆密度/kg·m⁻³	矿石堆角/(°)
4.1；3.9；3.7；3.5；3.3	1.5	1800	37

当平台宽度 $L=1.2\text{m}$，落点半径 $r=4.1\text{m}$，由式（5-10）计算出矿石的临界批重（t/m^3），或查表 5-6，随着批重增加，矿石批重特征数变化如图 5-30 所示。当平台宽度 $L=1.2\text{m}$，落点半径 $r=3.9\text{m}$，矿石批重特征数变化如图 5-31 所示。

当平台宽度 $L=1.2\text{m}$，落点半径 $r=3.7\text{m}$，由式（5-10）计算出矿石的临界批重（t/m^3），或查表 5-6，随着批重增加，矿石批重特征数变化如图 5-32 所示。当平台宽度 $L=1.2\text{m}$，落点半径 $r=3.5\text{m}$，矿石批重特征数变化如图 5-33 所示。

当平台宽度 $L=1.2m$，落点半径 $r=3.3m$，矿石批重特征数变化如图 5-34 所示。

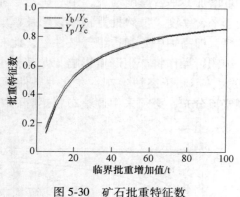

图 5-30   矿石批重特征数
（$L=1.2m$, $r=4.1m$）

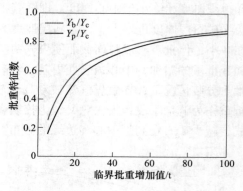

图 5-31   矿石批重特征数
（$L=1.2m$, $r=3.9m$）

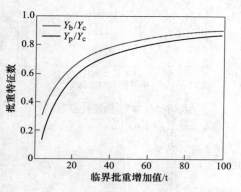

图 5-32   矿石批重特征数
（$L=1.2m$, $r=3.7m$）

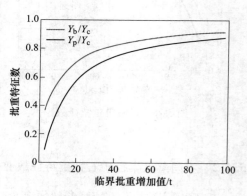

图 5-33   矿石批重特征数
（$L=1.2m$, $r=3.5m$）

由图 5-30~图 5-34，批重特征数在平台宽度为 1.2m，不同落点半径条件下，矿石批重特征数无明显的激变区，缓变区和渐变区之分。无论批重如何扩大或减小，批重特征数值全部小于1，说明平台厚度和边缘厚度始终小于中心厚度，即高炉中心和边缘透气性差。在小批重装料情况下（$W_{矿}<40t$），批重变化对料层厚度变化较为敏感，增加批重高炉中心厚度急剧增大，不利于合理控制高炉中心气流，造成煤

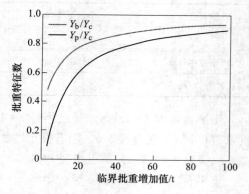

图 5-34   矿石批重特征数
（$L=1.2m$, $r=3.3m$）

气流"两头堵"的情况。因此在小批重装料操作条件下，批重调节手段可以控制中心煤气流过大，避免炉顶温度异常造成炉况失常。

由以上分析得知，原始料面堆角和二次料面堆角对形成料层截面形状有严重影响，当二次料面堆角大于原始料面堆角时，形成高炉中心和边缘薄，平台厚度厚的截面形状，如图5-2所示；当二次料面堆角小于原始料面堆角时，形成高炉中心和边缘厚，平台厚度薄的截面形状，如图5-3所示。这两种形式的料面截面形状对煤气流的分布产生不同的效果，前者中心和边缘厚度增长幅度小于平台厚度增长幅度，使中心气流和边缘气流稳定；后者中心和边缘厚度增长幅度大于平台厚度增长幅度，使高炉中心和边缘透气性降低。因此，炉料堆角是决定炉料批重截面形状的决定性因素。

5.5 炉料堆角的试验验证

高炉入炉炉料包括烧结矿、球团矿、石灰石、萤石、硅石、焦炭等，主要原料以焦炭，烧结和球团为主。炉料自然堆角或休止角不仅与颗粒直径大小相关，与颗粒的形状、颗粒的湿度、压力以及炉料颗粒的形状因子相关。高炉原料颗粒直径、颗粒组成和颗粒形状各个钢厂的高炉差异较大，各钢厂采用炉料入炉前取样分析，以减少高炉原料对生产的影响。

米塔尔钢铁西班牙 B 型高炉，日本千叶 2 号高炉，河北钢铁集团承钢公司新3、4 号高炉的原料堆角和堆密度见如表5-14所示。焦炭堆角大于烧结矿堆角，即使炉料具有相同堆密度也存在不同堆角，而且不同企业的堆角相差较大。因此，在分析炉料批重，建立数学模型时，必须根据高炉原料的堆角测试结果进行批重参数设置。

表 5-14 各钢厂高炉炉料堆角和堆密度

高　炉	原料	堆角/(°)	堆密度/t·m^{-3}
米塔尔西班牙 B 号高炉	焦炭	34±3	0.531
	烧结矿	30±3	1.65
河北钢铁承钢公司 新 3 号高炉	焦炭	38	0.55
	烧结矿	35	1.8
河北钢铁承钢公司 新 4 号高炉	焦炭	41	0.55
	烧结矿	39	1.8
日本千叶 2 号高炉	焦炭	39	—
	烧结矿	37	—

5.5.1 高炉内部炉料堆角的模型试验

为使模型料流运动能够与实际高炉运动料流的主要现象和特征相符，根据相似理论，模型与实际高炉上部满足相似条件。

因此，根据相似理论，按照 1：10 的相似比例将承钢新 4 号 2500m³ 高炉的无钟布料设备和高炉的炉喉、炉身尺寸相应缩小，同时保持设备的相对位置和角度不变，得到对应布料模型，如图 5-35 所示。同时，将原料的粒度相应缩小，各粒度范围所占的百分比保持不变，见表 5-15 和表 5-16。

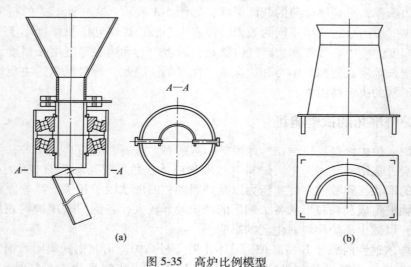

(a)　　　　　　　　　　　　　　(b)

图 5-35　高炉比例模型

表 5-15　实际入炉焦炭和矿石粒度分布

焦炭粒度/mm	焦炭粒度比例/%	矿石粒度/mm	球团矿比例/%	机烧矿比例/%
>80	5	>20	10	65
60~80	16	10~20	80	25
40~60	54	<10	10	10
25~40	20	—	84	—
<25	5	—	30	70

表 5-16　模型用焦炭和矿石粒度分布

焦炭粒度/mm	焦炭粒度比例/%	矿石粒度/mm	球团矿比例/%	机烧矿比例/%
>8	5	>2	10	65
6~8	16	1~2	80	25
4~6	54	<1	10	10
2.5~4	20	—	84	—
<2.5	5	—	30	70

图 5-36 是模型断面料层分布和炉料在高炉内部的内堆角和外堆角，炉内炉料外堆角主要受到炉墙限制作用，炉料落点距炉墙越近，外堆角越小，炉料落点距炉墙越远，外堆角越大。图 5-37 是模型布料过程，不同料线高度情况下，高炉内部炉料内堆角随料线高度变化关系。内堆角主要受到料线高度影响，料线越深，炉内炉料内堆角越大。

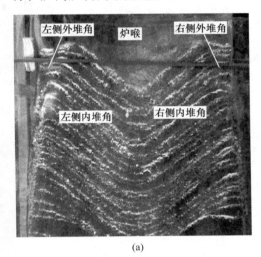
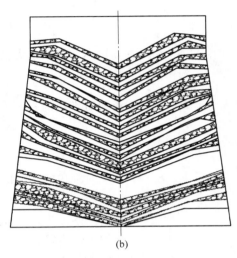

(a)   (b)

图 5-36   按开炉方案布完料后料层分布

(a) 模型图；(b) 矢量图

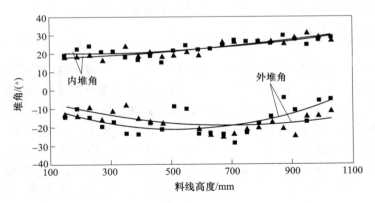

图 5-37   布料方案堆角变化曲线

5.5.2 高炉内部炉料堆角的数学方程

根据模型实验结果和高炉炉顶测量结果，建立炉料堆角数学方程。结合堆角形成过程可知：堆角除了与炉料种类、特性（形状系数）有关外，主要受到料

线高度 h 和落点半径 r 大小影响。β_{in} 主要受料线高度影响，β_{out} 主要受料线高度及落点半径大小影响。

β_{in} 及 β_{out} 计算公式如下：

$$\begin{cases} \beta_{in} = a_i + b_i h + c_i \dfrac{r}{R_\text{喉}} \\[3mm] \beta_{out} = a_o + b_o h + c_o \dfrac{r}{R_\text{喉}} \end{cases} \tag{5-22}$$

式中 a_i，a_o——高炉内部堆角最大值，$a_i > 26°$、$a_o < 45°$；

b_i，b_o——料线对堆角的影响因子，$\begin{cases} -\dfrac{a_i}{10} < b_i < -\dfrac{a_i}{20} \\[3mm] -\dfrac{a_o}{20} < b_o < 0 \end{cases}$；

c_i，c_o——落点对堆角的影响因子，$\begin{cases} -\dfrac{a_i - 20}{20} < c_i < 0 \\[3mm] -(a_o - 10) < c_o < -(a_o - 20) \end{cases}$；

r——炉料的落点半径，m；

$R_\text{喉}$——高炉炉喉半径，m。

以上对批重与批重特征数的分析，是建立在料面无变形的基础上。当料层截面平台宽度等于零，料层截面呈三角形分布，与传统的漏斗型料面分布相同，因此，以上批重截面的分析包括了传统漏斗型批重截面分析。

5.6 现代大型高炉布料批重的调整

随着钢铁设备的大型化，高炉炉喉直径不断扩大，如何确定合理的炉料批重是企业提高操作水平，节能降耗必要的手段。同时，高炉原料的变化影响着高炉生产操作的方法，如何根据原料的变化，确定合理冶炼批重是高炉上部调剂需要掌握的重要内容。批重的确定与高炉原料的堆角密切相关，研究批重必须考虑堆角变化对高炉炉喉料层截面的影响。原燃料品位越高，粉末越少，平均颗粒组成较大，则炉料透气性越好，批重可适当扩大。如果原始料面是矿石，焦炭落于矿石表面时，由于冲击力小，原始料面变形小；相反原始料面是焦炭，矿石落于焦炭表面时，原始料面会发生滑落和塌陷。关于料面的滑落和塌陷将在后继章节料面形状的变形中详细说明。

首钢某 2650m³ 高炉布料调整如下。2009 年 2 月上旬的装料制度进行两次调整。2 月 4 日矿石布料角度增大 1°，布料角度从矿石：37°（2 圈）、34°（3 圈）、30°（3 圈）、26°（1 圈）调整到 38°（2 圈）、35°（3 圈）、31°（3 圈）、27°（1圈）；焦炭布料角度未动，仍保持 40°（4 圈）、38°（3 圈）、35°（1 圈）、

31°（2 圈）、27°（2 圈）、20°（2 圈），此次调整思路是减少中心矿石量来打开中心，效果并不明显。2 月 6 日焦炭负荷由 5.33 加至 5.37，2 月 10 日焦炭负荷由 5.37 加至 5.42，焦炭最小角度 20°布料增加 1 圈，目的是打开中心煤气流的同时，尽量减小对边缘煤气流的影响，此次调整从十字测温看中心温度从 150℃升高到 210℃。2 月 13 日矿石和焦炭同时增加 1°，焦炭最小布料角度仍保持 20°，十字测温中心温度从 240℃降低到 180℃，边缘温度基本稳定，但中心温度基本没有变化。以上采取矿焦同时外扬来达到稳定边缘煤气流，并适当疏导中心煤气流的调剂效果并不明显，煤气利用率与综合负荷基本不变。2 月 24 日将布料角度同时增大 1°，矿石：40°（2 圈）、37°（3 圈）、34°（3 圈）、30°（1 圈）；焦炭：43°（4 圈）、40°（3 圈）、37°（1 圈）、34°（2 圈）、30°（2 圈）、22°（3 圈）。通过此次调整，十字测温中心温度稳定，但边缘温度降低了 20℃，焦炭负荷由 5.42 退至 5.21。通过多次调整，高炉总体表现为十字测温较平且温度偏低，顶温水平偏低且不够活跃，软水温差基本在 2.4~3.3℃内波动，煤气利用基本稳定在 50.5%左右。

3 月上旬的装料制度进行两次调整，3 月 2 日焦炭圈数由 42°（3 圈）、40°（3 圈）、37°（2 圈）、34°（2 圈）、30°（2 圈）、22°（2 圈），改为 42°（4 圈）、40°（2 圈）、37°（2 圈）、34°（2 圈）、30°（2 圈）、22°（2 圈）。此次调整思路是适当疏导边缘，焦炭负荷由 5.28 逐步加至 5.37。3 月 9 日矿石角度由 40°（2 圈）、37°（3 圈）、34°（3 圈）、30°（2 圈），改为 40°（2 圈）、37°（3 圈）、34°（3 圈）、31°（2 圈），最小角度 30°外扬一度改为 31°，适当减少中心矿石来进行疏导，焦炭负荷由 5.37 加至 5.42。3 月 21 日矿石由 40°（2 圈）、37°（2 圈）、34°（2 圈）、31°（2 圈）、28°（2 圈），改为 40°（2 圈）、37°（2 圈）、34°（3 圈）、31°（2 圈）、28°（2 圈），适当疏导边缘与中心，负荷由 5.42 逐步加至 5.54，矿批加至 67t，十字测温边缘温度基本稳定。最终，布料角度确定：

焦炭：42°（3 圈）；40°（3 圈）；37°（2 圈）；34°（2 圈）；30°（2 圈）；22°（3 圈）。

矿石：40°（2 圈）；37°（3 圈）；34°（3 圈）；30°（2 圈）。

高炉炉况顺行，煤气流分布合理。即高炉矿石布料最大角度缩小，最小角度增大，保证中心和边缘的透气性。以上高炉上部调剂过程中，炉况表现为对矿批敏感，这是原始料面是焦炭，二次料面是矿石的截面形状导致的。在这种高炉中心和边缘料层厚度较厚的条件下，批重调整或布料角度调整都会造成煤气分布的变化。因此，要打开高炉中心和边缘的煤气通路，必须调整矿石的布料角度，使矿石在中心和边缘分布减少，有利于中心和边缘煤气流的发展。

宣钢 2500m³ 高炉布料角度如下：

矿石：30.5°（4 圈）；28.5°（3 圈）。

焦炭：33°（3 圈）；30°（3 圈）；26.5°（3 圈）。

在该布料角度下，高炉利用系数达到 2.3，炉况顺行。矿石最大布料角度小于焦炭最大布料角度 2.5°；矿石最小布料角度大于焦炭最大布料角度 2°。该布料角度促使矿石分布于高炉中间地带，中心和边缘焦炭增多。这就是矿石矿石布于焦炭上料层的分布引起的布料角度调整的变化。如果没有料层截面的差距，矿石的布料角度不会向高炉中间地带变化。这恰恰说明不同堆角料面对布料操作的影响。

承钢 2500m³ 高炉布料角度如下：

矿石：40°（1 圈）；38.5°（3 圈）；37°（2 圈）；35°（3 圈）；33°（2 圈）。

焦炭：41°（3 圈）；39°（3 圈）；36°（3 圈）；33°（2 圈）；30°（2 圈）；26°（1 圈）。

同样是矿石最大布料角度小于焦炭最大布料角度 1°；矿石最小布料角度大于焦炭最大布料角度 7°。这样的布料操作都是为了避免出现二次堆角小于原始堆角的料层截面形状导致的中心和边缘过重的煤气流分布。

批重对高炉上部调剂和高炉顺行的影响，可归纳为：

（1）炉料加到炉喉内，根据炉料在高炉边缘和中心的料层厚度之比，绘出一条批重特征曲线，按不同炉料堆角对料层截面形状分类，当二次料面堆角大于原始料面堆角时，批重特征曲线分为三个区，即激变区、缓变区和微变区，特征曲线呈下降趋势；当二次料面堆角小于原始料面堆角时，批重特征曲线无明显分区特征，曲线呈指数上升趋势。

（2）焦炭堆角大于矿石堆角，二次料面为焦炭时，在微变区调整焦炭批重对高炉的透气性影响较小，只有在激变区调整焦炭批重才对料层透气性变化产生影响。由于焦炭的透气性好，可以在合适时机通过增加入炉焦炭来调整炉况失常高炉的料层透气性。

（3）焦炭堆角大于矿石堆角，二次料面为矿石时，批重特征数无激变区、缓变区和微变区，应根据批重特征曲线的变化来调整批重，不能无限扩大批重，否则会出现边缘、中心两头堵得煤气分布现象。应保持料层平台厚度与中心厚度之比在 0.8~1.0 之间，边缘厚度与中心厚度之比在 0.7~0.9。

（4）批重以焦炭在炉喉处的厚度为 0.5m 左右为合理。但是在高炉采用喷煤技术后，随着喷煤量的增加，矿石的批重可以适当增加。当炉料的平均颗粒减小，粉末较多时，矿石批重可以适当减小。

（5）随着矿批重的增加，整个矿层厚度增加，使气流分布趋向均匀，有利于煤气利用，但气体压力损失升高的趋势也愈大，这就限制了矿批的进一步提高。为此，国内外一些高炉，在扩大批重的同时，使矿石集中在平台和边沿，这样从软熔带焦炭夹层穿出的大量煤气直接与较多矿石接触，稳定了气流，同时炉中心负荷较轻，给煤气一条通路，保持顺行，较强但范围较窄的中心气流对于稳定操作是有好处的。

5.7　小结

高炉原料在炉喉形成的截面形状，是确定炉料批重的重要前提。数学模型在建立炉料临界批重必须确定炉料的堆角。不同的堆角会形成不同截面形状，使高炉批重发生相反的变化。

（1）高炉直径越大，料层截面从三角型的漏斗截面变为平台型料层截面，尤其在大型高炉上，更为明显。不同的平台宽度和料层截面形状对批重特征数影响不同。

（2）当焦炭堆角大于矿石堆角，二次料面堆角大于原始料面堆角时，原始料面是矿石，二次料面是焦炭，形成焦炭批重特征数；当二次料面堆角小于原始料面堆角时，原始料面是焦炭，二次料面是矿石，形成矿石批重特征数。

（3）当二次料面堆角大于原始料面堆角，$\varphi_1 < \varphi_2$ 时，临界批重使平台厚度大于零，而中心厚度等于零的截面形状。随着批重的增加，高炉批重特征数出现明显的激变区，缓变区和微变区，批重特征数曲线呈递减双曲线。当炉料批重波动在激变区变化，对料面影响较大，易造成气流分布失控，应当避免在激变区内的批重调整；当炉料批重在微变区变化，料层厚度分布稳定，煤气流稳定，对高炉顺行，改善煤气利用率有重要作用。

（4）当二次料面堆角小于原始料面堆角，$\varphi_1 > \varphi_2$ 时，临界批重使平台厚度等于零，而中心厚度大于零的截面形状。此时，随着批重的增加，高炉批重特征数无明显的分区变化，批重特征数曲线呈递增双曲线。此时批重增加会加重高炉中心和高炉边缘，出现两头堵得煤气分布，增加了料柱阻力，这种料层结构对压制中心煤气流过度旺盛是有效的手段，是传统布料理论没有涉及的内容，应该引起高炉操作者的重视。

（5）通过 $2500m^3$ 高炉比例 1：10 模型试验，堆角除了与炉料种类、特性（形状系数）有关外，主要受到料线高度 h 和落点半径 r 大小影响。β_{in} 主要受料线高度影响，β_{out} 主要受料线高度及落点半径大小影响。料线越深、炉料对料面冲击力越大，堆角越小；落点越靠近炉墙、炉墙对炉料限制作用越大，外堆角越小。

6　料层透气性影响研究

<<<<<<<<<<<<<<<<<<<<<<<<<<<<<<<<<<<<<<<<<<<<<<<<<<<<<<<<<<<<

6.1　布料制度对块状带透气性的影响

布料制度对块状带的透气性的影响，包括批重大小、径向上矿焦比分布、中心加焦与否及炉料装料方式等参数对高炉内气流分布的影响。根据高炉实际情况，通过选择合适的批重大小、选择适当的调整布料制度、形成理想的料面形状、选择是否进行中心加焦等，改善高炉料柱的透气性，是高炉布料操作的基本原则。根据透气性方程，分析操作参数对块状带透气性的影响，对高炉布料制度的选择有重要意义。

6.1.1　块状带透气性影响因素的研究

透气性是散料层的一个最重要的气体力学特性，它表示在一定条件下，气体通过料层能力的大小。影响高炉块状带透气性的因素包括入炉原料的粒度、空隙度及形状系数等。根据 Ergun 公式，分析透气性的影响因素。

$$\begin{cases} \mathrm{grad}p = -\left(f_1 + f_2|\boldsymbol{u}|\right)\boldsymbol{u} \\ f_1 = 150\dfrac{\eta\left(1-\varepsilon\right)^2}{\left(d_e\phi\right)^2\varepsilon^3} \\ f_2 = \dfrac{\left(1-\varepsilon\right)\rho}{\phi d_e\varepsilon^3} \\ |\boldsymbol{u}| = \sqrt{u_x^2 + u_y^2} \end{cases} \tag{6-1}$$

式中　$\mathrm{grad}p$——压差梯度，Pa；

f_1，f_2——阻力系数；

η——气体黏度，Pa·s；

$\boldsymbol{u}$——空炉气流流速，m/s；

u_x——煤气流速在 x 方向上的分量，m/s；

u_y——煤气流速在 y 方向上的分量，m/s；

ε——空隙度；

d_e——当量直径，m；

ϕ——形状系数；

ρ——气体密度，kg/m³。

6.1.1.1 空隙度对块状带透气性的影响

料柱空隙度对块状带压差的影响如图 6-1 所示，计算过程中选用焦炭颗粒，当量直径 30mm，形状系数 0.72，煤气流密度为 1.29kg/m³。从图中可以看出，透气性随空隙度的减小而减小，当空隙度降到 0.3 以下时，料柱的透气性急剧恶化。因此，提高料柱的空隙度，对于改善料柱的透气性有很大的作用。

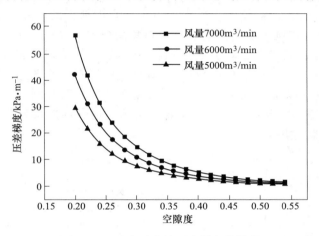

图 6-1 空隙度对高炉压降梯度的影响

对于实际高炉，不同粒级的炉料混合，炉料的空隙度会发生变化。理论计算表明，对于粒度均匀的散料，无论颗粒大小，空隙度均在 0.41 左右，但随着大小粒度以不同比例混合后，空隙度大幅度减小。

图 6-2 所示为不同尺寸颗粒混合以及单种颗粒的空隙度变化情况。图中 V_k 表

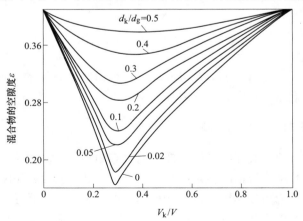

图 6-2 两种粒度球形混合物的空隙度

d_k—细粒级直径；d_g—粗粒级直径；V_k—细粒级量；V—总量

示小颗粒的体积，V 表示颗粒的总体积。从图中可以看出，当大颗粒与小颗粒的混装比例为 7：3 左右时，空隙度最小，比只有大颗粒或者小颗粒的空隙度都小，这样会大大增加固体料柱的阻损。因此，当大颗粒和小颗粒分级入炉时，对于同一批炉料，炉料的空隙度增加，其透气性也会改善。

6.1.1.2　粒度对块状带透气性的影响

根据 Ergun 公式，颗粒的当量直径越小，高炉料柱的压差越大。高炉操作中，为了保证高炉中心的透气性，应尽量避免高炉中心颗粒的混合，增加焦炭粒径，为此可通过在高炉中心单独加入少量粒度大，颗粒均匀的焦炭，改善高炉中心的透气性。图 6-3 所示为颗粒直径对压降梯度的影响，计算过程颗粒形状系数为 0.72，散料层空隙度为 0.4。对于相同空隙度，颗粒直径增加，料柱的透气性增加。当颗粒直径小于 5mm 时，压降梯度突增，透气性严重恶化，为此需要避免小于 5mm 颗粒入炉。

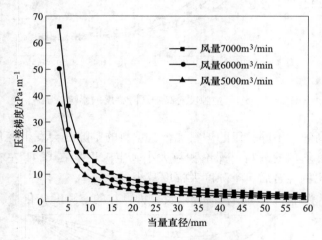

图 6-3　颗粒直径对压降梯度的影响

通过以上分析，炉料按不同粒级分装时，可以减少料层的颗粒混合，在不改变原料条件下，增加空隙度，提高料柱的透气性。

6.1.2　布料矩阵对透气性的影响

布料矩阵对高炉透气性的影响主要是通过布料矩阵改变径向上的矿焦比，影响气流分布。布料矩阵包括布料角度和布料圈数，布料角度影响料流落点，圈数影响料层厚度，两者综合作用可以改变径向上的炉料分布，改变料面形状。通过调整布料矩阵，可以实现发展中心气流、发展边缘气流或发展中心控制边缘气流。通过改变溜槽角度，控制矿石落点远离炉墙，可以实现发展边缘气流的目的；通过改变溜槽角度，控制矿石落点靠近高炉炉墙，或者采用中心加焦的装料方式，改变高炉中心的透气性，发展中心气流；发展中心气流，适当控制边缘矿焦比，实现两道气流的气流分布模式。

布料圈数对透气性的影响主要是通过增加或者减少圈数，来增加或减少料层厚度，从而影响煤气流的分布。布料圈数对气流分布属于微调，在布料角度不变的情况下，增加或减小某个档位的布料圈数，对应适当增加或减小该位置处的料层厚度，改变气流分布情况。

6.1.3 批重大小对透气性的影响

批重大小主要影响高炉内的料层厚度、料层数量、混合层厚度及"焦窗"厚度等参数，从而影响高炉内的透气性。为了研究批重大小变化对高炉内气流分布的影响，建立实际3200m³高炉的1：20二维冷态试验模型，根据实际高炉批重大小，选择模型试验的批重变化。模型主要尺寸如表6-1所示。模型上开有12排×7个共84个测压孔，利用压力传感器测试炉体内的压力分布，试验过程利用玉米模拟焦炭，绿豆模拟矿石。图6-4所示为模型试验示意图。

表6-1 模型主要尺寸 （单位：mm）

炉喉直径	模型厚度	炉身高度	炉腰高度	炉腹高度	炉腰直径	炉缸直径
465	120	860	140	180	710	635

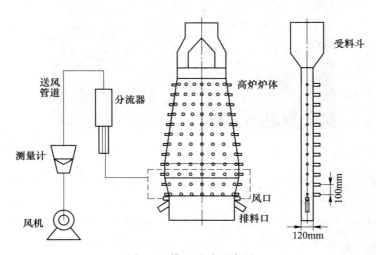

图6-4 模型试验示意图

国内某高炉焦炭批重为19t，矿石批重105t。根据批重大小，计算炉料在炉喉处的料层厚度：

$$h_{c} = \frac{19}{0.55 \times 3.14 \times 4.65 \times 4.65} = 0.5\mathrm{m}$$

$$h_o = \frac{105}{1.7 \times 3.14 \times 4.65 \times 4.65} = 0.9\text{m}$$

通过测试得到模型试验所用的玉米的堆密度为 760kg/m^3，绿豆堆密度为 890kg/m^3。根据相似比，模型试验内的焦炭层厚度为 25mm，矿石层为 45mm。从而计算得到模型试验中焦炭和矿石的批重为 1.1kg 和 2.25kg。为了研究批重变化对气流分布的影响，另选取一组装料制度的组合，其中焦炭批重为 1.6kg，矿石批重为 3kg。当矿石批重为 2.25kg 时，炉料下降到炉身炉腰处时，由于高炉半径增大，料层厚度变薄，软熔层厚度变薄，此时根据炉腰处高炉半径计算得到软熔层厚度为 30mm，因此两种批重对应的软熔层厚度分别为 30mm 和 40mm。炉料批重选取完成后，炉料分层装入炉料，高炉下部软熔层厚度及焦窗厚度增大。图 6-5 中所示为两种批重对应的高炉内料层结构。

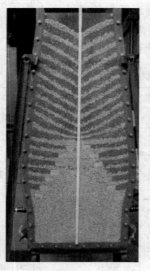

图 6-5　批重变化对应的料层结构

为了研究批重变化对气流分布的影响，模型实验测试了高炉内的压力分布情况。高炉风口直径为 9mm，鼓风量为 $1.0\text{m}^3/\text{min}$，压力测试利用压力传感器。

表 6-2 所示为 30mm 厚度软熔层（对应实际高炉矿石批重 105t）所对应的炉内压力分布。压力测试从距风口 100mm 处高度开始测量。每个高度位置上，水平安装有 5 个测压孔，从模型左侧往右分别编号为 1、2、3、4、5，测试径向上压力的大小。从表中可以看出，在风口平面及上部部分区域，高炉边缘位置的压力高于中心位置；在块状带位置，高炉径向上的压力分布近似相等。测试结果表明，在高炉块状带区域，高炉水平方向上的压力近似相等，高炉内煤气基本上没有径向上的流动。

表 6-2 30mm 厚软熔层对应高炉内的压力分布　　（单位：Pa）

距风口高度/mm \ 测压孔径向位置/mm	100	200	300	400	500
0	1063.86	1033.88	997.41	997.33	1038.61
100	972.84	939.19	934.69	959.49	953.69
200	850.01	883.35	889.83	884.11	860.38
300	746.32	774.47	766.77	776.15	773.94
500	722.89	709.09	688.49	678.87	696.19
600	625.70	607.31	589.53	616.16	618.75
700	522.09	526.67	536.43	524.91	534.68
800	412.15	418.63	414.21	425.35	435.80
900	401.01	384.33	365.50	358.89	378.25
1000	301.47	267.21	261.13	277.54	286.83
1100	188.34	186.31	182.78	175.78	193.57
1200	61.41	58.20	33.03	68.93	81.81

表 6-3 所示为 40mm 厚度软熔层所对应的炉内压力分布。压力测试从表中可以看出，在风口附近位置，高炉边缘位置的压力高于中心位置，在块状带位置，高炉径向上的压力近似相等，测试结果表明，水平方向上的压力基本相等，高炉内煤气基本没有径向上的流动。

表 6-3 40mm 厚软熔层对应高炉内的压力分布　　（单位：Pa）

距风口高度/mm \ 测压孔径向位置/mm	100	200	300	400	500
0	1076.52	1037.10	999.67	1003.79	1042.24
100	973.42	948.30	948.19	967.93	970.83
200	885.89	883.35	900.28	887.57	897.43
300	776.89	792.35	790.16	802.73	794.13
500	732.81	729.69	724.73	694.59	711.99
600	636.23	608.53	606.32	608.84	624.78
700	540.24	547.88	549.10	536.35	551.69
800	432.44	442.97	447.17	450.83	453.42
900	408.56	394.83	373.62	367.90	392.16
1000	316.24	291.68	281.22	292.97	298.70
1100	206.45	205.46	194.17	201.19	210.27
1200	80.57	78.59	58.14	83.16	95.98

图 6-6 所示为不同料层厚度条件下，高炉不同高度位置到炉顶压差分布。从图中可以看出料层厚度的变化，高炉压差发生变化，厚料层的压差小于薄料层。料柱总的压差相差 66Pa，差值为总压差的 5.6%。从测试结果可知，增加料层厚度可以改善料柱的透气性。

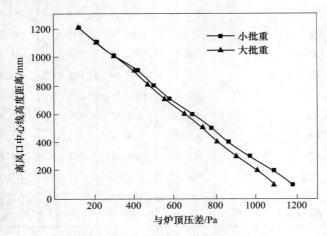

图 6-6 料层厚度的变化对压差的影响

通过试验研究可以看到，提高高炉内的炉料批重大小，可以减小料柱的阻力，改善高炉内的透气性。模型试验测试结果与计算结果一致。高炉内批重增大可以增加焦窗的面积，减少矿石和焦炭之间的混合层，改善料柱的透气性。在高炉操作过程中可以适当增加矿石的批重大小。

6.1.4 炉料混装和分装对透气性的影响

对于已选定的高炉炉料，其本身的物理属性不再发生变化，但对于不同粒级的混合料，炉料的空隙度会发生变化。图 6-7 所示为不同尺寸颗粒混合以及单种颗粒的空隙度变化情况。

炉料的混装和分装主要影响料层的空隙度，在研究混装和分装时，测试内容分为两个部分，一是测试散料层的空隙度大小，测试过程将不同大小颗粒混合后测试空隙度的变化；二是改变装料方式，使得炉料按混装和分装两种方式进行装料，测试料柱压差的变化。为了研究炉料混装和分装对煤气流分布规律的影响，利用 3200m³ 高炉的 1:20 的二维冷态试验模型，研究炉料混装和分装对气流分布的影响。图 6-7 所示为炉料分装和炉料混装后模型内的料层结构。试验软熔带高度为 30mm，宽度为 60mm，鼓风量为 1.0m³/min，风口直径 9mm。通过测试发现，同样的炉料颗粒，炉料在混装时，高炉内的料面高度比分层时料面高度降低50mm。由于模型内型不发生变化，炉料总量不发生变化，因此料层间的空隙减小，炉料堆积更加致密。

图 6-7　炉料分装和混装对气流分布的影响

利用压力传感器对料层内的压力分布进行测试，得到如图 6-8 所示的压差分布曲线。从图中可以看出，炉料混装后，料柱的压差增大。料柱总的压差在混装时比分装大 221Pa，增大量为 20%。图中在距料面高度 100mm 到 300mm 处混装压力偏小，这是由于混装后料面下降，但测压点位置不发生变化，因此测量高度发生变化，导致压力偏小。

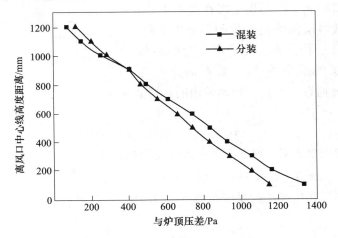

图 6-8　混装和分装炉料压差分布

6.1.5　中心加焦对透气性的影响

中心加焦是日本神户钢铁公司于 1987 年开发的一种装料方法，它一出现就受到炼铁界的高度重视，目前我国许多高炉也在竞相采用。中心加焦技术可有效改善高炉料柱的透气性，提高高炉顺行程度，增加高炉吸纳内外部各种矛盾的能力，但存在煤气利用比较低，燃料消耗较高的缺点。

中心加焦量的多少，是目前一个比较有争议的问题。由于中心加焦不利于高炉内煤气利用率的提高，因此部分高炉尝试取消高炉中心加焦，达到降低燃料比的目的。讨论高炉中心加焦量时，需要分析不同焦炭的加入对高炉透气性的影响。根据 Ergun 公式，可以计算出加入不同量的中心焦对料柱透气性的影响，计算不同中心加焦量对应的煤气流速、中心煤气量、透气性及煤气利用率的变化。

中心加焦增加中心区域的透气性，降低边缘区间的气流量。简单计算不同加焦量对散料层气流分布的影响。计算时对高炉进行以下假定：（1）高炉内散料层为整个炉身高度，且不考虑炉身角的影响；（2）焦炭层的空隙度为 0.45，矿石层为 0.35；（3）焦炭的粒度均匀分布；（4）不考虑软熔带以下区域的透气性，只计算散料层参数变化对透气性的影响；（5）中心加焦后在高炉中心形成一定区间的无矿空间，无中心加焦时，焦炭和矿石层均匀分布；（6）计算时暂不考虑溜槽倾动过程所需时间，中心焦全部在高炉中心。中心加焦后散料层的炉料结构如图 6-9 所示。焦炭和矿石按层状分布，高炉中心为中心焦柱。假设焦炭的批重为 W_c，矿石的批重为 W_o，堆密度分别为 ρ_c 和 ρ_o，则高炉内的料层数 n 为：

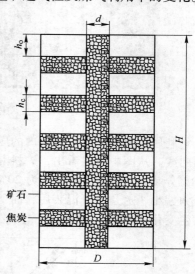

图 6-9　高炉内的炉料结构

$$n = \frac{H}{4(W_c/\rho_c + W_o/\rho_o)/(\pi D^2)} \tag{6-2}$$

设中心加焦量为 C，则中心无矿区间的半径 r 为：

$$\pi r^2 H = C \times W_c \times n/\rho_c \Rightarrow r = \sqrt{C \times W_c \times n/(\pi \rho_c H)} \tag{6-3}$$

此时矿石层和焦炭层的厚度 h_o 和 h_c 分别为：

$$h_c = \frac{W_c(1-C)}{\rho_c \pi (D^2/4 - r^2)} \tag{6-4}$$

$$h_o = \frac{W_o}{\rho_o \pi (D^2/4 - r^2)} \tag{6-5}$$

根据以上公式可以得到高炉内散料层的料层结构。由 Ergun 公式可以得到高炉不同区域散料层的压差。对于高炉内的实际情况，Ergun 方程中的黏性项相对于惯性项很小，可以忽略，因此 Ergun 公式可变为：

$$\frac{\Delta p}{H} = \frac{1.75(1-\varepsilon)}{\phi d_e \varepsilon^3}\rho v^2 \tag{6-6}$$

式中　Δp——压差，$g/(m \cdot s^2)$；

　　　H——料柱高度，m；

　　　v——空炉气流流速，m/s；

　　　ε——空隙度；

　　　d_e——当量直径，m；

　　　ϕ——形状系数；

　　　ρ——气体密度，g/m^3。

根据 Ergun 公式，当煤气流速相同时，计算得到高炉中心区域的压差为 Δp_c，高炉炉墙附件的压差为 Δp_w，此时有：$m = \Delta p_w / \Delta p_o$。对于实际情况，高炉中心的压差和高炉边缘的压差近似相等，当其他参数不变时，此时高炉中心区域的煤气流速为边缘区域的 $\sqrt{m}$ 倍。高炉边缘区域的煤气流速为 v，高炉鼓风量为 V，高炉内的煤气量为鼓风量的 1.23 倍，此时高炉边缘区域的煤气流速满足方程：

$$v\pi(D^2/4 - r^2) + \sqrt{m}v\pi r^2 = 1.23 \times V/60 \tag{6-7}$$

由高炉内煤气速度可以计算通过不同区域的煤气量。通过中心无矿区间的煤气不与矿石发生间接还原反应，此时可以根据通过中心的煤气量计算中心加焦对煤气利用率的影响。

利用数学模型对 3200m³ 高炉中心加焦情况进行计算。3200m³ 高炉的主要参数如表 6-4 所示。

表 6-4　3200m³ 高炉主要参数

参数	数值	参数	数值
炉身平均直径/m	11.75	炉身高度/m	17.2
矿石批重/t	105	矿石堆密度/kg·m⁻³	1700
焦炭批重/t	19	焦炭堆密度/kg·m⁻³	550
高炉鼓风量/m³·min⁻¹	6000	煤气密度/kg·m⁻³	1.0
焦炭当量直径/mm	50	矿石当量直径/mm	20

根据高炉主要参数，分别计算不同中心加焦量对应的参数变化。图 6-10 所示为不同中心加焦量对应的中心无矿区间的半径及高炉边缘料层厚度的大小。计算时炉身假设为一圆筒，半径为平均半径。从图中可以看出，随着中心加焦量的增加，无矿区间的半径增加，且随着中心加焦量的增加，无矿区间半径增加幅度减小。焦炭层厚度随着中心加焦的增加而减小，这是由于随着中心加焦的增大，焦炭层中的焦炭量减小，料层变薄。矿石层的厚度随着中心加焦量的增加而增

加，这是由于中心加焦多，无矿区间半径增大，矿石分布区域减小，而矿石的总量不发生变化，因此矿石层的厚度增加。从图中可以看出，中心加焦量从 0 增加到 30%时，无矿区间的半径从 0m 增加到 1.9m，焦炭层厚度由 0.32m 减小到 0.25m，矿石厚度由 0.57m 增加到 0.64m。

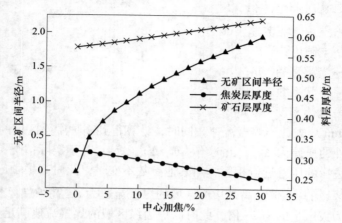

图 6-10 中心加焦对无矿区间半径及料层厚度的影响

根据边缘区域的料层厚度，分别计算矿石层和焦炭层的压差梯度，可以得到相同煤气流速下，边缘和中心的压差比值，从而可以得到中心和边缘的煤气流速比值，得到高炉内的煤气流分布。图 6-11 所示为边缘煤气流速变化及根据煤气流速得到的中心无矿区间的煤气量占总煤气量的百分比。无中心加焦时，无中心无矿区间，此时通过无矿区间的煤气量为零，煤气在高炉内合理分布。从图中可以看出边缘煤气流速随着中心加焦量的增加而减小，这是由于中心加焦量的增加使得中心无矿区间半径增加，由于焦炭的透气性好，通过的煤气量增多，从而使

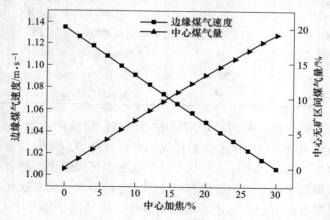

图 6-11 中心加焦对边缘煤气流速及无矿区间煤气量的影响

得边缘区域的煤气量减小，空炉煤气流速减小。从图中可以看出，中心加焦量增加 1%，中心气流增强，边缘煤气流减弱，边缘煤气流速减小 0.004m/s。随着中心加焦的增加，通过中心无矿区间的煤气量逐渐增加，这是由于随着中心加焦的增加，中心无矿区间的半径增加。图中分析结果表明，中心加焦量增加 1%，通过无矿区间的煤气量增加 0.635%。当中心加焦为 0 时，无中心无矿区间，通过无矿区间的煤气量为 0。

图 6-12 所示为中心加焦对料柱透气性及煤气利用率的影响。计算时假设通过无矿区间的煤气不发生间接还原，且暂不考虑边缘煤气流速变化及边缘矿焦比变化（炉墙附近的煤气利用率增大）对煤气利用率的影响；透气性增量为相对于无中心加焦时透气性的增加量。从图中可以看出，随着中心加焦量的增加，高炉的透气性逐渐增加，当中心加焦量增加到 30% 时，散料层的透气性为无中心加焦时的 1.16 倍，从图中分析可知中心加焦量增加 1%，散料层的透气性增加 0.005 倍。图中煤气利用率随着中心加焦量的增加而减小，这是由于在中心加焦形成的无矿区间内，没有矿石与煤气发生间接还原，煤气利用率降低。

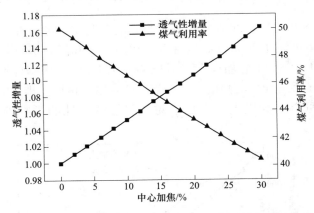

图 6-12 中心加焦对料柱透气性及煤气利用率的影响

以上的计算过程未考虑软熔带的形成过程，考虑软熔带的形成时，中心加焦会更加有利于高炉的透气性的提高。通过以上分析，可知中心加焦不能过量，过量的中心焦虽然可以增加料柱透气性，但也会降低煤气利用率，提高燃料比，提高高炉中心的煤气温度，造成炉顶设备的烧损。是否进行中心加焦，视高炉的原料条件而定。当原料条件较差时，可以加入适当的中心焦。

为了对中心加焦对气流分布的影响进行实验验证，利用 3200m³ 高炉的 1∶20 二维冷态实验模型进行实验验证。高炉料层结构按 3200m³ 高炉的操作参数设定，有无中心加焦时软熔带形状不变，即只考虑散料层结构变化对气流分布的影响。模型实验对比无中心加焦和中心加焦 25% 时炉内的压力分布。图 6-13 所示为实验过程示意图。

图 6-13　中心加焦装料方式模型实验过程

图 6-14 所示为模型两侧测压孔测试得到的散料层压差分布，即炉身上部压差分布。从图中可知在 900mm 高度位置，相当于实际高炉 18m 位置，无中心加焦的压差为 791.1Pa，中心加焦 25%时压差为 704.3Pa。根据计算可知，中心加焦 25%时，透气性是无中心焦的 1.123 倍，两者结果接近。排除实验过程中可能存在的误差，可以认为以上中心加焦对散料层透气性的影响的分析过程是合理的。

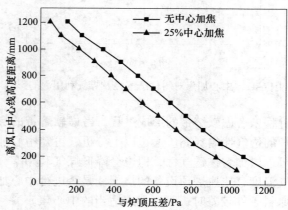

图 6-14　中心加焦对散料层压差的影响

采用中心加焦可增加上部块状带的透气性，同时使软熔带的形状趋于倒 V 形，使高炉接受风量的能力增加，可加快炉缸死料柱的置换速度，改善炉缸的透气透液性，有效减少炉缸铁水的环流效应，可延长炉缸寿命。但是中心加焦也会使得中心的煤气利用比较差，高炉燃料消耗比较高。在高炉操作过程中，是否进行中心加焦，中心加焦量的多少，对高炉操作的影响不同。为此简要分析不同的中心加焦情况对高炉的影响。

（1）中心加焦过多。在高炉布料过程中，中心加焦过多时，焦炭在中心堆积，形成一定区域的无矿空间，在这个区域内，煤气流量大、利用率低，降低整个高炉的煤气利用率，不利于高炉的燃料比降低。根据前面的计算可知，当加入10%的中心焦时，煤气利用率约降低3.17%。同时当高炉加入过多中心焦时，由于焦炭颗粒大小不均匀，大小颗粒的混合会使得空隙度降低，加入过多的中心焦时，其效果很难保证比加入少量颗粒均匀、粒度大的中心焦效果好。当加入中心的大颗粒焦炭直径为70mm，小颗粒焦炭为30mm，小颗粒与大颗粒的粒径比约为0.43。从图6-2中可以发现，当大颗粒焦炭中混入20%的小颗粒时，空隙度降低17%，影响料柱的透气性，降低中心焦的效果。

（2）中心焦适量。适量的中心焦对保障高炉顺行有积极的作用。当高炉原料条件不好时，原燃料粒度小，矿石的还原粉化率高时，矿石滚落到高炉中心后，其反应过程中的粉化会严重恶化高炉中心的透气性，此时需要在高炉中心形成无矿区间，因此适量的中心焦是很必要的。中心加焦可阻挡矿石滚落到高炉中心，提供煤气通路。高炉采用发展中心，控制边缘的装料方式。当中心适量加焦时，需要注意中心焦的质量，保证中心焦炭的粒度大，颗粒均匀，减小颗粒的混合。

（3）无中心加焦。中心加焦可以改善高炉的透气性，保障高炉的顺行，但是由于中心焦炭多，矿石少或没有矿石，使得中心气流利用率差，增加高炉的燃料比，因此许多研究者提出取消中心加焦，通过小角度布焦，使得焦炭颗粒滚落到高炉中心，既改善高炉透气性，又提高煤气利用率。这种操作对于提高煤气利用率来说是有利的，但对于原料的要求较高。高炉料面为平台—V形料面，通过在斜面上加入矿石和焦炭，利用颗粒的滚动性使得大块矿石和焦炭滚到高炉中心。由于布料矩阵中的最小焦角小于最小矿角，因此高炉中心的矿焦比很低，透气性相对于高炉边缘和中间区间要好。但是这种操作要求焦炭颗粒滚动性要好，颗粒均匀，形状接近球形。且在高炉中心有矿石存在，当矿石粉化率高时，小颗粒矿石或者粉矿混合在焦炭层中，会恶化高炉中心的透气性。

6.1.6 料柱透气性对临界风量的影响

高炉内的临界风量指的是煤气阻力大于或者等于料柱有效重力时的鼓风量。临界风量受炉料自身重力及煤气阻力的影响。煤气阻力与料柱的透气性有关，当透气性好时，煤气阻力小，临界风量增加。料柱透气性受空隙度及颗粒当量直径影响较大，因此研究高炉内的空隙度及当量直径对高炉生产过程中的临界风量影响。以往研究煤气阻力时，不考虑煤气温度在高炉内的变化，计算过程视为等温过程。研究高炉内的临界风量，通过对炉料进行受力分析，考虑高炉内煤气流温度的变化，建立高炉内料层受力模型，研究高炉内炉料参数的变化对临界鼓风量的影响。

6.1.6.1 数学模型

建立数学模型时对炉内情况做出以下假设：

（1）不考虑炉料之间的物理化学反应，炉料体积保持不变；

（2）炉料和空隙度均匀分布；

（3）不考虑高炉直径变化造成的炉料径向运动，炉料只做下降运动；

（4）炉料与炉墙间的摩擦系数保持不变；

（5）在块状带区域，温度由下到上呈线性变化：$T = T^{\ominus} + cx$（$T^{\ominus}$ 为风口处煤气温度（K），c 为沿高炉高度上温度变化梯度（K/m），x 为块状带区域不同位置的高度（m））。

炉料在高炉内所受的力如图 6-15 所示。从图中可知炉料所受的力有：（1）重力 G；（2）摩擦力 F_r；（3）煤气阻力 F_c；（4）煤气浮力；（5）渣铁的浮力 F_b。由于煤气浮力相对于其他力很小，可以忽略，因此计算时不考虑。在计算临界煤气阻力时，不考虑渣铁浮力的影响。

对于料柱所受的煤气阻力，由于高炉内的煤气流为一维非等温分布，温度梯度为 c，需要利用 Ergun 公式重新计算阻力分布。由于高炉内的煤气流运动为紊流，Ergun 公式中的黏性项相对于惯性项很小，可以忽略。因此 Ergun 公式可变为：

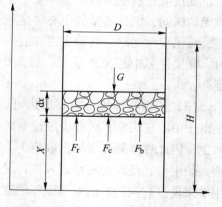

图 6-15 高炉内料柱的受力分析

$$\frac{\Delta p}{H} = 1.75 \frac{1 - \varepsilon}{\varepsilon^3} \frac{\rho_g v_g^2}{\phi d_p} \tag{6-8}$$

式中　Δp——压差，Pa；

　　　H——料柱高度，m；

　　　ε——空隙度；

　　　v_g——煤气空炉速度，m/s；

　　　ρ_g——煤气密度，kg/m³；

　　　ϕ——颗粒形状系数；

d_p——颗粒当量直径，m。

根据理想气体状态方程，不同温度下的气体分布满足：$pV = nRT$，由此可得：

$$\frac{pV}{p^{\ominus}V^{\ominus}} = \frac{T}{T^{\ominus}} \Rightarrow \frac{p^{\ominus}}{\rho^{\ominus}T^{\ominus}} = \frac{p}{\rho T}$$

式中　p，V，T——分别为当前状态下的压力、体积和温度；

$p^{\ominus}$，$V^{\ominus}$，$T^{\ominus}$——分别为标准状态下的压力、体积和温度。

Ergun 计算阻力损失时，煤气流速为定值，不考虑温度变化对煤气体积的影响，即计算过程为等温过程。在实际高炉过程中，煤气流的温度从风口到炉顶逐渐减小，根据理想气体状态方程可知，温度减小会影响煤气流的体积，从而使得煤气流速逐渐减小。根据 Ergun 公式可知，煤气流速的减小会减小料柱所受的阻力，因此在建立煤气阻力数学模型时，考虑高炉内煤气运动为非等温过程。当计算时不考虑温度变化的影响时，计算过程中的压力损失全部当作是颗粒阻挡造成的，而实际过程中，相同体积的气体由于温度降低，也会有部分压力损失。计算散料层的阻损时，需要将由于温度变化造成的压力损失考虑在内。

由假设及 Ergun 可推知：

$$\begin{aligned}
\frac{\mathrm{d}p}{\mathrm{d}x} &= 1.75 \frac{(1-\varepsilon)\rho_g}{\phi d_p \varepsilon^3} \left(\frac{V_g}{60S}\right)^2 \\
&= 1.75 \frac{1-\varepsilon}{\phi d_p \varepsilon^3} \frac{V_g^{\ominus}\rho_g^{\ominus}}{3600S^2} \frac{P^{\ominus}V^{\ominus}}{T^{\ominus}} \cdot \frac{T}{P} \\
&= 1.75 \frac{1-\varepsilon}{\phi d_p \varepsilon^3} \frac{V_g^{\ominus}\rho_g^{\ominus}}{3600S^2} nR \cdot \frac{T^{\ominus}+ch}{p}
\end{aligned} \tag{6-9}$$

式中　S——高炉横截面面积，m^2。

令 $1.75 \dfrac{1-\varepsilon}{\phi d_p \varepsilon^3} \dfrac{V_g^{\ominus}\rho_g^{\ominus}}{3600S^2} nR = K$，方程两边积分，则有：

$$\int_P^{P_{top}} p\mathrm{d}p = -\int_x^H K(T^{\ominus}+cx)\mathrm{d}x$$

$$\frac{p^2 - p_{top}^2}{2} = K\left[\left(T^{\ominus}H + c\frac{H^2}{2}\right) - \left(T^{\ominus}x + c\frac{x^2}{2}\right)\right]$$

$$\Delta p = p - p_{top} = \sqrt{2K\left[\left(T^{\ominus}H + c\frac{H^2}{2}\right) - \left(T^{\ominus}x + c\frac{x^2}{2}\right)\right] + p_{top}^2} - p_{top} \tag{6-10}$$

炉料在高炉内所受的力中，使得炉料向下运动所示的力为重力。颗粒在高炉内受到重力作用外，还受到炉墙的摩擦力及阻力作用。为了计算颗粒运动速度的大小，可以计算出料层结构的有效质量。有效质量可以利用杨森公式进行计算。杨森公式用于计算静止料仓内的有效重力，对于实际高炉，炉料下降速度小于 0.01m/s，可以近似当作是静止的料仓。由于高炉内存在煤气流的逆流运动，煤气流对炉料运动产生浮力及曳力，此时图 6-15 中所示 dx 微元中受到的力满足：

$$\frac{\pi}{4}D^2 dG = \frac{\pi}{4}D^2\rho_s g dx - f\varepsilon G\pi D dx - \frac{\pi}{4}D^2\frac{dp}{dx}dx \tag{6-11}$$

式中　ρ_s——炉料堆密度，kg/m^3；

D——高炉直径，m；

G——料层有效重力，N；

f——料层所受炉墙的摩擦系数；

ε——侧压力系数；

g——重力加速度，m^2/s。

将非等温条件下，散料层所示的煤气阻力公式带入料层有效质量计算公式中，可以发现通过积分方法很难求出散料层有效重力的大小，为此利用龙格-库塔法，求解高炉内颗粒的有效质量，根据有效质量分析料层运动规律。

当散料层的有效重力等于零时，此时高炉内的风量接近此时操作条件下的临界速度，当风量进一步增加时，高炉内的阻力大于料柱的重力，此时高炉内有悬料的可能。

6.1.6.2　计算与讨论

将数学模型应用于 2500m^3 高炉的计算中。2500m^3 高炉的设备参数和炉料的物理参数如表 6-5 所示。表中平均堆密度为焦炭和矿石的平均值，计算过程为一批料的总质量除以总体积。

表 6-5　2500m^3 高炉的设备及操作参数

参数	数值	参数	数值
炉喉直径/m	8.1	有效高度/m	30
热风温度/℃	1200	送风体积/m^3·min^{-1}	5000
煤气密度/kg·m^{-3}	1.3	送风压力/kPa	400
平均堆密度/kg·m^3	1250	形状系数	0.7
空隙度	0.35~0.45	平均粒度	35

当炉料的自身重量大于炉料所受的摩擦力、煤气阻力及渣铁的浮力时，炉料有向下做加速运动的趋势，当高炉内存在运动空间时，就会发生塌料现象。当炉料所受阻力大于自身重力时，炉料会出现悬料现象。炉料的自身重力与炉料属性相关，在高炉内基本不发生变化。炉料所受阻力与空隙度、鼓风量等参数密切相关。风口前端热风温度为 2200℃，炉顶煤气温度为 200℃，则煤气温度下降梯度 $c = (473-2473)$K/31.4m = -63.7K/m。

假设炉料的下降初速度为 0.001m/s，分析料柱在离风口 25m 高度处受力，高炉顶压为 250kPa。模型考虑了温度变化对煤气阻力的影响，图 6-16、图 6-17 所示为等温过程及非等温过程高炉 25m 处到炉顶的压差对比。从图 6-16 中可以看出，相同风量下非等温过程压差比等温过程压力低 3~5kPa，随着风量增加，差值增加。图 6-17 中所示为空隙度对等温过程与非等温过程压差的影响。从图中可以看出，随着空隙度的减小压差的差值从 3kPa 增加到 24kPa，差值较大。因此计算时需考虑非等温过程的压差。

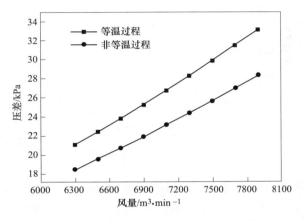

图 6-16　风量对等温与非等温过程压差影响

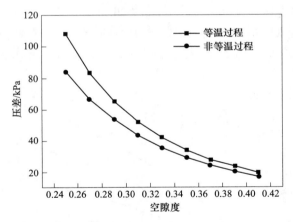

图 6-17　空隙度对等温与非等温过程压差影响

对于临界鼓风量，炉料的有效重力接近于零。根据式（6-11）可以得到不同空隙度对应的临界风量大小。图 6-18 所示为颗粒当量直径为 35mm 时，不同空隙度对应的临界鼓风量。从图中可以看出，当空隙度由 0.2 增大到 0.3 时，临界鼓风量由 2900m³/min 增加到 5700m³/min，即空隙度增加 0.1，临界风量增加 2800m³/min。实际操作过程中，当炉料的空隙度降到 0.28 以下时，高炉操作过程中的鼓风量有可能造成料柱的有效重力为零，高炉出现悬料。改善料柱的空隙度对临界鼓风量影响很大。

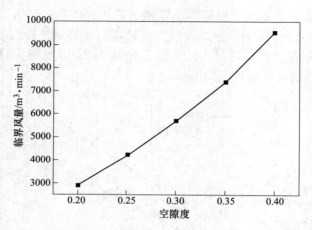

图 6-18 空隙度对临界风量的影响

图 6-19 所示为空隙度变化时，不同当量直径颗粒对应的临界鼓风量。从图中可以看出随着空隙度和当量直径的增大，高炉料柱的临界风量增加，当量直径由 5mm 增加到 35mm 时，临界鼓风量约增加 3 倍。随着当量直径的增大，临界风量增加量变缓。从图 6-19 中可知，当高炉入炉颗粒小，且空隙度低时，即使高炉内的鼓风量很小，也会引起高炉内的悬料。当颗粒直径为 10mm、料柱空隙度为 0.30 时，临界鼓风量为 3000m³/min 时，都可能引起高炉内的悬料。

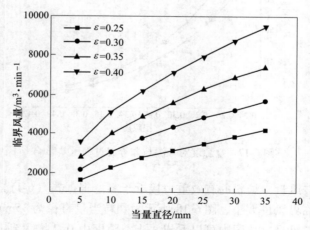

图 6-19 当量直径对临界风量的影响

通过以上分析可知，炉料的有效重力受炉墙摩擦系数、炉料空隙度、炉料当量直径及高炉鼓风量的影响。炉料有效重力反应高炉内的顺行情况。高炉内临界鼓风量受空隙度的影响较大，颗粒直径对临界鼓风量也有一定影响。高炉鼓风量影响高炉冶炼强度，其参数的大小在正常生产时不随意变化。因此改善高炉的顺行主要是改善空隙度，控制颗粒的入炉体积。以上计算结果可以用于分析块状带的悬料情况。实际高炉中，由于软熔带的透气性远低于散料层，该区域的煤气阻力很大，高炉内的临界风量会进一步降低。

6.2 高炉分级布料制度及炉顶设备选择

由于原燃料质量变差，烧结矿的低温还原粉化性能及焦炭强度变坏，导致高炉料柱透气性降低，特别是不同大小粒度烧结矿的混装、不同大小粒度焦炭的混装、中心加焦所用的焦炭粒度不匀，严重减小了高炉料柱的空隙度，恶化了高炉料柱的透气性。通过将烧结矿分为两级（大块烧结矿和小块烧结矿）、焦炭分为三级（小焦丁、焦炭和中心焦）按照布料时序和周期分别装入高炉，保证料柱透气性最好。料罐的个数、串并联方式、布料时序及周期是无钟炉顶高炉顺利实现分级布料方式的重要保证。目前国内外使用无钟炉顶设备装料，根据料罐排列方式不同分为三种：串罐、两并罐及三并罐，不同的无钟炉顶对布料的影响有一定的差别。

目前国内无钟炉顶设备装料多采用一批矿石加一批焦炭的装料方式，操作便捷、周期短、装料能力强，但当原燃料条件差、粒级多时，料柱透气性恶化，尤其对于大型巨型高炉，原料条件影响更大。部分研究者通过试验研究烧结矿分级入炉，结果表明分级入炉有利于改善料柱透气性，研究过程多针对串罐与两并罐，关于三并罐无钟炉顶布料时序研究很少。为了研究通过布料改善透气性的方法，参照国内外不同高炉的操作情况，分析原燃料分级布料方式以及时序，研究一批料不同装料次数的周期，为无料钟炉顶设备及装料方式的选择提供参考。

6.2.1 分级布料

分级布料即将一批料按不同粒级大小分多次装入炉内。表6-6所示为一批料采用不同分装次数的装料方式。其中1/2表示将一批料平均分成两次装，从而减小单个料罐的容积。小烧结矿的粒度为5~12mm，中心焦为筛选的颗粒大、粒度均匀的焦炭。

表6-6 料罐装料方式

一批料分装次数	装料方式
2次	焦炭+矿石
3次	焦炭+中心焦+矿石（焦炭+大烧结矿+小烧结矿）
4次	焦炭+中心焦+大烧结矿+小烧结矿
5次	焦炭+中心焦+1/2大烧结矿+小烧结矿+1/2大烧结矿
6次	焦炭+1/2中心焦+大烧结矿+中烧结矿+小烧结矿+1/2中心焦

采用分级布料，将炉料细致划分后入炉，可以避免大小颗粒混合造成空隙减小。单独加中心焦可以控制中心焦的粒度，改善中心透气性，中心焦分两次装可以保证中心焦柱的连续性；烧结矿分为大烧结矿（<25mm）、中烧结矿（12～25mm）、小烧结矿（5～12mm）装入炉内，保证合理批重的情况下，减小单个料罐容积。将小烧结矿布在高炉边缘，可以抑制边缘气流，减小炉墙的热负荷，保护炉墙；将中烧结矿布在平台上，控制煤气流分布；将部分大烧结矿布在漏斗料面斜面上，保证透气性的同时，提高煤气利用率。炉料分级入炉增加高炉布料次数，对炉顶设备的装料能力有更高要求。当烧结矿分两级入料时（小烧结矿（5～12mm）及大烧结矿（12～40mm））时，大烧结矿可分两次入炉，每次装入1/2批。

6.2.2　装料时序及周期

装料周期指装完一批料所需总的时间，包括高炉料罐受料时间、炉料在料罐内停留时间及溜槽的放料时间。装料周期决定无钟炉顶的装料能力，高炉炉顶装料能力是考核高炉综合性能的重要指标之一。影响炉顶系统装料能力的因素较多，其中设备能力、工艺设备的动作流程等因素的影响最明显。

以国内5500m^{3}高炉PW型无钟炉顶布料设备为例，研究一批料的不同分装次数的装料周期。表6-7所示为料罐受料时间，包括阀门的开关、皮带的上料时间（X）等。

表6-7　料罐受料时间

序号	步骤	时间/s
1	开煤气回收阀3s，停15s	18
2	开排压阀	5
3	开上密封阀	3
4	准备待料	8
5	皮带上料时间	X
6	延时	5
7	关上密封阀	3
8	开、关一次均压	11
9	开二次均压	3
总时间		X+56

表6-8所示为无钟炉顶料罐往高炉布料时间，布料时间包括下密封阀的开、关所耗时间，节流阀的开、关所耗时间以及溜槽的旋转布料时间（Y），旋转布料时间受到布料圈数的影响。

表 6-8 料罐放料时间

序号	步骤	时间/s
1	开下密封阀	3
2	开料流调节阀	3
3	溜槽布料时间	Y
4	等待料空信息	2
5	关料流调节阀	7
6	关下密封阀	3
总时间		$Y+18$

表 6-9 给出了皮带上料时间及旋转溜槽布料时间。主皮带的设计装料能力为：焦炭 1600t/h，中心焦 800t/h，矿石 5600t/h，小烧结矿 1600t/h。溜槽转速为 8r/min，高炉矿石批重为 150.13t，焦炭批重为 33.31t。在布料过程中，大烧结矿分成两次装时，每次装料时间与一次装入炉内时间相同，即每罐料的布料矩阵不变。

表 6-9 皮带上料及溜槽布料时间

符号	炉料批次	批重/t	体积/m³	圈数	皮带上料时间 X/s	布料时间 Y/s
F	大烧结矿	142.62	77.56	11	92	82.5
F1	1/2 大烧结矿	71.31	38.78	11	46	82.5
F2	1/2 大烧结矿	71.31	38.78	11	46	82.5
SS	小烧结矿	7.51	4.42	1	17	7.5
C	焦炭	29.98	66.62	12	68	90
CC	中心焦	3.33	7.4	2	15	15
CC1	1/2 中心焦	1.665	3.7	1	7.5	7.5
CC2	1/2 中心焦	1.665	3.7	1	7.5	7.5

根据上面分析可知，无钟炉顶布一次料的时间为 $(X+56+Y+18)$s。对于并罐式无钟炉顶，炉顶设备有多个料罐并列，高炉受料和放料可以同时进行，减小了装料周期。对于串罐式炉顶装料过程，装料周期还包括上下料罐的放料过程，其中矿石从上料罐落到下料罐所需时间为 23s，焦炭为 20s，中心焦为 5s。

图 6-20 所示为串罐式无钟炉顶炉料分三次装入炉内的时序图。图中 O 表示矿石，C 表示焦炭，CC 表示中心焦。"受"表示料罐接受皮带上料，"放"表示料罐往下放料；"空"表示料罐为空，"等"表示料罐等待放料。经过分析，串罐式无钟炉顶炉料分三次布料周期为 431s。

图 6-21 所示为两并罐无钟炉顶炉料分四次装入炉内的时序图，图中符号对

应表 6-9 中的炉料批次。炉料分四次装入炉内的周期为 476.5s。

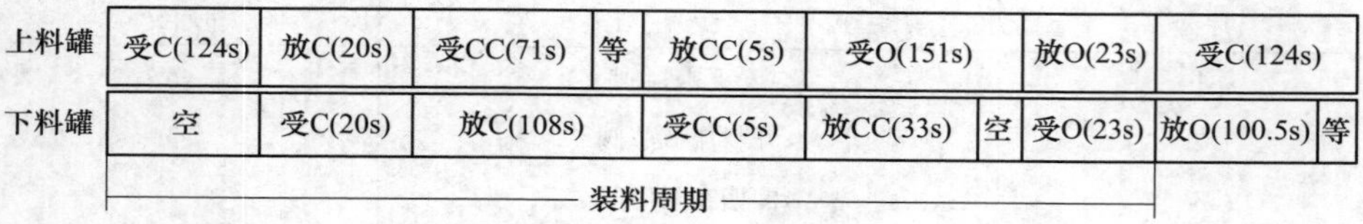

| 上料罐 | 受C(124s) | 放C(20s) | 受CC(71s) | 等 | 放CC(5s) | 受O(151s) | 放O(23s) | 受C(124s) |
| 下料罐 | 空 | 受C(20s) | 放C(108s) | 受CC(5s) | 放CC(33s) | 空 | 受O(23s) | 放O(100.5s) | 等 |

装料周期

图 6-20　串罐分级布料时序

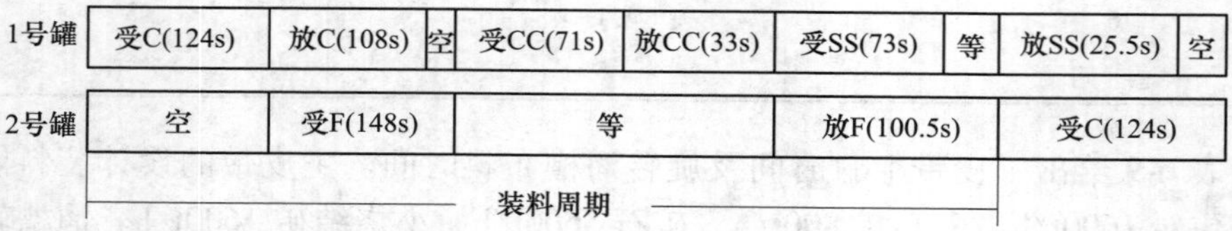

| 1号罐 | 受C(124s) | 放C(108s) | 空 | 受CC(71s) | 放CC(33s) | 受SS(73s) | 等 | 放SS(25.5s) | 空 |
| 2号罐 | 空 | 受F(148s) | 等 | 放F(100.5s) | 受C(124s) |

装料周期

图 6-21　两并罐分级布料时序

图 6-22 所示为三并罐炉顶炉料分六次装入炉内的时序图。图中符号对应表 6-9 中的装料批次。三并罐无钟炉顶炉料分六次装入炉内的周期为 474s。

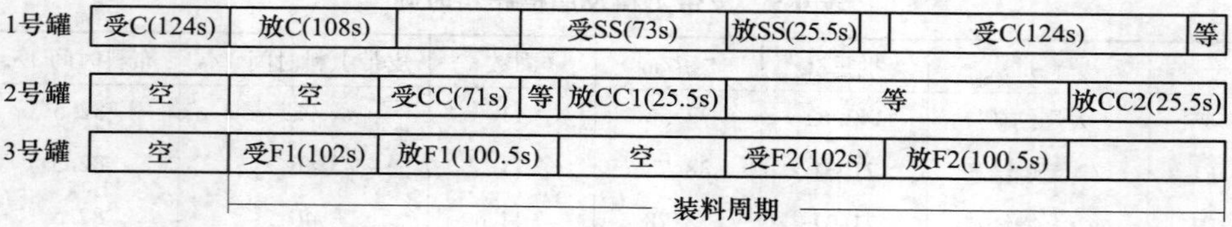

1号罐	受C(124s)	放C(108s)		受SS(73s)	放SS(25.5s)	受C(124s)		等
2号罐	空	空	受CC(71s)	等	放CC1(25.5s)	等	放CC2(25.5s)
3号罐	空	受F1(102s)	放F1(100.5s)	空	受F2(102s)	放F2(100.5s)

装料周期

图 6-22　三并罐分级布料时序

根据装料周期，串罐式无钟炉顶分三次装料，每天最大装料批次：

$$24×3600/431 = 200 \text{ 批}$$

两并罐分四次装料，每天最大装料批次：

$$24×3600/476.5 = 181 \text{ 批}$$

三并罐分六次装料，每天最大装料批次：

$$24×3600/474 = 182 \text{ 批}$$

高炉每天装料批次与高炉冶炼强度有关，假设高炉有效容积利用系数为 2.3t/(m³·d)，吨铁消耗矿石 1.63t，高炉矿石批重为 150.13t，根据高炉生产，每天装料批次：

$$(5500 × 2.3 × 1.63)/150.13 = 138 \text{ 批}$$

高炉在正常生产过程中，为了留有一定的赶料空间，要求正常生产时高炉的装料能力小于高炉总的装料能力的 80%。通过以上分析，高炉正常生产每天需要装 137 批料，而不同设备的最大装料批次分别为 200 批，181 批和 182 批，计算得到装料量占总的装料能力分别为：69%、76.2%和75.8%。正常生产时，装料设备需要预留20%的装料能力用来赶料。当炉料进一步分级时，正常生产难以满足小于总装料能力80%的要求。

通过以上分析可知，串罐炉顶可实现一批料分三次入炉，两并罐炉顶可以实现炉料分四次入炉，三并罐炉顶可实现一批料分六次入炉的操作。炉料分级次数越多，装料周期越长，装料能力越难满足。对于不同的高炉，由于批重、利用系数、吨铁矿石消耗量等参数不同，可以根据装料时序图分析装料周期。

6.2.3 料罐的选择

根据国内外的研究经验，高炉操作者提出了大料批操作的方式，即在高炉布料过程中，提高炉料的批重，增加料层厚度，从而减少混合层的数量，增大料柱的透气性。随着高炉喷煤量的增加，高炉总的矿焦比增加，对于部分高炉，矿焦比达到5~6，在装料时，料罐的容积限制了最大矿批，矿焦比一定时，高炉的焦批就只能减小，限制了高炉的装料及生产。

对于容积为80m³的高炉料罐，单个料罐最大装矿量为140t，当高炉焦比为300kg/t，煤比为200kg/t时，折算焦批为140×0.30/1.62＝25.93t。对于大批重炉料操作，该焦批偏小，由于料罐装矿达到最大值，批重没有提升的空间。当将一批矿石分两罐装时，高炉的最大焦批就不受矿批的限制。表6-10所示为采用两并罐和三并罐炉顶时，设备装料能力的对比。从表中可知，当料罐数量增加时，对于相同的批重，单个料罐的容积减小。

表6-10 料罐容积与最大装焦量

	两并罐			三并罐		
料罐容积/m³	120	110	100	80	75	70
最大焦批/t	36	33	30	36	33.8	31.5

高炉大型化需要的原燃料质量越来越高，随着高品质原燃料的减少及价格上涨，势必增加高炉生产成本。为了降低生产成本，大型高炉增加小块焦、小粒度烧结矿、粉矿用量，采用部分低品位矿、低品质焦炭是必须的。在原燃料恶化的条件下，采用灵活的布料制度对改善高炉的气流分布，保持高炉的稳定生产尤为必要。不同无钟炉顶设备由于装料能力及特点的不同，在选择时需要综合考虑。

决定选择哪种形式（串罐，两并罐，三并罐）无钟炉顶设备前，需根据高炉采用装料技术的项目（是否采用烧结矿分级入炉，中心加焦，焦丁利用），确定一批料分几次装，然后根据料批重和日装料量绘制装料时序图，用正常料批（不用最大料批）验算其作业率是否足够。根据装料周期分析可知，无钟炉顶料罐数量增加，高炉装料能力增加，炉料颗粒分级更细致。可以采用的装料技术有：

(1) 大小烧结分级入炉；

(2) 中心加焦，一批料加一次；

(3) 中心加焦，一批料加两次；

(4) 大块矿石分成两罐装。

其中还包括炉顶均压煤气的回收等。如果只采用大小烧结矿分级入炉，一批料只需分三次装（一次大烧结+球团+块矿；一次小烧结；一次焦炭），如果采用烧结矿分级及中心加焦，就需要实现一批料分四次装。当采用全部技术时，需要一批料分六次装。在选择炉顶设备时，需要根据采用的装料方式及次数，以及设备的特点来选择。

通过对比可知，对于相同的批重，三并罐炉顶的单个料罐容积比两并罐小，可以减小并罐式无钟炉顶的料流偏析。对于大型巨型高炉，料罐容积减小可以减小无钟炉顶设备的高度，减小运输皮带的高度及功率。对于大修高炉，将原高炉两并罐改成小容积的三并罐炉顶，在主皮带头轮标高不动的情况下让高炉大修多扩容，这是小容积三并罐无钟炉顶最重要的优点和采用场合。

国内高炉采用的是串罐式无钟炉顶及并罐式无钟炉顶。串罐式无钟炉顶可以采用烧结矿分级入炉方式，即将烧结矿按粒度筛分为大烧结矿和小烧结矿，其中小烧结矿布在高炉边缘，抑制边缘气流，同时改善矿石层透气性。并罐式无钟炉顶可以采用炉料分四次装入高炉，在烧结矿分级后，同时筛分出部分中心焦，采用定时单独加入少量中心焦的方式，保证高炉中心的透气性。在原燃料恶化的条件下，可以在大型巨型高炉上采用三并罐式无钟炉顶，通过炉料分级入炉，控制高炉内的透气性，使高炉能够在较差的原燃料条件下保证较高的冶炼强度，降低高炉生产成本。

6.2.4　高炉原燃料资源的综合利用

烧结过程中的小烧结矿及部分返矿、焦化过程中的小焦丁等产物由于粒度小、入炉后恶化散料层透气性等原因，在正常生产过程要控制进入高炉的比例。由于这些产物的利用率低，二次烧结及小焦丁不用或少用，会增加高炉的生产成本。综合利用小烧结矿、返矿及小焦丁可节约高炉成本，提高经济效益。通过以上的理论研究表明：烧结矿分级入炉可以改善料层间的空隙度，从而可以提高烧结矿的利用率，降低生产成本；焦丁混装冶炼是一种先进的冶炼方式，它可以有效地提高煤气利用率，改善高炉的透气性，提高产量，降低焦比。特别是用焦丁代替部分冶金焦不但利于高炉冶炼，改善软熔层的透气性，而且还会替代部分焦炭进行溶损反应，维持焦炭的强度和粒度。

由于大颗粒的烧结矿和焦炭可以直接入炉，并具有较高的利用率，因此为进一步提高高炉原燃料的利用率，关键在于提高小颗粒烧结矿及小焦丁的利用率。小颗粒烧结矿入炉会恶化散料层的透气性，而小焦丁入炉，为了保持合理的燃料比，其大块焦比降低，降低焦层厚度，减小"焦窗"面积，影响软熔带的透气性。为了提高原燃料的利用率，本书通过理论分析和实验论证，提出以下几个方法。

6.2.4.1 原燃料分级入炉

通过前面的分析可知，对于实际高炉，不同粒级的炉料混合，炉料的空隙度会降低，恶化散料层的透气性。为了验证不同粒径混合后空隙度的变化，利用容器分别装入炉料和水的方法，测试料层中空间的大小，同时测试炉料颗粒上的孔隙率，总的空间减去孔隙率得到料层空隙度的大小。表6-11所示为大小颗粒矿石按不同比例混合后的空隙度变化情况。对比可知，单独颗粒的空隙度大于颗粒混合后的空隙度。通过对烧结矿混合及矿粉的空隙度进行测量，单一粒级矿石的空隙度为0.413，几种矿石混合后的空隙度最小为0.344，此时料层中混入的粉料（<5mm）比例大（35%）。

表6-11 不同颗粒空隙度的变化

序号	>40mm/%	25~40mm/%	10~25mm/%	5~10mm/%	<5mm/%	ε
1	10	15	30	10	35	0.344
2	10	25	35	20	10	0.378
3	20	20	30	20	10	0.396
4	0	0	100	0	0	0.413

通过以上分析及试验研究可知，大小颗粒的混合会降低散料层的空隙度，单种颗粒的空隙度较大，而空隙度对料层的透气性影响很大。采用分级装料的方式，将大小颗粒筛分，可以提高大颗粒和小颗粒的空隙度，相同厚度的料层，空隙度提高后，透气性会增加。此时适当增大小颗粒的数量，减小大颗粒的数量，料层的透气性也会维持在较高水平，此时可以达到提高小颗粒原燃料利用率的目的。

大小烧结矿分级入炉，可以将小烧结矿布在炉墙附近，控制边缘气流。同时，分级布料对径向上炉料的分布可控性增强，煤气流分布更加合理。

6.2.4.2 适当控制冶炼强度

高炉内料柱压差的变化，除了与原燃料性质有关外，还与鼓风量有关。鼓风量影响高炉内煤气流的速度。图6-23所示为鼓风量大小与高炉内压差的关系。鼓风量越大，气流速度越大，高炉内压差增大。高炉的鼓风量影响高炉的冶炼强度。当高炉内小颗粒燃料增加时，料柱透气性变差，若要保证高炉顺行，可以适当降低高炉鼓风量，降低冶炼强度。图6-24所示为不同颗粒在保持料柱压差不变时，对应的鼓风量大小。从图中可以看出，粒径越小，保持压差不变时对应高炉的鼓风量越小。

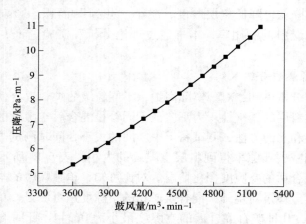

图 6-23　鼓风量对高炉压降的影响

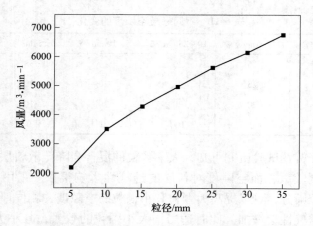

图 6-24　相同压差下不同粒径对应的鼓风量

　　减小高炉的鼓风量会降低高炉的利用系数。增加小颗粒原燃料，减少风量的操作不一定适用于所有高炉。但当高炉铁水产量过剩时，通过适当减少高炉鼓风量，增加小颗粒原燃料的利用，降低生产成本，对高炉生产也是有利的。对于 $2500m^3$ 的高炉，当高炉利用系数由 $2.5t/(m^3 \cdot d)$ 降到 $2.3t/(m^3 \cdot d)$ 时，假设高炉吨铁消耗风量为 $1100m^3$ 时，高炉的鼓风量由 $4774m^3/min$ 降到 $4392m^3/min$，由图 6-24 可知，相同压差下炉料的平均粒度可以降低 3mm，从而可以增加小颗粒烧结矿和焦丁的利用。

6.2.4.3　烧结矿和小焦丁混装

小焦丁装入炉内的目的是为了替代一部分焦炭，装入小焦丁后，焦炭量减少，散料层透气性变差。同时由于小焦丁颗粒小，当其进入炉缸炉底后，会降低该区域的透气透液性。但在矿石中混入小焦丁，由于焦丁不发生软熔，在软熔层以颗粒装存在，可以改善软熔层的透气性。因此采用小焦丁入炉时，需要保证入炉小焦丁在进入炉缸炉底前尽可能地消耗完全。在使用小焦丁时，需要考虑装入量及装入方式。宝钢2号高炉试验研究结果表明可以接受的小焦丁比为60kg/t，国外冶金研究者通过实验研究得到，当装入的小焦丁为烧结矿批重的5%时，装入量合适。由于小焦丁相对于焦炭，其颗粒粒径较小，因此单位体积的小焦丁比表面积大，与气流及烧结矿的接触面积大，容易参与还原反应。

小焦丁装入高炉的方式，可以采用矿焦分层装，也可以采用混装。为了研究小焦丁混装和分装对其溶损反应及烧结矿的还原的影响，将炉料按分装和混装两种方式装入高温炉内的还原反应管中，利用电子天平称量反应管内料流质量的变化。表6-12所示为烧结矿和焦丁分层装入方式及数量。

表6-12 烧结矿和焦丁分层装入顺序

装入序号	种类	厚度/mm	粒径/mm
1	焦丁	20	10~12.5
2	烧结矿	36	5~6.3
3	焦丁	20	10~12.5
4	烧结矿	36	5~6.3
5	焦丁	20	10~12.5

装料完成后，模拟高炉实际升温过程的块状带还原过程，以5℃/min的速率升温至900℃，按15L/min速度通入气体，气体成分（体积分数）为：25%CO、5%H_2、20%CO_2及50%N_2；升温至900℃后，气体成分调整为：35%CO、5%H_2及60%N_2；继续升温至1100℃后保温60min，通入气体成分为：35%CO、5%H_2及60%N_2，模拟烧结矿和焦炭在块状带内热储备区的反应。在试验过程中实时记录料层温度、压差、位移、气体成分，试验结束后对烧结矿和焦炭进行称重。

不同装料条件下反应前后质量对比如表6-13所示，从表中可知，在分装条件下，烧结矿失重59.8g，焦炭质量减少1.8g；在混装条件下，烧结矿失重62.7g，焦炭质量也减少了6.5g。

表6-13 反应前后烧结矿和焦炭的质量 （单位：g）

	反应前烧结矿	反应后烧结矿	反应前焦炭	反应后焦炭
分装	246.6	186.8	60.0	58.2
混装	246.6	183.9	60.0	53.5

通过分析及试验研究可知，小焦丁和烧结矿混装后，可以增加烧结矿的还原

反应，同时可以增加小焦丁的溶损反应。小焦丁溶损反应增加，可以减少大颗粒焦炭的溶损反应，减少焦炭的裂化等现象，增大进入炉缸的焦炭粒度，有利于改善炉缸炉底的透气透液性。

当采用小焦丁混装入炉时，需要控制焦丁的粒度范围，粒度太小会恶化矿层透气性，颗粒太大会出现粒度偏析，矿石层内粒度径向上分布不均匀，影响高炉内的气流分布。合适的小焦丁尺寸为接近大烧结矿的粒度，粒度均匀不会影响矿石层的空隙度，同时炉料均匀分布，小焦丁和烧结矿充分接触，达到混装的目的。

6.2.5 中心加焦制度的选择

中心加焦的多少，是目前一个比较有争议的问题。车传仁通过模型试验，提出中心加焦量为焦炭批重的 1.5% 为宜，但国内中心加焦量高于这个值。俞钱鸿通过在湘钢高炉上的实验，提出适宜中心加焦量为 10%，国内鞍钢 11 号高炉（2580m³）中心加焦量达到 18%~28% 时效果较好，武钢 5 号高炉（3200m³）中心加焦达到 15% 时活跃了炉缸中心，对高炉稳定顺行起到了积极作用。讨论高炉中心加焦量时，需要分析不同焦炭的加入对高炉透气性的影响。不同大小颗粒的混合，料柱的空隙度减小，根据厄根公式，料柱透气性变差。本书结合厄根公式，分析加入不同量的中心焦对料柱透气性的影响，提出中心焦应尽量满足"大""匀""圆"的特性。

实施中心加焦技术可大大降低上部块状带的透气性，同时使软熔带的形状趋于倒 V 形合理分布，使高炉接受风量的能力增加，可加快炉缸死料柱的置换速度，改善炉缸的透气透液性，有效减少炉缸铁水的环流效应，可延长炉缸寿命。但是中心加焦也会使得中心的煤气利用比较差，高炉燃料消耗比较高。在高炉操作过程中，是否进行中心加焦，中心加焦量的多少，对高炉操作的影响不同。为此简要分析不同的中心加焦情况对高炉的影响。

（1）中心加焦过多。在高炉布料过程中，由于焦炭颗粒大小不均匀，过多的焦炭加入高炉中心时，由于大小颗粒的混合，会使得空隙度降低，加入过多的中心焦不一定比加入少量颗粒均匀的中心焦效果好。当加入中心的大颗粒焦炭直径为 70mm，小颗粒焦炭为 40mm，粒径比约为 0.57，空隙度有一定程度的减小。当大颗粒焦炭中加入小颗粒焦炭时，空隙度下降的速度很快，当在大颗粒中加入 20% 的小颗粒，空隙度最大下降 0.16，严重影响料柱的透气性，降低中心焦的效果。当中心焦炭加入过多时，如图 6-25 所示，中心气流强，边缘气流弱，间接还原差，高炉燃料比升高。同时，由于边缘气流弱，会造成边缘炉缸变凉，透气透液性变差，减小炉缸的有效面积。

（2）中心焦适量。适量的中心焦对保障高炉顺行有积极的作用。当高炉原

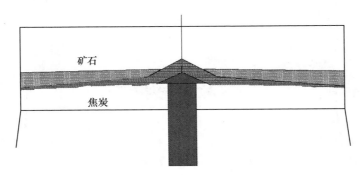

图 6-25 中心焦过多炉料分布

料条件不好时，适量的中心焦是很必要的。中心加焦可以阻挡矿石滚落到高炉中心，提供煤气通路。高炉采用发展中心，控制边缘的装料方式。当中心适量加焦时，需要注意中心焦的质量，保证中心焦炭的粒度大，颗粒均匀，减小颗粒的混合。中心焦适量时炉料分布如图 6-26 所示。

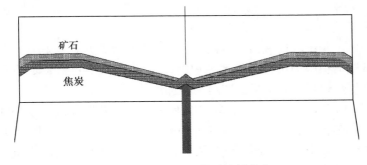

图 6-26 中心焦适量时炉料分布

（3）无中心加焦。中心加焦可以改善高炉的透气性，保障高炉的顺行，但是由于中心焦炭多，矿石少或者没有矿石，使得中心气流利用率差，提高高炉的燃料比，因此许多研究者提出取消中心加焦，通过小角度布焦，使得焦炭颗粒滚落到高炉中心，既改善高炉透气性，又提高煤气利用率。这种操作对于高炉来说是有利的，但对于原料的要求较高。高炉料面为平台—V 形料面，通过在斜面上加入矿石和焦炭，利用颗粒的滚动性使得大块矿石和焦炭滚到高炉中心。由于布料矩阵中的最小焦角小于最小矿角，因此高炉中心的矿焦比很低，透气性相对于高炉边缘和中间区域要好。但是这种操作要求焦炭颗粒滚动性要好，颗粒均匀，形状接近球形。无中心加焦炉料分布如图 6-27 所示。

通过以上分析，可以知道中心焦不能过量，过量的中心焦会较低煤气利用率，提高燃料比，提高高炉中心的煤气温度，造成炉顶设备的烧损。是否进行中

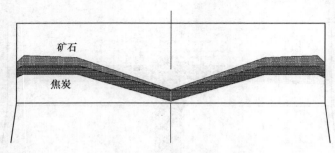

图 6-27 无中心加焦炉料分布

心加焦，视高炉的原料条件而定，当原料条件较差时，可以加入适当的中心焦。由于焦炭粒度不均匀，为了避免不同颗粒的混合造成料柱空隙度减小的情况，提高中心加焦的作用，在操作过程中，可以通过单独加中心焦的布料方式，来改善高炉透气性。布料可以采用：焦—中心焦—矿的装料方式。当焦炭粒度大、颗粒均匀，滚动性好时，可是通过小角度加焦，使焦炭滚落到高炉中心，保证中心气流。因此，无论是否进行中心加焦，高炉操作中都需要保证高炉中心的焦炭量，尽量满足中心焦粒度大、颗粒均匀的特性。

中心加焦由于中心气流强，过量中心加焦会提高高炉的燃料比。为此国内部分高炉尝试取消中心加焦，以降低高炉焦比。本章节结合国内某 $2500m^3$ 高炉取消高炉中心加焦过程，分析高炉取消中心加焦的可行性。

某钢厂 1 号 $2500m^3$ 高炉在装料制度调整前长期采用大量的中心注焦、抑制边缘的装法，造成死焦堆肥大、煤气利用差、燃耗高，从 9 月 19 日开始逐步减少中心注焦量，在中心注焦减少到 3 圈后，利用 2011 年 11 月 25 日定修 15h 机会将中心注焦调整为取消中心焦，送风后炉况经过 3 天恢复到位，实现了平稳过渡，煤气利用明显提高、燃耗明显降低，指标进步比较明显，现对高炉取消中心加焦的整个操作过程进行讨论。

6.2.6 高炉取消中心加焦的尝试

6.2.6.1 1 号高炉在装料制度调整前的炉况状态

（1）炉况表现（见表 6-14）。

1）压量关系偏紧、炉身静压差 2 较正常值高约 15 ~ 20kPa，全炉压差高（170kPa 左右），向上用风困难；

2）边缘铜冷却壁温度波动大，热负荷波动大，煤气流分布不稳定，不易接受扩矿批、重负荷等强化冶炼措施；

3）煤气利用率低，煤气 CO_2 长期低于 17.0%，顶温高靠长期的炉顶打水量来控制顶温，热能利用差导致燃耗高、产量水平低；

4）炉底中心温度<280℃，炉缸边缘"象脚区"温度壁较正常时低约30℃，炉缸工作状态差，炉缸不活跃。

表 6-14 1 号高炉制度调整前（9 月）平均技术经济指标

指标	产量/t	风量/m³·min⁻¹	风温/℃	风压/kPa	煤气CO₂/%	焦比/kg·t⁻¹	焦丁/kg·t⁻¹	煤比/kg·t⁻¹	综合焦比/kg·t⁻¹
平均	5101.82	4710	1173	382	15.7	438	55	136	591

（2）基本操作制度。

1）装料制度：

调整前装料制度是采取通过维持较大的中心注焦量保证中心气流，同时抑制边缘靠大矿批来提高煤气利用率。

装料制度为：

K：43°（3）41°（4）39°（2）36.5°（2）34°（2）；

J：43°（1）41°（2）39°（2）36°（2）33°（2）13°（5.5）。

2）送风制度：

送风制度主要是依靠大风量，靠较大的鼓风动能来活跃炉缸，在风量水平低时采取下部堵风口、缩小风口面积的措施来保持较高的鼓风动能。

3）冷却制度：

水量：3700m³/h；水温：46℃。

4）热制度：

[Si]：0.30%~0.40%，铁温：1485~1505℃。

5）造渣制度：

$R_2 = 1.08 \sim 1.18$。

（3）炉况分析：因长期采用大量的中心注焦，加上边缘负荷重导致焦炭活跃区小，炉芯焦肥大，使得炉缸容量变小。炉缸圆周工作不均匀，炉缸内残炭积存较多，炉缸内不干净，以及炉缸内的焦炭粒度小影响透气透液性，中心吹不透，炉芯温度下降，炉缸边缘有黏结征兆，表现在有风口烧坏的情况，炉缸工作状态差，难以接受风量。上部装料制度不合理，料面形状不合理，压量关系紧，静压差2高，铜冷却壁温度波动大，顶温高靠长期炉顶打水来控制顶温。

6.2.6.2 专家诊断炉况

（1）装料制度不合理，料面不合适，气流分布不合适，压差高，不接受风量；

（2）长期中心注焦，长期压边缘，导致炉缸不活跃；

（3）四高（高风速、高富氧、高顶压、高顶温），高炉指标差，能耗高。

6.2.6.3 炉况调整进程

（1）第一步，逐步减少中心注焦量。

从 2011 年 9 月 19 日开始，逐步减少中心注焦量，制度调整先适当疏松边缘，后逐步减少中心注焦量，以提高煤气利用、降低燃耗，减少中心注焦量的过程基本分为 4 个阶段，各个阶段的调整如下。

第一阶段：9 月 19~26 日，中心注焦的圈数由 5.5 圈减少到 4.0 圈。具体的调剂及指标见表 6-15、表 6-16。

表 6-15　装料调整

日期	矿批/t	焦批/t	综合负荷	大焦负荷	焦比/kg·t⁻¹	总焦比/kg·t⁻¹	装法调整
9.16	57.00	14.50	3.48	3.93	426	468	K：43°(3)41°(4)39°(2)36.5°(2)34°(2) J：43°(1)41°(2)39°(2)36°(2)33°(2)13°(5.3)
9.26	56.00	14.20	3.48	3.94	421	464	K：42.5°(2)41°(3)39°(3)36.5°(2)34°(1) J：42.5°(2)41°(2)39°(2)36°(2)33°(2)30°(1)13°(4.0)

表 6-16　9 月 19~26 日平均技术经济指标

指标	风量/m³·min⁻¹	产量/t	焦比/kg·t⁻¹	煤比/kg·t⁻¹	焦丁/kg·t⁻¹	综合焦比/kg·t⁻¹	燃料比/kg·t⁻¹	CO_2含量/%
平均	4708	5112	440	132	56	590	628	15.7

从 9 月 19 日开始制度调整思路由高动能、开中心转变为疏导边缘气流、减少中心注焦量为主，以提高煤气利用、降低燃耗。9 月 19 日中心注焦由 5.5 圈减到 5.2 圈，减少 0.3 圈；9 月 20 日夜班 48 批大矿角 43°由 3 圈减为 2 圈，中班 47 批大矿角大焦角同缩 0.5°，疏松边缘，白班 22 批减中心注焦 0.2 圈，中心注焦减到 5.0 圈。9 月 19~20 日调整后中心焦由 5.5 圈减至 5.0 圈，12 段以上温度略有上升，煤气利用没有上升趋势。

9 月 22 日压量关系偏紧，白班 19 批大焦角 42.5 加一圈松边，9 月 23 日白班 21 批减中心焦 0.5 圈，中心注焦减到 4.5 圈。9 月 24 日压量关系偏紧，风量水平低，白班 19 批变装法小矿角 34°由 2 圈变为 1 圈，适当开中心上引风量，中班 2 批退矿批至 56t、40 批退矿批至 55t。25 日白班 1 批焦角增加内环 30°1 圈，适当疏导中心上引风量。

26 日压量关系走开，静压差 2 下行到 40kPa，夜班 33 批扩矿批至 56t，负荷 3.78/3.35。白班 19 批中心焦减至 4.0 圈。受 1 烧结料碎影响，中班后期压量关系走紧，热负荷持续上行，最高 35000W/m²，炉内减风最低 4350m³/min，缓和压量关系，消除局部气流，后续视炉况用风至 4750m³/min。27 日夜班 50 批扩矿批至 57t，负荷 3.93/3.48。根据风量水平，9：30 捅开 11 号风口，（面积 0.3280m²），白班 28 批加重负荷 200kg/批，负荷 3.97/3.52，白班 34 批扩矿批至 58t，负荷 4.03/3.56，中班 21 批扩矿批至 59t，负荷 4.04/3.58。

经过 22～27 日调整，风量上升到 4800m³/min 左右，中心焦由 5.0 圈减至 4.0 圈，比例占 25%，炉况基本平稳过渡，炉顶温度有所下降、打水量有所下降，由 10t/h 减到小于 5t/h，静压差 2 下行，矿批扩至 59t，负荷增至 4.04/3.58，综合焦比较上周降低 8kg/t、煤气利用提高 0.5%，到 16.0%，煤气利用提高幅度小，燃耗仍然高，铜冷却壁温度波动频繁，顶温偏高、炉顶打水较多，中心温度仍呈下行趋势，全炉压差仍然偏高。

第二阶段：9 月 27 日～11 月 10 日，中心注焦的圈数维持在 4.0 圈，煤气利用由 16.0% 提高到 18.0%，9 月 27～30 日与 11 月 1～10 日比较：入炉焦比由 440kg/t 降到 400kg/t，综合焦比由 588kg/t 降到 564kg/t，随着煤气利用提高，燃耗降低，指标改善明显，具体的调剂及指标如表 6-17、表 6-18 所示。

表 6-17 装法调整

日期	矿批/t	焦批/t	总焦比/kg·t⁻¹	装法调整
9.27	56.00	14.40	470	K：42.5°（2）41°（3）39°（3）36.5°（2）34°（1） J：42.5°（2）41°（2）39°（2）36°（2）33°（2）30°（1）13°（4.0）
11.10	61.00	14.30	427	K：42.5°（2）40.5°（3）38.5°（3）36°（2）33°（2） J：42.5°（3）40.5°（3）38.5°（2）36°（2）33°（2）29°（1）13°（4.0）

表 6-18 技术经济指标

指标	风量/m³·min⁻¹	产量/t	焦比/kg·t⁻¹	煤比/kg·t⁻¹	焦丁/kg·t⁻¹	综合焦比/kg·t⁻¹	燃料比/kg·t⁻¹	CO₂含量/%
平均	4755	5427	419	133	53	568	605	16.9

9 月 28 日压量关系稳定，风量（4850±50）m³/min 划线，静压 2 高（50～55kPa），热负荷稳定，42.5° 焦最外环加一圈松边，9:30 全开 11 号风口，实现全风口作业；9 月 30 日压量关系紧，为疏导中心，上引风量，焦 30° 变为 29°，42.5° 焦最外环减一圈，变装法为：

J：42.5°（2）41°（2）39°（2）36°（2）33°（2）29°（2）13°（4.0）

10 月 1 日大夜班压量关系欠稳定，热负荷波动，焦角 41°（2）调为 41°（3）松边，变装法为：

J：42.5°（2）41°（3）39°（2）36°（2）33°（2）29°（2）13°（4.0）

10 月 2 日 10～14 段呆滞，5～8 段波动大，中心开、边缘重，疏松边缘规整气流，变装法为：

K：42.5°（2）40.5°（3）38.5°（3）36.5°（2）34°（1）

J：42.5°（3）40.5°（3）38.5°（2）36°（2）33°（2）29°（1）13°（4.0）

调整后效果显著，一个周期内风量最低至 4450m³/min，一个周期后静压差 2

明显下降，全炉压差降低 5~10kPa，2.5 个周期后冷却壁温度波动、热负荷最高至 20000W/m²。此后冷却壁温度波动减小、特别是铜冷却壁温度波动减小，热负荷水平降低，煤气利用提高，煤气 CO_2 上升至 17.0%，综合焦比下降约 20kg/t。

10 月 3 日矿角 36.5°、34° 同缩 0.5° 拉大角差，4 日起扩矿批、重负荷，由 58t 扩到 61t，负荷由 4.08 加重到 4.33 提高煤气利用，4 日煤气利用上到 17.0%。10 月 6 日继续拉大矿角差，提高煤气利用。

10 月 22 日 15：39~16：48 休风更换 16 号风口小套。送风后堵 16 号、25 号、30 号风口。17：20 捅开 16 号，21：00 捅开 25 号，11 月 3 日捅开 30 号风口，风口全开，面积 $S = 0.3393m^2$，白班 31 批扩矿批至 63t，负荷 4.37/3.89，捅开风口以后，风量减少，煤气利用降低，综合焦比升高趋势，制度调整减小矿批、轻负荷、堵风口，具体如下：

11 月 6 日白班 28 批缩矿批至 62t，负荷 4.31/3.83，7 日夜班 8 批减小矿批至 61t，负荷 4.24/3.77。

11 月 8 日 16：15~18：05 休风 110min 更换 20 号风口小套烧漏、27 号风口小套（原换原），处理 20 号二套沙眼，送风堵 11 号、25 号风口，面积 0.3167m²；22：50 开 11 号风口面积 0.3280m²；堵 25 号风口作业。

经过 9 月 27 日~11 月 10 日调整，炉内气流分布得到改善，全炉压差降低约 5kPa，铜冷却壁温度波动减小，炉顶温度得到控制，长期困扰高炉的炉顶打水得到彻底解决，随着煤气利用提高，燃耗降低，指标改善明显。但是炉缸工作状态却没有明显的改善，表现在炉缸中心温度持续下行（见图 6-28），在 11 月 17~19 日下行到 245℃ 底值，边缘三段内环温度也偏低，三段内环温度由 280℃ 下降至 270℃，10 月 29~30 日配加锰矿，用良好的渣铁流动性来加快炉缸处理进程，通过配加锰矿炉缸中心温度下降趋缓，边缘三段内环温度不再下行，配锰矿洗炉取得了一定的效果，从 11 月 1 日开始三段内环温度缓慢上行。

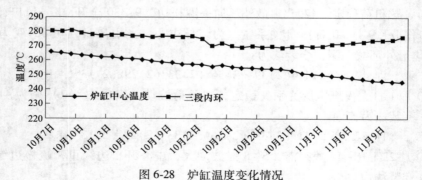

图 6-28　炉缸温度变化情况

第三阶段：11 月 11~16 日中心注焦由 4 圈减为 3 圈，具体调剂及指标如表 6-19、表 6-20 所示。

表 6-19 装法调整

日期	矿批/t	焦批/t	总焦比/kg·t^{-1}	布料矩阵调整
11.11 中 37	57.00	14.40	455	K：42.5°(2)40.5°(3)38.5°(3)36.5°(2)34°(2) J：42.5°(3)40.5°(3)38.5°(2)36°(2)33°(2) 29°(1)13°(3.8)
11.16 夜 50	61.00	14.60	431	K：42.5°(2)40.5°(3)38.5°(3)36.5°(2)34°(2) J：42.5°(3)40.5°(3)38.5°(2)36°(2)33°(2) 29°(1)13°(3)

表 6-20 技术经济指标

指标	风量/m³·min^{-1}	产量/t	焦比/kg·t^{-1}	煤比/kg·t^{-1}	焦丁/kg·t^{-1}	综合焦比/kg·t^{-1}	燃料比/kg·t^{-1}	CO_2 含量/%
平均	4869	5470	427	130	41	564	598	17.6

制度调整小结：11 月 11 日中班 5 批中心注焦由 4 圈减为 3.8 圈。

12 日白班 16 批中心注焦由 3.8 圈减为 3.5 圈，13:15 开 25 号风口 1/3，面积 $S = 0.3373\text{m}^2$。

15 日中班 5 批中心注焦由 3.5 圈减为 3.3 圈。

16 日夜班 50 批中心注焦由 3.3 圈减为 3.0 圈。

调整后的效果：炉况顺行，在减中心注焦的过程中炉内风量维持 4850~4900m³/min，风量水平没有减少，煤气利用提高趋势，CO_2 含量上升至 18.0% 的水平，但是全炉压差有所上升。11 月 12 日出现了软水水位下降，个别风口有水迹有水迹的冷却系统漏水迹象，经过查漏，确认 3 根水管漏，炉内出现冷却壁温度下降，热负荷低的现象。

第四阶段：11 月 17~23 日中心注焦维持在 3 圈，具体调剂及指标如表 6-21、表 6-22 所示。

表 6-21 装法调整

日期	矿批/t	焦批/t	总焦比/kg·t^{-1}	布料矩阵调整
11.18 白 16	62.00	15.10	442	K：42.5°(2)40.5°(3)38.5°(3)36.0°(2)33.5°(2) J：42.5°(3)40.5°(3)38.5°(2)36°(2)33°(2)29°(1) 13°(3)
11.23 白 1	61.00	14.60	440	K：42°(1)40.5°(2)38.5°(3)36.5°(3)34°(2) J：42.5°(3)40.5°(3)38.5°(2)36°(2)33°(2)29°(1) 13°(3)

表 6-22 技术经济指标

指标	风量/m³·min^{-1}	产量/t	焦比/kg·t^{-1}	煤比/kg·t^{-1}	焦丁/kg·t^{-1}	综合焦比/kg·t^{-1}	燃料比/kg·t^{-1}	CO_2 含量/%
平均	4828	5611	406	125	37	536	568	17.9

11 月 18 日为提高煤气利用，最小矿角由两环同缩 0.5°拉大角差，变装法为：K42.5°(2)40.5°(3)38.5°(3)36°(2)33.5°(2)；J 未动。

从 11 月 12 日开始出现热负荷低（9000~10000W/m²），冷却壁温度下降的现象。判断煤气流边缘趋重，从 19 日始炉内采取发展边缘的装料制度：

11 月 19 日白 16 批变装料制度，矿 40.5°减一圈，36.0°加一圈疏松边缘，变装法为：K42.5°(2)40.5°(2)38.5°(3)36°(3)33.5°(2)；J 未动。

11 月 21 日夜班 25 批减轻负荷 200kg/批，负荷 4.22/3.85；为疏导中心，中班 41 批变装法为：K42.5°(2)40.5°(2)38.5°(3)36.5°(3)34°(2)，即 36.0°(3)33.5°(2) 调为 36.5°(3)34°(2)；J 未动。中班 49 批退矿批至 61t/批，负荷 4.18/3.81。

11 月 22 日压量关系偏紧，边重，为疏松边缘气流，22 日白班 16、中班 4 批变装法外环：K42.5°(2)→42.0°(2)→42.0°(1)，K40.5°(2)→(2)→(3)；最终变装料矩阵为：K42.5°(1)40.5°(3)38.5°(3)36°(3)33.5°(2)；J 未动。

11 月 23 日关系偏紧，热负荷偏低，白班 1 批矿角由 40.5°(3) 调为 40.5°(2)，疏松边缘气流，变装法为：K42°(1)40.5°(2)38.5°(3)36.5°(3)34°(2)；J42.5°(3)40.5°(3)38.5°(2)36°(2)33°(2)29°(1)13°(3)。白班 4 批轻负荷 200kg/批，负荷 4.12/3.77，中班 15 批退矿批至 60t，负荷 4.05/3.70。

效果：装料制度调整后松边效果不明显，风量萎缩，冷却壁温度持续下行、热负荷水平低、边缘显重，炉内压量关系走紧、全炉压差升高、煤气利用下降、燃耗升高。

（2）第二步，中心注焦调整为中心焦。

11 月 25 日计划检修，送风后 26 日借复风炉内气流重新分配的机会，在满料线后调整装料制度，取消中心注焦，将 13°中心注焦角度扬为 20°，11 月 26~28 日以调整气流、平稳过渡为主，11 月 29 日以后以指标优化为主。装料制度的过渡调整制度及指标如表 6-23、表 6-24 所示。

表 6-23 装法调整

日期	矿批/t	焦批/t	总焦比/kg·t⁻¹	布料矩阵调整
11.26	56.00	14.00	480	K：42°(1)40.5°(2)38.5°(3)36.5°(3)34°(2) J：42.5°(3)40.5°(3)38.5°(2)36°(2)33°(2)29°(1)20°(3)

表 6-24 技术经济指标

指标	风量/m³·min⁻¹	产量/t	焦比/kg·t⁻¹	煤比/kg·t⁻¹	焦丁/kg·t⁻¹	综合焦比/kg·t⁻¹	燃料比/kg·t⁻¹	CO₂ 含量/%
平均	4336	4476	446	112	39	567	597	17.6

11 月 25 日 7：20~22：29 计划休风检修。更换 5 号、6 号、12 号、14 号、17

号、24 号、25 号、28 号、29 号，其中 6 号斜 8°更换为斜 5°。更换炉顶布料溜槽，冷却壁打压检漏。送风堵 8 号、17 号、23 号、30 号风口，$\sum S = 0.2941m^2$。

25 日休风料加焦 3 罐、轻负荷料 25 批、插入加焦 2 罐，共计加焦：45.3 + 25×0.8+31.8=97.1t，折算休风加焦量为 5.39t/h。

25 日 22：29 送风，26 日夜班 1 批退矿批至 56t，负荷 4.0/3.66。夜班 7 批满料线后将中心注焦改成中心焦，焦角 13°扬到 20°，装法为：J42.5°（3）40.5°（3）38.5°（2）36°（2）33°（2）29°（1）20°（3）；K 未动，夜班 31 批停配锰矿。2：30 捅开 23 号风口，$\sum S = 0.3034m^2$，8：30 捅开 8 号风口，$\sum S = 0.3167m^2$。白 17 批扩矿批至 57t，负荷 4.07/3.73，中班 15 批退矿批至 55t，负荷 3.93/3.59。

复风过程中炉身冷却壁温度波动、热负荷出现了大幅度上升，12 段静压力波动，料尺动作差，崩滑料较多。

从复风后从冷却壁温度、热负荷及料尺动作情况来看，休风前因冷却壁漏水所导致的黏结，送风后脱落，边缘煤气流松开。

将中心注焦 13°移至 20°后一个周期内炉况没有大的变化，风量最高加至 4550m³/min，料尺动作顺畅。1.5 个周期（11：00）后压量关系持续走紧，12 段静压力波动，静压差 2 频繁"张嘴"导致崩料后风压突上，炉内风量最低退至 3800m³/min。

装法调整三个周期后，压量关系及料尺动作明显好转，全炉压差下降至 150kPa 左右，12 段静压力波动减小，27 日 4：30 用风至 4300m³/min，6：10 用风至 4450m³/min，18：00 压量关系进一步好转走稳，全炉压差下降至 150kPa 以下，料尺动作顺畅，静压力稳定，风量用至 4600m³/min，28 日中班后风量用至 4700m³/min 往上的水平，22：00 风量恢复至 4800m³/min 的正常水平。随着装料制度的持续作用煤气利用大幅度提高，28 日煤气 CO_2 含量最高至 19.0%，29 日炉内控制综合焦比降低至 530kg/t 以下，产量达到 5600t/d。

炉内视风量水平的上升和料速的加快逐步扩矿批、重负荷：

27 日中班 31 批扩矿批至 56 吨，负荷 4.0/3.66。

28 日白班 16 批扩矿批至 57 吨，负荷 4.07/3.73；中班 36 批扩矿批至 58 吨，负荷 4.41/3.79；13：39 开 17 号风口面积 0.3280m²。

总体效果：休风前虽然通过退矿批、轻负荷、退装法疏松边缘，但没有效果，各部温度、热负荷仍然偏低（9000～10000kJ），定修前判断 8 段有结厚征兆，送风后结厚部位脱落，各部温度开始活跃，热负荷也开始上行到（20000～25000W/m²）。26 日夜班 7 批将中心注焦改成中心焦，焦角 13°扬到 20°，经过 26 日一天的调整，到 27 日白班以后压量关系走开，全炉压差明显降低，崩、滑料现象减少，料动趋于正常，煤气利用提高到 19.0%，综合焦比降低至 530kg/t。

从 11 月 29 日开始压量关系、料动开始正常，炉内视风量水平和料速的情况逐步扩矿批、重负荷，优化料制，降低燃耗，装法调整和指标如表 6-25、表 6-26 所示。

表 6-25 装法调整

日期	矿批/t	焦批/t	总焦比/kg·t^{-1}	布料矩阵调整
11. 29 中 11	59	14	429	K：42°(1)40.5°(3)38.5°(3)36.5°(2)34°(2) J：42.5°(3)40.5°(3)38.5°(3)36°(2)33°(2) 29°(1)20°(3)
12. 3 白 25	62	14	414	K：42.5°(1)40.5°(3)38.5°(3)36.5°(2)34°(2) J：42.5°(3)40.5°(3)38.5°(3)36°(2)33°(2) 29°(1)23°(3)
12. 9 白 13	62	14. 2	419	K：42.5°(2)40.5°(3)38.5°(3)36.5°(2)34°(2) J：42.5°(3)40.5°(3)38.5°(3)36°(2)33°(2) 29°(1)25°(3)
12. 12 白 20	62	14. 2	415	K：42.5°(2)40.5°(3)38.5°(3)36.5°(2)34°(2) J：42.5°(3)40.5°(3)38.5°(3)36°(2)33°(2) 29°(2)25°(2)

表 6-26 技术经济指标

指标	风量 /m³·min^{-1}	产量 /t	焦比 /kg·t^{-1}	煤比 /kg·t^{-1}	焦丁 /kg·t^{-1}	综合焦比 /kg·t^{-1}	燃料比 /kg·t^{-1}	CO_2 含量 /%
平均	5287	5134	392	134	36	527	561	18. 7

11 月 29 日白班第 7 批扩矿批至 59t，负荷 4.21/3.86；中班 11 批变装法为：K42°(1)40.5°(3)38.5°(3)36.5°(2)34°(2)，J 未动，抑制边缘气流；中班 39 批扩矿批至 60t，负荷 4.29/3.92；30 日白班第 49 批扩矿批至 61t，负荷 4.36/3.99；12 月 2 日白班 18 批扩矿批至 62t/批，负荷 4.43/4.05。

12 月 1 日为调整边缘和中心气流 3 次调整装法：白班 11 批变装制：大矿角 42°变为 42.5°；中班 5 批变装制：K42.5°(1)40.5°(3)38.5°(3)36.5°(2)34°(2) 变为 K42.5°(1)40.5°(2)38.5°(3)36.5°(3)34°(2)，即矿 40.5°减一圈、36.5°增一圈，J 未动；2 日夜班 31 批变装制：K42.5°(1)40.5°(2)38.5°(3)36.5°(3)34°(2) 变为 K42.5°(1)40.5°(3)38.5°(3)36.5°(2)34°(2)，即矿 40.5°增一圈、36.5°减一圈，J 未动。

为提煤气利用、减少中心焦量，12 月 3 日白班 25 批中心焦由 20°扬为 23°，9 日白班 13 批中心焦由 23°扬为 25°，12 日白班 20 批焦的最内两环 25°(3) 减一圈、29°(1) 增一圈。最终装法为：

K：42.5°(2)40.5°(3)38.5°(3)36.5°(2)34.0°(2)

J：42.5°(3)40.5°(3)38.5°(3)36°(2)33°(2)29°(2)25°(2)

12 月 10 日捅开 30 号风口，实现了全风作业。

12 月 13 日休风短封 8 段漏水水管，送风后炉况恢复顺利，复风后 9、10 段冷却壁温度下降且波动减小，热负荷水平下降，燃耗明显下降，炉内控制综合焦比降低至 520kg/t，产量提高至 5800t 往上的水平。12 月 15 日后因煤气压力低，热风温度维持低水平影响了高炉进一步降低燃耗。

炉缸工作好转，炉缸中心温度继续上升。

小结：通过一段时间优化，煤气利用明显提高，入炉焦比、综合焦比明显降低，11 月 29 日~12 月 20 日与 11 月 16~22 日比较：煤气利用提高 0.8 个百分点，入炉焦比、综合焦比分别降低 14kg/t、8kg/t，压量关系稳定、压差降低、料动好转。11 月 29 日~12 月 20 日与 9 月 1~16 日比较：煤气利用提高 3 个百分点，入炉焦比、综合焦比分别降低 46kg/t、64kg/t。

6.2.6.4 炉况调整恢复经验

（1）炉况判断准确，调整思路明确。针对装料制度长期采用大量中心注焦、抑制边缘的装法，造成死焦堆肥大、煤气利用差、燃耗高的问题，采取上部"适当疏松边缘，逐步减少中心注焦量，向"平台+漏斗"的料面形状过渡，下部控制合适的风速、动能、理论燃烧温度、煤比、富氧率。从 9 月 19 日开始减少中心注焦量，基本上分为 4 个阶段，将中心注焦减少到 3 圈，期间炉况稳定顺行，平稳过渡，为取消中心注焦奠定了较好的基础。

（2）方向明确，坚持不动摇。此次调整在取消中心注焦过程中出现了风量较大幅度的退步，压量关系紧，出现了频繁的崩滑料，在宝钢专家的指导下坚定不移地向前走，最后炉况调整成功。

6.2.6.5 后续降耗措施

（1）继续优化料制，实现矿角同档、同角，以达到提高煤气利用率，增加产量，降低燃料消耗的目的。

（2）扩矿批到 65~70t/批，提高焦炭负荷、降低焦比。

（3）控制稳定、合适的冶炼参数，[Si]+[Ti]按照 0.45%~0.55%控制，铁温 1485~1510℃，保证充沛的炉缸热量，保证渣铁流动性，继续处理炉缸。

（4）加强对炉体漏水部位的监测、维护，严格执行炉体检查制度，做好已漏水冷却壁的养护工作，对通工业水养护的冷却壁做好水温差监控，控制合适水量，减少向炉内漏水。工艺上重点要稳定边缘气流，适当提高炉体冷却强度，及时调整上部装料制度控制好边缘气流，防止其大幅波动，确保高炉安全生产。

（5）加强高炉技术操作管理。

1）稳定用风，保证炉内煤气流分步稳定合理，减少局部气流的产生和确保正常料动。

2）日常生产过程中强调精细化操作，细化参数控制，确保热制度、造渣制度稳定，确保高炉炉况稳定顺行，以减少处理炉况影响优化指标和被迫提高焦比。

3）加强炉型管理，准确把握炉况趋势，调整好冷却制度及煤气流，稳定渣皮，保持合理炉型，执行好标准化操作，不断提高操作技术水平；重视炉缸工作，合理用风，确保炉缸均匀活跃，密切关注炉缸炉底温度变化。

4）高炉加强技术操作对标，重点从提高风温、提高煤气利用率两方面进行攻关。继续执行标准化操作，优化预防事故预案，将精细化管理落实到生产操作当中，提升生产操作和管理水平。

（6）抓好出铁管理工作、各工种加强日常设备点检和维护，做到及时发现问题、隐患，消灭事故隐患于萌芽状态，减少设备事故的发生，杜绝无计划休风，以减少休风、送风或慢风状态影响高炉生产。

6.3　单粒级炉料分布及透气性研究

高炉中的燃料主要有两种，一种是焦炭，另一种是煤粉。焦炭和矿石从炉顶由布料设备分层布入炉内，煤粉从风口随热风进入高炉。二者为高炉内部矿石的还原提供热量，此外焦炭还扮演着渗碳剂和骨架的角色。随着高炉的大型化，对焦炭质量的要求越来越高，除了化学成分、转鼓强度、反应后强度（CSR）、反应性（CRI）等平均指标，焦炭粒度对高炉块状带、软熔带和炉缸死焦堆的透气性有着重要影响。随着喷煤比的提升，炼焦煤的日益减少，焦炭的骨架作用也越来越重要。但是原燃料价格日趋上涨，高炉所用原燃料质量波动较大，因此研究不同粒度原燃料对高炉料层透气性影响，具有十分重要的现实意义。

6.3.1　模型建立

以某厂 4070m³ 高炉为研究对象，建立如图 6-29 所示的 1∶1 计算模型，主要包括料仓、皮带、受料斗、换向溜槽、左右料罐、Y 形管、中心喉管、溜槽和

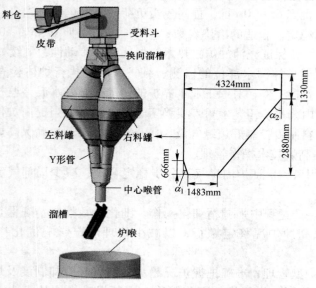

图 6-29　计算几何模型

炉喉。其他炉顶设备与炉料并不直接接触，所以一并作简化处理。模型主要几何参数见表 6-27。

表 6-27　几何模型参数

参数	值	参数	值
皮带倾角/(°)	11.00	换向溜槽半径/m	0.49
皮带速度/m·s⁻¹	2.00	换向溜槽长度/m	2.14
皮带宽度/m	2.00	换向溜槽倾角/(°)	40.00
皮带长度/m	10.00	料罐容积/m³	80.00
料罐壁面倾角 α_1/(°)	13.58	料罐壁面倾角 α_2/(°)	39.85
炉喉直径/m	9.60	料线高度/m	1.40

6.3.2　计算条件

由于矿石批重较大，超过目前实验室计算能力，本次计算仅研究焦炭层。颗粒在料仓中按照给定粒径范围随机生成，经皮带输送至左料罐，最后由旋转溜槽按照设定的布料矩阵布至炉喉。超过 4000m³ 大型高炉入炉焦炭的粒径下限为 25mm，控制粒径大于 75mm 的焦炭比例不能太高。小粒度焦炭多视为焦丁，通过混焦布料方式布入炉内，不在本书研究范围。故本次数值计算将颗粒粒径分成 25~40mm、40~60mm 和 60~80mm 三个窄级别，分别对应为小颗粒、中颗粒和大颗粒，工况对应焦炭批重为 23t，具体工况如表 6-28 所示。实际焦炭颗粒形状并非球形，本次计算时将焦炭颗粒假设为球形，主要考虑到非球形处理将导致整个过程计算量突增，而且本文重点研究颗粒粒度对计算结果的影响，所以将颗粒简化为球形。前人研究表明，虽然计算过程对颗粒形状进行简化，但是计算结果和试验结果一致。材料物理性质和计算条件见表 6-29。

表 6-28　各工况炉料粒度分布

工况	炉料质量分数/%			颗粒数目/个
	25~40mm	40~60mm	60~80mm	
1	100	0	0	1163758
2	0	100	0	338435
3	0	0	100	125536

表 6-29　材料物理性质和计算条件

参数	密度/kg·m⁻³	剪切模量/Pa	泊松比
壁面	4500	5.0×10⁸	0.30
皮带	1200	1.0×10⁶	0.40
焦炭	1050	2.2×10⁶	0.22

本次计算模拟高炉"平台+漏斗"布料模式，布料矩阵采用实际高炉所用矩阵，具体为：$C_3^{40.5\ \ 38.5\ \ 36.5\ \ 34.5\ \ 32.5\ \ 30.5\ \ 28.5}_{\ 3\ \ \ \ 3\ \ \ \ 3\ \ \ \ 2\ \ \ \ 3\ \ \ \ 2\ \ \ \ 3}$，只研究布焦后的料面。在计算过程中，布焦前的初始料面设置参考徐宽等的简化处理，设置初始料面为水平表面，材质为钢。高炉布料过程中，炉喉空区是有上升的煤气，但是考虑到煤气运动速度、煤气密度相对炉料运动速度和密度较小，所以忽略煤气运动对炉料运动的影响。

合理煤气流的形成不仅和料面形状有关，还和料层矿焦比和空隙度在径向上分布成正相关。空隙度指散粒状材料堆积体积中颗粒之间的空隙体积占总体积的比例。通过计算机仿真计算，可以计算出料层各个区域的空隙度分布情况，同时考虑颗粒排列方式对空隙度的影响。在本次计算中，空隙度计算方法采用前人研究中的方法，计算单元中空隙体积除以单元体积作为该单元空隙度，具体计算见式（6-12）。

$$\varepsilon = \frac{V_{空隙}}{V_{单元}} = 1 - \frac{V_{料}}{V_{单元}} \tag{6-12}$$

式中　　ε——料层空隙度；

$V_{空隙}$——料层空隙体积，m^3；

$V_{单元}$——计算单元体积，m^3；

$V_{料}$——计算单元中炉料体积，m^3。

6.3.3　料面炉料分布

炉料在炉内的堆角和自然堆角不同，装料制度的改变对炉料堆角有重要影响。图 6-30 为计算所得料面炉料高度分布情况，包括三种粒度料面的俯视图和沿 $Y=0$ 方向的剖面图 $A—A$，其中坐标原点位于 1.4m 料线中心。图中用 6 种颜色标记料层厚度，考虑显示效果，将料堆中高度大于 711mm 的部分标记为红色，以表示不同区域堆尖分布情况。

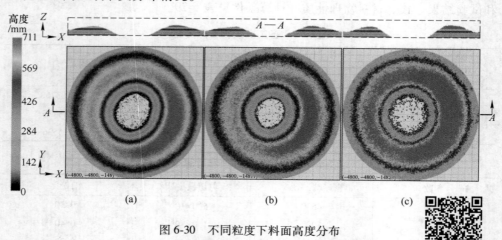

图 6-30　不同粒度下料面高度分布

(a) 25~40mm；(b) 40~60mm；(c) 60~80mm

扫码看彩图

　　由于初始料面设置为刚体平面，所得最终料面形状和实际情况有所不同。计算所得焦炭平台宽度大约为2.3m，实际平台宽度约为1.5~2.0m，这主要是由于实际高炉料面中心要低于边缘位置，所以实际平台宽度要小，但是计算结果中的趋势是和实际符合的。

　　从图6-30中剖面图A—A来看，料面左右内堆角基本一致，但是料面高度不同，右侧料面高度偏高。使用图像处理技术对获取的料面剖视图进行处理，得出料面内堆角和高度，如表6-30所示。采用相同的布料矩阵，颗粒粒度不同时，料面堆角和高度不同，最终所得料面形状也不同。大颗粒形成的内堆角和高度大于小颗粒和中颗粒的料堆，这是由于大颗粒在溜槽上受科氏力影响较大，容易沿溜槽内壁爬升，所以落点较远，落至料堆时容易爬过堆尖，不易沿内堆面滚落至中心。

表6-30　不同粒度下料堆内堆角和高度

粒度/mm	25~40	40~60	60~80
内堆角/(°)	27	24	34
高度/mm	678	700	769

　　从图6-30中俯视图来看，炉料堆尖位置在周向上并非对称分布，小颗粒堆尖圆周分布呈椭圆形，随着颗粒粒度增大，堆尖位置越接近圆形，大颗粒堆尖圆周分布基本呈圆形。并罐式无钟炉顶炉料在中心喉管中偏行一侧，导致炉料在溜槽上的有效运动长度随着溜槽旋转而改变，所以炉料在溜槽出口处水平速度不同，进而导致料面在圆周上分布不均。

　　料层在圆周方向是否分布均匀，决定了煤气流的圆周分布，最终对高炉圆周方向工作均匀性产生影响。为了量化评价不同粒度料面圆周均匀性，定义周向体积均匀性指数VI，见式（6-13）。将炉喉料面划分为12个相同大小的扇形区域，如图6-31所示，270°方向对应为左料罐方位，90°方向对应为右料罐位置。统计各区域内颗粒体积，并计算每个区域的均匀性指数。

$$VI = \frac{V_i}{\overline{V}} \qquad (6-13)$$

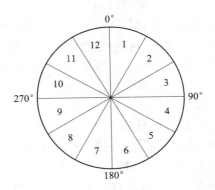

图6-31　料面周向区域划分示意图

式中　　V_i——区域 i 内颗粒体积，m^3；

　　　　$\overline{V}$——各区域内颗粒平均体积，m^3。

　　均匀性指数 VI 大于 1 时，表明该区域炉料堆积体积大于各区域炉料平均体积，该区域出现炉料集中堆积现象；VI 小于 1 时，表明该区域炉料分布较少。不同粒度下圆周各位置均匀性指数 VI 如图 6-32 所示，周向各区域内颗粒体积波动范围在 ±10% 之间，最小和最大体积相差 20%，由此可知炉料在炉喉周向分布极不均匀。对比三种颗粒大小对圆周均匀性的影响发现，小颗粒、中颗粒和大颗粒料面周向各区域 VI 的标准偏差分别为 0.058、0.054 和 0.072，因此中颗粒料面周向体积波动最小。

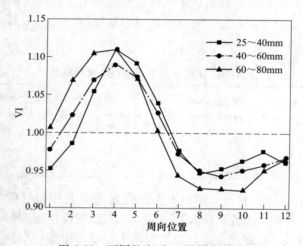

图 6-32　不同粒度下 VI 沿周向分布

6.3.4　料层空隙度分布

　　为了研究料层透气性好坏，对影响透气性分布的空隙度信息进行正确计算十分重要。相对于全局空隙度，局部空隙度更能够反映料层内部空隙度的变化。为此，将料面沿径向分为 7 个等体积正方体计算区域，如图 6-33 所示，每个正方体区域作为一个计算单元，沿料面圆周 12 个方位各设置一组计算单元，最后计算 12 组数据平均值。区域 1 为靠近炉墙的料面，区域 7 为靠近炉喉中心一侧的料面。

　　如图 6-34 所示为不同粒度下，径向各区域平均空隙度分布情况。区域 1 为炉体壁面附近焦炭层，由于壁面效应造成区域 1 空隙度大于其他位置空隙度。对于单一粒级炉料，壁面效应对边缘空隙度影响较大，边缘透气性高于中心，容易造成边缘煤气流过于发展。颗粒粒度越小时，边缘处空隙度相对于料面中心来说差别越小，说明壁面效应作用越弱。因此，实际操作高炉时，可在靠近炉墙位置

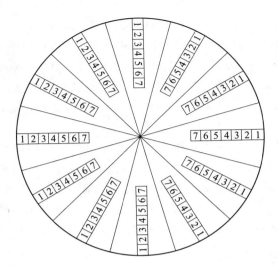

图 6-33 料层中空隙度计算单元分布

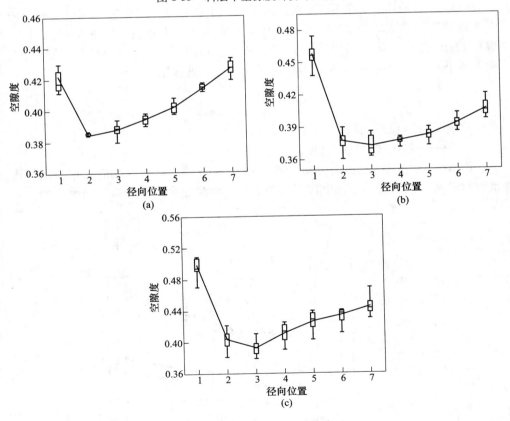

图 6-34 空隙度沿径向分布

（a）25~40mm；（b）40~60mm；（c）60~80mm

布小粒径炉料，以降低壁面效应导致的边缘煤气流过分发展。

区域 2 处的空隙度最小，此位置为料堆外堆角，即焦炭平台，粒径较小的颗粒容易集中分布在料流落点处，而焦炭平台位置基本就是落点所在范围，大颗粒之间空隙容易被小颗粒填充。越靠近炉喉中心，料面空隙度越高。这主要由于炉喉中心处的炉料是沿料堆内堆面滚动堆积形成，所以炉料相对松散，颗粒与颗粒之间空隙较大。

三种粒度料面空隙度分布对比发现，大颗粒料面空隙度在径向各位置上最大，各位置空隙度均大于 0.4；中颗粒料面空隙度最小，大部分区域空隙度低于 0.4；小颗粒料面空隙度大于中颗粒组成的料面，料面各区域平均空隙度在 0.38~0.43 之间波动。25~40mm 粒级分布宽度为 15mm，40~60mm 和 60~80mm 粒级分布宽度为 20mm，小颗粒粒级分布宽度较窄，所以空隙度较中颗粒要高。

6.3.5 料层透气性

一般常用 Ergun 方程来计算料床压降，用于评价整个料床的透气性。高炉内煤气以湍流状态运动，摩擦阻力损失比运动阻力小得多，故可以忽略摩擦阻力。根据 Ergun 方程的运动阻力项，料层空隙度、颗粒平均粒径和料层单位压降有关，本书定义透气度 TI 来评价料层透气性好坏，具体见式（6-14）。

$$TI = \frac{1}{1.75} \frac{\varepsilon^3 D_p}{1 - \varepsilon} \tag{6-14}$$

式中　D_p——颗粒平均粒径，m；

　　　ε——各区域平均空隙度。

图 6-35 为透气度沿径向分布，对比图 6-34 可知，空隙度大的区域，透气度也相对较高，透气度和空隙度成正相关关系。颗粒粒度是影响料层透气性的另一

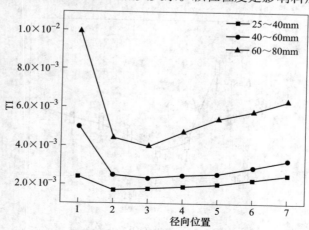

图 6-35　不同粒度下 TI 沿径向分布

个重要因素，大颗粒和小颗粒组成的料层，空隙度差别不大，但是大颗粒料层透气度 TI 是小颗粒料层的 2 倍左右。大颗粒、中颗粒和小颗粒边缘透气度分别是料面中间区域的 2.5、2.1 和 1.4 倍左右。这对实际生产具有指导意义：若要加重边缘，可以将小粒径焦炭布至靠近炉墙位置；在实行烧结矿分级入炉的高炉上，筛分出的小粒径烧结矿也可集中布至于炉墙位置；对于焦炭分级入炉时，同时要限制原始大块焦粒度，防止边缘透气性高于中心太多而引起的边缘煤气流过盛。

6.4 多粒级炉料分布及透气性研究

粒度偏析是所有涉及处理散料的工业过程面临的主要问题之一，尤其是组成散料的颗粒粒度分布范围较广时，偏析问题更加突出。在高炉炼铁环节，所用炉料为大小不一的矿石颗粒和焦炭颗粒，粒度偏析问题带来的高炉生产成本问题不可忽视。

受限于检测手段的作用范围，布料过程中主要控制两点：一是料面形状，二是矿焦比分布。雷达、机械探尺常用于料面检测，很容易得出料面形状和矿焦比分布情况。对于料层粒度分布和空隙度分布等信息很难在生产过程中检测得出，因此，通过数值计算获取料层内部粒度和空隙度信息十分必要。

6.4.1 模型建立

根据实际 5500m³ 高炉，建立了并罐式无钟炉顶全模型，如图 6-36 所示，主要包括矿焦槽、上料主皮带、受料斗、料罐、Y 形管、中心喉管、旋转溜槽和炉喉。实际生产中，块矿料仓和焦炭料仓并列放置，共用一条输焦皮带，烧结矿料仓和球团矿料仓并列布置，共用一条输矿皮带。为了减少计算量，皮带模型做了缩短设置。

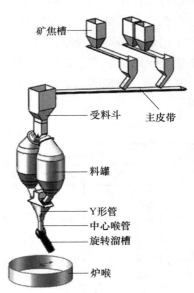

图 6-36 并罐式无钟炉顶系统物理模型

并罐式无钟炉顶系统几何模型参数如表 6-31 所示。

表 6-31 并罐式无钟炉顶系统几何模型参数

参数	数值	参数	数值
主皮带倾角/(°)	9.4	换向溜槽长度/m	2.2
换向溜槽宽度/m	0.93	主皮带宽度/m	2.1
主皮带速度/m·s⁻¹	2	主皮带长度/m	30

参数	数值	参数	数值
料罐容积/m³	104	中心喉管高度/m	2.916
溜槽倾动距/m	1.015	挂点至零料线距离/m	6.793
中间漏斗倾角/(°)	35	中心喉管直径/m	0.73
溜槽截面直径/m	1.01	料线高度/m	1.3
中间漏斗高度/m	2.224	旋转溜槽长度/m	4.5
溜槽旋转速度/s·r⁻¹	8.5	炉喉直径/m	11.2

6.4.2 材料物性参数

离散单元法可以直接模拟颗粒运动情况，是研究颗粒运动的有力工具，但对于包含大量矿石颗粒的高炉系统，用离散单元法对其实际工况进行模拟研究现在还存在许多困难。为减少计算量，只计算单批焦炭在炉顶运动情况。由于生产过程中初始料面难以确定，故在计算过程中焦炭布入水平料面。计算初始时矿石在矿焦槽内随机生成，在重力作用下到达上料主皮带，实际入炉焦炭粒度分布如表 6-32 所示，模拟所用焦炭物性参数见表 6-33，布料过程中的布料矩阵如表 6-34 所示。

表 6-32 实际入炉焦炭粒度分布

工况	25~40mm		40~60mm		60~80mm		总和	α/%
	W_i/%	颗粒数	W_i/%	颗粒数	W_i/%	颗粒数		
0-1-0	0	0	100	456059	0	0	1163758	0
1-8-1	10	164053	80	364537	10	16954	377987	16.72
2-6-2	20	327536	60	273466	20	33910	237883	23.51
3-4-3	30	491531	40	182179	30	50894	359807	28.64
1-1-1	33.33	545786	33.34	151803	33.33	56447	524753	30.14
4-2-4	40	655276	20	91185	40	67665	439816	32.90
5-0-5	50	819610	0	0	50	84676	338435	36.59

注：W_i 为质量分数，α 为相对标准差。

表 6-33 炉料物性参数

参数	焦炭	皮带	墙壁
表观密度/kg·m⁻³	1050	1200	4500
剪切模量/Pa	$2.2×10^8$	$1.0×10^8$	$5.0×10^{10}$
泊松比	0.22	0.4	0.3

表 6-34　布料矩阵

角度/(°)	37	35	33	30	27	24	21	9.5
圈数/圈	6	3	2	2	2	1	1	3

大高炉焦炭粒径最佳范围为 25~80mm，过大和过小的焦炭都对料层透气性有着较大影响。本次计算主要分析 40~60mm 焦炭不同配比，对布料操作各环节的影响。分析从 40~60mm 占比 100% 到 0 共 7 种不同工况，分析不同粒级分布下，炉料体积、粒度和空隙度分布的差异。

本文将研究料层堆积结构，粒度变化对堆积结构参数影响很大，故不能采取放大颗粒粒径的办法来减少计算量，计算时对粒级采用和实际相同的粒径。实际炉料中包含小于 25mm 和大于 80mm 的焦炭，为了简化计算方案，不考虑上述两种粒级焦炭，默认小于 25mm 焦炭被当作焦丁和矿石混合布入炉内，大于 80mm 焦炭经破碎加入炉内。

6.4.3　皮带上炉料分布

炉料从料仓中流出下落到运输皮带，由于皮带有向前运动的速度以及皮带与炉料间的摩擦力，炉料随皮带运动进入受料斗，最后装入称量料罐内，如图 6-37 所示。炉料随着皮带向前运动的过程中，由于颗粒与皮带间的摩擦以及小颗粒通过颗粒间隙向下渗透，使炉料在皮带厚度方向上出现粒度分布不均匀，如图 6-37（a）~（f）所示为皮带末端横截面处不同粒径颗粒分布情况。图中黄色代表小颗粒，灰色代表中颗粒，黑色代表大颗粒，中颗粒在皮带厚度方向上成均匀分布，小颗粒倾向于分布在下部，大颗粒大多数分布在料层上部。

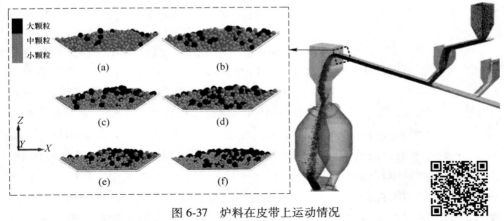

图 6-37　炉料在皮带上运动情况

（a）1-8-1；（b）2-6-2；（c）1-1-1；（d）3-4-3；（e）4-2-4；（f）5-0-5　扫码看彩图

当原料粒级分布发生改变时，颗粒的分布规律不变，对比图 6-37（a）和（c），当中颗粒质量分数由 80%减少到 33.34%时，中颗粒没有像小颗粒和大颗粒一样出现聚集一处的现象。小颗粒分布在皮带下部的主要原因是渗透效应和巴西坚果效应，部分中颗粒和大颗粒从料仓中落下时就分布在皮带下部，但不会出现集中分布的现象。

为了进一步研究炉料在皮带上的分布特点，在主皮带末端设置统计网格，如图 6-38 所示，在皮带厚度方向上依次划分四层网格，从上至下分别为 B1、B2、B3 和 B4，网格长度为 1000mm，网格总厚度和皮带横截面高度一致，四层网格总厚度为 383mm。由于最上层网格 B1 内的颗粒数目较少，同时为了方便后续的论述，将网格 B1 和 B2 内的颗粒合并统计。统计每个网格内不同粒径颗粒的体积，计算其所占的体积分数，结果如图 6-39 所示。统计柱状图内，黄色区域表示小颗粒所占体积分数，灰色区域表示中颗粒所占体积分数，深蓝色区域代表大颗粒所占体积分数。皮带厚度方向分为上、中、下三个位置，其中"上"为 B1 和 B2 网格所在区域，"中"为 B3 网格，"下"为 B4 网格。

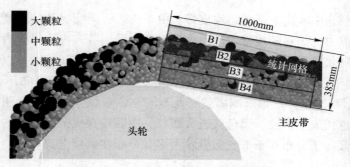

图 6-38   主皮带末端统计网格位置示意图

扫码看彩图

从图 6-39 中可以看出，大颗粒和小颗粒在皮带上的分布规律相反。在皮带上部，大颗粒所占体积分数远大于其在所有炉料中所占的比例，而小颗粒所占体积分数正好相反。图 6-39（a）为工况 1-8-1，炉料中大颗粒和小颗粒都占 10%，中颗粒占 80%。但是在皮带上部区域中，大颗粒体积分数为 19%，小颗粒体积分数为 4%，大颗粒在皮带上部出现富集。在皮带下部区域中，大颗粒体积分数为 4%，小颗粒体积分数为 19%，小颗粒在皮带下部出现富集。在皮带中部区域，大颗粒和小颗粒体积分数都为 9%，中部区域没有出现偏析现象，各粒径颗粒所占体积分数和初始粒径分布一致。当原料粒级分布发生改变时，中颗粒在皮带厚度方向上各区域内所占体积分数基本和入炉比一致，这证明中颗粒在料层中是均匀分布的。

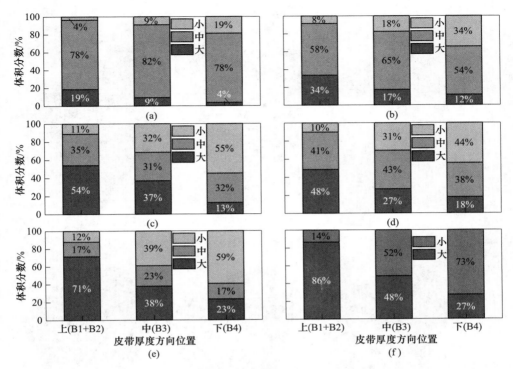

图 6-39 皮带厚度方向上炉料粒度分布

(a) 1-8-1; (b) 2-6-2; (c) 1-1-1; (d) 3-4-3; (e) 4-2-4; (f) 5-0-5

6.4.4 料罐中炉料分布

炉料从皮带落入料罐，并在料罐内堆积，如图 6-40 所示。图中红色颗粒代表大粒径颗粒，绿色颗粒代表中等粒径颗粒，蓝色颗粒代表小粒径颗粒。图 6-40（a）~（f）分别代表三种粒级分布，图 6-40（a）粒级分布为大颗粒占 10%、中颗粒占 80% 和小颗粒占 10%，图 6-40（b）粒级分布为大颗粒占 20%、中颗粒占 60% 和小颗粒占 20%，图 6-40（f）粒级分布为大颗粒占 50%、中颗粒占 0% 和小颗粒占 50%，其他粒级分布见图下注释。从图 6-40（a）可知，中颗粒在料堆中均匀分布，没有出现偏析现象，只有大颗粒和小颗粒在料堆中出现偏析分布，对于图 6-40（b）~（e）也是相同分布规律。由此可知大颗粒和小颗粒容易出现偏析分布，而中颗粒倾向于均匀分布在料堆中。

为了研究大小颗粒分布规律，设计颗粒粒级分布为 5-0-5 的工况，属于二元颗粒粒度分布，如图 6-40（f）所示。小颗粒在料罐下部壁面附近出现富集，大颗粒在料罐下部壁面基本没有分布，这主要是筛分效应导致的小颗粒渗入大颗粒下部。大颗粒在料堆堆脚位置分布较多，而且料罐右边多于左边。

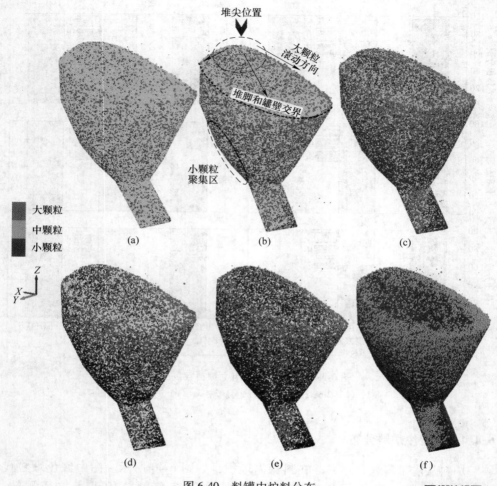

图 6-40 料罐中炉料分布

(a) 1-8-1; (b) 2-6-2; (c) 1-1-1; (d) 3-4-3; (e) 4-2-4; (f) 5-0-5

扫码看彩图

图 6-41 所示为 $Y=0$ 剖面处, 料堆内部颗粒粒径分布情况。由图可知, 料罐中料堆仅有一个堆尖, 堆尖并不在料罐上部圆柱体部分的中心位置, 而是偏向于左侧罐壁部分。颗粒落至料堆时, 滚动而导致的偏析从炉料开始装入到装料结束一直存在。因此, 随着料堆长大, 大颗粒不断在料罐壁面处聚集, 靠近高炉中心线一侧罐壁附近大颗粒数量明显多于另一侧。炉料在料罐中的分布形式为单峰分布, 即只形成一个堆尖。但是左右堆积角并不相等, 导致往料罐内侧壁面滚动的距离较长, 往外侧的滚动距离较短。颗粒在料面上滚动时, 小颗粒会渗透至料面下部, 大颗粒会一只滚动至停止。滚动的距离越长, 终点处的大颗粒所占比例越大。

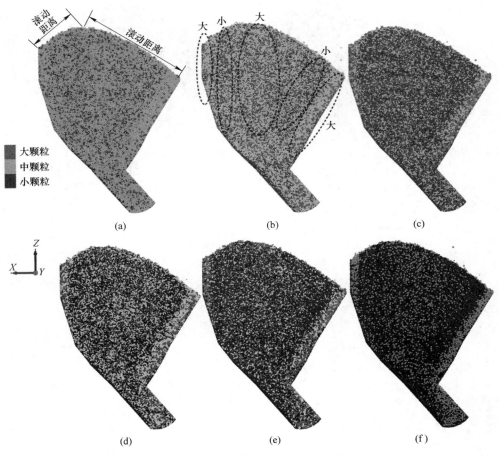

图 6-41　料罐中炉料分布（Y=0 剖面）

(a) 1-8-1；(b) 2-6-2；(c) 1-1-1；(d) 3-4-3；(e) 4-2-4；(f) 5-0-5

将前 18s 装入料罐的炉料标记为浅灰，18~28s 炉料标记为中灰，依次将炉料每隔 10s 标记为一种颜色，整个料堆中不同时刻炉料分布情况如图 6-42 所示。在料罐装料过程中，前一时刻所堆积的料堆堆尖会被下一时刻装入的炉料冲离原来位置。因此，堆尖位置累积的小颗粒会和其他位置颗粒混合，料罐中心的炉料是大小颗粒掺混的，如图 6-42 所示。

图 6-43 为料罐周向统计区域划分示意图，将料罐在不同高度横截面上按圆周方向等面积划分为 8 份，连接每个横截面相应的区域，将料罐在周向上等体积划分为 8 个区域。其中 180°位置对应为皮带来向，90°位置对应为靠近高炉中心线一侧方向。

统计各区域炉料体积，绘制图 6-44 周向炉料体积分布图。由图 6-45 可知，

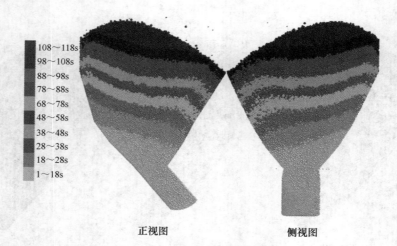

108~118s
98~108s
88~98s
78~88s
68~78s
48~58s
38~48s
28~38s
18~28s
1~18s

正视图　　　　　　　　　侧视图

图 6-42　不同时刻炉料分布

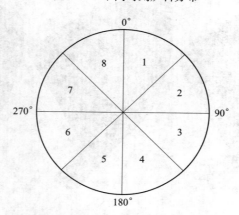

图 6-43　料罐周向区域划分示意图

料罐中的料堆堆尖位置并不在两个料罐的中心连线上，如图 6-44 所示，而是在区域 5、6 集中堆积，其炉料体积超过 $4.5m^3$，而区域 1、2 的炉料体积低于 $3.0m^3$。京唐高炉炉顶装料设备所用的换向溜槽横截面形状为半圆形，炉料在溜槽上运动时会沿内壁爬升，图 6-46 换向溜槽横截面处。炉料由皮带运输至炉顶时，料流撞击集料斗一侧，炉料集中落至换向溜槽一侧，即靠近 0° 方位。由于上述的爬升现象，在溜槽出口，炉料从靠近 180° 方位流出，此时炉料不仅有垂直方向的速度，还有沿 0° 指向 180° 方向的水平速度，所以炉料会落至料罐中的区域 5 和 6 位置。从图 6-44 中也可以看出，混合炉料颗粒粒级的变化对于料流体积分布影响不大，料罐周向各区域炉料体积基本不随粒级变化而改变。

　　虽然粒级变化对炉料总体积的分布影响不大，但是大小颗粒的偏析分布会对高炉生产造成影响。图 6-47 为 SI 指数和颗粒平均粒度在料罐周向的分布情况，

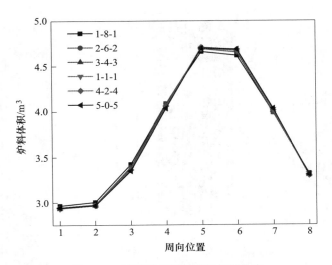

图 6-44 料罐周向区域炉料体积分布

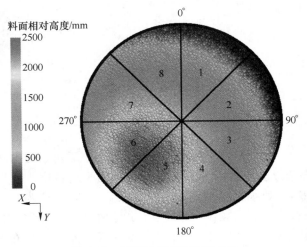

图 6-45 料罐料堆料面高度分布 扫码看彩图

SI 指数定义为一区域中某粒级炉料比例相对于整个区域该粒级炉料比例的偏离程度，具体见式（6-15）。

$$SI = \frac{N_i}{\overline{N_i}}$$ （6-15）

式中 N_i——某粒级 i 在某区域中的体积分数；

$\overline{N_i}$——某粒级 i 在整个区域中的平均体积分数。

若 SI 大于 1，说明粒级 i 在该区域所占比例大于初始的比例，即出现粒级 i

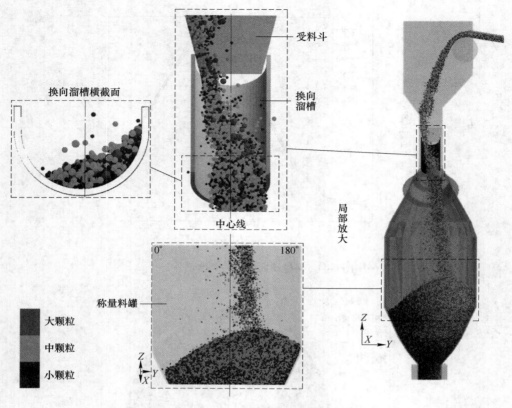

图 6-46 炉料从换向溜槽至料罐运动过程

富集。若 SI 小于 1，说明粒级 i 在该区域所占比例小于初始的比例。

图 6-47 中左边纵坐标轴为 SI，右纵坐标轴为平均粒度，横坐标为料罐周向位置。区域 4、5、6 处小颗粒 SI 达到 1.2 左右，大颗粒 SI 为 0.8 左右，说明该区域小颗粒分布较多，而大颗粒分布较少，综合作用下，导致炉料平均粒度在该区域出现极小值。区域 1 和区域 8 的情况正好相反，小颗粒分布较少，大颗粒分布较多，炉料平均粒度较大。这是因为炉料从换向溜槽流出落至料罐时落点位置单一，最终形成一个单峰的料堆（从图 6-47 可以得出）。大颗粒炉料由于较强的滚动效应，会从堆尖位置沿料面滚动至堆脚，即区域 1 和区域 8 大颗粒分布较多。小颗粒炉料不易滚动，且容易镶嵌在颗粒与颗粒之间的缝隙之中，所以小颗粒倾向于停留在堆尖位置，即区域 4 和区域 5 小颗粒分布较多。

图 6-48 为计算所得不同粒级分布下 SI 的标准偏差，中颗粒 SI 的标准偏差在 0.02 左右，远小于大颗粒 SI 和小颗粒 SI 的标准偏差，中颗粒 SI 曲线在周向上稳定在 1.0 左右，说明中颗粒有良好的流动性，既不会停留在堆尖位置不动，也不会集中滚动至堆脚位置。随着中颗粒所占百分比减少，大、小颗粒增加，中颗粒

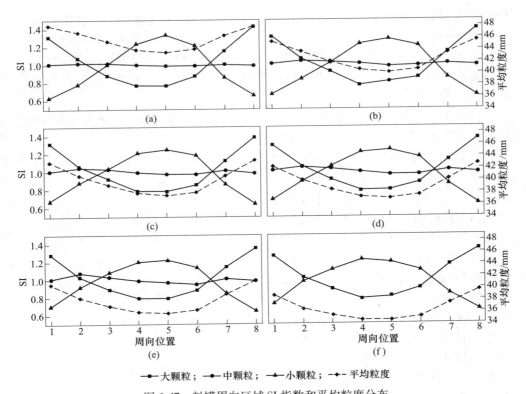

图 6-47 料罐周向区域 SI 指数和平均粒度分布

（a）1-8-1；（b）2-6-2；（c）3-4-3；（d）1-1-1；（e）4-2-4；（f）5-0-5

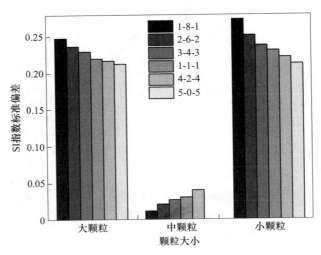

图 6-48 料罐周向区域不同粒级分布下 SI 的标准偏差

SI 的标准偏差逐渐增加，大颗粒和小颗粒 SI 的标准偏差逐渐减小，证明中颗粒在料堆周向的分布逐渐不均匀，而大颗粒和小颗粒逐渐均匀分布。但是中颗粒 SI 的标准偏差远小于大颗粒和中颗粒，进一步说明中颗粒在料层中的运动规律和大小颗粒相差很大，即使中颗粒在入炉料中所占百分比减小，中颗粒仍能保持在料层中的均匀分布。

　　图 6-49 为料罐径向区域划分示意图，将料罐沿径向划分为十个等体积区域，180°为皮带来向，90°方向为靠近高炉中心线一侧。

　　图 6-50 所示为料罐径向区域炉料体积分布，区域 1~5 的炉料总体积大于区域 6~10，区域 5 炉料体积最多。炉料从换向溜槽流出时，水平方向具有一初速度，所以靠近高炉中心线一侧的炉料分布较少。料罐中料堆并非对称分布，料堆两侧堆角不同。靠近高炉中心线一侧堆角较大，远离高炉中心线一侧堆角较小。这主要是由于炉料落至料面时有一水平速度，所以炉料仍会向壁面运动，直到碰到壁面后停止，所以区域 1~5 一侧料堆堆角较小。颗粒粒级变化对炉料在料罐径向分布影响不大，不同粒级炉料分布规律一致。

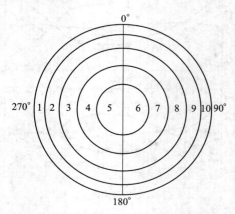

图 6-49　料罐径向区域划分示意图

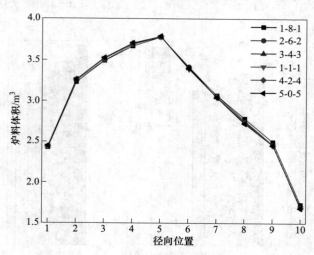

图 6-50　料罐径向区域炉料体积分布

　　料罐径向各区域 SI 和平均粒度分布情况，如图 6-51 所示。从平均粒度曲线可以看出，出现 3 个极大值和 2 个极小值，从远离高炉中心线到靠近高炉中心线一侧，料罐中炉料呈大、小、大、小、大的粒度分布。随着炉料不断装入料罐中，料罐内料堆堆尖位置不断向高炉中心线一侧靠近，小颗粒倾向于停留在堆尖处，大颗粒容易滚落到堆脚附近，因此出现了两个小颗粒炉料集中的区域，分别在区域 3 和区域 7 处。

从大颗粒和小颗粒的偏析指数 SI 分布曲线可以看出，大颗粒在料罐的壁面附近集中分布，而且区域 10 比区域 1 的 SI 要大。对于粒级分布为 1-8-1 的炉料，如图 6-51（a）所示，原始炉料中大颗粒质量分数为 10%，在料罐中径向不同区域质量分数波动范围相对较大：靠近高炉中心线一侧的区域 10，大颗粒偏析指数 SI 达到 2.1 左右，该区域内大颗粒质量分数增大为 21%；远离高炉中心线一侧的区域 1，大颗粒偏析指数 SI 为 1.7 左右，大颗粒质量分数增大为 17%，证明靠近高炉中心一侧堆角大颗粒分布更加集中，堆角所在壁面处颗粒平均粒度更大。随着原料粒级分布变化，例如粒级分布为 4-2-4 的炉料，如图 6-51（e）所示，区域 1 和区域 10 的大颗粒偏析指数减小至 1.2 和 1.6 左右，大颗粒偏析指数 SI 波动范围减小，大颗粒在料罐径向上偏析减弱。

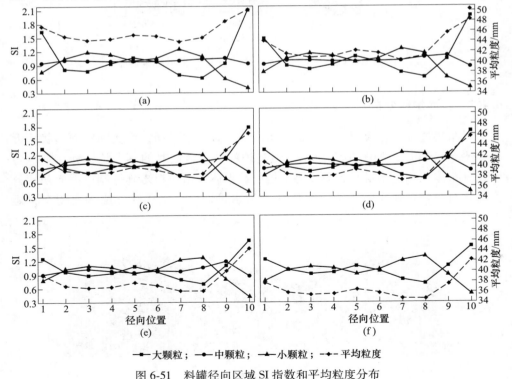

图 6-51　料罐径向区域 SI 指数和平均粒度分布

（a）1-8-1；（b）2-6-2；（c）3-4-3；（d）1-1-1；（e）4-2-4；（f）5-0-5

当中颗粒所占质量分数从 80% 降至 20% 时，偏析指数 SI 波动范围逐渐增加，其中区域 9 处 SI 从 1.0 增长到 1.2。当炉料中某一粒级颗粒所占质量分数减少时，SI 的标准偏差增大，见图 6-52，偏析指数 SI 波动增大，说明其在料罐径向上偏析程度变大。大颗粒的 SI 标准偏差随着大颗粒所占比例的改变，其波动范围很大，主要是因为在料罐内颗粒的滚动偏析现象较为明显，大颗粒滚动性能最好，因此偏析较为明显。

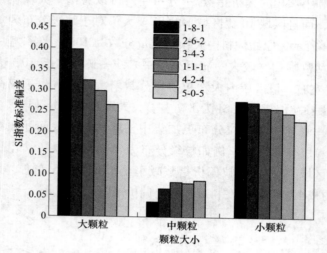

图 6-52　料罐径向区域不同粒级分布下 SI 的标准偏差

6.4.5　料面炉料分布

对布料过程进行模拟计算时，初始料面设置为水平面，而实际料面形状接近于"平台+鼓包"，如图 6-53 所示。但是炉料落至料面时的落点位置和在炉喉各区域分布体积和初始料面无关，每个档位炉料体积由布料矩阵控制，因此初始料面形状对布料规律影响不大。初始料面为水平面时，采用实际高炉所用布料矩

图 6-53　炉喉料层炉料分布

阵，炉喉料面各区域炉料高度分布如图 6-54 所示。初始料面所在位置为 1.3 料线所在水平面，即坐标为 $Z=-1300mm$ 处，零料线所在位置坐标为 $Z=0$ 处。图 6-54 中料面相对高度的值越大，料层高度越大；料面相对高度的值越小，颗粒越接近 1.3 料线。炉喉中心区域料面较边缘和中间区域要高，这是因为初始料面为水平面，但是不影响后续分析。

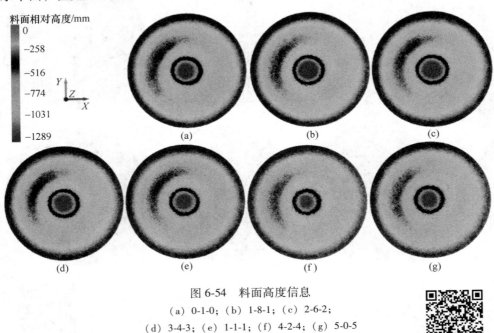

图 6-54　料面高度信息
(a) 0-1-0；(b) 1-8-1；(c) 2-6-2；
(d) 3-4-3；(e) 1-1-1；(f) 4-2-4；(g) 5-0-5

扫码看彩图

由图 6-54 可知，原燃料粒级的变化对炉料在炉喉料面处的分布影响并不大。查阅资料可知，物理模型试验所用的矿石和焦炭与高炉所用炉料并非一致，但是并不影响最终结果应用于实际高炉之中。所以说在研究炉料运动和分布规律时，可以适当简化炉料粒度组成。

从图中也可看出并罐式炉顶设备造成的炉料周向分布偏析，负 X 方向料层高于正 X 方向，正 Y 和负 X 轴之间区域的炉料体积要大于其他方位。炉料粒级的变化对这种偏析也没有改变，对炉顶设备进行改造或采用更加灵活的布料制度才是修正并罐偏析的正确方向。

图 6-55 和图 6-57 所示为料层剖面炉料粒度分布，两个剖面分别为 $Z=1100mm$ 和 $Y=0$ 所在平面。图中，大颗粒用红色表示，中颗粒用绿色表示，小颗粒用蓝色表示。图 6-56 可以看出，大颗粒集中的区域有两个，一个在靠炉墙的环状区域，另一个是中心焦柱位置，小颗粒集中分布在料面中间区域，中颗粒则均匀分布在料面各处。布料时，炉料在溜槽最大倾角时未撞击炉墙，见图 6-

56（a），料流外侧距离炉墙约 600mm。因此分布在料流外侧的大颗粒容易滚至炉墙位置，所以出现边缘环状大颗粒聚集区域。图 6-56（b）为最外环布 3 圈之后，大颗粒炉料滚至炉墙区域，形成大颗粒聚集区域。

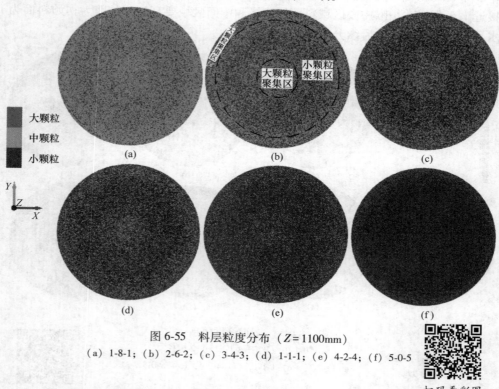

图 6-55　料层粒度分布（$Z = 1100mm$）

（a）1-8-1；（b）2-6-2；（c）3-4-3；（d）1-1-1；（e）4-2-4；（f）5-0-5

扫码看彩图

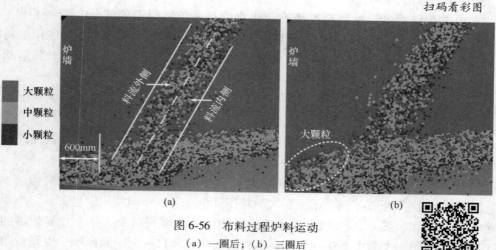

图 6-56　布料过程炉料运动

（a）一圈后；（b）三圈后

扫码看彩图

从图6-57和图6-58可以看出，在料层厚度方向上，大颗粒集中分布在上层，小颗粒集中分布在料层下部。在中心焦堆的堆脚处，出现许多滚落到该处的大颗粒，造成次中心煤气流较为发展。由于布料时料流距离炉墙较远，料面和炉墙之间形成一个缓坡，大颗粒炉料容易沿坡面滚至炉墙处。

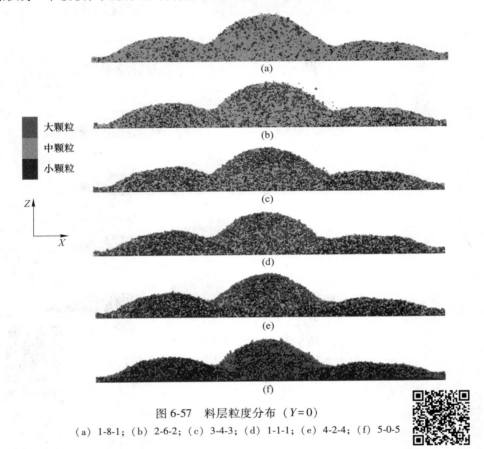

图6-57 料层粒度分布（$Y=0$）

（a）1-8-1；（b）2-6-2；（c）3-4-3；（d）1-1-1；（e）4-2-4；（f）5-0-5

扫码看彩图

影响料层透气性的因素包括炉料平均粒度、粒级分布、料层空隙度和料层厚度等，日常生产中对料层厚度关注较多，主要根据料尺下降情况来分析料层厚度分布，但是一般仅能获得两个方位的厚度信息，而且还是边缘位置的料层厚度。如果能够掌握整个料面周向和径向上炉料分布信息，那么高炉布料的可控制性和精确性将得到增强。

炉料在炉喉圆周方向的体积分布主要影响高炉圆周工作均匀性，为评价炉料圆周分布的均匀性，制定炉料圆周分布均匀性指数 VI，计算见式（6-16）。

$$VI = \frac{V_i}{\overline{V}} \tag{6-16}$$

式中　V_i——区域 i 中炉料体积，m^3；

　　　　$\bar{V}$——周向各区域平均体积，m^3。

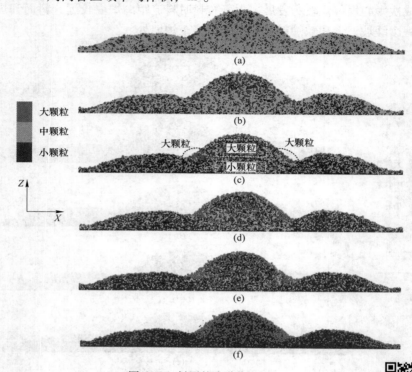

图 6-58　料层粒度分布（$Y=0$）

（a）1-8-1；（b）2-6-2；（c）3-4-3；（d）1-1-1；（e）4-2-4；（f）5-0-5

将炉喉沿周向划分 12 个等体积区域，如图 6-59 所示，0°方向对应为皮带来向，270°对应右料罐方位，90°对应左料罐方位。

并罐式无钟炉顶布料过程存在流量偏析，炉喉周向炉料体积分布波动较大。如图 6-60 所示，周向各区域炉料体积最大值和最小值相差 20%左右，主要有两方面原因：一方面由于炉料在中心喉管一侧偏行而导致的溜槽出口流量偏析，另一方面由于溜槽布料过程中开始和结束时流量较小而导致首尾不接现象。炉料粒级变化时，周向炉料体积分布改变不大。

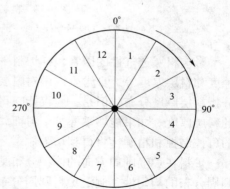

图 6-59　炉喉周向区域划分示意图

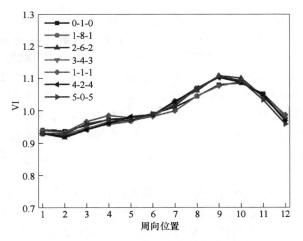

图 6-60 炉喉周向炉料体积分布

日常生产中仅能估计大致料层厚度分布情况，对于料层中颗粒粒度分布情况很难直接获得，而粒度分布信息对掌握料层透气性十分重要。由图 6-61 可知，

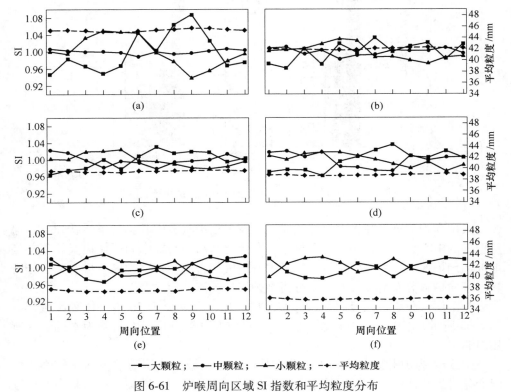

图 6-61 炉喉周向区域 SI 指数和平均粒度分布
(a) 1-8-1; (b) 2-6-2; (c) 3-4-3; (d) 1-1-1; (e) 4-2-4; (f) 5-0-5

料层中大颗粒、中颗粒和小颗粒质量分数并非固定不变，不同区域内炉料粒度构成不同。当初始炉料中 40~60mm 粒级颗粒质量百分数由 80% 逐渐减少为 20% 时，SI 曲线刚开始在 1.0 左右轻微变化，最后在 0.98~1.02 之间波动，中颗粒偏析指数 SI 波动程度不断增强。高炉内小颗粒分布情况，直接影响局部料层的透气性，小颗粒聚集将导致局部空隙度过高。区域 3~5 处小颗粒 SI 指数偏大，说明此区域小颗粒所占质量百分数大于整个炉料中小颗粒的质量百分数。大颗粒 SI 指数变化情况正好和小颗粒相反，区域 8~10 处出现大颗粒聚集的现象。

料罐周向 SI 指数在 0.6~1.4 之间波动，炉喉周向 SI 指数在 0.96~1.04 之间波动，炉喉 SI 指数波动范围更小。图 6-62 为炉喉周向区域不同粒级分布下 SI 的标准偏差，大、中、小三种粒级的 SI 标准偏差在 0.01 左右，SI 在炉喉周向各区域变化较小。这是因为在料罐中炉料形成一个单峰料堆，炉料在炉喉中形成的是多环多峰堆积料堆，大小颗粒在堆尖和堆脚处的偏析现象得到控制。

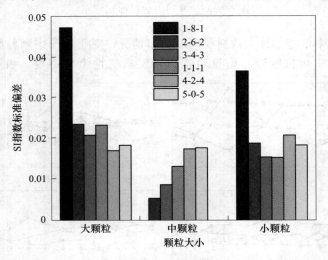

图 6-62   炉喉周向区域不同粒级分布下 SI 的标准偏差

大型高炉炉缸直径大，单纯依靠风口鼓风很难吹透中心。为了活跃炉缸，保持稳定的中心煤气流是关键，通过中心布焦提高高炉料柱中间区域焦炭体积，是上部调剂炉况的一种有效手段。料层中心透气与否还和料层粒度组成有关，分析料层径向炉料分布情况，有助于分析高炉煤气流流动形式。

为了深入分析炉喉径向炉料分布，将炉喉径向划分为 20 个等体积区域，如图 6-63 所示。270° 对应右料罐方位，90° 对应左料罐方位，左料罐为本批炉料所用料罐。

图 6-64 为炉喉径向炉料体积分布情况，各区域中体积随粒级变化较小，粒级变化对炉料体积分布影响较小。炉料在径向上形成两个堆尖，一个是中心焦堆的堆尖，另一个是正常布料过程中形成的堆尖。

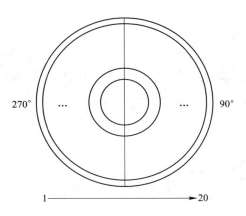

图 6-63　炉喉径向区域划分示意图

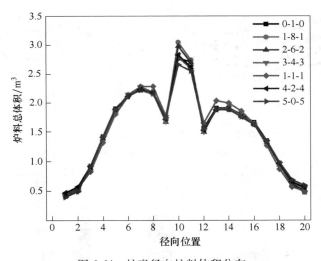

图 6-64　炉喉径向炉料体积分布

　　炉喉径向区域 SI 指数和平均粒度分布，如图 6-65 所示。随着原料中大颗粒所占比例增加，区域 1 处大颗粒 SI 指数从 1.7 减少至 1.4 左右，径向炉料平均粒度曲线和大颗粒偏析指数 SI 曲线趋势逐渐一致。

　　小颗粒 SI 曲线趋势和大颗粒 SI 曲线趋势相反，大颗粒所占比例大的区域中，小颗粒所占比例较少，如图 6-65（f）所示。各区域中 40~60mm 粒级炉料质量分数基本和初始原料一致，但随着原料中中颗粒质量分数减少，中颗粒 SI 曲线出现波动。

　　为了研究三种粒级颗粒 SI 在炉喉径向上随着粒级变化的波动情况，计算了各粒级的 SI 标准偏差，结果见图 6-66。随着原料中中颗粒质量分数减少，中颗

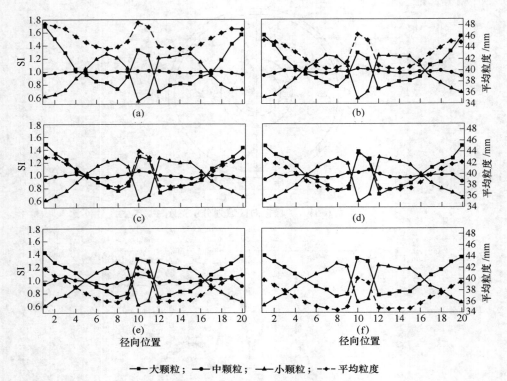

图 6-65　炉喉径向区域 SI 指数和平均粒度分布

（a）1-8-1；（b）2-6-2；（c）3-4-3；（d）1-1-1；（e）4-2-4；（f）5-0-5

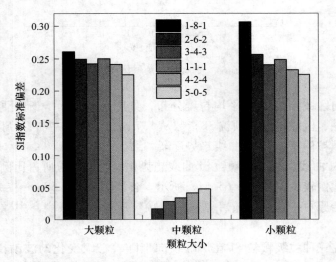

图 6-66　炉喉径向区域不同粒级分布下 SI 的标准偏差

粒 SI 标准偏差逐渐增大，大颗粒和小颗粒 SI 标准偏差逐渐减少，但是中颗粒 SI 标准偏差在 0.03 左右，大颗粒和小颗粒 SI 标准偏差在 0.25 左右，大颗粒和小颗粒的偏析程度是中颗粒的 8 倍。

6.4.6 料面空隙度分布

并罐式无钟炉顶布料的不均匀，不仅体现在料面周向分布的不均匀，还体现在料层空隙度分布的不均匀。无论是炉料的周向体积分布，还是料层内部空隙度分布，都会对煤气流的分布起重要作用。

实际生产中无法获得料层中空隙度分布信息，物理试验也很难获得准确的空隙度。数值计算所得空隙度分布如图 6-67 所示，选取 $Y=0$ 平面和 $Z=1100\mathrm{mm}$ 平面为研究对象。Z 轴为料层高度方向，X 轴为料层径向方向，正 X 方向对应为左料罐位置，负 X 轴方向对应为右料罐位置。料层底部和炉墙附近区域空隙度大于 0.46，如图 6-67 所示，这些区域在不同粒级分布下，空隙度分布基本一致，主要是由于计算方法无法消除壁面效应的影响而导致的。料层内部空隙度变化可以反应粒级变化的影响，而粒级变化对边缘空隙度分布影响不大，所以之后仅分析料层内部空隙度变化。图 6-68 和图 6-69 只显示空隙度值为 0.36~0.46 之内的区域，可以避开壁面效应的干扰。

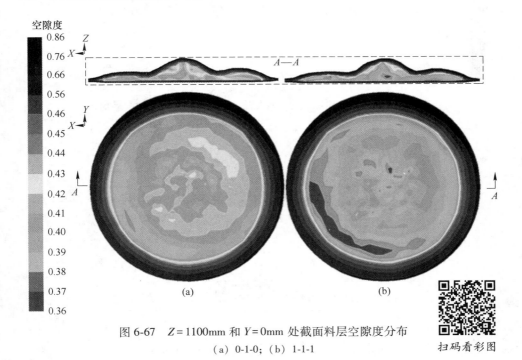

图 6-67　$Z=1100\mathrm{mm}$ 和 $Y=0\mathrm{mm}$ 处截面料层空隙度分布
(a) 0-1-0；(b) 1-1-1

扫码看彩图

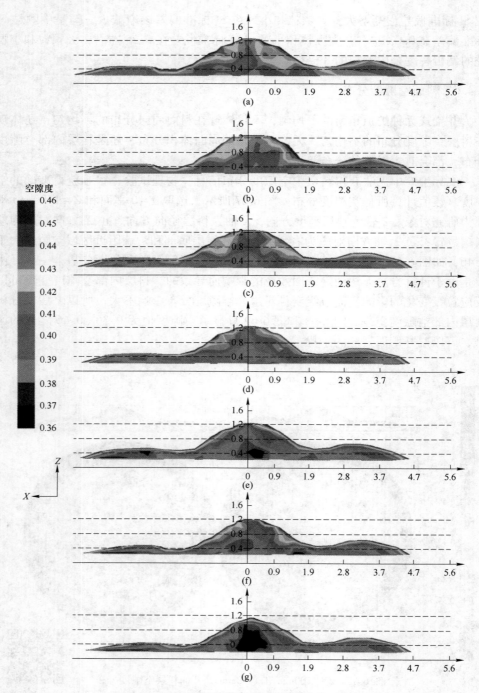

图 6-68 炉喉料层纵向空隙度分布（$Y=0$ 剖面）

（a）0-1-0；（b）1-8-1；（c）2-6-2；（d）3-4-3；（e）1-1-1；（f）4-2-4；（g）5-0-5

　　料层透气性不仅与空隙度有关，还和炉料粒度有关，粒度组成又影响空隙度的大小。虽然中心焦柱部分平均粒度较大，但是料柱高度方向上存在颗粒粒度偏析，由于小颗粒容易从大颗粒之间的空隙渗透到底部，所以料层底部空隙度相对于上部空隙度有所减小。小颗粒渗透现象对中心焦柱区域空隙度分布影响较大，从图 6-68 中可以看出，焦柱的下部区域空隙度明显小于焦柱上部区域。当下一批焦炭布到中心时，交界面处两批焦炭中大小颗粒进一步掺混，更加恶化局部透气性。

　　当原料内中颗粒数目减少，小颗粒和大颗粒数目增多，小颗粒和大颗粒接触也越多，空隙度也越低。图 6-68（g）所示工况为 5-0-5，初始炉料粒度分布为大颗粒和小颗粒各占 50%，从图 6-68（f）可知，高炉中心处颗粒质量百分数和初

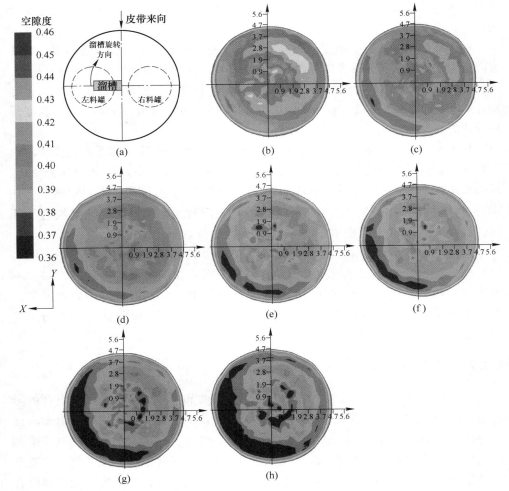

图 6-69　炉喉料层径向空隙度分布（$Z = 1100\text{mm}$ 剖面）

（a）剖面示意图；（b）0-1-0；（c）1-8-1；（d）2-6-2；（e）3-4-3；（f）1-1-1；（g）4-2-4；（h）5-0-5

始分布不同，大颗粒占70%左右，小颗粒占30%左右，小颗粒将大颗粒之间空隙填充，导致中心处空隙度相比于径向其他位置要低很多。

中心加焦的目的是保证中心气流通道顺畅，空隙度变化较大时，造成中心料层透气性急剧恶化，对于高炉顺行危害极大。因此，采用中心加焦制度时，防止出现双峰粒级分布，控制初始炉料中等颗粒焦炭质量占40%以上。中颗粒数量低于33.33%之后，中心焦柱空隙度急剧下降，将导致中心煤气流减弱，大多数煤气从次中心通过，对软熔带形状造成很大影响。所以对于加至中心的焦炭，其粒度不宜过大，而是控制焦炭的均匀性，防止恶化中心焦柱空隙分布。

如图6-69所示为零料线以下1.1m所在水平面料层空隙度分布情况，正 X 方向对应为左料罐位置，负 X 轴方向对应为右料罐位置，正 Y 轴方向对应为皮带来向。

整个高炉圆周方向空隙度分布并不均匀，表现在正 X 方向空隙度较低，负 X 方向空隙度较高。在正 X 方向，焦炭平台处存在一条半环带区域，其空隙度最低，这从图6-65中区域12~16可以看出料层内小颗粒质量百分数较高，从图6-57也可知在炉喉料面上靠左料罐一侧小颗粒炉料分布较多，主要是并罐式炉顶布料粒度偏析导致的。

焦炭平台所在环带上和中心焦柱部分区域的空隙度较低，靠近炉墙区域和中心焦堆堆脚区域的空隙度较高。随着原料粒级发生变化，空隙度低于0.38的区域面积也在逐渐扩大。甚至高炉中心区域也出现低空隙度区域，不利于高炉打开中心。针对中心加焦模式，中间环带区域空隙度较大，如果形成纯焦炭透气环区，煤气未经充分反应便达到炉顶，导致此区域煤气利用比较差。

控制原燃料粒级稳定，不仅关系到高炉内煤气流分布稳定，更对高炉稳定顺行产生深远影响。原燃料粒级波动，或者炉料质量向差的方向发展，采取不变的布料制度对高炉生产不利。因此，采取灵活的布料制度，将不同粒度炉料布至不同炉喉位置，容易获得操作人员想要的煤气分布，也能适应高炉冶炼过程需要。

6.4.7　料层压降分布

对于高炉这种逆流式反应容器，内部炉料分布和煤气流变化是两个重要的影响高炉运行的因素。理想状态下，模拟整个高炉内的炉料和煤气流可以为实际高炉提供完整的参考信息，但是在目前技术发展条件下，整个高炉的全比例模拟是不现实的。假设从高炉料面开始到软熔带，炉料位置保持不变，那么料层空隙度和粒度分布也都保持稳定。因此，计算炉喉处料层的压降，对于实际操作也将有一定的指导意义。

在径向上，高炉从炉墙到中心可以分为边缘区、中间区和中心区。通过计算三个区域的压降，我们可以判断三个区域的煤气发展情况，从而改变布料操作。高炉块状区的压降计算可以采取厄根公式：

$$\frac{\Delta p}{H} = 150 \frac{\eta u_0 (1 - \varepsilon)^2}{(d_e \phi)^2 \varepsilon^3} + 1.75 \frac{1 - \varepsilon}{\varepsilon^3} \frac{\rho u_0^2}{d_e \phi} \tag{6-17}$$

式中 Δp——压差，Pa；

     H——料柱高度，m；

     η——气体黏度，Pa·s；

     u_0——空炉气流流速，m/s；

     ε——空隙度；

     d_e——当量直径，m；

     ϕ——形状系数；

     ρ——气体密度，kg/m³。

由于料层中颗粒粒径并非单一粒径，所以引入当量直径概念，当量直径计算公式有很多，主要使用调和平均径，计算公式如下：

$$d_e = \left[\sum_i^N \left(\frac{V_i}{V} \cdot \frac{1}{d_i} \right) \right]^{-1} \tag{6-18}$$

由于颗粒运动速度缓慢，相比于气流速度（约 2~3m/s）较小，所以认为气流和颗粒的相对速度等于气流速度。

根据厄根公式可知，料层压降和阻力系数 k 有很大关系。这里的阻力系数 k 的计算公式如下：

$$k = \frac{1 - \varepsilon}{\varepsilon^3} \tag{6-19}$$

阻力系数是关于空隙度 ε 的函数，图 6-70 为空隙度在 0.1~0.6 范围内变化时，阻力系数的变化情况。当空隙度由 0.1 增至 0.3 时，阻力系数由 900 急剧降低至 26，相当于减少了 97.1%；当空隙度由 0.3 增加至 0.6 时，阻力系数由 26 降低至 1.85，相当于减少了 92.9%。因此，空隙度的轻微变化引起阻力系数较大变动。

图 6-71 所示为不同粒级分布下，料层压降沿炉喉径向分布情况。从图中可以看出：

(1) 炉喉料层中，中间区域压降最大，其次为中心区域，边缘压降远低于中间区域和中心区域压降。由于布料时炉料最外侧落点没有碰到炉墙，因此边缘料层较薄，大颗粒容易滚至边缘，并且受到壁效应的影响，壁面附近空隙度较大，这些因素综合导致边缘压降较低。

(2) 随着炉料中大颗粒和小颗粒的增多，中颗粒所占比例降低，炉料的均

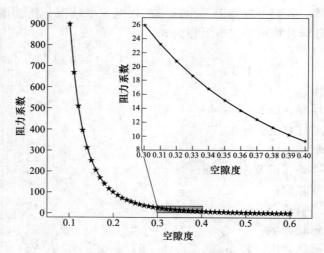

图 6-70 空隙度与阻力系数的关系

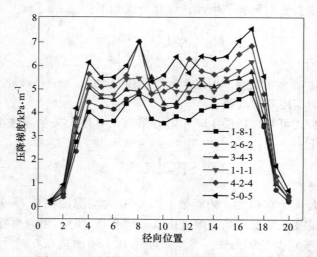

图 6-71 不同粒级分布下料层压降沿径向分布

匀度下降，导致料层的压降随之升高；当工况为 1-8-1 时，中颗粒数量占 80%，小颗粒和大颗粒各占 10%，炉料粒度相对标准差为 16.72%，此时料层压降最低，中间和中心区域压差在 4000Pa/m 左右；当工况为 5-0-5 时，炉料由大颗粒和小颗粒组成，炉料粒度相对标准差为 36.59%，料层空隙度较低，导致料层压降上升至 6500Pa/m 左右。炉料均匀度越高，料层压降越低。

（3）料层压降在径向上分布不均，表现在一侧压降高于另一侧。从图 6-69 的空隙度分布可以看出，空隙度在径向上也存在偏析现象。

图 6-72 为料层压降梯度随粒度相对标准偏差变化，随着粒度相对标准偏差增大，入炉炉料粒度均匀度下降，料层平均压降梯度随之升高。粒度相对标准偏差由 16% 升至 36% 时，料层平均压降梯度升高了 0.5 倍。

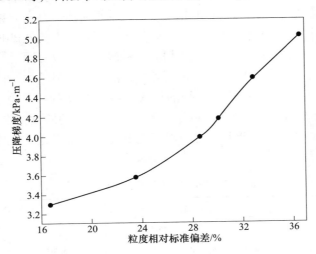

图 6-72　料层压降梯度随粒度相对标准偏差变化

6.5　无钟布料协同性理论

6.5.1　档位划分与主料流宽度协同性原则

高炉布料过程中，为了操作简单，将高炉炉喉划分为若干个档位，每个档位对应一个布料角度。在布料时选择不同档位，即可建立布料矩阵。现行的高炉布料操作，把高炉沿半径方向划分成 N 个等面积圆环。通过改变溜槽倾角使炉料布在预期的圆环位置，因此，N 个等面积圆环位置对应着 N 个溜槽角位。一般 N 的取值范围为 6~15 环，可以根据高炉炉喉直径和正常料线位来确定划分环数，炉喉直径越大、需要划分环数越多；料线越深，需要划分环数越少。每一环的直径分别为：

$$d_i = d\sqrt{(N - i + 1)/N} \qquad i = 1,\ 2,\ \cdots,\ N \qquad (6\text{-}20)$$

式中　d_i——第 i 环直径，m；

　　　N——划分总环数；

　　　d——高炉炉喉直径，m。

每一环的面积和宽度分别为：

$$\begin{cases} S_i = \dfrac{\pi}{4N}d^2 \\ W_i = \dfrac{1}{2}(d_i - d_{i-1}) \end{cases} \qquad i = 1,\ 2,\ \cdots,\ N \qquad (6\text{-}21)$$

式中　S_i——第 i 环面积，m^2；

　　　W_i——第 i 个档位宽度，m。

从档位宽度公式（6-21）中看出，从炉喉中心，越靠近炉墙，圆环的宽度越小，也就是越靠近炉墙的档位宽度越小。而无论是实测还是试验都表明：料流宽度随着溜槽布料角度的增大在增大，也就是越靠近炉墙料流宽度越大。由此可以得出：通过等面积档位布料，档位的划分与料流宽度难以协同。

针对国内中型高炉炉喉直径，采用等面积法划分布料档位，档位直径和档位宽度如表 6-35 所示。随着档位直径的增大，各环之间的档位宽度逐渐的变小，越靠近炉墙处的档位宽度越小。料流宽度在不同档位的跨度如图 6-73 所示，随着溜槽倾角的增大，越靠近炉墙处，料流宽度越大，料流宽度跨越的档位数量也越多。

表 6-35　炉喉等面积划分直径和环间距　　　　（单位：m）

档位 （边缘—中心）	1750m³ 高炉		2500m³ 高炉	
	直径	环间距	直径	环间距
1	6.80	0	8.40	0
2	6.48	0.16	8.01	0.20
3	6.15	0.17	7.60	0.21
4	5.80	0.18	7.16	0.22
5	5.42	0.19	6.70	0.23
6	5.02	0.20	6.20	0.25
7	4.58	0.22	5.66	0.27
8	4.10	0.24	5.07	0.30
9	3.55	0.28	4.39	0.34
10	2.90	0.33	3.58	0.42
11	2.05	0.43	2.58	0.53

对不同容积高炉无钟炉顶的料流宽度进行计算，得到不同档位处的料流宽度。以 1750m³ 高炉无钟炉顶布料设备参数为基准，节流阀开度固定，分析在不同档位处对应的料流宽度，如图 6-74 所示。不同档位处的料流宽度范围在 0.4~0.65m 内，靠近高炉边缘处档位，如档位 1、档位 2、档位 3，其料流宽度全部大于 0.55m，档位宽度不超过 0.18m。按照等面积划分档位法进行布料，溜槽旋转在炉墙附近旋转 1 圈时，料流宽度同时覆盖档位 1、档位 2 和档位 3。如果此时溜槽倾角的调整没有使炉料落点跨过档位 1、档位 2 和档位 3 的宽度之和，在多环布料后将导致部分档位出现重复布料的现象，引起各档位的料层厚度偏离预设定的料层厚度，造成炉料分布不均匀，影响料层透气性。如果不考虑炉料在料面

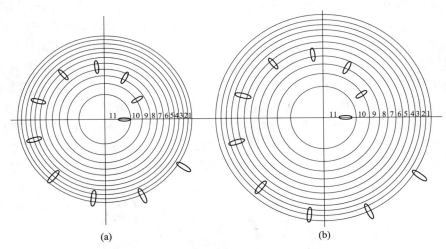

图 6-73　料流宽度和档位宽度（环间距）的关系
(a) 1750m³ 高炉；(b) 2500m³ 高炉

的滚动和滑落，要使炉料均匀分布在其他未布到的档位，需要根据料流宽度跨档位调整溜槽倾角，使炉料分布于料流宽度没有覆盖的档位，如档位 4、档位 5 和档位 6 处，以此类推，直到多环布料方式按照料流宽度调整布完炉料。布料溜槽倾角的从档位 1，2，3 直接调整到档位 4，5，6 时，溜槽倾角调整为 3.2°。国内某 1750m³ 高炉的装料制度为：焦炭（J）：33（3 圈）、30（3 圈）、26.5（3 圈）；矿石（K）：30（4 圈）、28.5（3 圈）。如果按照料流宽度调整溜槽倾角进行布料，正好和高炉实际操作的布料角度调整相一致。因此，采用料流宽度和高炉档位划分相协同的划分档位方法更符合高炉实际的布料操作。

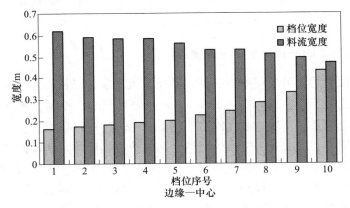

图 6-74　1750m³ 高炉料流宽度和档位宽度

对于 2500m³ 高炉无钟炉顶布料设备，节流阀开度固定，布料溜槽尺寸固定，计算料流宽度和档位宽度如图 6-75 所示。不同档位处的料流宽度范围在 0.5~0.7m 内，档位 1、档位 2 和档位 3 对应的料流宽度全部大于 0.6m，而档位宽度不超过 0.22m，见表 6-35。根据料流宽度跨档位调整溜槽倾角的方法，布料溜槽倾角从料流宽度覆盖的档位 1、2、3 直接调整到未覆盖档位 4、5、6 时，溜槽倾角调整为 3.7°。国内某 2500m³ 高炉的装料制度为：焦炭（J）：40（3 圈）、36.5（3 圈）、34.5（3）；矿石（K）：37（4 圈）、35（3 圈）。焦炭的角度差为 3.5°时高炉炉况顺行，煤气利用率高。说明按照料流宽度调整布料角度与工厂的实际布料角度相同。因此，按照料流宽度调整溜槽倾角，跨档位布料是合理的。

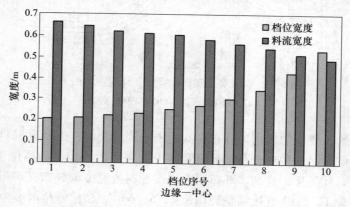

图 6-75 2500m³ 高炉料流宽度和档位宽度

通过分析可知，按等面积方式划分布料档位，与料流宽度不协同。为此可以采用一种新的档位划分方法，即按料流宽度划分布料档位。在此基础上，提出了料流宽度与布料档位相协同、布料圈数与布料档位相协同、料面形状与布料矩阵相协同及气流分布与料面形状相协同的原则。

6.5.2 料流宽度的测量及主料流宽度的研究

为了测试高炉布料过程中的料流轨迹及料流宽度，以及研究主料流宽度与实测料流宽度的关系，在国内某 4350m³ 高炉开炉过程中，使用了激光网格法测试高炉的料流轨迹及料流宽度。激光网格法的测试原理是通过在两侧人孔架设激光发射器，在高炉中心形成一个竖直的网格，网格按极坐标的方法将高炉中心的各点定好位，当料流落下来后，料流与网格的交点即为料流的上下边缘位置，通过分析得到每点的位置，从而得到料流在高炉内不同料线上的落点位置。

为了得到新高炉的料流落点，利用激光网格法，分别测试了焦炭和矿石在不同档位时的料流轨迹。图 6-76 所示为高炉内溜槽不同档位时对应的焦炭料流轨迹。图 6-77 所示为高炉内不同档位时对应的矿石料流轨迹测试结果。

 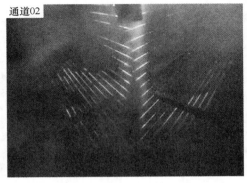

图 6-76 焦炭料流轨迹监测过程

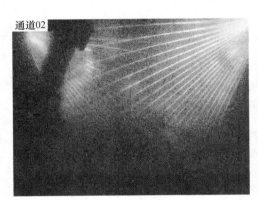 

图 6-77 矿石料流轨迹监测过程

在开炉布料测试过程中，根据高炉开炉装料方案，测试了 11 个不同档位的料流轨迹，不同档位对应的角度如表 6-36 所示。

表 6-36 布料档位分布

档位	1	2	3	4	5	6	7	8	9	10	11
角度/(°)	45	43	41	38.5	36	33	29.5	26.5	23	19.5	15

图 6-78（a）、（b）所示分别为焦炭和矿石在不同料线高度对应的不同溜槽倾角时的炉料外侧料流轨迹。图中每个网格之间的间隔为 0.5m（中心格为 0.525m），高炉炉喉直径为 10.5m，图中编号对应不同档位，档位划分如表 6-36 所示。由两图对比可知，溜槽倾角较大时，同等料线高度上的焦炭料流外侧落点比矿石料流外侧落点更加接近边缘；而溜槽倾角较小时，两者关系则相反。

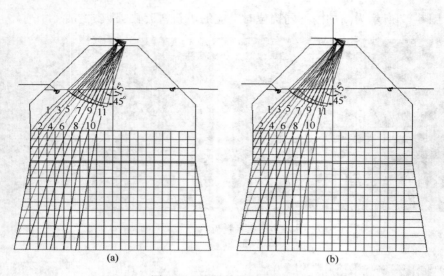

图 6-78　炉料外侧料流轨迹

(a) 焦炭；(b) 矿石

图 6-79 (a)、(b) 分别给出了不同料线高度及不同溜槽倾角条件的焦炭和矿石料流内侧落点半径。图中编号分别对应 11 个不同布料档位。

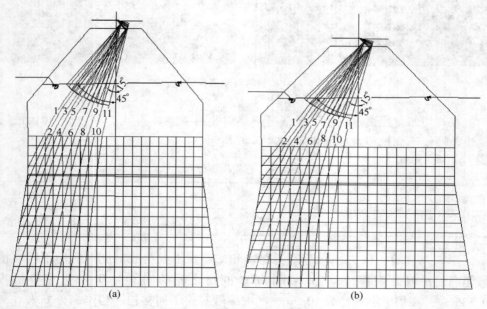

图 6-79　高炉内侧料流轨迹

(a) 焦炭；(b) 矿石

　　根据料流轨迹的测试结果，可以得到高炉布料过程中的料流宽度。不同角度下的焦炭和矿石料流宽度分别如表 6-37 和表 6-38 所示。料流宽度的大小可以用来指导实际高炉中布料档位的划分，在布料过程中，料流宽度随着料线深度以及溜槽倾角的增大而增大，因此在布料时，溜槽角度大时，料流宽度大，当相邻档位之间的角度相差较小时，就会使得不同档位料流发生重叠，不利于布料控制，因此可以根据料流宽度实施档位划分。布料过程中的炉料宽度可以根据数学模型计算得到，将测试得到的料流宽度与数学模型计算结果进行对比，可知计算结果与测试结果相近。

表 6-37　高炉焦炭料流宽度　　　　　　　　（单位：mm）

料线/m	1	2	3	4	5	6	7	8	9	10	11
	45°	43°	41°	38.5°	36°	33°	29.5°	26.5°	23°	19.5°	15°
0	883	833	779	713	650	582	503	439	370	307	231
0.5		876	821	754	689	620	538	471	397	329	248
1.0			862	793	728	655	571	500	422	351	264
1.5			900	831	763	690	602	528	447	372	279
2.0				867	798	722	631	555	470	391	293
2.5					831	752	660	581	493	410	307
3.0					862	782	686	605	514	428	320

表 6-38　高炉矿石料流宽度　　　　　　　　（单位：mm）

料线/m	1	2	3	4	5	6	7	8	9	10	11
	45°	43°	41°	38.5°	36°	33°	29.5°	26.5°	23°	19.5°	15°
0	900	850	795	729	670	597	516	451	378	315	237
0.5		897	842	775	714	638	554	486	409	341	256
1.0			886	819	756	679	591	519	439	365	274
1.5				860	797	716	626	552	467	389	292
2.0				901	836	754	660	582	495	411	308
2.5				939	873	789	694	613	521	435	324
3.0					910	824	725	642	547	456	341

　　根据 4350m³ 高炉开炉测试得到的操作料线（1.5m）上料流宽度，对比数学模型计算得到的主料流宽度，如图 6-80 所示，可知主料流宽度约占料流宽度的 50%。图中当溜槽倾角大时，实测料流宽度与主料流差值增大，主要是由于溜槽倾角增大，溜槽末端位置升高，溜槽出口位置与料面高度差增加，料流宽度发生变化。

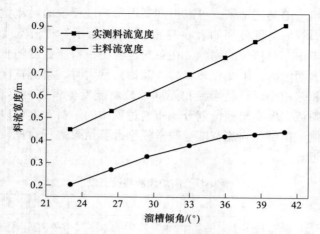

图 6-80　料流宽度及主料流宽度随溜槽倾角的变化

　　Samik 等通过测试指出，料流在宽度范围内符合正态分布，两侧料流量小，中间区域料流量大。因此研究料流宽度对布料及气流分布的影响，主要是研究颗粒密集区域对气流分布的影响，即主料流宽度区域。Matsui 等人利用压力传感器测试高炉内的料流宽度及主料流宽度，测试结果如图 6-81 所示。通过测试得到，主料流宽度（强冲击区域）占总料流宽度的 50%。

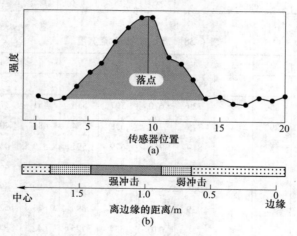

图 6-81　料流宽度及主料流宽度测试
（a）炉料碰撞探针强度分布；（b）基于探针杆的碰撞监测

　　根据以上分析结果可知，主料流宽度为实测料面上料流宽度的 50%，分析结果与 Matsui 等测试结果一致。因此研究主料流宽度对布料影响时，主料流宽度为测试得到料流宽度的 50%。

6.5.3 主料流宽度与档位宽度协同原则

为避免料流宽度和档位宽度不一致，在进行高炉布料档位划分时，以主料流宽度为基础对炉喉直径进行档位划分。通过实测得到的料流宽度，由于散料的作用，宽度大于主料流宽度，但料流外侧的颗粒稀疏，对布料影响较小，按料流宽度划分档位，档位边缘料层很薄，气流分布不均匀。因此采用主料流宽度来划分档位，使主料流宽度和档位宽度相协同。主料流宽度可以根据数学模型计算得到，也可以根据实际高炉开炉测试结果得到。

通过前面分析可知，主料流宽度为落到高炉料面上的料流宽度的50%，因此根据主料流宽度划分布料档位，档位之间的宽度为实测料流宽度的一半。对于2500m³级高炉，通过实测可知其料流宽度为0.45~0.75m。高炉边缘及中间区域对应的料流宽度为0.6~0.75m，因此划分档位时，其档位宽度为0.3~0.375m，对应溜槽倾角的差值为2.5°~3°。通过对国内多座高炉操作参数进行分析，其中部分高炉采用的布料矩阵角差为2.5°~3°，其高炉生产状况良好。国内某钢厂2500m³高炉的布料矩阵为：$C_2^{39} \, _2^{36.5} \, _2^{34} \, _2^{31.5} \, _2^{28.5} \, _3^{16}$，$O_2^{39} \, _2^{36.5} \, _2^{34} \, _2^{31.5} \, _2^{28.5}$。

当溜槽旋转一圈后，炉料恰好完全分布于划分的档位之间。高炉进行多环布料时，按照主料流宽度调整溜槽倾角后，炉料直接分布于下一个相邻的档位之间，不会出现档位重复布料。采用等料流宽度划分布料档位，使主料流宽度与档位宽度相协同，才能更好地符合高炉实际生产操作过程。

6.5.4 档位料层厚度和布料圈数协同性原则

布料过程中，采用档位划分与主料流宽度协同性原则对档位进行划分，由于边缘布一圈料流分布的面积大，会出现高炉边缘档位料层厚度与中心档位料层厚度不一致，即溜槽旋转一圈炉料在炉墙处的料层厚度小于炉料在中心处的料层厚度。对于2500m³高炉，假设焦炭批重为12t，体积为24m³，布料矩阵对应的布料圈数为12圈，按料流宽度划分档位。每个档位布一圈料后，对应的料层厚度分布如图6-82所示。

从图中可知，档位宽度越宽，布一圈料后料层厚度越薄。为避免料层厚度不均匀，需增加炉墙边缘处的布料圈数，保证料层厚度的均匀性。

设炉料批重为P，布料圈数为M，布料档位为N个，第i个档位的半径为R_i，档位宽度为W_i，每圈料对应料层厚度为h_i，布料圈数为n_i，炉料密度为ρ，则有：

$$\begin{cases} \dfrac{P}{M} = \pi \left[R_i^2 - (R_i - W_i)^2 \right] h_i \rho \\ h_i n_i = \mathrm{const} \\ M = \displaystyle\sum_{i=1}^{N} n_i \end{cases} \tag{6-22}$$

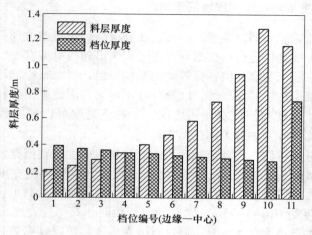

图 6-82　档位宽度和料层厚度分布

根据式（6-22）可以求出每圈料在不同档位处的料层厚度 h_i，圈数 n_i。根据对炉喉煤气流的分布的要求，便可以确定每一档位的料层厚度及布料圈数。与等料流宽度法划分的不同档位处的料层厚度相结合，调整多环布料圈数，在料层薄的档位增加布料圈数，在料层厚的地方减少布料圈数，达到理想的料面形状和合理的煤气流分布。

根据以上分析可知，高炉边缘料层薄，为了保证料层厚度的合理分布，需要增加边缘布料圈数。通过对多座高炉操作参数进行分析，可知高炉布料操作时，边缘档位的布料圈数比中间环带圈数多一圈。国内某 4350m³ 高炉正常生产时的布料矩阵为：$C_{4\ 3\ 3\ 2\ 2\ 2}^{2\ 3\ 4\ 5\ 6\ 7}$，$O_{4\ 3\ 2\ 2\ 1}^{2\ 3\ 4\ 5\ 6}$，边缘布料 4 圈，之后逐渐减小到 3 圈、2 圈。布料过程中，需要保持料层厚度与布料圈数的协同。

6.5.5　料层厚度分布与炉料下降速度规律协同性原则

高炉操作过程中的上部制度指的是装料制度，下部制度指的是送风制度。上下部协同指的是装料制度和送风制度应该相互协同，保障气流分布合理。

装料制度与送风制度的协同性，是指送风制度与布料制度的调整对气流分布的影响基本一致。当高炉鼓风动能较小时，风口前燃烧带较小、炉缸初始煤气分布边缘较多时，对于大、中型高炉，此时装料制度不应过分抑制边缘，应调剂装料制度，适当控制边缘，开放中心，将气流引导到高炉中心，防止边缘气流通道突然堵塞，破坏高炉顺行；当高炉鼓风动能较大时，只要高炉顺行，上部装料也应适当敞开中心，保持煤气流通畅。当中心过分发展时，中心管道不断，此时装料制度不宜直接堵塞中心气流，形成上下部"对抗"，而应适当开放边缘气流，减少中心煤气量，保持高炉顺行。

高炉操作过程中的煤气流分布宜疏不宜堵，当下部送风制度对应边缘气流多时，上部装料制度在保障边缘煤气通道的同时，逐渐将煤气流引导到高炉中心，保证气流在高炉内合理分布；当下部送风制度对应边缘气流较少时，此时上部调剂不能调整为发展边缘、抑制中心的装料制度，而应该在保障中心气流通道的同时，逐渐开放边缘，保证径向上气流分布合理。当上下部调剂不协同时，有可能造成高炉异常问题出现。

高炉上下部调节的协同性，还体现在风口燃烧带长度 L_R 与料面平台长度 L_s 之间的关系上。模型试验及高炉实际研究发现，高炉径向中间区域的炉料下降速度大于高炉中心，主要是由于燃烧带对高炉内焦炭的燃烧消耗，以及中间区域焦炭负荷大、矿石软化熔融后体积收缩，使得中间区域有更多的空间让高炉内炉料往下运动，因此在实际操作过程中对应的中心料面低，为中心漏斗形；中间料面高，为平台形。

为了了解炉料在炉内的运动情况，Hiroshi 等人通过二维高炉模型试验，研究高炉内炉料的下降过程。试验中，分别用沙子和玻璃珠来模拟矿石和焦炭。图6-83 所示为模型试验测得的结果，为了能够清晰地分辨运动情况，试验中用白色颗粒作为示踪颗粒。图6-83 中（a）为装料 12min 后炉料运动情况，（b）为48min 后炉料运动的结果，（c）为54min 后的炉料运动结果，（d）所示为 132min 后的运动情况，（e）所示为 144min 后的运动情况。从图中可以看出，高炉半径中间

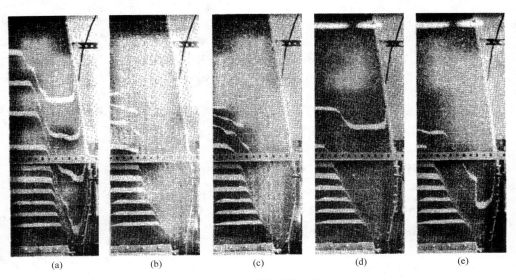

图 6-83　炉料下降过程
（a）装料 12min 后；（b）装料 48min 后；（c）装料 54min 后；（d）装料 132min 后；（e）装料 144min 后

区域炉料下降速度快。高炉下部中心区域炉料运动速度接近 0m/s，颗粒不运动，最终形成高炉滞留区。Hiroshi 根据试验测试结果，按炉料运动速度的大小，将高炉分为快速运动区域，缓慢运动区域以及滞留区。滞留区对应高炉内的死焦堆。

高炉布料可以控制炉内径向上的矿焦比分布，而矿焦比分布会影响炉料的运动过程。Morimasa Ichida 等通过热态模拟试验，研究矿焦比分布对高炉径向上炉料下降速度以及软熔过程的影响。模型试验分别测试三种情况下的炉料速度分布及温度分布：发展中心，发展边缘及平均分布。图 6-84 所示为试验测试结果（发展中心 $C_{20}O_0$，发展边缘 C_0O_{20}，平均分布 C_0O_0），图中分别给出了炉身及炉腰炉腹区域的炉料下降速度。从图中可以看出，发展中心气流，边缘矿焦比大，炉料的下降速度大，中心区域炉料下降速度相对较慢。图 6-85 所示为高炉内的温度分布情况。不同的布料制度，高炉内温度分布不同，软熔带的形状也会发生变化。

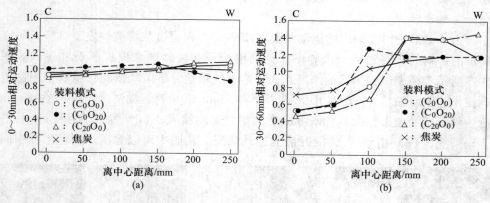

图 6-84　不同布料制度对应炉料下降速度
(a) 炉身；(b) 炉腰和炉腹

根据试验结果，Morimasa 给出了炉墙附近炉身和炉腹区域的炉料相对下降速度的计算公式。炉身区域炉墙附近颗粒相对下降速度有：

$$V_w/V_{ave} = 0.918 + 0.070[(L_O/L_C)_w/(L_O/L_C)_{ave}] \qquad (6-23)$$

炉腰和炉腹区域炉墙附近颗粒相对下降速度有：

$$V_w/V_{ave} = 1.111 + 0.125[(L_O/L_C)_w/(L_O/L_C)_{ave}] \qquad (6-24)$$

式中　V_w——炉墙附近炉料下降速度，m/s；

　　　V_{ave}——高炉径向上平均下降速度，m/s；

　　　L_O——矿石层厚度，m；

　　　L_C——焦炭层厚度，m。

随着计算机技术的发展，目前研究人员借用数值模拟软件来研究高炉内颗粒的运动情况。目前研究高炉内颗粒运动过程比较常见的是 EDEM 软件。软件通过

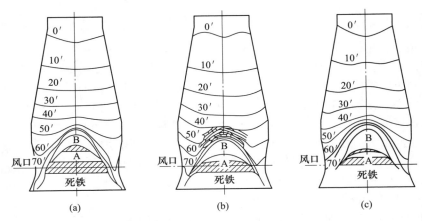

图 6-85 不同布料制度对应高炉内温度分布情况

（a）C_0O_0；（b）C_0O_{20}；（c）$C_{20}O_0$

离散单元法，计算高炉内的颗粒运动。Hiroshi Mio 等人通过数值模拟方法，研究高炉内的颗粒下降速度分布。图 6-86 所示为数值模拟过程建立的物理模型，模型为二维计算模型，尺寸为 1/3 实际高炉的尺寸。在模拟过程中，高炉布料采用钟式炉顶布料，计算过程仅考虑颗粒碰撞对运动的影响，没有考虑煤气流及黏性力的影响。颗粒软熔过程设置为颗粒直径减小的过程，矿石颗粒在高温区域内减小，焦炭颗粒在燃烧带内减小。当颗粒直径小于 5mm 时，颗粒消失。图 6-87 所示为高炉内不同区域的颗粒下降速度分布。

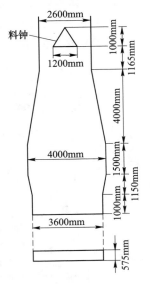

图 6-86 高炉模型

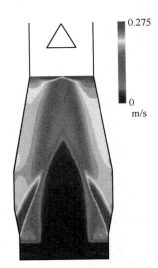

图 6-87 高炉内炉料下降速度分布

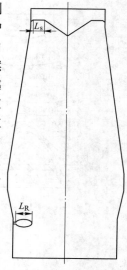

通过以上分析可知，高炉内炉料的下降速度为：考虑到炉墙摩擦力，炉墙附近炉料下降速度缓慢，半径中间区域炉料下降最快，越往高炉中心，炉料的下降速度越慢。这是由于在高炉边缘存在风口燃烧带，焦炭颗粒可以在燃烧带内燃烧，炉料下降的空间大。其次越往下，炉料颗粒运动速度越大，炉料在炉腰和炉腹处的下降速度比炉身大。这是由于在高炉下部区域，由于矿石颗粒的软熔，炉料粒径减小，颗粒的运动空间增大。通过研究发现，径向上的矿焦比会影响炉料的下降速度，矿焦比大的区域，炉料下降速度快，矿焦比小的区域，炉料下降速度慢。矿焦比分布主要考虑矿石的分布，而矿石的软熔会影响颗粒下降速度。

高炉料面上中间平台对应的料面高、炉料下降速度快，而高炉内炉料下降速度最快的区域应该是风口燃烧带上方的炉料，因此料面上平台的宽度应该与风口燃烧带深度相协同，从而使得高炉料面在下降过程中，保持层状结构，不出现料面错位。高炉上下部协同满足关系式：$L_R = L_s$，如图 6-88 所示。

图 6-88　平台宽度与燃烧带深度协同

6.5.6　煤气流分布和料面形状协同性原则

赵雪飞，巴广君等人利用三维热态动模型研究高炉内软熔带的形态及形成位置。模型本体为鞍钢 900m³ 级高炉的相似形，容积为 0.36m³，炉缸处圆周向均匀设置 8 个风口，测温测压点共设置 12 层，每层 7 点，计共 84 点。三维试验模型如图 6-89 所示。试验时由计算机采集数据。采用 5~16mm 焦粒模拟焦炭，直径 10mm 柱状蜡球模拟矿石，由炉顶装入。按试验方案要求保持炉喉径向矿、焦

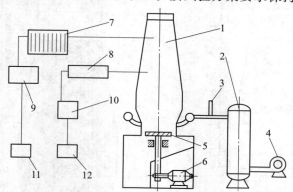

图 6-89　三维热态动模型试验流程图

1—模型本体；2—热风炉；3—皮托管；4—鼓风机；5—电动圆盘排料器；6—电动机；
7—超声波压力转换计；8—温度变送器；9—多点数据采集器；10—计算机；11, 12—打印机

层厚比。借助炉料的不断排出模拟风口区燃烧掉的焦炭及定期出渣出铁。根据计算机记录判断炉内运行状态，以 55~59℃ 作为软熔温度区域。

试验研究结果表明：（1）高炉内软熔带形态及位置随炉喉径向矿焦比（O/C）分布不同而变化。在采用加重中心布料制度，边缘与中心矿焦比均较高条件下，形成 W 形软熔带。采用发展中心和中心加焦布料形式时，随中心 O/C 降低，形成倒 V 形软熔带，且中心 O/C 愈低，倒 V 形顶点愈高。随倒 V 形软熔带的形成及发展，料柱总压差降低，软熔带阻力小。（2）总矿焦比改变对软熔带形态有明显影响。随矿焦比增大，软熔带顶点位置降低，根部相应升高，料柱总压降升高。图 6-90 所示为三种布料制度对应的软熔带形状。

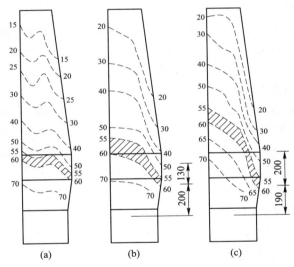

图 6-90 三种布料情况下炉内等温线分布图煤气流分布的判定
（a）加重中心；（b）发展中心；（c）中心加焦

布料过程会影响高炉内的料面形状及径向上的矿焦比，从而影响煤气流的分布，最终影响高炉内的软熔带形状。选择合理的装料制度对形成理想的软熔带形状、合理的煤气流分布有直接影响。通过前面分析可知，目前比较常见的软熔带形状有四种，每种软熔带对应一种装料制度。下面就不同煤气流分布对应的布料操作制度及对高炉的影响进行讨论。

6.5.6.1 边缘发展型装料制度

边缘发展型装料制度，对应高炉内边缘的透气性好、气流强，边缘焦炭负荷轻。这种装料制度对应的边缘焦炭量多，焦炭落点在炉墙附近，或者焦炭落点离炉墙较远，大颗粒滚落到炉墙附近，矿石落点远离炉墙。这种装料方式对应的软熔带形状为 V 形，边缘气流强，中心气流弱。在早期的首钢、武钢的高炉操作中，选用的是边缘发展型装料制度。边缘发展型装料制度由于煤气阻力小，高炉易顺行。但是由于边缘气流强，炉墙易受损失，高炉砖衬 2~4 年必须中修更换。

首钢 3 号高炉第一代炉容为 963m³，高炉送风后使用的装料制度为边缘发展型。开炉半年后，炉腹冷却壁开始烧坏。开炉两年半后炉体损坏已十分严重，炉皮开裂。炉体烧穿多次。1977 年以前一段时间，首钢 1 号高炉边缘发展，到 1977 年 6 月炉腹、炉身冷却壁已烧坏 50 多块，因长期发展边缘，炉缸工作失常，中心堆积，煤气流曲线呈馒头形，煤气流分布很不稳定，边缘管道不断。由于边缘管道不断，仅 9 月份一个月烧坏的风口多达 44 个，因更换风口停风 34 次，累计停风 713min，高炉受到严重的破坏。

边缘长期发展的另一个恶果是炉缸不活跃，中心通路堵塞，高炉中心部分炉料未能充分还原，进到炉缸后造成炉缸中心部分热负荷过重，使炉缸中心堆积。炉缸堆积后，高炉不接受风量，脱硫效果不好，炉温少许波动，铁水中硫含量升高，容易发生质量事故。由于边缘发展，炉顶煤气温度较高，影响炉顶装料设备寿命；同时，也加重了设备维修工作。

保持正常炉型是高炉稳定顺序的基本条件。一旦有边缘结厚或者边缘气流不足的征兆，必须及时地分析原因，迅速处理。发展边缘气流能够侵蚀炉墙，当然也能利用它洗掉粘在炉墙上的炉料，特别是在炉身中部以下的部分，调整装料制度利用边缘气流，即可迅速消除结厚，又不影响生产。

边缘气流不足是炉墙结厚的一个条件，在边缘较重时，尤其要注意保持炉墙温度正常。炉墙结厚初期，通过发展边缘可以处理好。如在初期未能及时发展边缘，结厚加重后再发展边缘，就不起作用了，这时就必须加洗炉料洗炉。

6.5.6.2 中心发展型装料制度

中心发展型装料制度，顾名思义即高炉中心透气性好、气流强，中心区域焦炭负荷小或为无矿区间，高炉内形成倒 V 形软熔带。武钢学习日本经验，于 1978 年首先在容积为 1513m³ 的 3 号高炉试验成功中心发展型装料制度。高炉采用中心发展装料制度后，气流稳定，煤气利用率进一步改善，混合煤气 CO_2 值由 15.5%提高到 18%（包括炉料等参数的改进的总结果），炉顶温度下降 13℃。因煤气化学能和热能利用改善，焦比下降 30kg/t 以上。因顺行改善，炉缸工作活跃，风渣口破损和悬料次数逐渐减少。

日本炼铁工作者依据高炉解剖的事实，认为发展中心气流，形成倒 V 形软熔带是大型高炉最佳的操作方式。日本钢管公司提出以改变炉喉矿焦比来控制煤气分布，使中心成为煤气通道，尽力抑制边缘气流。他们所确定的炉料和煤气理想分布，遵循以下原则：

（1）在高炉大部分断面上，煤气流和固体炉料接触均匀，能最大限度地利用煤气；

（2）中心煤气流峰值强而窄，能保持高炉透气性和稳定操作；

（3）提高边缘的矿焦比，限制炉体的热损失和炉墙磨损。

20世纪70年代，日本大高炉刚刚投产，正是经验积累阶段，对大高炉出现的问题，给出各种假设。现在回头分析，大高炉活跃中心是必须的，抑制边缘，应针对具体情况。一般条件下，高炉边缘应当保持一定煤气流，保证炉墙有足够温度，不会结厚，还能在炉身下部、炉腰及炉腹生成液态渣铁。

日本大型高炉的炉缸直径在10m以上，发展中心气流以换取炉缸活跃，且大高炉风口以上炉料高达30m左右，要求软熔带有足够高度才能保证顺行。首钢2号高炉炉缸直径只有8.4m，风口以上料柱高度只有21.5m，即使中心气流不十分发展，炉缸依然能活跃。基于这种认识，操作中逐渐将矿石和焦炭堆尖位置移近炉墙，在加重边缘的同时，加重中心，使煤气流分布趋向均匀，控制中心煤气CO_2值大于10%，在炉况稳定、顺序的条件下，燃料比大幅度下降。

发展中心气流比较常用的方式是中心加焦，通过小角度加焦或者直接将焦炭注入高炉中心，使得高炉中心焦炭堆积，增强高炉中心的气流。但是中心加焦会在高炉中心形成一个无矿区间，使得高炉中心区域的煤气利用率很低，提高高炉的燃料比。目前还有研究者提出通过小角度加焦炭，通过大颗粒焦炭滚落的方式，使得高炉中心区域为大颗粒的矿石和焦炭，从而提高中心区域的气流，发展高炉中心。这两种方式目前在国内高炉上都有采用，对于这两种发展中心的装料制度，在后面的章节中会详细讨论。

6.5.6.3 开放中心控制边缘装料制度

开放中心控制边缘的装料制度，其所对应的煤气流分布为中心煤气流强，在炉墙附近通过减小负荷，使得气流增强，煤气流温度低于中心气流，但高于中间区域温度。煤气流分布曲线如图6-91所示。中心煤气流温度在500℃左右，边缘

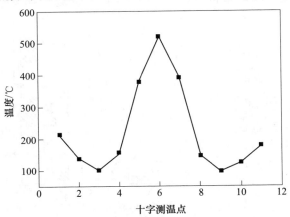

图6-91 发展中心控制边缘布料制度对应煤气温度分布

煤气流温度在 100~200℃ 之间，其他点温度介于 100℃ 和 500℃ 之间。

　　开放中心气流其目的是为了形成倒 V 形软熔带，提高软熔带的高度，增加软熔带的焦炭层数目，增加焦窗面积，保持高炉顺行。其目的与发展中心型装料制度相同。

　　控制边缘气流，其目的是为了保持边缘的气流强度。当边缘负荷过重，气流抑制过度时，炉墙、炉身下部、炉腰、炉腹无液态渣铁，易导致矿石直接磨损冷却壁，缩短高炉寿命。高炉炉墙有可能结厚，甚至结瘤。当边缘气流强时，会烧坏炉墙及冷却壁，影响高炉寿命。控制边缘气流还需要满足铜冷却壁的挂渣要求。

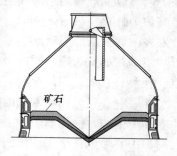

图 6-92　高炉内理想料面形状

　　开放中心控制边缘的装料制度对应的高炉内料面形状如图 6-92 所示，即"收边-平台-窄而深漏斗-开放中心"。这种料面形状为高炉操作者的理想料面形状。通过控制布料制度，形成这种料面形状，对高炉顺行、降低燃料比都是有利的。

　　以上讨论了几种比较常见的装料制度。目前高炉上普遍采用的是开放中心、控制边缘的装料制度，少部分高炉采用开放中心抑制边缘的装料制度。开放中心控制边缘装料制度在使用过程时，难以把握的是中心和边缘的量。对于不同高炉，开放中心是采用中心注焦还是小角度加焦炭的装料方式需要仔细考虑；不同高炉对边缘气流、边缘负荷、焦炭及矿石布料参数的选择也是不同的。制定合理的布料矩阵需要根据数学模型计算、开炉布料测试结果进行综合考虑，同时在高炉操作过程中，根据炉顶煤气温度分布、煤气利用率、高炉顺行情况等进行适当调整。

　　图 6-93 所示为国内某 $2500m^3$ 高炉十字测温得到的径向上煤气平均温度分布，平均温度为四根十字测温的测温点得到的温度平均值，第 8 个测温点测试得到高炉中心煤气温度。高炉布料矩阵为：$C_3^{38.7}\ {}_3^{36.4}\ {}_2^{33.9}\ {}_2^{31.2}\ {}_2^{28.2}\ {}_2^{20}$，$O_1^{38.7}\ {}_3^{36.4}\ {}_3^{33.9}\ {}_2^{31.2}\ {}_2^{28.2}$，

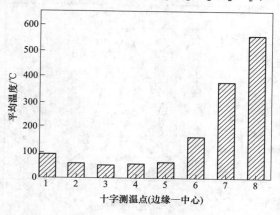

图 6-93　高炉内十字测温温度分布

布料角度间隔为 2.5°~3°，焦炭圈数边缘多，中间圈数少，高炉内形成平台漏斗形料面形状。此时通过减小边缘矿石布料圈数，适当控制边缘，布料时小角度加焦（20°），开放中心气流。煤气流温度与径向上炉料分布相协调，分析可知煤气流分布与料面形状及径向上矿焦比协同。布料过程控制理想的料面形状，来实现合理的煤气流分布。

6.5.7 料面形状与软熔带形状的协同性原则

当采用"收边-平台-窄而深 V 漏斗-开放中心"的料面时，就会产生"翘边-瘦而高倒 V-开放中心"的软熔带。有利于在边缘生成液态渣铁，冷却壁热面凝结渣铁壳，延长冷却壁寿命，增加焦窗个数，防止大喷煤时，软熔带透气性变差。

6.5.8 平台的形成

6.5.8.1 料面形状的测量

高炉内的料面形状对研究高炉内的气流分布以及料流轨迹有重要意义。高炉的料面形状对软熔带的形成有重要影响，从而决定气流在高炉内的气流分布情况；而高炉布料过程中的料流轨迹对料面的形成起决定性的作用，不同的落点使得料面形状变化很大。因此研究高炉内的料面形状，不仅可以反映出高炉布料过程中的料流轨迹，也可以分析高炉软熔带的形状。

在高炉开炉布料测试过程中，使用高炉断面激光测距仪测试料面形状，设备转动范围为 30°~330°，测量范围为 0.1~60m，测量精度为 ±1mm，角度分辨率为 0.01°，采用掌上电脑（PDA）控制。测试过程利用激光（波长在 1.06μm）的反射强度分析测量炉料的距离，确定料面位置。结合极坐标测量出多点料面数据，绘制出炉内料面的形状。根据极坐标系下测量的极角和极轴长度确定料面形状，每一个极角和极轴确定一个料面高度数据。测试过程如图 6-94 所示，图中（α，L）即为极坐标的参数。旋转编码盘可以根据炉喉直径和料面深度设定不同的旋转角度范围。一般测定范围在 -40°~60° 之间，测点数量根据精度要求设定在 100~200 点之间。在固定角度范围内，测点数量越多，测量的料面形状越精确。

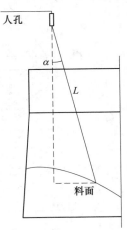

图 6-94 料面测试示意图

在高炉开炉布料过程中，测试料面形状所使用的激光扫描仪及安装位置如图6-95 所示。

测试过程中，将激光断面仪安装在大方孔位置，设置参数为每隔 0.5°测试一次间距，通过测试一个过高炉中心的断面，得到高炉内的料面形状。同时，通过

图 6-95　激光扫描仪及安装位置

转动激光断面仪的底盘，使得测试设备整体转动一个角度，可以测试不同断面上的料面形状，最后得到高炉料面的三维形状。

高炉开炉过程测试得到的料面形状叠加图如图 6-96 所示，图中给出了每批次料面漏斗以及重锤探测点处的料线高度。从图中可以看出，随着料线的升高，料面逐渐出现边缘平台，表明溜槽角度不变时，随着料线的升高，料流落点往高炉中心移动。

图 6-97 为装完第 76 批焦炭（最后一批料）后的料面形状，同时也是高炉开

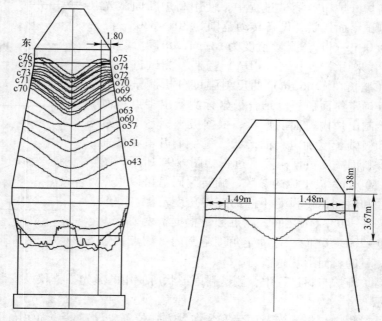

图 6-96　扫描得到的各料层料面形状　　图 6-97　高炉开炉装料最终料面形状

炉装料过程中的最终料面形状。从图中可以看出，高炉内的最终料面形状为平台漏斗形，其中炉墙边缘平台宽度约为 1.5m，最终料线深度约为 1.38m，中心漏斗深度约为 2.29m，此时料面内侧堆角为 33°，接近炉料的自然堆角。

6.5.8.2 高炉料面平台形成过程

布料矩阵决定了高炉内的料面形状。料面平台的形成对高炉操作有重要意义，在高炉开炉过程中，为了得到平台料面，结合料面测试结果，不断调整布料矩阵。

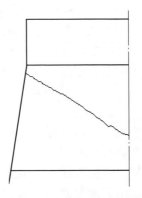

在高炉开炉装料测试过程中，装料初期由于没有测试数据做依据，设置布料矩阵时，参考其他相同容积的高炉的操作参数，在此布料矩阵条件下，对高炉料面进行测试。高炉装料布料矩阵为：$C_{3\ 2\ 2\ 2}^{2\ 3\ 4\ 5}，O_{2\ 4\ 2}^{2\ 3\ 4}$，高炉内料线高度为 2.5m。将该批炉料装入高炉后，测试得到料面形状为大漏洞，未出现平台，如图 6-98 所示。分析认为布料角度偏大，炉料落到炉墙上，部分炉料在炉墙附近堆积，形成漏斗形料面，没有形成平台。

为了能够出现平台，在装下一批料时，将布料矩阵中所有角度调小 1°，布料档位和圈数不发生变化，将炉料装入高炉后，测试料面形状，得到高炉内的料面形状

图 6-98 高炉内料面形状

为平台漏斗形料面，平台宽度为 0.5m 左右，装完料之后，料线高度为 2.0m。图 6-99 所示为测试得到的高炉内料面形状。

为了进一步分析平台的形成过程，在装完一批料后，继续按照调整后的布料矩阵装入一批炉料。装入之后，平台宽度进一步增加，平台宽度在 1.3m 左右，此时料线变为 1.3m。分析后两批料形成平台的原因有两点：一是溜槽倾角减小，二是料线高度减小，使炉料落点向高炉中心移动，平台宽度增加。图 6-100 所示为平台漏斗形料面形状。高炉开炉后，所使用的布料矩阵为调整后的矩阵。

 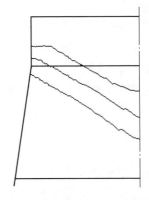

图 6-99 角度调整后的料面形状　　图 6-100 高炉平台漏斗形料面形状

　　将开炉布料测试结果与前面数学模型计算布料矩阵对料面形状的影响计算结果进行对比，对比可知计算结果与实测结果吻合。当溜槽倾角较大时，料面难以形成平台。

6.6　小结

　　（1）布料制度对块状带透气性的影响：

　　1）高炉内的料层结构主要受到布料矩阵和批重大小的影响。布料矩阵改变料面形状、径向上的矿焦比分布等参数，布料过程中发展中心、发展边缘或发展中心控制边缘的装料制度影响径向上的气流分布，影响高炉内的透气性；批重大小影响料层厚度及高炉内的料层数，高炉采用大批重操作可以减少混合层数，增加"焦窗"层厚度，改善高炉内的透气性。

　　2）高炉块状带的透气性受炉料属性及空隙度、批重大小、布料制度等因素影响。对透气性影响最大的因素是空隙度，其次是当量直径。不同粒径的颗粒混合会减小料层空隙度，在原燃料粒度不变的情况下，将大小颗粒分开装入炉内，可以改善散料层的空隙度，改善料柱透气性。当颗粒当量直径小于 5mm 时，料层阻力损失剧增，因此布料时需限制小于 5mm 颗粒入炉。

　　（2）高炉分级布料制度及炉顶设备选择。不同粒径颗粒混合降低料柱的空隙度，影响高炉的透气性，通过将不同颗粒的炉料分级入炉，在不改变原燃料条件的情况下，可以改善料柱的透气性。不同的无钟炉顶设备装料能力不同。对于串罐无钟炉顶，一批料可实现分三次装入炉内；两并罐无钟炉顶可以分四次装入炉料；三并罐无钟炉顶可以将一批料分六次装入炉内，矿石分成两次装，在喷煤量加大的情况下，不减焦炭批重，又可以将中心焦分成两次装，改善了中心焦的贯通性。根据高炉布料过程所采用的装料方式不同，可选用不同的炉顶设备。对于已安装的无钟炉顶设备，可以根据设备装料能力选用原燃料分级布料制度，提高原燃料的利用率。

　　（3）单粒级炉料炉层透气性研究：

　　1）对比 25~40mm、40~60mm 和 60~80mm 三种不同粒级炉料形成的料面，周向各区域内炉料体积波动范围在 ±10% 之间。当炉料粒度分布为 25~40mm 时料面堆尖位置沿圆周分布呈椭圆形。而当炉料粒度分布为 60~80mm 时，堆尖位置沿圆周分布接近圆形。采用相同的布料矩阵，炉料粒度分布不同时，料面堆角和高度不同。

　　2）对于单一粒级炉料，壁面效应对炉喉料层边缘空隙度影响较大，边缘空隙度高于中心，容易造成边缘煤气流过于发展。颗粒粒度越小时，壁面效应作用越弱，炉喉料层边缘处空隙度相对于料面中心来说差别更小。

　　3）透气度和空隙度、粒度成正相关关系，料面中间区域透气性最差，靠近炉墙和炉喉中心区域透气性较好。对于 25～40mm、40～60mm 和 60～80mm 粒级炉料,边缘透气度分别是料面中间区域的 1.4、2.1 和 2.5 倍左右。

（4）多粒级炉料分布及透气性研究：

1）炉料粒级分布对体积分布影响较小,表现在料罐周向、料罐径向、料面周向和料面径向各区域内,炉料体积曲线变化基本一致。

2）炉料粒级分布对大小颗粒在料层中的分布位置影响较大,其中,大颗粒具有滚动性,小颗粒具有渗透性,中颗粒具有扩散性；当一种粒度颗粒质量百分数越小,该粒度炉料越容易产生偏析,分布越不均匀；在炉喉径向,中颗粒 SI标准偏差在 0.03 左右,大颗粒和小颗粒 SI 标准偏差在 0.25 左右,大颗粒和小颗粒的偏析程度是中颗粒的八倍。大小颗粒的偏析分布,导致料层空隙度在径向上变化较大。

3）布料制度不变时,原燃料粒级发生改变,料层中空隙度随之改变；利用相对标准差这一指标可以判断炉料粒级波动情况,相对标准差越大,原料粒度分布不稳定,料层中空隙度也越低。

4）避免出现双峰粒级分布,控制初始炉料中等颗粒焦炭质量占 40% 以上,保证原燃料粒度相对标准差小于 30%,可以保证料层有一定的空隙度,气流分布也更均匀。

5）随着炉料中大颗粒和小颗粒的增多,中颗粒所占比例降低,炉料的均匀度下降,导致料层的压降随之升高。

（5）无钟炉顶布料协同性原则：

1）采用等面积方式划分料流档位,档位宽度从高炉中心到边缘逐渐减小,对于 2500m³ 高炉,边缘档位宽度在 0.2m 左右,实际布料时料流宽度大于档位宽度,布料时出现料流跨多个档位的现象,按等面积宽度划分档位,档位之间料流出现重叠,料层厚度分布可能出现异常。

2）根据料流宽度测试结果及主料流宽度研究结果,提出按主料流宽度划分布料档位,即主料流宽度与档位宽度协同性原则。通过测试及计算研究可知,主料流宽度约占料流宽度的 45%～55% 之间,不同溜槽倾角时主料流宽度占料流宽度的值不同。分析时主料流宽度取测试得到的料流宽度的 50%。利用激光网格法测试得到焦炭和矿石炉料的外侧料流轨迹及内侧料流轨迹,得到布料过程中的料流宽度。根据料流轨迹测试结果,得到高炉布料过程中的主料流宽度分布规律,按主料流宽度进行档位划分,分析可知档位之间的角差为 2.5°～3°,高炉边缘角差较大,即料流宽度与档位宽度协同性原则。

3）布料过程中边缘料流分布区域大,中心分布区域小,对于同一圈料,布在高炉边缘时料层厚度比中心薄,为了保持料层厚度的合理分布,布料过程中控制不同档位的布料圈数,即边缘布料圈数多,中心布料圈数少,即布料圈数与料层厚度协同性原则。

4）布料矩阵影响高炉内的料面形状。通过开炉过程料面测试结果发现，高炉内的料面形状与布料角度密切相关：布料角度大于极限角度时，炉料在炉墙附近堆积，高炉内料面为大漏斗；布料角度偏小，料面为 M 形，边缘气流大，不利于煤气利用率的提高及高炉长寿；高炉内形成平台漏斗形料面时，布料角度应选择适宜角度，料面平台宽度由较为集中的档位数决定。根据布料测试及研究结果可知，形成理想的料面形状，需要选择与之相协同的布料矩阵，即料面形状与布料矩阵协同性原则。

5）不同参数炉料对煤气流分布的影响不同，矿石多的区域透气性差，煤气流小。通过布料控制高炉内的料面形状及径向上的矿焦比，保证煤气流的合理分布，即煤气流分布与料面形状协同性原则。

6）高炉生产过程中的上部操作制度及下部操作制度要保持协同，保证高炉顺行高效；同时由于燃烧带上方料流下降速度快，为了保证高炉内的料层结构，料面平台宽度与燃烧带深度近似相等。

7 炉顶设备结构对料面炉料分布的影响离散元仿真

目前，国内高炉炉顶布料设备基本从钟式布料过渡到无钟式布料。然而，无钟炉顶布料设备的设计参数对布料操作的影响，还没有得到清楚的认识。根据国内外的研究结果，针对并罐式无钟炉顶布料设备，以国内较为典型的 2500m³ 高炉布料设备为基础，研究从炉顶受料斗到料罐、Y 形管、节流阀、喉管、溜槽等设备对布料的影响。通过对设备参数的研究，为优化炉顶布料设备设计和布料操作理论提供依据。

7.1 并罐式高炉无钟炉顶受料斗设备

7.1.1 并罐式高炉无钟炉顶分料器对布料的影响

由于现代大中型高炉普遍采用皮带上料，炉料从皮带经过分料器进入受料斗的分布情况直接影响着料罐的炉料分布，进而影响炉料在炉喉的颗粒分布。

受料斗分料器非为静态分料器和动态分料器两种，如图 7-1 所示。静态分料器由四个不同方向下料槽将炉料分为四股下落到受料斗内，使受料斗内料面形成

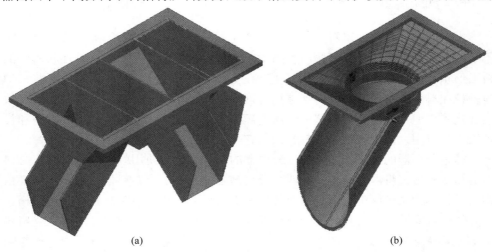

(a)   (b)

图 7-1 受料斗分料器类型

（a）静态分料器；（b）动态分料器

四个堆尖，以避免单个料面堆尖引起的颗粒严重偏析。动态分料器由旋转下料槽在圆周方向旋转下料，使炉料在受料斗内的颗粒均匀分布，它在受料斗内形成料面堆尖呈圆环状。

　　根据上料皮带的宽度，分料器顶部为长方形保证皮带上的炉料全部进入分料器。由于上料皮带在输送炉料的过程中，炉料集中分布在皮带的中间部位，使炉料进入分料器的中心部位，如图7-2所示，导致静态分料器仅有中心两个分料槽下料，形成两股料流，如图7-3所示。由于静态分料器的设计目的是使炉料沿四个方向下料，现场使用情况完全没有达到设计目的，炉料没有从四个不同方向的分料槽同时下落，而是基本都从中心处的两个分料槽下落，造成在受料斗内形成两个堆尖，加剧了炉料颗粒偏析。

图 7-2　中心凹、两侧上翘的输料皮带

图 7-3　四个方向静态分料器的不足

　　由于动态分料器在落料过程中分料槽在不断地转动，炉料下落轨迹不是静止不变的，而是沿旋转分料槽倾斜方向动态下料，在受料斗内形成具有环状堆尖的料面形状。动态分料器避免了炉料轨迹在受料斗内形成点状堆尖的料面形状，炉料颗粒在料面分布比静态分料器更加合理，是高炉布料设备减少炉料偏析的有效措施之一。但是，动态分料器由于需要额外的驱动装置，增加了动力源配备和设备维护的费用，国内钢铁企业较少采用它。

　　静态分料器的改进。根据炉顶分料器的结构设计和使用效果，针对静态分料器的结构提出，将静态分料器的四个分料槽合并为一个中心料槽，使炉料全部由中心下料，为避免由中心下料造成的单个堆尖料面形状，在距分料器中心料槽正下方的位置安装一个石盒，使炉料全部冲击到石盒上，再沿圆周方向落入受料斗内形成环状堆尖料面，如图7-4和图7-5所示。为避免料流下料过程中直接与刚性石盒发生强烈碰撞，使炉料颗粒碎裂，降低入炉平均颗粒直径，尤其是焦炭，碎化更为明显，因此，安装的石盒要减少颗粒碎化现象产生。

图 7-4 改进静态分料器中心料槽下料

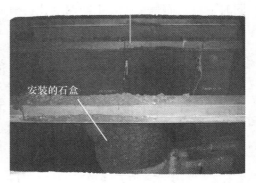

图 7-5 静态分料器下部增加的石盒

减少石盒对炉料的碎化主要有两种方法：第一种方法，减少石盒的安装位置与中心分料槽的垂直高度。这种方法减少了炉料颗粒下落的高度，相应的颗粒冲击石盒的速度也降低了，使颗粒收到的动量变化量较小，炉料自身收到的冲击力也较小，减轻炉料的破裂。第二种方法，保持石盒上表面始终存有炉料，避免炉料直接冲击刚性石盒，产生炉料与炉料接触，减小料流的冲击能量。为保证石盒的上表面始终留有炉料，石盒设计呈圆形，在圆形的周边位置处保留一定高度的边缘，阻止部分炉料流出石盒上表面。石盒上表面有光滑型和栅格型两种形式，如图 7-6 和图 7-7 所示。由于炉料颗粒在光滑型石盒上表面稳定性差，料流冲击石盒上表面时，光滑型石盒不易存料，缓冲作用较小，因此光滑型石盒存料比栅格型石盒存料少，炉料的碎化程度比栅格型石盒高。通过工业实践表明，栅格装石盒较光滑装石盒堆积炉料较多，并且栅格型石盒上表面炉料向四周分料也均匀。

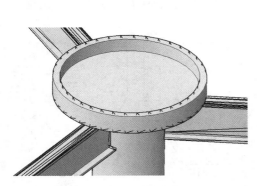

图 7-6 光滑型石盒

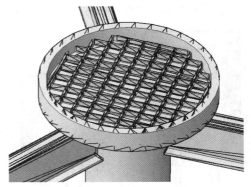

图 7-7 栅格型石盒

改进型炉顶静态分料器的工业验证。承钢新 4 号 2500m³ 高炉炉顶静态分料器带有东南西北四个方向分料槽，炉料从皮带输送至分料器后，没有向四个方向同时下料，而是集中在中间两个分料槽下料。由于分料器把焦炭分为南北两个堆尖，造成炉料的料线高度偏差极大，在受料斗的四个角落，最低处料面与料面堆尖高度位置相差为 1.6m 左右，造成受料斗的料面不一致，此时雷达料位计探测的料线高度无法真实反映料线高度和料斗的实际容积，造成装料误差。发现该问题后，建设新 3 号 2500m³ 高炉时，把静态分料器由四个方向下料改为中心下料，并把石盒的安装高度定位在中心下料槽正下方 1.5m 处，采用栅格型石盒避免炉料颗粒的碎化。从改进型分料器的装料效果看，炉料在受料斗内形成环状堆尖，料面形状更为合理，比四向静态分料器更为合理。

7.1.2　并罐式高炉无钟炉顶受料斗对布料的影响

受料斗内的料面形状和颗粒分布，使下料过程中不同直径的炉料颗粒下料顺序不同。Shie-Chen Yang 研究了受料斗下料的过程，提出受料斗出口无插入物时，排料速度与受料斗底部夹角大小相一致，受料斗底部角度越大，排料速度越快。他还通过试验指出在受料斗出口处插入不同形状的插入物可以改变炉料的流动方式，插入物对受料斗侧壁的压力无影响。

并罐式 2500m³ 高炉受料斗的上部安装静态分料器，下部是排料口。受料斗内若无石盒和插入物，料流排料过程如图 7-8 所示，排料阀打开后，受料斗中心先下料，然后是靠近受料斗侧壁的炉料向中心滑落后，沿中心下落。排料口底部颗粒最后下落。受料斗排料过程是漏斗流。在下料过程中，漏斗流容易产生颗粒偏析，因此，排料过程倾向于采用活塞流，保证排料的均匀性。炉料从皮带进入到受料斗，粒度分布呈不均匀状态。受料斗内的颗粒分布和料罐下料动态过程国外做了许多的研究工作。料罐内颗粒分布如图 7-9 所示。由于料罐内的颗粒分布不均匀，炉料下落的过程中，不同直径颗粒的下落顺序也不同，导致不同炉料颗粒分阶段下落，依次顺序是小颗粒炉料，中小颗粒炉料，中颗粒炉料，大颗粒炉

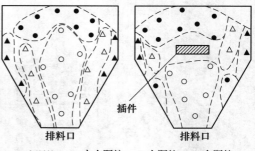

○ 小颗粒　● 中小颗粒　△ 中颗粒　▲ 大颗粒

图 7-8　无石盒受料斗下料过程　　　　图 7-9　有无插件受料斗下料过程示意图

料。由于炉料颗粒在一定粒径范围内随机分布，从而使炉料颗粒下降过程中速度场呈现非均匀、非连续和非对称性，这与实际情况是相一致的，即并不存在纯粹的轴对称流动状态，并且在卸料过程中，各点的颗粒运动速度的大小和方向都随时间不断变化。

为避免排料过程漏斗流产生，在排料口安装圆锥形插入物，阻止料流从中心下落，使不同颗粒的炉料在下料过程中产生二次混合，尽量减少排料过程颗粒偏析。由于在受料斗内，避免颗粒偏析要安装石盒和排料口插入物，需要把石盒和排料口插入物连接成一体，防止炉料在排料过程卡料和方便维护。图 7-10 显示在受料斗内排料口插入物的安装位置。炉料在受料斗内的流动由于石盒和排料口插入物的影响，排料过程从漏斗流转变为活塞流，流出受料斗排料口。

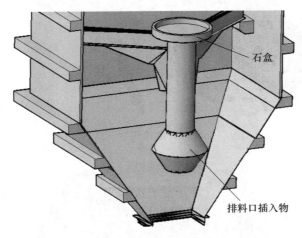

石盒

排料口插入物

图 7-10　排料口插入物位置

7.1.3　并罐式高炉无钟炉顶导料槽对布料的影响

在并罐式炉顶受料斗底部，通过导料槽把炉料依次分配到并列的两个料罐中去。导料槽分为摆动式和阀板式两种形式，如图 7-11、图 7-12 所示。摆动式导料槽适合炉顶无受料斗设备的布料结构，阀板式导料槽适合炉顶有受料斗设备的布料结构。首钢 2 号高炉采用的并罐式摆动导料槽，即炉料从皮带输送到炉顶后，不经过受料斗，而是通过导料槽的左右摆动进入料罐。当炉料需进入左侧料罐时，液压缸驱动导料槽转动，使导料槽左侧低，右侧高，由于重力作用炉料进入左侧料罐；反之，导料槽转动至左侧高，右侧低，炉料进入右侧料罐。

承钢新 3 号高炉采用阀门式导料槽，由于受料斗的存在，如果采用摆动式导料槽还需要增加切断阀，防止炉料不经过受料斗存储直接落入料罐，因此，设计为阀门式导料槽，阀门式导料槽主要有两个作用。一、作为切断阀，使炉料存储于受料斗内；二、作为导向阀板，使炉料按控制要求进入不同的料罐。图 7-12 中红色部分为导向阀板，当作为切断阀使用时，两个导向阀板全部闭合，阻止炉料下落。如果炉料需要进入左侧料罐，则左侧导向阀板打开，右侧导向阀板关闭，炉料沿导料管进入左侧料罐；反之，左侧导向阀板关闭，右侧打开，炉料沿导料管进入右侧料罐。

图 7-11 摆动式导料槽

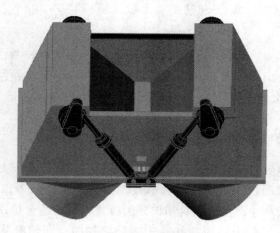

扫码看彩图

图 7-12 阀板式导料槽

摆动式导料槽的优点：摆动式导料槽在工作状态时的倾斜角度如果可以调整，则料流进入料罐的落点位置可以在一定范围变化，炉料在料罐内的料面形状和颗粒落点可以控制，减少了单个固定落点炉料的颗粒偏析。由于摆动式导料槽无炉顶受料斗，降低了高炉支撑结构的高度，以及布料设备的投资和维护费用。摆动式导料槽不同炉料上料时间间隔短，每次输送皮带上的炉料必须保证准确无误，因此它对上料过程的节奏控制要求更高，高效节奏控制是高炉布料控制向精准、高效发展的方向。

还有一种无导料槽的移动结构设计，它是在受料斗底部，增加横向移动装置使受料斗沿导轨左右移动，炉料根据控制要求分别进入不同的料罐中。这种无导料槽结构设计由于结构复杂，驱动负荷大，逐渐被阀板式导料槽替代，但在早期建设的并罐式炉顶布料设备中仍然存在。

并罐式导料槽的优化建议：从设备投资角度分析，摆动式导料槽机械结构投资少，维护方便，占用空间少，是现代高炉皮带上料控制的优选结构。它不仅可以改变料罐内部的颗粒分布状态，还可以改变料面形状，优化了炉料颗粒分布控制。阀板式导料槽适合于替代早期移动受料斗结构的布料设备，或采用料车上料的设备结构，它对大型高炉上料的控制节奏要求低，在入炉原料波动较大的场合适用性更好。

7.2 并罐式高炉无钟炉顶料罐

并罐式高炉无钟炉顶料罐由上、下密封阀，并列式料罐，节流阀，Y 形管，眼镜阀，均压装置，料罐称重装置组成。料罐是唯一和炉内气体间歇相通的密闭容器，它连通高炉内部时还需要进行氮气压力补充，防止高炉内部煤气外漏。

7.2.1 密封阀直径对布料的影响

上密封阀用来对称量料罐进行煤气密封，保证高炉的高压操作（操作压力约 0.21MPa）。其结构为盘状揭盖式阀门，结构如图 7-13 所示。密封阀的开启和关闭动作，分别有两个驱动单元构成，即直线运动单元和旋转运动单元。当密封阀由关闭状态转为开启状态时，首先是直线驱动单元动作，使密封阀板沿着近似直线轨迹离开阀座，避免阀板离开阀座是接触面发生摩擦，延长密封圈的寿命；直线驱动单元完成动作后，密封阀旋转运动单元开始工作，使阀板旋转至排料口一侧料流冲刷不到的等待位置，至此密封阀的开启动作完成。相反，当密封阀由开启状态转为关闭状态时，旋转驱动单元先工作，使阀板靠近阀座位置后，直线运动单元工作，使阀板贴近密封阀座，完成密封阀的关闭动作。

炉顶设备有受料斗的上、下密封阀直径大小相同，一般为 $\phi950mm$，因为受料斗的存在，上料时间控制灵活可调，为减少设备投资和维护费用，上、下密封阀设计直径比节流阀最大排料直径大 30%~50%，保证料流完全排放，避免卡料和堆积现象。炉顶设备无受料斗的上、下密封阀直径大小则不同，一般上密封阀直径大，为 $\phi1600mm$，保证从输送皮带运输的炉料全部落入料罐中，下密封阀直径小，为 $\phi950mm$，保证和节流阀相匹配即可。由于上密封阀的旋转驱动单元影响阀板的回转半径，阀板开启和关闭的运动轨迹是料罐最大装料量的衡量标准

图 7-13   上密封阀结构

之一，衡量料罐的最大装入量标准：第一，料罐内料面的高度控制在保证均、排压管道不会被堵塞；第二，上密封阀在开启和闭合运动过程中不能剐蹭到炉料的堆尖，必须保证有 100~300mm 的距离。由于各个企业入炉原料不同，相同的炉顶设备，原料的最大装入量也不相同，测定料罐实际最大装焦量和最大装矿量是高炉生产必不可少的要求。因此，上密封阀的设计直径要和料罐的有效容积相匹配。

密封阀的运动回转半径是料罐最大有效容积的决定性因素。迁钢三号高炉根据入炉原料条件，确定最大装入量。迁钢 3 号高炉的料罐容积为 75m³，上密封阀直径为 1250mm，回转半径 800mm。由于上密阀在开闭时有一运转范围，装料后又要保证均、排压管道不会被堵塞，因此实际可装容量控制在均压孔和上密阀设备都正常运转的状态下。为了测试料罐的最大容量，首先根据理论计算，加入 38.3t 焦炭，根据观测结果，按实际情况加入少量焦炭，直至上密封阀刚好可以正常打开。图 7-14 所示为料罐中装入 44.83t 焦炭后上密封阀相对堆尖的位置。在装入 44.83t 焦炭之后，均压孔无堵塞，如图 7-15 所示，此时料面位置离均压孔还有 200mm，不会影响一次均压和二次均压，上密封阀的回转半径和焦炭堆尖位置相距为 300mm，因此，料罐的最大装焦量为 44.83t。标定完料罐的最大装焦量之后，对料罐的最大装矿量进行标定，测试方法与测试最大装焦量相同。图 7-16 和图 7-17 为料罐中装入 164.83t 矿石后上密封阀和均压孔的位置，上密封阀在开启和关闭的运动过程中，其回转半径和料面堆尖互不影响，一次均压和二次均压正常工作。

承钢新四号高炉料罐容积为 55m³，上密封阀直径为 ϕ1000mm，上密封阀回转半径为 710mm，料罐装焦量分别为 34t 和 35t 时，密封阀关闭时的状态如图 7-18 和图 7-19 所示。在装入 35t 焦炭后，上密封阀无法完全关闭。为准确描述上密封阀回转半径对料罐有效容积的影响，定义料罐实际最大装焦量与料罐设计容

图 7-14 料罐装入焦炭与上密封阀相对位置

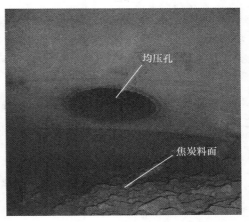

图 7-15 料罐装入焦炭与均压孔的距离

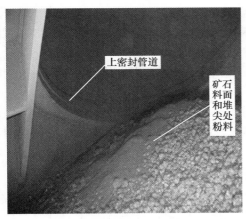

图 7-16 料罐装入矿石与上密封阀相对位置

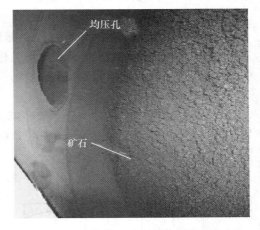

图 7-17 料罐装入矿石与均压孔的距离

积的比值作为标准，比值越大，上密封阀直径和运动回转半径影响越小。承钢新四号高炉料罐最大装焦量和料罐设计容积的比值为：$34/55 = 0.6181 t/m^3$，迁钢三号高炉料罐最大装焦量和料罐设计容积的比值为：$44.83/75 = 0.5977 t/m^3$，由于迁钢高炉料罐上密封阀的回转半径大于承钢新四号高炉料罐上密封阀回转半径，导致二者的有效容积利用的差异。

7.2.2 料罐对布料的影响

料罐是装料过程炉料主要的存储设备。它不仅作为储存颗粒物料的容器，而且作为处理工艺事故情况下的必要保证。与液体储罐相比，在常温常压下操作的颗粒料罐，其设计复杂得多，很难像在液体场合那样，用一种具有普遍意义的设计理论。由于料罐几何条件、料罐壁面摩擦、颗粒密实度、装料形式等诸多因素

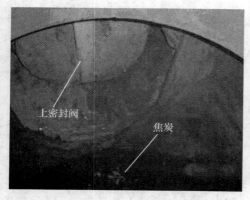 

图 7-18 料罐 34t 焦炭与上密封阀相对位置　　图 7-19 料罐 35t 焦炭与上密封阀相对位置

的作用，炉料颗粒在料罐内的流动形式不同，如图 7-20 所示。詹尼克将料罐内流动分为四种类型：

（1）整体流。在料罐卸料时，全部罐料都在移动，流动稳定均匀，引起罐壁侧压力急剧增加，这一类型的流动又称为动力型流动。

（2）漏斗流。卸料时仅卸料口以上一定范围内的罐料呈漏斗状流动，罐内存在死料区。

（3）管状流。卸料时，只是中心部分的罐料在流动，周围的罐料呆滞不动。管状流是漏斗流的一种情况，罐壁的贮料压力基本接近静态压力的数值。因此漏斗流和管状流又称为非动力流。

（4）扩散流。这是整体流动的一种变异形式，即在下部为整体流，通过扩

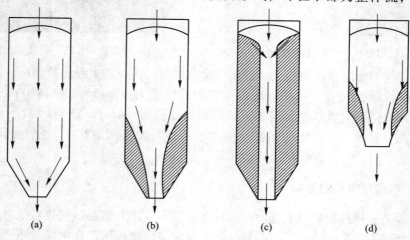

图 7-20 料罐内不同形式的炉料颗粒流动

（a）整体流；（b）漏斗流；（c）管状流；（d）扩散流

散使上部也进入整体流。

　　整体流卸料速率稳定，卸料密度均匀，卸料顺序为先进先出，料罐造价较高，料罐寿命较短。漏斗流动卸料速率不稳定，卸料密度不均匀，卸料顺序为先进后出，料罐造价较低，料罐寿命较长。管状流是不同因此在料罐设计时为了做到安全、合理、经济，选择具体炉料流动形式应按照实际要求选择合适的形式，下面就影响料罐流型的因素加以综合分析。

　　料罐的形状主要影响炉料在料罐内颗粒分布，以及炉料下料速度和料罐使用寿命。料罐锥角是指料罐底部排料斜面与水平的夹角，它是衡量料罐排料是否顺畅的标准之一。料罐锥角越小，罐料流出速度也较小，尤其是靠近罐壁处速度很小，且流动形态主要为管状流；料罐锥角较大时，炉料流出的速度越大，流动的形态主要为整体流。料罐排料口越小，料罐下部颗粒炉料卡料结拱越严重，炉料的流速也越小。当排料口增大，流动形态由料罐内为管状流而上部为整体流，转变成有时在料罐内为管状流，有时则为整体流两种形态，排料口越大，流动形式趋向于整体流。

　　为获得料罐内炉料颗粒下料过程为整体流，根据炉料的特性，确定出一个料罐半顶角，它和料罐锥角呈互余关系，如图 7-21 所示。对于圆锥形料斗，保持整体流所需要的最大料罐半顶角采用公式（7-1）：

$$\alpha_{\text{半顶}} = \frac{1}{2}(180° - \phi_{\text{休}}) - \frac{1}{2}\left[\arccos\left(\frac{1 - \sin\delta_{\text{壁}}}{2\sin\delta_{\text{壁}}}\right) + \arcsin\left(\frac{\sin\phi_{\text{休}}}{\sin\delta_{\text{壁}}}\right)\right] \quad (7\text{-}1)$$

式中　　$\alpha_{\text{半顶}}$——料罐半顶角，（°）；

　　　　$\phi_{\text{休}}$——炉料休止角或堆角，（°）；

　　　　$\delta_{\text{壁}}$——料罐内壁摩擦角，（°）。

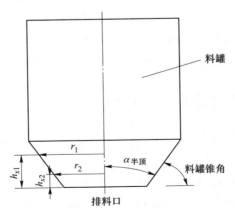

图 7-21　影响料罐排料的设计参数

　　锥形漏斗在卸料过程中出现排料不畅，出现堵塞，并不完全是由于锥形漏斗

的半顶角 $\alpha_{半顶}$ 取值不够小，主要是由于锥型料斗的截面积收缩率 $C_{断缩}$ 不是常量，而是变量，其截面积收缩率 $C_{断缩}$ 的表达式为：

$$C_{断缩} = \frac{2}{r}\tan(90° - \alpha_{半顶}) \tag{7-2}$$

式中 r ——高度为 h_x 处的圆半径，m，如图 7-21 所示；

　　$C_{断缩}$ ——料罐的截面积收缩率，1/m；

　　$\alpha_{半顶}$ ——料罐半顶角，(°)。

由公式（7-2）可知，圆锥型料斗截面积收缩率 $C_{断缩}$ 随其高度的下降而急剧增大，至卸料口时，$C_{断缩}$ 值最大，这说明了为什么锥体料斗卸料不通畅，容易发生堵塞的原因。

如果使料罐的断面收缩率 $C_{断缩}$ 为常量，则可以解决料罐排料不畅的问题，保持颗粒炉料的整体流动，所以设计可以采用双曲线型料罐。基于此，建筑结构设计手册中介绍了双曲线型料斗的结构形式，可以借鉴过来用于高炉料罐的设计。

双曲线的形式：

$$C_{断缩} = re^{C_{断缩}h_x} \tag{7-3}$$

式中 r ——高度为 h_x 处的圆半径，m；

　　$C_{断缩}$ ——双曲线型料罐的截面积收缩率，它是常量，1/m；

　　h_x ——料罐 x 距原点的高度，m。

如果取断面收缩率 $C_{断缩}$ 为常量，不同高度处的圆锥半径为：

$$C_{断缩} = \frac{1}{h_{x2} - h_{x1}}\ln\left(\frac{r_1}{r_2}\right) \tag{7-4}$$

双曲线料罐由于是曲面排料，有效容积损失比较大，在料罐高度不变的情况下，要以损失料罐的容积为代价。为避免容积损失，采用分段设计料罐的形式，即上部采用圆锥排料斜面，排料口附近部位采用双曲线形式。具体设计方法详见有关文献。

各个企业的高炉原料特性不同，料罐形状设计要考虑各自的要求，一般应遵循以下原则：

（1）罐体下部漏斗部分必须充分陡峭和光滑，料罐半顶角在满足工艺条件下尽可能地小；

（2）排料口必须足够大，防止炉料架拱堵塞；

（3）料罐内上部圆柱部分的散料加到下部漏斗部分的散料上的压力必须等于或大于径向压力。

整体流料罐的一般设计分析步骤：

（1）测量散料的有关物性参数；

（2）计算料罐在储料及排料期间的压力分布；

（3）计算料罐在排料开始瞬间的超侧压分布；

（4）依据设计要求，超侧压分布曲线，按设计标准进行具体的料罐设计。

7.2.3 并罐式节流阀对布料的影响

料流调节阀是无钟炉顶装料系统中调节排料速度或排料时间的唯一手段。起着控制、保持料罐内炉料向炉内布料趋于均匀、合理的作用。料流调节阀结构如图 7-22 所示。

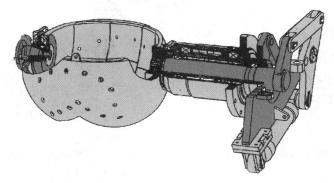

图 7-22 料流调节阀结构图

料流调节阀由一个液压缸通过连杆结构进行驱动，阀板由两个半球形闸阀构成，球形阀中间开方形漏料口，方形漏料口沿轴线方向在任何开度时均为正方形，使得料流沿轴线方向呈柱状落料，并始终对正中心。液压缸的行程与闸门的排料口截面积以及对各种物料平均排料流量的关系通过试验测得，阀板开度是由液压系统中的比例调节阀控制。最大开启速度一般为 15°/s，开口控制精度为0.1°。在料流调节阀驱动机构上安装有两个自整角机或角度编码器，以控制阀板位置。料流调节阀排料口最大开度值等于料罐中心漏料口的直径。

料流调节阀开度和排料流量的关系如图 7-23 所示。

由于料流调节阀开度截面积呈正方形变化，导料管截面积是圆形，这就导致料流调节阀在接近最大开度时，料流量会出现波动，这一点在料流调节阀使用过程中必须注意。造成料流量变化的主要原因是料流调节阀方形截面从内接圆变化到外切圆，改变了截面积的规则变化。

7.2.4 并罐式炉顶 Y 形管对布料的影响

Y 形管是并罐式高炉炉顶必不可少的设备，它执行将并列式两个料罐内的炉料依次导入喉管的功能。Y 形管设备还要求内部有足够大的空间，保证炉料卡料时，能够进行方便的维修。其外形结构如图 7-24 所示。

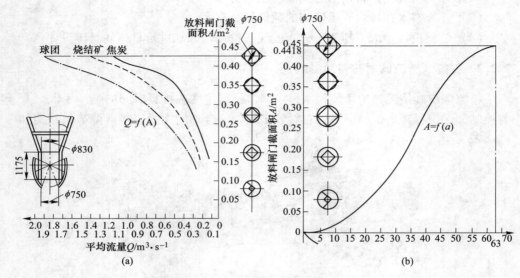

图 7-23   料流调节阀开度和排料流量的关系

（a）节流阀开度与排料流量的关系；（b）节流阀开度与节流阀开口面积的关系

图 7-24   并罐式炉顶 Y 形管结构

　　根据第 3 章建立的数学模型和炉料在 Y 形管内的受力分析，以焦炭，烧结矿和球团矿为原料，说明并罐式设备对料流轨迹和落点的影响，计算所需要的炉料物理属性和并罐式炉顶设备参数如表 7-1、表 7-2 所示。

表 7-1   物料的物理属性

炉料种类	堆密度/kg·m⁻³	形状因子	摩擦系数	平均粒径/mm
焦炭	550	0.72	0.5	56.7
烧结矿	1670	0.44	0.6	15.7
球团矿	1960	0.92	0.2	12.7

表 7-2 装料操作参数和并罐式炉顶设备参数

参数	数值	参数	数值
Y 形管倾角/(°)	45°	溜槽总长度/m	4.06
Y 形管高度/m	2.376	溜槽倾动矩/m	0.85
Y 形管内型	圆弧形	溜槽内径/m	0.86
喉管长度/m	1.68	溜槽转速/r·s^{-1}	0.133
喉管直径/m	0.65	操作料线/m	1.5
煤气密度/kg·m^{-3}	2.67	炉喉直径/m	8.4
煤气黏度系数	3×10^{-5}	悬挂点位置/m	5.52

7.2.4.1 Y 形管长度对落点半径的影响

为了确定并罐式炉顶 Y 形管的长度对炉料落点的影响,布料的溜槽角度 α 取固定值 $\alpha = 30°$,其他参数包括 Y 形管的夹角、Y 形管的直径、Y 形管的位置,以及炉料的颗粒度大小和炉料的密度等取值固定不变。Y 形管长度分别取 2.5m、2.8m、3.1m、3.4m、3.7m 时,炉料的落点位置如图 7-25 所示。焦炭、球团矿、烧结矿的落点随 Y 形管的长度增加在不断地增加,三者的增加速度基本一致,说明 Y 形管的长度对三种炉料的落点影响的程度基本相同。Y 形管的长度每增加 1m,炉料的落点增加 12~13mm,落点半径随 Y 形管长度的变化率为 1.2%。导致落点增大的原因主要是 Y 形管越长,炉料落入溜槽的速度越大。

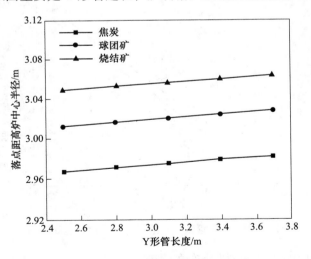

图 7-25 Y 形管长度对落点半径影响

通过拟合得到并罐式 2500m^3 高炉 Y 形管的长度与落点的关系:

对焦炭落点影响:

$$Y = 2.9353 + 0.01267X,\ 置信度\ R = 0.99862$$

对球团矿落点影响：

$$Y = 2.97867 + 0.01333X，置信度 R = 1$$

对烧结矿落点影响：

$$Y = 3.01837 + 0.01233X，置信度 R = 0.99891$$

根据拟合结果，Y 形管长度与落点的关系呈线性变化，烧结矿，球团矿和焦炭三种炉料的斜率基本相同，为 $K = 0.01$。

7.2.4.2 Y 形管倾角对落点半径的影响

Y 形管的设计倾斜角度对炉料落点和速度的影响如图 7-26 所示，Y 形管倾角分别取 45°、48°、51°、54°、57°，计算焦炭落点半径，以及操作料线高度为 1.5m 时，落点的料流速度。溜槽的角度取 30°，其他参数包括 Y 形管的夹角，Y 形管的直径、位置以及炉料的颗粒大小和炉料的密度等取值固定不变。从计算结果可以看到，Y 形管倾角与落点半径和落点速度之间呈线型关系，随着 Y 形管倾角的增加，其落点半径和落点速度都在增加，通过线性拟合，得到 Y 形管倾角对落点速度影响为：$Y = 9.73 + 0.01667X$，置信系数为 1。Y 形管倾角对落点半径影响为：$Y = 2.872 + 0.002X$，置信系数为 1。由此得，Y 形管倾角度数增加 1 度，炉料的落点速度变化 0.016m/s，落点半径增加 0.002m。由此可见，落点半径随 Y 形管倾角的变化率为 1%，落点速度随 Y 形管倾角的变化率为 0.2%。

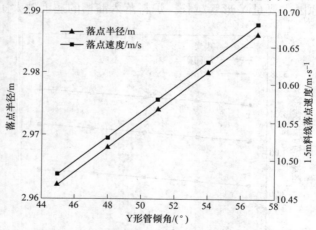

图 7-26 Y 形管倾角对落点半径及落点速度影响

7.3 皮带夹角对料面炉料分布的影响

7.3.1 皮带夹角对上料过程炉料分布的影响

根据某钢厂高炉无钟炉顶设备总图，得知上料主皮带与地面的夹角为 11°；根据其设备总图俯视图，如图 7-27 所示，得知上料主皮带与两并罐对称面夹角为

22°；根据上料主皮带截面图，如图 7-28 所示，得知皮带宽度及皮带截面形状。

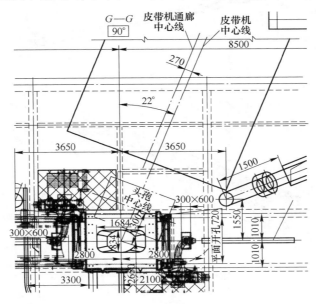

图 7-27 无钟炉顶设备总图俯视图

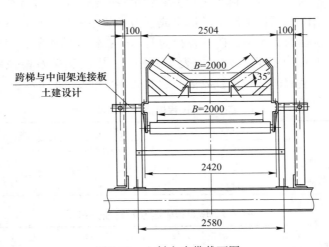

图 7-28 上料主皮带截面图

基于以上无钟炉顶设备参数，利用三维建模软件 Solidworks 建立了上料系统几何模型，主要包括矿焦槽和上料主皮带两个部分，在得知焦炭和矿石在矿焦槽内粒度分布、上料主皮带运料能力和上料主皮带上料速度后，即可通过离散单元法研究炉料在上料主皮带上的运动行为及分布情况。其矿焦槽和上料主皮带的三维几何模型如图 7-29 所示。

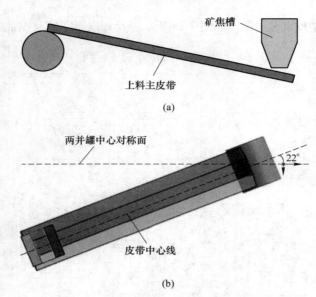

图 7-29 上料系统几何模型

(a) 主视图；(b) 俯视图

　　根据其设备图纸，将上料系统相关参数进行总结，如表 7-3 所示。计算开始时炉料在矿焦槽内的颗粒工厂中随机生成，为了减小模拟计算量，计算时焦炭粒径为实际焦炭粒径的 1.5 倍，矿石粒径为实际矿石粒径的 4 倍，以减少炉料总颗粒量，焦炭和矿石原始粒径分布如表 7-4 所示，焦炭和矿石模拟所用粒度、质量、质量分数、生成速率和颗粒数目分别如表 7-5 和表 7-6 所示。

表 7-3 高炉上料过程模拟所用几何边界条件

参数	数值	参数	数值
皮带长度/m	10	皮带上料速度/m·s^{-1}	2
皮带宽度/m	2	皮带运输焦炭能力/kg·s^{-1}	1000
皮带水平倾角/(°)	11	皮带运输矿石能力/kg·s^{-1}	4200

表 7-4 焦炭和矿石原始粒径分布

焦炭粒径/mm	质量/kg	质量分数/%	矿石粒径/mm	质量/kg	质量分数/%
>80	57.5	0.25	>40	8704.5	8.29
60~80	4441.3	19.31	25~40	27058.5	25.77
40~60	11040.0	48.00	20~25	15162.0	14.44
25~40	6888.5	29.95	10~20	40551.0	38.62
<25	572.7	2.49	5~10	12768.0	12.16
			<5	756.0	0.72
合计	23000.0	100.00	合计	105000.0	100.00

表 7-5 模拟所用焦炭参数

粒径/mm	质量/kg	质量分数/%	生成速率/kg·s⁻¹	颗粒数目
>120	57.5	0.25	0.7	64
90~120	4441.3	19.31	53.7	7327
60~90	11040.0	48.00	133.3	49979
37.5~60	6888.5	29.95	83.2	113554
<37.5	572.7	2.49	6.9	20741
合计	23000.0	100.00	277.8	191665

表 7-6 模拟所用烧结矿参数

粒径/mm	质量/kg	质量分数/%	生成速率/kg·s⁻¹	颗粒数目
>160	8704.5	8.29	96.7	1212
100~160	27058.5	25.77	300.6	5573
80~100	15162.0	14.44	168.5	29725
40~80	40551.0	38.62	450.6	99227
20~40	12768.0	12.16	141.9	408341
<20	756.0	0.72	8.4	322619
合计	105000.0	100.00	1166.7	866697

炉料从矿焦槽排出后运动至高炉料面可分为三个过程，分别为：上料过程、装料过程和布料过程。上料过程即炉料在上料主皮带上的运动过程；装料过程即炉料到达上料主皮带末端后，通过换向溜槽装入到料罐中的运动过程，分别计算了左料罐装入焦炭、右料罐装入焦炭、左料罐装入矿石（100%烧结矿）和右料罐装入矿石（100%烧结矿）的运动过程，其中左料罐和右料罐与上料主皮带的相对位置如图 7-29 所示。

布料过程即炉料装入到左料罐或右料罐完成后，打开料流节流阀，炉料开始流经中心喉管，之后到达旋转溜槽，最后布到高炉料面时的运动过程，分别计算了左料罐排出焦炭、右料罐排出焦炭、左料罐排出矿石（100%烧结矿）和右料罐排出矿石（100%烧结矿）的运动过程。布料过程中不考虑气流影响，且假设初始料面形状为平面，模拟所用焦炭和矿石物性参数如表 7-7 所示。

表 7-7 模拟所用物性参数

条款	视密度/kg·m⁻³	剪切模量/Pa	泊松比	弹性恢复系数	静摩擦系数	滚动摩擦系数
C	1000	1.0×10⁷	0.25	—	—	—
S	4000	1.0×10⁷	0.25	—	—	—
P	2500	1.0×10⁷	0.25	—	—	—

条款	视密度/kg·m⁻³	剪切模量/Pa	泊松比	弹性恢复系数	静摩擦系数	滚动摩擦系数
K	4000	$1.0×10^7$	0.25	—	—	—
W	4500	$1.0×10^{10}$	0.25	—	—	—
B	1200	$1.0×10^8$	0.25	—	—	—
C-C	—	—	—	0.18	0.56	0.15
C-W	—	—	—	0.20	0.41	0.09
C-B	—	—	—	0.10	0.9	0.34
S-S	—	—	—	0.18	0.67	0.15
S-W	—	—	—	0.20	0.35	0.10
S-B	—	—	—	0.10	0.9	0.34
S-P	—	—	—	0.16	0.64	0.15
P-P	—	—	—	0.17	0.65	0.15
P-B	—	—	—	0.1	0.9	0.34

注：C 代表焦炭；S 代表烧结矿；P 代表球团矿；K 代表块矿；W 代表壁面；B 代表皮带。

　　炉料从矿焦槽中排出后下落到上料主皮带，由于上料主皮带有向前运动的速度以及皮带与炉料间的摩擦力，炉料随皮带运动进入受料斗，图 7-30（a）所示为焦炭在皮带长度方向上的运动情况，不同颜色代表不同粒径范围的焦炭，分别为红色（>120mm）、绿色（90~120mm）、黄色（60~90mm）、蓝色（37.5~60mm）和粉色（<37.5mm），为了便于区分焦炭大颗粒和小颗粒的分布情况，将焦炭颗粒粒径大于 60mm 的炉料划分为大颗粒，焦炭颗粒粒径小于 60mm 的炉料划分为小颗粒；同样用不同颜色代表不同粒径范围的矿石，分别为红色（>160mm）、绿色（100~160mm）、黄色（80~100mm）、蓝色（40~80mm）、粉色（20~40mm）和紫色（<20mm），为了便于区分矿石大颗粒和小颗粒的分布情况，将矿石颗粒粒径大于 80mm 的炉料划分为大颗粒，矿石颗粒粒径小于 80mm 的炉料划分为小颗粒。在炉料随着皮带向前运动的过程中，由于颗粒与皮带间的摩擦以及小颗粒通过大颗粒间隙向下渗透，使炉料在皮带高度方向上出现粒度分布不均匀，如图 7-30（b）所示。

　　炉料落在上料主皮带后，沿皮带运动方向（即皮带长度方向）分析炉料处于 5 个不同长度位置时分布情况，研究皮带长度对皮带上炉料分布的影响，5 个不同长度位置监测区域分布如图 7-31（a）所示，分别为位置 1、位置 2、位置 3、位置 4 和位置 5，其中位置 1 靠近矿焦槽，位置 5 即皮带末端；对每个不同长度位置监测区域，沿皮带高度方向将该监测区域等高度划分为四个区域，从上至下依次为区域Ⅰ、区域Ⅱ、区域Ⅲ和区域Ⅳ，如图 7-31（b）所示，以分析炉料在皮带高度方向上粒度偏析情况。

　　炉料随皮带运动的过程中，由于炉料与皮带间的摩擦以及小颗粒通过大颗粒

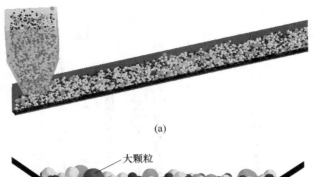

(a)

(b)

图 7-30 上料过程中皮带上炉料分布

（a）长度方向；（b）高度方向

扫码看彩图

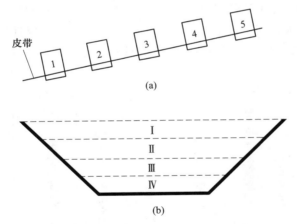

(a)

(b)

图 7-31 上料主皮带分析区域划分示意图

（a）长度方向；（b）高度方向

间的空隙向皮带底部渗透，炉料在料层高度方向上存在粒度分布不均匀，直接影响炉料在料罐内的分布。图 7-32 所示为焦炭在皮带长度方向上不同位置时在料层厚度方向不同区域内炉料平均粒径分布情况，由图可知，当皮带长度方向上位置相同时，皮带高度方向上不同区域内焦炭平均粒径分布不一，从皮带底部至皮带顶部（区域Ⅳ至区域Ⅰ），各区域内焦炭平均粒径逐渐增大；当沿皮带高度方向区域相同，炉料经过皮带长度方向上不同位置时，焦炭平均粒径变化基本不大。

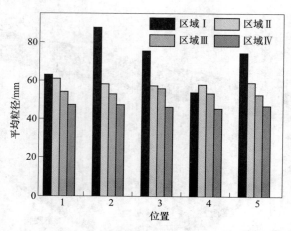

图 7-32 焦炭在上料主皮带长度方向上不同位置处炉料平均粒径分布

图 7-33 所示为矿石在皮带长度方向上不同位置时料层厚度方向不同区域内炉料平均粒径分布情况，由图可知，当皮带长度方向上位置相同时，皮带高度方向上不同区域内矿石平均粒径分布不一，从皮带底部至皮带顶部，各区域内矿石平均粒径逐渐增大，即矿石平均粒径：区域Ⅰ>区域Ⅱ>区域Ⅲ>区域Ⅳ；当沿皮带高度方向区域相同，炉料经过皮带长度方向上不同位置时，矿石平均粒径变化基本不大。

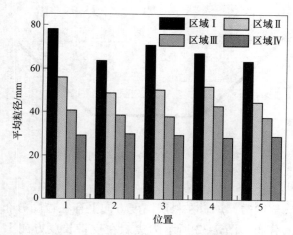

图 7-33 矿石在上料主皮带长度方向上不同位置处炉料平均粒径分布

炉料在上料主皮带上运动时，在皮带高度方向上已经存在粒度偏析，而在炉料随皮带运动过程中在皮带长度方向上不同位置处其粒度分布变化较小，因此在模拟计算时皮带长度对炉料粒度分布影响较小，可减小皮带长度以减小模拟计算量。

　　图7-34为焦炭运动至皮带末端（位置5）时在料层高度方向上不同粒径炉料体积分数分布情况。由图可知，粒径<37.5mm和粒径为37.5~60mm的焦炭在料层高度方向上体积分数在逐渐减小，粒径为60~90mm的焦炭在料层高度方向上体积分数在逐渐增大，粒径为90~120mm的焦炭在料层高度方向上体积分数在先增大后减小，由于粒径>120mm的焦炭在一批炉料中数量较少，在该时刻皮带末端并不存在该粒径范围的焦炭，所以粒径>120mm的焦炭体积分数为0。由此可见，由于小颗粒在大颗粒空隙间的渗透作用，料层上部大颗粒（>60mm）炉料较多，当料层高度为135mm时，大颗粒体积分数达到75%，小颗粒体积分数仅为25%；在料层高度方向上，自料层下部至料层上部，小颗粒体积分数由42%逐渐减小至0，大颗粒的体积分数由58%逐渐增大至100%。

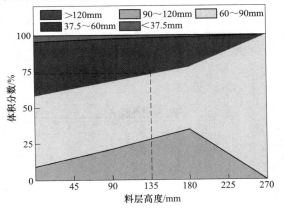

图7-34　皮带末端料层高度方向不同粒径焦炭体积分数分布

　　图7-35为矿石运动至皮带末端（位置5）时在料层高度方向上不同粒径炉

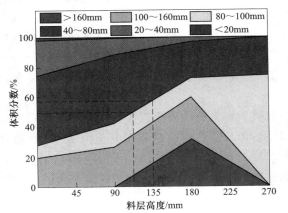

图7-35　皮带末端料层高度方向不同矿石粒径体积分数分布

料体积分数分布情况。由图可知，粒径<20mm、粒径为 20~40mm 和粒径为 40~80mm 的矿石在料层高度方向上体积分数在逐渐减小，粒径为 80~100mm 的矿石在料层高度方向上体积分数在逐渐增大，粒径为 100~160mm 和粒径>160mm 的矿石在料层高度方向上体积分数先增大后减小。可以看出，当料层高度为 135mm 时，大颗粒体积分数达到 58%，在料层厚度方向上，自料层下部至料层上部，小颗粒体积分数由 72% 逐渐减小至 26%，大颗粒的体积分数由 28% 逐渐增大至 74%。在料层高度为 112mm 处，矿石大颗粒体积分数和小颗粒体积分数相等。

7.3.2　皮带夹角对装料过程炉料分布的影响

根据梅钢 5 号高炉无钟炉顶设备总图，可得知料罐相关参数，建立并罐装料系统几何模型；根据换向溜槽设备总图，如图 7-36 所示，可得知换向溜槽相关设备参数。

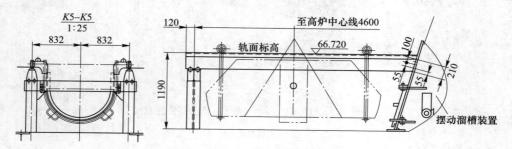

图 7-36　换向溜槽设备总图

基于以上设备参数，利用三维建模软件 Solidworks 建立了装料系统几何模型，其几何模型主要包括换向溜槽、左料罐和右料罐三个部分，其三维几何模型如图 7-37 所示。基于上料系统的仿真结果，可继续仿真研究炉料在装料过程中的运动行为及分布情况。

根据梅钢 5 号高炉无钟炉顶设备图纸，将装料系统相关参数进行总结，如表 7-8 所示。

炉料物性参数参照上料系统仿真报告中焦炭和矿石模拟所用参数。

为了研究上料主皮带与左右料罐对称面夹角为 22° 时对装料过程的影响，在换向溜槽末端取一监测区域，如图 7-38 所示，对于换向溜槽末端监测区域，将其分为溜槽上部和溜槽下部两个区域，以分析这两个区域内炉料在装料过程中的粒度和速度变化情况。

图 7-39 所示为换向溜槽出口处炉料运动速率分布，由图可知，当焦炭或矿石装入到右料罐时炉料在换向溜槽末端的速率高于当焦炭或矿石装入到左料罐时

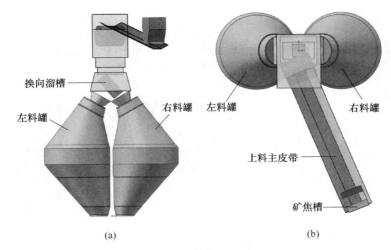

(a)   (b)

图 7-37 装料系统几何模型

（a）主视图；（b）俯视图

表 7-8 高炉装料过程模拟所用几何边界条件

参数	数值	参数	数值
换向溜槽半径/m	0.49	换向溜槽倾角/(°)	40
换向溜槽长度/m	2.14	料罐容积/m³	80

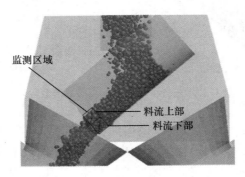

图 7-38 换向溜槽末端监测区域示意图

炉料在换向溜槽末端的速率，这是由于上料主皮带与左右料罐对称面夹角为22°。当焦炭或矿石装入左料罐或右料罐时，炉料并非落到换向溜槽的中间位置，如图7-40所示，当炉料装入左料罐时，炉料的主料流运动方向与换向溜槽轴线方向夹角大于90°，因此，炉料在和换向溜槽表面碰撞后速度损失较大，在换向溜槽末端炉料运动速率小；当炉料装入右料罐时，炉料的主料流运动方向与换向溜槽轴线方向夹角小于90°，因此，炉料和换向溜槽表面碰撞后速度损失较小，在换向溜槽末端炉料运动速率大。

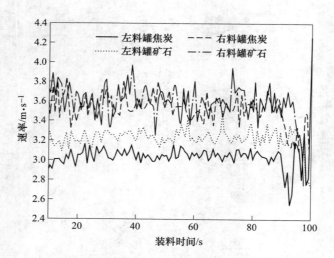

图 7-39　换向溜槽出口处炉料运动速率分布

图 7-40　炉料装入左右罐过程中在换向溜槽上运动长度分布

　　图 7-41 为炉料装入料罐过程中换向溜槽出口处炉料粒度分布，由图可知，当焦炭或矿石分别装入左料罐和右料罐时，位于换向溜槽末端下部区域的炉料平均粒度小于位于换向溜槽末端上部区域的炉料平均粒度，由此可见，炉料到达换向溜槽后，炉料粒度在换向溜槽内重新分布，在换向溜槽上运动一段距离后，小颗粒在大颗粒的空隙中渗透到换向溜槽底部，因此，换向溜槽末端下部区域的炉料平均粒度小于换向溜槽末端上部区域的炉料平均粒度。

　　装料过程是指炉料从上料主皮带运输到受料斗后，经过换向溜槽进入左料罐和右料罐内的过程，因此炉料在左右料罐中的粒度分布受上料主皮带上炉料粒度分布的影响。由于上料主皮带与炉顶左右料罐中心对称面的夹角为 22°，因此炉料从上料主皮带通过换向溜槽装入左右料罐时，使炉料在两料罐内的粒度分布和体积分布各不相同，因此研究焦炭和矿石通过换向溜槽分别装入左料罐和右料罐

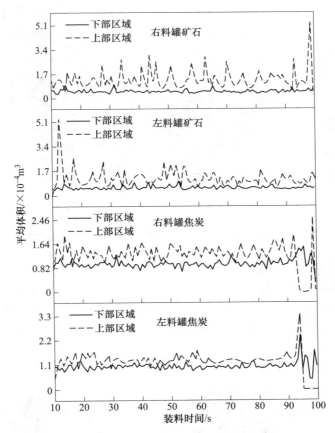

图 7-41   炉料装入料罐过程中换向溜槽出口处炉料粒度分布

过程中的运动情况及进入料罐后炉料的粒度分布情况具有重要的意义。

　　料罐内炉料的粒度分布和体积分布还受到料罐形状的影响，料罐形状确定了料流在料罐内落点的位置，在装料过程中，炉料颗粒具有水平方向的分速度，炉料从换向溜槽落入料罐，随着炉料的不断装入，料罐内炉料料面位置不断升高，料流在料面上的落点位置不断变化，使炉料在料罐内料面堆尖位置发生改变，从而影响到炉料在料罐内的分布情况。

　　图 7-42 所示为焦炭分别装入左料罐和右料罐时炉料堆尖位置变化情况，图中不同颜色（见二维码中彩图）料层表示炉料装入料罐过程中每隔 20s 所形成的料层，由图可知，随着焦炭不断装入到左料罐或右料罐中，料罐中的焦炭堆尖位置不断向料罐内侧靠近，且随着料层高度的增大，料罐直径也随着增大，料层厚度越来越薄。焦炭在左右料罐的炉料分布情况主要与料罐形状、换向溜槽倾角、

换向溜槽长度和上料主皮带速度有关。

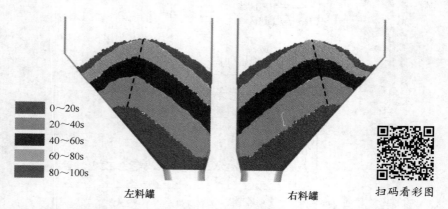

图 7-42　焦炭装入左料罐和右料罐过程中堆尖位置变化情况

　　图 7-43 所示为矿石装入左料罐和右料罐过程中堆尖位置变化情况，图中不同颜色料层表示炉料装入料罐过程中每隔 20s 所形成的料层，由图可知，随着矿石不断装入到左料罐或右料罐中，料罐中的矿石堆尖位置不断向料罐内侧靠近，且随着料罐直径的增大，料层厚度越来越薄，其堆尖位置变化规律与焦炭堆尖位置变化规律基本相同。

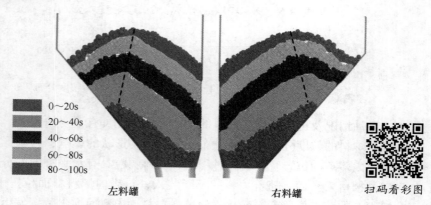

图 7-43　矿石装入左料罐和右料罐过程中堆尖位置变化情况

　　当焦炭和矿石分别装入左料罐和右料罐时，为了定量化研究料罐内炉料的分布，将料罐内的炉料沿三个方向进行分析：料罐径向、料罐周向及料罐纵向。图 7-44（a）所示为料罐径向区域划分示意图，将左料罐和右料罐在不同高度的横截面上分别沿 x 轴方向和 y 轴方向等面积划分为 10 份，连接每个横截面相对应的区域，则将料罐在径向上分别沿 x 轴方向和 y 轴方向等体积划分为 10 个区域，

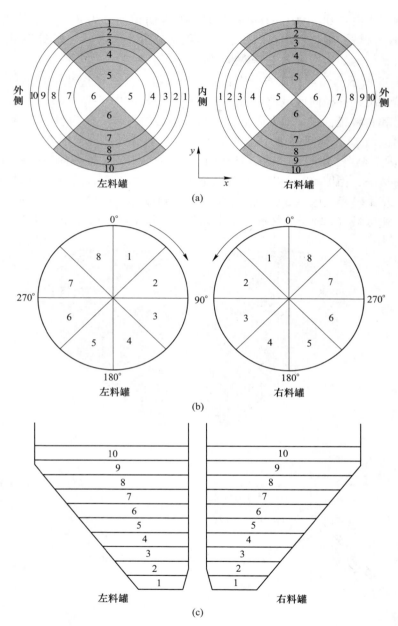

图 7-44 左右料罐径向、周向和纵向区域划分示意图
(a) 径向划分；(b) 周向划分；(c) 纵向划分

图 7-44 (a) 白色区域代表沿 x 轴方向径向区域划分示意图，灰色区域代表沿 y 轴方向径向区域划分示意图；如图 7-44 (b) 所示，将料罐在不同高度的横截面

上均按圆周方向从 0°→90°→180°→270°→0° 等面积划分为 8 份，连接每个横截面相对应的区域，则将料罐在周向上等体积划分为 8 个区域；如图 7-44（c）所示，将料罐内的炉料在纵向上等高度划分为 10 个区域。

图 7-45 所示为焦炭和矿石分别在左右料罐沿 x 轴径向上和沿 y 轴径向上炉料体积分布情况，其径向区域位置与料罐内相应位置如图 7-45（a）所示，规定对于左料罐和右料罐，在 x 轴方向上靠近高炉中心的料罐一侧为料罐内侧（x 轴方向上径向区域 1），远离高炉中心的料罐一侧为料罐外侧（x 轴方向上径向区域 10），如图 7-45（a）所示。图 7-45（b）所示为沿料罐 x 轴方向径向各区域炉料体积分布情况，由图可知，对于焦炭或矿石炉料，在左料罐左半边区域（x 轴径向区域 1 至 x 轴径向区域 5）炉料体积高于右料罐相应区域的炉料体积，而在左料罐右半边区域（x 轴径向区域 6 至 x 轴径向区域 10）的炉料体积要低于右料罐

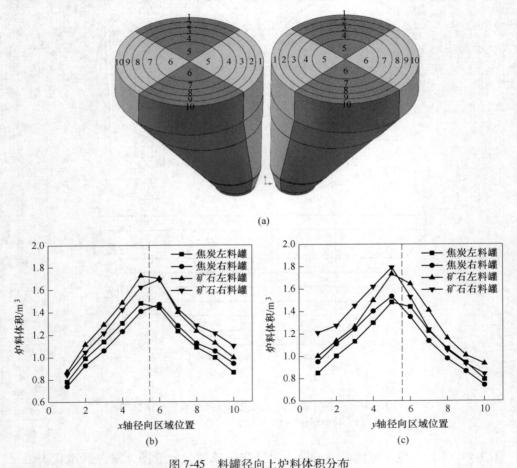

图 7-45 料罐径向上炉料体积分布

（a）料罐径向区域划分；（b）沿 x 轴方向炉料体积分布；（c）沿 y 轴方向炉料体积分布

相应区域的炉料体积；焦炭或矿石在左料罐中堆尖位置位于 x 轴径向区域5，焦炭或矿石在右料罐中堆尖位置位于 x 轴径向区域6，这是由于上料主皮带与左右料罐两对称面夹角为22°。当炉料装入到左料罐过程时，在换向溜槽出口处速度小；当炉料装入到右料罐过程时，在换向溜槽出口处速度大，如图7-39所示，因此炉料装入左料罐时的堆尖位置比炉料装入右料罐时的堆尖位置更靠近料罐内侧。

图7-45（c）所示为沿料罐 y 轴方向径向各区域炉料体积分布情况，由图可知，沿料罐 y 轴方向，无论炉料是装入左料罐还是装入右料罐，炉料在料罐内的堆尖位置位于 y 轴径向区域5。当炉料装入左料罐时位于径向区域1至径向区域5内的炉料体积小于当炉料装入右料罐时位于径向区域1至径向区域5内的炉料体积，而炉料装入左料罐时位于径向区域6至径向区域10内的炉料体积大于当炉料装入右料罐时位于径向区域6至径向区域10内的炉料体积。

图7-46所示为焦炭和矿石分别在左右料罐周向上不同区域内炉料体积分布，其周向区域位置与料罐周向位置对应关系如图7-46（a）所示，由图7-46（b）可知，对于炉料无论是焦炭还是矿石，当炉料装入到左料罐中时，周向区域5内炉料体积最小，周向区域1内炉料体积最大；当炉料装入到右料罐中时，周向区域4内炉料体积最小，周向区域8内炉料体积最大。当焦炭装入左料罐、焦炭装入右料罐、矿石装入左料罐、矿石装入左料罐时，周向各区域炉料体积分布的标准差分别为0.065、0.261、0.101和0.365，由此可以看出，当炉料装入到左料罐中时，炉料在周向各区域上分布更均匀。

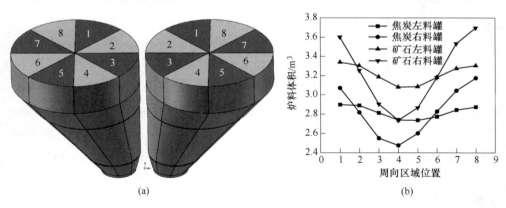

(a) (b)

图7-46　料罐周向上炉料体积分布
（a）料罐周向区域划分；（b）周向上炉料体积分布

图7-47所示为焦炭分别在左右料罐 x 轴径向不同区域位置不同粒径炉料体积分数分布情况，在左料罐中，如图7-47（b）所示，x 轴径向区域4内大颗粒（>60mm）体积分数达到最小值为56.32%，小颗粒（<60mm）体积分数达到最

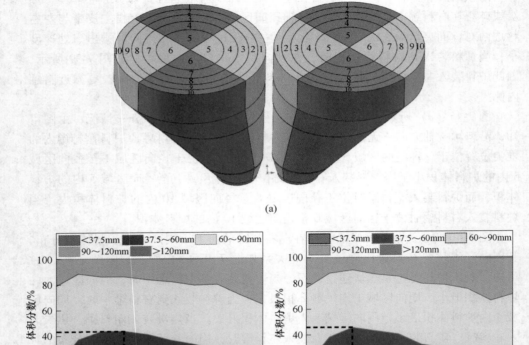

(a)

(b)

(c)

图 7-47　焦炭在 x 轴径向区域位置不同粒径炉料体积分数分布
(a) 料罐径向区域划分；(b) 左料罐；(c) 右料罐

大值为 43. 68%；x 轴径向区域 1 内大颗粒体积分数达到最大值为 84. 94%，小颗粒体积分数达到最小值为 15. 06%；从 x 轴径向区域 4 到 x 轴径向区域 1，大颗粒体积分数逐渐增大，小颗粒体积分数逐渐减小；从 x 轴径向区域 4 到 x 轴径向区域 10，大颗粒体积分数先增大后在 x 轴径向区域 10 有所减小，小颗粒体积分数先减小后在 x 轴径向区域 10 有所增大，这是由于料罐壁面效应，一些小颗粒依附在料罐表面。在右料罐中，如图 7-47（c）所示，x 轴径向区域 3 内大颗粒体积分数达到最小值为 54. 41%，小颗粒体积分数达到最大值为 45. 59%；x 轴径向区域 1 内大颗粒体积分数达到最大值为 83. 20%，小颗粒体积分数达到最小值为 16. 80%，其径向区域不同粒径炉料体积分数分布规律与焦炭装入到左料罐中径向区域不同粒径炉料体积分数分布规律基本相同。

图 7-48 所示为焦炭分别在左右料罐 y 轴径向区域位置不同粒径炉料体积分数分布情况，在左料罐中，如图 7-48（b）所示，y 轴径向区域 5 内大颗粒体积分数达到最小值为 60.71%，小颗粒体积分数达到最大值为 39.29%；y 轴径向区域 10 内大颗粒体积分数达到最大值为 85.15%，小颗粒体积分数达到最小值为 14.85%；从 y 轴径向区域 5 分别至 y 轴径向区域 1 和 y 轴径向区域 10，大颗粒体积分数逐渐增大，小颗粒体积分数逐渐减小。在右料罐中，如图 7-48（c）所示，y 轴径向区域 4 内大颗粒体积分数达到最小值为 59.33%，小颗粒体积分数达到最大值为 40.67%；y 轴径向区域 9 内大颗粒体积分数达到最大值为 85.15%，小颗粒体积分数达到最小值为 14.85%；从 y 轴径向区域 4 至 y 轴径向区域 1，大颗粒体积分数逐渐增大，小颗粒体积分数逐渐减小；从 y 轴径向区域 4 至 y 轴径向区域 10，大颗粒体积分数先增大后在 y 轴径向区域 10 有所减小，小颗粒体积分数先减小后在 y 轴径向区域 10 有所增大。

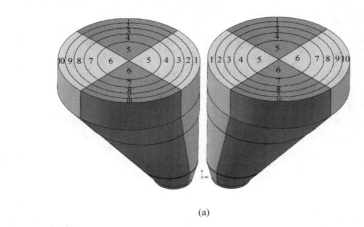

(a)

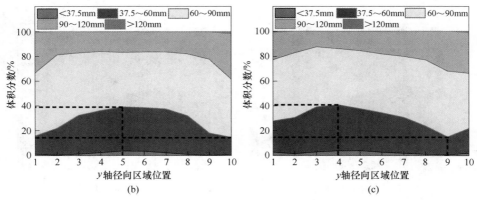

(b)   (c)

图 7-48 焦炭在 y 轴径向区域位置不同粒径炉料体积分数分布

（a）料罐径向区域划分；（b）左料罐；（c）右料罐

图7-49所示为矿石分别在左右料罐 x 轴径向区域位置不同粒径炉料体积分数分布情况，在左料罐中，如图7-49（b）所示，x 轴径向区域3内大颗粒（>80mm）体积分数达到最小值为31.14%，其小颗粒（<80mm）体积分数达到最大值为68.86%；x 轴径向区域9内大颗粒体积分数达到最大值为71.14%，小颗粒体积分数达到最小值为28.86%；从 x 轴径向区域3到 x 轴径向区域1，大颗粒体积分数逐渐增大，小颗粒体积分数逐渐减小；从 x 轴径向区域3到 x 轴径向区域10，大颗粒体积分数先增大后在 x 轴径向区域10有所减小，小颗粒体积分数先减小后在 x 轴径向区域10有所增大，这与焦炭在左料罐中炉料分布规律相同。在右料罐中，如图7-49（c）所示，x 轴径向区域3内大颗粒体积分数达到最小值为31.82%，其小颗粒体积分数达到最大值为68.18%；x 轴径向区域9内大颗粒体积分数达到最大值为 70.20%，其小颗粒体积分数达到最小值为29.80%；其径向区域不同粒径炉料体积分数分布规律与矿石装入到左料罐中径向区域不同粒径炉料体积分数分布规律基本相同。

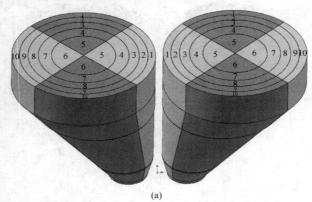

(a)

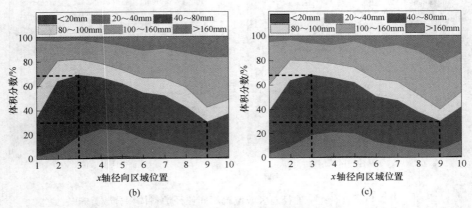

(b)　　　　　　　　　　　　(c)

图7-49　矿石在 x 轴径向区域位置不同粒径炉料体积分数分布
(a) 料罐径向区域划分；(b) 左料罐；(c) 右料罐

图 7-50 所示为矿石分别在左右料罐 y 轴径向区域位置不同粒径炉料体积分数分布，在左料罐中，如图 7-50（b）所示，y 轴径向区域 4 内大颗粒体积分数达到最小值为 36.53%，小颗粒体积分数达到最大值为 63.47%；y 轴径向区域 10 内大颗粒体积分数达到最大值为 76.53%，小颗粒体积分数达到最小值为 23.47%；从 y 轴径向区域 4 分别至 y 轴径向区域 1 和 y 轴径向区域 10，大颗粒体积分数逐渐增大，小颗粒体积分数逐渐减小。在右料罐中，如图 7-50（c）所示，y 轴径向区域 4 内大颗粒体积分数达到最小值为 34.21%，小颗粒体积分数达到最大值为 65.79%；y 轴径向区域 9 内大颗粒体积分数达到最大值为 75.94%，小颗粒体积分数达到最小值为 24.06%；从 y 轴径向区域 4 至 y 轴径向区域 1，大颗粒体积分数逐渐增大，小颗粒体积分数逐渐减小；从 y 轴径向区域 4 至 y 轴径向区域 10，大颗粒体积分数先增大后在 y 轴径向区域 10 有所减小，小颗粒体积分数先减小后在 y 轴径向区域 10 有所增大。

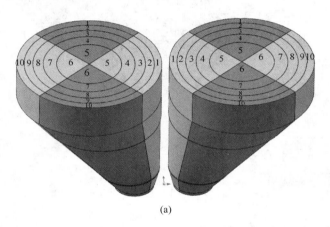

(a)

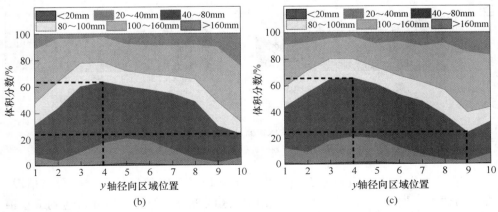

(b)　　　　　　　　　　　　　(c)

图 7-50　矿石在 y 轴径向区域位置不同粒径炉料体积分数分布

(a) 料罐径向区域划分；(b) 左料罐；(c) 右料罐

　　图 7-51 所示为焦炭在左右料罐周向区域位置不同粒径体积分数分布情况，在左料罐中，如图 7-51（b）所示，在周向区域 2 内大颗粒体积分数达到最小值为 60.58%，小颗粒体积分数达到最大值为 39.42%；在周向区域 8 内大颗粒体积分数达到最大值为 71.08%，小颗粒体积分数达到最小值为 28.92%。在右料罐中，如图 7-51（c）所示，在周向区域 2 内大颗粒体积分数达到最小值为 57.29%，小颗粒体积分数达到最大值为 42.71%；在周向区域 5 内大颗粒体积分数达到最大值为 73.89%，小颗粒体积分数达到最小值为 26.11%。

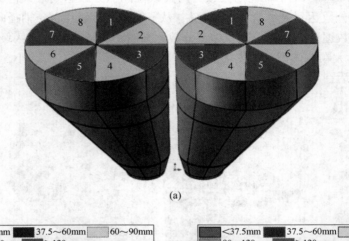

(a)

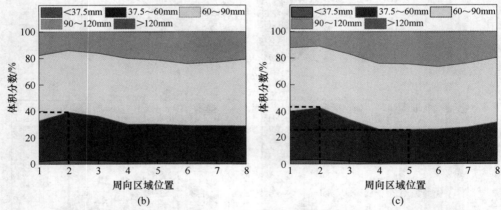

(b)　　　　　　　　　　　　　　　(c)

图 7-51　焦炭在周向区域位置不同粒径炉料体积分数分布

（a）料罐周向区域划分；（b）左料罐；（c）右料罐

　　图 7-52 所示为矿石在左右料罐周向区域位置不同粒径体积分数分布情况，在左料罐中，如图 7-52（b）所示，在周向区域 2 内大颗粒体积分数达到最小值为 37.87%，小颗粒体积分数达到最大值为 62.13%；在周向区域 6 内大颗粒体积分数达到最大值为 56.63%，小颗粒体积分数达到最小值为 43.37%。在右料罐

中，如图 7-52（c）所示，在周向区域 2 内大颗粒体积分数达到最小值为
34.88%，小颗粒体积分数达到最大值为 65.12%；在周向区域 5 内大颗粒体积分
数达到最大值为 60.26%，小颗粒体积分数达到最小值为 39.74%。

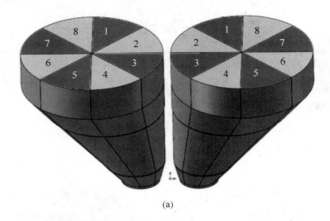

(a)

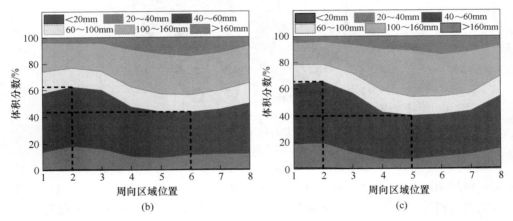

图 7-52　矿石在周向区域位置不同粒径炉料体积分数分布
（a）料罐周向区域划分；（b）左料罐；（c）右料罐

图 7-53 和图 7-54 所示分别为焦炭和矿石在左右料罐中平均粒径分布云图，
由图可知，大颗粒主要分布在炉料堆脚处，而小颗粒主要分布在炉料堆尖处，位
于料罐中心区域的炉料大部分为小颗粒，之后分别从料罐径向、料罐周向和料罐
纵向分析了炉料平均粒径分布情况。

炉料在装入料罐过程中形成堆尖，较小颗粒更易停留在炉料堆尖，较大颗粒
滚落到炉料堆脚。图 7-55 所示为焦炭和矿石分别在左右料罐沿 x 轴方向和沿 y 轴
方向径向各区域内平均粒径分布，在 x 轴方向上，如图 7-55（b）所示，当焦炭
装入左料罐时，在 x 轴径向区域 5 内炉料平均粒径最小，为 47mm；在 x 轴径向

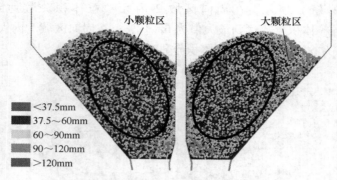

图 7-53 焦炭在左右料罐中平均粒径分布云图

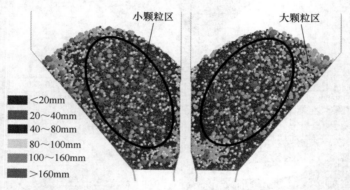

图 7-54 矿石在左右料罐中平均粒径分布云图

区域 1 内炉料平均粒径最大，为 64mm。其中由于料罐外侧壁面效应，位于 x 轴径向区域 10 内炉料平均粒径略小于 x 轴径向区域 9 内炉料平均粒径。当焦炭装入右料罐时，在 x 轴径向区域 4 内炉料平均粒径最小，为 48mm；在 x 轴径向区域 1 内炉料平均粒径最大，为 61mm。当矿石装入左料罐时，在 x 轴径向区域 5 内炉料平均粒径最小，为 29mm；在 x 轴径向区域 1 内炉料平均粒径最大，为 53mm。当矿石装入右料罐时，在 x 轴径向区域 10 内炉料平均粒径最小，为 30mm；在 x 轴径向区域 1 内炉料平均粒径最大，为 49mm。

在 y 轴方向上，如图 7-55（c）所示，当焦炭装入左料罐时，在 y 轴径向区域 5 内炉料平均粒径最小，为 49mm；在 y 轴径向区域 9 内炉料平均粒径最大，为 65mm。当焦炭装入右料罐时，在 y 轴径向区域 5 内炉料平均粒径最小，为 49mm；在 y 轴径向区域 9 内炉料平均粒径最大，为 66mm。当矿石装入左料罐时，在 y 轴径向区域 5 内炉料平均粒径最小，为 31mm；在 y 轴径向区域 9 内炉料平均粒径最大，为 63mm。当矿石装入右料罐时，在 y 轴径向区域 5 内炉料平均粒径最小，为 31mm；在 y 轴径向区域 9 内炉料平均粒径最大，为 59mm。

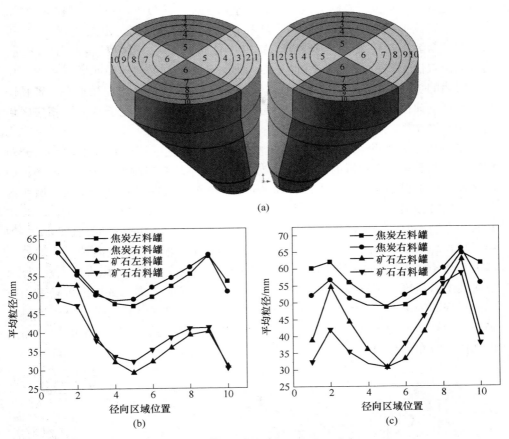

(a)

(b)　　　　　　　　　　　　　(c)

图 7-55　料罐径向上炉料平均粒径分布
（a）料罐径向区域划分；（b）沿 x 轴方向；（c）沿 y 轴方向

　　当焦炭或矿石分别加入左料罐或右料罐中时，沿 x 轴方向，炉料位于左料罐中径向区域 1 至径向区域 3 之间的炉料平均粒径大于炉料位于右料罐中相应区域的炉料平均粒径，炉料位于左料罐中径向区域 4 至径向区域 9 之间的炉料平均粒径小于炉料位于右料罐中相应区域的炉料平均粒径。沿 y 轴方向，炉料位于左料罐中径向区域 1 至径向区域 4 之间的炉料平均粒径大于炉料位于右料罐中相应区域的炉料平均粒径，炉料位于左料罐中径向区域 6 至径向区域 8 之间的炉料平均粒径小于炉料位于右料罐中相应区域的炉料平均粒径。这是由于当炉料装入左料罐和右料罐中的堆尖位置不同所致，当炉料装入左料罐时，相比炉料装入右料罐时，由图 7-45（b）可知，其炉料堆尖位置更靠近料罐内侧，因此，堆尖位置处的滚动大颗粒质量一定，当炉料装入左料罐时，其大颗粒滚动到料罐内侧壁的路程更短，分配到每一个径向区域内的大颗粒数量更多，因此，位于左料罐内侧的炉料平均粒径大于位于右料罐内侧的炉料平均粒径，而位于左料罐外侧的炉料平均粒径小于位于右料罐外侧的炉料平均粒径。在 y 轴方向上，由图 7-45（c）可知，当炉料装入左料罐时，其堆尖位置位于径向区域 4，当炉料装入右料罐时，其堆尖位置位于径向区域 5，因此，在 y 轴径向区域 1 至 y 轴径向区域 4 内，位于左料罐的炉料平均粒径大于位于右料罐相应区域的炉料平均粒径；在 y 轴径向区域 5 至 y 轴径向区域 9，位于左料罐的炉料平均粒径小于位于右料罐相应区域的炉料平均粒径。

图 7-56 所示为焦炭和矿石分别在左右料罐周向各区域位置内平均粒径分布情况，当焦炭装入左料罐时，周向区域 4 内炉料平均粒径最大，约为 55mm；周向区域 2 内炉料平均粒径最小，为 50mm。当焦炭装入右料罐时，周向区域 4 内炉料平均粒径最大，为 57mm；周向区域 2 内炉料平均粒径最小，为 49mm。当矿石装入左料罐时，周向区域 4 内炉料平均粒径最大，为 40mm；周向区域 2 内炉料平均粒径最小，为 34mm。当矿石装入右料罐时，周向区域 4 内炉料平均粒径最大，为 44mm；周向区域 1 内炉料平均粒径最小，为 33mm。焦炭装入左料罐、焦炭装入右料罐、矿石装入左料罐和矿石装入右料罐时，周向区域内炉料平均粒径的标准差为 1.58、2.51、2.22 和 3.92。其炉料平均粒径最大区域位于炉料堆脚处，而炉料平均粒径最小区域位于炉料堆尖处，这与图 7-22 所示的炉料周向区域体积分布趋势相反。

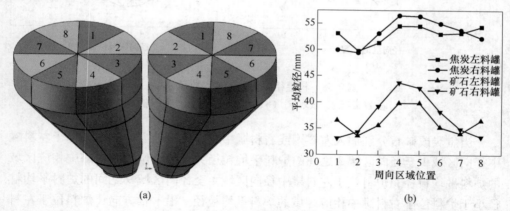

(a)　　　　　　　　　　　　　　　(b)

图 7-56　料罐周向上各位置平均粒径分布
（a）料罐周向区域划分；（b）周向上炉料平均粒径

图 7-57 所示为焦炭和矿石分别在左右料罐纵向上各区域内平均粒径分布情况，由图可知，在纵向区域 1 时，焦炭平均粒径达到最小值为 48mm，矿石平均粒径达到最小值为 33mm；在纵向区域 2 至纵向区域 9 之间时，其炉料平均粒径缓慢增大；而在纵向区域 10 内，焦炭和矿石的平均粒径达到最大值，位于左料

罐焦炭平均粒径为 60mm, 位于右料罐焦炭平均粒径为 58mm, 位于左料罐矿石平均粒径为 53mm, 位于右料罐矿石平均粒径为 47mm, 焦炭左料罐、焦炭右料罐、矿石左料罐和矿石右料罐内炉料平均粒径在纵向上不同区域分布的标准差分别为 2.55、2.24、5.49 和 4.14。

图 7-58 和图 7-59 所示分别为焦炭和矿石颗粒在料罐中所受到的应力分布云图, 由图可知, 无论炉料是焦炭还是矿石, 炉料在料罐中所受到的应力分布基本可分为 3 个区域: 高应力区、中应力区和低应力区。高应力区主要出现在接近料罐出口上方区域, 中应力区主要出现在料层中部, 而低应力区主要出现在料层上部。因此, 位于料罐内料层底部的炉料对抗压强度要求较高, 需防止破碎和粉化, 给高炉冶炼带来不利影响。

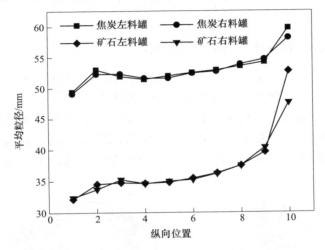

图 7-57 料罐纵向炉料平均粒径

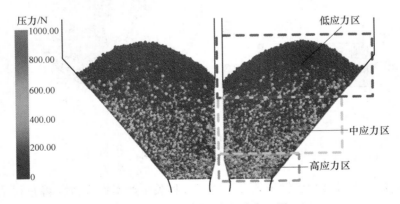

图 7-58 焦炭颗粒应力分布云图

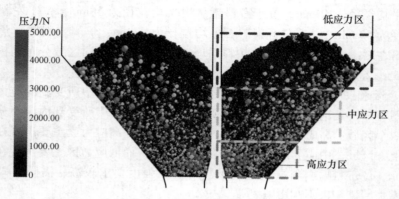

图 7-59　矿石颗粒应力分布云图

7.3.3　皮带夹角对布料过程炉料分布的影响

根据梅钢 5 号高炉无钟炉顶布料系统设备总图，可以得知炉喉直径和旋转溜槽相关参数，建立了梅钢 5 号高炉布料系统几何模型。

基于以上设备参数，利用三维建模软件 Solidworks 建立了布料系统几何模型，主要包括 Y 形管、中心喉管、旋转溜槽和炉喉，其三维几何模型如图 7-60 所示，基于装料系统的仿真结果，可继续仿真模拟炉料在布料系统中的运动行为及分布情况。

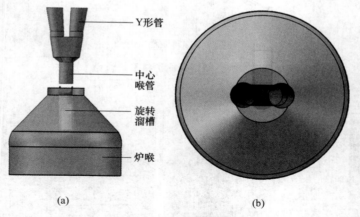

图 7-60　布料系统几何模型

（a）主视图；（b）俯视图

根据梅钢 5 号高炉无钟炉顶设备图纸及相关生产操作参数，将布料系统相关参数进行总结，如表 7-9 所示。

表7-9　高炉布料过程模拟所用几何边界条件

参数	数值	参数	数值
旋转溜槽长度/m	4.5	炉喉直径/m	9.6
旋转溜槽转速/r·min^{-1}	8	料线/m	1.4

焦炭和矿石物性参数参照上料系统仿真报告中焦炭和矿石模拟所用参数。

当料流节流阀打开后，料罐出料口上方区域的炉料较先流出料罐，而周围的炉料较后流出料罐，在随料面下落的同时向出料口方向滚落，炉料形成"漏斗流"。对于不同的料罐形状、节流阀安装位置和节流阀类型，炉料流出料罐顺序不同，"漏斗流"的形状不同，料罐内不同位置炉料的下落轨迹和速度也不同，使布料时的料流粒度有所变化。图7-61所示为焦炭从左料罐流出时的运动情况，出料口大致位于料罐的正下方，料罐内中间区域的炉料较先流出，边缘的炉料下落同时向中心滚落，在料罐出口处炉料速度最大，在料罐边缘区域速度较小。当焦炭从右料罐中流出时，其运动规律与焦炭从左料罐流出时基本相同，如图7-62所示。对于矿石，炉料流出时运动模式与焦炭炉料流出时炉料运动模式基本相同，分别如图7-63和图7-64所示。

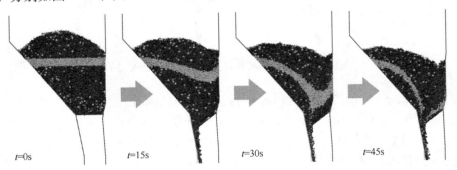

图7-61　焦炭从左料罐流出时炉料运动模式

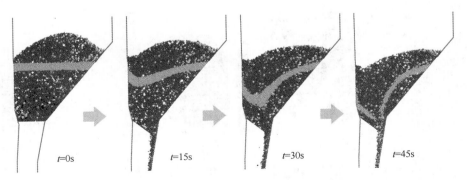

图7-62　焦炭从右料罐流出时炉料运动模式

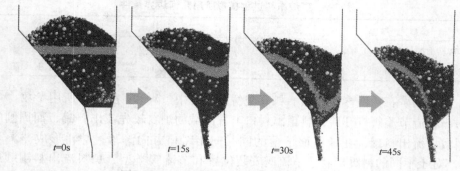

图 7-63 矿石从左料罐流出时炉料运动模式

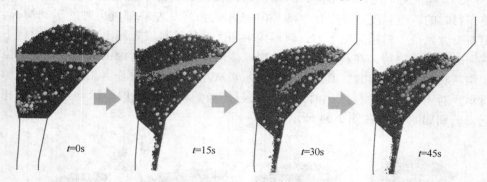

图 7-64 矿石从右料罐流出时炉料运动模式

图 7-65 所示为焦炭从料罐中排出时炉料运动模式示意图，由图可知，不同颜色代表炉料排出时所处的时间段，即红色区域代表该区域炉料在 0~20s 内排出、绿色区域代表该区域炉料在 20~40s 内排出、蓝色区域代表该区域炉料在 40~60s 内排出、黄色区域代表该区域炉料在 60~80s 内排出、粉色区域代表该

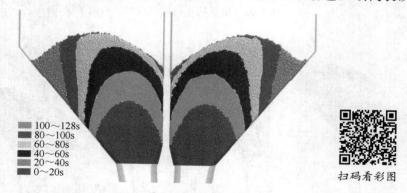

100~128s
80~100s
60~80s
40~60s
20~40s
0~20s

扫码看彩图

图 7-65 焦炭从料罐中排出时炉料运动模式

区域炉料在 80~100s 内排出、橙色区域代表该区域炉料在 100~128s 内排出。由图可知，位于料罐出口处正上方的炉料先流出料罐，而位于左料罐出口处上方左侧区域和左料罐出口处上方右侧区域内炉料最后流出，炉料流出时运动模式由料罐形状、料罐出口位置和料罐出口大小决定。

在料罐出口处截取一段分析区域，如图 7-66 所示，料流落入旋转溜槽过程中每隔 0.25s 分析通过该区域内的炉料平均粒径。图 7-66 所示分别为焦炭和矿石炉料分别在左料罐和右料罐排出时炉料平均粒径变化情况，图中横坐标布料时间为炉料通过中心喉管出口处的时间，纵坐标为不同时间分析区域内炉料平均粒径。

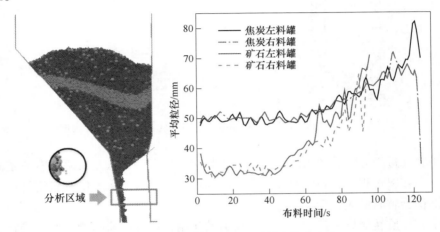

图 7-66 炉料从节流阀流出时料流粒度变化

由图 7-66 可知，在布料前期，炉料平均粒径较小且保持稳定；当焦炭放料时间为 60s 时，较大焦炭颗粒炉料开始流出，炉料平均粒径在逐渐增大；当矿石放料时间为 40s 时，较大矿石颗粒开始流出；当焦炭放料时间为 120s 时，炉料平均粒径急剧减小；矿石从料罐中流出末期则没有出现炉料粒径急剧减小的现象。炉料流出料罐呈 "漏斗流"，料罐出口上方区域的炉料先流出，随后流出周围区域的炉料，料罐出口上方区域炉料粒度最小，到料罐边缘炉料粒度逐渐增大，在靠近料罐壁的区域粒度有所减小，因此，布料过程炉料平均粒径变化与料罐内炉料的粒度分布有关。

炉料从中心喉管落入旋转溜槽时，料流中心相对于溜槽的位置随溜槽旋转发生周期性变化，当溜槽旋转到与料罐方位一致时，炉料在溜槽上的运动距离较长，反之炉料在溜槽上的运动距离较短，如图 7-67 所示。由于溜槽旋转时炉料会受到科氏力的作用，料流落点和流料流量周期性变化时在高炉周向上会有一定角度的延迟。因此由于并罐式无钟炉顶结构上的缺点，布料时料流落点周期性变化使料面形状对称中心与高炉中心不重合，料流流量周期性变化使高炉周向上炉料体积分布不均匀，而料罐放料时不同粒径的炉料流出顺序不同使炉料在高炉径向上的分布存在粒度偏析。

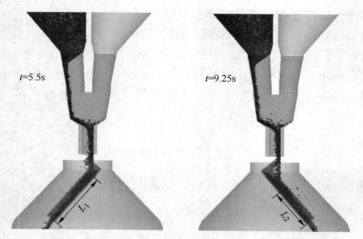

图 7-67 不同时刻焦炭从左料罐排出后在旋转溜槽上运动有效长度

炉料通过中心喉管落入旋转溜槽，将焦炭和矿石分别从左料罐和右料罐布入高炉，在布料过程中，料流粒度随布料时间而变化，料流宽度以及料流落点等都随着溜槽旋转时的倾角变化而改变。

炉料在旋转溜槽中运动时受到科氏力的作用，料流沿溜槽侧壁发生偏转，料流在溜槽内的偏转直接决定料流落在料面时的料流宽度，料流偏转程度越大，溜槽出口处和空区内料流宽度越大，炉料落在料面时越分散。在布料过程中，溜槽不同倾角角度时料流偏转程度不同，进而影响料流宽度，如图 7-68 所示，溜槽角度越大，溜槽出口处炉料沿溜槽侧壁的偏转程度越明显。对于矿石炉料在旋转溜槽上的偏转情况如图 7-69 所示。

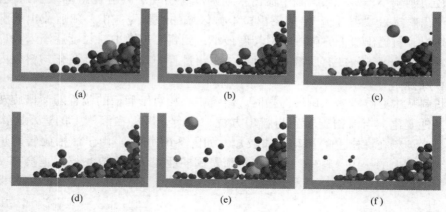

(g)

图 7-68 焦炭在溜槽出口处的偏转程度

(a) 40.5℃；(b) 38.5℃；(c) 36.5℃；(d) 34.5℃；(e) 32.5℃；(f) 30.5℃；(g) 28.5℃

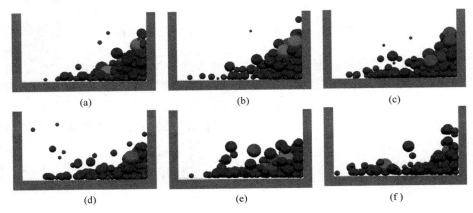

图 7-69 矿石在溜槽出口处的偏转程度

(a) 40.5℃；(b) 38.5℃；(c) 36.5℃；(d) 34.5℃；(e) 32.5℃；(f) 30.5℃

为了研究炉料在布料过程中处于旋转溜槽末端时炉料平均粒径分布情况，将位于分析区域的炉料平均体积代表炉料平均粒径，在旋转溜槽末端分别取"上部"和"下部"两个区域，如图 7-70 所示，分析在布料过程中位于该区域的炉料平均体积变化情况。

图 7-70 运动溜槽末端炉料
平均体积分析区域

图 7-71 所示分别为焦炭和矿石在布料过程中位于旋转溜槽末端炉料平均体积变化情况，由图可知，对于炉料无论是矿石还是焦炭，在布料前期，位于旋转溜槽末端炉料平均体积基本保持不变，在布料末期，炉料平均体积有所增大，这与料罐出口处炉料平均粒径变化趋势基本一致（图 7-66）。而且在布料过程中，位于旋转溜槽末端上部区域炉料平均体积始终大于下部区域炉料平均体积，这是由于炉料在旋转溜槽上运动时，小颗粒在向旋转溜槽下部区域渗透，因此，旋转溜槽下部区域炉料平均粒径小于上部区域炉料平均粒径。

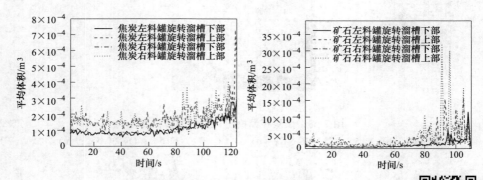

图 7-71   旋转溜槽末端不同区域炉料平均体积

扫码看彩图

炉料经过旋转溜槽后到达高炉炉顶空区，图 7-72 所示为焦炭在空区内的运动过程图，由图可知，炉料在中心喉管内运动时，炉料沿中心喉管一侧偏行，当焦炭布料矩阵最小角为 28.5° 时，焦炭炉料并未到达炉喉中心。对于矿石布料矩阵，布料角度最小角为 30.5°，矿石炉料亦不能到达炉喉中心，所以炉喉中心出现无炉料区。

当焦炭和矿石分别从左料罐和右料罐排出布到料面时，左料罐和右料罐与皮带相对位置的鸟瞰图如图 7-73 所示。

图 7-72   焦炭在空区内的运动过程

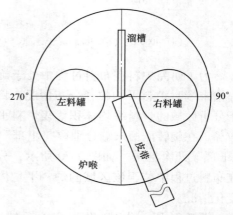

图 7-73   料罐与皮带相对位置鸟瞰图

为了定量化研究炉喉内炉料分布，将炉喉内的炉料分别沿径向和周向两个方向进行分析，在径向上，如图 7-74 所示，将炉喉分别沿 x 轴方向（白色区域）和 y 轴方向（灰色区域）等面积分为 20 个区域，其编号分别从左至右、从上至下依次为 1 至 20；在周向上，如图 7-75 所示，将炉喉沿圆周方向上从 0°→90°→180°→270°→0°，等面积划分为 12 个区域，其编号依次为 1 至 12。

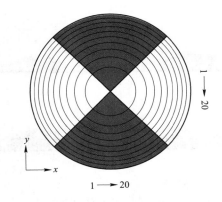

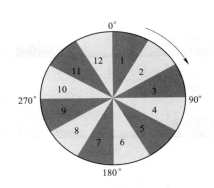

图 7-74 炉喉径向区域划分图   图 7-75 炉喉周向区域划分图

根据梅钢 5 号高炉实际布料矩阵将焦炭和矿石布入高炉，焦炭和矿石布料矩阵分别如表 7-10 和表 7-11 所示。

表 7-10 焦炭布料矩阵

角度/(°)	40.5	38.5	36.5	34.5	32.5	30.5	28.5
圈数	3	3	3	2	2	2	2

表 7-11 矿石布料矩阵

角度/(°)	40.5	38.5	36.5	34.5	32.5	30.5
圈数	2	3	3	3	2	1

由于梅钢 5 号高炉采用并罐式无钟炉顶，且上料主皮带与两并罐对称面夹角为 22°，因此会导致炉料在炉喉内周向上分布不均匀，图 7-76~图 7-79 所示分别为焦炭从左料罐排出、焦炭从右料罐排出、矿石从左料罐排出和矿石从右料罐排出后料面处炉料分布情况，可以看出，炉料在周向上不同位置时，同一径向位置处的炉料高度不尽相同，同样对于同一周向位置不同径向位置时的炉料高度也不相同。

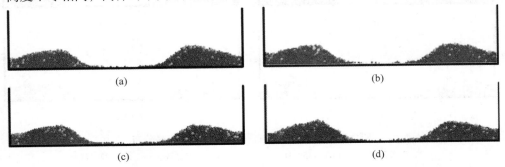

图 7-76 焦炭从左料罐排出后料面处炉料分布
（a）90°-270°截面；（b）135°-315°截面；（c）0°-180°截面；（d）45°-225°截面

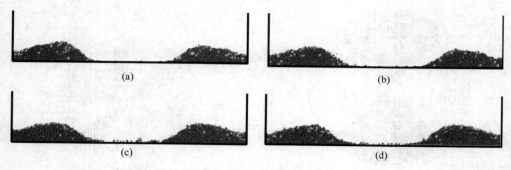

图 7-77 焦炭从右料罐排出后料面处炉料分布

（a）90°-270°截面；（b）135°-315°截面；（c）0°-180°截面；（d）45°-225°截面

图 7-78 矿石从左料罐排出后料面处炉料分布

（a）90°-270°截面；（b）135°-315°截面；（c）0°-180°截面；（d）45°-225°截面

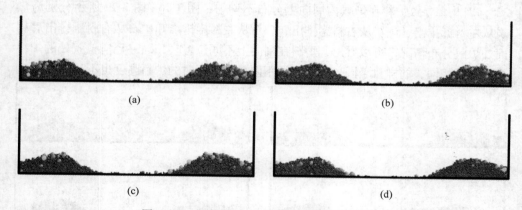

图 7-79 矿石从右料罐排出后料面处炉料分布

（a）90°-270°截面；（b）135°-315°截面；（c）0°-180°截面；（d）45°-225°截面

料流从节流阀流出时具有水平方向的速度，在中心喉管中产生偏行，炉料经溜槽布料后在高炉料面的落点轨迹不关于高炉中心线对称。另外，炉料在料罐内分布存在的粒度偏析使布料过程中不同粒度的炉料进入高炉内的先后顺序不同，加上溜槽布料时其倾角不断改变，炉料在高炉料面径向上的粒度分布不均匀。

图 7-80（b）所示为炉料沿 x 轴方向径向不同区域炉料体积分布情况，由图可知，当向高炉炉喉布入焦炭时，炉料体积在 x 轴径向上出现两个峰值，一个出现在 x 轴径向区域 7，另一个出现在 x 轴径向区域 14，这两个峰值代表炉料沿 x 轴径向上的两个堆尖位置，x 轴径向区域 7 和 x 轴径向区域 14 关于高炉中心对称，由此可见，炉料堆尖位置在 x 轴径向上关于高炉中心对称。此外，由于梅钢 5 号高炉为并罐式无钟炉顶，在布料时会造成流量偏析，从图中可以看出，当焦炭从左料罐布到高炉中时，位于 x 轴径向区域 1 至 x 轴径向区域 10 内的炉料体积小于位于 x 轴径向区域 11 至 x 轴径向区域 20 内的炉料体积，而当焦炭从右料

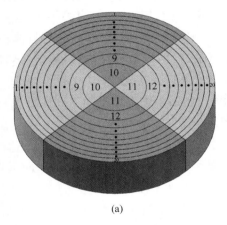

(a)

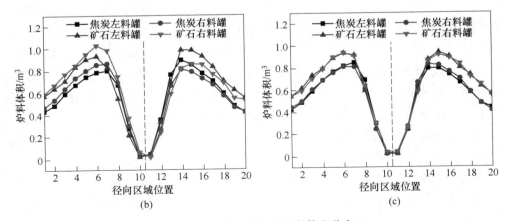

(b)　　　　　　　　　　　　　　　(c)

图 7-80　高炉炉喉径向炉料体积分布

（a）炉喉径向区域划分；（b）沿 x 轴；（c）沿 y 轴

罐布到高炉中时，位于 x 轴径向区域 1 至 x 轴径向区域 10 内的炉料体积大于位于 x 轴径向区域 11 至 x 轴径向区域 20 内的炉料体积。当向高炉炉喉布入矿石时，矿石炉料体积同样在 x 轴径向上出现两个峰值，一个出现在 x 轴径向区域 6，另一个出现在 x 轴径向区域 15，这两个峰值代表矿石炉料沿 x 轴径向上的两个堆尖位置，x 轴径向区域 6 和 x 轴径向区域 15 关于高炉中心对称，由此可见，矿石炉料堆尖位置在 x 轴径向上关于高炉中心对称。当矿石从左料罐布到高炉中时，位于 x 轴径向区域 1 至 x 轴径向区域 10 内的炉料体积小于位于 x 轴径向区域 11 至 x 轴径向区域 20 内的炉料体积，而当矿石从右料罐布到高炉中时，位于 x 轴径向区域 1 至 x 轴径向区域 10 内的炉料体积大于位于 x 轴径向区域 11 至 x 轴径向区域 20 内的炉料体积。

因此可以得出，当炉料从左料罐布到高炉中时，位于高炉炉喉 x 轴径向区域 1 至 x 轴径向区域 10 内的炉料体积（料层厚度）小于位于 x 轴径向区域 11 至 x 轴径向区域 20 内的炉料体积（料层厚度）；当炉料从右料罐布到高炉中时，位于高炉炉喉 x 轴径向区域 1 至 x 轴径向区域 10 内的炉料体积（料层厚度）大于位于 x 轴径向区域 11 至 x 轴径向区域 20 内的炉料体积（料层厚度）。而炉料在炉喉径向上的堆尖位置由布料矩阵所决定。

图 7-80（c）所示为炉料沿 y 轴方向径向不同区域炉料体积分布情况，由图可知，当向高炉炉喉布入焦炭时，炉料体积在 y 轴径向上出现两个峰值，一个出现在 y 轴径向区域 7，另一个出现在 y 轴径向区域 14，这两个峰值代表炉料沿 y 轴径向上的两个堆尖位置，y 轴径向区域 7 和 y 轴径向区域 14 关于高炉中心对称，由此可见，炉料堆尖位置在 y 轴径向上也关于高炉中心对称。当焦炭从左料罐和右料罐布到高炉中时，位于 y 轴径向区域 1 至 y 轴径向区域 10 内的炉料体积与位于 y 轴径向区域 11 至 y 轴径向区域 20 内的炉料体积偏差不大，说明炉料在炉喉 y 轴方向上没有出现明显的流量偏析。当向高炉布入矿石时，矿石炉料体积同样在 y 轴径向上出现两个峰值，一个出现在 y 轴径向区域 6，另一个出现在 y 轴径向区域 15，这两个峰值代表矿石炉料沿 y 轴径向上的两个堆尖位置，y 轴径向区域 6 和 y 轴径向区域 15 也关于高炉中心对称，矿石炉料堆尖位置在 y 轴径向上关于高炉中心对称。当矿石从左料罐和右料罐布到高炉中时，位于 y 轴径向区域 1 至 y 轴径向区域 10 内的炉料体积与位于 y 轴径向区域 11 至 y 轴径向区域 20 内的炉料体积几乎相等。

此外，从图 7-80 可以看出，由于将高炉初始料面形状假设为平面，焦炭布料角度最小角为 28.5°，矿石布料最小角为 30.5°，位于 x 轴径向区域 10、x 轴径向区域 11、y 轴径向区域 10 和 y 轴径向区域 11 内的炉料体积几乎为零，说明在当前的布料矩阵下，焦炭和矿石难以布到高炉中心。

高炉料面一旦不关于高炉中心对称，会造成高炉内煤气流分布不均匀，图 7-81 所示为倒罐前后炉料在料面径向上分布的情况，由图可知，当装料未采取倒罐措施时，炉料在径向上分布偏差较大，最大达到 35%，而当装料采取倒罐措施后，炉料在径向上分布的偏差仅为 10%。因此，在高炉装料时采取倒罐措施，能够有效地减小料面在径向上的不对称程度。

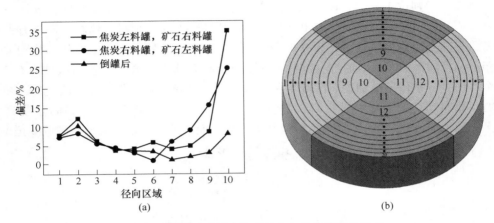

图 7-81　倒罐对炉料在炉喉径向上分布偏差的影响

图 7-82 所示为炉喉径向矿焦比分布情况，由图可知，当布料模式为左料罐布焦炭、右料罐布矿石时，炉喉径向区域 1 至 10 矿焦比较高，而径向区域 11 至 20 矿焦比较低；当布料模式为左料罐布矿石、右料罐布焦炭时，其矿焦比分布规律与左料罐布焦炭、右料罐布矿石相反；当采取倒罐模式时，矿焦比在整个炉喉径向区域内分布较均匀。因此，采取倒罐措施有利于实现煤气流的均匀分布，提高高炉操作稳定性。

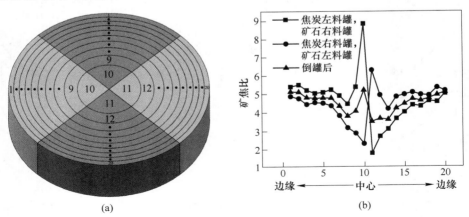

图 7-82　炉喉径向矿焦比分布情况

图 7-83（b）所示为高炉炉喉 x 轴方向炉料粒度分布情况，由图可知，当焦炭由左料罐布到高炉中时，在 x 轴径向区域内有 3 个峰值，分别位于 x 轴径向区域 1、x 轴径向区域 9 和 x 轴径向区域 20，在 x 轴径向区域内有 2 个谷值，分别位于 x 轴径向区域 5 和 x 轴径向区域 16，其中由于在当前布料矩阵下炉料不能布到中心处，如图 7-84 所示，即 x 轴径向区域 10 和 x 轴径向区域 11 内炉料体积几乎为零，个别位于 x 轴径向区域 10 和 x 轴径向区域 11 内的颗粒不具有统计意义，因此，位于 x 轴径向区域 10 和 x 轴径向区域 11 内的炉料平均粒径不具有参考价值。当焦炭由右料罐布到高炉中时，在 x 轴径向区域内有 3 个峰值，分别位于 x 轴径向区域 1、x 轴径向区域 12 和 x 轴径向区域 20，在 x 轴径向区域内有 2 个谷值，分别位于 x 轴径向区域 5 和 x 轴径向区域 16。对比焦炭分别从左料罐和右料罐布到高炉中时，位于 x 轴径向区域 1 至 x 轴径向区域 5 和 x 轴径向区域 16 至 x 轴径向区域 20 的炉料平均粒径基本相等，而当炉料位于 x 轴径向区域 6 至 x

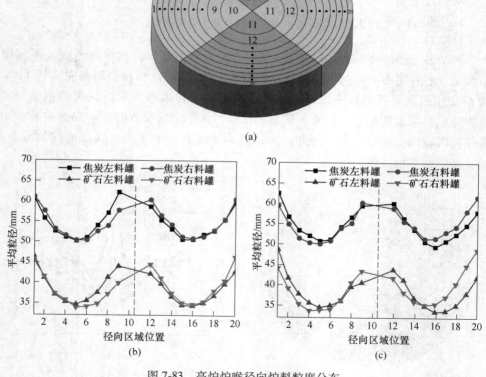

(a)

(b)   (c)

图 7-83 高炉炉喉径向炉料粒度分布

（a）炉喉径向区域划分；（b）沿 x 轴；（c）沿 y 轴

轴径向区域 9 时，由左料罐布到高炉的焦炭平均粒径大于由右料罐布到高炉的焦炭平均粒径，当炉料位于 x 轴径向区域 12 至 x 轴径向区域 15 内，由左料罐布到高炉的焦炭平均粒径小于由右料罐布到高炉的焦炭平均粒径。当矿石由左料罐布到高炉中时，在 x 轴径向区域内有 3 个峰值，分别位于 x 轴径向区域 1、x 轴径向区域 9 和 x 轴径向区域 20，在 x 轴径向区域内有 2 个谷值，分别位于 x 轴径向区域 5 和 x 轴径向区域 16。当矿石由右料罐布到高炉中时，在 x 轴径向区域内有 3 个峰值，分别位于 x 轴径向区域 1、x 轴径向区域 12 和 x 轴径向区域 20，在 x 轴径向区域内有 2 个谷值，分别位于 x 轴径向区域 5 和 x 轴径向区域 16。对比矿石分别从左料罐和右料罐布到高炉中时，位于 x 轴径向区域 1 至 x 轴径向区域 5 和 x 轴径向区域 16 至 x 轴径向区域 20 的炉料平均粒径基本相等，而当炉料位于 x 轴径向区域 6 至 x 轴径向区域 9 时，由左料罐布到高炉的矿石平均粒径大于由右料罐布到高炉的矿石平均粒径，当炉料位于 x 轴径向区域 12 至 x 轴径向区域 15 内，由左料罐布到高炉的矿石平均粒径小于由右料罐布到高炉的矿石平均粒径。

图 7-83（c）所示为高炉炉喉 y 轴方向炉料粒度分布情况，由图可知，当焦炭由左料罐布到高炉中时，在 y 轴径向区域内有 3 个峰值，分别位于 y 轴径向区域 1、y 轴径向区域 12 和 y 轴径向区域 20，在 y 轴径向区域内有 2 个谷值，分别位于 y 轴径向区域 5 和 y 轴径向区域 16。当焦炭由右料罐布到高炉中时，在 y 轴径向区域内有 3 个峰值，分别位于 y 轴径向区域 1、y 轴径向区域 9 和 y 轴径向区域 20，在 y 轴径向区域内有 2 个谷值，分别位于 y 轴径向区域 5 和 y 轴径向区域 16。对比焦炭分别从左料罐和右料罐布到高炉中时，位于 y 轴径向区域 6 至 y 轴径向区域 9 和 y 轴径向区域 12 至 y 轴径向区域 15 的炉料平均粒径基本相等，而当炉料位于 y 轴径向区域 1 至 y 轴径向区域 5 时，由左料罐布到高炉的焦炭平均粒径大于由右料罐布到高炉的焦炭平均粒径，当炉料位于 y 轴径向区域 16 至 y 轴径向区域 20 内，由左料罐布到高炉的焦炭平均粒径小于由右料罐布到高炉的焦炭平均粒径。当矿石由左料罐布到高炉中时，在 y 轴径向区域内有 3 个峰值，分别位于 y 轴径向区域 1、y 轴径向区域 12 和 y 轴径向区域 20，在 y 轴径向区域内有 2 个谷值，分别位于 y 轴径向区域 5 和 y 轴径向区域 16。当矿石由右料罐布到高炉中时，在 y 轴径向区域内有 3 个峰值，分别位于 y 轴径向区域 1、y 轴径向区域 9 和 y 轴径向区域 20，在 y 轴径向区域内有 2 个谷值，分别位于 y 轴径向区域 5 和 y 轴径向区域 16。对比矿石分别从左料罐和右料罐布到高炉中时，位于 y 轴径向区域 6 至 y 轴径向区域 9 和 y 轴径向区域 12 至 y 轴径向区域 15 的炉料平均粒径基本相等，而当炉料位于 y 轴径向区域 1 至 y 轴径向区域 5 时，由左料罐布到高炉的矿石平均粒径大于由右料罐布到高炉的矿石平均粒径，当炉料位于 y 轴径向区域 16 至 y 轴径向区域 20 内，由左料罐布到高炉的矿石平均粒径小于由右料罐布到高炉的矿石平均粒径。

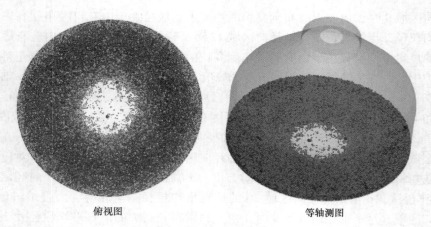

俯视图　　　　　　　　　　　　　　等轴测图

图 7-84　料面处炉料分布

图 7-85 所示为焦炭从左料罐排出后炉喉径向区域不同焦炭粒径体积分数分

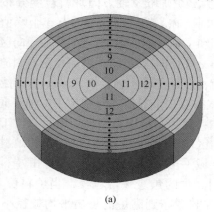

(a)

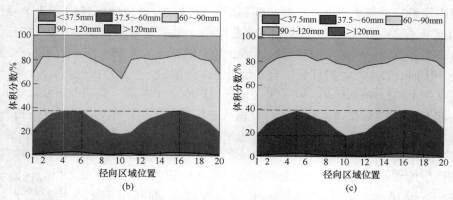

(b)　　　　　　　　　　　　　　　　(c)

图 7-85　焦炭从左料罐排出后炉喉径向区域不同焦炭粒径体积分数分布

（a）炉喉径向区域划分；（b）沿 x 轴；（c）沿 y 轴

布，由图可知，沿炉喉 x 轴方向上，小颗粒体积分数在 x 轴径向区域 6 和 x 轴径向区域 16 内达到峰值，在 x 轴径向区域 1、x 轴径向区域 10 和 x 轴径向区域 20 内达到谷值，这是由于小颗粒在炉料堆尖处不易滚动，因此位于炉料堆尖处的小颗粒体积分数较大。沿炉喉 y 轴方向上，小颗粒体积分数在 y 轴径向区域 5 和 y 轴径向区域 16 内达到峰值，在 y 轴径向区域 1、y 轴径向区域 10 和 y 轴径向区域 20 内达到谷值。

　　图 7-86 所示为焦炭从右料罐排出后炉喉径向区域不同焦炭粒径体积分数分布，由图可知，沿炉喉 x 轴方向上，小颗粒体积分数在 x 轴径向区域 6 和 x 轴径向区域 16 内达到峰值，在 x 轴径向区域 1、x 轴径向区域 11 和 x 轴径向区域 20 内达到谷值。沿炉喉 y 轴方向上，小颗粒体积分数在 y 轴径向区域 5 和 y 轴径向区域 15 内达到峰值，在 y 轴径向区域 1、y 轴径向区域 9 和 y 轴径向区域 20 内达到谷值。

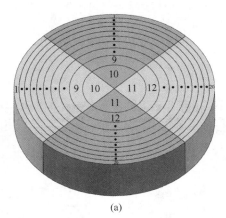

(a)

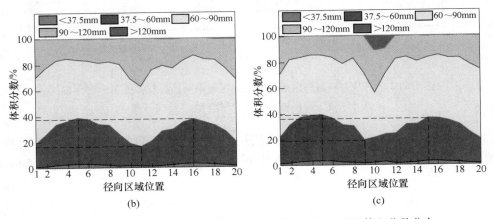

(b)　　　　　　　　　　　　　　　　(c)

图 7-86　焦炭从右料罐排出后炉喉径向区域不同焦炭粒径体积分数分布

（a）炉喉径向区域划分；（b）沿 x 轴；（c）沿 y 轴

图 7-87 所示为矿石从左料罐排出后炉喉径向区域不同焦炭粒径体积分数分布，由图可知，沿炉喉 x 轴方向上，小颗粒体积分数在 x 轴径向区域 8 和 x 轴径向区域 13 内达到峰值，在 x 轴径向区域 1、x 轴径向区域 11 和 x 轴径向区域 20 内达到谷值。沿炉喉 y 轴方向上，小颗粒体积分数在 y 轴径向区域 8 和 y 轴径向区域 17 内达到峰值，在 y 轴径向区域 1、y 轴径向区域 11 和 y 轴径向区域 20 内达到谷值。

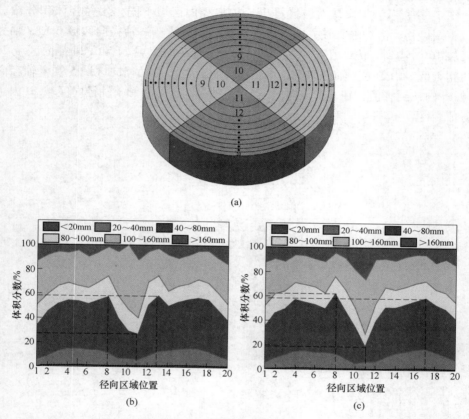

图 7-87　矿石从左料罐排出后炉喉径向区域不同矿石粒径体积分数分布
（a）炉喉径向区域划分；（b）沿 x 轴；（c）沿 y 轴

图 7-88 所示为矿石从右料罐排出后炉喉径向区域不同焦炭粒径体积分数分布，由图可知，沿炉喉 x 轴方向上，小颗粒体积分数在 x 轴径向区域 4、x 轴径向区域 8 和 x 轴径向区域 17 内达到峰值，在 x 轴径向区域 1、x 轴径向区域 11 和 x 轴径向区域 20 内达到谷值。沿炉喉 y 轴方向上，小颗粒体积分数在 y 轴径向区域 4 和 y 轴径向区域 13 内达到峰值，在 y 轴径向区域 1、y 轴径向区域 10 和 y 轴径向区域 20 内达到谷值。

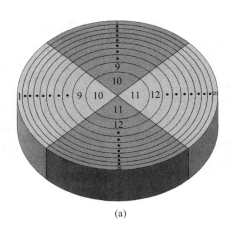

(a)

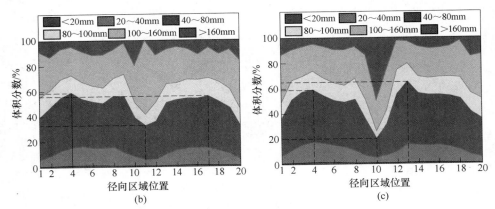

(b)   (c)

图 7-88　矿石从右料罐排出后炉喉径向区域不同矿石粒径体积分数分布

（a）炉喉径向区域划分；（b）沿 x 轴；（c）沿 y 轴

　　料流落在溜槽上时其中心位置相对溜槽呈非圆形的周期性变化，导致溜槽布料时出口处料流量随时间而变化，造成炉料在高炉料面圆周上的体积分布不均匀，使得一批炉料落在料面上的形状不关于高炉中心线左右对称。焦炭分别从两料罐交替布入高炉，其落点分布正好相反，高炉料面圆周方向上的矿焦比和料层厚度分布不均匀，影响煤气利用率和高炉生产效率。

　　图 7-89 所示为炉喉周向不同区域炉料体积分布情况，由图可知，炉喉内周向炉料体积分布基本可分为 3 个部分：上升区、下降区和平稳区。当焦炭从左料罐布到高炉中时，在周向区域 1 至周向区域 3 内，炉料体积在不断增大，因此周向区域 1 至周向区域 3 可划分为上升区；在周向区域 3 至周向区域 6 内，炉料体积在不断减小，因此周向区域 3 至周向区域 6 可划分为下降区；在周向区域 6 至周向区域 12 内，炉料体积基本不变，因此周向区域 6 至周向区域 12 可划分为平稳区。当焦炭从右料罐布到高炉中时，周向区域 1 至周向区域 2 为平稳区，周向

区域 2 至周向区域 5 为下降区，周向区域 5 至周向区域 9 为上升区，周向区域 9 至周向区域 12 为下降区。当矿石从左料罐布到高炉中时，周向区域 1 至周向区域 3 为上升区，周向区域 3 至周向区域 7 为下降区，周向区域 7 至周向区域 12 为平稳区。当矿石从右料罐布到高炉中时，周向区域 1 至周向区域 2 为平稳区，周向区域 2 至周向区域 4 为下降区，周向区域 4 至周向区域 10 为上升区，周向区域 10 至周向区域 12 为下降区。当焦炭从左料罐和右料罐、矿石从左料罐和右料罐布到高炉内在炉喉周向上炉料体积的标准差分别为 0.075、0.074、0.069 和 0.148，由此可见，当矿石从左料罐布到高炉在炉喉周向上最均匀，当矿石从右料罐布到高炉在炉喉周向上最不均匀。

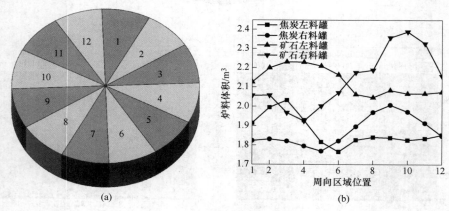

(a)　　　　　　　　　　　　(b)

图 7-89　炉喉周向不同区域炉料体积分布

（a）炉喉周向区域划分；（b）周向上炉料体积

炉料在周向上分布的不均匀会引起煤气流在炉喉周向上分布的不均匀，图 7-90 所示为装料时是否倒罐对炉料在周向上分布的影响，由图可知，当装料模式

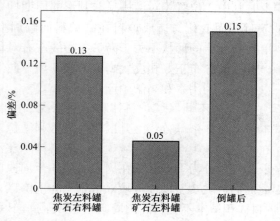

图 7-90　倒罐对炉料在炉喉周向上分布偏差的影响

为焦炭从右料罐排出，矿石从左料罐排出时，炉料在周向上分布最均匀；但倒罐并没有降低炉料在周向上分布的差异。

图 7-91 所示为炉喉周向不同区域炉料平均粒径分布情况，由图可知，当焦炭从左料罐布到高炉中时，在周向上，焦炭平均粒径先减小，在周向区域 5 内达到最小值，然后焦炭平均粒径再逐渐增大，焦炭平均粒径最大值与最小值之差仅为 2mm；当焦炭从右料罐布到高炉中时，焦炭平均粒径分布趋势与左料罐相反，在周向上焦炭平均粒径先增大，在周向区域 6 内达到最大值，然后焦炭平均粒径再逐渐减小。当矿石从左料罐和右料罐布到高炉时周向上矿石平均粒径分布规律与焦炭从左料罐和右料罐布到高炉时周向上焦炭平均粒径分布规律相同。

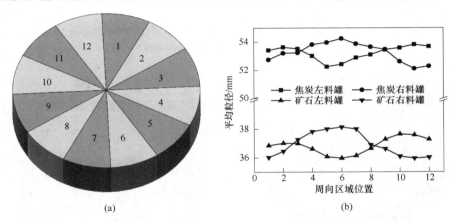

图 7-91 炉喉周向不同区域炉料平均粒径分布

（a）炉喉周向区域划分；（b）周向上炉料平均粒径

图 7-92~图 7-95 所示分别为焦炭从左料罐、焦炭从右料罐、矿石从左料罐和

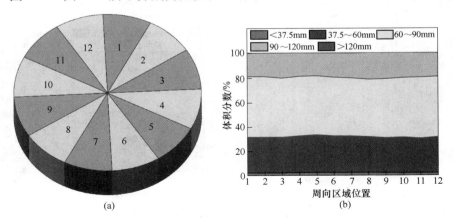

图 7-92 焦炭从左料罐排出后炉喉周向不同区域不同粒径炉料体积分数分布

（a）炉喉周向区域划分；（b）周向上炉料体积分数

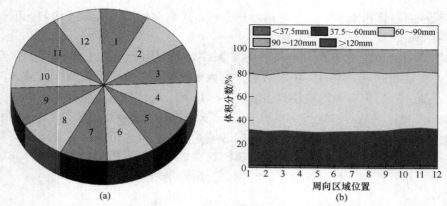

图 7-93   焦炭从右料罐排出后炉喉周向不同区域不同粒径炉料体积分数分布

（a）炉喉周向区域划分；（b）周向上炉料体积分数

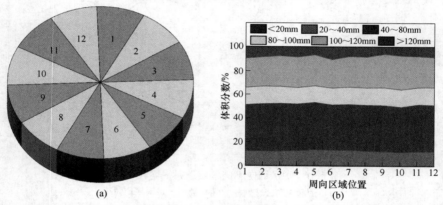

图 7-94   矿石从左料罐排出后炉喉周向不同区域不同粒径炉料体积分数分布

（a）炉喉周向区域划分；（b）周向上炉料体积分数

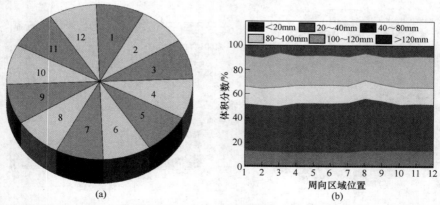

图 7-95   矿石从右料罐排出后炉喉周向不同区域不同粒径炉料体积分数分布

（a）炉喉周向区域划分；（b）周向上炉料体积分数

矿石从右料罐排出后炉喉周向不同区域不同粒径炉料体积分数分布，由图可知，在周向上不同区域内，不同粒径范围的炉料在周向上不同区域内基本均匀分布，不同粒径炉料体积分数在周向上并没有出现明显的波动。

图7-96所示为不同溜槽倾角下炉料堆尖位置分布，由图可知，当溜槽倾角在不断减小时，炉料堆尖半径在不断减小，即不断靠近高炉中心，而炉料堆尖高度（料层厚度）在不断增大，由于矿石与焦炭布料角度相同，所以堆尖位置变化趋势也相同。

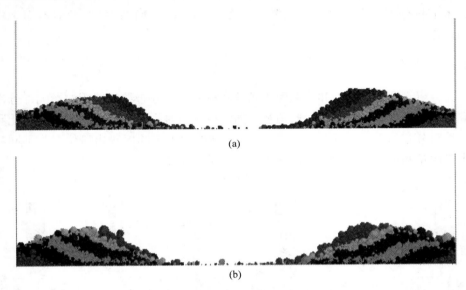

图7-96　不同溜槽倾角下炉料堆尖位置分布
(a) 焦炭；(b) 矿石

图7-97所示为当块矿在最后20s装入料罐时，块矿在高炉炉喉径向上分布位置，尽管由于块矿最后转入料罐中，但是这并非意味着块矿最后才进入炉喉，块矿进入炉喉的时候由料罐中炉料排料模式所决定，如图7-65所示。因此，由图7-97可知，块矿在布料中期已经开始进入高炉。

图7-97　块矿在炉喉径向上分布位置

7.4　料罐结构和换向溜槽倾角对料面炉料分布的影响

在高炉布料过程中，为了获得合理的煤气流分布，炼铁工作者一般希望将大颗粒炉料布至料面中心区域，中颗粒炉料布至料面平台区域，小颗粒炉料则布至料面边缘区域。在螺旋布料过程中，溜槽倾角由料面边缘逐渐切换至料面中心。因此，在料罐排料过程中，则希望炉料平均粒径逐渐增大，以实现合理煤气流分布。而料罐排料过程中炉料粒径变化规律则主要取决于料罐结构。因此，本节将分别研究料罐出口位置、料罐出口倾角和换向溜槽倾角对料面炉料分布的影响。

7.4.1　计算条件

为分析不同料罐结构和换向溜槽倾角对料面炉料分布粒度偏析的影响，分别研究料罐出口位置、料罐出口倾角和换向溜槽倾角对排料过程中炉料粒度变化和料面炉料分布的影响。图 7-98～图 7-100 分别展示了不同料罐出口位置、不同料罐出口倾角和不同换向溜槽倾角炉顶设备三维几何模型。

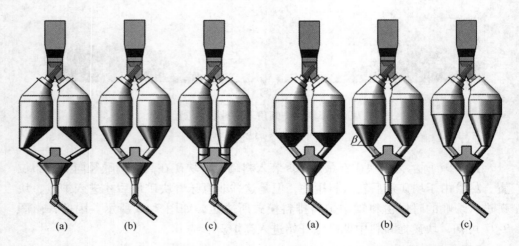

　　(a)　　　　　(b)　　　　　(c)　　　　　　　(a)　　　　　(b)　　　　　(c)

图 7-98　不同料罐出口位置示意图　　　　图 7-99　不同料罐出口倾角示意图
(a) 左；(b) 中；(c) 右　　　　　　　　(a) $\beta=50°$；(b) $\beta=60°$；(c) $\beta=70°$

在计算过程中，炉料类型采用焦炭，模拟所用焦炭粒度与实际焦炭粒度相同（其他研究学者均对炉料粒径进行放大以减小计算量），进一步提高了计算精度，计算所用粒度分布如表 7-12 所示，焦炭批重为 34000kg，焦炭布料矩阵如表 7-13 所示。

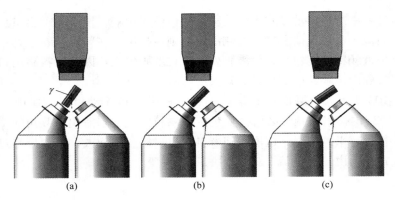

图 7-100　不同换向溜槽倾角示意图

（a）$\gamma=35°$；（b）$\gamma=45°$；（c）$\gamma=55°$

表 7-12　模拟所用焦炭粒度分布

粒级/mm	<25	25~40	40~60	60~80	>80
质量分数/%	3.52	9.40	43.80	32.67	10.61

表 7-13　焦炭布料矩阵

角度/(°)	37	35	33	30	27	24	18	9.5
圈数	6	3	2	2	2	1	1	3

7.4.2　计算结果及讨论

图 7-101 所示为料罐出口位置对排料过程中炉料流动模式的影响。由图可知，

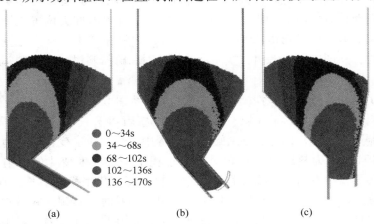

0~34s
34~68s
68~102s
102~136s
136~170s

图 7-101　料罐出口位置对排料过程中炉料流动模式的影响

（a）左；（b）中；（c）右

料罐排料过程中炉料运动模式主要受料罐出口位置影响,位于料罐出口上方炉料先流出,而位于料罐出口左侧或右侧的炉料则后排出。在料罐装料过程中,由于炉料落点附近颗粒粒度较小,而堆脚处颗粒粒度则较大。因此,料罐出口位置对料罐排料过程中炉料粒度变化具有较大的影响。

图 7-102 所示为料罐出口倾角对排料过程中炉料流动模式的影响。由图可知,68~102s 内排出的颗粒区域(蓝色区域颗粒)随着料罐出口倾角的增大不断向料层下移且越来越平坦,这说明随着料罐出口倾角的增大,料罐排料过程中炉料流动模式逐渐由"漏斗流"向"活塞流"转变。

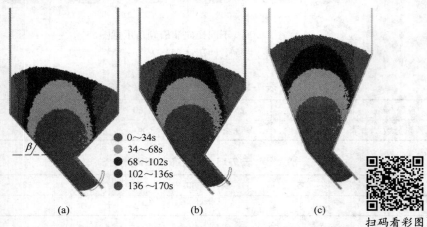

　　0~34s
　　34~68s
　　68~102s
　　102~136s
　　136~170s

(a)　　　　　　　(b)　　　　　　　(c)

扫码看彩图

图 7-102　料罐出口倾角对排料过程中炉料流动模式的影响
(a) $\beta=50°$;(b) $\beta=60°$;(c) $\beta=70°$

图 7-103 所示为换向溜槽倾角对排料过程中炉料流动模式的影响。由图可知,当换向溜槽倾角由 35°增大至 45°时,炉料在料罐内堆尖位置逐渐向料罐边缘移动。但换向溜槽倾角由 45°增大至 55°时,炉料在料罐内堆尖位置移动距离较小。同时,从图中可以看出,换向溜槽倾角对料罐排料过程中炉料运动模式几乎无影响。

在高炉操作过程中,炼铁操作者一般希望将大颗粒布至料面中心区域,将中颗粒布至料面平台区域,而小颗粒则布至料面边缘区域,这主要是为了发展中心气流,抑制边缘气流。因此,在料罐排料过程中对炉料粒度变化控制也有一定要求。图 7-104 所示为料罐出口位置对排料过程中炉料粒度变化的影响。由图可知,当料罐出口在左时,料罐排料过程中炉料粒度变化平稳期最长,在最后 20s 内炉料粒度有所增大。而当料罐出口在中或出口在右时,料罐排料过程中炉料粒度变化平稳期较短,之后炉料粒度在逐渐增大,但在最后 10s 内炉料平均粒度有所减小。为了评价料罐出口位置对料罐排料过程中炉料粒度变化的影响,引入线性函数 $y=37.5+0.1x$,与料罐排料过程中炉料平均粒度变化曲线进行相关性分

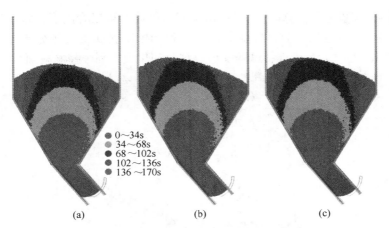

图 7-103　换向溜槽倾角对排料过程中炉料流动模式的影响

（a）$\gamma=35°$；（b）$\gamma=45°$；（c）$\gamma=55°$

析。当料罐出口在左、出口在中和出口在右与线性函数 $y=37.5+0.1x$ 的 Pearson 相关系数分别为 0.51、0.80 和 0.75。当 Pearson 相关系数越接近于 1 时，代表两条曲线相关性越强，变化趋势越接近；而当 Pearson 相关系数越接近于 1 时，代表两条曲线相关性越弱，变化趋势相似度越低。因此，可以得知当料罐出口位置在中时，料罐排料过程中炉料粒度变化更有利于控制料面煤气流分布；而当料罐出口位置在左时，料罐排料过程中炉料粒度变化最不利于控制料面煤气流分布。

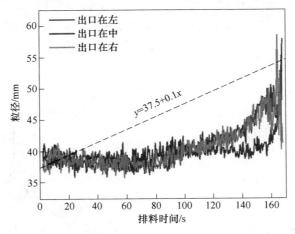

图 7-104　料罐出口位置对排料过程中炉料粒度变化的影响

图 7-105 所示为料罐出口倾角对排料过程中炉料粒度变化的影响。同样引入线性函数 $y=37.5+0.1x$，然后与不同料罐出口倾角排料过程中炉料粒度变化曲线进行相关性分析。当料罐出口倾角为 50°、60° 和 70° 与线性函数 $y=37.5+0.1x$ 的

Pearson 相关系数分别为 0.87、0.80 和 0.73。因此，可以看出当料罐出口倾角为 50°时，料罐排料过程中炉料粒度变化更有利于控制料面煤气流分布；而当料罐出口倾角为 70°时，料罐排料过程中炉料粒度变化最不利于控制料面煤气流分布。

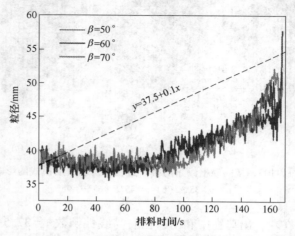

图 7-105 料罐出口倾角对排料过程中炉料粒度变化的影响

图 7-106 所示为换向溜槽倾角对排料过程中炉料粒度变化的影响。同样引入线性函数 $y = 37.5 + 0.1x$，然后与不同换向溜槽倾角排料过程中炉料粒度变化曲线进行相关性分析。当换向溜槽倾角为 35°、45°和 55°与线性函数 $y = 37.5 + 0.1x$ 的 Pearson 相关系数分别为 0.82、0.83 和 0.83。因此，可以看出当换向溜槽倾角为 45°或 55°时，料罐排料过程中炉料粒度变化更有利于控制料面煤气流分布；而当料罐出口倾角为 35°时，料罐排料过程中炉料粒度变化最不利于控制料面煤气流分布。

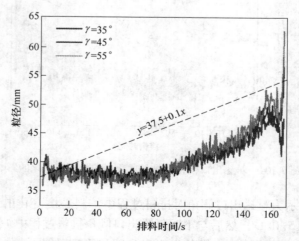

图 7-106 换向溜槽倾角对排料过程中炉料粒度变化的影响

图 7-107 所示为料罐出口位置对料面径向炉料粒度分布的影响。由图可知，当料罐出口在左时，炉料在料面径向上粒度分布基本均匀，不利于发展中心气流。而当料罐出口在中时，料面中心区域炉料粒度比边缘区域炉料粒度大，更有利于发展中心气流，抑制边缘气流。

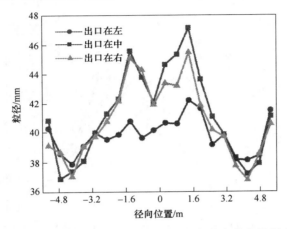

图 7-107　料罐出口位置对料面径向炉料粒度分布的影响

图 7-108 所示为料罐出口倾角对料面径向炉料粒度分布的影响。由图可知，相比于料罐出口位置对料面径向炉料粒度分布的影响，料罐出口倾角对料面径向炉料粒度分布的影响较小。对于料面中心区域，当料罐出口倾角为 70°时，炉料平均粒度最大；而当料罐出口倾角为 50°时，炉料平均粒度最小。对于料面边缘区域，当料罐出口倾角为 50°时，炉料平均粒度最小；而当料罐出口倾角为 60°和 70°时，炉料平均粒度最大，二者差异较小。

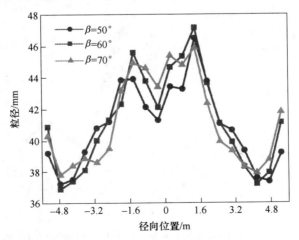

图 7-108　料罐出口倾角对料面径向炉料粒度分布的影响

　　图 7-109 所示为换向溜槽倾角对料面径向炉料粒度分布的影响。由图可知，对于料面中心区域，当换向溜槽倾角为 35°时炉料平均粒径最小，而当换向溜槽倾角为 55°时炉料平均粒径最大，有利于发展中心气流。对于料面边缘区域，换向溜槽倾角对炉料平均粒径的影响较小。

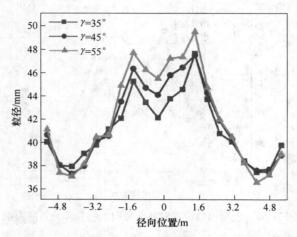

图 7-109　换向溜槽倾角对料面径向炉料粒度分布的影响

　　图 7-110~图 7-112 分别展示了料罐出口位置、料罐出口倾角和换向溜槽倾角对料面径向质量分布的影响，由于不同工况下节流阀开度和布料矩阵均相同，因此可以看出料罐出口位置、料罐出口倾角和换向溜槽倾角对料面径向炉料质量分布的影响几乎很小。

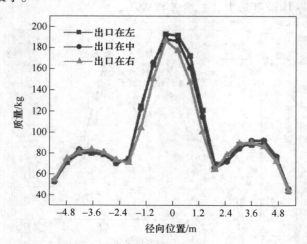

图 7-110　料罐出口位置对料面径向炉料质量分布的影响

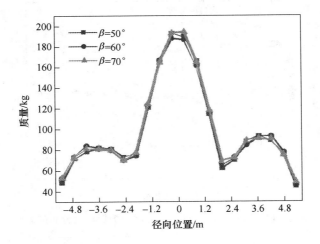

图 7-111　料罐出口倾角对料面径向炉料质量分布的影响

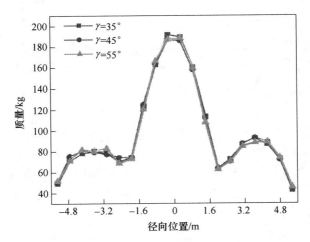

图 7-112　换向溜槽倾角对料面径向炉料质量分布的影响

图 7-113~图 7-115 分别展示了料罐出口位置、料罐出口倾角和换向溜槽倾角对料面周向粒度分布的影响。由图可知，在料面周向上炉料粒度分布基本均匀，不存在粒度偏析，同时还可以看出料罐出口位置、料罐出口倾角和换向溜槽倾角对料面周向粒度分布的影响几乎很小。

图 7-116~图 7-118 分别展示了料罐出口位置、料罐出口倾角和换向溜槽倾角对料面周向质量分布的影响。由图可知，在料面周向上存在质量偏析，但料罐出口位置、料罐出口倾角和换向溜槽倾角对料面周向质量分布的影响较小。

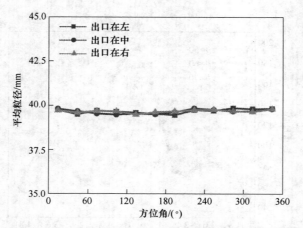

图 7-113   料罐出口位置对料面周向炉料粒度分布的影响

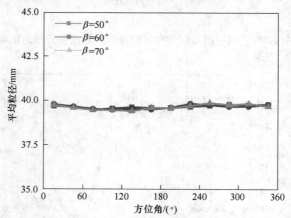

图 7-114   料罐出口倾角对料面周向炉料粒度分布的影响

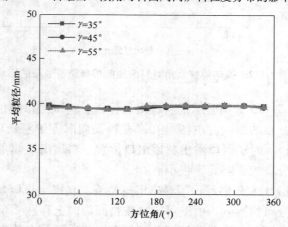

图 7-115   换向溜槽倾角对料面周向炉料粒度分布的影响

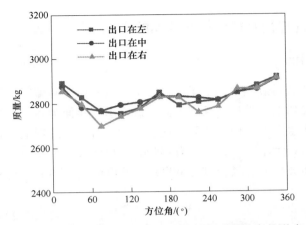

图 7-116 料罐出口位置对料面周向炉料质量分布的影响

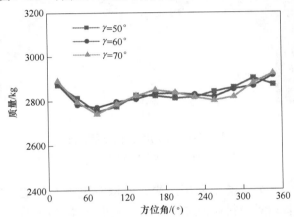

图 7-117 料罐出口倾角对料面周向炉料质量分布的影响

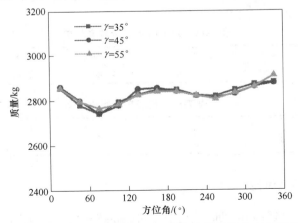

图 7-118 换向溜槽倾角对料面周向炉料质量分布的影响

7.5   中心喉管直径对料面炉料分布的影响

7.5.1   计算条件

在并罐高炉装料过程中，由于炉料在中心喉管内一侧偏行，导致炉料在处于不同方位角的溜槽上有效运动长度不同，进而引起料面炉料分布偏析。因此，中心喉管直径大小也会对料面炉料分布偏析程度具有一定的影响。目前国内企业使用的中心喉管直径大小不一，主要有 600mm、650mm 和 730mm 三种，如图 7-119 所示。本节将研究喉管直径分别为 600mm、650mm 和 730mm 对料面炉料分布偏析的影响。

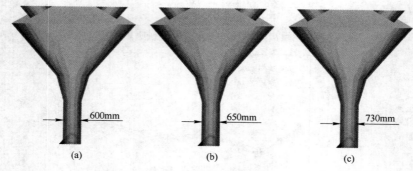

图 7-119   不同喉管直径示意图

（a）ϕ=600mm；（b）ϕ=650mm；（c）ϕ=730mm

在计算过程中，炉料类型采用焦炭，模拟所用焦炭粒度与实际焦炭粒度相同（其他研究学者均对炉料粒径进行放大以减小计算量），进一步提高了计算精度，计算所用粒度分布如表 7-14 所示，焦炭批重为 34000kg，焦炭布料矩阵如表 7-15 所示。

表 7-14   模拟所用焦炭粒度分布

粒级/mm	<25	25~40	40~60	60~80	>80
质量分数/%	3.52	9.40	43.80	32.67	10.61

表 7-15   焦炭布料矩阵

角度/(°)	37	35	33	30	27	24	18	9.5
圈数	6	3	2	2	2	1	1	3

7.5.2   计算结果及讨论

炉料不同直径喉管内运动时填充率不同，导致料流中心与高炉中心线之间的距离不一样，进而导致炉料在溜槽上的有效运动长度偏差不同。图 7-120 所示为不同

喉管直径 α 角为 37°时对炉料 0.3m 料线落点半径的影响。由图可知，当喉管直径为 600mm 时，炉料落点半径在料面周向上偏差最小；而当喉管直径为 730mm 时，炉料落点半径在料面周向上偏差最大。喉管直径分别为 600mm、650mm 和 730mm 时炉料落点半径标准差分别为 21.42、63.67 和 138.25。因此，在并罐高炉布料过程中不影响料流量的前提下，使用小喉管有利于控制炉料落点偏析。

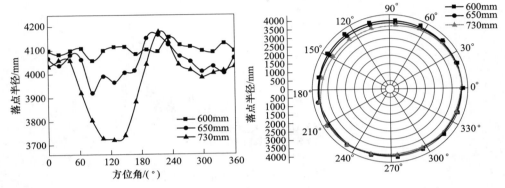

图 7-120 不同喉管直径 α 角为 37°时对炉料 0.3m 料线落点半径的影响

为分析喉管直径影响炉料落点半径的原因，图 7-121 所示为不同喉管直径对炉料在溜槽出口速度的影响。由图可知，使用 600mm 喉管时，位于溜槽出口处的炉料速率在料面周向不同方位角上偏差最小；而当使用 730mm 喉管时，位于溜槽出口处的炉料速率在料面周向不同方位角上偏差最大。当位于溜槽出口处的炉料速率在料面周向不同方位角上保持恒定，那么在布料过程中将不会产生落点偏析。因此，除了调整喉管直径大小外，也可以通过改变溜槽结构来控制炉料在溜槽出口处的速率大小，进而控制料面上的炉料落点偏析。

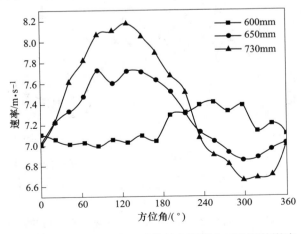

图 7-121 不同喉管直径对炉料在溜槽出口速度的影响

图 7-122 所示为不同喉管直径对炉料在溜槽出口平均粒度的影响。由图可知，在排料过程前 80s 内，炉料平均粒径变化基本保持稳定的趋势。在排料过程 80~160s 内，炉料平均粒径逐渐增大。在排料末期，炉料平均粒径又有所减小。但在排料过程中，不同喉管直径对炉料粒径变化趋势的影响几乎很小。

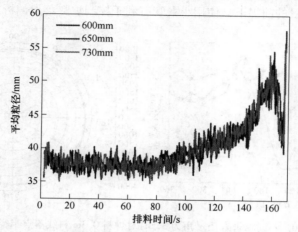

图 7-122　不同喉管直径对炉料在溜槽出口平均粒度的影响

炉料在溜槽出口处的速度决定炉料在料面周向上的落点偏析，而炉料在溜槽内运动时由科氏力所引起的偏转程度决定炉料在料面周向上的流量偏析。图 7-123 所示为不同喉管直径对炉料在料面落点滞后角的影响。由图可知，当喉管直径为 600mm 时，炉料落点滞后角在料面周向不同方位角上偏差最小；而当喉管直径为 730mm 时，炉料落点滞后角在料面周向不同方位角上偏差最大。

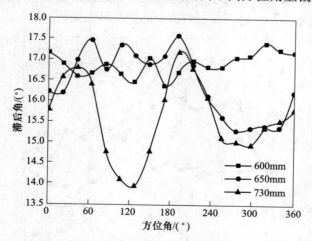

图 7-123　不同喉管直径对炉料在料面落点滞后角的影响

炉料在料面周向上的落点偏析直接影响料层厚度在料面径向上不对称，图7-124所示为不同喉管直径对炉料在料面径向质量分布的影响。由图可知，由于使用600mm喉管时，位于溜槽出口处的炉料速率在料面周向不同方位角时的偏差最小，所以炉料在料面径向上的质量分布最接近于对称；而使用730mm喉管时，位于溜槽出口处的炉料速率在料面周向不同方位角时的偏差最大，所以炉料在料面径向上的质量分布最不对称。

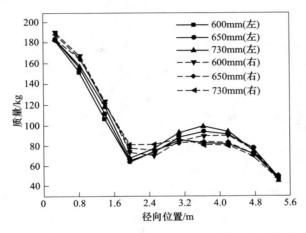

图 7-124　不同喉管直径对炉料在料面径向质量分布的影响

图7-125所示为不同喉管直径对炉料在料面径向粒度分布的影响。可以看出，不同喉管直径对料面径向上炉料粒度分布影响较小。这是由于在颗粒堆积过程中，大颗粒一般分布在堆脚处，小颗粒则主要分布在堆尖处。而不同喉管直径

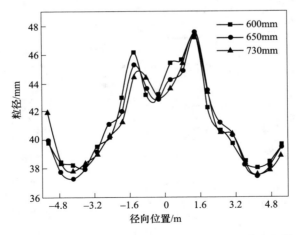

图 7-125　不同喉管直径对炉料在料面径向粒度分布的影响

对位于溜槽出口处的炉料平均速率影响较小，因此不同喉管直径对炉料落点半径大小影响较小，进而不同喉管直径对料面径向炉料粒度分布影响较小。

图 7-126 所示为不同喉管直径对炉料在料面周向质量分布的影响。由图可知，当使用 600mm 喉管时，料面周向上炉料质量分布偏析最小；而当使用 730mm 喉管时，料面周向上炉料质量分布偏析最大。这是由于料面周向上炉料质量分布偏析主要由料面周向上炉料落点滞后角偏差所决定，如图 7-123 所示。

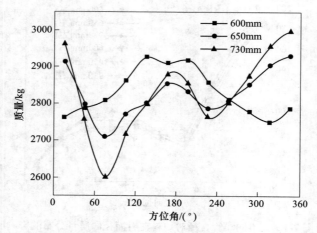

图 7-126　不同喉管直径对炉料在料面周向质量分布的影响

图 7-127 所示为不同喉管直径对炉料在料面周向粒度分布的影响。由图可知，不同喉管直径对料面周向上炉料粒度分布影响很小，其平均粒径基本在 39mm 左右。

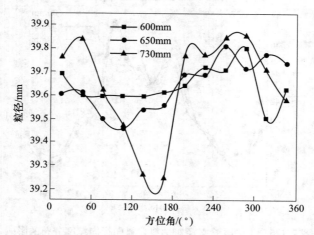

图 7-127　不同喉管直径对炉料在料面周向粒度分布的影响

7.6 溜槽结构对料面炉料分布的影响

在并罐式无钟高炉布料过程中，炼铁工作者往往倾向于通过改变工艺参数来改善并罐式无钟炉顶系统带来的偏析，例如实现"倒罐"操作来减小偏析。然而，"倒罐"操作对炉顶上料能力要求较高，并不适用于所有钢铁企业。在高炉布料过程中，炉顶设备对炉料运动规律的影响也至关重要。布料溜槽是无钟高炉布料过程中的关键设备之一，目前国内钢铁企业采用的溜槽母体结构主要为圆溜槽和方溜槽，其内衬结构也主要分为料磨料结构和光面结构两种。因此，本节将分别研究光面圆溜槽、料磨料圆溜槽、光面方溜槽和料磨料方溜槽对并罐式无钟高炉布料偏析的影响。

7.6.1 计算条件

目前，在国内钢铁企业使用的布料溜槽主要分为圆溜槽和方溜槽。但是不同企业使用的布料溜槽结构也不尽相同，一些企业为了延长溜槽寿命，在溜槽上增加一些键槽实现"料磨料"机制，进而减少炉料与溜槽之间的磨损。然而，圆溜槽与方溜槽以及溜槽上的键槽对布料偏析的影响研究则较为罕见。因此，本节将研究四种溜槽结构对并罐高炉布料偏析的影响，分别为光面圆溜槽、料磨料圆溜槽、光面方溜槽和料磨料方溜槽，如图 7-128 所示。

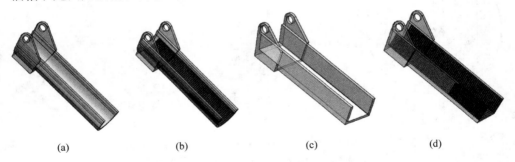

(a)　　　　　　(b)　　　　　　(c)　　　　　　(d)

图 7-128　不同类型溜槽结构示意图

（a）光滑圆溜槽；（b）料磨料圆溜槽；（c）光面方溜槽；（d）料磨料方溜槽

在 DEM 计算过程中，炉料类型采用焦炭，模拟所用焦炭粒度与实际焦炭粒度相同（其他研究学者均对炉料粒径进行放大以减小计算量），进一步提高了计算精度，计算所用粒度分布如表 7-16 所示，焦批为 34000kg，焦炭布料矩阵如表 7-17 所示。

表 7-16　模拟所用焦炭粒度分布

粒级/mm	<25	25~40	40~60	60~80	>80
质量分数/%	3.52	9.40	43.80	32.67	10.61

表 7-17　焦炭布料矩阵

角度/(°)	37	35	33	30	27	24	18	9.5
圈数	6	3	2	2	2	1	1	3

7.6.2　计算结果及讨论

对于并罐式无钟炉顶系统，炉料从节流阀流出后在中心喉管一侧偏行，如图 7-129 所示。由于炉料在溜槽上的碰撞点随着溜槽周向方位角的不同而不同，定义炉料在溜槽上的有效运动长度为炉料在溜槽上的碰点至溜槽末端的距离。当旋转溜槽周向方位角 $\beta=0°$ 时，由于炉料在中心喉管一侧的偏行，炉料在溜槽上的有效运动长度最短；而当旋转溜槽周向方位角 $\beta=180°$ 时，炉料在溜槽上的有效运动长度最长。炉料在旋转溜槽上的有效运动长度将直接影响到炉料在溜槽末端的速度大小，进而影响炉料到达料线水平时其落点半径，引起炉料在炉喉周向上分布不对称以及料面偏心。

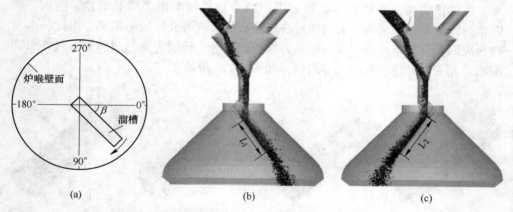

(a)　　　　　　　　　　　(b)　　　　　　　　　　(c)

图 7-129　不同溜槽方位角时炉料在溜槽上有效运动长度变化
(a) 俯视图；(b) $\beta=0°$ 主视图；(c) $\beta=180°$ 主视图

图 7-130~图 7-133 分别为炉料在不同类型溜槽处于不同方位角时的运动轨迹。由图可知，当炉料在圆溜槽上运动时，其运动轨迹随着溜槽方位角的不同而不同，而且炉料在溜槽出口的偏转程度也随着溜槽方位角的不同而不同。当炉料在方溜槽上运动时，其运动轨迹和炉料在溜槽出口的偏转程度随着溜槽方位角的不同基本保持不变。这是由于炉料在圆溜槽上运动时受到科氏力的影响程度要大于炉料在方溜槽上运动时受到科氏力的影响程度，而且炉料在圆溜槽不同方位角时的初始运动状态不同，对炉料在整个溜槽上的运动轨迹影响较大。而炉料在溜槽出口的运动状态将直接影响炉料在空区内的运动时间，造成炉料在料面周向上

产生流量偏析。此外，从图中可以看出，使用键槽的圆溜槽对炉料在溜槽出口的偏转程度有所减小，有利于减小炉料在料面周向上产生的流量偏析程度。

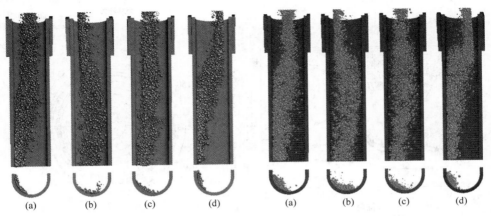

图 7-130　炉料在光面圆溜槽不同方位角
时的运动轨迹
(a) $\beta=0°$；(b) $\beta=90°$；
(c) $\beta=180°$；(d) $\beta=270°$

图 7-131　炉料在料磨料圆溜槽不同方位角
时的运动轨迹
(a) $\beta=0°$；(b) $\beta=90°$；
(c) $\beta=180°$；(d) $\beta=270°$

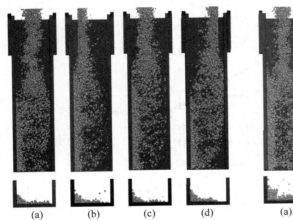

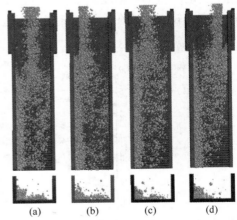

图 7-132　炉料在光面方溜槽不同方位角
时的运动轨迹
(a) $\beta=0°$；(b) $\beta=90°$；
(c) $\beta=180°$；(d) $\beta=270°$

图 7-133　炉料在料磨料方溜槽不同方位角
时的运动轨迹
(a) $\beta=0°$；(b) $\beta=90°$；
(c) $\beta=180°$；(d) $\beta=270°$

图 7-134 所示为不同类型溜槽 α 角为37°时对炉料落点半径的影响。分别使用光面圆溜槽、料磨料圆溜槽、光面方溜槽和料磨料方溜槽时落点半径标准差为277.92、83.34、18.90 和 29.86。因此可知，使用光面圆溜槽时炉料落点半径在

料面周向上偏差最大，即最不均匀。而当使用光面方溜槽或料磨料方溜槽时炉料落点半径在料面周向上偏差较小。

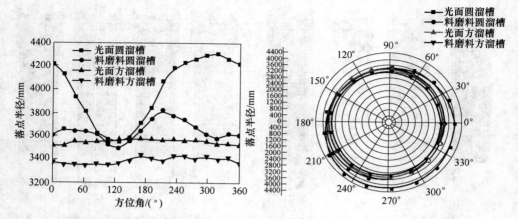

图 7-134 不同类型溜槽 α 角为 37°时对炉料 0.3m 料线落点半径的影响

图 7-135 所示为不同类型溜槽对炉料在溜槽出口速度的影响。由图可知，当使用粗糙类型溜槽时炉料在溜槽出口处的速度较小，这是由于炉料在粗糙类型溜槽上运动时做的摩擦功较多。同时，可以看出在圆溜槽旋转一周过程中炉料出口速度变化较大，而在方溜槽旋转一周过程中炉料出口速度变化较小。

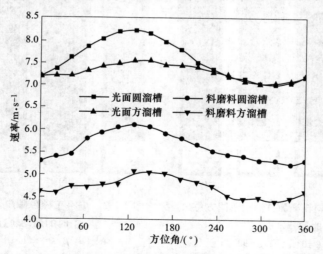

图 7-135 不同类型溜槽对炉料在溜槽出口速度的影响

图 7-136 所示为不同喉管直径对炉料在溜槽出口平均粒度的影响。由图可知，在排料过程前 80s 内，炉料平均粒径变化基本保持稳定的趋势。在排料过程

80~160s 内，炉料平均粒径逐渐增大。在排料末期，炉料平均粒径又有所减小。但在排料过程中，溜槽形状对炉料粒径变化趋势的影响几乎很小。

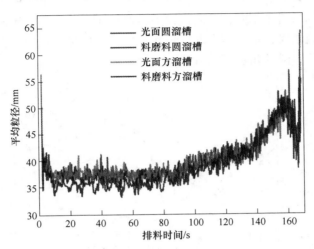

图 7-136 不同类型溜槽对炉料在溜槽出口粒度的影响

当炉料流出溜槽后，由于炉料在溜槽内受到科氏力的作用，炉料在料面落点的方位角与溜槽方位角之间存在一个滞后，称之为滞后角，如图 7-137 所示。在高炉布料过程中，当节流阀开度一定时，炉料流经溜槽的质量流量则保持恒定，因此炉料在料面落点处的质量流量也保持恒定。而并罐高炉布料之所以产生流量偏析，则是因为炉料在中心喉管内偏行于一侧，导致炉料在溜槽内的落点不一致，进而导致料面周向不同方位角上的炉料落点滞后角不一致，这是引起料面周向炉料流量偏析的根本原因。

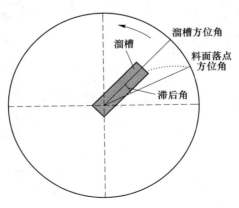

图 7-137 料面炉料落点滞后角示意图

图 7-138 所示为不同类型溜槽对炉料在料面落点滞后角的影响。当炉料从溜槽流出后，由于科氏力的作用，炉料在溜槽出口速度方向不与溜槽中心线平行，因此当炉料落至料面时与溜槽之间会产生一个滞后角。由于溜槽在旋转过程中不同方位时产生的滞后角不同，进而造成炉料在料面周向上产生流量偏析。由图可知，当使用圆溜槽时，炉料落点滞后角在不同方位角时的差异较大。而当使用方溜槽时，炉料落点滞后角在不同方位角时的差异较小。

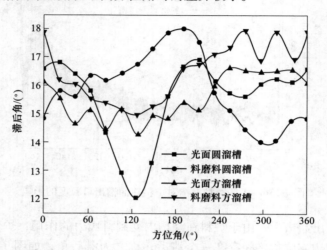

图 7-138　不同类型溜槽对炉料在料面落点滞后角的影响

图 7-139 所示为不同类型溜槽对炉料在料面径向质量分布的影响。由图可知，由于使用光面溜槽时炉料在溜槽上运动时做的摩擦功较少，导致炉料在溜槽

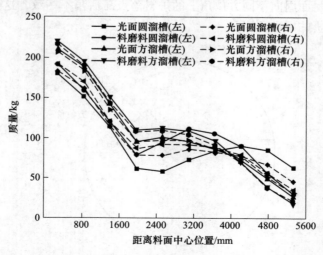

图 7-139　不同类型溜槽对炉料在料面径向质量分布的影响

出口的速度较大,进而导致炉料在料面上的落点较远。而当使用粗糙溜槽时炉料在溜槽上运动时做的摩擦功较多,导致炉料在溜槽出口的速度较小,进而导致炉料在料面上的落点较近。此外,炉料从喉管落至方溜槽时碰撞损失的动能较大,而落至圆溜槽时碰撞损失的动能较小。因此,使用方溜槽时的炉料落点半径要比使用圆溜槽时的炉料落点半径小。此外,还可以看出使用方溜槽时的料面径向上炉料质量分布要比使用圆溜槽时的料面径向上炉料质量分布对称,这与炉料在不同方位角时溜槽出口的速度差异有关。

图 7-140 所示为不同类型溜槽对炉料在料面径向粒度分布的影响。从图中可以看出,不同类型溜槽主要影响炉料的落点位置,进而影响料面径向炉料粒度分布。由于使用光面圆溜槽时炉料落点半径较大,而炉料落点附近炉料平均粒度较小。因此,在使用光面圆溜槽时炉料平均粒径最小的位置更靠近料面边缘,而使用料磨料方溜槽时炉料平均粒径最小的位置更靠近料面中心。

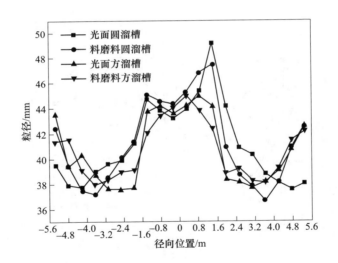

图 7-140 不同类型溜槽对炉料在料面径向粒度分布的影响

图 7-141 所示为不同类型溜槽对炉料在料面周向质量分布的影响。由图可知,使用光面圆溜槽时料面周向上炉料分布最不均匀,而使用方溜槽时料面周向上炉料分布基本均匀。而且其分布趋势与图 7-138 基本相同。

图 7-142 所示为不同类型溜槽对炉料在料面周向粒度分布的影响。由图可知,虽然使用不同类型溜槽时料面周向上炉料平均粒径分布不同,但是其差异最大仅 1mm。因此,不同类型溜槽对炉料在料面周向粒度分布的影响较小。

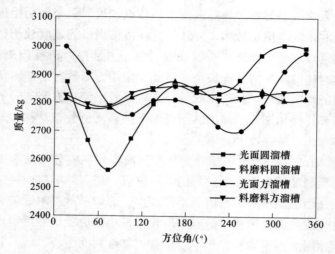

图 7-141　不同类型溜槽对炉料在料面周向质量分布的影响

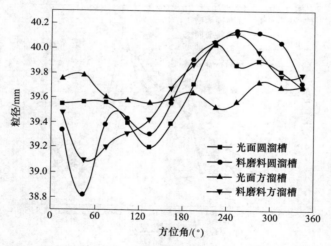

图 7-142　不同类型溜槽对炉料在料面周向粒度分布的影响

7.7　插入件对料罐和炉喉内炉料分布的影响

目前，在下料罐中安装插入件主要目的是为了保护料罐出口处节流阀不被炉料直接撞击，以延长其使用寿命。由上文可以看出，串罐式无钟炉顶料罐中心线与高炉中心重合，当下料罐中安装插入件，使得炉料在料罐中呈中心大颗粒较多壁面附近小颗粒较多的分布方式。下料罐排料时，料罐中心的大颗粒先排出料罐，使较多的大颗粒落在炉喉炉墙附近，而使较多的小颗粒聚集在炉喉中心区域，不利于高炉中心透气性。因此，本章通过建立了1780m³高炉串罐式无钟炉顶计算模型，设计了新的插入件类型，以及设置不同的插入件安装高度，运用离散单元法对布料过程进行仿真计算，研究插入件安装位置和插入件类型对料罐和炉喉内炉料分布的影响，为实际生产中插入件的设计与安装提供理论依据。

7.7.1　计算条件

根据某1780m³高炉所安装的插入件实物尺寸参数及安装位置，设计了三种插入件形状，如图7-143所示，图中所示的为三种不同形状类型的插入件形状示意图，图中未画出连接插入件与料罐的支撑杆，在图7-143（a）标识了三个安装高度，定义安装高度为插入件底部距下料罐出口的距离，研究插入件安装高度对布料过程的影响时，以插入件类型A为计算模型，安装高度取值分别为$h/3$、$h/2$和$2h/3$，图7-143（a）中插入件是安装高度为$h/3$时的情况，图7-143（b）所示为双锥形插入件示意图，安装高度为其纵向中心位置在料罐圆锥区域高度$h/2$处，图7-143（c）所示为插入件安装高度为h的情况。图中D定义为插入件的直径，计算时其尺寸大小为料罐出口直径d。

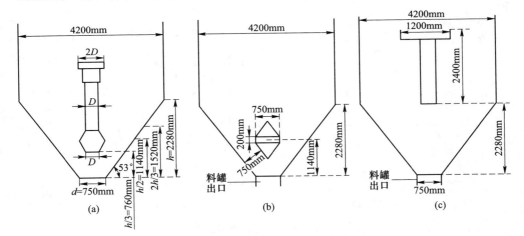

图7-143　三种不同类型的插入件及安装位置示意图
（a）插入件类型A；（b）插入件类型B；（c）插入件类型C

本章主要研究插入件对炉料在料罐和炉喉内的分布及运动模式的影响，并通过改变插入件形状与安装高度，优化炉料分布。根据生产经验，通常希望边缘炉料颗粒粒径小，靠近中心的颗粒粒径大；而安装插入件后，炉喉中心区域平均粒径小，大颗粒占比小。因此，通过计算不同插入件形状和安装高度下炉喉料面的炉料分布，优化插入件形状以及安装位置。首先，为了研究插入件安装高度对料罐和炉喉内炉料分布规律。设计了表7-18所示的计算方案。

表 7-18 计算方案

方 案	A	B	C
插入件形状	类型 A	类型 A	类型 A
插入件安装高度	$h/3$	$h/2$	$2h/3$

7.7.2 插入件安装高度对炉料分布的影响

根据表 7-18 的计算方案,用离散单元法计算了方案 A、方案 B 和方案 C 三种条件下的布料过程,并分析下料罐和径向平均粒径和体积的分布。

由于炉料堆尖位于总体积较大的区域,从图 7-144 中可知,随着插入件安装高度增加,料罐中炉料堆尖越靠近料罐边缘,滚落至料罐中心的大颗粒减少,导致中心区域的平均粒径呈减小趋势。三种插入件安装高度下,平均粒径差异较小,总体积相差较大,因为插入件安装高度影响炉料落点位置,由于方案 A 安装位置低,炉料碰撞插入件顶端时动能损失较大,落点位置靠近料罐中心,滚落至料罐边缘的颗粒较少,所以方案 A 边缘区域的总体积较小,中心区域的体积较大。

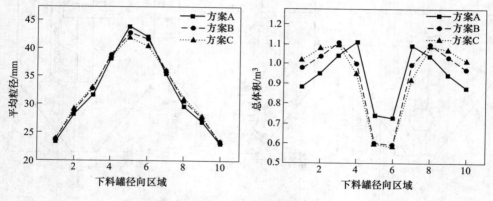

图 7-144 不同插入件安装高度下炉料径向分布

插入件通过影响颗粒在料罐中的分布以及颗粒流的运动模式,将进一步影响颗粒在炉喉处的分布,分析炉料颗粒的径向平均粒径分布规律。如图 7-145 所示,方案 A 和方案 B 两种情况下,炉料在炉喉径向平均粒径分布相近,而方案 C 条件下,靠近中心区域的平均粒径相对较小,边缘平均粒径偏大,表明插入件安装高度过高时,插入件底部对炉料流动模式的影响减弱,料罐中心大颗粒先排出,靠近壁面的小颗粒较晚排出,导致炉喉中心区域平均粒径减小,当插入件底部位于下料罐锥形区域高度的 1/2 时,径向平均粒径分布极差相对较大。

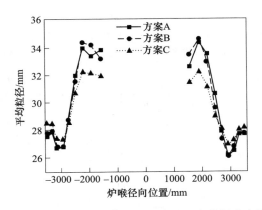

图 7-145 不同插入件安装高度下炉喉径向炉料分布情况

7.7.3 插入件类型对炉料分布的影响

下料罐中插入件的安装，易使大颗粒聚集在料罐中心，小颗粒在料罐壁面附近，而料罐排料时，料罐中心区域的颗粒先排出，导致料罐边缘的小颗粒布在炉喉中心附近。因此，通过对下料罐中插入件进行优化，使大颗粒尽可能多的布在炉喉中心区域。从上节内容可知，类型 A 插入件底部埋入炉料中，对料罐中心的大颗粒排出有一定的阻碍作用，本节则分别计算下料罐安装插入件类型 B 和插入件类型 C 两种条件下，料罐和炉喉内粒度分布规律，其安装位置如图 7-143 所示。

根据此两种插入件形状及安装位置条件，分别分析炉料在下料罐中的分布。如图 7-146 所示为下料罐中安装两种插入件炉料径向粒度和质量流量分布，"类型 B"表示计算时下料罐中安装插入件类型 B。使用类型 B 插入件时，炉料先碰撞插入件，再沿着锥形斜面向料罐四周分散落至料罐壁面，装入一定量炉料之后，插入件埋入炉料中，形成"料打料"机制，减少插入件撞击磨损，并且，炉料逐渐在料罐中心形成堆尖，使料罐中心区域小颗粒较多，料罐边缘位置，主要为大粒径颗粒。而使用类型 C 插入件时，由于其安装位置较高，炉料在料罐壁面附近平均粒径较小，料罐中心附近平均粒径较大，由于插入件下部没有埋入炉料中，料罐排料时形成"漏斗流"，大粒径颗粒先排出而落至炉喉炉墙附近。

图 7-147 表示插入件类型 B 和类型 C 条件下，炉料在下料罐的粒径大小示意图。从图中易知，插入件类型 B 为双圆锥形，且安装位置较低，使较多的大粒径颗粒分布在料罐边缘附近，将有利于大粒径颗粒布至炉喉中心区域。

图 7-148 表示炉喉径向各位置上炉料粒度和质量流量的分布。使用插入件类型 B 布料时，能够实现大粒径颗粒聚集在靠近炉喉中心附近的区域，其径向粒径分布趋势与插入件类型 C 布料的分布趋势相反。而两种插入件下，炉喉的径向质

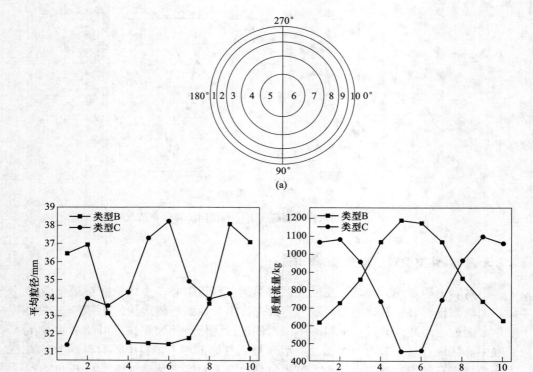

图 7-146　下料罐不同插入件下炉料径向粒度和质量流量分布

（a）下料罐径向区域划分；（b）径向上炉料平均粒径；（c）径向上炉料质量流量

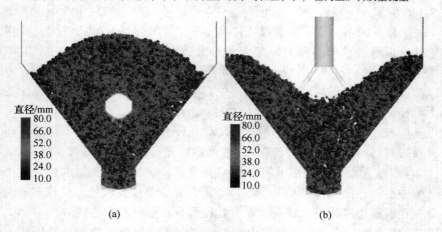

图 7-147　下料罐颗粒大小分布

（a）插入件类型 B；（b）插入件类型 C

量流量基本一致，说明插入件类型不影响炉喉内炉料质量流量的分布，主要影响粒度的大小的分布。

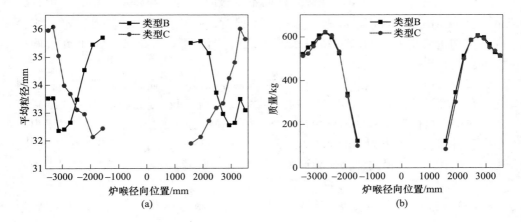

图 7-148 不同插入件下炉喉粒度和质量分布

（a）粒径分布；（b）质量分布

图 7-149 表示两种插入件下炉喉径向空隙度分布，其空隙度变化趋势相近，同时由于中心区域附近大颗粒较多，插入件类型 B 在炉喉中心附近的空隙度偏大，而插入件类型 C 条件下，炉喉中心处的平均粒径较大，根据厄根公式，炉喉中心处压差相对较小。因此，对于插入件的设计，应在保证下密封阀不被炉料撞击的情况下，尽可能地降低插入件的高度，使得炉料在料罐中心附近形成堆尖，大颗粒将沿料堆斜面滚落至料罐边缘附近，排料时则最后排出，布在炉喉中心区域。

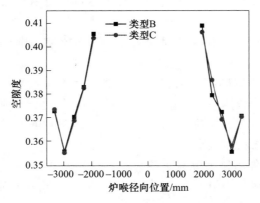

图 7-149 不同插入件下炉喉径向空隙度分布

7.8　小结

（1）当皮带中心线与两并罐对称面不重合时，直接导致左右料罐内炉料分布不对称。由于并罐高炉布料会存在流量偏析，左右料罐内炉料分布不对称会进一步加重流量偏析。研究结果表明，通过"倒罐"操作可以减小流量偏析程度。

（2）在高炉操作过程中，不是希望减小粒度偏析，而是需要粒度偏析。因此，在料罐设计过程中，应充分考虑料罐结构对料面粒度偏析的影响。结果表明，料罐出口位置比料罐出口倾角对料面径向粒度分布的影响更大。当料罐出口在中和料罐出口倾角为70°时，料面径向炉料粒度分布更有利于发展中心气流，控制边缘气流。当换向溜槽倾角调整为55°时，料面径向粒度分布也有利于中心气流发展。

（3）在并罐式无钟高炉布料过程中，由于炉料在喉管内一侧偏行，导致炉料在处于不同方位溜槽上的有效运动长度和运动轨迹不同，进而炉料在溜槽出口处偏转程度不同。当节流阀开度一定时，炉料在不同直径的喉管内运动时其填充率不同，随着喉管直径的减小，炉料在处于不同方位溜槽上的有效运动长度和运动轨迹波动会随之减小，炉料在溜槽出口处偏转程度波动也随之减小。当炉料在溜槽出口处偏转程度波动减小，料面周向上炉料落点偏析和流量偏析也会相应减小。但在生产实际中，应注意喉管直径不能太小，防止在布料过程中喉管堵塞，影响高炉生产。

（4）使用方溜槽时炉料落点半径要比使用圆溜槽时的落点半径小，而且使用方溜槽时炉料在料面上的落点轨迹要比使用圆溜槽时炉料在料面上的落点轨迹更圆。

（5）使用方溜槽时炉料在料面径向质量分布比使用圆溜槽时炉料在料面径向质量分布更对称。

（6）使用方溜槽时炉料在料面周向质量分布比使用圆溜槽时炉料在料面周向质量分布更均匀。

（7）随着插入件安装高度增加，炉料堆尖偏离料罐中心，料罐边缘颗粒体积增加，中心区域颗粒体积减小；但安装位置不宜过高，否则插入件底部对颗粒流影响较小，若形成"漏斗流"，料罐边缘的小颗粒将布在炉喉中心，导致炉喉径向的平均粒径分布极差减小。

（8）安装插入件后，大颗粒主要分布在下料罐中心区域，小颗粒分布在料罐边缘；下料罐排料过程中，由于插入件底部浸入颗粒中，对中心大颗粒有一定的阻碍作用。

（9）虽然安装插入件能避免炉料直接碰撞下节流阀，延长其使用寿命，但也改变了炉料在料罐和炉喉内的分布规律。在所考察的范围内，当插入件安装在料罐下部锥形区域高度的1/2，炉喉中心区域的平均粒径相对较大。

（10）插入件对料罐中的分布影响很大，所设计的类型 B 插入件为双圆锥形状，且安装高度较低，料罐中后期插入件埋入炉料中，易在料罐中心形成堆尖，大颗粒将滚落在料罐边缘附近，料罐排料时大颗粒将最后排出，布在炉喉中心附近。

8 装布料过程炉料运动及偏析研究

8.1 并罐式高炉装料过程炉料运动及偏析分布研究

并罐式无钟炉顶是一种常用的无钟炉顶装料设备，与串罐式无钟炉顶相比，其最大的区别是两个料罐呈水平排列布置并关于高炉中心轴线对称，因此其装料过程与串罐式无钟炉顶也有着较大的差别。并罐式无钟炉顶系统装料时，两个并列料罐交替受料，主要通过炉顶受料斗下部的换向溜槽实现，料罐出口均不在高炉中心线上，通过中间漏斗对中装置将炉料汇聚至中心喉管内，并经旋转溜槽将炉料布至炉喉内。为了进一步深入探究并罐式无钟炉顶高炉装料过程中炉料颗粒间偏析分布状况，基于离散单元法对实际并罐式高炉装料过程进行了仿真分析，为改善高炉操作提供了理论指导和依据。

8.1.1 几何模型及计算条件

以实际 $5500m^3$ 并罐式高炉无钟炉顶为研究对象，建立了 $1:1$ 仿真几何模型，如图 8-1 所示。模型主要包括炉料料仓、辅助皮带、缓冲漏斗、主皮带、受料斗、换向溜槽、左右料罐、中间漏斗、中心喉管、布料溜槽以及炉喉部分，其中主皮带位于两料罐对称面上，因此同种炉料从主皮带分别向两个料罐装料时基本对称，故只研究了左料罐装入焦炭和右料罐装入矿石的情况。

该 $5500m^3$ 并罐式无钟高炉料罐以下的布料设备主要参数已于表 8-1 给出，左右两料罐结构相同，关于高炉中心线对称，内容积均为 $104m^3$。且为了减少仿真计算量，与上文中串罐式无钟炉顶一样仅取距头轮 30m 长度的主皮带部分。由于串、并罐式无钟炉顶系统的主要差异在于料罐等环节处，其皮带上料系统基本相同，炉料颗粒运动分布规律也基本一致，因此下文只研究料罐装料及后续环节中炉料颗粒偏析分布状况。

表 8-1 并罐式无钟炉顶主皮带及料罐等参数

参数	数值	参数	数值
主皮带倾角/(°)	9.4	主皮带宽度/m	2.2
主皮带速度/m·s⁻¹	2	料罐容积/m³	104
换向溜槽长度/m	2.1	换向溜槽宽度/m	0.93

本章分别针对焦炭和矿石装入高炉过程进行了仿真分析，其中焦炭装入左料

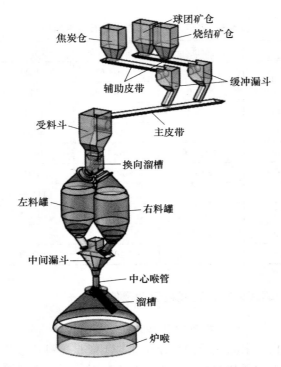

图 8-1 并罐式无钟炉顶设备几何模型

罐，矿石装入右料罐。仿真中炉料颗粒组成及质量均按实际高炉参数设置，焦炭批重为 30t，颗粒粒径被划分为 5 个不同粒级；矿石批重为 172t，其中包括了烧结矿、球团矿和块矿等不同种类原料，三者占比依次为 66.3%、29.15% 和 4.55%，球团矿和块矿被当作单一粒径颗粒，烧结矿颗粒则由 6 种不同粒级组成。在仿真中，为达到可行的计算负荷，同样在保持炉料总批重不变的情况下对炉料颗粒进行了放大处理，焦炭颗粒粒径均同等放大为原来的 1.5 倍，矿石颗粒粒径同等放大为原来的 4 倍。具体的实际入炉和仿真中炉料颗粒组成及质量详见表 8-2 和表 8-3。

表 8-2 实际入炉及仿真中焦炭粒度组成

实际粒度/mm	仿真粒度/mm	质量分数/%	质量/kg	颗粒数量
<25	<37.5	4.86	1458	86662
25~40	37.5~60	12.66	3798	56381
40~60	60~90	48.13	14439	59357
60~80	90~120	25.60	7680	11803
>80	>120	8.75	2625	2759
合计		100	30000	216962

表 8-3   实际入炉及仿真中矿石粒度组成

实际粒度/mm		仿真粒度/mm	质量分数/%	质量/kg	颗粒数量
烧结	<5	<20	2.20×0.663	2509	180285
	5~10	20~40	15.54×0.663	17721	340029
	10~16	40~64	20.98×0.663	23925	93067
	16~25	64~100	35.22×0.663	40163	39966
	25~40	100~160	17.26×0.663	19683	4911
	>40	>160	8.80×0.663	10035	1416
合计（烧结）			66.3	114036	659674
球团	12.20	48.8	29.15	50138	231831
块矿	18.20	72.8	4.55	7826	11472
合计			100	172000	902977

8.1.2   受料斗至料罐间装料过程颗粒运动及偏析分布

8.1.2.1   受料斗及换向溜槽内颗粒运动分布

并罐式无钟炉顶与串罐式无钟炉顶相比，主要是受料斗以下设备形式差异较大，由主皮带运送至炉顶的炉料同样需先进入受料斗再装入料罐中，由于并罐式无钟炉顶的两个料罐位于高炉中心线或受料斗两侧，需借助换向溜槽装置实现分别向两个料罐内装料，换向溜槽仅具有倾动功能，向两料罐装料时换向溜槽倾动工作角度相同。

图 8-2 为向右料罐装入矿石炉料过程中不同视角下的受料斗内炉料颗粒运动，定义主皮带长度所在方向为圆周 0° 方向，并在炉顶俯视图中沿顺时针方向圆周方位角度从 0° 变化至 360°。从主视图来看，炉料脱离主皮带后沿高炉中心线竖直下落，并全部落入换向溜槽内，由换向溜槽将炉料引入料罐内。从图 8-2（b）侧视图看来，炉料离开主皮带后在受料斗内呈抛物线下落，主要是由于炉料颗粒具有较大的水平方向分速度，且下落料流中存在明显的大小颗粒分离现象，小颗粒靠近内侧的主皮带头轮方向，大颗粒靠近外侧，这是由于炉料颗粒在皮带上偏析分层导致皮带底部小颗粒较多，因此小颗粒下落轨迹靠近内侧。当炉料颗粒落入换向溜槽时，其落点位置并不在换向溜槽中心轴线上，而是位于偏向 180° 方向的侧壁上，由于换向截面形状为 U 形，当炉料沿换向溜槽轴线下落时，料流在溜槽截面圆周上也会发生一定偏转。

为进一步观察炉料颗粒在换向溜槽内偏转状况，当换向溜槽分别向左料罐装入焦炭和向右料罐装入矿石时，截取溜槽末端断面获得颗粒分布，如图 8-3 所示。可见，无论装入焦炭还是矿石，炉料颗粒在换向溜槽末端截面上均发生了一

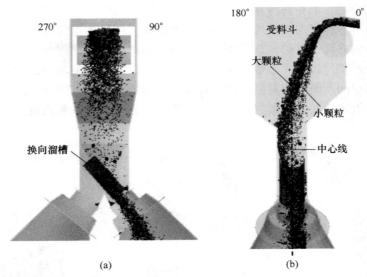

图 8-2　受料斗内矿石颗粒的运动

（a）主视图；（b）侧视图

定偏转，且两者均偏向 0°方向一侧，即靠近主皮带头轮方向，因此炉料颗粒在左右料罐内的落点位置并不完全在 90°-270°纵向截面上。

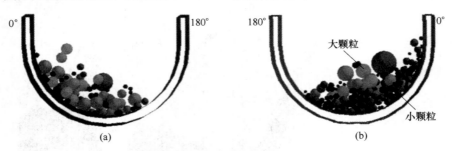

图 8-3　换向溜槽末端横截面上的炉料颗粒分布

（a）焦炭颗粒；（b）矿石颗粒

8.1.2.2　料罐装料过程颗粒分布

在实际高炉操作中，接收到装料指令后，料仓按设定程序放料，料罐上密封阀打开，由皮带将炉料运送至料罐内，并按装料批次交替向左料罐和右料罐装料，图 8-4 为左料罐装入焦炭和右料罐装入矿石过程中不同时刻时料罐内颗粒分布。装料时间均从料仓开始排料时计时，一批焦炭排料总时长约为 100s，矿石排料总时长约为 150s，由于炉料在皮带上传输需要时间，约在料仓排料 20s（仿真时间）后炉料进入料罐，$t=120s$ 时焦炭装料完毕，$t=170s$ 时矿石装料完毕。在料罐装料初始时，炉料在料罐内落点位置远离高炉中心线，直接冲击料罐侧壁，随着装料进行，料罐内炉料增多、料面高度增加，炉料落点位置逐渐向靠近高炉中心线的内侧移动，且炉料落点始终位于 90°-270°纵向截面附近。同时，由于炉料在落点处堆积过程中大小颗粒滚动性差异，堆尖处小颗粒较多，而料罐装料过程中堆尖位置的不断变化对料罐内颗粒偏析分布产生了较大影响。由于矿石批重远大于焦炭批重，两料罐装完料后，右料罐内矿石炉料总体积明显大于左料罐内焦炭体积。

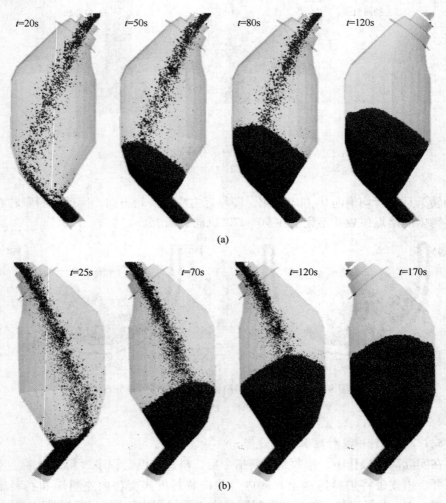

图 8-4　不同时刻装入焦炭和矿石过程

（a）焦炭装料过程；（b）矿石装料过程

图 8-5 进一步给出了左料罐和右料罐在不同时间段装入的炉料颗粒分布，其

中将焦炭和矿石总装料时间均同等分为5份，每个时间段装入的颗粒用不同颜色表示。由于料罐下部为锥段，体积较小，因此下部料层所占面积较大，且各料层间界面均呈倾斜状。由于装料过程炉料冲击，除最上层炉料有明显堆尖外，其余料层上表面的炉料落点处无明显堆尖，且矿石各层上表面存在由于炉料冲击所形成的凹陷。

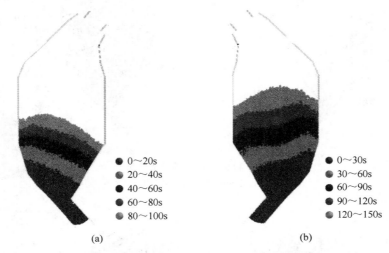

图8-5 料罐内不同时间段装入的炉料颗粒分布
（a）焦炭颗粒；（b）矿石颗粒

由于料罐装料时料流中大小颗粒偏析以及落至料面后发生的渗透、滚动筛分作用，料罐内炉料颗粒分布并不均匀，左料罐和右料罐装完料后在90°-270°纵向截面上的颗粒大小分布如图8-6所示。图中不同颗粒颜色表示其粒径大小，从图中可看出，左料罐和右料罐墙壁附近大颗粒所占比例较高，而在料罐中间区域小颗粒比例较大，这与料罐装料时料流落点位置息息相关，大颗粒炉料更容易滚动至料罐边缘处。

对于料罐内矿石炉料颗粒分布，除了整体颗粒大小分布不均匀外，不同种类炉料颗粒分布也不一致，将右料罐内烧结矿、球团矿和块矿颗粒分别用三种不同颜色表示，在不同纵向截面上三种颗粒分布状况如图8-7所示。由于烧结矿和球团矿几乎同步上料，因此两者在料罐内始终混合分布，从图中90°-270°截面和0°-180°截面上颗粒分布可见，右料罐内靠近90°和180°方向的球团矿颗粒比例相对较低。对于块矿颗粒，由于其比例较低，其排料时间也较短，一般在整个排料阶段中期进行放料，本高炉排放块矿时间为$t=60s$至$t=70s$，因此块矿颗粒最终分布于料罐中部位置。

为了定量化描述料罐内炉料颗粒偏析分布状况，根据料罐结构特点，分别取

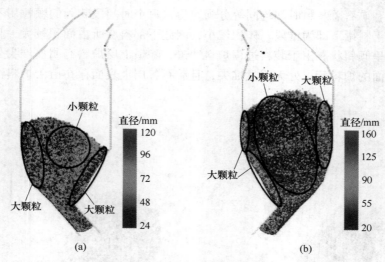

图 8-6　料罐内炉料颗粒大小分布

（a）焦炭颗粒；（b）矿石颗粒

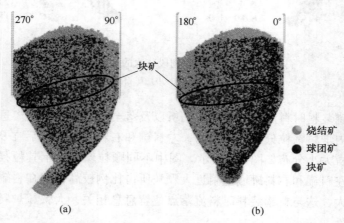

图 8-7　右料罐内不同种类炉料颗粒分布

（a）90°-270°截面；（b）0°-180°截面

三个不同高度位置切片区域 H1、H2、H3，并将该区域再分别沿径向和周向划分为若干子区域，如图 8-8 所示，以此研究炉料颗粒在料罐内径向、周向及高度方向上的分布规律。由于左料罐和右料罐装完料后炉料体积不同，两者高度方向取样区域位置不同，在料罐径向上，根据料罐特点等距离划分为 4~6 个子区域，周向上则等分为 8 个子区域，并依次进行编号。

　　图 8-9 为统计的左料罐内焦炭颗粒平均粒径及不同粒级颗粒质量分数径向变化。从图中可见，在 H1 高度平面上，从料罐中心至边缘焦炭颗粒平均粒径逐渐

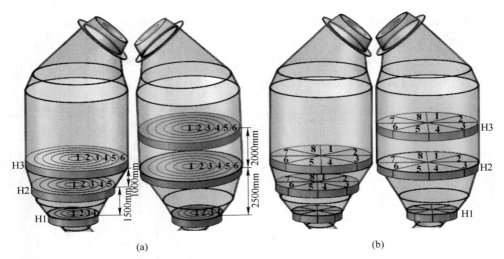

图 8-8　料罐内取样分析区域设置示意图

（a）径向划分；（b）周向划分

减小，主要是由于该高度位置处焦炭落点位于径向区域 4 内，使得该处小颗粒较多，大颗粒则倾向滚动至中心区域。在 H2 和 H3 高度平面上，焦炭平均粒径从料罐中心至边缘均逐渐增大，仅在最外侧边缘区域有所降低，这是由料罐侧壁处小颗粒炉料增多导致。从图 8-9（b）中 H2 高度平面上不同径向区域内各粒级颗粒所占质量分数亦可看出，从径向区域 1 至 4，大颗粒焦炭质量分数不断增加，小颗粒比例减少，而在区域 5，虽然大颗粒比例较高，但小颗粒质量分数增加，使得该区域内平均颗粒粒径有所降低。

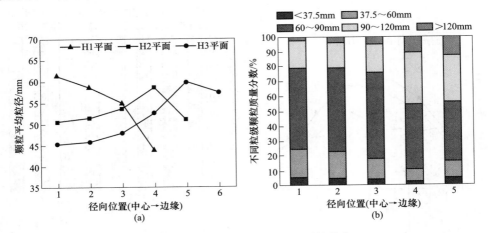

图 8-9　左料罐内径向上的焦炭颗粒分布

（a）颗粒平均粒径；（b）颗粒质量分数（H2 平面）

在右料罐中, H1、H2、H3 高度平面上矿石平均粒径径向变化规律与焦炭相似, 此外, 在料罐径向上, 烧结矿、球团矿和块矿三种颗粒所占质量分数也不一致, 边缘处烧结矿颗粒比例最大, 球团矿比例相对最小, 在径向区域 3 处块矿比例最小, 在次边缘区域 5 处块矿比例最大, 如图 8-10 所示。

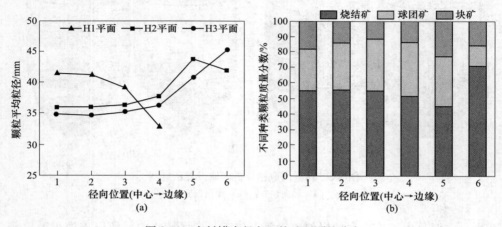

图 8-10 右料罐内径向上的矿石颗粒分布
(a) 颗粒平均粒径; (b) 颗粒质量分数 (H2 平面)

除了料罐内径向上颗粒分布变化, 在料罐周向上炉料颗粒分布也不均匀, 左料罐内焦炭颗粒平均粒径及不同粒级颗粒质量分数变化如图 8-11 所示。从周向区域 1 至 8, 不同高度平面处的颗粒平均粒径均呈现先增大后减小变化趋势, 在周向区域 4 或 5 内的焦炭颗粒平均粒径最大。从 H2 高度平面处的各粒级颗粒所

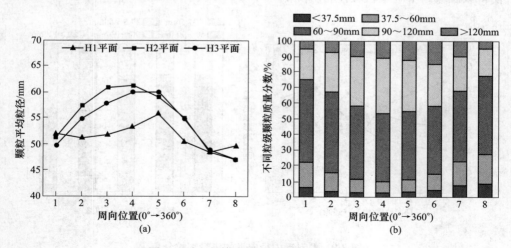

图 8-11 左料罐内周向上的焦炭颗粒分布
(a) 颗粒平均粒径; (b) 颗粒质量分数 (H2 平面)

占质量分数变化可知，在周向区域4内大颗粒焦炭质量分数最大，>120mm粒级颗粒质量分数达10.8%，90~120mm粒级颗粒占比达36.2%，而小颗粒质量分数则达到最小值。周向区域颗粒分布受炉料在料罐内落点位置影响较大，对于左料罐，炉料落点位置约在周向区域7或8，导致该位置处颗粒平均粒径较小，而大颗粒则较多滚动至周向区域4或5。

右料罐内矿石颗粒周向分布如图8-12所示，矿石颗粒平均粒径周向变化趋势与焦炭颗粒相似，而周向上烧结矿、球团矿和块矿三种颗粒分布极为不均匀，块矿颗粒主要分布在周向区域4~8内，在周向区域3内烧结矿比例相对最高，在周向区域1、7、8内球团矿含量相对最高。

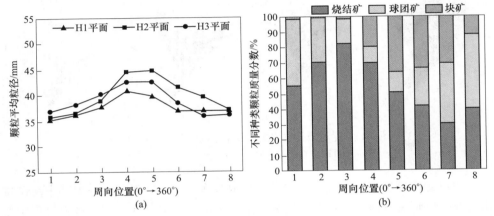

图 8-12　右料罐内周向上的矿石颗粒分布

(a) 颗粒平均粒径；(b) 颗粒质量分数（H2 平面）

8.1.2.3　料罐排料过程颗粒分布

除料罐内炉料颗粒分布影响因素外，另一影响高炉装料过程中炉料颗粒偏析分布变化因素即为料罐排料模式，它决定了料罐排料过程中炉料颗粒先后流出顺序。与串罐式无钟炉顶相比，并罐式无钟炉顶料罐排料过程有着很大不同，除了料罐结构形式差异较大外，并罐底部排料口偏离高炉中心线，不能实现中心卸料，且出口处采用弧形闸板阀控制排料流量大小。

图 8-13 为左料罐排放焦炭过程中不同时刻的料罐内颗粒分布，图中5层不同颜色颗粒层与前文描述的表示先后装入料罐内炉料颗粒的含义相同。从图中可看出，节流阀开启后，料罐内出口附近颗粒沿侧壁向下滑落，并将该处颗粒运动向上传播至整个料层。通过对比特定颜色料层在不同时刻的分布情况，可看出料罐中心附近颗粒下降速度较大，靠近高炉中心线一侧的料罐内壁附近颗粒下降速度次之，料罐外侧墙壁附近颗粒下降速度最慢，需经历较长时间才能排出料罐，形成了典型了"漏斗"状流动。通过观察料罐内整体料柱变化，可发现料柱上

表面形状由排料初期的"中心高、边缘低"逐渐过渡至排料后期的"中心低、边缘高",在排料后期,料罐边缘处颗粒不断向中心区域滚落,以补充中心区域由于排料较快引起的颗粒消耗。

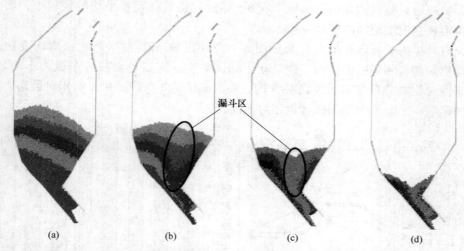

图 8-13　左料罐排放焦炭过程中不同时刻时的颗粒分布

(a) $t=120s$；(b) $t=170s$；(c) $t=230s$；(d) $t=280s$

右料罐排料过程颗粒流动与左料罐基本对称分布,为观察矿石炉料中块矿排出情况,仅将右罐内块矿颗粒标记为不同颜色进行示踪显示,其在排料过程中变化情况如图 8-14 所示。由于块矿装料持续时间较短,块矿在料罐内集中分布于

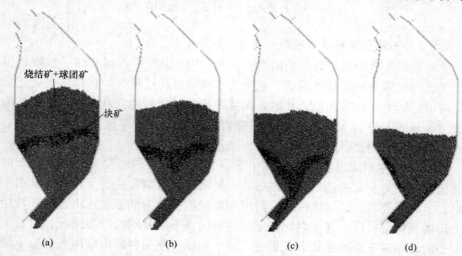

图 8-14　右料罐排放矿石过程中不同时刻的块矿颗粒分布

(a) $t=180s$；(b) $t=210s$；(c) $t=230s$；(d) $t=270s$

中上部,当右料罐开始排料时,由于中心区域附近颗粒下降速度较快,块矿层中心处的块矿颗粒也跟随炉料向下运动,料罐边缘处块矿颗粒几乎不动,使得块矿层逐渐变为"V"形。在高炉总装料时间 $t=230\mathrm{s}$ 时,块矿颗粒已开始流出料罐,由于料罐边缘附近颗粒排料速度较慢,块矿排出过程一直持续至排料末期。

通过统计焦炭和矿石排料过程中颗粒流出料罐时间先后得到了料罐内炉料颗粒停留时间分布,如图 8-15 所示,直观反映出了料罐内颗粒排出顺序。图中 5 种不同颗粒颜色分别表示颗粒在料罐内不同停留时间段,料罐底部颗粒最先排出,停留时间最短。不同颜色料层在料罐内分布呈"中心高、边缘低",通过比较同一高度上的颗粒停留时间分布可知,料罐中心与边缘区域颗粒排出时间差异较大,边缘附近颗粒停留时间远大于中心区域颗粒停留时间,为典型的"漏斗流"排料模式。

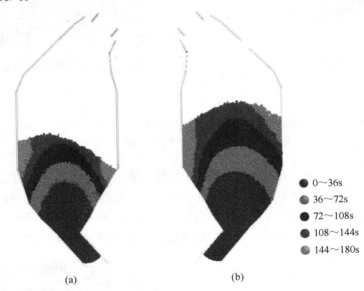

图 8-15 料罐排料过程中炉料颗粒停留时间分布
(a) 焦炭颗粒;(b) 矿石颗粒

为了分析布入高炉内的炉料颗粒偏析分布规律,当左、右料罐排放焦炭和矿石时,在两料罐出口处分别设置取样区域,并每间隔 1s 取样,可分析得到焦炭和矿石颗粒平均粒径及颗粒间偏析分布随排料时间变化规律,图 8-16 为左料罐排放焦炭过程中出口处的颗粒平均粒径及不同粒级颗粒质量分数变化。从图中可见,排料过程中焦炭颗粒平均粒径呈"先缓慢减小、再迅速增大、最后急剧减小"的变化趋势,在高炉总装料时间 $t=120\sim210\mathrm{s}$ 之间,料罐排出的颗粒主要为料罐中心区域附近较小颗粒,而随着料罐边缘附近颗粒排出,从 $t=210\sim270\mathrm{s}$,

出口处颗粒平均粒径迅速增大，最大值可达70mm，在排料末期，随着渗透至料罐侧壁处的小颗粒焦炭的排出，颗粒平均粒径又迅速减小。从图8-16（b）可进一步看出在左料罐排料各时刻对应的5种不同粒级焦炭颗粒所占质量分数变化情况，其与出口处颗粒平均粒径变化相对应，当大颗粒质量分数较高、小颗粒质量分数较低时，出口处颗粒平均粒径较大，反之，颗粒平均粒径较小。

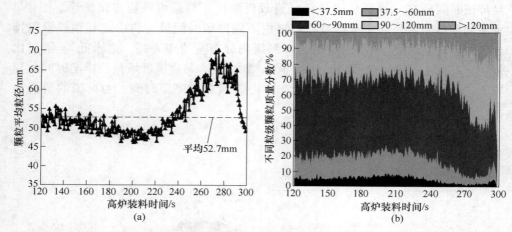

图 8-16　左料罐出口处焦炭颗粒平均粒径及不同粒级颗粒质量分数变化

（a）颗粒平均粒径；（b）不同粒级颗粒质量分数

图8-17为右料罐排放矿石过程中料罐出口处的矿石颗粒平均粒径以及烧结矿、球团矿和块矿三种不同颗粒的质量分数变化，在装料总时间 $t = 180 \sim 310s$ 阶段，矿石颗粒平均粒径虽有波动，但变化幅度不大，且略低于整批矿石颗粒平均粒径值，这主要是由于炉料中球团矿比例较高，且其粒径变化范围很小，使得此

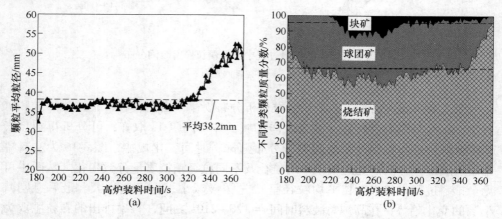

图 8-17　右料罐出口处矿石颗粒平均粒径及不同种类颗粒质量分数变化

（a）颗粒平均粒径；（b）不同种类颗粒质量分数

阶段内矿石颗粒平均粒径变化较小；在排料后期，随着料罐边缘附近大颗粒排出，矿石颗粒平均粒径同样迅速增大。此外，在排料过程中矿石中烧结矿、球团矿和块矿颗粒比例也在不断变化，排料初期和末期烧结矿比例相对较高，块矿颗粒则在 $t = 220 \sim 360s$ 阶段始终存在，但从 $t = 230 \sim 290s$ 期间，块矿颗粒质量分数高于其整体平均值。

图 8-18 进一步给出了焦炭和矿石排料过程中组成炉料的各粒级颗粒相对质量分数（即排料口处颗粒瞬时质量分数与其在整批炉料中质量分数之比）变化，以反映排料过程中不同颗粒偏析程度大小。在焦炭排料过程中，<37.5mm 和 37.5~60mm 的小颗粒以及>120mm 的大颗粒的相对质量分数变化较为剧烈，中等粒级颗粒相对质量分数变化较小，仅在排料末期有明显变化。在矿石排料过程中，<20mm 的小颗粒及 100~160mm 和>160mm 的大颗粒相对质量分数变化幅度较大，球团矿颗粒变化较小，块矿颗粒变化则较为剧烈。上述变化说明了在排料过程中，小粒级颗粒和大粒级颗粒所占比例变化显著，偏析程度较为严重，应抑制炉料中小颗粒和大颗粒含量。

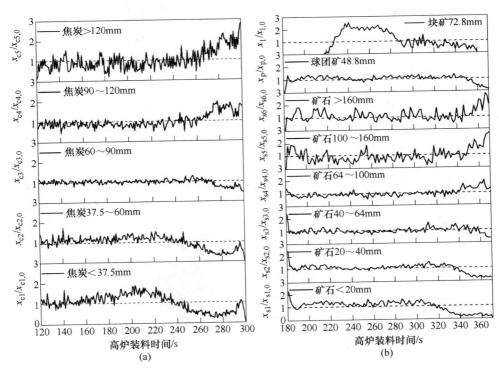

图 8-18 料罐出口处不同粒级炉料颗粒相对质量分数变化

（a）焦炭颗粒；（b）矿石颗粒

8.1.3 料罐以下布料过程中颗粒运动及偏析分布

8.1.3.1 中心喉管内炉料颗粒运动分布

当料罐排料时，炉料流出料罐后进入中间漏斗，其底部与中心喉管连接，经中间漏斗汇聚作用炉料流入位于高炉中心线上的中心喉管内，但由于炉料进入中心喉管时具有水平方向速度，使得料流冲向对侧并沿喉管侧壁下行。左料罐排料时，料流在中心喉管内沿右侧壁面下落，右料罐排料时，炉料沿中心喉管左侧壁面下落，如图 8-19 所示。由于料流在中心喉管内偏行，使得料流中心偏离高炉中心线，这正是导致并罐式无钟炉顶布料偏析的根本原因。

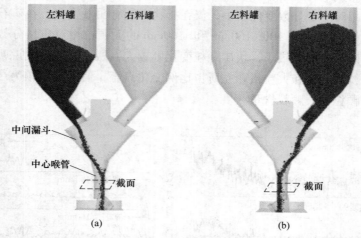

图 8-19 料罐排料时炉料颗粒在中间漏斗及中心喉管内的运动
（a）左料罐排料；（b）右料罐排料

图 8-20 给出了左料罐排放焦炭和右料罐排放矿石时在中心喉管某横截面上的炉料颗粒分布，可见左料罐排放的焦炭颗粒在中心喉管内偏向圆周方位 90°一

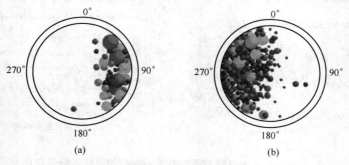

图 8-20 中心喉管横截面上的炉料颗粒分布
（a）左料罐排放焦炭；（b）右料罐排放矿石

侧，右料罐排放的矿石颗粒偏向 270°一侧。且中心喉管内焦炭填充率小于矿石颗粒，焦炭颗粒所占面积占中心喉管截面面积仅约 1/4，而矿石颗粒约占中心喉管截面面积的一半。

8.1.3.2 溜槽内炉料颗粒运动分布

在串罐式无钟布料过程中，当溜槽位于某固定档位布料时，从中心喉管内落下的炉料在溜槽内落点位置固定不变，炉料在溜槽及后续空区内运动状态不会随着溜槽圆周转动而发生变化；而对于并罐式炉顶，由于中心喉管内料流偏离高炉中心线，当溜槽以恒定倾角圆周旋转时，料流在溜槽内的落点位置发生周期性的变化，落点位置的变化不仅影响炉料颗粒在溜槽内的初始速度，还影响着炉料在溜槽内运动距离长短，从而使得溜槽内炉料运动状态在圆周方向上不断变化。图8-21 为左料罐排料时溜槽分别旋转至圆周 90°和 270°时料流在溜槽内落点位置，可见前者对应的落点位置至溜槽末端距离明显小于后者，实际上，在圆周 90°方位时炉料在溜槽内落点距离溜槽末端最近，在圆周 270°方位时落点距溜槽末端最远。

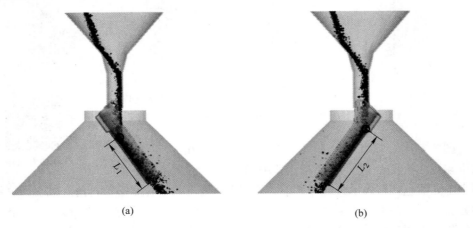

(a)   (b)

图 8-21　左料罐排料过程溜槽处于不同圆周方位时炉料颗粒在溜槽内落点
(a) $\beta=90°$；(b) $\beta=270°$

为描述在不同圆周方位时溜槽内炉料运动状态变化，图 8-22 给出了溜槽分别旋转至圆周方位 0°、90°、180°和 270°时的溜槽内焦炭颗粒分布，图中椭圆形框表示料流在溜槽内落点位置，红色曲线及箭头表示料流运动轨迹。从图中可看出，在圆周不同方位时，溜槽内料流运动状态差异较大，当溜槽位于圆周方位 0°和 180°时，炉料落点分别位于溜槽左侧壁和右侧壁上，且距离溜槽末端长度相同，但两者在落点处沿溜槽截面圆周速度方向相反，在溜槽顺时针旋转状态下，炉料落至溜槽左侧壁后很快偏转至右侧壁面，料流在溜槽截面上偏转程度较大，而炉料落至溜槽右侧壁后，由于具有向左侧壁偏转速度，会先向左侧壁偏转至一定程度，然后受溜槽旋转作用再逐渐向右侧壁方向偏转，在溜槽末端其料流偏转程度小于溜槽位于圆周 0°方位时情况。当溜槽位于圆周方位 90°和 270°时，炉料落点位置分别处于距溜槽末端最近值和最远值，且落点均位于溜槽截面最底部位置，并在下落过程中以此逐渐向右侧壁偏转，其中在圆周 270°方位时溜槽末端料流偏转程度略高于溜槽位于 90°时的情况，且溜槽内料流颗粒更为稀疏。

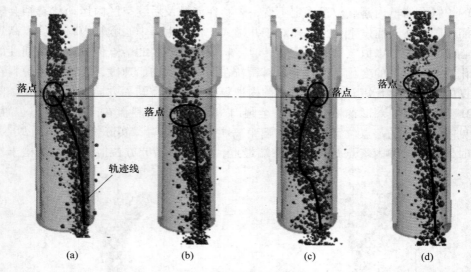

图 8-22   不同圆周方位时溜槽内焦炭颗粒运动轨迹
(a) $\beta=0°$；(b) $\beta=90°$；(c) $\beta=180°$；(d) $\beta=270°$

扫码看彩图

图 8-23 给出了溜槽分别采用 37°、33°、27°和 21°倾角布料时溜槽末端截面上的焦炭颗粒分布，其中溜槽所在圆周方位均为 270°，图中不同颜色颗粒表示其粒径大小。从图中可看出，随着溜槽布料角度减小，炉料颗粒在半圆形截面溜槽横截面上的偏转程度逐渐减小，当溜槽倾角为 21°时，溜槽末端料流无明显偏转，这主要是由于溜槽倾角减小时，炉料在溜槽内落点位置更加靠近溜槽末端，使得炉料在溜槽内运动距离减少，其偏转程度也相应降低。

图 8-23   不同溜槽倾角布料时溜槽末端横截面上的焦炭颗粒分布 ($\beta=270°$)
(a) $\alpha=37°$；(b) $\alpha=33°$；(c) $\alpha=27°$；(d) $\alpha=21°$

8.1.3.3 空区内炉料颗粒运动分布

炉料在空区内下落轨迹受溜槽布料影响较大，决定着空区内料流初始位置及速度，在当前大中型高炉布料过程中，往往采用多环布料制度，在不同溜槽档位布料时料流轨迹不同，图 8-24 给出了布入焦炭颗粒过程中溜槽倾角分别为最大布料角度 37°和最小布料角度 11°时的料流轨迹分布。

(a)　　　　　　　　　　　　　　　　　(b)

图 8-24　不同溜槽倾角布料时空区内焦炭料流轨迹
(a) $\alpha = 37°$；(b) $\alpha = 11°$

在高炉布料过程中，通常根据布料矩阵从最外环较大布料角度过渡至最内环较小布料角度，本高炉采用 37°溜槽倾角布焦时，空区料流靠近炉墙，在料面上圆周落点位于炉墙边缘。当达到布料末期时，溜槽倾动至 11°倾角，此时从中心喉管内下落的炉料颗粒直接落入高炉中心，空区内料流呈竖直状态，不再受溜槽控制，实现了中心加焦布料方式，以此控制炉喉内炉料径向分布。

8.1.4 炉喉内炉料颗粒分布

炉料落至炉喉料面上后会堆积形成新的料面形状，其形状受初始料面形状影响较大，因此本文分别对初始料面为"平面"和"平台-漏斗"状两种料面的装料过程进行了仿真分析。

8.1.4.1 "平面"状初始料面

当炉喉内初始料面为平面时，炉料颗粒落下后以纵向堆积为主，在炉喉径向上滚动较少，能够较好反映各档位布下的炉料颗粒分布状况。图 8-25 (a) 为炉喉装入一批焦炭后在不同纵向截面上的焦炭颗粒分布，图中不同颜色颗粒表示其粒径大小。由于采用中心加焦装料制度，可看出在炉喉中心处形成了较高的堆尖。在径向上，料面高度并不一致，中间环位处料面较高，而在边缘及中心与中间环位之间区域内的料面相对较低。此外，对比四个不同径向上焦炭颗粒分布，

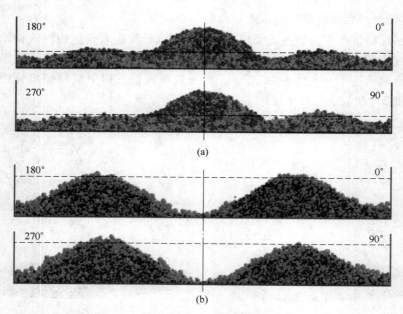

图 8-25　炉喉内不同纵向截面上的炉料颗粒分布
(a) 焦炭颗粒；(b) 矿石颗粒

可发现颗粒大小分布和料面轮廓分布均存在一定差异，这主要由并罐偏析布料导致。图 8-25 (b) 为装入一批矿石后不同纵向截面上的颗粒分布，其中不同颜色颗粒代表不同种类炉料。由于布矿过程中最大溜槽倾角为 35°，最小倾角为 27°，炉料在炉喉径向上的落点区域主要集中在中间环位区域，使得炉喉径向上的中间区域炉料较多，中心及边缘区域炉料较少。而且由于并罐布料偏析影响，在不同圆周方位上径向料面轮廓会有少许差异。

为了进一步定量分析炉喉内焦炭和矿石颗粒分布状况，同样将炉喉含炉料区域分别沿炉喉径向、周向和纵向三个方向划分为若干子区域进行取样分析，划分方法与图 7-46 中串罐式高炉炉喉区域划分方法相同。其中，在径向上，按本高炉实际直径将炉喉横截面等距离划分为 10 个同心圆环，在周向上，将炉喉圆周区域等分为 8 份，在纵向上，则从模型底面向上划分为 5 个区域，各区域编号方法同图 7-46。

图 8-26 为装完料后炉喉径向各区域内的焦炭和矿石颗粒平均粒径分布，由图可知，从中心区域 1 至边缘区域 10，焦炭和矿石颗粒平均粒径均呈"先增大、再减小、再增大"趋势，其中焦炭颗粒平均粒径变化幅度较大。对于焦炭布料过程，炉喉中心处中心焦堆尖较高，大颗粒易于滚动至堆角处，即径向区域 3 附近，使得该处颗粒平均粒径最大，而从径向区域 3 至 10，颗粒平均粒径变化与料罐排料时平均粒径变化基本一致。同时，矿石颗粒平均粒径径向变化也主要受到

料罐排料时颗粒变化的影响，其整体变化幅度较小。

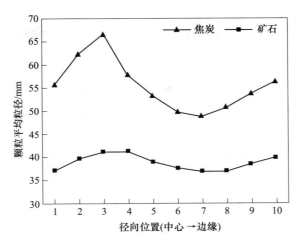

图 8-26 炉喉内径向上的炉料颗粒平均粒径分布

图 8-27 进一步给出了炉喉径向不同区域内的不同粒级焦炭颗粒质量分数分布和不同种类矿石颗粒质量分数分布。图 8-27（a）中不同粒级焦炭颗粒所占质量分数变化与各径向区域内颗粒平均粒径变化区域一致，平均粒径较大的区域内大颗粒质量分数较高、小颗粒比例较低，在径向区域 3 内，>120mm 粒级颗粒质量分数可达 16%，90~120mm 粒级颗粒比例达 40%；在径向区域 6 和 7 内，大颗粒比例相对最低，小颗粒比例最高。对于炉喉内矿石颗粒分布，共同组成炉料的

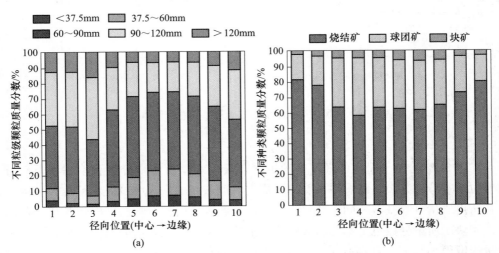

图 8-27 炉喉内径向上的不同颗粒质量分数分布

（a）焦炭颗粒；（b）矿石颗粒

烧结矿、球团矿和块矿三种颗粒比例在炉喉径向上分布也是不均匀的，烧结矿颗粒在高炉中心和边缘区域比例较高，在中间区域比例较低；球团矿颗粒则相反，在中间区域比例较高，在中心及边缘区域比例较低；块矿颗粒虽然分布于整个径向区域内，但仅在径向区域 6、7 和 8 内所占质量分数高于其在矿石炉料中的平均比例，而在高炉中心及边缘区域含量很低。

在炉喉圆周方向上，焦炭和矿石颗粒平均粒径分布如图 8-28（a）所示，从图中可看出焦炭和矿石颗粒平均粒径周向变化幅度很小，不超过 1mm，其中在周向区域 3 处，焦炭颗粒平均粒径最小，矿石颗粒平均粒径最大。由于并罐式高炉布料过程中存在的炉料流量周向偏析，使得炉喉圆周方向上炉料体积及料层厚度分布不均匀，图 8-28（b）为统计得到的炉喉周向各区域内的炉料颗粒总体积分布。从图中可看出，各区域内矿石颗粒总体积高于焦炭颗粒总体积，前者约为后者的 1.6 倍。从周向区域 1 至 8，各区域内焦炭颗粒总体积和矿石颗粒总体积变化趋势相反，主要与左、右两料罐布料过程不同有关。在周向区域 7 处，焦炭颗粒总体积最小，为 3.34m³，而矿石颗粒总体积则在周向区域 6 处达到最大值，为 6.55m³。

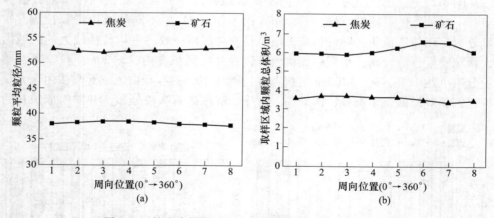

图 8-28　炉喉内周向上的炉料颗粒平均粒径及体积分布
（a）颗粒平均粒径；（b）颗粒总体积

图 8-29 给出了周向各区域内的不同粒级焦炭颗粒质量分数和不同种类矿石颗粒质量分数分布。从图中可看出，周向各区域内的焦炭小粒级颗粒至大粒级颗粒所占质量分数基本相同，变化很小，同样各区域内矿石炉料中的烧结矿、球团矿和块矿质量分数也基本无明显变化。上述结果表明，炉喉周向上的炉料颗粒偏析程度很小，可以忽略不计，主要应关注并罐布料引起的炉料周向体积分布不均现象。

在高炉纵向上，从炉喉底部至炉料上表面的各纵向区域内的炉料颗粒平均粒

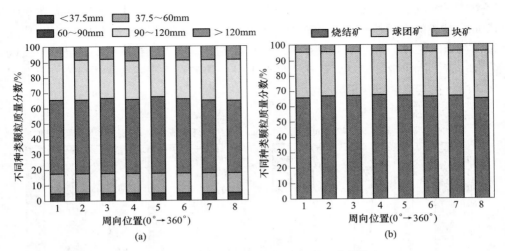

图 8-29 炉喉内周向上的不同颗粒质量分数分布

(a) 焦炭颗粒; (b) 矿石颗粒

径变化如图 8-30 所示，总体上从下至上焦炭颗粒和矿石颗粒平均粒径呈增大趋势，且变化幅度较大。在焦炭布料过程中，纵向区域 4 和 5 均位于由中心加焦所形成的中心焦柱区域，区域 3 位于焦柱堆脚附近，大颗粒炉料较多分布在较为平坦的焦柱顶部以及堆脚区域，故纵向区域 4 内焦炭颗粒平均粒径较小。矿石颗粒平均粒径从炉喉底部向上则一直增大，最小平均粒径为 35mm，最大平均粒径可达 55mm。

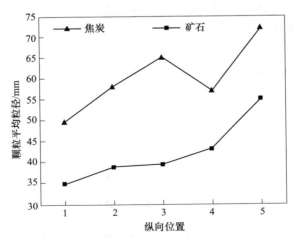

图 8-30 炉喉内纵向上的炉料颗粒平均粒径分布

在图 8-31 给出的炉喉纵向上各区域内的不同粒级焦炭颗粒质量分数和不同

种类矿石颗粒质量分数分布中，在炉喉上部的区域3、4、5中，>120mm 和 90～120mm 粒级的大颗粒质量分数较高，小颗粒比例较低。对于矿石炉料中颗粒分布，在纵向区域1～4内，烧结矿和球团矿比例差别不大，在区域5内烧结矿质量分数较高，达86%，而球团矿比例低至12%，块矿颗粒则主要集中分布于区域2和3内，在其他区域含量较少。

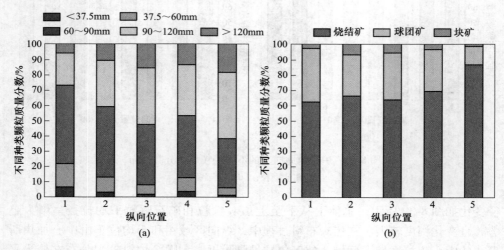

图 8-31 炉喉内纵向上的不同颗粒质量分数分布

（a）焦炭颗粒；（b）矿石颗粒

8.1.4.2 "平台-漏斗"状初始料面

除"平面"状初始料面外，本书进一步研究了炉喉初始料面为"平台-漏斗"状时对炉料颗粒分布的影响，料面参数如图 8-32 所示。其中，料面"平台"距零料线高度仍为 1.3m，"平台"宽度为 2m，"漏斗"斜面与水平面间夹角设定为 25°，料面呈轴对称分布。

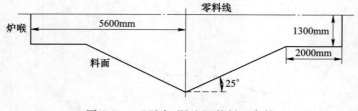

图 8-32 "平台-漏斗"状料面参数

在与上节相同模拟条件下，以相同布料矩阵装入焦炭颗粒，在纵向截面 0°-180°和 90°-270°截面上的颗粒分布如图 8-33 所示，其中不同颗粒颜色表示其粒径大小。从图中可看出，由于采用中心加焦，在炉喉中心区域形成了较大的堆尖，堆尖至炉墙之间的料面呈"平台-漏斗"状。由于料罐排料后期颗粒平均粒径较大，在中心堆尖区域存在着较多大颗粒焦炭。

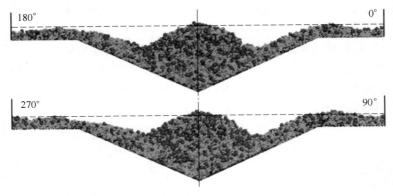

图 8-33　炉喉内不同纵向截面上的焦炭颗粒分布

　　为分析炉喉内焦炭颗粒偏析分布，采用与前节同样方法将炉喉含炉料区域分别沿径向和周向划分为若干子区域，并取样分析各区域内颗粒分布。图 8-34 为采用"平台-漏斗"状料面作为初始料面进行布料后在炉喉径向上的焦炭颗粒平均粒径及不同粒级颗粒质量分数分布，其中图 8-34（a）对比了初始料面分别为"平面"和"平台-漏斗"状时的颗粒平均粒径分布，两者对应的曲线变化趋势一致，均呈现"增大—减小—增大"趋势，在靠近炉墙的径向区域 8、9、10 内，两者颗粒平均粒径基本相同，但在区域 2、3、4 内两者差异较大，后者对应的颗粒平均粒径较小，在径向上整体变化幅度也较小，主要是由于炉喉中心漏斗形状

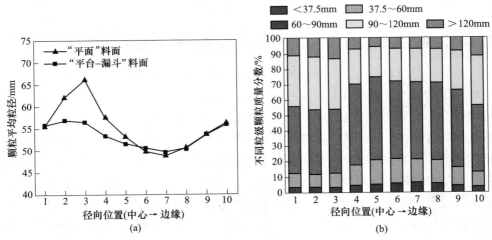

图 8-34　炉喉内径向上的焦炭颗粒分布

（a）颗粒平均粒径；（b）颗粒质量分数

使得中心焦炭颗粒滚动程度降低，大小颗粒分离程度也进一步减弱。从图 8-34（b）中"平台-漏斗"状初始料面对应的各粒级焦炭颗粒质量分数径向分布可见，在中心及炉墙边缘区域，大颗粒焦炭比例较高、小颗粒较少，而在中间环带区域，大颗粒比例较少，小颗粒比例升高。

图 8-35 为统计的周向上焦炭颗粒平均粒径及不同粒级颗粒质量分数分布，可见初始料面为"平面"和"平台-漏斗"状时对应的周向各区域内颗粒平均粒径几乎完全相同，且在周向各区域内不同粒级颗粒所占质量分数基本相同，表明初始料面形状对炉喉内炉料颗粒周向分布无明显影响。

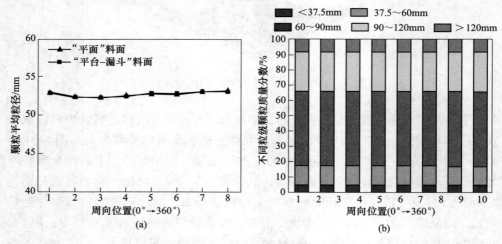

图 8-35　炉喉内周向上的焦炭颗粒分布
（a）颗粒平均粒径；（b）颗粒质量分数

8.2　串罐式高炉装料过程炉料颗粒运动及偏析分布研究

高炉入炉原料是由众多不同属性颗粒组成，除了需要研究高炉装料过程中料流整体运动行为及分布状况，还有必要对组成料流的微观颗粒的运动及分布行为进行研究，其对高炉冶炼操作同样有着重要影响。高炉装料过程本质上就是炉料颗粒在装料设备中运动传输以及堆积分布的过程，其中炉料颗粒既包含焦炭、烧结矿、球团矿等物理属性差异明显的不同种类颗粒，又涉及诸多不同粒径范围颗粒，实际炉料最小颗粒粒径可小于 5mm，而最大粒径则高达 80mm 以上，因此高炉装料过程炉料的运动及颗粒分布行为较为复杂，阐明其运动分布机理对于深入理解高炉装料过程有着重要意义。与此同时，炉料颗粒作为普通的常规尺度颗粒，其运动行为遵循一般的颗粒力学规律，针对颗粒运动数学模型及相关研究方法同样适用于描述炉料运动分布过程。

8.2.1　几何模型及计算条件

本章以某钢厂实际 4350m³ 串罐式无钟炉顶高炉为研究对象，基于离散单元法对整个高炉装料过程中炉料颗粒运动行为及偏析分布进行了仿真分析，阐明了串罐式高炉布料过程中多粒级炉料颗粒运动分布规律。

表 8-4 为该高炉无钟炉顶主要参数，根据实际设备尺寸建立了 1∶1 比例的装料系统几何模型，如图 8-36 所示。由于考虑到装料过程中各个环节均可能导致炉料颗粒分布变化，且对后续环节颗粒偏析造成影响，因此本模型包含了从初始的矿焦储料仓直至炉喉部分的整个炉料输运环节，即料仓、辅助皮带、缓冲漏斗、主皮带、受料斗、上料罐、下料罐、中心喉管、溜槽和炉喉等，其中该高炉在上、下料罐内均内置了导料锥装置以改善炉料分布。在模型中，为了减少计算网格数量、提高计算速度，上料主皮带仅取距炉顶端 30m 长度部分，由于炉料在皮带上很快稳定下来，皮带长短不会对后续炉料颗粒分布造成影响，同时辅助运输皮带也作了相应处理。

表 8-4　串罐式无钟炉顶主要参数

参　数	数值	参　数	数值
主皮带倾角/(°)	11	主皮带宽度/m	2.2
主皮带速度/m·s⁻¹	2	料罐容积/m³	85
中心喉管长度/m	1.6	中心喉管内径/m	0.7
溜槽悬挂点距零料线高度/m	6.18	溜槽倾动距/m	0.81
溜槽总长度/m	4.5	溜槽截面半径/m	0.455
溜槽转速/s·r⁻¹	7.5	溜槽倾动速度/(°)·s⁻¹	1
炉喉直径/m	10.5	操作料线/m	1.3

本书分别对焦炭装料全过程和矿石装料全过程进行了仿真，当进行焦炭装料模拟时，焦炭仓充当"颗粒工厂"不断生成各粒级颗粒，当装入矿石时，烧结矿和球团矿颗粒分别在烧结矿仓和球团矿仓内生成。料仓排出的炉料经由辅助皮带转运至主皮带，并运送至炉顶依次装至上料罐和下料罐，由料罐按照布料程序排出炉料并布至炉喉料面，完成整个装料过程。

由于实际一批炉料所含颗粒数量过多，受到计算能力及运算速度的限制，参考前人研究对颗粒粒径进行放大处理以减少总颗粒数量，其中所有焦炭颗粒粒径均放大 1.5 倍，矿石炉料颗粒均放大 4 倍，除此之外，焦炭和矿石粒度分布及相应比例均与实际入炉炉料相同。表 8-5 和表 8-6 分别给出了焦炭和矿石炉料的实际及仿真中的粒度分布，焦炭批重为 24t，矿石批重为 126t，其中烧结矿和球团矿分别占比 72% 和 28%。

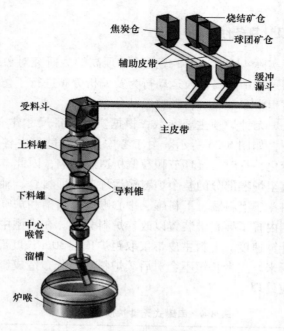

图 8-36　串罐式无钟炉顶设备几何模型

表 8-5　实际入炉及仿真中焦炭粒度组成

实际粒度/mm	仿真粒度/mm	质量分数/%	质量/kg	颗粒数量
<15	<22.5	1.85	444	85014
15~25	22.5~37.5	4.20	1008	62881
25~40	37.5~60	16.70	4008	59436
40~50	60~75	30.15	7236	41779
50~75	75~112.5	41.50	9960	20960
>75	>112.5	5.60	1344	1648
合计		100	24000	271718

表 8-6　实际入炉及仿真中矿石粒度组成

	实际粒度/mm	仿真粒度/mm	质量分数/%	质量/kg	颗粒数量
烧结	<5	<20	4.20×0.72	3810	273260
	5~10	20~40	18.42×0.72	16711	319957
	10~16	40~64	28.46×0.72	25819	100321
	16~25	64~100	24.66×0.72	22372	22294
	25~40	100~160	18.68×0.72	16946	4286
	>40	>160	5.58×0.72	5062	712
合计（烧结）			72	90720	720830
球团	12.8	51.2	28	35280	124029
合　计			100	126000	844859

表 8-7 为仿真中采用的焦炭、烧结矿、球团矿颗粒材料以及皮带和墙壁几何体材料的表观密度、剪切模量、泊松比等主要物性参数取值。

表 8-7 仿真中材料物性参数

参 数	焦炭	烧结矿	球团矿	皮带	墙壁
表观密度/kg·m⁻³	1050	3300	4000	1200	4500
剪切模量/Pa	2.2×10^8	3.5×10^9	1.0×10^9	1.0×10^8	5.0×10^{10}
泊松比	0.22	0.25	0.26	0.4	0.3

在溜槽布料模拟过程中，溜槽布料档位及布料圈数的选取与实际布料矩阵相同，见表 8-8。

表 8-8 布料矩阵

布料角度/(°)	43	41	38.5	36	33	29.5
焦炭圈数	3	3	3	2	2	2
矿石圈数	4	3	3	2	2	2

8.2.2 料仓至料罐间装料过程颗粒运动及偏析分布

8.2.2.1 皮带上炉料颗粒分布

高炉装料过程一般始于矿焦料仓，当接收到装料指令时，按照设定程序开启焦炭或矿石等料仓，经筛分、称量后落至辅助运输皮带，并最终均转运至上料主皮带，由其输运至高炉炉顶。可认为矿焦料仓中不同大小炉料颗粒初始分布较为均匀，或颗粒偏析非常小，因此模拟时在料仓中同时均匀地生成各个粒级炉料颗粒，图 8-37 为焦炭仓排料时焦炭颗粒分布及排料口处颗粒平均粒径变化。以焦

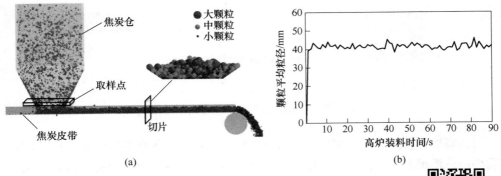

(a)   (b)

图 8-37 焦炭仓排料过程

（a）焦炭颗粒分布；（b）排料口处焦炭颗粒平均粒径变化

扫码看彩图

炭仓出口为取样监测点，统计分析了流经该处焦炭颗粒平均粒径随排料时间变化情况，如图 8-37（b）所示，焦炭仓排料总时长为 90s，在整个排料阶段焦炭仓出口处颗粒平均粒径波动很小，平均约为 41.5mm（均指仿真中颗粒粒径，下同），可认为基本不存在颗粒偏析。此外，在辅助皮带上截取一切片，得到皮带断面上焦炭颗粒分布，并分别以红色、绿色、蓝色表示大、中、小颗粒，可见大颗粒较多集中在料层上部，而小颗粒多位于料层底部，这主要是由于炉料颗粒从料仓落至皮带过程中发生渗透偏析导致，表明了炉料颗粒在辅助皮带上已发生了偏析。

　　在高炉装入矿石的过程中，由于矿石原料由烧结矿、球团矿以及其他辅助原料等不同种类炉料组成，一般需涉及较为复杂的各类炉料排放顺序及时间控制程序。针对构成入炉含铁原料主要两部分的烧结矿和球团矿，两者分别从烧结矿仓和球团矿仓排出，排放原则基本遵循尽量使两种原料相混合，以达到炉内原料成分属性分布均匀，因此通过控制各料仓阀门流量使得烧结矿和球团矿排放贯穿整个排料过程，实现两者同步装入高炉内。同时，考虑到球团矿仓与烧结矿仓的距离间隔以及单一球团矿颗粒在皮带上较强滚动性等因素，球团矿初始排料时刻往往会略滞后于烧结矿，且较烧结矿略提前结束排料过程。图 8-38 为烧结矿仓和球团矿仓排料仿真过程，通过取矿石皮带上一横截面切面可观测到烧结矿和球团矿颗粒在断面上分布情况，发现烧结矿颗粒位于皮带底部，球团矿颗粒则覆盖在烧结矿颗粒之上。

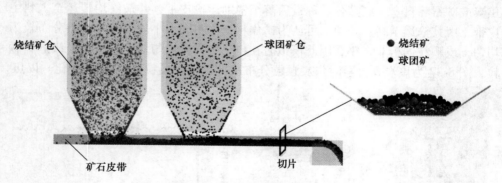

图 8-38　烧结矿仓和球团矿仓排料过程

　　在高炉装料过程中，焦炭、矿石及其他辅助炉料经各自附属设备及皮带转运后均最终汇聚至主皮带，由主皮带输送至炉顶装料设备。为了分析炉料颗粒在皮带运输过程中偏析情况，沿皮带长度方向选取 4 个不同取样位置，依次编号为 L1、L2、L3、L4，如图 8-39（a）所示；同时，将每个位置处皮带横截面区域按料层厚度方向划分为 3 个子区域，从皮带底部向上依次编号为 T1、T2、T3，如图 8-39（b）所示。

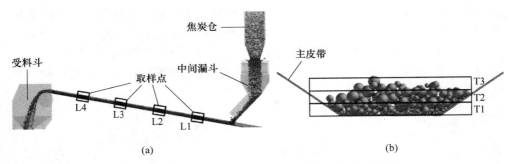

图 8-39　主皮带上炉料颗粒分布取样区域划分示意图

(a) 皮带长度方向取样; (b) 料层厚度方向划分

图 8-40 为在皮带 L1 位置处横截面上的焦炭颗粒和矿石颗粒分布。从图 8-40 (a) 可看出, 相对于焦炭排出焦炭仓后在焦炭辅助皮带上的分布, 经过多次转运冲击后, 在主皮带横截面上小粒级颗粒进一步渗透沉降至料层底部, 大颗粒位于料层上部。而在图 8-40 (b) 的矿石颗粒分布中, 除了在料层厚度方向发生大小颗粒偏析现象, 在皮带宽度方向上还存在着烧结矿和球团矿颗粒不均匀分布现象, 其中球团矿颗粒多集中在皮带左侧区域 (即距离矿石料仓较远一侧), 这主要是由在矿石皮带上烧结矿和球团矿颗粒上下分层并经缓冲漏斗落至主皮带时的落点位置不同导致的。

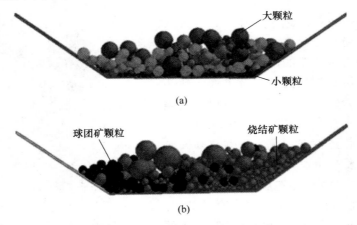

图 8-40　主皮带横截面上炉料颗粒分布

(a) 焦炭颗粒; (b) 矿石颗粒

为了进一步分析炉料颗粒在主皮带横截面上粒径分布, 统计得到了分别进行焦炭和矿石装料时在主皮带上 4 个不同取样位置处横截面上的颗粒粒径分布, 如图 8-41 所示。图中横坐标 T1、T2、T3 分别对应主皮带横截面上料层底部区域、中部区域和上部区域，可见对于焦炭和矿石颗粒均呈现沿皮带料层厚度方向颗粒平均粒径不断增大；同时，由于矿石颗粒粒径范围较大，在主皮带上料层上部与底部区域颗粒平均粒径差异相较于焦炭颗粒也更为明显。而在皮带长度方向上，相同位置处同种类颗粒平均粒径基本一致，表明在皮带运行过程中炉料颗粒分布基本保持稳定。

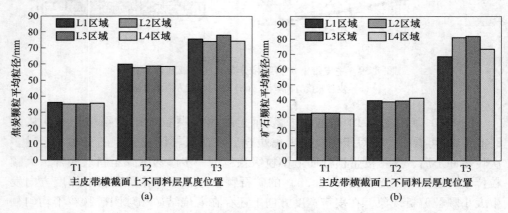

图 8-41   主皮带上不同位置处焦炭及矿石颗粒分布
（a）焦炭颗粒；（b）矿石颗粒

8.2.2.2 上料罐装料及排料过程

炉料经主皮带运输至炉顶后，将进入受料斗内，受料斗起着连接主皮带与料罐的作用，并由受料斗的卸料口将炉料装入料罐内。焦炭颗粒脱离主皮带进入受料斗后的运动行为如图 8-42 所示，可以看出焦炭下落轨迹中存在明显的大小颗粒分离现象，小颗粒轨迹偏向内侧，大颗粒则偏向外侧，这主要是由皮带上炉料颗粒在料层厚度方向上的偏析分布造成的。

受料斗底部出口处安装了分料器装置，其示意图如图 8-43 所示，分料器由四个不同方向下料槽组成，通过隔板将入口分为四个子入口，从而将来料流股分为四股料流分别

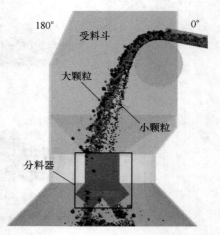

图 8-42   受料斗内的焦炭颗粒运动

流向料罐内四个不同方向，使料罐内炉料形成多个堆尖以避免单个料面堆尖引起的严重颗粒偏析。设定主皮带长度方向为 0°方向，并在俯视图中沿顺时针方向圆周角度增大，则受料斗出口①、②、③、④分别对应圆周 270°、0°、180°、90°。

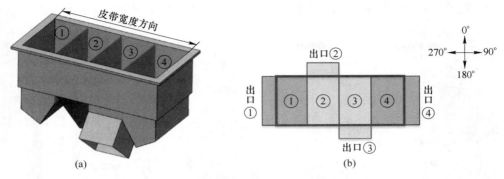

图 8-43 受料斗及分料器示意图

（a）三视图；（b）俯视图

为比较分料器不同出口处的焦炭质量流量和颗粒平均粒径，分别在装料过程中不同时刻对四个出口处炉料流量和平均粒径进行取样统计，并对数据进行拟合，结果如图 8-44 所示。可见，从主皮带上落下的炉料主要从分料器中间的两个出口②和③流入料罐内，而流经两侧出口①和④的流量非常小，主要是由于炉料集中分布在皮带中间部位。分料器四个出口除了炉料流量不同外，颗粒的平均粒径也有所差异，如图 8-44（b）所示，出口②处焦炭平均粒径最小，出口①处次之，出口③处稍大，出口④处平均粒径最大。整体看来，分料器各出口处焦炭流量及平均粒径随装料时间变化不大。

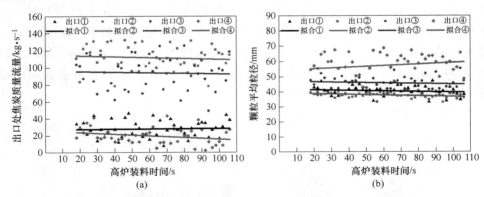

图 8-44 装料过程中分料器出口处焦炭质量流量及颗粒平均粒径变化

（a）质量流量；（b）平均粒径

图 8-45 为上料罐装入焦炭时不同时刻对应的料罐内炉料分布，其中不同颗粒颜色表示颗粒粒径不同，红色颗粒粒径最大，蓝色颗粒粒径最小。由于炉顶料罐距离料仓较远，约在整个装料阶段第 20s（由于模拟中对运输皮带长度作缩减处理，该时间远小于实际所需时间）时焦炭开始进入上料罐，滞后于料仓排料时

刻，随着装料进行，料罐内焦炭体积不断增大，约在110s时完成上料罐装料。

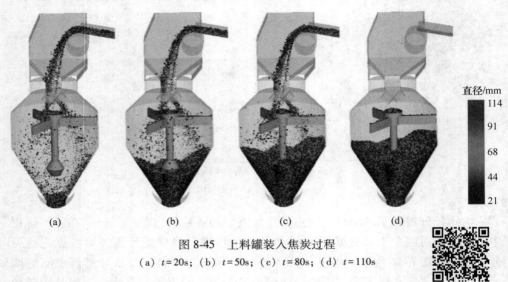

图 8-45　上料罐装入焦炭过程

（a）$t=20s$；（b）$t=50s$；（c）$t=80s$；（d）$t=110s$

扫码看彩图

为了描述上料罐装料过程中料层分布变化情况，将焦炭仓排料总时间 90s 同等划分为 5 份，不同时间顺序装入的焦炭采用不同颜色显示，装料完成后上料罐内各时间段装入的焦炭分布如图 8-46 所示。其中，图 8-46（a）、（b）分别为料罐圆周方向 0°-180°截面和 90°-270°截面上的料层分布，两者差异明显，主要是由于上料罐装料时其上部分料器的四个出口炉料流量不同导致上料罐内炉料圆周分布不同。在 0°-180°截面上，同一时间段内装入的焦炭料层呈现"边缘高、中间低"形状，0°方向焦炭层高度最高可达 4925mm，180°方向料层高度约为 4510mm；而在 90°-270°截面上料层较为平坦，且最终料面高度较低，约为 3950mm。

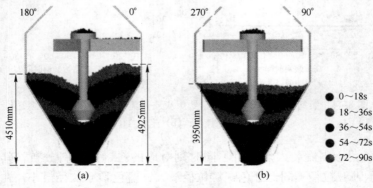

图 8-46　上料罐内不同时间段装入的焦炭颗粒分布

（a）0°-180°截面；（b）90°-270°截面

上料罐内除了炉料圆周分布不均匀外，炉料颗粒大小也存在着偏析分布。图 8-47 给出了上料罐不同圆周截面上的焦炭颗粒大小分布，并用不同颜色表示。可看出，在料罐径向中心区域大颗粒焦炭较多，同时在料罐 90°和 180°方向上也存在较多大颗粒焦炭，而在料罐 0°和 270°方向存在较多的蓝色小颗粒焦炭，该现象与从分料器①和②出口流出的颗粒平均粒径较小相吻合。

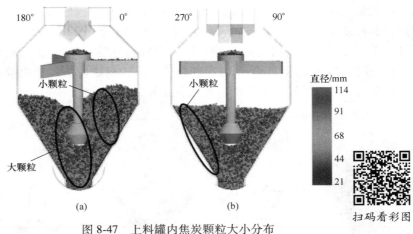

图 8-47 上料罐内焦炭颗粒大小分布
(a) 0°-180°截面；(b) 90°-270°截面

在矿石装料过程中，由于组成矿石炉料的烧结矿和球团矿颗粒在皮带运输过程中并非完全均匀混合，因此上料罐内烧结矿和球团矿颗粒分布也不均匀，如图 8-48 所示。图中深蓝色颗粒代表球团矿，可看出球团矿颗粒主要聚集在料罐圆周 90°和 180°方向截面上，而在 0°和 270°截面上球团矿颗粒很少，表明在上料罐圆周方向上不同种类含铁原料颗粒偏析程度较重。

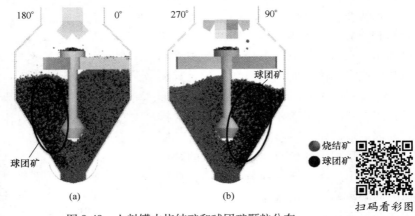

图 8-48 上料罐内烧结矿和球团矿颗粒分布
(a) 0°-180°截面；(b) 90°-270°截面

　　料罐作为重要的物料存储单元，其装料过程和排料过程是最为典型的两个操作环节，流出料罐的炉料颗粒分布变化规律主要受到上述两过程的影响，其中排料过程直接影响着炉料颗粒排出规律，因此研究料罐排料过程炉料颗粒运动分布规律是非常必要的。图 8-49 为上料罐排料过程中不同时刻对应的料罐内焦炭颗粒分布，同样以焦炭颗粒装入上料罐先后时间顺序将所有颗粒分为 5 种不同颜色，以观测在 0°-180° 截面上不同时刻的焦炭层分布。在高炉总装料时间 $t = 110s$ 时开启上料罐底部阀门进行排料，可见料罐内炉料运动呈现"漏斗流"，即位于排料口正上方的中心区域焦炭率先排出，而料罐侧壁附近炉料排出缓慢，使得特定颜色料层变为陡峭的"V"形分布。整体看来，料罐内炉料排出顺序与装入顺序差异较大，二者共同影响着炉料颗粒分布规律。

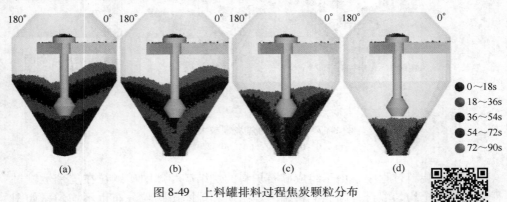

图 8-49　上料罐排料过程焦炭颗粒分布
（a）$t = 110s$；（b）$t = 112s$；（c）$t = 118s$；（d）$t = 126s$

扫码看彩图

　　为了进一步分析上料罐内炉料颗粒排放顺序，按照料罐排料时焦炭颗粒在料罐内停留时间长短（从上料罐开始排料时开始计时）将颗粒分别标记为 5 种不同颜色，如图 8-50 所示。料罐内从下往上分布的 5 种不同颜色料层代表的停留时间依次增大，且其料层形状与装料时不同时间段装入的焦炭所形成的料层形状有着显著不同，表明上料罐排料时内部炉料颗粒并不遵循"先进先出"原则，而是较早装入的炉料与较晚装入的炉料可能同时排出。在料罐炉料装入规律和排出规律的共同影响下，料罐排出的炉料颗粒变化规律变得更加复杂。

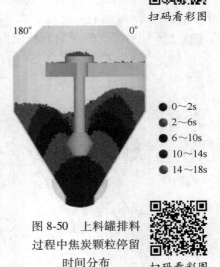

图 8-50　上料罐排料过程中焦炭颗粒停留时间分布

扫码看彩图

　　为观察料罐排料过程中炉料颗粒偏析分布情况，以上料罐排料口处为监测对象，在整个排料过程对其进行间隔取样，统计分析了焦炭颗粒平均粒径以及不同粒级颗粒质量分数随时间变化情况，如图 8-51 所示。从图中可见，上料罐排料初始阶段焦炭颗粒平均粒径高于整体平均值（41.5mm），并不断减小；在排料中间阶段焦炭颗粒平均粒径较小，低于整体平均值；当达排料后期时，颗粒平均粒径迅速增大，最高可达 52mm；而在排料末期，随着料罐墙壁附近大量小颗粒排出，颗粒平均粒径又迅速减小。图 8-51（b）进一步给出了排料过程不同粒级焦炭颗粒质量分数随时间变化情况，焦炭颗粒主要包含 <22.5mm、22.5~37.5mm、37.5~60mm、60~75mm、75~112.5mm 和 >112.5mm 六种不同粒级颗粒，其中最小和最大粒级颗粒所占质量分数均较少，从图中可见在整个排料过程中，各粒级颗粒所占质量分数是变化着的，并与图 8-51（a）中颗粒平均粒径相关联，小颗粒质量分数增大将会降低平均粒径，大颗粒质量分数增加则会促进颗粒平均粒径增大。

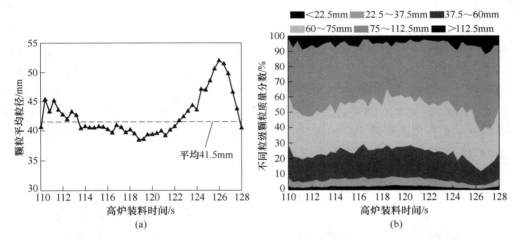

图 8-51　上料罐出口处焦炭颗粒平均粒径及不同粒级颗粒质量分数变化
（a）颗粒平均粒径；（b）不同粒级颗粒质量分数

　　图 8-52 给出了高炉装入矿石过程中上料罐排料口处颗粒平均粒径以及不同种类颗粒质量分数随时间变化情况。可见，上料罐排料过程中矿石颗粒平均粒径变化趋势与焦炭颗粒变化趋势相似，排料初始时颗粒平均粒径较小，随即迅速增大至整体平均粒径之上，并随着排料进行不断减小至整体平均粒径以下，在整个排料中间阶段维持相对较小的平均粒径，在排料后期，颗粒平均粒径逐渐增大至39.4mm，随后迅速减小。同时在排放矿石颗粒过程中，烧结矿和球团矿颗粒所占质量分数也是变化着的，在排料初期和末期，炉料中烧结矿所占质量分数均高于其整体平均值 72%，而在排料中间阶段，烧结矿含量略低于其平均值，球团矿含量则较多。

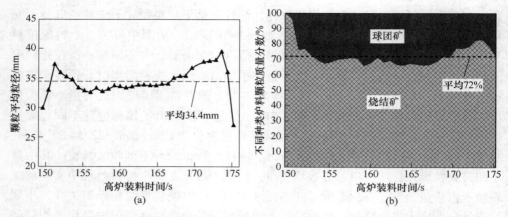

图 8-52　上料罐出口处矿石颗粒平均粒径及不同种类颗粒质量分数变化

（a）颗粒平均粒径；（b）不同种类颗粒质量分数

8.2.2.3　下料罐装料及排料过程

当上料罐受料完毕且下料罐排空并接收到装料指令时，下料罐上密系统打开，上料罐底部料闸开启，向下料罐装料。下料罐装料进程与上料罐排料进程基本一致，上料罐内炉料颗粒分布及排料规律均会对下料罐内颗粒分布产生影响，图 8-53 为下料罐装入焦炭过程中不同时刻炉料颗粒分布。下料罐中同样安装有导料锥装置，位于料罐上下出入口之间，从上料罐出口排出的炉料竖直下落进入下料罐后撞击导料锥上部圆台，并向四周散开下落，避免了中心堆尖的形成。

图 8-53　下料罐装入焦炭过程

（a）$t=112\mathrm{s}$；（b）$t=116\mathrm{s}$；（c）$t=122\mathrm{s}$；（d）$t=130\mathrm{s}$

当下料罐装料完成后，料罐内焦炭颗粒分布如图 8-54 所示。从图中可看出，不同于上料罐内料面轮廓，下料罐内不同方向的料面轮廓基本一致，呈圆周对称分布，其径向形状呈现"边缘高、中心低"的"平台-漏斗"状，主要是由于进入下料罐的料流撞击导料锥上端面后改变了落点位置，更加靠近料罐侧壁。分析图中不同颜色表示的颗粒大小的分布，可知大颗粒焦炭由于滚动性较好而较多地聚集在料罐中心区域，料罐侧壁附近区域则存在较多小颗粒，尤其是在下料罐周向 0°和 270°方向，小颗粒焦炭最多，与上料罐中该方位存在较多小颗粒焦炭有关。

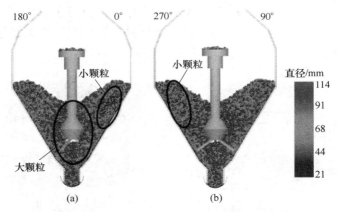

图 8-54 下料罐内焦炭颗粒大小分布

(a) 0°-180°截面；(b) 90°-270°截面

图 8-55 为下料罐装入烧结矿和球团矿后的颗粒分布，圆周不同方向最终料面形状基本一致，径向料面形状呈现"M"形。此外，通过观察以不同颜色表示

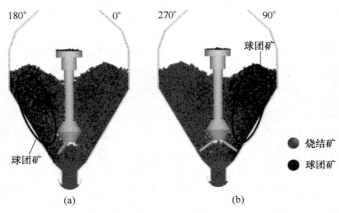

图 8-55 下料罐内烧结矿和球团矿颗粒分布

(a) 0°-180°截面；(b) 90°-270°截面

的烧结矿和球团矿颗粒所在位置，可发现球团矿主要聚集在料罐圆周 90°和 180°方向，与上料罐内球团矿聚集方位一致，表明下料罐内炉料颗粒周向分布对于上料罐内颗粒分布有着显著的继承性。

为了进一步定量化分析下料罐内炉料颗粒偏析分布规律，分别沿料罐径向、周向及纵向进行取样分析，下料罐内取样区域设置如图 8-56 所示。由于料罐内炉料主要集中在下部锥形段，为了合理分析炉料颗粒分布规律，分别取三个不同高度平面进行颗粒径向和周向分布研究，如图 8-56（a）所示。对于径向区域划分，在 H1 高度平面将料罐等体积划分为 3 环，在 H2 和 H3 高度平面分别等体积划分为 4 环和 5 环，并从中心向边缘依次进行编号；对于周向区域划分，H1、H2、H3 高度平面均等角度划分为 8 份，并沿料罐周向方位依次编号。以此对各子区域内颗粒信息进行统计分析，即可得到其分布规律。

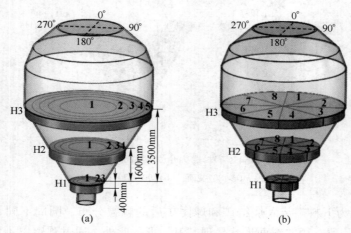

图 8-56 下料罐内炉料取样区域设置示意图
(a) 径向划分；(b) 周向划分

在往下料罐装入炉料时，除了不同粒级颗粒比例随时间变化外，颗粒落至罐内料面上后发生二次滚动也会造成颗粒大小进一步偏析，图 8-57（a）给出了下料罐内三个不同高度位置处径向上的焦炭颗粒平均粒径分布，图 8-57（b）则统计分析了 H2 高度平面处 4 组不同径向位置处的各粒级焦炭颗粒质量分数分布。由图可见，在 H1 和 H2 高度平面处从料罐中心至边缘焦炭颗粒平均粒径急剧减小，而在 H3 平面处颗粒平均粒径径向变化不大。通过观察 H2 平面处不同径向位置颗粒质量分数分布，可见从中心至边缘，<22.5mm、22.5~37.5mm 和 37.5~60mm 三种粒级颗粒所占比例不断增大，75~112.5mm 和>112.5mm 的大颗粒比例不断减少，造成了径向上颗粒平均粒径不断减小。

图 8-58 为下料罐内矿石颗粒径向分布，其平均粒径径向变化规律与焦炭颗

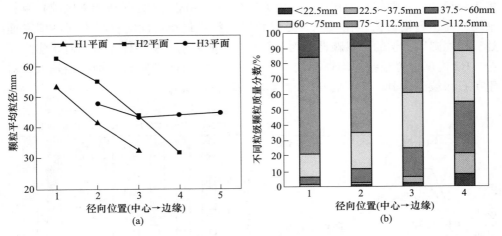

图 8-57 下料罐内径向上的焦炭颗粒分布
（a）颗粒平均粒径；（b）颗粒质量分数（H2 平面）

粒相似。通过统计 H2 平面处径向上烧结矿和球团矿颗粒比例变化可知，在料罐中心区域球团矿比例较少、烧结矿较多，从料罐中心至边缘，球团矿比例不断增大，高于整体平均值。

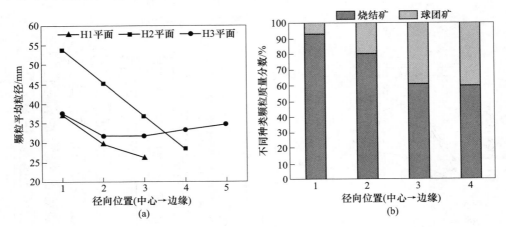

图 8-58 下料罐内径向上的矿石颗粒分布
（a）颗粒平均粒径；（b）颗粒质量分数（H2 平面）

由前文可知，在料罐周向上同样存在着颗粒偏析现象，图 8-59 和图 8-60 分别为下料罐内焦炭颗粒和矿石颗粒在周向上的分布情况，分别在 H1、H2 和 H3 高度平面将周向区域同等划分为 8 个子区域，并统计分析了各子区域内炉料颗粒平均粒径及不同粒级颗粒所占数量分数。从图中可知，从周向区域 1 至区域 8，焦炭颗粒和矿石颗粒平均粒径均先增大后减小，在区域 3 处（或相邻区域）颗粒平均粒径达到最大值，在区域 8 处颗粒平均粒径最小。同时，在不同高度平面处，相同圆周方位的炉料颗粒平均粒径也会有所差别。从整体上看，对于焦炭颗粒，H2 高度位置颗粒平均粒径较小，H1 处次之，H3 处颗粒平均粒径较大；对于矿石颗粒，从 H1、H3 至 H2 处，颗粒平均粒径增大。

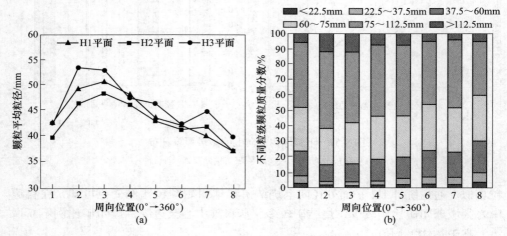

图 8-59　下料罐内周向上的焦炭颗粒分布
（a）颗粒平均粒径；（b）颗粒质量分数（H2 平面）

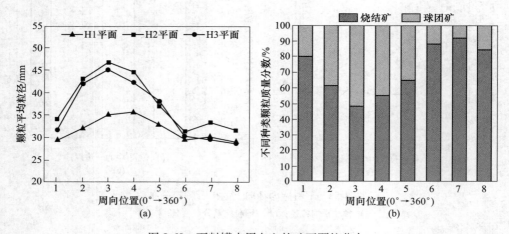

图 8-60　下料罐内周向上的矿石颗粒分布
（a）颗粒平均粒径；（b）颗粒质量分数（H2 平面）

在 H2 高度位置处，各粒级焦炭颗粒所占质量分数如图 8-59（b）所示。从图 8-60（b）可看出，在周向区域 1、6、7、8 处烧结矿占比较高，而在区域 2、3、

4、5 处球团矿比例较高，其中区域 3 处球团矿质量分数最大，达 50.5%。

下料罐装完料后会等待布料指令，当炉内料面下降至生产料线时，下料罐底部节流阀开启进行排料，下料罐排料过程对高炉布料过程至关重要，直接决定着装入炉内的炉料颗粒分布状况。图 8-61（a）为下料罐排放焦炭时焦炭颗粒速度分布，可见排料口处颗粒速度最大，其次为排料口正上方区域，并以此向边缘及顶部区域衰减，料罐下部中心区域炉料颗粒速度较大也是造成该区域内炉料流动呈现"漏斗流"的主要原因。此外，统计得到了在整个排料过程中焦炭颗粒在下料罐内停留时间分布（从下料罐排料开始计时），如图 8-61（b）所示，用 5种不同颗粒颜色表示不同时间段排出的焦炭颗粒（见二维码中彩图），直观地反映出了下料罐内炉料颗粒排放顺序。

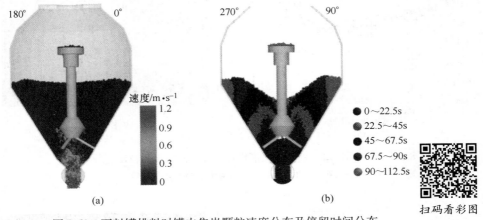

图 8-61　下料罐排料时罐内焦炭颗粒速度分布及停留时间分布
（a）速度分布；（b）停留时间分布

以下料罐排料口为监测对象，在下料罐排放焦炭或矿石的过程中间隔取样，统计得到了焦炭和矿石颗粒平均粒径变化以及颗粒质量分数变化，如图 8-62 和图 8-63 所示。在总装料时间 $t = 134s$ 时，下料罐开始排放焦炭，焦炭颗粒平均粒径迅速由一较小值增大至较大值，随后随着排料进行颗粒平均粒径不断减小，约在 $t = 214s$ 时焦炭颗粒平均粒径达到最小值，约为 37mm；接着，颗粒平均粒径又快速增大，约在 $t = 254s$ 时达到最大值 53mm；在排料末期，随着墙壁附近小颗粒的排出，焦炭颗粒平均粒径迅速减小，表明布料时最后阶段入炉炉料颗粒平均粒度较小。由图 8-62（b）中不同粒级焦炭颗粒所占质量分数随时间变化亦可看出，当下料罐出口处颗粒平均粒径较大时，对应的大颗粒比例较高、小颗粒比例较低，当颗粒平均粒径较小时，对应的大颗粒比例降低、小颗粒比例升高。在下料罐排放矿石颗粒过程中，料罐出口处矿石颗粒平均粒径总体变化趋势与焦炭排放过程相似，但具体阶段变化不同，从图 8-63（a）可看出，在总装料时间 $t = 180s$

时开始排放矿石，矿石颗粒平均粒径由较大值快速减小并在约 $t=220\text{s}$ 时降至最小值 30mm，随后放料过程中平均粒径一直增大直至约 $t=316\text{s}$ 时达到最大值 49mm，排料末期颗粒平均粒径同样迅速减小。对比焦炭和矿石排料过程颗粒平均粒径变化，可发现矿石颗粒平均粒径变化幅度或偏析程度更大，焦炭颗粒平均粒径最小值和最大值偏离其整体平均粒度 41.5mm 分别达 10% 和 28%，而矿石颗粒平均粒径最小值和最大值偏离其整体平均粒度 34.4mm 分别高达 12% 和 42%。

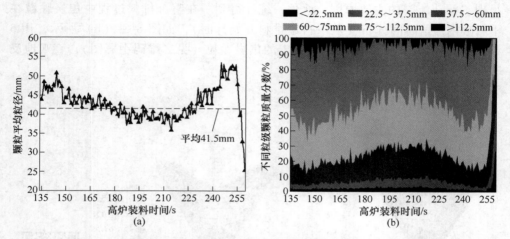

图 8-62 下料罐出口处焦炭颗粒平均粒径及不同粒级颗粒质量分数变化

（a）颗粒平均粒径；（b）不同粒级颗粒质量分数

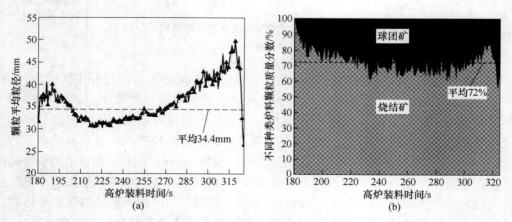

图 8-63 下料罐出口处矿石颗粒平均粒径及不同种类颗粒质量分数变化

（a）颗粒平均粒径；（b）不同种类颗粒质量分数

由图 8-63（b）可见，下料罐排放矿石过程中，炉料中烧结矿和球团矿比例也随排料时间不断变化，在排料初始阶段和末期一段时间内，炉料中烧结矿质量分数高于其整体平均值，而其他时段球团矿比例较高，这也造成了炉内矿石原料成分分布不均匀，影响高炉操作稳定性。

为了进一步分析高炉装料过程中组成炉料的各粒级颗粒的偏析变化情况，图8-64 分别给出了装入焦炭和矿石颗粒时的各粒级颗粒相对质量分数变化，颗粒相对质量分数为下料罐排料口处瞬时某粒级颗粒在炉料中所占质量分数与整批炉料中该粒级颗粒所占平均质量分数之比，其值为 1 时表明该粒级颗粒比例与其整体平均比例一致，未发生偏析，颗粒相对质量分数偏离 1 越大表明该粒级颗粒偏析程度越重。从图中可见，对于高炉装入焦炭过程，<22.5mm 和 22.5～37.5mm 两种颗粒的相对质量分数变化曲线波动较大，37.5～60mm 粒级颗粒变化幅度减小，60～75mm 和 75～112.5mm 变化幅度非常小，>112.5mm 的颗粒变化幅度较大；对于矿石颗粒，<20mm 和 20～40mm 的小颗粒烧结矿与 100～160mm 和>160mm 的大颗粒烧结矿的相对质量分数变化幅度较大，40～64mm 和 64～100mm 的中等颗粒烧结矿变化幅度很小，球团矿颗粒则主要在下料罐排料初期及末期阶段变化幅度较大。由此可知，无论对于焦炭和矿石装料过程，均有炉料内的小粒级颗粒和大粒级颗粒偏析程度严重，中等粒级颗粒偏析较弱，这也说明了炉料粒度范围较广会造成颗粒偏析显著，不利于实现炉料颗粒均匀分布。

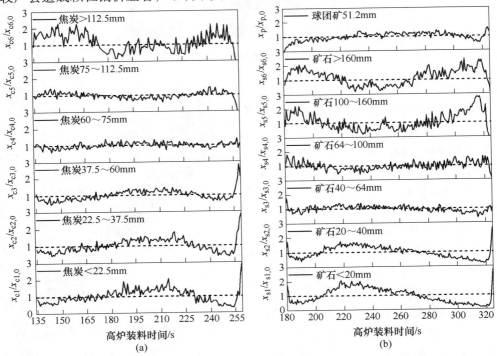

图 8-64 下料罐出口处不同粒级炉料颗粒相对质量分数变化

(a) 焦炭颗粒；(b) 矿石颗粒

8.2.3　节流阀至料面间布料过程颗粒运动及偏析分布

8.2.3.1　溜槽内炉料颗粒分布

对于串罐式无钟炉顶布料过程，当节流阀开启后，炉料竖直下落，经过阀箱及中心喉管后落至布料溜槽内，并在旋转运动着的溜槽内向下滑行，如图 8-65 所示。从图中可看出，由于溜槽旋转作用影响，溜槽内料流沿横截面圆周方向发生了一定偏转。

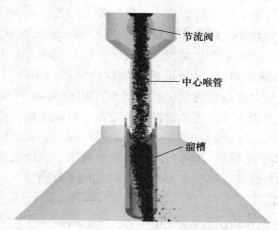

图 8-65　溜槽内颗粒流动

为了观察炉料颗粒在溜槽横截面上的分布状况，沿溜槽长度方向分别取三组不同截面，即截面 A、截面 B 和截面 C，依次远离溜槽上端，如图 8-66 所示。

图 8-67 为溜槽横截面 A、B、C 上的炉料颗粒分布，该溜槽为半圆形截面溜槽，从图中可以看出，由于截面 A 距离炉料在溜槽内落点位置较近，该处料流几乎未发生偏转；在截面 B 上，可看出料流已经发生一定程度的偏转，炉料颗粒向截面右侧聚集；在截面 C 处，炉料颗粒所受旋转科氏力作用进一步增强，颗粒沿截面圆周方向发生了较大的偏转。此外，

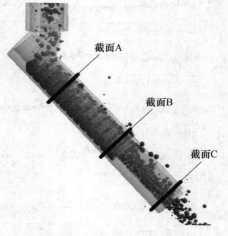

图 8-66　溜槽长度方向上不同截面示意图

还可以看出截面 A、B、C 上的颗粒数量依次减少，主要是由于颗粒沿溜槽长度方向运动时速度不断增加，料流变细；而且，炉料颗粒在溜槽内运动过程中会进

一步发生偏析，小颗粒多渗透至溜槽底面，料层表面则含有较多大颗粒炉料。

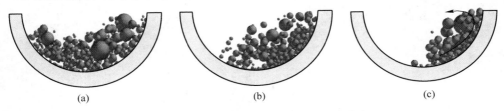

图 8-67　溜槽不同横截面上的炉料颗粒分布

（a）截面 A；（b）截面 B；（c）截面 C

　　为了定量分析溜槽内料层厚度方向颗粒偏析状况，以溜槽末端出口处为监测对象，并将溜槽末端断面上含炉料区域沿径向划分为两个半圆环：C1 区域和 C2 区域，如图 8-68（a）所示，其中 C1 区域为紧挨溜槽底面区域，用以表征溜槽底部颗粒分布，C2 区域则用以刻画表面料层颗粒分布。图 8-68（b）为统计得到的溜槽布料过程中流经 C1 区域和 C2 区域的矿石颗粒平均粒径变化，可看出 C2 区域内颗粒平均粒径始终大于 C1 区域内颗粒平均粒径，表明溜槽底面附近小颗粒炉料较多。在布料过程中，C1 和 C2 区域内颗粒平均粒径均先减小后增大，与图 8-63 中下料罐排料时出口处矿石颗粒平均粒径变化趋势一致。

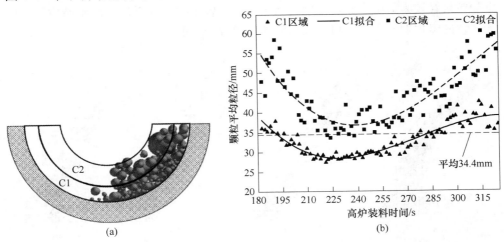

图 8-68　溜槽末端监测区域划分及各区域内矿石颗粒平均粒径变化

（a）监测区域划分；（b）颗粒平均粒径

8.2.3.2　空区内炉料颗粒分布

　　炉料脱离布料溜槽后，继续在炉顶空区内下落，直至落至料面，如图 8-69 所示。空区内料流相对于溜槽会有一定的偏转，溜槽在大部分时间内作环形布料，仅在跨档位时作螺旋布料，在相同角度布料时，空区内料流在圆周上基本一致。由于炉料颗粒流出溜槽时断面上不同颗粒的运动状态有所差异，会对空区下落料流中颗粒分布产生一定影响。

图 8-69　空区内炉料颗粒运动

图 8-70 给出了溜槽倾角分别为 43°、38.5°、33° 和 29.5° 布料时空区内料流轨迹，可看出下落料流中靠近中心的内侧区域含有较多小颗粒炉料，而外侧区域中大颗粒较多。通过对比不同布料角度时料流分布，发现溜槽倾角较大时，料流中颗粒接触较为紧密，料流集中；当布料角度较小时，由于炉料落至溜槽时速度加大，冲击程度较重，使得后续料流中颗粒分布分散。

图 8-70　不同溜槽倾角布料时料流分布
(a) $\alpha=43°$；(b) $\alpha=38.5°$；(c) $\alpha=33°$；(d) $\alpha=29.5°$

为分析料流宽度方向炉料颗粒分布状况，以溜槽倾角为 38.5° 布料时为例，在零料线高度平面处沿径向设置料盒以收集炉料颗粒进行分析，其中料盒从高炉中心开始，料盒径向长度为 200mm，在径向上共设置了 25 个料盒，并从中心向边缘依次编号为 1、2、…、25，如图 8-71（a）所示。图 8-71（b）为采用 38.5°

倾角布完一圈矿石炉料后各料盒所收集颗粒的平均粒径和总质量分布，可见炉料颗粒主要分布在编号为 18、19、20、21 和 22 的料盒内，且料盒位置距离高炉中心越远，料盒内颗粒平均粒径越大，说明料流内侧颗粒平均粒径较小，小颗粒较多，而外侧大颗粒较多。而对于料盒内颗粒总质量分布，位于料流中间位置的编号 20 的料盒内颗粒总量最大，两侧料盒内颗粒质量逐渐减少，表明该料盒所在的料流中心位置处炉料颗粒最为密集，其两侧颗粒分布则较为分散。

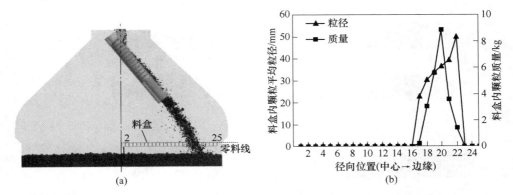

图 8-71 空区料流取样料盒设置及料盒内矿石颗粒平均粒径和质量分布
（a）取样料盒设置示意图；（b）料盒内颗粒平均粒径及质量分布

8.2.3.3 炉喉料面上颗粒分布

由于受到仿真计算能力的限制，本书仅模拟了炉喉内装入一批焦炭或矿石炉料的过程，底部初始料面采用水平面，为实际生产料线所在高度。当按照实际布料矩阵装入矿石炉料后，炉喉内的矿石颗粒分布如图 8-72 所示，由于底部料面为平面，炉料颗粒滚动较少，高炉中心区域几乎没有颗粒。

图 8-72 装完料后炉喉内矿石颗粒分布

图 8-73 给出了炉喉内 0°-180° 和 90°-270° 径向截面上的焦炭颗粒和矿石颗粒分布，其中不同焦炭颗粒颜色表示其粒径大小，不同矿石颗粒颜色则分别指烧结矿和球团矿颗粒。从图中可看出，由于采用多环布料制度，炉料在不同径向位置处形成多个堆尖，使得最终布料区域处料面轮廓较为平坦，同时炉料也会向中心区域滚落。对比不同圆周方位处料面轮廓，发现串罐式无钟炉顶布料时有着较好的圆周均匀性。

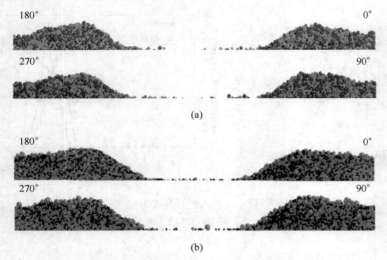

扫码看彩图

图 8-73 不同圆周截面上的焦炭和矿石颗粒分布

（a）焦炭颗粒分布；（b）矿石颗粒分布

为了进一步分析高炉装入焦炭和矿石后炉喉区域内炉料颗粒偏析行为，将炉喉含炉料区域分别沿径向、周向和纵向划分为若干份进行取样分析，如图 8-74 所示。其中，在径向上将炉喉横截面等距离划分为 10 个同心圆环，并从中心至

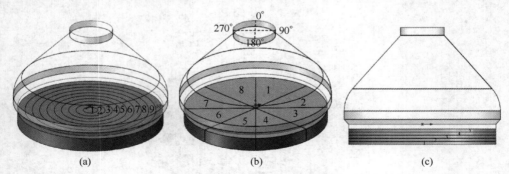

图 8-74 炉喉内炉料取样区域设置示意图

（a）径向划分；（b）周向划分；（c）纵向划分

边缘依次编号为 1、2、…、10；在周向上，将炉喉圆周区域等分为 8 份，并从圆周 0°方位开始沿顺时针方向依次编号 1、2、…、8；在纵向上，从模型底面向上划分为 5 个区域，每个区域高度均为 200mm，从下至上编号为 1、2、…、5。

　　首先，统计分析了分别装入焦炭和矿石后径向各区域内炉料颗粒平均粒径分布，如图 8-75（a）所示，其中高炉中心附近的径向区域 1、2、3 未含炉料，不纳入统计范围。从靠近中心的区域 4 至区域 10，焦炭和矿石颗粒平均粒径均先减小后增大，表明布料过程中大颗粒炉料较多地向中心区域和炉墙边缘区域滚动，而小颗粒炉料较多分布于落点周边位置。从图 8-75（b）中径向上烧结矿和球团矿质量分数分布可见，两者相对比例在高炉径向上亦发生变化，靠近中心区域处，烧结矿比例低于整体平均值，球团矿含量较高；而靠近边缘区域，球团含量低于其整体平均值。

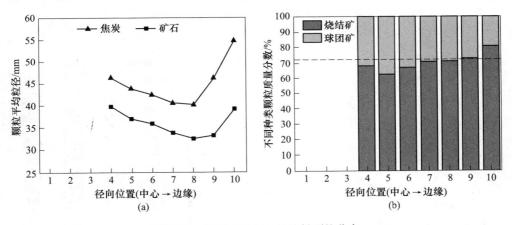

图 8-75　炉喉内径向上的炉料颗粒分布
（a）颗粒平均粒径；（b）烧结矿和球团矿质量分数

　　图 8-76 为炉喉周向上的炉料颗粒分布，可见炉料颗粒平均粒径周向变化很小，表明炉料颗粒周向上分布较为均匀，偏析较小，整体看来周向区域 1 至 4 代表的圆周 0°~180°区域内炉料颗粒平均粒径略高于 180°~360°区域内颗粒平均粒径。对于矿石炉料中不同种类颗粒分布，在周向区域 1 至 4 内球团含量高于其整体平均值，在区域 5 至 8 内则含量较低，但整体偏离其平均值均较小。

　　在炉喉纵向上，炉料颗粒平均粒径变化及矿石颗粒质量分数变化如图 8-77 所示。从图中可看出，焦炭和矿石颗粒平均粒径纵向变化幅度较大，从炉喉底部向上，颗粒平均粒径均逐渐增大，表明布料过程中较多小颗粒炉料渗透至了料层底部，使得上层炉料中大颗粒炉料较多，平均粒径较大。同时从图 8-77（b）中可看出，球团矿颗粒较多分布在底部 1、2、3 区域内，料层上部中球团矿颗粒含量较少。

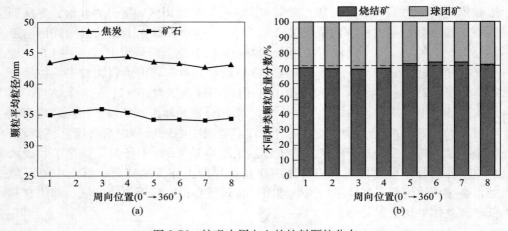

图 8-76 炉喉内周向上的炉料颗粒分布

（a）颗粒平均粒径；（b）烧结矿和球团矿质量分数

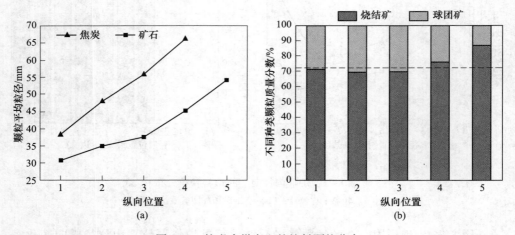

图 8-77 炉喉内纵向上的炉料颗粒分布

（a）颗粒平均粒径；（b）烧结矿和球团矿质量分数

8.2.4 导料锥装置对料罐装料及排料过程的影响

导料锥装置是串罐式无钟炉顶系统中常见设备之一，一般同时安装于上、下料罐，两料罐所用导料锥形式基本一致，仅与罐体连接方式略有差异。导料锥装置常被用来控制料罐内的炉料颗粒分布，以及改变料罐排料时炉料流动模式，为了定量分析导料锥对炉料颗粒分布和流动的影响，本节讨论了有无导料锥时料罐装料与排料过程颗粒运动分布情况。

导料锥存在与否主要影响料罐装料及排料过程，对料仓排料和皮带运输环节没有影响。当向上料罐装料时，由于分料器的存在，无论是否安装导料锥，料流均不会竖直落下并冲击导料锥，料罐装有导料锥时，会占据一定的料罐中心空间，使得一定高度上中心区域均不含颗粒。同时，导料锥的存在会影响着料罐内炉料颗粒排出顺序，图 8-78 给出了分别含有和没有导料锥时上料罐排料过程中焦炭颗粒停留时间分布（从排放开始计时）。从图中表示不同停留时间分布的不同颜色颗粒料层分布轮廓可看出，料罐内安装导料锥时，在导料锥下部区域中心处炉料颗粒流动较快，而在含有导料锥区域内，位于导料锥和壁体中间的颗粒流动较快，壁体附近和导料锥附近颗粒排出较晚；对于料罐未安装导料锥的情况，排料时呈现较明显的"漏斗流"现象，料罐中心区域颗粒流速较快，边缘处则较晚排出。

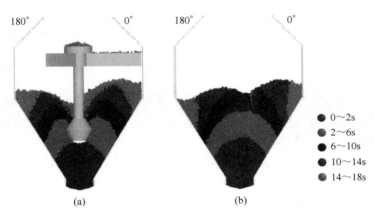

图 8-78 导料锥对上料罐排料过程中焦炭颗粒停留时间分布的影响
(a) 有导料锥；(b) 无导料锥

以上料罐排料出口处为监测对象，得到了分别安装导料锥和未安装导料锥时上料罐排料过程中出口处焦炭颗粒平均粒径变化情况，如图 8-79 所示。可见，两者对应的炉料颗粒平均粒径变化趋势基本一致，且在大部分时间内两者相差较小，仅在排料末期时未安装导料锥的料罐排出焦炭平均粒径明显小于安装导料锥时的情况。整体看来，上料罐安装导料锥后排出炉料颗粒平均粒径变化幅度相对较大，主要是由于导料锥所在料罐中心区域存在较多大颗粒炉料，且受到导料锥阻碍作用而排出料罐较晚，使得排料末期颗粒平均粒径较大。

作为上下串联的炉顶料罐，上料罐排料过程与下料罐装料过程同时进行，不同时间段内装入下料罐的焦炭颗粒分布如图 8-80 所示，与图 8-78 中上料罐排料时焦炭颗粒停留时间分布相对应。当下料罐安装导料锥时，从上料罐排出的炉料竖直下落并冲击导料锥上表面，随后向四周散落，其落点远离中心区域，使得随着下料罐内炉料增加，同一时间段内装入的炉料料层倾斜程度增大，最终上表面料面形状达到"中心低、边缘高"。而料罐未安装导料锥时，上料罐排出的炉料

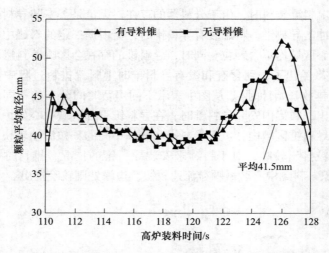

图 8-79 导料锥对上料罐排料时排料口处焦炭颗粒平均粒径变化的影响

沿高炉中心线竖直下落至下料罐内料面上，并沿料面从中心向边缘滚动，由于炉料冲击作用，除最上层炉料外其他料层较为平坦，下料罐内整体料面轮廓呈"中心高、边缘低"的尖峰状。

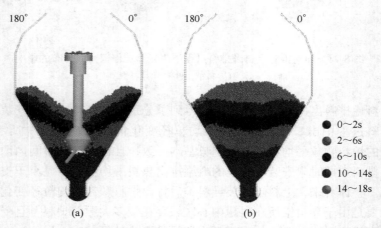

图 8-80 导料锥对不同时间段装入下料罐的焦炭颗粒分布的影响
(a) 有导料锥；(b) 无导料锥

图 8-81 进一步给出了下料罐内焦炭颗粒大小分布，颗粒颜色表示粒径大小。从图中可发现，下料罐安装导料锥和未安装导料锥时焦炭颗粒大小分布有着显著差别。导料锥存在时，下料罐装料过程中炉料落点靠近料罐边缘，大颗粒炉料较多地滚动至导料锥附近中心区域，因此中心区域分布较多大颗粒，而靠近边缘区

域存在较多小颗粒。当下料罐不含导料锥时，由于装料过程中料流落点始终位于中心，中心区域小颗粒较多，较多大颗粒则滚动至边缘附近，而且由于上料罐末期排出的炉料颗粒较大，因此下料罐内最上层中心处炉料颗粒平均粒径也较大。

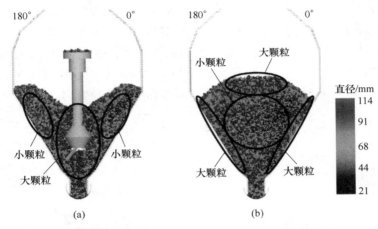

图 8-81 导料锥对下料罐内焦炭颗粒大小分布的影响
（a）有导料锥；（b）无导料锥

为了比较下料罐中安装导料锥和未安装导料锥时料罐排料过程中颗粒流动模式，排料初始时在两种形式料罐内同等高度位置处分别取一水平料层并标记为红色，追踪该标记料层在排料 30s 后的形状分布，如图 8-82 所示。从图中可看出，料罐内安装导料锥时，下料罐排料 30s 后，标记料层整体下移，位于导料锥和壁体中间的炉料颗粒下降速度略大，但标记料层整体分布仍接近水平状，且料罐内

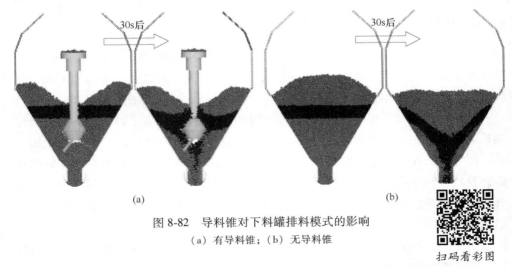

图 8-82 导料锥对下料罐排料模式的影响
（a）有导料锥；（b）无导料锥

扫码看彩图

炉料上表面轮廓仍为"漏斗形",表明含导料锥区域炉料流动呈"质量流"(或"活塞流")模式。对于下料罐中未安装导料锥情况,排料30s后,标记料层中位于料罐边缘的炉料颗粒的位置几乎没有改变,而中心处颗粒则大幅下降至底部排料口位置,整体呈"V"形分布,表明料罐中心区域颗粒下降速度较大,边缘处颗粒流动缓慢,料罐内炉料颗粒流动呈现明显的"漏斗流"模式。

图 8-83 为下料罐排料时出口处焦炭颗粒平均粒径变化,可见料罐内未安装导料锥时排料颗粒粒径变化幅度较大,排料末期最大平均粒径可达 80mm,颗粒偏析严重,表明导料锥有助于减小料罐排料颗粒平均粒径变化。

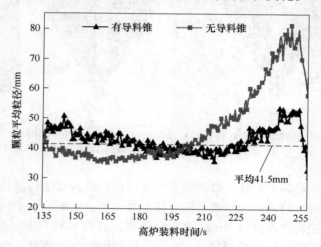

图 8-83 导料锥对下料罐排料时排料口处焦炭颗粒平均粒径变化的影响

8.2.5 高炉装料过程实测及模型验证

为了探究高炉实际装料过程中炉料运动及颗粒分布规律,在该 4350m³ 高炉新建开炉时,对料罐装料与排料过程、炉顶空区料流轨迹以及炉喉料面形状、颗粒分布等进行了观察及测量。

在下料罐排料过程中,通过打开的检修人孔观察并拍摄了料罐内炉料下降运动行为,某时刻料罐内炉料分布如图 8-84 所示,其中图 8-84(a)为实际拍摄结果,图 8-84(b)为仿真结果。可看出,由于料罐中心处导料锥的存在,导料锥附近及料罐侧壁附近处炉料料面较高,下料速度较慢,而在两者中间则形成了明显的环带凹陷区域,该处炉料下降速度较快,实际观测结果与仿真中料罐内颗粒运动分布相同。

为了测得料流在空区内下落轨迹,利用激光网格法对布料过程进行了测量。该方法基本测量原理是通过在炉顶相对的两个检修人孔处分别架设一台激光发射

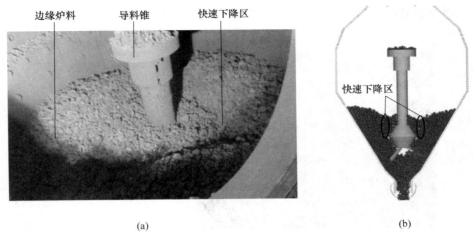

图 8-84　下料罐排料过程中料罐内炉料颗粒下降状况
(a) 实测结果；(b) 仿真结果

装置，每台装置均可发射 21 束激光，并使所有激光束位于过高炉中心的纵向平面上，形成交叉的激光网格，以此建立炉顶空间网格坐标系统，通过在垂直于网格平面方向安装 CCD 摄像系统，即可摄取布料时料流相对激光网格坐标系统的位置，利用图像分析手段可进一步获得料流轨迹参数及料流宽度等信息。图 8-85 为激光网格法测量示意图，该方法具有无干扰、耗费人力物力少等优点。

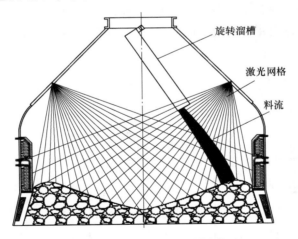

图 8-85　激光网格法测量料流轨迹

图 8-86 分别给出了实际拍摄的空区料流轨迹和仿真料流轨迹，两者相似，其中在实测图像中可清晰看见炉顶空区内激光网格和料流运动轨迹，当溜槽圆周旋转布料时，空区料流也相应作圆周转动，当料流旋转至激光网格所在纵向平面

时，料流会遮挡住部分激光束，通过图像分析可确定料流在激光网格坐标系统中位置。

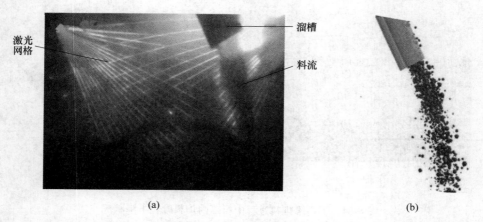

(a)　　　　　　　　　　　　　　　　(b)

图 8-86　空区内料流轨迹

(a) 实测料流轨迹；(b) 仿真料流轨迹

　　为了定量比较仿真中料流轨迹参数与实测结果，分别选取了溜槽倾角为33°、38.5°和43°时布料过程进行分析，由于料流存在一定宽度，且在部分区域会有颗粒分散现象，因此仅取料流中心位置作为主料流轨迹代表整体料流分布，并比较两者主料流轨迹分布，如图 8-87 所示。从图中可看出，溜槽倾角增大时，料流轨迹向靠近炉墙一侧移动，且由于溜槽倾角增大使得炉料在空区内水平方向分速度增大，炉料下落时单位高度对应的径向运动距离变化幅度较大。通过对比不同

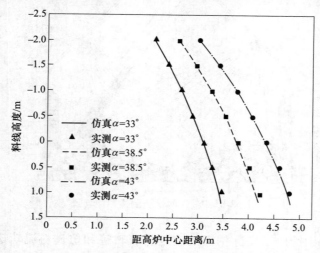

图 8-87　空区料流轨迹的仿真结果与实测结果对比

溜槽倾角布料时仿真计算料流轨迹和现场实测料流轨迹数值，发现两者基本吻合，考虑到测量误差等因素，可认为离散元仿真结果能够较好地反映出实际布料过程，同时也证明了该仿真方法的有效性与可靠性。

除了测量炉料在空区内下落轨迹，还对布料过程中炉料颗粒在料面上分布进行了测量。图 8-88（a）为在炉喉料面上沿过高炉中心的直径方向放置的取样皮带，该皮带宽度约为 1m，在皮带长度方向上则由多个等距离栅格构成，每个栅格宽度约 300mm，定义从位于一端炉墙处的栅格开始编号"1 号、2 号、3 号…"直至另一端。图 8-88（b）为对获取的炉料颗粒进行筛分所用的多个不同孔径的方格筛，以确定各粒级颗粒所占质量分数。具体取样步骤如下：

（1）利用炉顶悬吊机构将皮带从检修人孔放入炉内，并沿直径方向布置；

（2）装入整批矿石炉料；

（3）进入炉内将待分析的若干栅格内的炉料取出并编号，对炉料进行筛分、称重，得到各取样区域内大小颗粒分布情况。

(a)   （b）

图 8-88 炉喉内炉料颗粒取样及筛分设备
（a）取样皮带设置；（b）炉料筛分用的方格筛

表 8-9 为得到的 1~7 号栅格内的不同粒级矿石颗粒的质量分数，其中 1 号栅格位于炉墙边缘处，编号增大表示栅格靠近中心区域，考虑到实际工作量，实验中仅对 1~7 号栅格内炉料进行取样，且取样区域基本覆盖炉料落点区域。

表 8-9 皮带栅格中矿石颗粒质量分数   （单位:%）

编号	<5mm	5~10mm	10~16mm	16~25mm	25~40mm	>40mm
1 号	3.69	18.08	30.12	29.88	12.85	5.38
2 号	4.06	18.88	33.82	25.24	13.18	4.82
3 号	5.77	22.56	35.52	21.54	10.85	3.76
4 号	5.63	23.22	34.18	22.73	11.71	2.53

编号	<5mm	5~10mm	10~16mm	16~25mm	25~40mm	>40mm
5 号	4.57	21.46	34.98	23.29	12.79	2.91
6 号	4.02	21.21	36.68	20.05	13.46	4.58
7 号	3.29	17.53	30.41	26.3	15.62	6.85

图 8-89 为根据上表中数据得到的径向上各取样区域内矿石颗粒质量分数分布。从图中可见，从 1 号至 5 号区域，大颗粒矿石比例逐渐减少，小颗粒比例升高，这与空区下落料流中小颗粒炉料多位于靠近高炉中心的内侧、大颗粒多分布于外侧有关；而在 6 号和 7 号区域，大颗粒比例又逐渐升高、小颗粒含量减少，主要是由于炉料落至料面堆积过程中，大颗粒炉料滚动性较好，使得靠近高炉中心区域大颗粒炉料较多。图中实测矿石颗粒分布规律与前文所分析的仿真结果变化趋势一致，表明仿真模型计算结果有着较高的准确性。

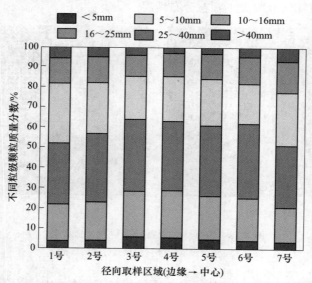

图 8-89   径向各取样区域内的矿石颗粒质量分数分布

8.3   小结

8.3.1   并罐式高炉装料过程炉料颗粒运动及偏析分析研究

本章以实际 5500m³ 并罐式无钟炉顶高炉装料过程为研究对象，根据实际炉顶设备参数建立了 1:1 仿真几何模型，并采用实际生产所用原燃料物性参数及装料制度等作为仿真参数，基于离散单元法分别对焦炭和矿石炉料从料仓至炉喉间的整个装料过程进行了仿真模拟，考虑到并罐高炉皮带运输过程与串罐式高炉相似，主要侧重分析了从炉顶受料斗至炉喉料面间各环节中炉料颗粒运动及偏析分布规律。由于两料罐装料过程关于主皮带对称分布，故只模拟了左料罐装入焦炭和右料罐装入矿石过程。主要结论如下：

（1）并罐式无钟炉顶高炉主要通过换向溜槽实现分别向并列的两个料罐内装料，由于炉料达到炉顶脱离主皮带时具有一定水平方向速度，其会落至换向溜槽侧壁上，并在向下运动过程中在换向溜槽横向截面上发生偏转，换向溜槽末端截面上料流均偏向0°方向一侧，即靠近主皮带头轮方向。

（2）当分别向左、右两料罐装料时，初始时刻料流冲击在远离高炉中心线一侧的料罐内壁上，随着装料进行，料罐内料面升高，炉料落点逐渐向高炉中心线一侧移动。两料罐内焦炭和矿石颗粒分布均呈现"料罐中心附近区域小颗粒较多，边缘区域大颗粒较多"，且右料罐中块矿颗粒集中分布于中上部料层。通过分别对两料罐不同高度位置沿径向和周向划分区域并取样分析，可知料罐径向上焦炭和矿石颗粒平均粒径逐渐增大，但在最外环边缘处平均粒径降低；在周向上，从区域1至8，颗粒平均粒径先增大后减小，约在区域3~5处粒径最大，块矿颗粒主要分布在周向区域4~8内。

（3）在左、右两料罐排料过程中，均呈现料罐中心区域颗粒下降速度较大，边缘区域速度较小，炉料流动呈现"漏斗流"，料罐内颗粒排出先后顺序与装入料罐时顺序差异较大，右罐中块矿颗粒完全排出所需时间远高于其装入时间。通过监测料罐出口处颗粒变化，发现排料过程中焦炭颗粒平均粒径前期缓慢减小、后期急剧增大并在排料末期快速减小，而矿石颗粒平均粒径前期变化幅度较小，后期同样由于大颗粒排出而快速增大；排料过程中，矿石中烧结矿、球团矿和块矿比例也随时间变化，除排料初期和末期，大部分时间内烧结矿比例略低于其整体平均值。此外，排料时大颗粒和小颗粒炉料偏析程度较重，中等粒级颗粒相对质量分数变化不大。

（4）炉料排出料罐后，依次经中间漏斗、中心喉管落至溜槽上，左料罐排料时料流在中心喉管内偏向右侧壁面下行，右料罐排料则偏向左侧壁面下行。在并罐式高炉布料过程中，炉料在溜槽内落点位置随溜槽旋转作周期性变化，使得溜槽内炉料运动轨迹不断变化。溜槽倾角越小，其末端料流偏转程度越小。当达到中心加焦档位时，空区内料流呈竖直下落。

（5）分别仿真分析了炉喉初始料面为"平面"和"平台-漏斗"状时颗粒分布，将炉喉含炉料区域分别沿径向、周向和纵向划分并取样分析。在径向上，次中心及边缘区域颗粒平均粒径较大，中心及中间环带内粒径较小；在周向上，颗粒平均粒径无明显变化，但由布料流量偏析引起的炉料体积变化明显，周向区域7处焦炭总体积最小，周向区域6处矿石体积最大；纵向上，从炉喉底部向上，颗粒平均粒径不断增大。

8.3.2　串罐式高炉装料过程炉料颗粒运动及偏析分析研究

　　高炉装料过程涉及大量不同种类和不同粒度离散颗粒的运动及分布行为，本文引入用于描述离散颗粒运动行为的离散单元法，并建立了颗粒运动数学模型，以实际 4350m³ 串罐式无钟炉顶高炉为研究对象，建立其 1∶1 装料系统几何模型，基于实际生产操作参数，对高炉整个装料过程中各环节内炉料颗粒运动行为及偏析分布进行了仿真分析，阐明了串罐式高炉装料过程中炉料颗粒运动分布规律。此外，在该高炉开炉装料过程中对炉料运动及颗粒分布进行了实际观察与测量，与仿真结果基本吻合，验证了仿真模型的准确性与可靠性。具体结论如下：

　　（1）仿真时料仓中各粒级颗粒同时生成，认为料仓中炉料不存在颗粒偏析，炉料落至皮带后会在料层厚度方向产生粒度偏析，小颗粒渗透至皮带底部，大颗粒较多分布于料层上部，且炉料落至皮带后很快分布稳定，不再随着皮带运动发生进一步的偏析。

　　（2）炉料经过受料斗底部分料器向上料罐装料时，分为 4 股料流，且料流流量和颗粒平均粒径均不相同，分料器中间两个出口处的料流量较大，出口④处颗粒平均粒径最大。因此，上料罐内料面高度周向分布极不均匀，装入焦炭时，在料罐 0°和 270°方向小颗粒焦炭较多，装入矿石炉料时，球团矿颗粒主要聚集在料罐圆周 90°和 180°方向截面附近。在上料罐排料过程中，料罐内炉料呈"漏斗流"下降，料罐出口处焦炭和矿石颗粒平均粒径在排料前期逐渐减小，后期逐渐增大，排料末期时由于壁面处小颗粒的排出使得平均粒径又急剧减小。

　　（3）下料罐装料时，炉料先落至下导料锥上端面再均匀分散至四周，最终料罐内料面高度圆周一致。料罐内炉料颗粒分布并不均匀，径向上，中心区域颗粒平均粒径较大，边缘处平均粒径较小，从料罐中心至边缘球团矿比例不断增大；周向上，在区域 3 处（或相邻区域）颗粒平均粒径最大，在区域 8 处颗粒平均粒径最小，区域 3 处球团矿质量分数最大，达 50.5%。下料罐排料时，料罐内炉料同样呈现"漏斗流"，料罐出口处焦炭和矿石颗粒平均粒径均先减小后增大，排料末期又急剧减小，其中大颗粒和小颗粒炉料偏析程度较为严重，中等粒度颗粒比例变化幅度较小。在排料过程中，矿石中烧结矿和球团矿比例也随时间不断变化，排料前期，球团矿比例低于其平均值，后期则高于其平均值。

　　（4）炉料在溜槽内运动过程中发生偏转，离溜槽末端越近，偏转程度越大。同时，溜槽横截面上颗粒存在偏析，溜槽底面附近小颗粒较多，料层上部大颗粒较多。炉料在空区下落时以一定料流宽度存在，料流内侧小颗粒比例较高，外侧则大颗粒较多，但料流重心位于料流中间位置。炉喉底面为平面时，炉料主要分布在炉墙边缘及中间区域，在炉喉径向上，从中心至边缘，颗粒平均粒径先减小后增大；周向上，颗粒粒度变化很小；纵向上，颗粒平均粒径变化幅度较大，从底部向上，粒径逐渐增大。

（5）通过对比料罐内分别存在导料锥和不存在导料锥对料罐装排料过程的影响，发现导料锥对上料罐排料过程中颗粒平均粒径变化影响较小，当无导料锥时，下料罐内炉料分布差异较大，料面中心高、边缘低，且小颗粒多分布于中心区域，大颗粒较多滚动至边缘区域，与料罐含有导料锥时情况相反。且料罐内无导料锥时，料罐排料时"漏斗流"效应进一步加强，出口处颗粒平均粒径变化幅度巨大。

（6）在高炉开炉装料过程中对料罐装料与排料、空区料流轨迹以及料面处颗粒分布进行了观察与测量，发现料罐内炉料下降行为与仿真结果一致，利用激光网格法测量了炉料在空区内下落轨迹，并与不同角度布料时仿真结果进行对比，两者基本吻合。此外，通过对料面上矿石颗粒分布取样分析可知，炉料落点附近区域颗粒平均粒径较小，炉墙附近及靠近中心区域处颗粒平均粒径较大，与仿真分析趋势一致。通过实测结果与仿真结果的比较，验证了仿真模型的有效性及准确性，证明了该方法对高炉装料过程研究的适用性。

9　大比例球团布料过程离散元仿真

<<<<<<<<<<<<<<<<<<<<<<<<<<<<<<<<<<<<<<<<<<<<<<<<<<<<<<<<<<<<<<<<<<<<<<<<<<<<<<<<

9.1　计算条件

　　高比例球团矿的使用有利于降低燃料比，增加产量，改善高炉指标。但球团矿较烧结矿粒度小，球形度高，会对布料过程炉料分布产生影响。此外，烧结矿呈碱性，球团矿呈酸性，提高球团矿比例后对炉料综合碱度有一定的影响。如何在提高球团矿比例的条件下对高炉顺行不造成影响，是有必要进行详细研究的课题。因此，本节将研究球团矿比例分别为30%、40%、50%和60%时对料面炉料分布的影响，计算时炉料结构为烧结矿和球团矿，矿批为172t，其中烧结矿粒度分布如表9-1所示，球团矿粒度为12mm。布料时初始料面为水平面，布料矩阵如表9-2所示。

表 9-1　烧结矿粒度分布

粒度/mm	<5	5~10	10~16	16~25	25~40	>40
质量分数/%	2.52	13.68	20.72	34.42	18.28	10.38

表 9-2　矿石布料矩阵

角度/(°)	35	33	30	27
圈数	3	7	7	3

9.2　计算结果及讨论

9.2.1　球团矿比例对炉料落点半径的影响

　　图9-1所示为在不同球团矿比例条件下溜槽倾角为33°时0料线炉料落点半径。由图可知，在料面周向上，位于方位角120°左右时炉料落点半径最大，而位于方位角300°左右时炉料落点半径最小，炉料落点半径极差能达到300mm左右。此外，从图中可以看出球团矿比例对料面炉料落点半径的影响较小。

9.2.2　球团矿比例对料面径向炉料粒度分布的影响

　　图9-2所示为不同球团矿比例下料面径向炉料粒度分布情况，由图可知，料面径向上炉料粒度分布呈现"W"形，即料面中心和边缘区域炉料粒度大，而平

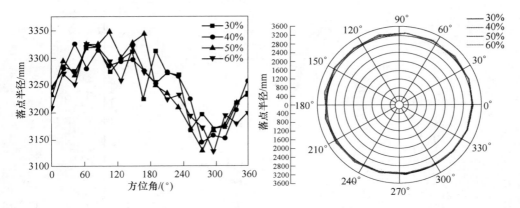

图 9-1　不同球团矿比例对溜槽倾角为 33°时 0 料线落点半径的影响

台区域炉料粒度小。此外，从图中可以看出，随着球团矿比例的提高，料面径向上炉料粒度分布也随之增大。而且料面中心区域炉料粒度增大幅度要大于料面边缘区域炉料粒度增大幅度。

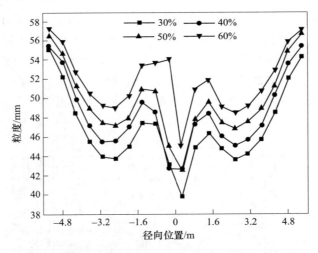

图 9-2　不同球团矿比例对料面径向炉料粒度分布的影响

9.2.3　球团矿比例对料面径向炉料质量分布的影响

图 9-3 所示为不同球团矿比例下料面径向质量粒度分布情况。由图可知，料面径向上炉料质量分布呈现倒"W"形，料面堆尖位置位于料面径向 4m 处左右。此外，从图中可以看出，随着球团矿比例的提高，料面径向上炉料质量分布基本无改变。

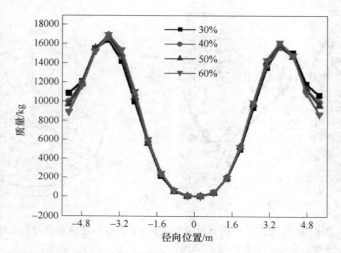

图 9-3　不同球团矿比例对料面径向质量粒度分布的影响

9.2.4　球团矿比例对料面径向炉料碱度分布的影响

图 9-4 ~图 9-7 所示分别为球团矿比例为 30%、40%、50% 和 60% 时料面径向炉料质量分数分布情况。由图可知，烧结矿和球团矿在料面径向上分布不均匀，产生碱度偏析，烧结矿质量分数分布呈现"W"形，而球团矿质量分数分布则呈现倒"W"形，对高炉软熔带位置和炉渣性能有一定的影响。而且，随着球团矿比例的提高，料面径向各区域球团矿质量分数也在相应上升，但依然存在碱度偏析。

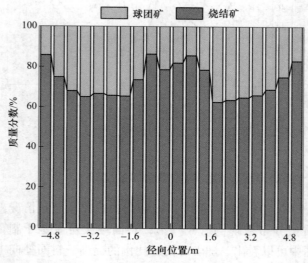

图 9-4　球团矿比例为 30% 时料面径向炉料质量分数分布

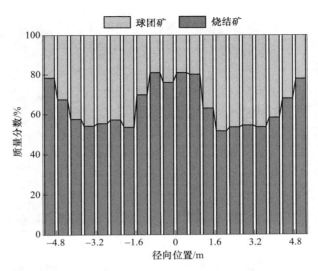

图 9-5　球团矿比例为 40% 时料面径向炉料质量分数分布

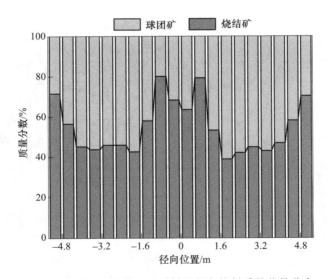

图 9-6　球团矿比例为 50% 时料面径向炉料质量分数分布

　　为研究炉喉处不同径向位置处炉料碱度分布情况，假定京唐烧结矿碱度为 2.0，球团矿碱度为 0.7。图 9-8 所示为不同球团矿比例对料面径向碱度分布的影响。由图可知，随着球团矿比例的提高，料面径向上依然存在碱度偏析。而且料面边缘区域和平台区域的炉料碱度随着球团矿比例的提高而降低，但对料面中心区域的炉料碱度影响较小。

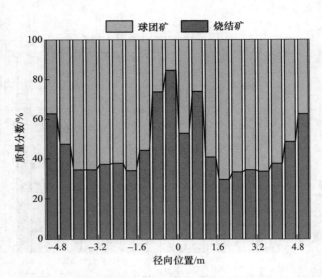

图 9-7　球团矿比例为 60% 时料面径向炉料质量分数分布

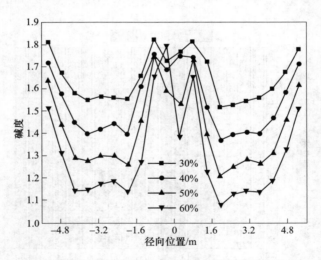

图 9-8　不同球团矿比例对料面径向碱度分布的影响

9.2.5　球团矿比例对料面周向炉料粒度分布的影响

　　图 9-9 所示为不同球团矿比例条件下料面周向上炉料粒度分布情况。由图可知，料面周向上炉料粒度分布较均匀，基本无粒度偏析，有利于高炉圆周工作均匀性。此外，从图中可以看出，炉料在料面周向上各方位角的粒度随着球团矿比例的提高而增大。

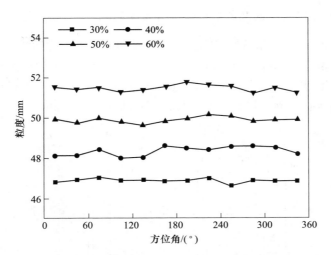

图 9-9　不同球团矿比例对料面周向炉料粒度分布的影响

9.2.6　球团矿比例对料面周向炉料质量分布的影响

图 9-10 所示为不同球团矿比例条件下炉料在料面周向上质量分布情况。由图可知，炉料质量分布在料面周向上呈现倒"V"形，在方位角 180°处达到最大值，而在方位角 45°时处于最小值。同时，从图中可以看出，球团矿比例对料面周向上炉料质量分布的影响基本可以忽略。

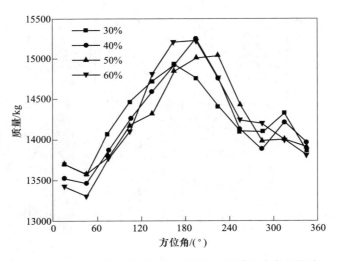

图 9-10　不同球团矿比例对料面周向炉料质量分布的影响

9.2.7   球团矿比例对料面周向炉料碱度分布的影响

图 9-11 ~图 9-14 所示分别为球团矿比例为 30%、40%、50% 和 60% 时料面周向炉料质量分数分布情况。由图可知，在料面周向上烧结矿和球团矿基本分布均匀，基本无碱度偏析。而且炉料在料面周向上质量分数分布与炉料结构相同。球团矿比例仅影响料面周向炉料碱度，对料面周向碱度偏析影响甚微。

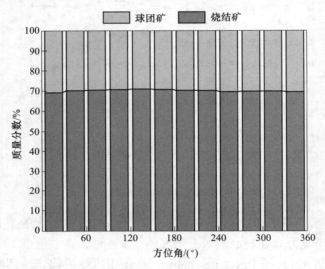

图 9-11   球团矿比例为 30% 时料面周向炉料质量分数分布

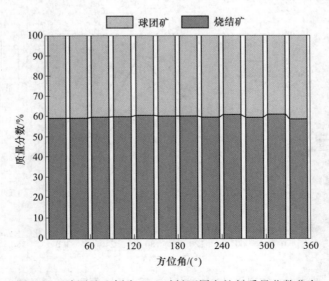

图 9-12   球团矿比例为 40% 时料面周向炉料质量分数分布

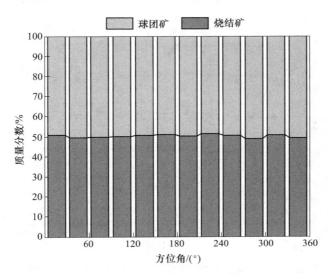

图 9-13 球团矿比例为 50%时料面周向炉料质量分数分布

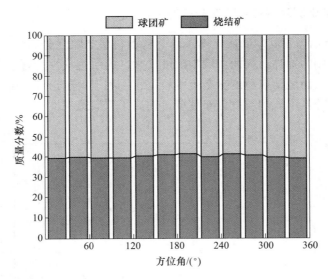

图 9-14 球团矿比例为 60%时料面周向炉料质量分数分布

为分析球团矿比例对料面周向炉料碱度分布的影响，假定京唐烧结矿碱度为2.0，球团矿碱度为0.7。图9-15所示为不同球团矿比例对料面周向炉料碱度分布的影响。由图可知，球团矿比例的提高，对料面周向炉料碱度偏析影响较小。但料面周向上炉料碱度随着球团矿比例的提高而降低，在高炉实际操作过程中，若提高入炉球团矿比例，应提高烧结矿碱度或制造碱性球团矿。

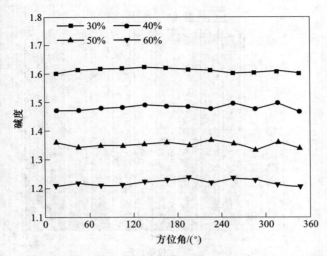

图 9-15　不同球团矿比例对料面周向炉料碱度分布的影响

9.2.8　球团矿比例对料层空隙度分布的影响

图 9-16 所示为不同球团矿比例条件下料面料层空隙度分布情况。由图可知，随着球团矿比例的提高，料面料层空隙度增大，料层透气性变好。这是由于球团矿粒径较均匀，而烧结矿粒度分布范围较宽，不利于料层透气。随着球团矿比例的提高，侧面降低了入炉粒度分布宽度，提高了料层透气性。

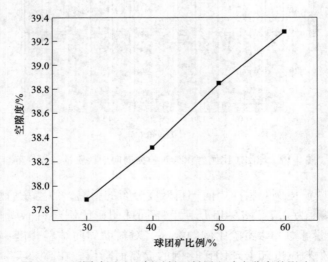

图 9-16　不同球团矿比例对料面料层空隙度分布的影响

9.3 球团矿比例对综合炉料冶金性能的影响

9.3.1 球团矿比例对综合炉料低温还原粉化性能的影响

（1）试验原理。还原粉化指数 RDI 表示还原后的铁矿石通过转鼓试验后的粉化程度。分别用转鼓试验后筛分得到的 >6.30mm、>3.15mm 和 <500μm 的物料质量与还原后和转鼓前试样总质量之比的百分数表示。并分别用 RDI+6.3、RDI+3.15 和 RDI-0.5 三个代号加以表达。

一定粒度范围的试样，在固定床中，在 500℃ 的温度下，用由 CO、CO_2 和 N_2 组成的还原气体进行静态处理。还原 1h 后，将试样冷却到 100℃ 以下，用小转鼓共转 300r，然后用孔宽为 6.30mm、3.15mm 和 500μm 的方孔筛进行筛分。

（2）试验条件。本试验中，试验气体成分为 20%CO、20%CO_2 和 60%N_2。在整个试验期间，还原气体的标态流量为 （15±1）L/min，试样在 500℃ 的温度下还原，在整个试验期间保持 （500±10）℃。

（3）试验设备与材料。试验中使用的设备与材料包括还原气体、还原管、还原炉、转鼓、称量装置、试验筛。

（4）试验试样。通过筛分得到粒度范围 10.0~12.5mm 的试验试样 （见图 9-17），然后，用随机的方法取得本试验用的球团矿、块矿和烧结矿。试验前试验试样在 （105±5）℃ 的温度下烘干，烘干时间不小于 2h，然后冷却至室温，并保存于干燥器中。

（5）试验步骤。取试样质量 500g，将其放到还原管中，并将试样表面铺平。封闭还原管的顶部，将惰性气体通入还原管，标态流量为 5L/min，接着将还原管置于还原炉中，并将其悬挂在称量装置的中心，保证反应管不与炉子或加热元件接触。还原管放入炉内时，炉内温度不得高于 200℃。然后开始加热，升温速度不得大于 10℃/min。当试样达到 500℃ 时，增大惰性气体标态流量到 15L/min。在 500℃ 恒温 30min，使试样的质量 m_1 达到恒量，温度波动在 （500±10）℃ 之内。

以标态流量为 15L/min 的还原气体代替惰性气体，还原 1h。还原 1h 后，停止通还原气体，并向还原管中通入惰性气体，标态流量为 5L/min，将还原管连同试样提出炉外进行冷却。

（6）试验结果。图 9-18 所示为球团矿比例对综合炉料低温还原分数指数的影响，由图可知，随着球团矿比例的提高，RDI+6.5 和 RDI+3.15 指标也随之提高，而 RDI-0.5 指标随之降低，这说明综合炉料低温还原粉化率随球团矿比例的提高而降低。

9.3.2 球团矿比例对综合炉料软熔滴落性能的影响

（1）试验原理。烧结矿不是纯物质的晶体，没有固定的熔点，它具有一定

图 9-17 试验试样

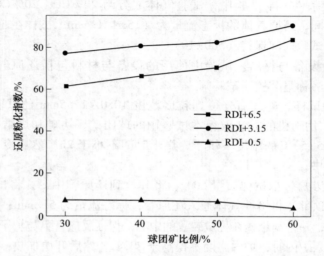

图 9-18 球团矿比例对综合炉料低温还原分数指数的影响

范围的软熔区间。在高炉生产中，为了保持较多的气-固相间的稳定操作，要求烧结矿熔化温度高。为了保持较窄的软熔带，要求软熔温度区间窄。烧结矿软化结束后，炉料在高炉内继续往下运动，被上升的煤气进一步加热和还原，烧结矿开始熔融，在熔渣和金属达到自由流动并积聚成滴前，软熔层中透气性极差，煤气透过受阻，因此出现较大的压力降。

（2）试验条件。本试验中，试验气体成分为 30%CO 和 70%N_2。在整个试验期间，还原气体的标态流量为（15±1）L/min。

升温速度：室温 ~ 900℃：10℃/min；900 ~ 1000℃：2℃/min；> 1000℃：5℃/min。

（3）试验设备与材料。包括还原气体、熔滴炉（见图 9-19）。

图 9-19 熔滴炉

（4）试验试样。通过筛分得到粒度范围 10.0~12.5mm 的试验试样，然后，用随机的方法取得本试验用的球团矿、块矿和烧结矿。试验前试验试样在（105±5)℃的温度下烘干，烘干时间不小于 2h，然后冷却至室温，并保存于干燥器中。

（5）试验步骤。采用铁矿石高温还原软熔滴落性能检测装置对烧结试样的软化和熔滴性能进行检测，试样在 N_2 气氛下升温至500℃后改通还原性气体，气体流量为 15L/min。分别将试样高度收缩 10% 和 40% 的温度确定为开始软化 T_{10} 和软化终了 T_{40} 温度，以 T_{50}~T_{10} 表示软化温度区间。将压差陡升的温度确定为开始熔融温度 T_S，第一滴液体滴落的温度为开始滴落温度 T_D，以 T_D~T_S 表示熔滴温度区间。

（6）试验结果。图 9-20 所示为球团矿比例对综合炉料软熔滴落性能的影响，

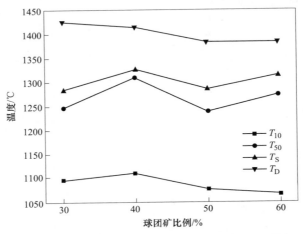

图 9-20 球团矿比例对综合炉料软熔滴落性能的影响

由图可知，随着球团矿比例的提高，综合炉料试样高度收缩 10% 时的温度与开始滴落温度也随之降低，而综合炉料试样高度收缩 50% 时的温度与开始软熔温度则呈现波动，无明显规律。

9.4 小结

本章分析了不同球团矿比例对料面炉料落点半径、料面径向炉料质量分布、料面径向炉料粒度分布、料面径向炉料碱度分布、料面周向炉料质量分布、料面周向炉料粒度分布、料面周向炉料碱度分布和料面料层空隙度分布的影响，主要得出以下结论。

（1）球团矿对料面炉料落点半径、料面径向炉料质量分布、料面周向炉料质量分布影响较小。

（2）随着球团矿比例提高，料面径向炉料粒度分布、料面周向炉料粒度分布和料面料层空隙度分布也相应提高，但料面径向炉料碱度分布和料面周向炉料碱度分布逐渐变小。

（3）实际生产过程中，提高入炉球团矿比例有利于提高料层炉料平均粒径和料层空隙度，增强料层透气性，降低压差。但提高入炉球团矿比例的同时应提高烧结矿碱度或制造碱性球团矿，以稳定软熔带位置和炉渣性能。

（4）随着球团矿比例的提高，RDI+6.5 和 RDI+3.15 指标也随之提高，而 RDI-0.5 指标随之降低，这说明综合炉料低温还原粉化率随球团矿比例的提高而降低。

（5）随着球团矿比例的提高，综合炉料试样高度收缩 10% 时的温度与开始滴落温度也随之降低，而综合炉料试样高度收缩 50% 时的温度与开始软熔温度则呈现波动，无明显规律。

10 1:1并罐无钟炉顶高炉布料试验测试

10.1 试验目的

（1）找出某企业 5500m³ 并罐高炉布料过程中溜槽极限角和失控最小角，为某企业高炉操作时制定布料矩阵提供指导；

（2）对比分析圆溜槽和方溜槽对某企业高炉布料过程中炉料分布偏析的影响，为某企业高炉采用圆溜槽或方溜槽提供依据；

（3）对比分析中心喉管直径分别为 650mm 和 730mm 对某企业高炉布料过程中炉料分布偏析的影响，为某企业高炉设计中心喉管大小提供依据；

（4）对比分析球团矿比例分别为 30%、40%、50% 和 60% 对某企业高炉布料过程中炉料分布偏析的影响，为某企业高炉提高球团矿比例生产提供指导；

（5）分析某企业高炉料面径向和周向上粒度分布，为某企业高炉上料过程中制定不同料种的时序提供指导。

10.2 试验意义

在并罐高炉布料过程中，由于炉料流经中心喉管时偏行于一侧，导致炉料经溜槽布至料面后产生偏析，主要表现为炉料落点轨迹在料面周向上为非椭圆，且料层厚度在料面周向上分布不均匀，进而造成高炉圆周方向上矿焦比分布不一，影响高炉圆周工作均匀性。不同溜槽结构和喉管直径大小对炉料落点影响较大，研究清楚溜槽结构和喉管直径大小对并罐高炉料面炉料分布的影响具有重要的意义。因此，通过本试验，可以为某企业高炉采用何种溜槽和喉管提供依据，减少并罐高炉布料过程中产生的偏析，提高某企业高炉煤气利用率。

10.3 试验内容

（1）溜槽布料时碰撞极限角和失控极限角；

（2）不同溜槽倾角下（39°、37°和35°）焦炭和矿石布料料流宽度及落点轨迹测定；

（3）入炉球团矿比例大小（30%、40%、50%和60%）对炉料落点轨迹的影响测定；

（4）溜槽转速对炉料落点轨迹影响测定；

（5）溜槽类型（圆形溜槽和方溜槽）对炉料落点轨迹影响测定；

（6）中心喉管直径大小（650mm 和 730mm）对炉料落点轨迹影响测定；

（7）料面径向及周向焦炭和矿石粒度分布测定；

（8）料面径向及周向焦炭和矿石流量分布测定。

10.4　试验装置

试验设备主要分为五个部分：料罐、阀箱（包括下密封阀和料流调节阀）、中间漏斗、布料装置和炉顶钢圈。其炉顶系统设备总图如图 10-1 所示，圆溜槽与方溜槽模型如图 10-2 所示，炉顶系统主要技术参数如表 10-1 所示。

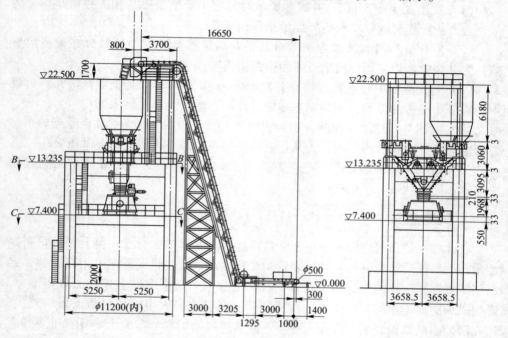

图 10-1　炉顶系统设备总图

表 10-1　炉顶系统主要技术参数

参　数	数值	参　数	数值
下密封阀直径/mm	1100	溜槽长度/mm	4500
料流调节阀直径/mm	1000	溜槽旋转速度/s·r⁻¹	8.5
料流调节阀排料能力/m³·s⁻¹	0.7	溜槽倾动速度/(°)·s⁻¹	0~1.6
中心喉管直径/mm	73	圆溜槽半径/mm	505
方溜槽深度/mm	570	方溜槽宽度/mm	950

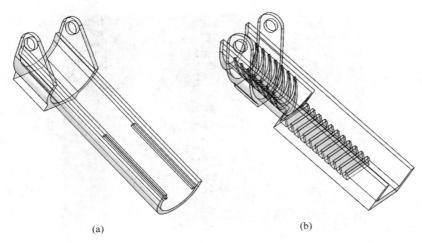

(a)　　　　　　　　　　　　　　　(b)

图 10-2　圆溜槽与方溜槽模型图
（a）圆溜槽；（b）方溜槽

10.5　试验方法

10.5.1　单环布料落点轨迹测量方法

　　单环布料时，为了测量不同溜槽倾角的炉料落点半径和料流宽度，在 0.3m 料线处安装网格，分别测量炉喉周向 12 个方向上的炉料落点半径，如图 10-3 所示。图 10-4 所示为实际网格搭建现场图，料盒用来记录炉喉周向 4 个方向上的炉料流量。每次单环布料完成后，会在 PVC 管上留下落点痕迹，如图 10-5 所示，在测量落点半径时则基于炉喉中心进行测量。

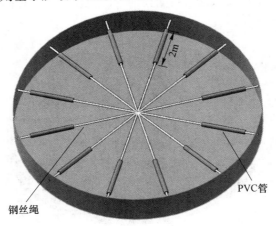

图 10-3　网格搭建示意图

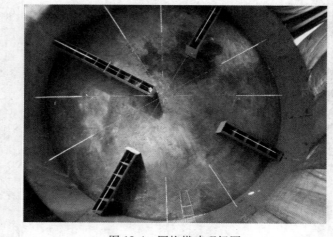

图 10-4   网格搭建现场图

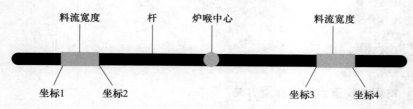

图 10-5   料流宽度示意图

10.5.2   多环布料粒度分布测量方法

多环布料时，主要通过料盒来测量料面径向上的炉料粒度分布。因此，在料面径向上共搭建 9 个料盒来分析料面径向上的粒度分布，如图 10-6 所示。图10-7 所示为料盒搭建现场图。

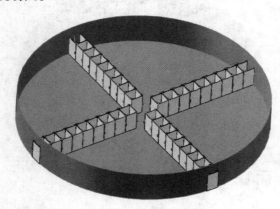

图 10-6   料盒搭建示意图

图 10-7　料盒搭建现场图

10.5.3　炉喉中心标定

由于单环布料时 12 个方向上的落点半径均基于炉喉中心进行测量，因此，在进行试验前需要找出炉喉中心。试验前大阀箱上盖尚未关闭，因此可通过大阀箱使用重锤经过喉管中心到达料面，以此找出炉喉中心，如图 10-8 所示。

图 10-8　炉喉中心标定

10.5.4　溜槽 α 角标定

在溜槽布料过程中，α 角的准确性对试验结果具有重要的意义。因此，在试验之前，需要对溜槽的倾角进行标定。利用量角器可以对溜槽实际倾角进行测量，测得实际溜槽倾角为 35.5°，如图 10-9 所示，而控制系统中溜槽倾角为35.1°，结果表明溜槽实际倾角与控制系统中溜槽倾角基本吻合。

图 10-9 溜槽 α 角标定

10.6 试验结果及分析

10.6.1 溜槽结构对炉料落点分布的影响

图 10-10~图 10-12 所示分别为溜槽倾角为 35°、37° 和 39° 时焦炭 0.3m 料线落点轨迹,对比分析了溜槽结构对炉料落点分布的影响。由图可知,使用方溜槽时,炉料在料面周向不同方位时的料流宽度基本保持一致。而使用圆溜槽时,炉料在料面周向 210°~360° 时料流宽度较宽,而在料面周向其他方位时料流宽度较窄。而且使用方溜槽时炉料的料流宽度要小于使用圆溜槽时炉料的料流宽度。此外,从图中我们可以发现,使用方溜槽时炉料落点半径要比使用圆溜槽时落点半径小,因此当圆溜槽被方溜槽替换后,布料矩阵角度应当外扬。

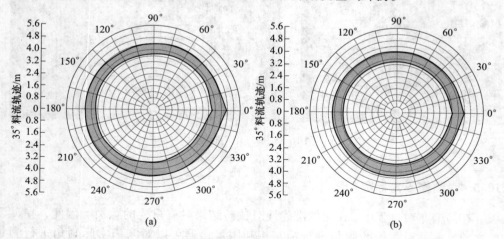

图 10-10 溜槽倾角为 35° 时焦炭 0.3m 料线落点轨迹

（a）圆溜槽；（b）方溜槽

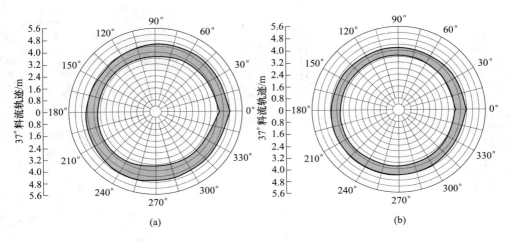

图 10-11　溜槽倾角为 37°时焦炭 0.3m 料线落点轨迹
（a）圆溜槽；（b）方溜槽

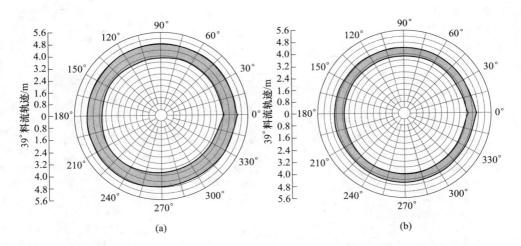

图 10-12　溜槽倾角为 39°时焦炭 0.3m 料线落点轨迹
（a）圆溜槽；（b）方溜槽

　　图 10-13 所示为不同溜槽倾角时焦炭 1.3m 料线落点轨迹，从图中可以看出，使用方溜槽时炉料的落点偏析要小于使用圆溜槽时炉料的落点偏析。同时，当溜槽倾角为 39°时，使用圆溜槽时料面周向上炉料最大落点半径接近 4.8m，当料流宽度为 1m 时，此时焦炭料流外侧已碰到炉墙。因此，焦炭的布料碰点角度为 39°。

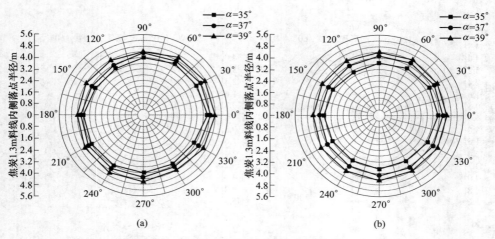

图 10-13   不同溜槽倾角时焦炭 1.3m 料线落点轨迹
（a）圆溜槽；（b）方溜槽

图 10-14~图 10-19 为使用圆溜槽和方溜槽在不同溜槽倾角下布完料后形成的料面，从图中可以看出，当使用圆溜槽时，在料面周向位置 7~10 之间时料流宽度较宽，在料面周向位置 1~4 之间时料流宽度较窄。而当使用方溜槽时，炉料在料面周向不同方位时的料流宽度均保持一致，偏差较小。

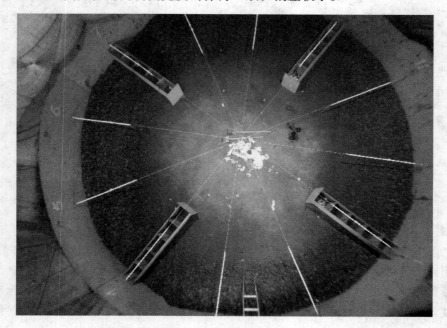

图 10-14   圆溜槽倾角为 35°时焦炭 1.3m 料线落点轨迹

图 10-15　圆溜槽倾角为 37°时焦炭 1.3m 料线落点轨迹

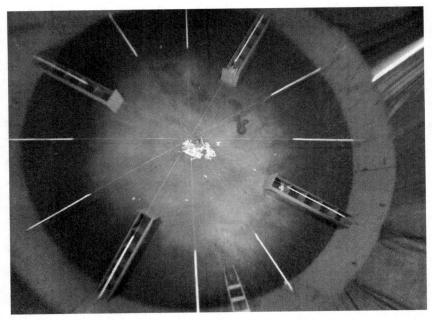

图 10-16　圆溜槽倾角为 39°时焦炭 1.3m 料线落点轨迹

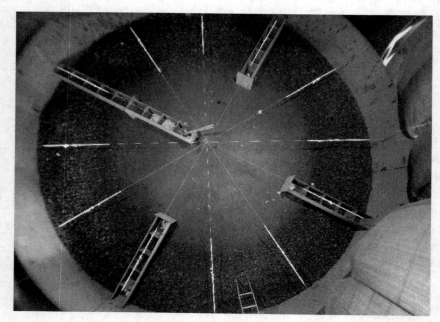

图 10-17 方溜槽倾角为 35°时焦炭 1.3m 料线落点轨迹

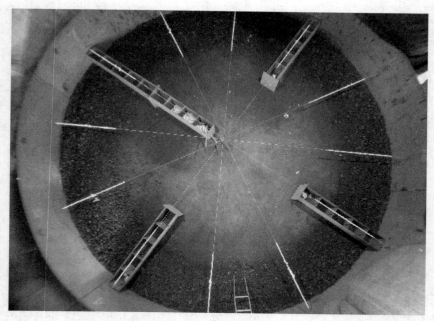

图 10-18 方溜槽倾角为 37°时焦炭 1.3m 料线落点轨迹

图 10-19 方溜槽倾角为 39°时焦炭 1.3m 料线落点轨迹

图 10-20 ~图 10-22 所示分别为溜槽倾角为 35°、37°和 39°时矿石 0.3m 料线落点轨迹，对比分析了溜槽结构对炉料落点分布的影响。由图可知，使用方溜槽时，炉料在料面周向不同方位时的料流宽度基本保持一致。而使用圆溜槽时，炉料在料面周向 210°~360°时料流宽度较宽，而在料面周向其他方位时料流宽度较

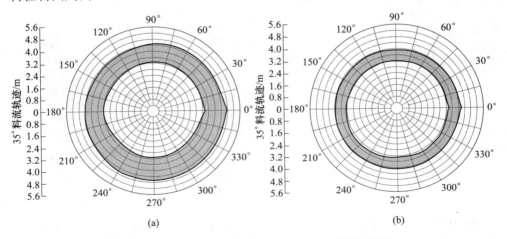

(a) (b)

图 10-20 溜槽倾角为 35°时矿石 0.3m 料线落点轨迹

(a) 圆溜槽；(b) 方溜槽

窄。而且使用方溜槽时炉料的料流宽度要明显小于使用圆溜槽时炉料的料流宽度。此外，从图中我们可以发现，使用方溜槽时炉料料流宽度外侧落点半径要比使用圆溜槽时落点半径小，因此当圆溜槽被方溜槽替换后，布料矩阵角度应当外扬。

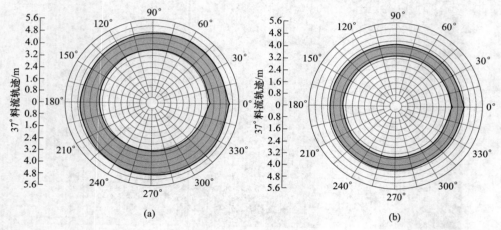

图 10-21 溜槽倾角为 37°时矿石 0.3m 料线落点轨迹
（a）圆溜槽；（b）方溜槽

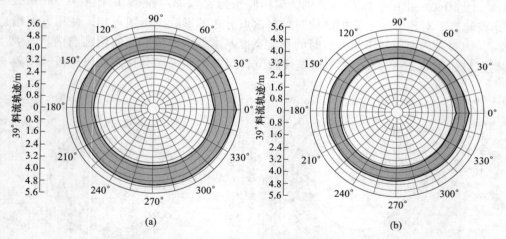

图 10-22 溜槽倾角为 39°时矿石 0.3m 料线落点轨迹
（a）圆溜槽；（b）方溜槽

图 10-23 所示为不同溜槽倾角时矿石 1.3m 料线落点轨迹，从图中可以看出，使用方溜槽时炉料的落点偏析要小于使用圆溜槽时炉料的落点偏析。同时，当溜槽倾角为 37°时，使用圆溜槽时料面周向上炉料最大落点半径接近 4.0m，当料流

宽度为 1.5m 时，此时矿石料流外侧已碰到炉墙。因此，矿石的布料碰点角度为 37°。

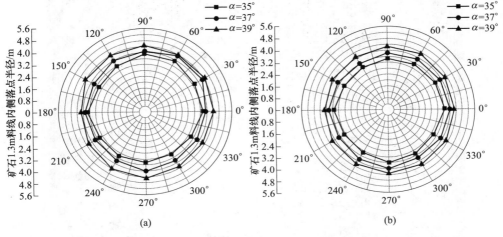

图 10-23 不同溜槽倾角时矿石 1.3m 料线落点轨迹
(a) 圆溜槽；(b) 方溜槽

图 10-24～图 10-29 为使用圆溜槽和方溜槽在不同溜槽倾角下布完料后形成的料面，从图中可以看出，当使用圆溜槽时，在料面周向位置 7～10 之间时料流宽

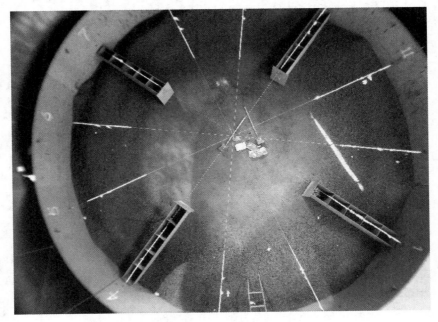

图 10-24 圆溜槽倾角为 35°时矿石 1.3m 料线落点轨迹

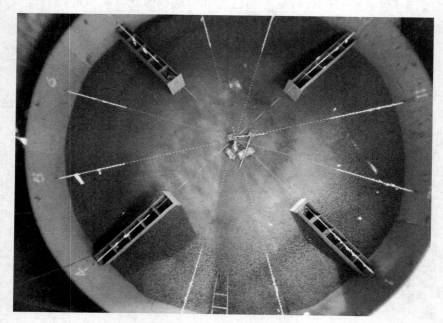

图 10-25 圆溜槽倾角为 37°时矿石 1.3m 料线落点轨迹

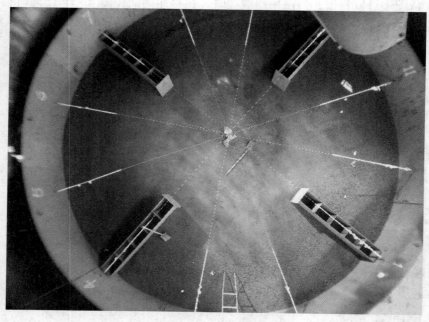

图 10-26 圆溜槽倾角为 39°时矿石 1.3m 料线落点轨迹

图 10-27 方溜槽倾角为 35°时矿石 1.3m 料线落点轨迹

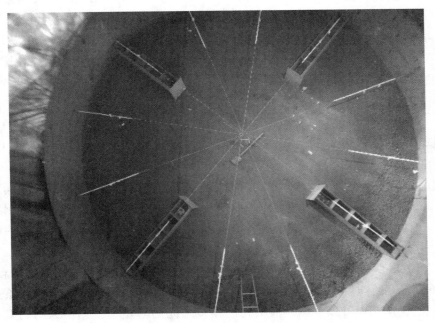

图 10-28 方溜槽倾角为 37°时矿石 1.3m 料线落点轨迹

图 10-29 方溜槽倾角为 39°时矿石 1.3m 料线落点轨迹

度较宽，在料面周向位置 1~4 之间时料流宽度较窄，并且从图 10-24~图 10-26 中可以看出，在料面周向位置 4~11 之间炉料在料面上出现两个堆尖位置。而当使用方溜槽时，炉料在料面周向不同方位时的料流宽度均保持一致，偏差较小，而且在整个料面周向上炉料只有一个堆尖位置。因此，可以看出方溜槽比圆溜槽具有更好的控制料流效果。

10.6.2 喉管直径对炉料落点分布的影响

图 10-30~图 10-32 所示分别为方溜槽倾角为 35°、37°和 39°时焦炭 0.3m 料线落点轨迹，对比分析了喉管直径大小对炉料落点分布的影响。由图可知，分别使用 730mm 喉管和 650mm 喉管时，炉料料流外侧落点半径基本相同。使用 650mm 喉管时料流内侧落点半径要略小于使用 730mm 喉管时料流内侧落点半径。因此，使用 650mm 喉管时料流宽度要略大于使用 730mm 喉管时的料流宽度。

图 10-33 所示为不同溜槽倾角时焦炭 1.3m 料线落点轨迹，从图中可以看出，使用 650mm 喉管时料流内侧落点半径要小于使用 730mm 喉管时料流内侧落点半径。同时，从图中可以看出，溜槽每个档位之间的落点半径差值大约为 0.4m。此外，从图中可以看出，喉管直径大小对落点偏析的影响不如溜槽结构。

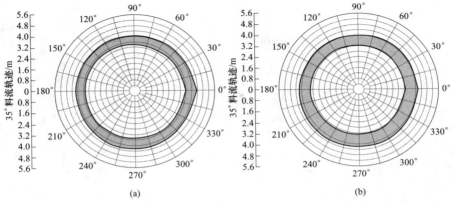

图 10-30 溜槽倾角为 35°时焦炭 0.3m 料线落点轨迹
(a) 730mm 喉管；(b) 650mm 喉管

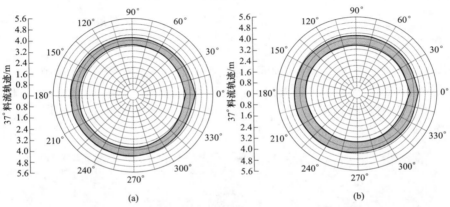

图 10-31 溜槽倾角为 37°时焦炭 0.3m 料线落点轨迹
(a) 730mm 喉管；(b) 650mm 喉管

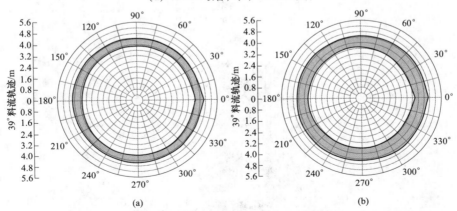

图 10-32 溜槽倾角为 39°时焦炭 0.3m 料线落点轨迹
(a) 730mm 喉管；(b) 650mm 喉管

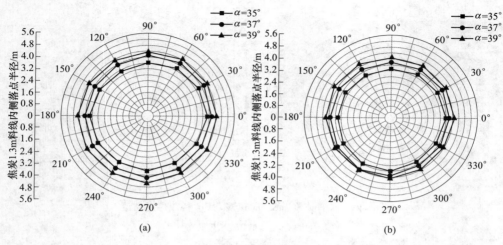

图 10-33 不同溜槽倾角时焦炭 1.3m 料线落点轨迹

(a) 730mm 喉管；(b) 650mm 喉管

图 10-34~图 10-39 为使用 730mm 喉管和 650mm 喉管在不同溜槽倾角下布完料后形成的料面，从图中可以看出，当使用 650mm 喉管时，炉料堆尖内侧点要较小；当使用 730mm 喉管时，炉料堆尖内侧点要较大。同时可以看出，喉管对炉料落点偏析的影响没有溜槽结构大。

图 10-34 730mm 喉管溜槽倾角为 35°时焦炭 1.3m 料线落点轨迹

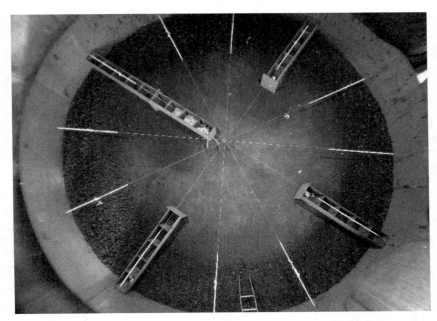

图 10-35　730mm 喉管溜槽倾角为 37°时焦炭 1.3m 料线落点轨迹

图 10-36　730mm 喉管溜槽倾角为 39°时焦炭 1.3m 料线落点轨迹

图 10-37　650mm 喉管溜槽倾角为 35°时焦炭 1.3m 料线落点轨迹

图 10-38　650mm 喉管溜槽倾角为 37°时焦炭 1.3m 料线落点轨迹

图 10-39　650mm 喉管溜槽倾角为 39°时焦炭 1.3m 料线落点轨迹

　　图 10-40 ~ 图 10-42 所示分别为溜槽倾角为 35°、37° 和 39°时矿石 0.3m 料线落点轨迹，对比分析了喉管直径大小对炉料落点分布的影响。由图可知，分别使用 650mm 喉管和 730mm 喉管时，炉料料流外侧落点半径基本相同。使用 650mm 喉管时料流内侧落点半径要略小于使用 730mm 喉管时料流内侧落点半径。因此，使用 650mm 喉管时料流宽度要略大于使用 730mm 喉管时的料流宽度。

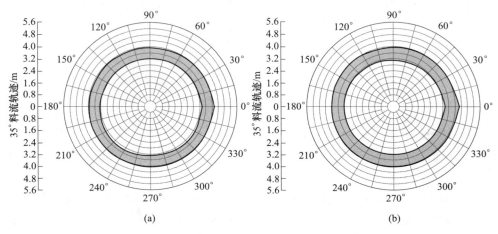

图 10-40　溜槽倾角为 35°时矿石 0.3m 料线落点轨迹

（a）730mm 喉管；（b）650mm 喉管

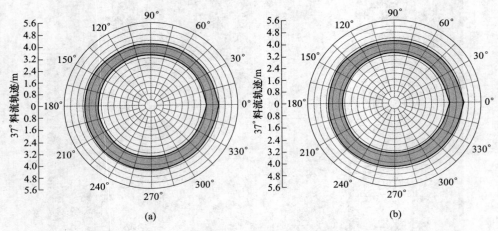

图 10-41 溜槽倾角为 37°时矿石 0.3m 料线落点轨迹
(a) 730mm 喉管;(b) 650mm 喉管

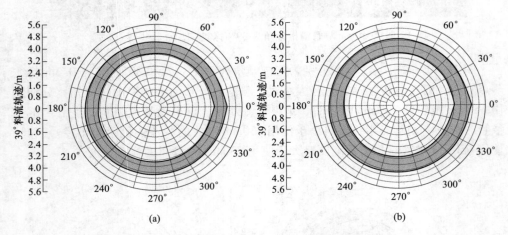

图 10-42 溜槽倾角为 39°时矿石 0.3m 料线落点轨迹
(a) 730mm 喉管;(b) 650mm 喉管

图 10-43 所示为不同喉管直径时矿石 1.3m 料线落点轨迹,从图中可以看出,在使用方溜槽的情况下,喉管直径大小对落点半径和落点偏析的影响较小。

图 10-44 ~图 10-49 为使用 730mm 喉管和 650mm 喉管在不同溜槽倾角下布完料后形成的料面,从图中可以看出,当使用 650mm 喉管时,炉料堆尖内侧点要较小;当使用 730mm 喉管时,炉料堆尖外侧点要较大。同时可以看出,在使用方溜槽的情况下,喉管直径对炉料落点偏析的影响较小。

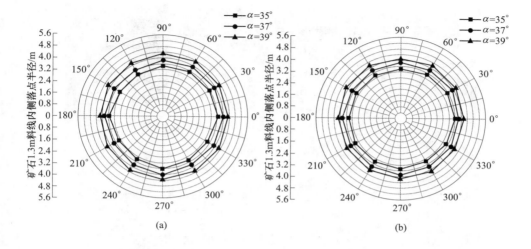

图 10-43　不同溜槽倾角时矿石 1.3m 料线落点轨迹

（a）730mm 喉管；（b）650mm 喉管

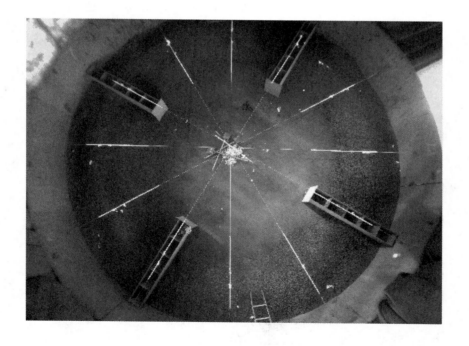

图 10-44　730mm 喉管溜槽倾角为 35°时矿石 1.3m 料线落点轨迹

图 10-45　730mm 喉管溜槽倾角为 37°时矿石 1.3m 料线落点轨迹

图 10-46　730mm 喉管溜槽倾角为 39°时矿石 1.3m 料线落点轨迹

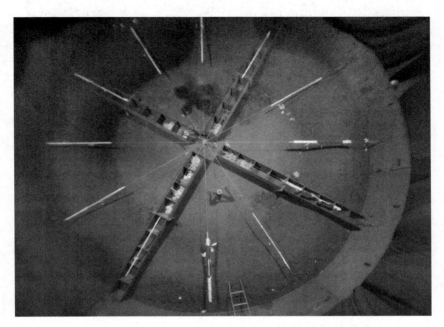

图 10-47 650mm 喉管溜槽倾角为 35°时矿石 1.3m 料线落点轨迹

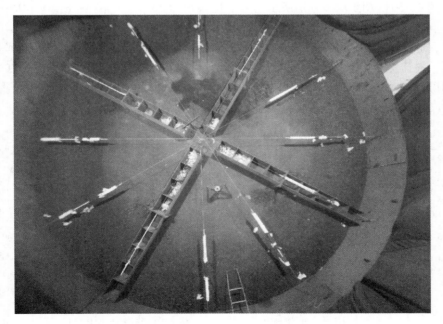

图 10-48 650mm 喉管溜槽倾角为 37°时矿石 1.3m 料线落点轨迹

图 10-49　650mm 喉管溜槽倾角为 39°时矿石 1.3m 料线落点轨迹

10.6.3　球团矿比例对炉料落点分布的影响

图 10-50 ~图 10-52 分别所示为方溜槽倾角为 35°、37°和 39°时矿石 0.3m 料线落点轨迹，对比分析了球比分别为 30%和 40%时对炉料落点分布的影响。由图可知，球比 30%和 40%时无论是料流内侧落点半径还是料流外侧落点半径都基本相同，料流宽度分布规律亦是如此。因此，可以看出球比 40%时对炉料落点半径影响可以忽略不计。

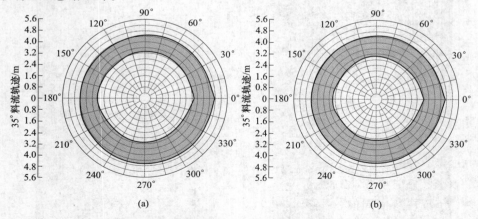

图 10-50　溜槽倾角为 35°时矿石 0.3m 料线落点轨迹
(a) 球比 30%；(b) 球比 40%

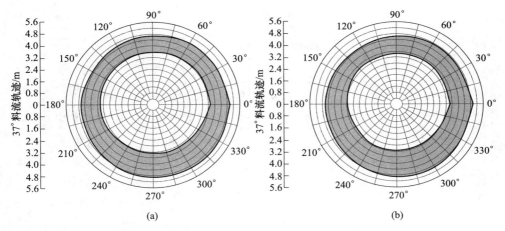

图 10-51　溜槽倾角为 37°时矿石 0.3m 料线落点轨迹
（a）球比 30%；（b）球比 40%

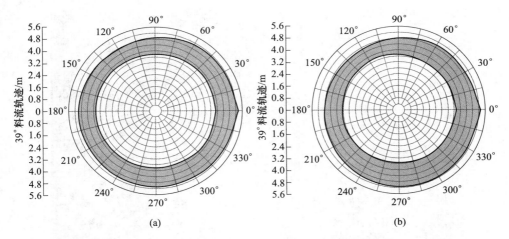

图 10-52　溜槽倾角为 39°时矿石 0.3m 料线落点轨迹
（a）球比 30%；（b）球比 40%

　　图 10-53 所示为不同溜槽倾角时矿石 1.3m 料线落点轨迹，从图中可以看出，球比分别为 30% 和 40% 时其炉料落点分布规律基本相同。

　　图 10-54～图 10-59 为球比分别为 30% 和 40% 时在不同溜槽倾角下布完料后形成的料面，从图中可以看出，在料面周向位置 7～10 之间时料流宽度较宽，且料层较厚，而在料面周向位置 1～4 之间时料流宽度较窄，且料层较薄。并且从图 10-54～图 10-56 中可以看出，在料面周向位置 4～11 之间炉料在料面上出现两个堆尖位置。

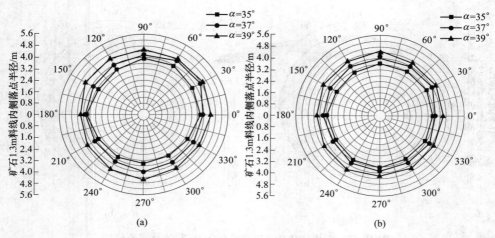

图 10-53 不同溜槽倾角时矿石 1.3m 料线落点轨迹

（a）球比 30%；（b）球比 40%

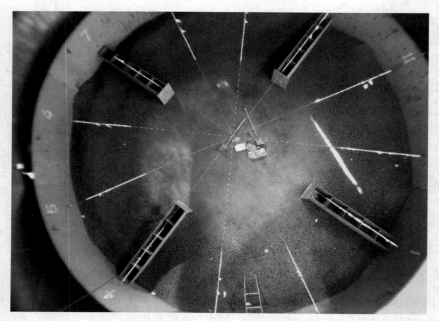

图 10-54 球比 30%时溜槽倾角为 35°时矿石 1.3m 料线落点轨迹

图 10-60~图 10-62 分别所示为溜槽倾角为 35°、37°和 39°时矿石 0.3m 料线落点轨迹，对比分析了球比分别为 50%和 60%时对炉料落点分布的影响。由图可知，球比 50%和 60%时无论是料流内侧落点半径还是料流外侧落点半径都基本相同，料流宽度分布规律亦是如此。

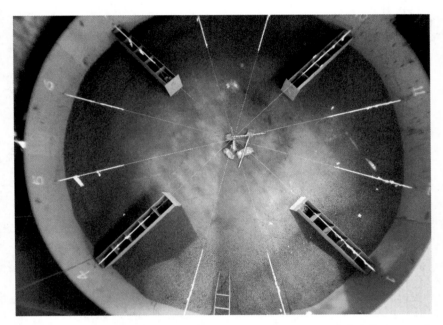

图 10-55 球比 30%时溜槽倾角为 37°时矿石 1.3m 料线落点轨迹

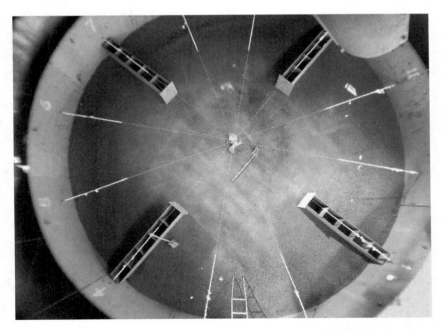

图 10-56 球比 30%时溜槽倾角为 39°时矿石 1.3m 料线落点轨迹

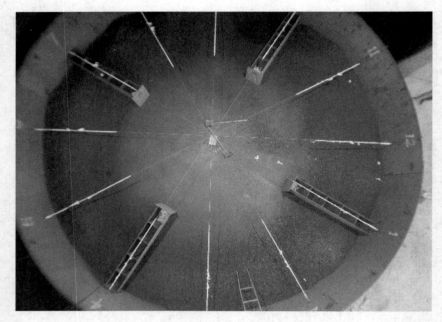

图 10-57 球比 40%时溜槽倾角为 35°时矿石 1.3m 料线落点轨迹

图 10-58 球比 40%时溜槽倾角为 37°时矿石 1.3m 料线落点轨迹

图 10-59　球比 40%时溜槽倾角为 39°时矿石 1.3m 料线落点轨迹

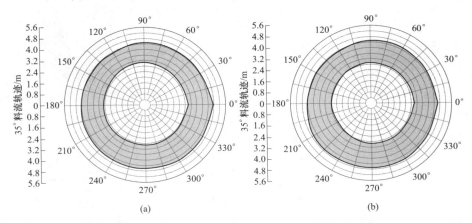

(a)　　　　　　　　　　　(b)

图 10-60　溜槽倾角为 35°时矿石 0.3m 料线落点轨迹

（a）球比 50%；（b）球比 60%

图 10-63 所示为不同溜槽倾角时矿石 1.3m 料线落点轨迹，从图中可以看出，球比分别为 50%和 60%时其炉料落点分布规律基本相同。

图 10-64~图 10-69 为球比分别为 50%和 60%时在不同溜槽倾角下布完料后形成的料面，从图中可以看出，在料面周向位置 7~10 之间时料流宽度较宽，且料层较厚，而在料面周向位置 1~4 之间时料流宽度较窄，且料层较薄。并且从图 10-64 ~图 10-69 中可以看出，在料面周向位置 4~11 之间炉料在料面上出现两个堆尖位置。

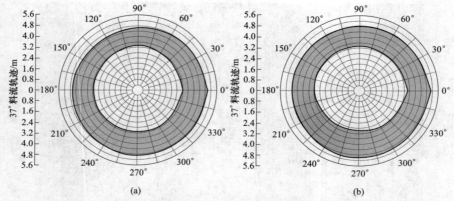

图 10-61 溜槽倾角为 37°时矿石 0.3m 料线落点轨迹

（a）球比 50%；（b）球比 60%

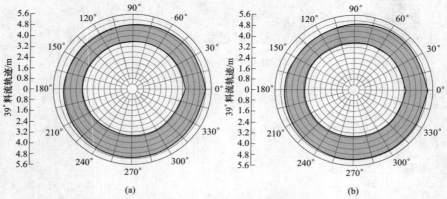

图 10-62 溜槽倾角为 39°时矿石 0.3m 料线落点轨迹

（a）球比 50%；（b）球比 60%

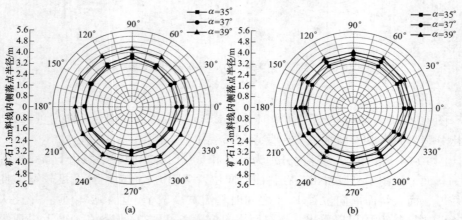

图 10-63 不同溜槽倾角时矿石 1.3m 料线落点轨迹

（a）球比 50%；（b）球比 60%

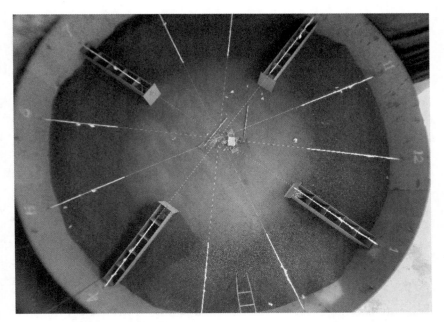

图 10-64 球比 50% 时溜槽倾角为 35° 时矿石 1.3m 料线落点轨迹

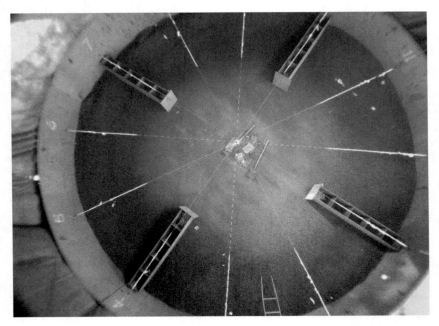

图 10-65 球比 50% 时溜槽倾角为 37° 时矿石 1.3m 料线落点轨迹

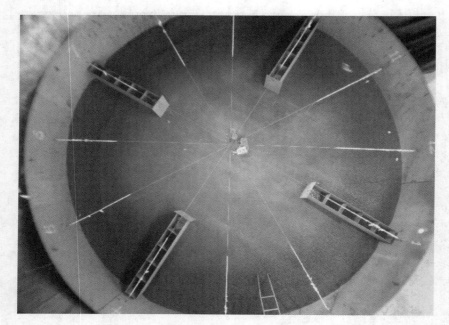

图 10-66 球比 50%时溜槽倾角为 39°时矿石 1.3m 料线落点轨迹

图 10-67 球比 60%时溜槽倾角为 35°时矿石 1.3m 料线落点轨迹

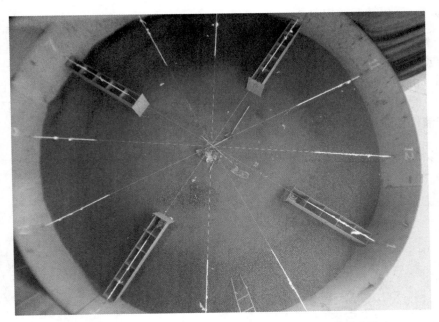

图 10-68 球比 60%时溜槽倾角为 37°时矿石 1.3m 料线落点轨迹

图 10-69 球比 60%时溜槽倾角为 39°时矿石 1.3m 料线落点轨迹

10.6.4　溜槽转速对炉料落点分布的影响

图 10-70~图 10-72 分别所示为方溜槽倾角为 35°、37°和 39°时焦炭 0.3m 料线落点轨迹,对比分析了溜槽转速分别为 8.5s/r 和 7.5s/r 时对炉料落点分布的影响。由图可知,溜槽转速为 7.5s/r 时料流外侧落点半径要略大于溜槽转速为 8.5s/r 时料流外侧落点半径,同样,溜槽转速为 7.5s/r 时料流内侧落点半径要略大于溜槽转速为 8.5s/r 时料流内侧落点半径。

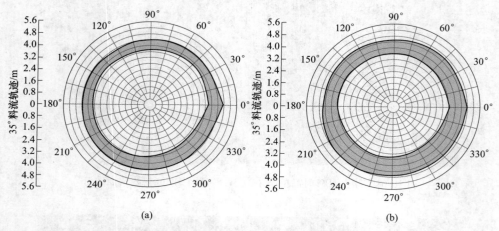

图 10-70　溜槽倾角为 35°时焦炭 0.3m 料线落点轨迹
(a) 8.5s/r 转速;(b) 7.5s/r 转速

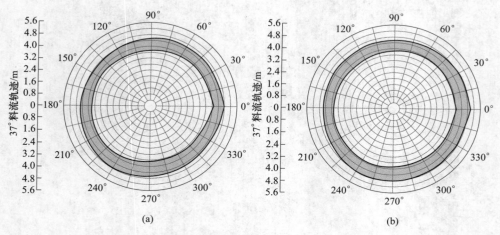

图 10-71　溜槽倾角为 37°时焦炭 0.3m 料线落点轨迹
(a) 8.5s/r 转速;(b) 7.5s/r 转速

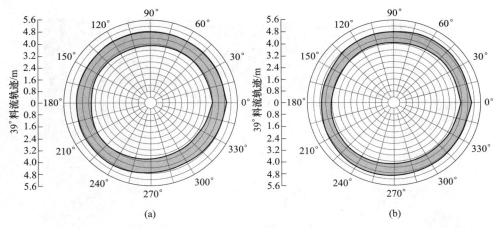

图 10-72　溜槽倾角为 39°时焦炭 0.3m 料线落点轨迹

（a）8.5s/r 转速；（b）7.5s/r 转速

图 10-73 所示为不同溜槽倾角时焦炭 1.3m 料线落点轨迹，从图中可以看出，溜槽转速为 7.5s/r 时料流内侧落点半径要大于溜槽转速为 8.5s/r 时料流内侧落点半径。此外，从图中可以看出，溜槽转速对落点偏析的影响不大。

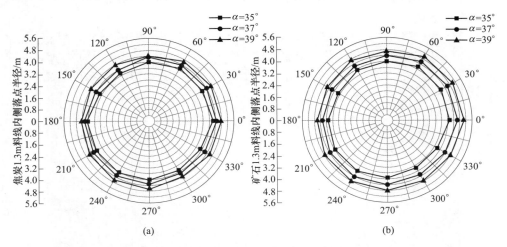

图 10-73　不同溜槽倾角时焦炭 1.3m 料线落点轨迹

（a）8.5s/r 转速；（b）7.5s/r 转速

图 10-74 ~图 10-79 分别为 8.5s/r 转速和 7.5s/r 转速时在不同溜槽倾角下布完料后形成的料面，从图中可以看出，溜槽转速为 8.5s/r 时炉料堆尖内侧点要略小于溜槽转速为 7.5s/r 时炉料堆尖内侧点。同时可以看出，溜槽转速对炉料落点偏析的影响较小。

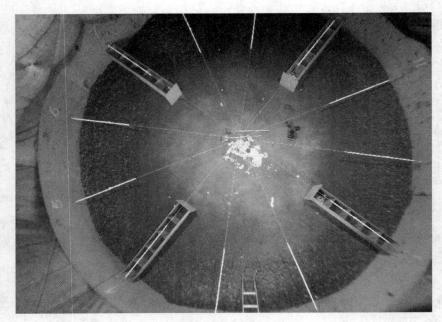

图 10-74 8.5s/r 转速时溜槽倾角为 35°时焦炭 1.3m 料线落点轨迹

图 10-75 8.5s/r 转速时溜槽倾角为 37°时焦炭 1.3m 料线落点轨迹

图 10-76 8.5s/r 转速时溜槽倾角为 39°时焦炭 1.3m 料线落点轨迹

图 10-77 7.5s/r 转速时溜槽倾角为 35°时焦炭 1.3m 料线落点轨迹

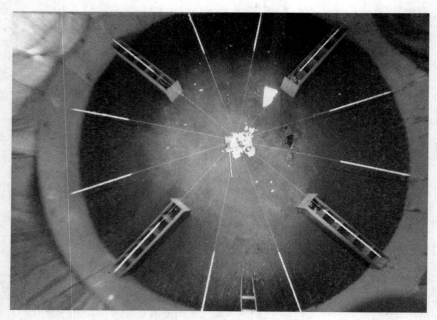

图 10-78 7.5s/r 转速时溜槽倾角为 37°时焦炭 1.3m 料线落点轨迹

图 10-79 7.5s/r 转速时溜槽倾角为 39°时焦炭 1.3m 料线落点轨迹

图 10-80 ~ 图 10-82 分别所示为溜槽倾角为 35°、37°和 39°时矿石 0.3m 料线落点轨迹，对比分析了溜槽转速分别为 8.5s/r 和 7.5s/r 时对炉料落点分布的影响。由图可知，溜槽转速为 7.5s/r 时料流外侧落点半径要略大于溜槽转速为 8.5s/r 时料流外侧落点半径，同样，溜槽转速为 7.5s/r 时料流内侧落点半径要略大于溜槽转速为 8.5s/r 时料流内侧落点半径。

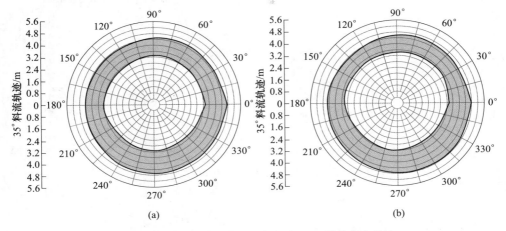

图 10-80 溜槽倾角为 35°时矿石 0.3m 料线落点轨迹
(a) 8.5s/r 转速；(b) 7.5s/r 转速

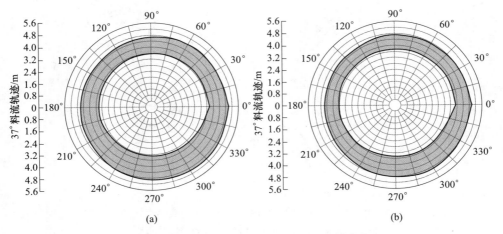

图 10-81 溜槽倾角为 37°时矿石 0.3m 料线落点轨迹
(a) 8.5s/r 转速；(b) 7.5s/r 转速

图 10-83 所示为不同溜槽倾角时矿石 1.3m 料线落点轨迹，从图中可以看出，溜槽转速为 7.5s/r 时料流内侧落点半径要大于溜槽转速为 8.5s/r 时料流内侧落点半径。此外，从图中可以看出，溜槽转速对落点偏析的影响不大。

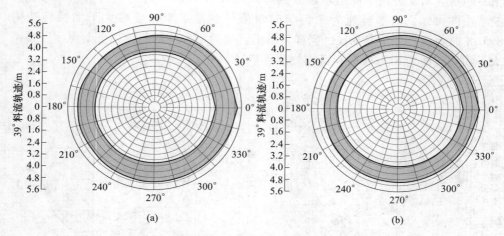

图 10-82 溜槽倾角为 39°时矿石 0.3m 料线落点轨迹

（a）8.5s/r 转速；（b）7.5s/r 转速

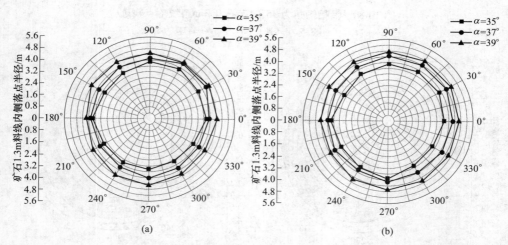

图 10-83 不同溜槽倾角时矿石 1.3m 料线落点轨迹

（a）8.5s/r 转速；（b）7.5s/r 转速

图 10-84 ~图 10-89 分别为 8.5s/r 转速和 7.5s/r 转速时在不同溜槽倾角下布完料后形成的料面，从图中可以看出，溜槽转速为 8.5s/r 时炉料堆尖内侧点要略小于溜槽转速为 7.5s/r 时炉料堆尖内侧点。同时可以看出，溜槽转速对炉料落点偏析的影响较小。

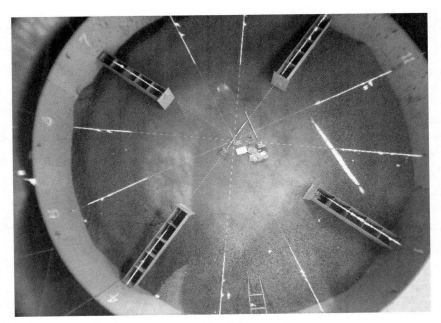

图 10-84 8.5s/r 转速时溜槽倾角为 35°时矿石 1.3m 料线落点轨迹

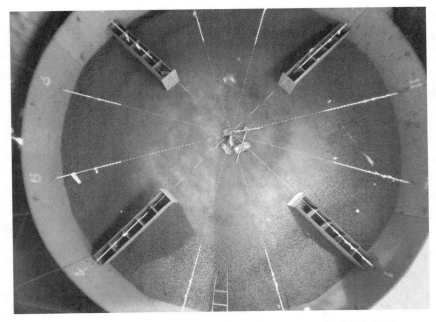

图 10-85 8.5s/r 转速时溜槽倾角为 37°时矿石 1.3m 料线落点轨迹

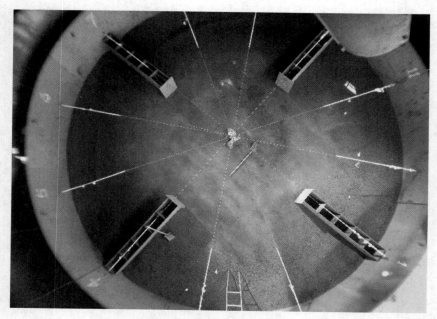

图 10-86 8.5s/r 转速时溜槽倾角为 39°时矿石 1.3m 料线落点轨迹

图 10-87 7.5s/r 转速时溜槽倾角为 35°时矿石 1.3m 料线落点轨迹

图 10-88　7.5s/r 转速时溜槽倾角为 37°时矿石 1.3m 料线落点轨迹

图 10-89　7.5s/r 转速时溜槽倾角为 39°时矿石 1.3m 料线落点轨迹

10.6.5　中心加焦溜槽最小角测定

图 10-90 所示为中心加焦角度为 13°时的料面形状，由图可知，当溜槽倾角为 13°时，焦炭并未全部被加入到料面中心，而是分为两股料流布入至料面，因此可以看出溜槽倾角为 13°时溜槽依然对料流具有控制作用。图 10-91 所示为中心加焦角度为 9.5°时的料面形状，由图可知，当溜槽倾角为 9.5°时，焦炭被全部布入至料面中心，并形成一个鼓包，因此，可以看出溜槽倾角为 9.5°时溜槽对料流失去控制作用。

图 10-90　中心加焦角度为 13°时的料面形状

图 10-91　中心加焦角度为 9.5°时的料面形状

10.6.6 料面径向上焦炭粒度分布

图 10-92 所示为料面径向上焦炭粒度分布，由图可知，从料面中心至距离料面中心 2.52m 处，焦炭粒径在不断增大；从距离料面中心 2.52m 至距离料面中心 3.64m 处，焦炭粒径在不断减小；从距离料面中心 3.64m 至料面边缘，焦炭粒径在不断增大。

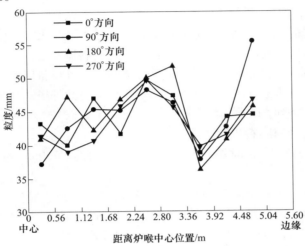

图 10-92 料面径向上焦炭粒度分布

10.6.7 料面径向上矿石粒度分布

图 10-93 所示为料面径向上球比分别为 30% 和 60% 时的粒度分布，由图可

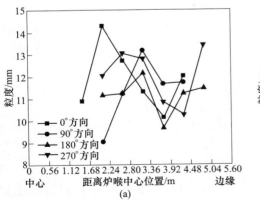
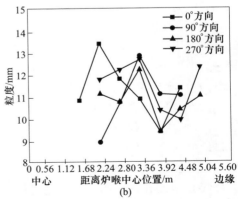

图 10-93 料面径向上矿石粒度分布

（a）30% 球比；（b）60% 球比

知，球比 30% 和 60% 时的料面径向粒度分布基本相同。从料面中心至距离料面中心 3.08m 处，矿石粒径在不断增大；从距离料面中心 3.08m 至距离料面中心 3.64m 处，矿石粒径在不断减小；从距离料面中心 3.64m 至料面边缘，矿石粒径在不断增大。

10.7　小结

（1）溜槽结构对布料规律的影响：

1）使用方溜槽时焦炭料流宽度略大于使用圆溜槽时焦炭料流宽度，使用方溜槽时矿石料流宽度要明显大于使用圆溜槽时矿石料流宽度；

2）使用方溜槽时焦炭和矿石落点半径要小于使用圆溜槽焦炭和矿石落点半径，因此，当圆溜槽被方溜槽替换后，布料角度应适当外扬；

3）使用方溜槽时炉料的落点偏析要小于使用圆溜槽时炉料的落点偏析。

（2）喉管直径对布料规律的影响：

1）使用 650mm 喉管时炉料料流宽度要大于使用 730mm 喉管时炉料料流宽度；

2）使用 650mm 喉管和 730mm 喉管时料流外侧落点半径差异较小，而使用 650mm 喉管时料流内侧落点半径要小于使用 730mm 喉管时料流内侧落点半径；

3）在使用方溜槽的情况下，650mm 喉管和 730mm 喉管对炉料落点偏析的影响较小。

（3）球团矿比例对布料规律的影响。对于料流宽度、落点半径和落点偏析，不同球团矿比例下其分布规律基本相同。

（4）溜槽转速对布料规律的影响：

1）溜槽转速为 7.5s/r 时炉料料流宽度要小于溜槽转速为 8.5s/r 时炉料料流宽度；

2）溜槽转速为 7.5s/r 时料流外侧落点半径要略大于溜槽转速为 8.5s/r 时料流外侧落点半径，同样，溜槽转速为 7.5s/r 时料流内侧落点半径要略大于溜槽转速为 8.5s/r 时料流内侧落点半径；

3）溜槽转速对炉料落点偏析的影响较小。

（5）溜槽布料最大极限角、溜槽布料失控最小极限角：

1）使用圆溜槽时焦炭和矿石布料最大角为 39°；使用方溜槽矿焦基本同角，布料最大角为 41°；

2）溜槽布料失控最小角为 9.5°。

（6）料面粒度分布。料流径向粒度分布基本呈现"N"形，即料面中心和次边缘炉料粒度最小，而料面次中心和边缘炉料粒度最大。

11　高炉布料对煤气流分布的影响

煤气流的分布关系到炉内温度分布、软熔带结构、炉况顺行和煤气的热能与化学能的利用状况，最终影响到高炉冶炼的产量、能耗指标，并对高炉寿命有着重要影响。高炉操作主要是围绕获得合理、适宜的煤气流分布来进行的，另一方面，煤气流分布也是高炉操作者判断炉况的重要依据。气流分布合理，煤气利用率高且矿石还原充分；分布不合理，煤气利用不好，而且还会产生一些炉况不顺的问题。所以，研究炉内煤气流的分布状况对于高炉操作有着很重要的意义。

煤气流不仅参与炉料还原、软化、熔融造渣等过程，也是影响炉衬寿命的决定性因素，因为煤气流具有高温、强还原性，且含有碱金属等特性，这是炉身下部机械磨损和化学侵蚀的主要根源。煤气流分布、温度的波动也造成炉衬温度的起伏，进而造成热应力破坏。高温煤气流使炉衬温度升高，直接促使炉衬磨损和碱金属侵蚀，另外含尘气流也直接冲刷、侵蚀炉衬。当边缘气流不足时，又会造成炉墙边缘结厚甚至结瘤，并且还影响边缘炉料正常的预热、还原和膨胀，从而使炉料在下降到风口区时还不能熔化，引起风口的破损和烧坏，并且在洗炉时，还会造成炉墙黏结物粘连炉衬一同脱落的现象。上述两种煤气流分布都会恶化炉况，影响高炉的顺行，故应合理控制边缘煤气流量在一定范围内，并选择一个最佳的分布，使之既能确保高产、顺行，又能控制炉衬的侵蚀和破损。

国内外高炉解体的研究结果表明，炉料在下降过程中直到矿石完全熔化成渣铁以前始终保持着清晰可辨的焦矿分层结构，只是每一层的厚度变薄和趋于平坦。根据炉内温度分布的特点，当炉料下降到矿石软化和熔化温度时，就形成各种不同形状结构的由矿石软熔层和焦炭夹层（常称"焦窗"）间隔分布而成的软熔带。软熔带的位置、形状和结构（"焦窗"数目和尺寸）对煤气运动的阻力以及高炉煤气流的再分布有着重大影响。

上升的高炉煤气从滴落带到软熔带后，只能通过焦炭夹层流向块状带。通过软熔带后，煤气被迫改变原来的流动方向，向块状带流去。所以在软熔带中焦炭夹层数及总面积对煤气流的阻力有很大影响，而这与软熔带的形状、高度、宽度和厚度有很大关系，它对高炉中部煤气流分布（二次分布）和块状带及炉喉煤气分布（三次分布）产生重要影响。这对改善煤气能量利用，高炉强化和顺行至关重要。

根据原料和操作条件，软熔带大致可以分为以下三种类型：倒 V 形、V 形和 W 形，如图 11-1 所示。

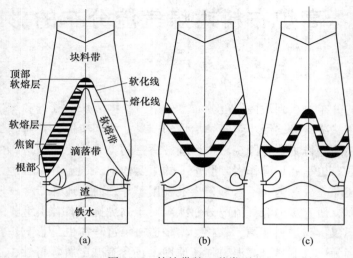

图 11-1 软熔带的三种类型
（a）倒 V 形；（b）V 形；（c）W 形

倒 V 形软熔带一般出现在冶炼强度高，中心气流较大，炉缸活跃、稳定、热量充足的高炉。这种软熔带由于中心气流发展，炉缸活跃，对煤气的阻力较小，煤气利用率高，可以得到较好的生产指标；同时，煤气流相对集中于中心，边缘气流较小，可减轻边缘热负荷和煤气对炉墙的冲刷作用，有利于延长高炉寿命。

V 形软熔带出现在边缘气流发展、中心气流不足的高炉。这种形状的软熔带由于中心堆积，料柱紧密，透气性差，压损升高，不利于顺行；另外，大量煤气从边缘通过，煤气能利用率低，高炉热消耗增加；同时煤气流冲刷炉墙，影响高炉寿命。因此，高炉操作中应尽量避免形成这种软熔带。

W 形软熔带是传统的两道气流型软熔带，它在顺行和煤气能利用方面一般能满足要求，但不能满足进一步提高冶炼强度和降低燃料比的要求，只适应于冶炼强度不太大的高炉操作制度。

综上可见，软熔带对于高炉的顺行和有效操作有着巨大的影响，对于高炉内的各种现象，如果加以分析的话，就必须考虑到软熔带的位置与形状。

不同软融带结构会导致不同形式的煤气流，高炉煤气流分布形式与相应的软熔带形状是相互关联的。故对应软融带形状，煤气流分布形式同样有 W、V 和倒 V 形。高炉过程中一般采用的气流分布曲线以倒 V 形居多，在生产过程中，主要是通过调节装料制度和送风制度来控制煤气流的分布。

11.1 CFD 在高炉的应用

计算流体动力学（computational fluid dynamics，CFD）是通过计算机数值计算和图像显示，对包含有流体流动和传热等相关物理现象的系统所做的分析。CFD 的基本思想可以归纳为：把原来在时间域及空间域上连续的物理量的场，如速度场和压力场，用一系列有限个离散点上的变量值的集合来代替，通过一定的原则和方式建立起关于这些离散点上场变量之间关系的代数方程组，然后求解代数方程组获得场变量的近似值。

CFD 可以看作是在流体基本方程（质量守恒方程、动量守恒方程、能量守恒方程）控制下对流动的数值模拟，通过这种数值模拟，我们可以得到极其复杂的流场内各个位置上的基本物理量（如速度、压力、温度、浓度等）的分布，以及这些物理量随时间的变化情况。与 CAD 联合，还可进行结构优化设计等。它不受物理模型和实验模型的限制，有较强的灵活性，能给出详细和完整的资料，很容易模拟特殊尺寸、高温、有毒、易燃等真实条件和试验中只能接近而无法达到的理想条件。

CFD 也存在一定的局限性。第一，数值解法是一种离散近似的计算方法，依赖于物理上合理、数学上适用，适合于在计算机上进行的离散的有限数学模型，且最终结果不能提供任何形式的解析表达式，只能是有限个离散点上的数值解，并有一定的计算误差；第二，它不像物理模型试验一开始就能给出流动现象并定性地描述，往往需要由原体观测或物理模型试验提供某些流动参数，并需要对建立的数学模型进行验证；第三，程序的编制及资料的收集、整理与正确利用，在很大程度上依赖于经验与技巧。

11.2 高炉煤气流模型

本高炉煤气流模型的建立有如下假设：

（1）高炉煤气流模型为二维稳态；

（2）模型仅考虑煤气流动、炉料和煤气间传热等现象，炉料下降速度为已知；

（3）不考虑高炉内传质现象，化学反应产生的化学热以源项方式加入传热方程；

（4）不计炉料在料层间的阻力变化，即忽略料层界面效应；

（5）炉料下降，料柱与料层的结构均不变，且炉顶连续装料；

（6）炉缸液面水平固定，设为底边界；

（7）不考虑炉料属性随温度变化，忽略炉料的热膨胀或收缩；

（8）由炉顶加入的焦炭和矿石料面呈倾斜状，中心低边缘高，随炉料下降料层逐渐成水平分布。

11.2.1 物理模型

模型内各区域在物理模型（见图11-2）中不体现，其划分方式由燃烧带大小、料面和炉料温度场共同决定，这由程序在计算中实时控制，模型各区域示意图如图11-3所示。

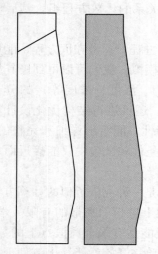

图11-2 高炉煤气流物理模型示意图

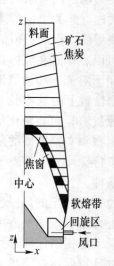

图11-3 模型中各区域划分示意图

11.2.2 数学模型

本数学模型主要包括煤气流动模型、炉料与煤气传热模型，其中在传热模型中加入化学反应热，根据得到的温度场来设置软熔带等区域的透气性，从而计算得到煤气流的分布状况。数学模型主要由控制微分方程和边界条件决定。

11.2.2.1 煤气流动模型

A 基本方程

煤气流动模型主要包括流体力学的连续性方程、动量方程、k-ε湍流模型方程及Ergun方程，其中Ergun方程反映了煤气流穿过料层的压力损失变化。三维稳态方程分别为：

（1）连续性方程。

$$\nabla \cdot (\rho \boldsymbol{u}) = 0 \tag{11-1}$$

式中　ρ——流体密度，kg/m^3；

　　　$\boldsymbol{u}$——矢量表示的流体速度，m/s。

（2）动量方程。

$$\nabla \cdot (\rho \boldsymbol{u} \boldsymbol{u}) = - \nabla p + \nabla \cdot [\mu_{\text{eff}} (\nabla \boldsymbol{u} + \nabla \boldsymbol{u}^{\text{T}})]$$ (11-2)

式中　p——流体压强，Pa；

　　　μ_{eff}——流体有效黏度，包括层流黏性系数和湍流黏性系数，$\mu_{\text{eff}} = \mu_l + \mu_t$，Pa·s。

（3）湍动能方程。

$$\rho \left(\frac{\partial k}{\partial t} + u_j \frac{\partial k}{\partial x_j} \right) = \frac{\partial}{\partial x_j} \left[\left(\mu_l + \frac{\mu_t}{\sigma_\varepsilon} \right) \frac{\partial k}{\partial x_j} \right] + G_k - \rho \varepsilon$$ (11-3)

式中　k——湍流动能，m^2/s^2；

　　　ε——湍流动能耗散率；

　　　j——亚指标，$j = 1,2,3$；

　　　G_k——湍流脉动动能的产生项，表达式为 $G_k = \mu_\tau \frac{\partial u_i}{\partial x_j} \left(\frac{\partial u_i}{\partial x_j} + \frac{\partial u_j}{\partial x_i} \right)$。

（4）湍动能耗散方程

$$\rho \left(\frac{\partial \varepsilon}{\partial t} + u_j \frac{\partial \varepsilon}{\partial x_j} \right) = \frac{\partial}{\partial x_j} \left[\left(\mu_l + \frac{\mu_t}{\sigma_\varepsilon} \right) \frac{\partial \varepsilon}{\partial x_j} \right] + \frac{\varepsilon}{k} (C_{\varepsilon_1} G - C_{\varepsilon_2} \rho \varepsilon)$$ (11-4)

式中　μ_t——湍流黏性系数，$\mu_t = \rho C_\mu \dfrac{k^2}{\varepsilon}$，Pa·s；

　　　μ_l——层流黏性系数，Pa·s；

　　　i,j——亚指标；

　　　$C_{\varepsilon_1}, C_{\varepsilon_2}, C_\mu, \sigma_\varepsilon$——经验常数，采用朗道-斯玻尔丁推荐的值 $C_{\varepsilon_1} = 1.43$，$C_{\varepsilon_2} = 1.93$，$C_\mu = 0.09$，$\sigma_\varepsilon = 1.3$。

（5）Ergun 方程。

$$\frac{\Delta P}{H} = 150 \frac{(1-\varepsilon)^2}{\varepsilon^3} \frac{\mu}{(\phi d_p)^2} u_A + 1.75 \frac{1-\varepsilon}{\varepsilon^3} \frac{\rho}{\phi d_p} u_A^2$$ (11-5)

式中　u_A——流体按填充床层截面积 A 计算的流速，称空截面流速，m/s；

　　　d_p——颗粒直径，m；

　　　μ——流体黏度，Pa·s；

　　　ϕ——颗粒的形状系数。

B　边界条件

（1）湍流的壁面边界条件。

在炉墙壁面上，采用无滑移边界条件（即 $u_1 = u_2 = u_3 = 0$）。由于近壁处动量、能量的脉动迅速减弱，需要考虑到湍流作用的减弱和层流作用的相对增强。在这些区域不使用很细的网格，而是由壁面函数指定它们的行为。

（2）入口边界条件。

模型入口为高炉风口，入口为压力边界，其值为高炉风压。在特定比较时，如在相同燃烧带下，需保证风量一致，则边界为流量边界，其值为特定风量。

（3）出口边界条件。

模型出口为高炉炉顶，其为压力边界，其值为炉顶压强。

（4）对称面边界。

由于模型为轴对称，则存在的对称面上的流速变化为零，即$\dfrac{\partial u}{\partial x} = 0$。

（5）底面边界。

底面为渣铁液面，则其在轴向速度梯度为零，则$\dfrac{\partial u}{\partial y} = 0$。

（6）多孔介质。

高炉内充满焦炭和矿石，根据 Ergun 公式，由给定的空隙度、结构粒径等计算出惯性阻力和黏性阻力，以压力损失形式加入流动模型，以模拟多孔介质对煤气流动带来的影响。

C　燃烧带及死料柱的确定

风口燃烧带的大小可以由生产高炉直接测定，也可以由鼓风和焦炭循环的相互作用数学模型来推导，一般认为其形状是以深度为水平轴线与鼓风射流区域相适应的一个椭圆，其深度 L_R 与高度 H_R 之比，称为风口循环区形状系数 K_R，不同文献列举数据各不相同，一般认为 $K_R = 0.6 \sim 1.17$，我国首钢小高炉解剖所得数据 $K_R = 1.12$，大高炉的 K_R 常取较小数值。

风口燃烧带的深度 L_R 由其形成的空气动力学条件决定，实际计算中常采用前苏联学者舒米洛夫等人提出的经验公式：

$$L_R = 0.118 \times 10^{-3} E_b + 0.77 \tag{11-6}$$

其中，E_b 为鼓风动能，其计算公式如下：

$$E_b = \frac{1}{2} \frac{\rho_b V_b}{n} \left[\frac{4 V_b}{\pi n (d_b)^2} \times \frac{T_b p_0}{273 p_b} \right]^2 \tag{11-7}$$

式中　E_b——鼓风动能，(kg·m)/s；

ρ_b——鼓风密度，kg/m³；

V_b——鼓风流量，m³/s；

n——风口数目，个；

d_b——风口直径，m；

T_b——热风温度，K；

p_b，p_0——鼓风压力和大气压力，Pa。

死料柱范围的确定如图 11-4 所示，高炉下部炉料部分一般认为由三个区域组成：A 区域是由向风口燃烧带提供焦炭的主要区域，B 区域焦炭下降速度比 A 区域明显降低，C 区域焦炭基本上不向燃烧带运动被称为死料柱。

日本学者宫板等人用半圆筒模型进行试验，得出了 L_C 与炉缸直径 D_2、燃烧带内侧尺寸 D_3 的关系式。虽然 A 和 B 区焦炭下降速度相差不同，但由于都是松动的焦炭层，并且有液相渣铁流过，则设其内部对煤气阻力相同。因而模型只要确定死料柱高度 L_D，从图中可见，L_D 取决于 D_3 和夹角 θ_b，高炉解剖结果显示，$\theta_b = 40° \sim 50°$，考虑到出渣铁周期性变化引起死料柱周期性变化，常常取 $\theta_b = 45°$，因此死料柱高度为：

$$L_D = \frac{1}{2} D_3 \qquad (11-8)$$

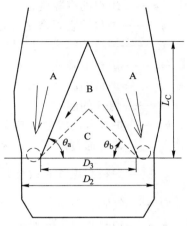

图 11-4　高炉下部炉料运动示意图

可见模型通过公式（11-6）确定燃烧带深度后，可用风口循环区形状系数 K_R 确定燃烧带大小。死料柱在确定燃烧带深度后，运用公式（11-8）可得到死料柱的所在区域。

11.2.2.2　温度场模型

温度场模型主要研究对象为煤气和炉料，包括煤气与炉料间的对流换热、化学反应热及炉墙热损失。

A　基本方程

煤气和炉料的传热方程为一个基本的稳态传热方程，在二维坐标下的方程为：

（1）基本传热方程。

$$\rho C \left(u_x \frac{\partial T}{\partial x} + u_y \frac{\partial T}{\partial y} \right) = \left(k_x \frac{\partial^2 T}{\partial x^2} + k_y \frac{\partial^2 T}{\partial y^2} \right) + Q \qquad (11-9)$$

式中　ρ——物质堆密度，kg/m^3；

　　　C——物质的热容，$J/(kg \cdot K)$；

　　　T——物质温度，K；

u_x，u_y——直角坐标下物质各方向的速度，m/s；

k_x，k_y——物质各向的导热系数，$W/(m \cdot K)$；

　　　Q——热源，$J/(m^3 \cdot s)$。

（2）炉料能量方程。

由于炉料以多孔介质形式存在，则在传热方程中应该使用堆密度，而假设炉料下降速度为竖直向下，因此可得到简化的炉料传热方程为：

$$(1 - \varepsilon) \rho_s C_s u_s \frac{\partial T_s}{\partial y} = \left(k_{s,x} \frac{\partial^2 T_s}{\partial x^2} + k_{s,y} \frac{\partial^2 T_s}{\partial y^2} \right) + h_{gs} a (T_g - T_s) + Q_R \quad (11-10)$$

式中　ε——炉料的空隙度；

ρ_s——炉料的表观密度，kg/m^3；

C_s——炉料的热容，$J/(kg \cdot K)$；

u_s——炉料下降速度，m/s；

T_s——炉料的温度，K；

T_g——煤气的温度，K；

$k_{s,x}$, $k_{s,y}$——炉料各向等效导热系数，$W/(m \cdot K)$，多孔介质在圆管内的导热系数可通过以下公式求得：$k_{s,x}=0.1\rho_s C_s u_s d_p$，$k_{s,y}=0.5\rho_s C_s u_s d_p$；

a——炉料与煤气有效接触面积，m^2/m^3，对于多孔介质 $a = \dfrac{6(1-\varepsilon)}{d_p \psi}$；

Q_R——气固反应热，$J/(m^3 \cdot s)$；

h_{gs}——炉料与煤气间对流换热系数，$W/(m^2 \cdot K)$，由以下公式求得：

$$h_{gs} = \gamma \frac{k_g}{d_s}(2.0 + 0.6 Re_{gs}^{1/2} Pr_g^{1/3})$$

γ——范围因子，在块状带取 0.2，软熔带及以下取 0.02；

Re_{gs}——煤气流过炉料的雷诺准数，煤气经多孔介质的雷诺数为 $Re_{gs} = \dfrac{\rho_g u_g d_p}{\mu}$；

Pr_g——煤气的普朗特准数。

（3）煤气能量方程。

煤气流经多孔介质，其传热方程可写成：

$$\varepsilon \rho_g C_g \left(u_{g,x} \frac{\partial T_g}{\partial x} + u_{g,y} \frac{\partial T_g}{\partial y} \right) = k_g \left(\frac{\partial^2 T_g}{\partial x^2} + \frac{\partial^2 T_g}{\partial y^2} \right) + h_{gs} a (T_s - T_g) \qquad (11\text{-}11)$$

式中　ρ_g——煤气密度，kg/m^3；

C_g——煤气的热容，$J/(kg \cdot K)$；

$u_{g,x}$, $u_{g,y}$——煤气各向流速，m/s；

k_g——煤气的导热系数，$W/(m \cdot K)$。

由于煤气导热系数较小，可忽略，则式（11-11）简化成：

$$\varepsilon \rho_g C_g \left(u_{g,x} \frac{\partial T_g}{\partial x} + u_{g,y} \frac{\partial T_g}{\partial y} \right) = h_{gs} a (T_s - T_g) \qquad (11\text{-}12)$$

B　反应热的确定

高炉在炉料下降和煤气上升过程中进行着复杂的物理与化学反应，其中反应需要大量热量，这都需要高温煤气流提供。本模型中，将各化学反应的反应热以源项形式加入炉料的传热微分方程，各反应区间由煤气温度场控制。反应热为在单位时间里单位炉料体积所能吸收或放出的热量，单位为 $J/(m^3 \cdot s)$。其表达式可写成：

$$Q_R = \sum R_i \cdot \Delta H_i \tag{11-13}$$

式中　R_i——第 i 化学反应的反应率，$mol/(m^3 \cdot s)$；

　　　ΔH_i——第 i 化学反应的化学反应焓，J/mol。

高炉内的化学反应是相当复杂的，为了简化计算，忽略次要的化学反应（反应量少或者吸放热少的反应），本模型主要考虑的化学反应如下：

（1）间接还原区（473～1273K）。

$$Fe_xO_y(s) + CO \Longrightarrow Fe_xO_{y-1}(s) + CO_2(g)$$

Fe_2O_3 和 Fe_3O_4 与 CO 还原成浮氏体 FeO 稍稍放热，可简化忽略不计。因而只剩铁的间接还原反应，反应量由直接还原度求出。理论上 570℃ 以下也可还原出金属 Fe，实际上动力学条件差，很难还原出金属 Fe。因而在间接还原区只考虑 843～1273K 间的 FeO 的还原，方程如下：

$$FeO(s) + CO \Longrightarrow Fe(s) + CO_2(s), \quad \Delta H_i = -13.2J/mol$$

（2）软熔带以上直接还原区（1273～1673K）。

在软熔带以上，大于 1000℃ 区域，矿石发生直接还原，主要还原反应如下：

$$FeO(s) + C(s) \Longrightarrow Fe(s) + CO(g), \quad \Delta H_d = 152.2kJ/mol$$

（3）软熔带内（1473～1673K）。

软熔带是由炉料的固相线和液相线决定，在此温度区间内，氧化铁进行最后的直接还原，还原的铁熔化成铁水，脉石等也开始软熔成渣液，主要反应如下：

$$FeO(s) + C(s) \Longrightarrow Fe(s) + CO(g), \quad \Delta H_d = 152.2kJ/mol$$

$$Fe(s) \Longrightarrow Fe(l), \quad \Delta H_{Fe} = 15.2kJ/mol$$

$$gangue(s) \Longrightarrow slag(l), \quad \Delta H_{slag} = 15.1kJ/mol$$

式中　gangue——脉石；

　　　slag——渣液。

（4）其他如焦炭灰分熔化、炭溶解、其他氧化物还原等反应忽略不计。

模型考虑的化学反应和反应区域如图11-5和图11-6所示。图11-5为各反应区域在模型中简单分布示意图，从图中可看出在高炉模型中化学反应区域主要划分成了五个区域，各区域相对独立，在不同区域使用不同反应热的源项。图11-6为各个区域所考虑的主要反应。

C　反应热的计算

通过高炉利用系数等参数可以简单求得

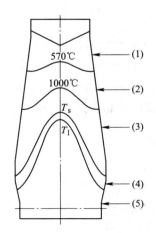

图 11-5　模型反应区域划分示意图

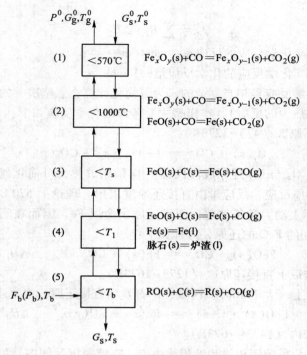

图 11-6   各反应区域的反应分布

反应热源项，计算步骤如下：

（1）计算单位时间产铁量。

$$m_{HT} = \frac{\eta_V V}{24 \times 3.6} = \frac{\eta_V V}{86.4} \qquad (11\text{-}14)$$

式中 m_{HT}——高炉单位时间产铁量，kg/s；

η_V——高炉利用系数，t/(m³·d)；

V——高炉有效容积，m³。

（2）计算各区消耗的 Fe_xO_y 量（kg/s）。

$$m_{Fe_xO_y} = \frac{m_{HT} M_{Fe_xO_y}}{56x} \qquad (11\text{-}15)$$

式中 $m_{Fe_xO_y}$——各反应区间消耗矿石量，kg/s；

$M_{Fe_xO_y}$——Fe_xO_y 的相对分子质量。

（3）计算各区产生热量。

$$Q_{Fe_xO_y} = m_{Fe_xO_y} \Delta H_{Fe_xO_y} \qquad (11\text{-}16)$$

式中 $Q_{Fe_xO_y}$——各反应区间吸放总热量，J/s；

$\Delta H_{Fe_xO_y}$——各主要反应的焓，J/kg；

（4）计算各区单位体积产生热量（J/(m³·s)）。

$$Q_R = Q_{Fe_xO_y}/V_{Fe_xO_y} \tag{11-17}$$

式中 $V_{Fe_xO_y}$——反应区域的体积，m³，由实时计算决定大小。

D 边界条件

（1）炉墙边界。炉墙与煤气存在对流换热，则其边界条件为：$q = h_w(T_w - T_g)$，h_w 为煤气与炉墙的对流换热系数，W/(m²·K)；而对于炉料其导热系数较小，忽略其热量损失，即 $q = 0$。

（2）风口边界。风口边界对于煤气来说本应是鼓风温度，由于模型不考虑焦炭在燃烧带的燃烧，因而其边界条件为理论燃烧温度，即 $T_{g0} = const$，其值直接由公式计算得到。

（3）炉顶边界。炉顶边界为炉料的进口，则其边界条件为加入炉料的最初温度，即 $T_{s0} = const$。

（4）底部边界。设渣液面为恒温，则 $T_s = T_g = 1773K$。

（5）对称边界。由于模型在轴向对称，则其边界条件为 $\dfrac{\partial T_s}{\partial x} = 0$，$\dfrac{\partial T_g}{\partial x} = 0$。

E 风温的确定

由于模型不考虑焦炭在燃烧带的燃烧，则在风口吹入的煤气温度设为高炉的理论燃烧温度，这样高温的煤气流从燃烧带进入滴落带、软熔带及块状带后提供还原反应、渣铁熔化及气固相间热交换所需的热量。

根据燃烧带绝热过程的热平衡，可得理论燃烧温度为：

$$T_{理} = (Q_C + Q_{物} + Q_{风} - Q_{水解} - Q_{喷解})/(V_{煤气} \cdot c_{煤气}) \tag{11-18}$$

式中 $T_{理}$——燃烧带内的理论燃烧温度，℃；

Q_C——燃料中碳燃烧成 CO 时放出的热量，一般选 9800kJ/kg；

$Q_{物}$——燃料进入燃烧带时所具有的物理热，kJ；

$Q_{风}$——燃烧碳所需热风带入的物理热，kJ；

$Q_{水解}$——燃料和鼓风中水分分解耗热，kJ；

$Q_{喷解}$——喷吹燃料热分解耗热，kJ；

$V_{煤气}$——碳在风口前燃烧形成的煤气量，m³；

$c_{煤气}$——燃烧形成的煤气的平均比热容，kJ/(m³·K)。

我国高炉习惯上采用中等理论燃烧温度，即 $T_{理}$ 为 2050～2150℃，随着喷吹量的提高，$T_{理}$ 有向低限发展的趋势。前苏联高炉采用较低的 $T_{理}$ 操作，一般为1950～2050℃，但是随着富氧率的提高，炉缸煤气量减少，为保证炉缸有足够的高温热量，前苏联的一些高炉逐渐提高 $T_{理}$，有的也达到了 2150℃。日本高炉习惯上用高理论燃烧温度操作，$T_{理}$ 达到 2300~2350℃，与较高的炉渣碱度配合，使放出的铁水温度达到 1506℃ 左右。

F　模型的计算

模型包括煤气流动、传热模型和炉料传热模型，其中模型使用温度场来控制软熔带等区域的划分，其计算过程主要如下：

（1）输入高炉已知参数；

（2）利用式（11-6）和式（11-7）计算燃烧带深度，确定风口燃烧带；

（3）根据燃烧带深度，通过式（11-8）计算死焦柱的形状；

（4）设置矿焦各料层、死焦堆、燃烧带等煤气阻力和空隙度；

（5）计算煤气流场、温度场和炉料温度场；

（6）由炉料温度场决定软熔带形状与位置及各区域的划分；

（7）修改软熔带内矿石软熔后的空隙度和阻力系数；

（8）修改块状带、滴落带的空隙度与阻力系数；

（9）重复步骤（4）~（8），直至软熔带达到稳定。

图 11-7 为高炉煤气流分布计算的主要流程，计算最终可得到煤气流场、煤气温度场、炉料温度场及煤气压力场等，然后进行后处理显示。

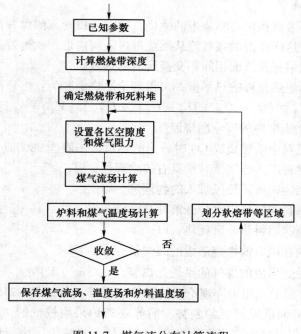

图 11-7　煤气流分布计算流程

11.3　布料参数对煤气流分布影响研究

高炉操作主要通过调节装料制度和送风制度来控制煤气流的分布，其中装料制度决定了高炉的炉料分布，而炉料分布又直接影响煤气流分布及软熔带的形状。高炉煤气利用率主要受块状带的传热和化学反应现象影响，同时该区域的煤气流分布也影响压损、铁水产量和高炉顺行，而块状带煤气流的分布主要受炉料的分布影响。高炉炉料的分布情况不仅影响软熔带的形状，而且对高炉的操作起到了决定性的作用。

由于高炉布料的重要性，许多学者对这方面进行研究。研究表明，通过散料床的煤气流分布是不均匀的，且煤气流分布受料床的透气性变化影响，即受实际装料的影响。炉料透气性好将促进煤气流发展，反之则抑制煤气流发展，甚至导致悬料、管道等炉况的发生。在料面附近的煤气流分布也将受料面形状的影响而发生改变。而料层的透气性分布与炉料颗粒大小、矿焦比、空隙度等径向分布有关，而这些与高炉装料的装料方式、矿焦批重及炉料冶金性能有关。因而布料是高炉控制煤气流径向分布的最重要因素之一，它对高炉利用系数、能耗、操作稳定性等有很大影响。

下文主要研究了有无中心加焦及中心加焦量大小、炉料冶金性能、料面形状和近炉墙处炉料透气性等布料相关参数以及炉墙内壁不同位置结瘤的特殊工况对炉内煤气流分布的影响，分析了其软熔带的变化情况及炉内流场、温度场分布。

11.3.1　仿真参数条件

本数值研究以某钢厂大高炉为研究对象，以高炉实际尺寸建模，采用了大量实际工况参数，在模型试验的基础上进一步细致地研究了不同操作参数对炉内煤气流流场以及温度场的影响，为高炉操作者提供了很有意义的参考依据。所研究高炉内型尺寸如图 11-8 所示。

由 Ergun 方程可知，炉料颗粒的大小会影响到气流在料床内的压降，故确定入炉原料的粒径分布以及平均粒径很有必要。该高炉所用入炉焦炭和矿石的粒径分布如表 11-1 和表 11-2 所示（仅截取部分月份数据）。

在仿真计算中，取风口区煤气初始温度为 2400K（理论燃烧温度）。模型中加入的矿石和焦炭

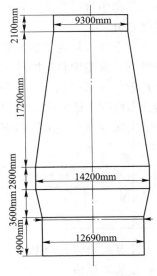

图 11-8　高炉内型图

初始温度为 300K，根据矿石品位、高炉利用系数、焦比及高炉尺寸，可求得炉

表 11-1 入炉焦炭的粒径分布

月份	质量分数/%					平均粒度/mm
	< 25mm	25~40mm	40~60mm	60~80mm	>80mm	
2 月	1.73	29.04	52.90	10.47	5.86	48.12
3 月	1.36	28.92	56.28	9.53	3.92	47.51
4 月	1.06	33.57	50.50	9.76	5.10	47.21

表 11-2 入炉矿石的粒径分布

月份	质量分数/%						平均粒度/mm
	> 40mm	40~25mm	25~16mm	16~10mm	10~5mm	< 5mm	
2 月	3.16	14.41	23.97	33.81	22.42	2.23	16.99
3 月	3.32	14.26	23.31	33.25	23.13	2.74	16.87
4 月	3.01	12.07	23.64	34.94	24.10	2.25	16.38

料下降速度约为 0.002m/s。在数值计算时，对于基准算例，依据实际操作参数，选取风量为 6000m³/min，热风压力为 400kPa，顶压为 235kPa，煤比为 180kg/t，标准风速为 240m/s，鼓风动能为 150kJ。

确定模拟所需操作条件后，即可按照实际高炉尺寸建立 1∶1 的物理模型，并对求解区域进行网格划分。模型中除了已建立了燃烧带区域外，炉内其他区域不在模型中直接划分，而是在计算时通过程序控制各区域的参数，以便于前期的网格划分。

对于装入炉内的焦炭和矿石，在模型中将其作分层处理，矿石层与焦炭层交替排列，模型中料层厚度的确定可按焦炭批重 18t、矿石批重 105t（如表 11-3 所示）近似计算得到在炉身高度方向上料层厚度变化，故可较确切反映实际炉内炉料分布情况；模型中，倾斜料面时初始料线取 1.3m，其堆角为 30°，向下斜面倾角依次减少直至达水平料面为止。

表 11-3 炉料参数

炉料	批重/t	堆密度/kg·m⁻³	粒径/m
焦炭	18	550	0.048
矿石	105	1700	0.016

计算初始时，根据每批料的体积计算得到的料层分布如图 11-9 所示，焦炭和矿石从炉顶往下一直交替分布直到燃烧带上部。当迭代计算出温度场时，依据温度场划分炉内其他区域，在软熔带（1473~1673K）上部的块状带区域依然保持焦炭矿石交替分布结构，在软熔带下部和死焦堆之间设置为滴落带，炉料只有焦炭。对于软熔带区域，其内的焦炭层孔隙度保持不变，矿石层孔隙度设置为

0.01（即不透气）。在每次迭代前，都将依据上一次计算的温度场来重新划分块状带、软熔带和滴落带区域，直至最终炉内温度场达到稳定。

　　基于上述所做的假设及简化处理，主要从布料参数以及特殊炉况等入手，研究了不同炉内条件下的煤气和炉料的流动及传热情况，为进一步合理控制煤气流提供了有意义的指导作用。

图 11-9　炉内初始料层分布

11.3.2　中心加焦量对煤气流分布的影响

　　中心加焦能够促进高炉中心气流开放，抑制边缘气流的发展，减轻高炉边缘气流对于炉墙冲刷，保护炉衬，延长高炉寿命；若中心加焦使高炉中心形成了一条狭窄而上下贯通的焦柱，则会使煤气流压损减小，且减弱了内部透气性差的区域对于气流阻力影响。

　　中心加焦后能够加快焦炭在死料柱及滴落带的更新速度，中心焦炭强度裂化减轻，最终进入炉缸后，使其透气、透液性改善，有助于喷煤。维持高炉正常运行保持煤气流在炉身周围分布均匀，改善炉缸渣铁流动性，促使炉缸工作均匀，活跃稳定。加焦后，由于中心处焦炭所处的环境相对"恶化"，对中心焦炭质量要求较高，一般在实际生产中会选择质量较高的焦炭作为中心焦，这样能极大地保证其发挥应有的作用，确保中心气流稳定顺行。

　　本计算模型旨在考察在不同的中心加焦量情况下，炉内透气性变化及煤气流分布情况。通过调整中心焦柱宽度，计算在不同加焦量情况下，高炉内煤气流场以及煤气、炉料的温度场分布情况并对结果进行分析讨论。

　　由于计算模型采用了高炉中心轴的对称模型，故下文所述的中心焦柱宽度是指实际中心焦宽度的一半，后面不再说明。模拟计算时，考虑了4种不同的中心焦柱（半）宽度，分别为0m、0.2m、0.5m和0.8m，其他条件保持不变，以此计算评估中心焦宽度对炉内煤气流的影响。具体中心焦宽度设计方案见表11-4（后续图中标号（a）、（b）、（c）、（d）与表中各工况一一对应）。

表 11-4　四种不同的中心焦宽度设计

组别	case（a）	case（b）	case（c）	case（d）
中心焦宽度/m	0	0.2	0.5	0.8

　　经过对炉内煤气及料柱的流场、温度场及化学反应的计算，得到了如图11-10所示的软熔带及其他各区域的分布图。图中由上至下，白色、灰白相间、灰黑相间、灰色、深灰色区域分别代表高炉内的空区、块状带（矿石层和焦炭

层）、软熔带（矿石软熔层和焦窗）、滴落带、死焦堆及炉缸渣面。图中不同颜色表示该处的孔隙度数值不同，具体数值对应着图右侧的颜色标尺。炉顶空区白色区域孔隙度设为1；由（a）~（d），可见高炉中心轴线附近的灰色柱状区域宽度越来越大，此处即为中心焦柱区域，对应宽度依次为0m、0.2m、0.5m和0.8m，中心焦柱区域孔隙度均取为0.5；此外，软熔带以上的灰白交替分布区域为高炉块状带中的交替分布的矿石层和焦炭层，焦炭层孔隙度略大于矿石层孔隙度；软熔带内黑色区域对应的孔隙度很小，为软熔矿石层，考虑到矿石层软熔后几乎不可透气，计算中取其孔隙度为0.01，而临近的焦炭层孔隙度保持不变；滴落带内不存在矿石，均为焦炭炉料，其孔隙度对应焦炭层内孔隙度；死焦堆内由于粉末颗粒等的聚集，其透气透液性较差，孔隙度较小，计算时取为0.3；而燃烧带为气体空穴，仅含有少量的回旋运动的焦炭等，其孔隙度设为0.8，如图中风口附近的浅色区域。

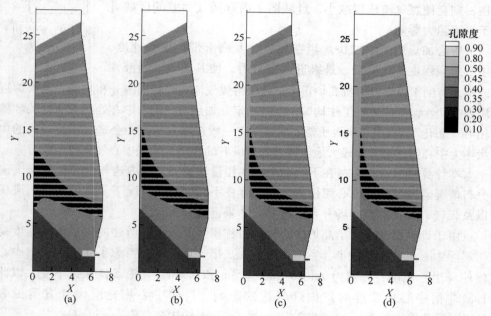

图 11-10　中心焦柱宽度对块状带、软熔带、滴落带和死焦堆的影响

为定量描述中心焦柱不同时对炉内所形成的软熔带的影响，图 11-11 给出了（a）、（b）、（c）、（d）四种工况下的软熔带具体位置及形状参数。由图可见，（a）、（b）、（c）、（d）对应的软熔带根部距模型底面距离分别为 5.68m、5.92m、5.97m、5.98m，随着中心焦柱宽度的增大，软熔带根部位置有所升高。（a）、（b）、（c）、（d）对应的软熔带顶部距模型底面距离分别为 13.10m、14.93m、15.47m、15.57m，软熔带高度分别为 7.42m、9.01m、9.51m、9.63m，

软熔带最大宽度分别为 5.24m、4.40m、4.22m、4.20m。由此可见，适当加大中心加焦量，可使软熔带位置升高，高度增大，宽度减小，增加了软熔带焦窗个数，改善了高炉软熔带的透气性，从而达到改善整个料柱的透气性。

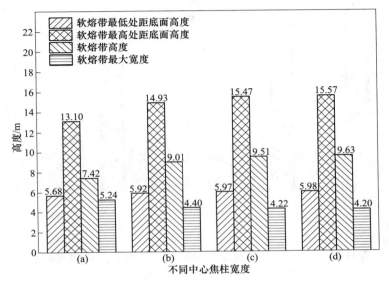

图 11-11　中心焦柱宽度对软熔带形状及位置的影响

(a) 0m；(b) 0.2m；(c) 0.5m；(d) 0.8m

　　图 11-12 为不同中心焦柱宽度对炉内过高炉中心轴线半截面上的块状带、软熔带和滴落带区域面积大小变化的影响。由图可见，对应 (a)、(b)、(c)、(d) 的过高炉轴线半截面上的滴落带面积分别为 19.30m²、22.56m²、24.10m²、25.67m²，可见随着中心焦柱宽度的不断增大，靠近高炉中心位置处的软熔带高度上升，使得靠近高炉中心附近滴落带范围扩大，从而使得滴落带面积增大，其过高炉中心线的截面呈曲边梯形；软熔带截面面积分别为 17.04m²、17.26m²、16.82m²、16.92m²，随中心焦柱宽度增大，软熔带高度增大，但宽度减小，故软熔带截面面积变化并无明显的规律性；其块状带面积分别为 93.50m²、90.02m²、88.90m²、87.23m²，由此可见，随着中心焦柱宽度增大，块状带截面面积不断减小。

　　图 11-13 为不同中心焦柱宽度下的高炉内部块状带、软熔带、滴落带及死焦堆等处的煤气压力分布，图中等值线上标签为压力值（单位为 kPa），压力由炉喉处顶压逐渐增加到风口附近的风压。由图可见，整个高炉的压力是从风口处风压逐渐过渡到炉顶顶压，等压线也逐渐由以风口为中心曲率较大的曲线过渡到块状带曲率近似为零的直线。比较燃烧带附近煤气压力数值，可知由 (a)~(d) 风口附近煤气压力逐渐减小。随中心焦柱宽度增大，相同高度处软熔带压力梯度越小，其等压线近似平行于软熔带边界，说明软熔带高度增加，宽度变窄，焦窗数

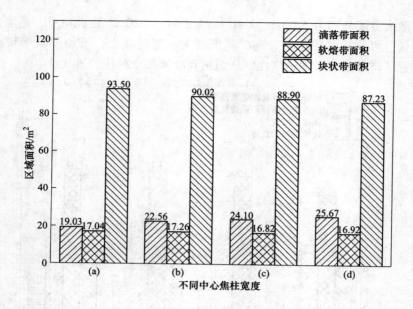

图 11-12 中心焦柱宽度对过中心轴线的半截面上各区域面积的影响

(a) 0m；(b) 0.2m；(c) 0.5m；(d) 0.8m

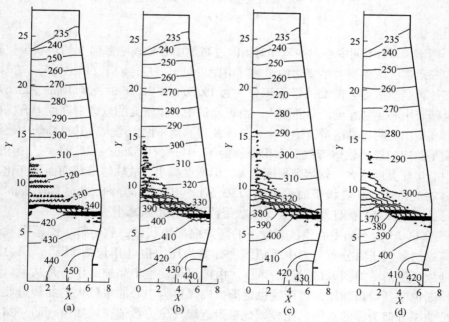

图 11-13 中心焦柱宽度对炉内煤气流压力分布（kPa）的影响

(a) 0m；(b) 0.2m；(c) 0.5m；(d) 0.8m

增加，煤气通路增加，速度减小，阻力损失减小。除料面附近外，块状带内的等压线基本上是水平的，在料面附近等压线趋于平行料面。

图 11-14 表示在不同中心焦柱宽度下，过高炉中心轴线的截面与高炉径向 $r=$ 1m、$r=2m$、$r=4m$ 的圆柱面交线上的煤气压力沿高度变化情况。从图中可以看到，根据变化趋势不同曲线由上至下大致可以分为四段，最上面第一段为竖直直线段，表示空区内压力随炉喉高度基本不发生变化，且不同径向位置上压力也基本相同，压力损失很小，这主要是由于空区中没有原燃料，阻力很小的缘故；第二段近似斜线且三条线几乎重合，它表示块状带的压力随高度近似均匀变化且沿高炉径向压力大体相同；第三段近似为水平线，它表示炉内软熔带部分的煤气压力在高度上的变化，从图中可见，对于 $r=1m$、$r=2m$、$r=4m$ 时，越远离高炉中

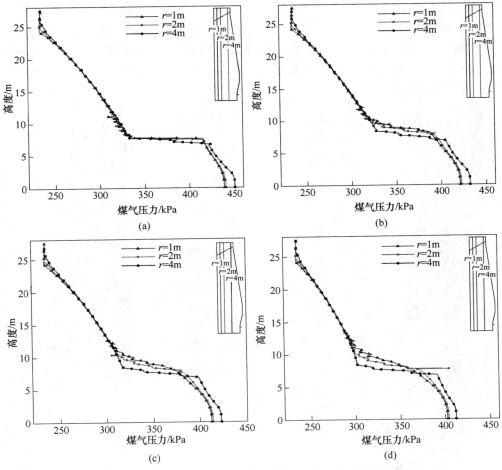

图 11-14 中心焦柱宽度对煤气流在高度方向上压力分布的影响

(a) 0m；(b) 0.2m；(c) 0.5m；(d) 0.8m

心软熔带内部的压力随高度变化幅度越大，压力梯度越大，即压损越大；最下部第四段变化适中的斜线，表示在滴落带及死焦堆中的煤气压力随高炉高度变化较小，而由于燃烧带为煤气的发源地，越靠近炉墙，煤气压力越大。

　　图 11-15 为不同中心焦柱宽度时炉内煤气速度矢量分布情况，图中的箭头长短代表速度大小，箭头方向代表煤气流速方向。由图可见，在料面处煤气流均垂直于料面流出，空区内靠近中心流速较大。图中位于高炉下部靠近中心的区域，可见煤气流速矢量箭头很小，此处煤气流速小，为死焦堆区域，从燃烧带中下部边界流出的煤气流流入死焦堆，在死焦堆中心附近变成竖直向上的煤气流动，其他则是基本上沿着与死焦堆表面平行的方向在死焦堆中流动。从燃烧带中上部流出的煤气流进入滴落带中沿着斜向上的方向向高炉中心流动，一边流动一边转变成水平流进入软熔带焦窗，到达高炉中心的煤气流沿中心焦柱竖直流向料面。煤气流在焦窗内基本为水平流动，最终由软熔带上边界流出进入块状带，在块状带内煤气流又被转化为向上流动，接近料面时，煤气流从竖直方向改变为倾斜方向垂直流出料面进入炉喉空区，最终逸出高炉。

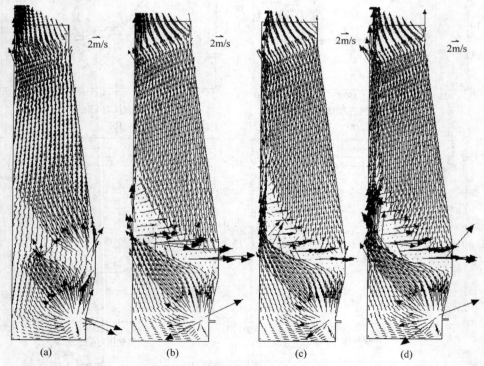

(a)　　　　　　　(b)　　　　　　　(c)　　　　　　　(d)

图 11-15　中心焦宽度对炉内煤气流速度矢量分布影响

(a) 0m；(b) 0.2m；(c) 0.5m；(d) 0.8m

为了研究炉内煤气流动对煤气与炉料换热情况的影响，图 11-16 给出了在不同中心焦柱宽度时高炉内部块状带、软熔带、滴落带及死焦堆等区域的煤气温度（单位为 K）分布情况，如图中等温线所示。由图可见，全场内炉喉区域煤气温度最低，且越靠近炉墙温度越低，这是由倾斜的料面形状（中心低、边缘高）引起的。在高炉炉身、炉腰部位也呈现中心温度高，边缘温度低的状况。在滴落带及死焦堆，比较图（a）、（b）、（c）、（d）可见，随着中心焦柱宽度的增加，高温区逐渐由风口附近向高炉中心轴线及上部区域扩展。

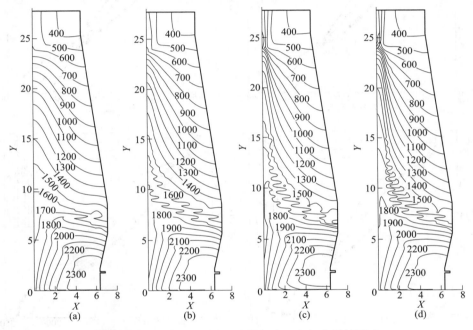

图 11-16 中心焦宽度对炉内煤气流温度场分布的影响
(a) 0m；(b) 0.2m；(c) 0.5m；(d) 0.8m

图 11-17 给出了高炉内 $r=1m$、$r=2m$、$r=4m$ 的圆柱面与过高炉轴线截面交线上的煤气流温度沿高度方向变化情况，为了分析方便，将 $r=1m$、$r=2m$、$r=4m$ 对应的曲线分别定为曲线 1、曲线 2 及曲线 3。三条曲线从上至下都可以看成由 5 个线段组成，炉喉段近似为竖直直线部分，曲线 1、曲线 2、曲线 3 对应的温度依次降低，即越靠近炉墙煤气温度越低。在块状带内，同样曲线 1 的温度高于曲线 2 高于曲线 3，其中曲线 1 在炉身上部变化较快，炉身下部放缓，曲线 2 则在块状带内变化较为均匀，曲线 3 在炉身上部变化较慢，而在下部变化较快。图中，带有锯齿状的曲线部分表示软熔带区域，煤气流在"焦窗"内温度高于在软熔矿石层内的温度。在软熔带下部则呈现出曲线 3 的温度高于曲线 2 高于曲

线1，这与空区、块状带、软熔带内的煤气温度分布相反，主要是因为在高炉下部燃烧带靠近炉墙，而且是高炉煤气和热量的发源地。

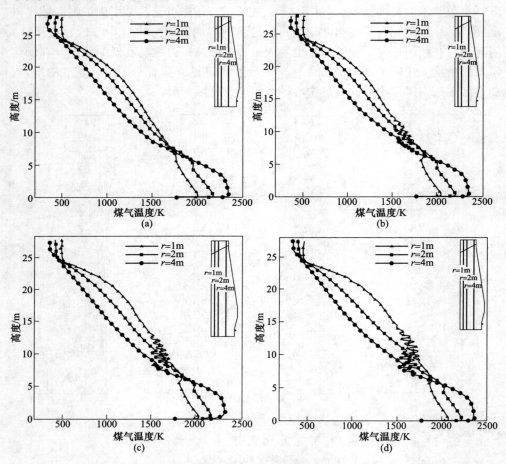

图 11-17　中心焦柱宽度对煤气流在高度方向上温度分布的影响
(a) 0m；(b) 0.2m；(c) 0.5m；(d) 0.8m

为进一步观察炉内同一位置处煤气流与炉料之间的温度变化情况，图 11-18 给出了 $r=1m$ 上的煤气及炉料的温度沿高度方向变化情况。由图可见，在料面及空区处，煤气流和炉料之间温差最大，可达 200K；由料面向下至软熔带上部，煤气与炉料间的温差不断减小并趋于保持恒定的温差；在软熔带内部，煤气流温度产生波动，在软熔矿石层内与炉料温度接近，在焦炭层内温度高于炉料温度；在滴落带内，煤气流与炉料间的温差相对较大，随着高度下降温差增大，这是由于滴落带内煤气流速相对较大所致；在死焦堆内，煤气流与炉料间的温差又变回较小的值，这是因为死焦堆内透气性较差，煤气流速较小，煤气流与炉料换热较充分。比较（a）、（b）、（c）可知，位于 $r=1\mathrm{m}$ 上模型底面处的煤气及炉料温度随燃烧带加深依次增大，对应的煤气流温度依次约为 2020K、2040K、2050K 和 2080K，说明中心焦柱宽度增大有利于增加死焦堆内温度，对于活跃炉缸较为有利。

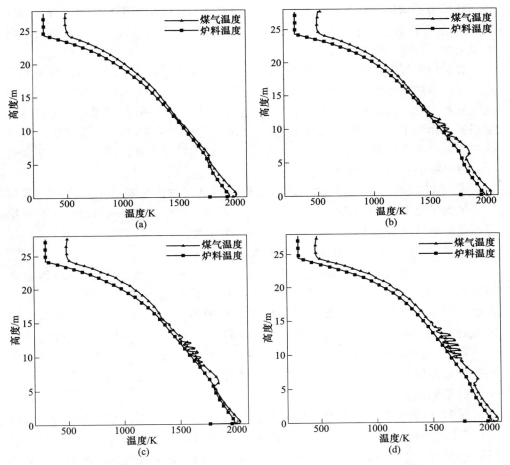

图 11-18 中心焦柱宽度对煤气流和料柱在高度方向上的温度分布影响
(a) 0m; (b) 0.2m; (c) 0.5m; (d) 0.8m

通过模拟不同中心焦宽度时的炉内煤气流场以及煤气和炉料的温度场分布，可知，无中心加焦时，软熔带位置较低，炉内煤气流动阻力较大，导致炉内煤气流速也较高，故而单位压降较大；随着不断增大中心焦宽度，炉内中心气流得以开放，形成煤气中心通道，炉内整体压降降低；同时，由于中心气流的发展，导致中心的温度较高，软熔带中心升高，从而使得"焦窗"层数增多，进一步疏通了下部的煤气流，大大改善了炉内的煤气流动。由此可知，适当加大中心加焦量可以改善炉内的煤气流动状况，使炉况更易顺行，但过大时易造成燃料比升高，具体情况需针对特定工况来确定。

11.3.3 炉料冶金性能对软熔带及煤气流分布的影响

软熔带是指炉料从开始软化到滴落过程形成的软熔块与焦炭呈交替分布的区域，其透气性具有各向异性，它是径向矿焦比急剧变化的区带，也是炉内透气阻力最大的区域。

高炉内煤气流场分布主要取决于炉料分布以及软熔带的不同形状，气流分布直接影响到炉内整体的热利用效率及煤气的利用率（CO/CO_2 比）。炉墙附近区域气流分布不均匀或流速过大会导致炉衬过热，从而导致炉衬侵蚀率过高并造成热量损失。而当中心区域气流速度过快时，会造成中心区域 CO/CO_2 比增大，煤气热利用效率及化学利用效率降低。因而通过调整炉料分布及软熔带形状对于降低耐火材料损失具有十分重要的意义。

本节主要通过改变入炉原料的冶金性质得到了炉内形成的不同形状的软熔带，进而研究不同软熔带对炉内气流分布的影响。在此，主要通过改变炉料软熔温度高低和软熔区间大小来获得不同形状的软熔带。

11.3.3.1 炉料软熔温度高低对煤气流的影响

炉料软熔温度高低直接决定了炉内软熔带形成的位置，若原料软熔温度较低则在炉内较高的位置形成软熔带，而原料软熔温度较高时则使得软熔带在炉内较低位置形成。前面模拟计算中均参考国内外相关研究，假设软熔带区域对应的炉料软熔温度区间为 1473~1673K，为研究不同炉料软熔温度高低，本节分别取软熔温度区间为 1373~1573K 以及 1573~1773K。通过改变炉料软熔温度区间的方法改变了炉内软熔带高度位置等，进而对炉内气流分布进行了研究。

图 11-19 为炉料不同软熔温度区间时对应的高炉内部块状带、软熔带、滴落带及死焦堆形状、位置及大小分布情况，图（a）、（b）和（c）分别对应着 1373~1573K、1473~1673K 和 1573~1773K 的炉料软熔温度区间。图中不同颜色表示该处的孔隙度数值不同，具体数值对应着图右侧的颜色标尺。由图中高炉中部黑灰相间区域可见炉料软熔温度对软熔带位置及形状的影响，其具体尺寸参数详见图 11-20。

图 11-20 为不同炉料软熔温度时所形成的软熔带的具体参数。与图（a）、（b）、（c）相对应的软熔带根部距模型底面离分别为 6.61m、5.97m、5.38m，由于软熔带位置主要由炉内温度场分布决定，随着炉料软熔温度升高，形成的软熔带在炉内的位置越低，根部位置越靠下。图（a）、（b）、（c）中软熔带顶部距模型底面距离分别为 18.04m、15.47m、13.40m，软熔带高度分别为 11.43m、

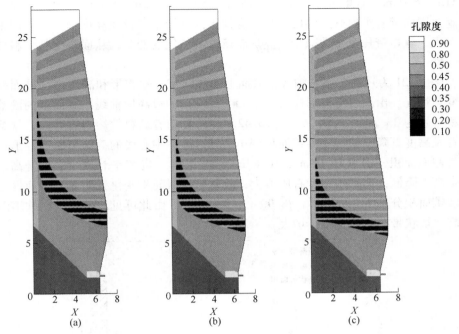

图 11-19　软熔温度对块状带、软熔带、滴落带和死焦堆的影响
（a）1373~1573K；（b）1473~1673K；（c）1573~1773K

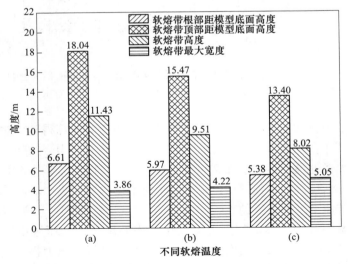

图 11-20　软熔温度对软熔带形状及位置的影响
（a）1373~1573K；（b）1473~1673K；（c）1573~1773K

9.51m、8.02m，软熔带最大宽度分别为3.86m、4.22m、5.05m。由此可见，在一定范围内随着炉料软熔温度升高，会使炉内软熔带位置及高度降低，软熔带宽度增大，软熔带焦窗个数减少，高炉软熔带的透气性变差，从而恶化整个料柱的透气性。

图11-21为过高炉中心轴线半截面上的块状带、软熔带和滴落带区域面积大小变化情况。由图可见，对应（a）、（b）、（c）的过高炉轴线半截面上的滴落带面积分别为33.20m²、23.36m²、16.42m²，可见随着炉料软熔温度升高，软熔带位置及高度下降，使得滴落带面积变小，其过高炉中心线的截面呈曲边梯形；软熔带截面面积分别为16.96m²、16.82m²、18.40m²，随着炉料软熔温度升高，软熔带高度降低，但平均宽度有所增大，故软熔带截面积变化无明显的规律性；其块状带面积分别为79.90m²、88.90m²、96.14m²，由此可见，随着炉料软熔温度升高，块状带截面面积不断增大。

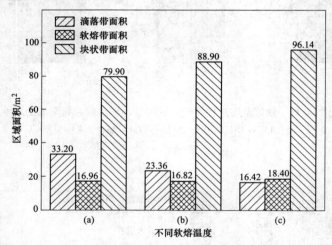

图11-21 软熔温度对过中心轴线的半截面上各区域面积的影响
(a) 1373~1573K；(b) 1473~1673K；(c) 1573~1773K

当改变了炉料软熔温度后，在其他条件保持不变时计算得到的炉内各区域的煤气压力场（单位为kPa）分布如图11-22所示。由图中压力等值线分布可知，煤气压力由炉喉处顶压逐渐增加到风口附近的风压。图中，整个高炉的压力是从风口处风压逐渐过渡到炉顶顶压，等压线也逐渐由以风口为中心曲率较大的曲线过渡到块状带曲率近似为零的直线。由（a）~（c）下部压力等值线分布可见，随炉料软熔温度升高，燃烧带附近煤气压力不断增大，高压区由燃烧带向外扩展。在滴落带，随炉料软熔温度升高，越靠近高炉轴线，压力损失越大，由于靠近高炉轴线附近的滴落带体积较小，导致煤气通路减少，压力损失增大。随炉料软熔温度升高，相同高度处软熔带压力梯度增大，其等压线近似平行于软熔带边界。块状带内的等压线基本上为水平的，在料面附近等压线则变成趋于平行料面。

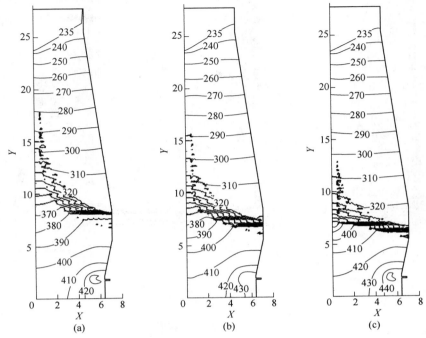

图 11-22　软熔温度对炉内煤气流压力（kPa）分布的影响
（a）1373～1573K；（b）1473～1673K；（c）1573～1773K

　　图 11-23 为不同软熔温度时对应的炉内煤气速度矢量分布情况，图中的箭头长短代表速度大小，箭头方向代表煤气流速方向。由于燃烧带处煤气流速巨大，为清晰显示其他部分速度矢量，图中并未显示燃烧带内煤气流速。由炉内煤气流速矢量分布可见，高炉下部死焦堆区域煤气流速较小，从燃烧带中下部流出的煤气流流入死焦堆，在死焦堆中心附近变成竖直向上的煤气流动，其他基本上是沿着与死焦堆表面平行的方向在死焦堆中流动。从燃烧带中上部流出的煤气流进入滴落带中沿着斜向上的方向向高炉中心流动，滴落带内煤气流速明显大于死焦堆内流速，煤气流在软熔带"焦窗"内转变为水平流动，"焦窗"内煤气流速较大，当煤气流从软熔带流出进入块状带后，煤气流速变回较小的值，且基本呈竖直向上流动，在倾斜料面处垂直于料面流出，进入炉喉。

　　图 11-24 为不同软熔温度时煤气流在高度方向上速度分布变化情况，其中横坐标表示煤气流速，纵坐标表示高炉高度方向，三条 $r=1m$、$r=2m$、$r=4m$ 的线表示不同半径柱面与过高炉轴线截面交线。从图中也可以看出，沿着高炉高度方向上的煤气流速变化趋势曲线基本上可以分为 5 个部分，在空区内三条煤气流速曲线分开，料面处煤气流速可达 4m/s 左右，进入空区后随着高度增加 $r=1m$ 上

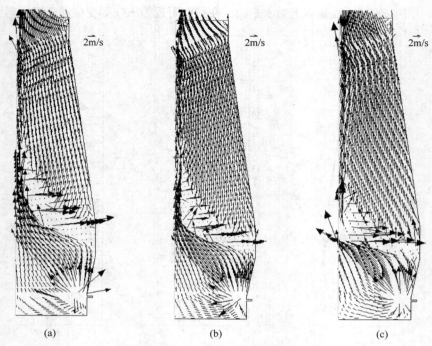

图 11-23 软熔温度对炉内煤气流速度矢量分布影响
(a) 1373~1573K；(b) 1473~1673K；(c) 1573~1773K

煤气流速逐渐增大，$r=2m$ 上的煤气流速基本保持不变，$r=4m$ 上的煤气流速不断减小至 1m/s 以下。块状带内，三条不同径向的曲线基本重合，说明块状带内煤气流在径向上流速较为一致。图中曲线发生振荡的区域为软熔带区域，软熔矿石层内煤气流速很小，接近零，而焦窗内煤气流速较大，且可发现焦窗内的煤气流速从根部到顶部越来越小，这也是软熔带根部附近的焦窗宽度较宽的原因。滴落带内虽然煤气流速相对较高，但随着高度降低，煤气流速不断减小，并在进入死焦堆后速度进一步降低，死焦堆内由于透气性较差，维持着较低的煤气流速，且由 $r=1m$、$r=2m$ 至 $r=4m$ 煤气流速不断增大。

11.3.3.2 炉料软熔温度区间大小对煤气流的影响

炉料冶金性能对软熔带的影响不仅体现在软熔温度高低方面，软熔带温度区间大小也能对炉内气流产生很大影响。实际软熔带的宽度是由炉料的软化线和熔化线决定的，这与炉料自身的软熔性质有很大关系，若炉料软化温度与熔化温度相差较小，则软熔带会较窄，而炉料软化温度与熔化温度相差较大时，软熔带宽度较宽。为了研究软熔带宽度对煤气流的影响，通过改变炉料软熔温度区间来控制形成的软熔带，从而观察炉内的煤气流动状况。

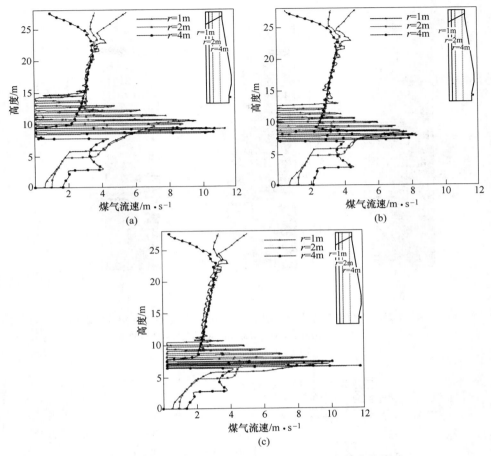

图 11-24　软熔温度对煤气流在高度方向上速度分布的影响
（a）1373~1573K；（b）1473~1673K；（c）1573~1773K

为观察对应不同软熔区间大小的软熔带对炉内气流分布影响，基于正常软熔温度区间 1473~1673K 的基础上，又分别取 1473~1573K 和 1473~1623K 为软熔区间，即针对软熔温差分别为 100K、150K 和 200K 时进行了研究。

图 11-25 为不同软熔区间大小时高炉内部块状带、软熔带、滴落带及死焦堆形状、位置及大小分布图，图中由（a）~（c）依次对应着 1473~1573K、1473~1623K 和 1473~1673K 的炉料软熔区间。图中不同颜色表示该处的孔隙度数值不同，具体数值对应着图右侧的颜色标尺。比较（a）~（c）可见，图中黑灰交替分布区域差别最大，此为软熔带区域，可见随着软熔区间增大软熔带宽度也不断增大。

图 11-26 为在软熔区间大小不同时计算得到的软熔位置及形状参数。与

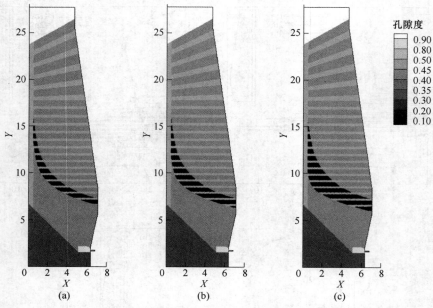

图 11-25 软熔区间大小对块状带、软熔带、滴落带和死焦堆的影响
（a）1473~1573K；（b）1473~1623K；（c）1473~1673K

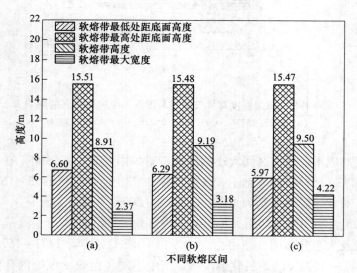

图 11-26 软熔区间大小对软熔带形状及位置的影响
（a）1473~1573K；（b）1473~1623K；（c）1473~1673K

（a）、（b）、（c）相对应的软熔带根部距模型底面距离分别为 6.60m、6.29m、

5.97m，随着软熔区间增大，软熔带根部位置不断下降。软熔带顶部距模型底面距离分别为 15.51m、15.48m、15.47m，软熔带高度分别为 8.91m、9.19m、9.50m，软熔带最大宽度分别为 2.37m、3.18m、4.22m。可见，适当增加炉料软熔区间，软熔带位置降低，高度有所增加但增幅不大，但软熔带宽度增加较快，总体使得煤气阻力增大。

图 11-27 为软熔区间大小不同时的过高炉中心轴线半截面上的块状带、软熔带和滴落带区域面积大小变化情况。由图可见，对应（a）、（b）、（c）的过高炉轴线半截面上的滴落带面积分别为 32.36m²、28.36m²、23.36m²，可见随着软熔区间增大，软熔带向下扩张较多，使得滴落带面积减小；软熔带截面面积分别为 8.46m²、12.78m²、16.82m²，随着软熔区间增大，软熔带高度稍稍增加，而其宽度增大较为明显，故使得软熔带面积增加较快；其块状带面积分别为 88.40m²、88.48m²、88.90m²，可见块状带面积变化不大。

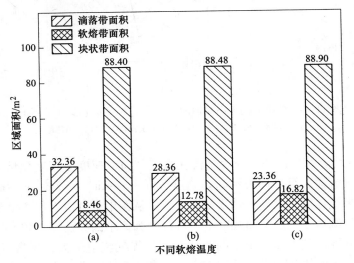

图 11-27 软熔区间大小对过中心的半截面上各区域面积的影响
(a) 1473~1573K；(b) 1473~1623K；(c) 1473~1673K

图 11-28 为软熔区间大小不同时高炉内部块状带、软熔带、滴落带及死焦堆等处的煤气压力分布，由图中压力等值线分布可见，压力由炉喉处顶压逐渐增加到风口附近的风压。由（a）~（c），随炉料软熔区间增大，高炉燃烧带附近的煤气压力不断增大。在滴落带，随炉料软熔区间增大，越靠近高炉轴线，压力损失越大，从图可见，这主要是由于滴落带体积减小，导致煤气通路减少，压力损失增大。随炉料软熔区间增大，相同高度处软熔带压力梯度增大，其等压线近似平行于软熔带边界。块状带内的等压线基本上是水平的，在料面附近等压线趋于平行料面。

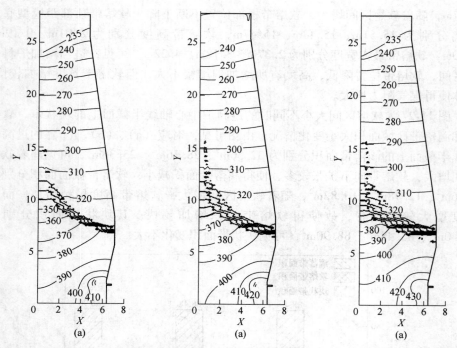

图 11-28 软熔区间大小对炉内煤气流压力分布（kPa）的影响
(a) 1473~1573K；(b) 1473~1623K；(c) 1473~1673K

图 11-29 为软熔区间不同时煤气流在高度方向上速度分布变化情况，其中横坐标表示煤气流速，纵坐标表示高炉高度方向，$r=1m$、$r=2m$、$r=4m$ 的三条曲线表示不同半径柱面与过高炉轴线截面交线。从图中也可以看出，沿着高炉高度方向上的煤气流速变化趋势曲线基本上可以分为 5 个部分，在炉顶空区处三条煤气流速曲线分开，其中靠近中心的曲线对应的煤气流速最大，越靠近边缘越小。块状带内，三条曲线几乎重合且随高度下降煤气流速缓慢减小，说明径向上煤气流速变化不大。图中曲线发生振荡的区域为软熔带区域，煤气流速波动大的原因主要是矿石层基本不透气，只靠焦炭层透气，煤气通道缩小，且软熔带中焦窗内的煤气流速从根部到顶部越来越小。软熔带以下至模型底面，煤气流速越来越小，其中在滴落带与死焦堆过渡处有速度突降。

通过改变入炉原料的软熔温度以及软熔区间大小，研究了炉料冶金性能对炉内软熔带形状以及煤气流分布的影响。结果表明：炉料软熔温度越高，则形成的软熔带在炉内的位置越低，而其自身高度也越小，使得"焦窗"层数减少，炉内气流流动阻力升高，煤气流总压差升高；而当炉料软熔区间越大时，炉内形成的软熔带横向宽度越大，则煤气流通道——"焦窗"越狭长，对煤气流阻力越大，导致炉内总压差的升高，不利于高炉的顺行。由此可见，软熔带自身高度越

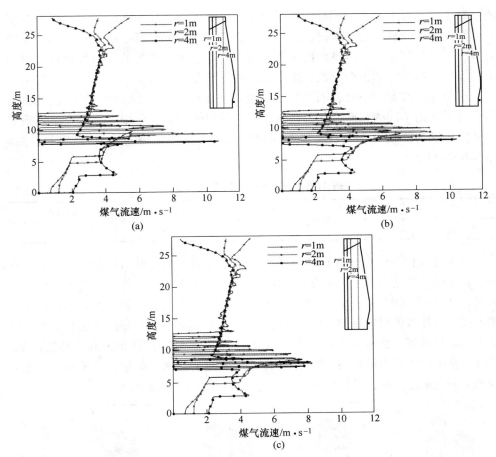

图 11-29 软熔区间大小对煤气流在高度方向上速度分布的影响

（a）1473~1573K；（b）1473~1623K；（c）1473~1673K

高，"焦窗"层数越多，且软熔带宽度越窄，则煤气流动阻力越小，利于顺行。

11.3.4 料面形状对煤气流分布的影响

由于实际高炉中受装料设备所限，装入的各料层均存在一定倾角。随着炉料的下降，由于炉料和煤气的几次再分布，料层结构沿料层高度发生很大变化。高炉解剖及大量模型试验结果表明，随炉料下降运动，料层分布形状逐渐由"M"型变为水平型，即炉料在炉内的堆角在逐渐变小。随炉料下降逐渐成为水平，各料层的透气性分布仍然均匀。

在实际高炉操作时，主要通过下部调剂和上部调剂两种手段来控制炉内状况，而下部风口直径、长度以及鼓风量等参数不便于随时调整，而作为非常重要的控制手段——上部调剂则显得灵活很多。上部调剂主要指通过炉顶布料等控制上部料面形状及料层分布情况，通过设计合理的布料矩阵可以将炉料布到想要的地方。所以炉顶布料对调整炉内煤气流分布非常重要，不同的料面形状可以引导炉内煤气流向既定的方向发展，得到理想的气流分布。

　　本节通过改变炉顶处料面形状，研究了在不同料面下的炉内煤气流动情况。共设计了 4 组不同的料面形状，在保持炉内装料体积不变前提下，研究了料面平台宽度分别为 0m、0.5m、1m 和 2m 时炉内的煤气流分布状况，具体料面尺寸参数详见表 11-5。

表 11-5　四种不同的料面形状设计

组别	case（a）	case（b）	case（c）	case（d）
平台宽度/m	0	0.5	1	2

　　在上述条件下计算得到了如图 11-30 所示的不同料面形状对应的高炉内部块状带、软熔带、滴落带及死焦堆形状、位置及大小分布情况。由图中炉顶处料面形状可见，从（a）~（d），料面平台宽度依次增加。图中不同颜色表示该处的孔隙度数值不同，具体数值对应着图右侧的颜色标尺。其中高炉中部呈现黑灰交替分布的区域为软熔带区域，比较各图可发现，从（a）~（d），软熔带顶部的高度依次降低。此外，从图中可看出矿焦层孔隙度不同，焦层的孔隙度大于矿层，且模拟中考虑了径向上的孔隙度变化，矿焦层从中心至边缘孔隙度均逐渐降低。

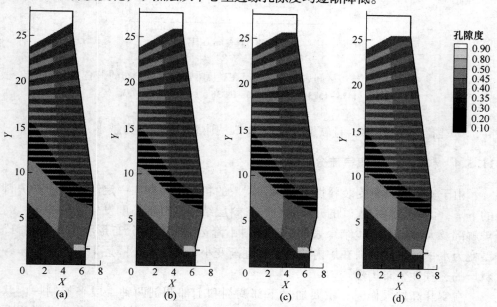

图 11-30　料面形状对块状带、软熔带、滴落带和死焦堆的影响

为了定量描述不同炉况时炉内各区域变化程度，图11-31给出了料面形状不同时过高炉中心轴线半截面上的块状带、软熔带和滴落带区域面积大小变化情况。由图可见，对应（a）、（b）、（c）、（d）的过高炉轴线半截面上的滴落带面积分别为31.83m²、29.68m²、28.58m²、27.76m²，可见随着料面平台宽度增加，靠近高炉中心位置处的软熔带高度下降，使得所围成的滴落带面积减少；软熔带截面面积分别为18.59m²、17.95m²、17.10m²、17.25m²，随着平台宽度增加，软熔带高度降低，但其相应的平均宽度变大，故软熔带截面积变化并无明显的规律性；其块状带面积分别为79.09m²、82.09m²、84.04m²、84.72m²，由此可见，随着平台宽度增加，块状带截面面积不断增大。

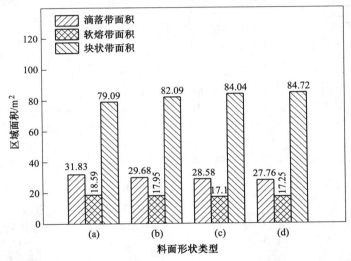

图 11-31　料面形状对过中心轴线的半截面上各区域面积的影响

图11-32为料面形状不同时高炉内部块状带、软熔带、滴落带及死焦堆等处的煤气压力分布，由图中压力等值线分布可知，压力由炉喉处顶压逐渐增加到风口附近的风压。由（a）～（d），随料面平台宽度增大，高炉下部煤气压力不断增大，高压区外扩。在滴落带，随平台宽度增大，煤气压力越来越大，压力损失也增大，这主要是因为滴落带体积减小，导致煤气通路减少，压力损失增大。随着料面平台宽度增大，相同高度处软熔带压力梯度越大，其等压线近似平行于软熔带边界，由图可以看出，随平台宽度增大，软熔带高度降低，宽度变大，焦窗数量减少，阻力损失增大。在块状带内，等压线基本上呈水平分布，在料面附近等压线趋于平行料面。

图11-33为不同料面形状时对应的炉内煤气速度矢量分布情况，图中的箭头长短代表速度大小，箭头方向代表煤气流速方向，图中仅显示了除燃烧带以外区

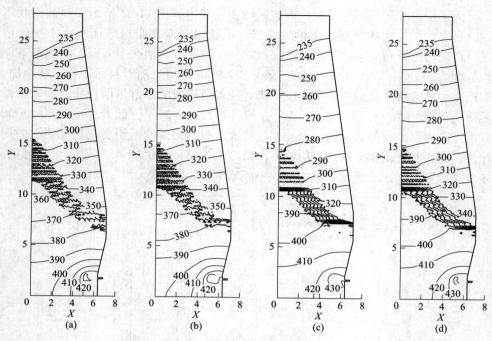

图 11-32　料面形状对炉内煤气流压力分布的影响

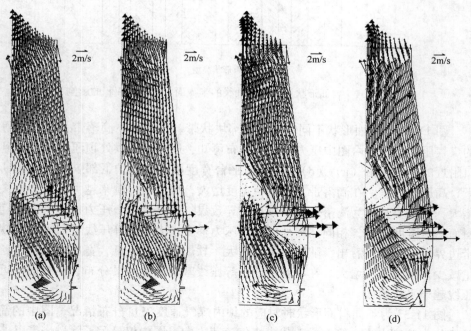

图 11-33　料面形状对炉内煤气流速度矢量分布影响

域的煤气流速。由炉内煤气流速矢量分布可见，高炉下部死焦堆区域煤气流速较小，且较为均匀，燃烧带内煤气流主要发源于燃烧带中下部，在死焦堆内靠近中心附近逐渐变成竖直向上的煤气流动，其他基本上是沿着与死焦堆表面平行的方向在死焦堆中流动。由燃烧带中上部流出的煤气流进入滴落带中沿着斜向上的方向向高炉中心流动，由图中速度矢量箭头大小可见滴落带内煤气流速明显大于死焦堆内流速。当煤气流运动到软熔带时，只得从层状分布的"焦窗"流过进入块状带内，煤气流在软熔带"焦窗"内被转变为水平流动，"焦窗"内煤气流速较大，当煤气流从软熔带流出进入块状带后，煤气流速变回较小的值，且基本呈竖直向上流动，在倾斜料面处垂直于料面流出，进入炉喉。

　　为了反映不同料面形状时的料面处煤气流出情况，图 11-34 给出了相应的料面处的煤气流速矢量分布情况。通过比较各图，可以发现煤气从炉料向炉顶空区逸出时，料面处的煤气流均垂直于料面轮廓线流出。从图中可看出，由（a）~（d），料面平台宽度依次增加，平台上煤气流速较为一致，且在整个料面上最小，越靠近中心料面上煤气流速越大，说明了中心气流相对较为旺盛。

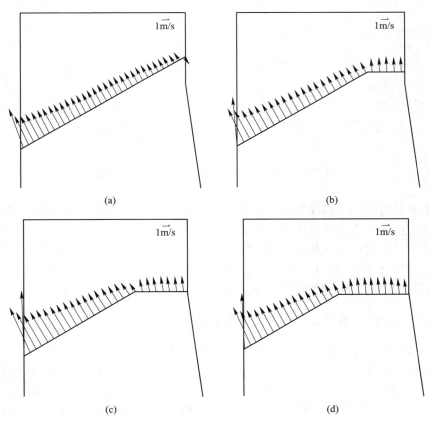

图 11-34　不同料面形状对应的料面处的煤气流速矢量分布

图 11-35 给出了料面形状不同时高炉内部块状带、软熔带、滴落带及死焦堆等区域的煤气温度分布情况。从图中温度等值线分布可见，高炉炉喉炉墙附近的煤气温度最低，这主要是因为料面形状呈现中心低、边缘高，使得中心气流相对较多。在高炉炉身、炉腰部位同样也呈现中心温度高、边缘温度低的状态。在滴落带及死焦堆，比较图中（a）、（b）、（c）、（d）等值线分布可知，随着料面平台宽度增加，高温区逐渐向燃烧带附近收缩。

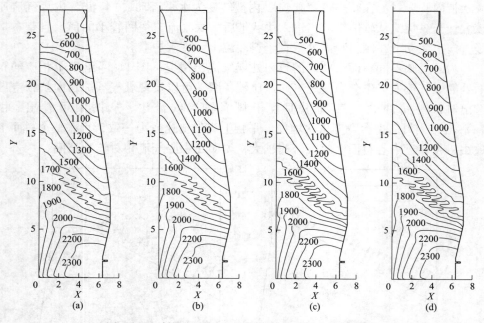

图 11-35　料面形状对炉内煤气流温度场分布的影响

本节计算模拟了料面形状变化时高炉内煤气流场以及煤气和炉料的温度场分布变化，可知：在保持总体装料体积不变的前提下，对于倾斜料面，中心漏斗较大，中心区域料柱高度最小，中心气流最容易发展，形成的倒 V 形软熔带高度最高；而对于"平台-漏斗"型料面，随着平台宽度的增加，中心漏斗不断减小，起到了抑制中心气流过分发展，使得边缘气流相应增多。

11.3.5　边缘炉料透气性对煤气流分布的影响

在实际生产布料过程中，由于炉料在炉内的落点距炉墙有一定距离，且较大炉料颗粒滚动性更好，故易于滚向中心和边缘两侧，且考虑到炉墙边缘处存在一定的边缘效应，从而造成高炉内炉墙边缘附近孔隙度较大，透气性较好，如图 11-36 所示。本节通过改变边缘高透气性区域的宽度模拟了炉内煤气流动及温度场分布情况。

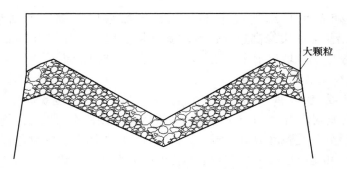

图 11-36　高炉料面径向颗粒偏析示意图

模拟计算中，认为径向上由中心至炉料落点处，炉料透气性不断减小，而从落点至炉墙边缘处，炉料透气性不断增大。其中，边缘附近炉料高透气性区域的宽度分别设计为 0mm、100mm 和 200mm，如表 11-6 所示，依次观察炉内软熔带及煤气流分布情况。

表 11-6　三种不同的边缘高孔隙度区域宽度设计

组别	case（a）	case（b）	case（c）
边缘高孔隙度区域宽度/mm	0	100	200

图 11-37 为模拟计算初始时设定的炉内料层分布情况。图中填料为焦炭矿石

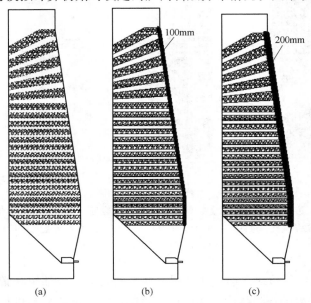

图 11-37　计算初始时炉内的料层分布及边缘高透气性区域宽度设置示意图

（a）边缘高孔隙度区域宽度为 0mm；（b）边缘高孔隙度区域宽度为 100mm；

（c）边缘高孔隙度区域宽度为 200mm

交替分布，随着炉身结构向下部扩大，下部料层减薄。由图可看出，由（a）~（c），沿炉墙的边缘高透气性区域宽度依次增大，分别为0mm、100mm和200mm（如图中黑色填充示意区域所示），但此区域内依然保持焦炭和矿石分层布置。

图11-38为最终计算得到的炉内各区域及孔隙度分布，图中（a）、（b）、（c）分别对应着表11-6中边缘透气性区域宽度依次增大时的情况。图中不同颜色表示该处的孔隙度数值不同，具体数值对应着图右侧的颜色标尺。图中块状带内焦炭层和矿石层沿半径方向上的孔隙度大小并不一致，考虑了炉料径向孔隙度变化，从中心至边缘，孔隙度先减小，在边缘设定宽度区域内再逐渐增大。由图可见，随着边缘高透气性区域宽度增大，边缘气流得以发展，其中软熔带的变化最为明显，由（a）中的完全倒V形逐渐变化至（c）中的小W形（即V形且边缘翘起），说明（c）中形成了中心边缘两股较强的气流。

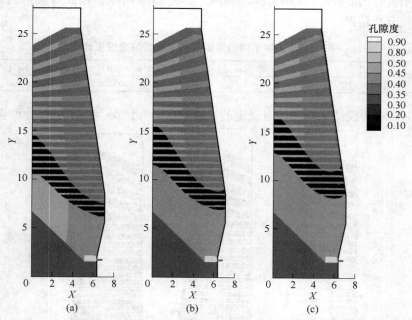

图11-38 边缘高透气性区域宽度对块状带、软熔带、滴落带和死焦堆的影响

（a）边缘高孔隙度区域宽度为0mm；（b）边缘高孔隙度区域宽度为100mm；

（c）边缘高孔隙度区域宽度为200mm

图11-39给出了边缘高透气性区域宽度不同时高炉内部块状带、软熔带、滴落带及死焦堆等处的煤气压力分布，由黑色的压力等值线分布可见，煤气压力由风口附近的最大值风压逐渐降低至炉喉处顶压。由（a）~（c），随着边缘高透气性区域宽度增大，边缘气流发展，使得软熔带形状相应发生变化，其边缘翘起，

高度有所减少，焦窗层数减少，炉内整体压差相应升高。图中高炉中部压力等值线密集分布的区域即为软熔带区域，煤气流在软熔带处的压力损失较大，随着软熔带形状由倒 V 形变化至小 W 形，煤气流通过软熔带的方式也发生了变化，由先前的中心气流向外穿过软熔带进入块状带，变化至中心和边缘两道气流横向相对穿过软熔带进入块状带。除料面附近外，块状带内的等压线基本上是水平的，在料面附近等压线趋于平行料面。

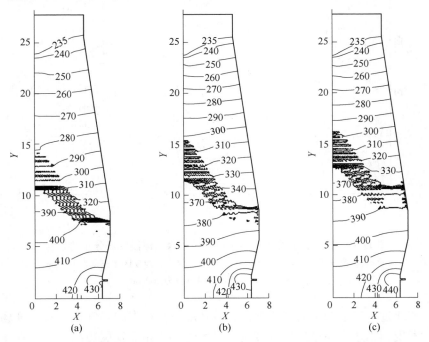

图 11-39 边缘高孔隙度区域宽度对炉内煤气流压力（kPa）分布的影响
（a）边缘高孔隙度区域宽度为 0mm；（b）边缘高孔隙度区域宽度为 100mm；
（c）边缘高孔隙度区域宽度为 200mm

边缘高透气性区域宽度变化时，会改变边缘气流的相对分布，从而引起炉内煤气流动制度的变化，而炉内的煤气及炉料的温度场与煤气流动状况息息相关。图 11-40 给出了不同边缘高孔隙度区域宽度时高炉内块状带、软熔带、滴落带及死焦堆等区域的温度分布情况，由图中等温线可知炉内任一区域的煤气温度。从图中可以看出，空区内煤气温度较低，尤其是靠近炉喉炉墙处温度最低，这主要是因为料面形状倾斜，呈现中心低、边缘高，故边缘气流温度较低。在高炉炉身、炉腰部位，（a）呈现中心温度高、边缘温度低，（b）为中心温度较高、边缘温度相对（a）中的有所升高，（c）中可以看见等温线在边缘处有明显的翘起，说明中心和边缘气流旺盛。在滴落带及死焦堆内，煤气温度较高，由中心至边缘，温度逐渐增大。

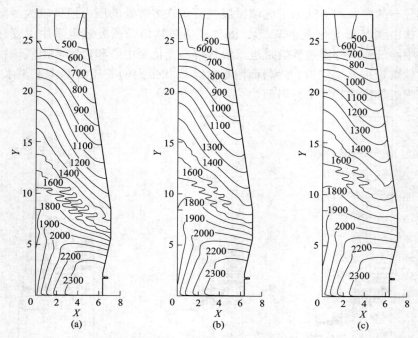

图 11-40　边缘高孔隙度区域宽度对炉内煤气流温度场分布的影响

（a）边缘高孔隙度区域宽度为 0mm；（b）边缘高孔隙度区域宽度为 100mm；
（c）边缘高孔隙度区域宽度为 200mm

　　本节通过研究边缘不同高透气性区域宽度时高炉内的煤气流动及温度场分布情况，发现：当边缘高透气性区域宽度增大时，会相应发展边缘气流，软熔带形状会由倒 V 形逐渐过渡至小 W 形，由中心气流变化为中心、边缘的两道气流，边缘区域的温度场相应升高。考虑到边缘气流对实际高炉操作的正反两方面作用，应控制边缘高透气性区域宽度至合理的范围。

11.3.6　炉瘤位置对煤气流分布的影响

　　高炉炉瘤是炉内已经熔化的炉料重新凝结在炉墙上，造成高炉内型呈现局部凸起或畸变。这种再凝固的现象通常是由于炉内温度，尤其是炉墙附近温度波动造成的，也可由初渣物理化学成分变化引起。炉瘤一般可分为铁质瘤、石灰质瘤、混合质瘤；按形状有遍布整个高炉截面的环状瘤和位于炉内一侧的局部瘤；按结瘤位置又可分为上部炉瘤和下部炉瘤。一般高炉结瘤后会严重破坏炉料与煤气流的正常流动，严重时可能使得冶炼过程无法进行，影响高炉的经济寿命，并给企业带来巨大损失。

本节通过改变炉瘤在炉墙上形成位置，研究了炉瘤对高炉内煤气流动以及煤气与炉料传热的影响。模拟计算中，所设置的炉瘤均为依附炉墙上的半球形炉瘤，半径设为1m，以球形炉瘤中心计，分别设置了4组不同的炉瘤距模型底面距离，具体如表11-7所示。

表 11-7　四种不同的炉瘤高度位置设置

组别	case (a)	case (b)	case (c)	case (d)
炉瘤中心距模型底面高度/m	8.4	10	12	15

图 11-41 为计算出的炉瘤位于炉墙不同高度位置时对应的高炉内部块状带、软熔带、滴落带及死焦堆等区域分布情况。图中不同颜色表示各区域孔隙度的大小，具体数值对应着图右侧的颜色标尺。图中炉墙上黑色的半球形区域即为炉瘤，由 (a)~(d)，炉瘤位置依次由炉腰上部分布至炉身中部。图中高炉中部呈现黑灰交替分布的带状区域为软熔带区域，比较各图可发现，从 (a)~(d)，软熔带顶部的高度依次降低，而且炉瘤位置越低，软熔带根部位置越低，由此可见炉瘤对软熔带分布的影响。此外，从图中可看出料面均具有 1.5m 的平台，矿焦层孔隙度不同，焦层的孔隙度大于矿层的，且模拟中考虑了径向上的孔隙度变化，矿焦层从中心至边缘孔隙度均逐渐降低，软熔带以下均为焦炭，死焦堆内孔隙度最小。

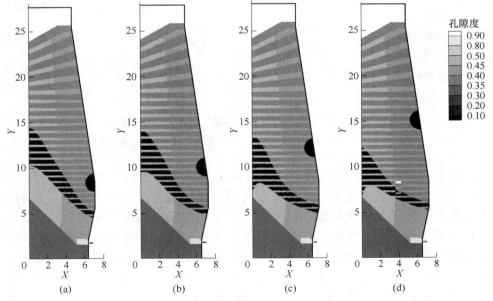

图 11-41　炉瘤高度位置对块状带、软熔带、滴落带和死焦堆的影响

(a) 炉瘤高度为 8.4m；(b) 炉瘤高度为 10m；(c) 炉瘤高度为 12m；(d) 炉瘤高度为 15m

　　图 11-42 为炉瘤高度位置不同时高炉内部块状带、软熔带、滴落带及死焦堆等处的煤气压力分布，煤气压力由风口附近的风压逐渐降低到炉喉处顶压，高炉中部压力等值线密集分布区域为软熔带区域，此处阻损最大，煤气压降也最大。由（a）~（d），随着炉瘤高度位置升高，软熔带高度降低，焦窗数量减少，整体炉内压差升高，故燃烧带附近煤气压力逐渐增大。此外，可以看见块状带内的煤气压力在炉瘤附近变化较大，该处的压力降相对较大，其他区域压力变化较平稳。

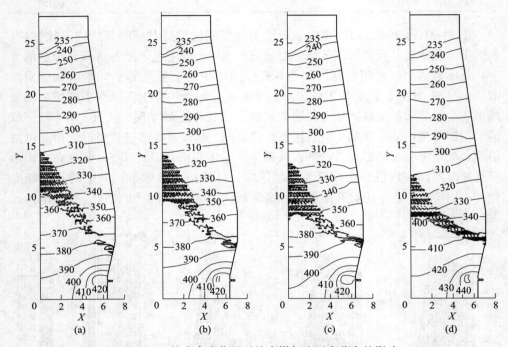

图 11-42　炉瘤高度位置对炉内煤气流压力分布的影响
（a）炉瘤高度为 8.4m；（b）炉瘤高度为 10m；（c）炉瘤高度为 12m；（d）炉瘤高度为 15m

　　图 11-43 为炉瘤高度位置不同时对应的炉内煤气速度矢量分布情况，图中的箭头长短代表速度大小，箭头方向代表煤气流速度方向，图中仅显示了除燃烧带以外区域的煤气流速。图中，由燃烧带流出的煤气流速很大，由于死焦堆透气性较差，其内煤气流速很小，大部分煤气直接进入滴落带，并沿着斜向上的方向向高炉中心流动，由图中速度矢量箭头大小可见滴落带内煤气流速明显大于死焦堆内流速。当煤气流运动到软熔带时，发生剧烈的气流方向转变，在"焦窗"内转变为水平流动，且"焦窗"内煤气流速较大，煤气流进入块状带后，煤气流速又变回较小的值，且基本呈竖直向上流动，在倾斜料面处垂直于料面流出，进入炉喉。此外，可在（a）~（d）中看出，

炉瘤会改变该处局部的气体流动，下部上升的气体会沿着炉瘤表面向上流动，对炉瘤上部的区域影响不大。

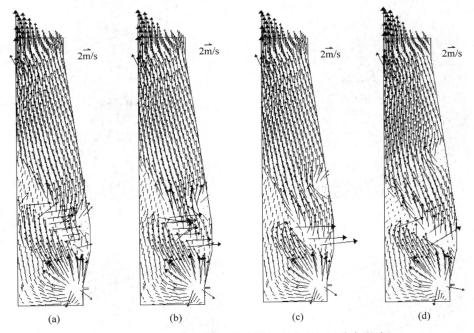

图 11-43　炉瘤高度位置对炉内煤气流速度矢量分布影响

（a）炉瘤高度为 8.4m；（b）炉瘤高度为 10m；（c）炉瘤高度为 12m；（d）炉瘤高度为 15m

　　为了更清楚地显示炉瘤附近的煤气流动状况，图 11-44 给出了炉瘤附近的局部煤气流场分布。可看出，由（a）~（d），炉瘤距离软熔带根部越来越远，（a）中的炉瘤会直接受到软熔带横向气流冲击，（d）中的炉瘤则完全位于软熔带上部。炉瘤的存在会改变下部上升气流在该处的流动，使得气流转变方向沿着炉瘤的表面向上流动，流过炉瘤后又变为较均匀的上升流。

　　图 11-45 为炉瘤高度位置不同时高炉内部块状带、软熔带、滴落带及死焦堆等区域的煤气温度分布情况。从图中温度等值线分布可见，煤气温度由燃烧带附近高温逐渐降低到炉顶低温。图中可看出炉瘤对其附近的煤气温度场产生了显著的影响，（a）中炉瘤位置较低，对边缘气流抑制作用较大，使得中心气流相对较为旺盛，故形成的软熔带较陡峭，温度等值线在炉瘤下部附近较为密集。随着炉瘤位置升高，其对边缘气流发展的抑制作用越来越小，中心气流与边缘气流的强弱差异也越来越小，故软熔带高度不断减小，焦窗层数减少。

　　本节通过在炉墙上设置炉瘤并取不同高度位置模拟了炉瘤对炉内煤气流

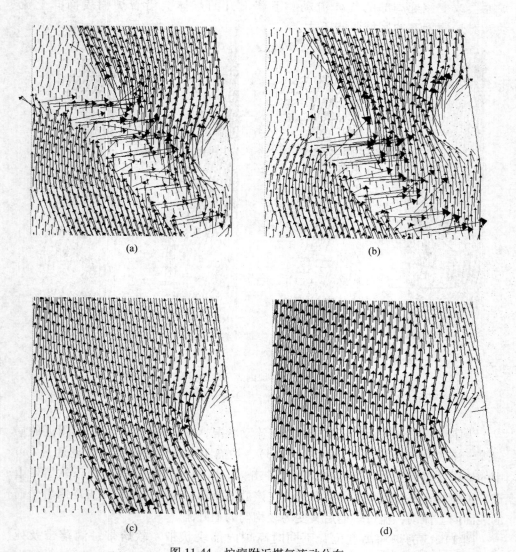

图 11-44　炉瘤附近煤气流动分布

（a）炉瘤高度为 8.4m；（b）炉瘤高度为 10m；（c）炉瘤高度为 12m；（d）炉瘤高度为 15m

场及温度场分布变化的影响，可知：炉瘤位置越低，对炉内边缘气流的抑制越强烈，会使得中心气流相对增多，形成的软熔带高度较高，焦窗层数较多。炉瘤的存在仅会影响该处局部煤气流动，使得上升的气流转为沿着炉瘤表面向上流动。此外，炉瘤对炉内的煤气温度场分布也会产生一定的影响，炉瘤位置越低，其下部附近区域的等温线越密集，炉瘤位置较高时，对炉内的煤气流动影响较小。

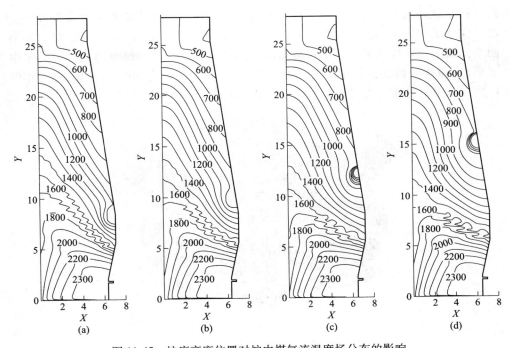

图 11-45　炉瘤高度位置对炉内煤气流温度场分布的影响

（a）炉瘤高度为 8.4m；（b）炉瘤高度为 10m；（c）炉瘤高度为 12m；（d）炉瘤高度为 15m

11.4　炉顶实际煤气流分布对空区内颗粒运动轨迹的影响

前面的章节曾建立了炉料颗粒在空区内运动的数学模型，并简单考虑了炉顶煤气存在对颗粒运动轨迹的影响，假设了在整个空区内存在着一均匀恒定的煤气流场。但实际生产中，由于中心料面低或中心加焦等因素影响，往往从料面逸出的气流并不均匀，径向上呈现中心气流较大、边缘气流相对较小的状态，而且由于空区煤气流的出口位于煤气罩上的上升管，进一步改变了空区内的煤气流场，因而其并不是简单的竖直向上的流场。

为了较真实地反映颗粒在空区内运动情况，以前面仿真所得的料面处煤气流分布为基础，本节建立了实际炉顶空区的三维几何模型和实际气流分布时颗粒运动的数学模型，并比较了实际气流分布对炉料颗粒运动轨迹及落点的影响。

11.4.1　炉顶空区煤气流分布及炉料颗粒运动模型

在高炉顶部，从料面向上至煤气罩顶部之间的空间为空区部分，一方面溜槽在内部旋转完成布料过程，另一方面煤气流不断通过煤气罩上的上升管排出，空区内的煤气流场会直接影响到布料时炉料颗粒的运动轨迹及落点，为精确控制布料过程，就必须弄清煤气流分布对颗粒落点的影响。根据某高炉炉顶设备尺寸参数，建立了如图11-46（a）所示的三维几何模型，其中图11-46（b）为二维剖面上模型的具体尺寸参数。图中模型最下部的表面为预设的料面形状，可见采用了平台-漏斗型料面，其中平台宽度为1.5m，漏斗倾角为30°，料面距料线零位1.3m，4个上升管为煤气出口，直径均为2m。

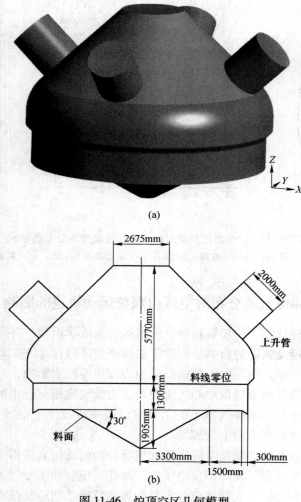

图 11-46 炉顶空区几何模型

（a）三维模型；（b）二维截面尺寸图

　　研究炉料颗粒在空区内运动的数学模型包括2个子模型，即空区内煤气流动模型和颗粒在煤气流中的运动模型，其中前一个模型求解出的煤气流场作为第二个模型的相互作用条件。

11.4.1.1 空区煤气流动模型

(1) 连续性方程。

$$\nabla \cdot (\rho \boldsymbol{u}) = 0 \tag{11-19}$$

(2) 动量方程。

$$\nabla \cdot (\rho \boldsymbol{u}\boldsymbol{u}) = -\nabla p + \nabla \cdot \left[\mu_{\text{eff}} (\nabla \boldsymbol{u} + \nabla \boldsymbol{u}^{\text{T}}) \right] \tag{11-20}$$

(3) 湍动能方程

$$\rho \left(\frac{\partial k}{\partial t} + u_j \frac{\partial k}{\partial x_j} \right) = \frac{\partial}{\partial x_j} \left[\left(\mu_{\text{l}} + \frac{\mu_{\text{t}}}{\sigma_\varepsilon} \right) \frac{\partial k}{\partial x_j} \right] + G_{\text{k}} - \rho \varepsilon \tag{11-21}$$

(4) 湍动能耗散方程

$$\rho \left(\frac{\partial \varepsilon}{\partial t} + u_j \frac{\partial \varepsilon}{\partial x_j} \right) = \frac{\partial}{\partial x_j} \left[\left(\mu_{\text{l}} + \frac{\mu_{\text{t}}}{\sigma_\varepsilon} \right) \frac{\partial \varepsilon}{\partial x_j} \right] + \frac{\varepsilon}{k} (C_{\varepsilon_1} G - C_{\varepsilon_2} \rho \varepsilon) \tag{11-22}$$

上述控制方程中各参数意义与前文高炉煤气流模型的相同，此处不再赘述。

在上面建立的三维模型中，底部的整个料面作为煤气流的入口，4 个上升管则为煤气的出口，其他边界为墙壁，具体边界条件设置如下。

1) 入口边界条件：模型入口为高炉炉顶料面，从料面流出的煤气流进入计算模型中，入口为速度边界，速度值由前面的高炉煤气流模型料面煤气流速计算得到，不考虑煤气流速圆周方向上的变化，在径向上煤气流速由中心至边缘先不断减小，在平台处保持恒定，具体变化如图 11-47 所示。

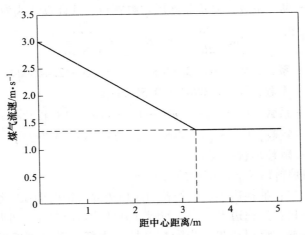

图 11-47 料面入口径向上煤气流速分布（圆周上相同）

2) 出口边界条件：模型出口为高炉炉顶的上升管，为压力边界，其值为炉顶压强，取 235kPa。

3) 壁面边界条件：在炉墙壁面上，采用无滑移边界条件（即 $u_1 = u_2 = u_3 = 0$）。

11.4.1.2 空区内颗粒运动模型

对单个颗粒在气流中运动进行受力分析，其主要受到自身重力、煤气曳力以及煤气浮力的作用，其他力可忽略不计，受力示意图如图 11-48 所示。

颗粒在空区内下降过程中的运动控制方程为：

$$\frac{\mathrm{d}u_\mathrm{p}}{\mathrm{d}t} = F_\mathrm{D}(u - u_\mathrm{p}) + \frac{g_\mathrm{z}(\rho_\mathrm{p} - \rho)}{\rho_\mathrm{p}} + F_\mathrm{z} \qquad (11\text{-}23)$$

$$F_\mathrm{D} = \frac{18\mu}{\rho_\mathrm{p}d_\mathrm{p}^2}\frac{C_\mathrm{D}Re}{24} \qquad (11\text{-}24)$$

$$Re \equiv \frac{\rho d_\mathrm{p}|u_\mathrm{p} - u|}{\mu} \qquad (11\text{-}25)$$

图 11-48 炉料颗粒
受力示意图

式中 u, u_p——煤气和颗粒的速度，m/s；

ρ, ρ_p——煤气和颗粒的密度，kg/m³；

g_z——竖直方向的重力加速度，m/s²；

F_z——附加单位质量力，在本模型中为 0；

$F_\mathrm{D}(u-u_\mathrm{p})$——单位质量曳力，N；

μ——煤气的动力黏度，Pa·s；

d_p——颗粒直径，m，

Re——相对雷诺数（颗粒雷诺数），

C_D——曳力系数，对于非球形炉料颗粒，其计算公式为：

$$C_\mathrm{D} = \frac{24}{Re}(1 + b_1 Re^{b_2}) + \frac{b_3 Re}{b_4 + Re}$$

b_1——系数，$b_1 = \exp(2.3288 - 6.4581\phi + 2.4486\phi^2)$；

b_2——系数，$b_2 = 0.0964 + 0.5565\phi$；

b_3——系数，$b_3 = \exp(4.905 - 13.8944\phi + 18.4222\phi^2 - 10.2599\phi^3)$；

b_4——系数，$b_4 = \exp(1.4681 + 12.2584\phi - 20.7322\phi^2 + 15.8855\phi^3)$；

ϕ——颗粒形状系数。

炉顶空区内炉料颗粒运动模型的边界条件如下：

(1) 模型入口：捕捉边界。当颗粒与入口边界碰撞时即认为被吸附。

(2) 模型出口：逃逸边界。当颗粒运动到计算域出口时，即从出口逃逸。

(3) 模型内壁：反射边界。当颗粒在模型内部运动碰到墙壁时，假设其不被吸附，而是与内壁发生非完全弹性碰撞，并返回至计算域。

11.4.2 不同类型颗粒空区内运动情况

为了研究矿石及焦炭颗粒在空区内的运动情况，本节分别采用了 3mm 矿石、25mm 焦炭、35mm 焦炭和 45mm 焦炭 4 种不同类型颗粒进行研究。依据实际溜槽

30°倾角时其末端在空区内的相对位置对
空区内颗粒的初始位置进行设定，并根据
前文所述的数学模型求出位于溜槽末端的
颗粒在各个方向上的运动速度并对初始颗
粒速度进行赋值。对于不同类型颗粒，其
在空区内的初始位置均相同，且均在圆周
上选取了均匀分布的 12 个颗粒，图 11-49
为 3mm 矿石颗粒初始时刻的分布，其他
类型颗粒初始分布与此相同。

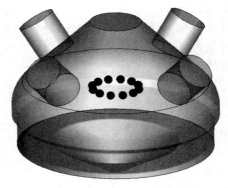

图 11-49 3mm 矿石颗粒初始分布

　　颗粒在空区内的运动很大程度上受到
内部煤气流分布的影响，故应首先计算出
在特定料面速度及出口压力下的空区内部煤气流动情况。为了研究三维空区模型
内部煤气流动情况，分别选取几组不同的纵向切面和水平切面。图 11-50 为空区
内部的纵向切面，其中 V1 切面为经过相对的两个上升管中心线的切面，V2 为与
V1 切面呈 45°交角且不经过任何上升管的切面。

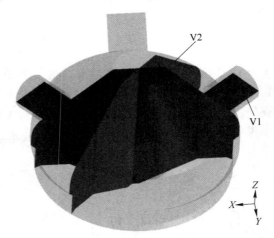

图 11-50 空区模型内纵向切面示意图

　　图 11-51 为 V1 切面上投影的煤气流速矢量分布。图中，箭头表示其所
在区域煤气流速矢量，箭头方向表示煤气流速度方向，箭头大小表示速度
值，具体数值可参照右侧的速度标尺。从图中可见，从下部料面进入的空区
的煤气流流向均垂直于料面，且在漏斗处料面，煤气流速由中心向外逐渐减
小。随着煤气向上流动，中心漏斗区域气流由下部的垂直于料面方向逐渐变
为竖直向上的气流，当接近上升管高度平面时，从平台、漏斗结合处附近上
升的气流不断改变方向趋于向最近的上升管流动；而模型中的中心气流则径

直向上流动，达到模型顶部后才改变流动方向，向四周分散流动并沿着煤气罩墙壁向下部的上升管出口处流动；从料面平台处流出的煤气流大部分直接向上流动，直接从上升管流出，靠近墙壁的煤气流则沿着墙壁轮廓向着上升管处流动。在图中，空区中心区域的煤气流速相对其他区域较高，当煤气进入上升管其流速显著增大，可达十几米每秒。

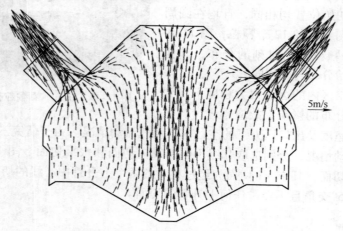

图 11-51　V1 切面上煤气流速矢量分布

　　为了描述四个上升管之间区域的煤气流动情况，给出了如图 11-52 所示的投影在 V2 切面上的煤气流速矢量分布。由图可知，除煤气罩竖直部分与向上倾斜部分结合处附近的煤气流动外，其他区域的煤气流动基本与 V1 切面上流速矢量分布相同。由于图中煤气罩竖直部分与向上倾斜部分结合处基本位于上升管出口

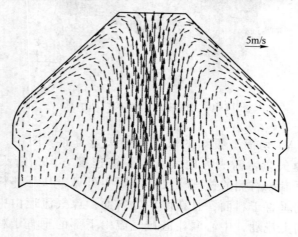

图 11-52　V2 切面上煤气流速矢量分布

平面高度，该处的煤气流会穿过 V2 切面向上升管处流动，故在 V2 切面上相应处的投影速度矢量很小，呈现出回旋区域。

为进一步观察煤气流在径向上分布情况，依据模型高度选取了 4 个不同高度的水平切面，分别为 $Z=-1.3m$ 切面、$Z=0m$ 切面、$Z=0.892m$ 切面和 $Z=5m$ 切面，如图 11-53 所示。其中 $Z=-1.3m$ 切面为料面平台高度所在平面，$Z=0m$ 切面为炉喉上端面（即零料面），$Z=0.892m$ 切面为煤气罩竖直部分与过渡圆弧环面的结合处平面，$Z=5m$ 切面为接近模型顶部的一切面。

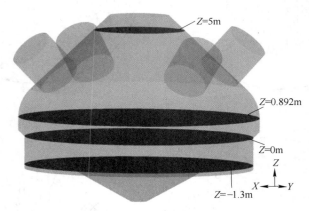

图 11-53　空区模型内水平切面示意图

图 11-54 给出了 4 个不同高度水平切面上的煤气流速矢量分布，由切面上的矢量箭头分布可知各区域的煤气流动状况。图中，（a）切面中靠近边缘的外环区域几乎无矢量箭头，表明该处投影速度接近零，因为该处为平台料面，煤气流垂直于该面流出，而图中中心圆形区域的矢量箭头均指向中心，与垂直于漏斗料面速度分布相对应。从（b）可以看出，位于切面的 4 个拐角处的煤气速度矢量呈向四周辐射状，并不断减小，形成了投影速度很小的过中心的正十字形，正十字形的上端、下端、左端和右端分别位于 4 个上升管出口正下方，可见由 4 个拐角处辐射出的矢量箭头在前进的过程中均不断改变方向并趋向上升管出口所在位置流动。（c）切面距离上升管出口更近，形成了较（b）更为明显的速度矢量分布，切面中心无矢量箭头区域进一步扩大，表明该处的煤气流向近乎垂直该切面流过，切面上速度分布呈中心对称，分别以 4 个拐角处为辐射点分布，并各自局限在 1/4 圆内，而且可以看出投影在（c）切面上的煤气流速要大于（b）中的流速。（d）切面接近模型顶部，由图中矢量箭头分布可知，速度分布呈中心向四周辐射状，而且从中心至边缘速度值逐渐增大，说明当达到该高度平面时，只有中心很小一部分气流仍竖直向上流动，大部分气流不断改变方向向四周壁面流动。

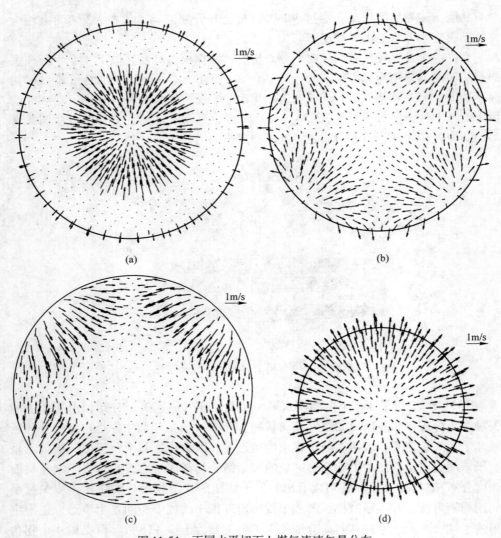

图 11-54 不同水平切面上煤气流速矢量分布

(a) $Z=-1.3m$ 切面；(b) $Z=0m$ 切面；(c) $Z=0.892m$ 切面；(d) $Z=5m$ 切面

通过选取不同角度的纵向切面和不同高度的横向切面，详细地描述了三维空区模型内的煤气流动状况，下面则主要研究实际空区内煤气流动对炉料颗粒下降运动过程的影响。

模拟中选取了 3mm 矿石、25mm 焦炭、35mm 焦炭和 45mm 焦炭共 4 种不同类型颗粒，研究了颗粒在空区气流分布下的运动轨迹和落点。图 11-55 为 3mm 矿石颗粒在空区内的下落运动情况。由图可见，空区模型内部共有 12 条颗粒运动轨迹线，颗粒均从同一高度位置下落，其位置对应 30°倾角溜槽末端位置。图中颗粒从上至下颜色由黑色逐渐变为白色，颜色表示颗粒下落过程中的不同时刻，可见当 $t=0.65s$ 左右时颗粒降落到料面上，颗粒不同颜色对应的时刻值与图右侧时刻标尺相对应。由于考虑了各个方向上的颗粒初始速度，在颗粒下落过后中，颗粒不仅沿着径向运动，在周向上也会发生偏移，故从图中可看出颗粒轨迹发生周向偏转。由于溜槽倾角较小，可以看出颗粒均落在漏斗料面上。由于 25mm 焦炭、35mm 焦炭和 45mm 焦炭颗粒的下落运动轨迹与 3mm 矿石颗粒运动轨迹基本相同，仅落点有细小差别，故下面不再重复给出焦炭颗粒的运动轨迹图。

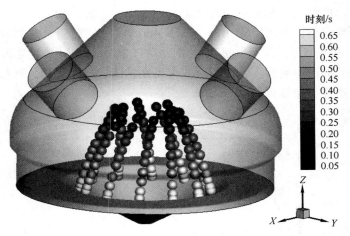

图 11-55　3mm 矿石颗粒下落运动轨迹

图 11-56 为 3mm 矿石颗粒投影在水平面上的落点分布情况。每个颗粒均进行

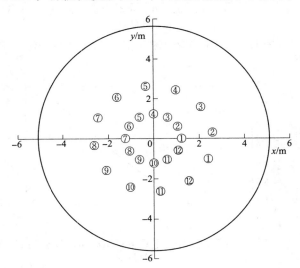

图 11-56　3mm 矿石颗粒投影在水平面上的落点分布

标记，标号由 1 至 12，其中内环标号小球为颗粒初始位置的投影，外环小球为料面上落点的投影。从图中可看出每个小球在 xy 平面上的偏移情况，也即颗粒不仅在径向上发生运动，而且在周向上也有偏移。

　　为研究颗粒在下落过程中位置的变化以及速度的变化情况，图 11-57 和图 11-58 分别给出了某一单个矿石颗粒下落过程中距中心距离的变化以及颗粒速度的变化情况。由图可见，矿石颗粒在空区内运动时间共计约 0.7s，初始时刻时颗粒距中心 1.23m，随着颗粒下落，其同时在径向上和周向上运动，故距中心距离不断增大，由曲线变化趋势可知，随着时间增加，颗粒距中心距离的增加速度减慢，最终颗粒在料面上落点距中心约 2.624m。而颗粒在初始时刻时其速度值为 5m/s，由于重力作用，在下落过程中 Z 方向（竖直方向）速度不断增大，故合速度变化趋势如图中所示，且由曲线斜率可知，随着时间增加，颗粒速度增大越快，在料面落点处速度可达 6.28m/s。

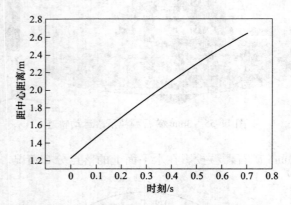

图 11-57　3mm 矿石颗粒下落时位置随时间变化

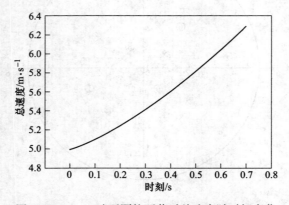

图 11-58　3mm 矿石颗粒下落时总速度随时间变化

图 11-59 和图 11-60 为 25mm 单一焦炭颗粒下落过程中对应的位置变化及速度变化情况。从图中可知，颗粒在空区内运动时间约为 0.60s，在下落过程中颗粒距中心距离及其速度不断增大，达到料面落点时颗粒距中心距离约 2.656m，此时颗粒的总速度值达到 7.89m/s。

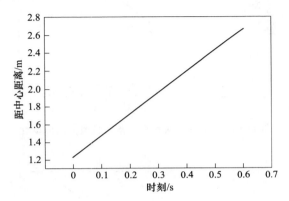

图 11-59　25mm 焦炭颗粒下落时位置随时间变化

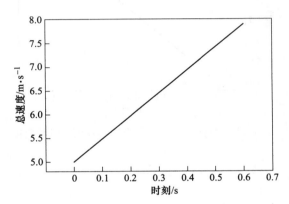

图 11-60　25mm 焦炭颗粒下落时总速度随时间变化

图 11-61 和图 11-62 为 35mm 单一焦炭颗粒下落过程中对应的位置变化及速度变化情况。由图可见，颗粒在空区内的总下落时间约为 0.58s，随着颗粒下落，颗粒距中心距离及其速度均不断增加，当下落至料面时颗粒距中心距离达到约 2.661m，此时颗粒的总速度值达到 8.36m/s。

图 11-63 和图 11-64 为 45mm 单一焦炭颗粒下落过程中的位置变化及速度变化情况。从图中可以看出，颗粒在空区内总运动时间约为 0.57s，当达到料面落点时颗粒距中心距离约为 2.663m，此时颗粒的总速度值达到 8.63m/s。

通过比较 4 种不同类型颗粒在空区内的下落过程可以发现，3mm 矿石颗粒粒

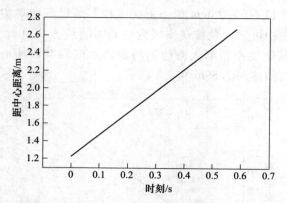

图 11-61 35mm 焦炭颗粒下落时位置随时间变化

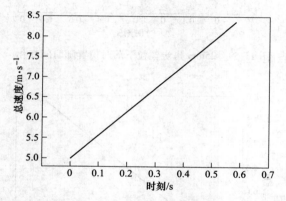

图 11-62 35mm 焦炭颗粒下落时总速度随时间变化

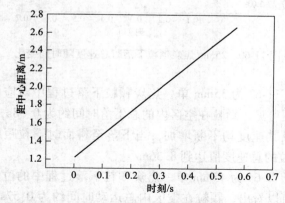

图 11-63 45mm 焦炭颗粒下落时位置随时间变化

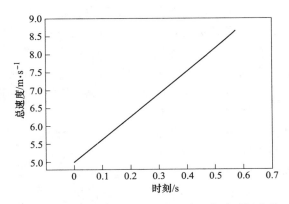

图 11-64　45mm 焦炭颗粒下落时总速度随时间变化

径最小，在空区内运动时间最长，随着焦炭颗粒粒径增大，其在空区内运动时间逐渐减小；此外，对于 3mm 矿石、25mm 焦炭、35mm 焦炭和 45mm 焦炭颗粒，其在料面上的落点距中心距离依次增大，而且颗粒到达料面时的速度也依次逐渐增大。

11.5　小结

　　针对实际 3200m³ 高炉，建立了高炉内煤气流动和传热的稳态物理和数学模型，研究了回旋区大小、死焦堆大小、中心加焦量、软熔带参数和料面形状等参数对炉内煤气流的影响，模拟计算得到了不同工况下炉内煤气流压力分布、流速分布以及气固温度场分布等结果。根据对炉内煤气流状况的模拟，得出以下结论：

　　（1）通过建立高炉煤气流动模型、煤气与炉料间的传热模型，实现了对高炉内煤气流场、温度场和炉料温度场的模拟，并通过分析煤气流的影响因素，为指导实际高炉生产操作奠定基础。

　　（2）高炉鼓风动能增加会使回旋区深度增加、高度减小。随着鼓风动能增加，回旋区深度增大，使边缘煤气流分布较少，有利于保护炉墙，但中心气流相对增大，会使软熔带中心更高，但软熔带区域以上的块状带气流变化并不明显。而增大死焦堆斜面倾角时，死焦堆体积增大，高炉下部的阻力增大，从回旋区流出的煤气较少通过死焦堆，故倾角较大的回旋区会压迫煤气流更多地从边缘及中间环带向上流动，这使得高炉中心附近的煤气流速相对减小，而边缘流速稍稍增大，使得对应的炉内软熔带位置相对较低，但软熔带以上区域变化不大。由此可看出，下部调剂对回旋区以及软熔带以下区域的煤气流分布影响较大，对上部块状带区域的煤气流影响相对较小，受到了上部较强的炉料"整流"作用。

　　（3）通过模拟不同中心加焦量时炉内的煤气流分布，发现：中心加焦有利于开放炉内中心气流，形成煤气中心通道。随着中心焦量的增加，使得中心气流较多，大大降低了炉内煤气流动阻力，故炉内整体压差降低；同时，由于中心气流的发展，导致中心的温度较高，软熔带尖峰更高，从而"焦窗"层数增多，进一步疏通了下部的煤气流，大大改善了炉内的煤气流动。由此可知，适当加大中心加焦量可以改善炉内的煤气流动状况，使炉况更易顺行，但过大时易造成燃料比升高，具体情况需针对特定高炉来确定。

（4）位于高炉中部的软熔带充当着"二次气流分配器"的作用，对气流影响很大。当软熔带整体高度较高时，其"焦窗"层数较多，煤气流通道多，流动阻力较小，有利于煤气的流动；而软熔带宽度较窄时，其煤气流通道较短，对煤气流阻力减小，也更利于煤气流的通过，对炉内煤气流的流动较好。

（5）作为上部调剂的重要组成部分，炉顶料面形状对炉内煤气分布有着重要影响，且其灵活多变，实际操作方便。通过模拟计算结果可知：在保持各料面料线高度不变时，水平料面对应的整体炉料阻力较大，且气流径向分布变化不大，软熔带较为平缓；而对于倾斜料面，其整体料柱阻力最小，且中心区域料柱高度较小，中心气流得到充分发展，易形成中心较高的倒 V 形软熔带；对于平台-漏斗型料面，随着平台宽度的增加，中心漏斗不断减小，起到了抑制中心气流过分发展的作用，使边缘气流相对增大。

12　高炉炉料非稳态运动过程数学模型

高炉内液态和固态炉料与煤气流逆流运动的非线性动力学规律对高炉内热交换和以 CO 传递为主的传质过程有重要影响。因而是支配高炉稳定顺行、化学能及煤气热能利用的基本规律。它是实现高炉全面自动化的重要基础之一。

高炉炉料的孔隙度是影响高炉炉料稳定顺行的一个重要参数。到目前为止，很少见到高炉炉料运动速度与上述参数之间的定量化报道。Ergun 公式只是给出了炉料空隙度与单位体积料柱压差之间的关系式，从中难以得到空隙度、煤气流速度等参数对高炉炉料运动速度的定量化描述。

本书将高炉料柱的运动简化为一维的向下运动，并考虑其受到炉墙摩擦力、渣铁水的浮力、煤气流的浮力及料柱本身的重力作用，建立了高炉炉料一维非线性动力学模型。对该模型的数值模拟揭示出炉料及煤气的物性参数、煤气流速度对高炉炉料运动稳定性的影响。

12.1　高炉炉料运动一维非线性数学模型建立

该数学模型做出如下假设：（1）料柱内无化学反应；（2）料柱内空隙度均匀；（3）固体料柱做一维运动；（4）炉墙壁面摩擦力系数相同；（5）料柱内煤气流密度均匀；（6）料柱内炉料密度均匀；（7）料柱内的压力损失满足 Ergun 公式。

依据 Newton 第二定律，有

$$\frac{\mathrm{d}[A\rho_2(H-x)(\mathrm{d}x/\mathrm{d}t)]}{\mathrm{d}t} = A(H-x)\rho_2 g - (H-x)A$$

$$\left[4.2\mu S^2\frac{(1-\varepsilon)^2}{\varepsilon^2}(\mathrm{d}x/\mathrm{d}t - v) + 0.292\rho_1 S\frac{1-\varepsilon}{\varepsilon}\left(v - \frac{\mathrm{d}x}{\mathrm{d}t}\right)^2\right] -$$

$$\mu_{\mathrm{w}}[\pi D(H-x)]\frac{\mathrm{d}x}{\mathrm{d}t} - A\{l_1[(1-\varepsilon_{\mathrm{C}})\gamma_1 - \gamma_{\mathrm{C}}] + l_{\mathrm{s}}[(1-\varepsilon_{\mathrm{C}})\gamma_{\mathrm{s}} - \gamma_{\mathrm{C}}]\}$$

$$(12\text{-}1)$$

其中，$l_1 = c_1 x A\rho_2/(A\gamma_1)$，$l_{\mathrm{s}} = c_2 x A\rho_2/(A\gamma_{\mathrm{s}})$。式（12-1）是一非线性常微分方程，难以求出其解析解。

12.2 方程的归一化及 6 个准数的导出

令 $u=x/H$，$\tau=t/T$。由于 $v=v_0/\varepsilon$，经归一化处理，式（12-1）变为

$$\frac{\mathrm{d}^2 u}{\mathrm{d}\tau^2} = a_0 + a_1\frac{u}{1-u} + a_2\frac{\mathrm{d}u}{\mathrm{d}\tau} + \left(a_3 + \frac{1}{1-u}\right)\left(\frac{\mathrm{d}\tau}{\mathrm{d}u}\right)^2 \tag{12-2}$$

式中

$$a_0 = L_c - \frac{1}{\varepsilon^3}L_d(0.0292Re + 4.2) \tag{12-3}$$

$$a_1 = -(L_{F1} + L_{F2}) \tag{12-4}$$

$$a_2 = -\frac{1}{\varepsilon^2}L_d(4.2 + 0.584Re + \varepsilon^2 L_e) \tag{12-5}$$

$$a_3 = -0.292\frac{1}{\varepsilon}ReL_d \tag{12-6}$$

其中，重力与惯性力的比

$$L_c = \frac{g}{H/T^2} \tag{12-7}$$

煤气黏性力与炉料惯性力的比

$$L_d = T\mu\frac{[S(1-\varepsilon)]^2}{\rho_2} = \frac{[(\mu v_0)/H]H^2}{[H/S(1-\varepsilon)^2]\rho_2(v_0/T)} \tag{12-8}$$

炉墙摩擦力与煤气黏性力的比

$$L_e = \frac{\mu_w v_0(\pi DH)}{[S(1-\varepsilon)]^2 A}\Big/\left(\frac{\mu v_0}{H}H^2\right) \tag{12-9}$$

单位体积铁水浮力与单位体积炉料重力的比

$$L_{F1} = \frac{(1-\varepsilon_c)\gamma_1 - \gamma_c}{\rho_2 H/T^2} \tag{12-10}$$

单位体积渣液浮力与单位体积炉料重力的比

$$L_{F2} = \frac{(1-\varepsilon_c)\gamma_s - \gamma_c}{\rho_2 H/T^2} \tag{12-11}$$

煤气惯性力与煤气黏性力的比（即 Reynolds）

$$Re = \frac{\rho_1 v_0^2 A}{[\mu(-v_0)/H][HS(1-\varepsilon)]A} \tag{12-12}$$

准数 L_c、L_d、L_e、L_{F1}、L_{F2} 和 Re 表征了煤气的黏性力、炉料惯性力、炉墙摩擦力及渣铁水浮力对炉料稳定顺行的综合影响，且为无量纲数，为进行相似试验提供了依据。

12.3　与前人工作的比较

为与前人工作进行比较，以验证本书模型，忽略式中料柱下降速度 v_b 对料柱质量 m 的影响，忽略煤气流速度和渣、铁水浮力对料柱重力 m_g 影响，则式（12-1）变为

$$m\frac{\mathrm{d}v_b}{\mathrm{d}t} = m_g - \frac{1}{4}\pi D^2 \Delta p_g - \mu_w(\pi DH)v_b \qquad (12\text{-}13)$$

解该方程得

$$v_b = D(\gamma_b - \Delta p_g/H)(1 - \mathrm{e}^{-\pi\mu_w tDH/m})/(4\mu_w) + v_{b0}H\mathrm{e}^{-\pi\mu_w tDH/m} \qquad (12\text{-}14)$$

式中，$v_b = H(\mathrm{d}x/\mathrm{d}t)$。

图 12-1 给出了料柱下降速度（v_b）随炉料比重与料柱压力之差（$\gamma_b - \Delta p_g/H$）的变化。

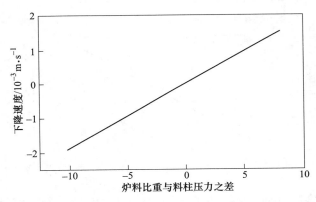

图 12-1　炉料下降速度随炉料比重与料柱压力之差的变化

当 $\gamma_b < \Delta p_g/H$ 时，式（12-14）右边第一项为负，此时若第一项绝对值超过第二项时，$v_b < 0$，即发生悬料，炉料运动失去稳定性，此结果与前人工作相同。式（12-13）将料柱的比重及压差与炉料运动速度联系起来，得到的结果更直观明了。

12.4　临界煤气流速度及临界压力

临界煤气流速度是指使得高炉炉料不再运动时的煤气流速度。若实际煤气流速度 v 大于临界煤气流速度 v_{cr}，则发生悬料，若 v 小于 v_{cr} 则炉料稳定顺行或发生崩料。这决定于 v 与 v_{cr} 差异的大小，这种差异将导致炉料运动行为发生根本性的变化。

由 v_{cr} 的概念可令（12-2）式中的 $\mathrm{d}u/\mathrm{d}\tau = 0$ 及 $u = 0$，得 $a_0 = 0$，由式（12-1）~ 式（12-12）得

$$v_{cr} = \{4.2\mu[S(1-\varepsilon)]^2 - [(4.2\mu)^2(S-S\mu)^4 + $$
$$1.168\varepsilon^3 g\rho_1\rho_2 S(1-\varepsilon)(0.455+0.64\varepsilon_c)]\}/[0.584\rho_1 S(1-\varepsilon)]$$

从上式可见，煤气流的临界速度 v_{cr} 与煤气的黏度 μ，炉料的比表面积 S，死料柱的孔隙度 ε_c，煤气及炉料的密度 ρ_1 和 ρ_2 有关。

12.5　数学模型的数值模拟及结果分析

取炉料运动的初始速度 $v_{b0} = 0.001\text{m/s}$，应用 Runge-Kutta 法解式（12-2）。

图 12-2 给出了不同孔隙度 ε 的炉料对应的临界煤气流速度 v_{cr} 及临界压力 p_{cr}。当 $v = v_{cr}$ 时，单位体积料柱所受的压力称为临界压力 p_{cr}。从图 12-2 可以看到，v_{cr} 随着 ε 的增加而增加；当 ε 接近零时，v_{cr} 也接近零。ε 的变化将引起 p_{cr} 较大的变化。由此可见，当炉料透气性很差时，为了保证炉料运动的稳定顺行，操作将会变得十分困难，极易发生悬料。相反则容易出现崩料。

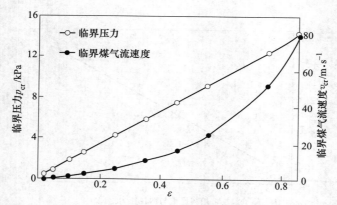

图 12-2　不同孔隙度 ε 时炉料的临界压力 p_{cr} 和临界煤气流速度 v_{cr}

图 12-3 给出了炉料孔隙度 ε 分别为 0.25、0.35、0.55 及 0.65 时，炉内煤气流速度 v 分别比相应的临界煤气流速度 v_{cr} 小十分之一、百分之一、千分之一及万分之一时，料柱下降速度 v_b 的变化情况。从图 12-3 可以看到，炉内煤气流速度 v 与相应的临界煤气流速度 v_{cr} 的差异将决定炉料的运动状态。当 $v = (1-0.1)v_{cr}$、$v = (1-0.01)v_{cr}$ 及 $v = (1-0.001)v_{cr}$ 时，v_b 已远远超过炉料的正常下降速度，此时炉料运动失去稳定性并导致崩料发生。当 $v = (1-0.0001)v_{cr}$ 时，较大 ε（ε 为 0.55、0.65）的炉料初始时刻速度波动较大，而较小 ε（ε 为 0.25、0.35）的炉料基本不波动且基本稳定在炉料正常运动速度范围内，这说明合适的孔隙度的炉料及合适的炉内煤气流速度（鼓风量）是保证炉料稳定顺行的必要条件。

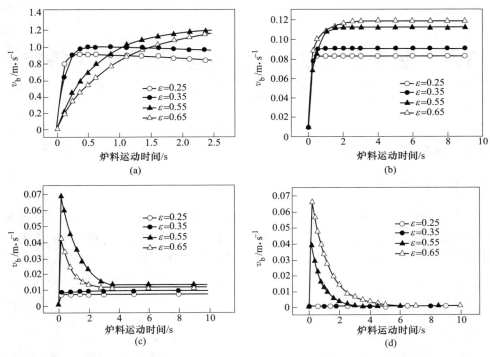

图 12-3 不同煤气流速度对不同孔隙度炉料运动状态的影响

（a） $v=(1-0.1)v_{cr}$；（b） $v=(1-0.01)v_{cr}$；（c） $v=(1-0.001)v_{cr}$；（d） $v=(1-0.0001)v_{cr}$

12.6 小结

在高炉布料检测中，实际检测到的是料柱的向下运动。料柱稳定向下运动是实现高炉稳顺的根本保证。加深高炉料柱做一维的向下运动，并考虑其受到炉墙摩擦力、渣铁水的浮力、煤气浮力及料柱本身重力的作用，建立了高炉炉料一维非稳态非线性动力学模型，该模型在忽略渣铁水浮力的情况下，可以用来研究料层运动；通过对其进行归一化处理，得到了反映煤气黏性力、炉墙摩擦力、渣铁水浮力等对炉料运动影响的无量纲数；应用该模型计算了不同孔隙度料柱相应的临界煤气流速度和临界压力；实际煤气流速度与临界煤气流速度差对料柱运动过程的影响，给出了控制炉料稳定运动的煤气流速度。研究结果对认识高炉悬料、塌料和崩料有重要作用。

13 基于图像的矿石粒度测量技术研究

13.1 图像预处理算法

13.1.1 数字图像表示

在数字图像中，像素点的排列方式类似于矩阵中的点排列，相应地，在图像中一个像素点的位置可以用其二维坐标 (x, y) 来表示，而该像素点处的值则可以用 $f(x, y)$ 来表示。一幅像素点个数为 $M×N$ 的数字图像可以用下式来表示：

$$f(x,y) = \begin{bmatrix} f(0,0) & f(0,1) & \cdots & f(0,N-1) \\ f(1,0) & f(1,1) & \cdots & f(1,N-1) \\ \vdots & \vdots & & \vdots \\ f(M-1,0) & f(M-1,1) & \cdots & f(M-1,N-1) \end{bmatrix} \tag{13-1}$$

当数字图像用二维函数表示时，各个像素点处的函数值又被称为灰度值，灰度值的取值范围为 $[0, G]$ 之间的整数，其中，可取值的整数个数称为灰度级。数据在计算机中的存储多采用二进制，因此，灰度级一般也为 2 的整数幂，即 $G = 2^m - 1$。在计算机中，根据数字图像的数据组成以及灰度级，数字图像可以有三种表示方法：

（1）RGB 图像。RGB 图像就是常见的彩色图像，RGB 图像可以用一个大小为 $M×N×3$ 的三维矩阵来表示，其中 $M×N$ 为图像中所包含的像素点个数，三维矩阵可以记录彩色图像中的像素点在三种颜色分量（红、绿、蓝）上的灰度值。

（2）灰度图像。灰度图像就是常说的"黑白图像"，不同于彩色图像，灰度图像可以用二维矩阵 $M×N$ 表示，矩阵内元素的数量对应图像中所包含的像素点个数。计算机中的灰度图像存储多采用 8 位数据格式，因此，灰度图像的灰度级一般为 256，灰度值取值范围为 $[0, 255]$。灰度值为 0 的像素点颜色为纯黑色，而灰度值为 255 的像素点颜色则为纯白色，其余灰度值的像素点则为深浅不同的灰色。

（3）二值图像。在数字图像处理算法中，有时需要区分图像中属于目标物体的像素点和属于非目标物体的背景像素点。为了在计算中区分这两类不同的区域，可以采用二值图像来表示数字图像。二值图像的灰度级为 2，像素点的灰度值非 0 即 1，灰度值为 0 的像素点为黑色，灰度值为 1 的像素点则为白色。

本研究所采用的图像采集装置为彩色 CCD 相机，借助彩色 CCD 相机得到的图像一般是彩色 RGB 图像。显然地，三维矩阵的运算量要大于二维矩阵的运算量，为了减少运算量，在进行后续的图像处理之前，需要将得到的彩色图像转换为灰度图像，图 13-1 给出了试验所获得的球团矿堆的彩色图像（见二维码中彩图）在灰度化处理前后的对比情况。

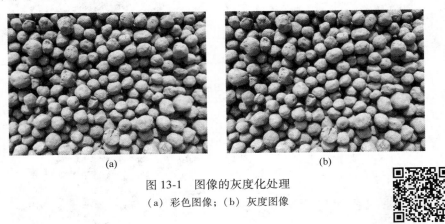

(a)   (b)

图 13-1 图像的灰度化处理
（a）彩色图像；（b）灰度图像

扫码看彩图

13.1.2 图像滤波

在使用 CCD 相机进行图像采集的过程中，由于相机的自身工艺以及采集中的环境影响，所获得的图像中往往带有一定程度的噪声。图像的噪声是指图像中部分像素点的灰度值失真，噪声会严重干扰图像处理过程，导致处理结果的不准确。在图像预处理中，为了减少噪声的影响，保证后续的图像处理结果准确，需要用算法来减少图像中的噪声，所用到的算法就是图像滤波。简单易实现的图像滤波算法有两种：基于均值计算的平滑滤波和基于统计中值的中值滤波。

13.1.2.1 平滑滤波

设 $f(x, y)$ 表示一幅灰度图像，其像素点个数为 $M \times N$，像素点的坐标用 (x, y) 表示，经过平滑滤波后的结果图像用函数 $g(x, y)$ 表示。对于目标像素点，平滑滤波计算其邻域内所有像素点的灰度均值，用灰度均值替代目标像素点的原值，计算过程可以用式（13-2）表示：

$$g(x,y) = \frac{1}{M} \sum_{(i,j) \in w} f(x,y) \tag{13-2}$$

式中 (x, y)——邻域内中心像素点的坐标；

            w——中心像素点的邻域；

            M——邻域内的像素点个数。

在计算过程中，选择的邻域大小对图像滤波的计算结果影响很大，一般来说，选择的邻域半径越大，图像越平滑，但也容易导致图像变得模糊，丢失边缘信息。图 13-2（c）和（d）为采用不同邻域的平滑滤波结果，通过对比发现，增大所使用的邻域模板，滤波后的图像越平滑，不同区域间的边缘也越模糊（见二维码中彩图）。

图 13-2　不同模板的平滑滤波
（a）原始图像；（b）灰度图像；（c）3×3 模板平滑滤波；
（d）5×5 模板平滑滤波

扫码看彩图

13.1.2.2　中值滤波

中值滤波与平滑滤波有相同之处：两种算法都考虑目标像素点的邻域；但也有不同：平滑滤波计算邻域像素点灰度均值，中值滤波统计邻域像素点的灰度中值。

设 (x, y) 为图像中的一个像素点，数列 $\{a_1, a_2, \cdots, a_n\}$ 为其邻域内的像素点灰度值从小到大排序组成的数列，其中，a_m 为数列的中间数，则用 a_m 来代替像素点 (x, y) 的灰度值。与平滑滤波相同的是，中值滤波采用的邻域模板也是二维的，且邻域模板的大小也影响最终的滤波结果。图 13-3 为采用不同大小的邻域模板对同一幅灰度图像进行中值滤波后的结果对比情况，从对比结果中可以看出，使用的邻域模板越大，获得的结果图像越平滑，边缘信息损失越严重（见二维码中彩图）。

图 13-3 不同模板的中值滤波

（a）原始图像；（b）灰度图像；（c）3×3 模板中值滤波；
（d）5×5 模板中值滤波

扫码看彩图

从图 13-2 和图 13-3 的对比中可以看出，使用中值滤波的结果与使用平滑滤波的结果并没有明显差距，且都能实现图像的滤波。但从两种滤波算法的计算过程考虑，在计算机中，中值滤波的运算要比平滑滤波的运算更简便，所以在本研究后续的试验中，优先选择中值滤波。此外，由于选用大模板对图像进行滤波可能导致图像边缘信息过度缺失，所以在后续的试验中，采用小模板进行图像滤波。

13.1.3 图像增强

当相机曝光时间设置不合理或采光条件不好时，在获得的灰度图像中，目标区域与背景区域之间的灰度值对比并不明显，这会导致在后续的图像处理中，计算机无法准确识别区分属于目标与背景的像素点。为此，需要采用算法增大图像中的灰度值对比，图像增强算法可以实现这个目标。一般地，算法需要统计待处理对象的灰度分布情况，再依此对图像做出增强，根据统计区域的不同，图像增强算法可分为全局算法与局部算法。

13.1.3.1　全局直方图均衡化

全局直方图均衡化（histogram equalification，HE）算法是一个全局算法，算法所用到的灰度分布直方图是统计一幅图像中所有像素点的灰度值得到的。

设在一幅灰度图像 $f(x, y)$ 中，各个像素点的灰度值满足：

$$a \leqslant f(x,y) \leqslant b \tag{13-3}$$

式中　a——图像 $f(x, y)$ 中的灰度值最大值；

　　　b——图像 $f(x, y)$ 中的灰度值最小值。

经过 HE 算法增强后的图像为 $g(x, y)$，同样地，有

$$c \leqslant g(x,y) \leqslant d \tag{13-4}$$

式中　c——图像 $g(x, y)$ 中的灰度值最大值；

　　　d——图像 $g(x, y)$ 中的灰度值最小值。

经过 HE 算法增强前后的两幅图像之间存在如下关系：

$$g(x,y) = \frac{d - c}{b - a} \times [f(x,y) - a] + c \tag{13-5}$$

在图像采集过程中，当光照或相机的曝光时间设置不合理时，$|b{-}a|$ 会偏小，图像中像素点的灰度值集中在一个小区间内，图像显得模糊不清，灰度分布缺乏层次感，不同目标之间的对比不明显。采用 HE 算法可以拉伸灰度分布区间，增强对比度。图 13-4 所示为使用 HE 算法前后的灰度图像对比情况，通过对比发现，处理后的图像中，不同区域之间的对比度更加明显。

(a)　　　　　　　　　　　　　　　(b)

图 13-4　HE 算法增强前后对比

（a）灰度图像；（b）HE 均衡

13.1.3.2　对比度受限自适应直方图均衡化

在实际的矿石图像中，像素点的灰度值分布情况复杂，采用 HE 算法容易导致矿石的局部信息在后续处理（图像二值化）中丢失。为了保证局部信息在增强后不丢失，需要对图像局部进行针对性的增强，自适应直方图均衡化（adaptive histogram equalification，AHE）算法可实现这一目标。两种算法都是在

灰度直方图基础上进行的，不同点在于，HE 算法中用到的直方图是整幅图像的统计结果，而 AHE 算法则将图像分为若干子区域，分别统计灰度直方图。

但是，当被处理的子区域内的背景像素点（灰度值接近 0 的像素点）占比过大时，使用 AHE 算法处理图像，这部分背景像素点的灰度值会被过度拉大，在对整体图像的后续处理中，这类像素点容易被识别成目标像素点。为了避免这种情况，需要限制各个区域的灰度区间拉伸程度（对比度），对比度受限自适应直方图均衡化（contrast limited adaptive histogram equalization，CLAHE）算法可以实现这一目标。如图 13-5 所示，为两种增强算法的对比，通过对比发现，使用 CLAHE 算法得到的图像中，局部区域的对比更加明显。

因此，在本研究试验中，CLAHE 算法将被用于图像增强。

(a)   (b)

图 13-5　两种增强算法的效果对比
（a）HE 均衡；（b）CLAHE 均衡

13.1.4　图像的二值化

如 13.1.1 节中所介绍的，二值图像可以用来区分目标区域的像素点与背景区域的像素点，而将灰度图像转换为二值图像的过程就是图像的二值化。

在二值图像中，像素点被分为两类，由于目标像素点与背景像素点在灰度值上有很大差别，可以通过设定灰度阈值来区分这两类像素点：对比各个像素点的灰度值与所选取的灰度值阈值之间的大小关系。一般来说，若像素点的灰度值小于所选的阈值，则在二值图像中对应像素点的灰度值为 0；相反地，若其灰度值不小于所选的阈值，则在二值图像中，其对应像素点的灰度值为 1。

显然，二值算法的重点在于确定合适的灰度阈值，为此，前人做了大量的努力，并设计出了多种确定灰度阈值的算法：直方图双峰法、最大类间方差法、迭代法和自适应阈值法。

13.1.4.1　直方图双峰法

针对一幅灰度图像，可以用统计学中的直方图来表征图像中像素点的灰度值分布情况。一般而言，在灰度图像中，目标区域内的像素点在灰度值上与背景像素点有差异，这一差异表现为在灰度分布直方图中出现两个单峰，如图 13-6 所示。

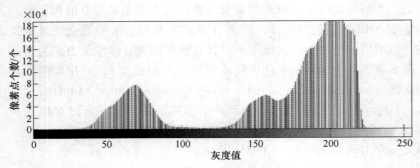

图 13-6 灰度分布直方图

直方图双峰法确定的灰度阈值是在直方图双峰之间的波谷内寻找的。如图 13-7 所示，是利用直方图双峰法选取灰度阈值后，处理灰度图像得到的二值图像。

(a)   (b)

图 13-7 直方图双峰法阈值分割
(a) 灰度图像；(b) 双峰法二值比

13.1.4.2 最大类间方差法

最大类间方差法也是基于灰度值分布进行的，不同之处在于，最大类间方差法确定了一个选取准则：两类像素点灰度值集合的类间方差。

在统计学中，类间方差可以用来描述不同类之间的差异。使用灰度阈值将像素点分为两类后，认为这两类的类间方差越大时，分类效果越好，灰度阈值选择得越合适。

通过灰度阈值 T 把图像 $f(x, y)$ 内的像素点分为 C_0 和 C_1 两个部分：

$$C_0 = \{f_1(x,y) \,|\, f_{\min} \leqslant f(x,y) < T\}$$
$$C_1 = \{f_2(x,y) \,|\, f_{\max} \geqslant f(x,y) \geqslant T\}$$

$$(13\text{-}6)$$

式中　　C_0——背景区域像素点集合；

$\quad\quad\quad C_1$——目标区域像素点集合；

$\quad\quad\quad f_{min}$——图像中像素点的灰度值最小值；

$\quad\quad\quad f_{max}$——图像中像素点的灰度值最大值。

设 N_i 为图像中灰度值为 i 的像素点个数，则图像的像素点总数可以用下式表示：

$$N = \sum_i N_i \tag{13-7}$$

可以计算每个灰度值出现的概率：$P(i) = \dfrac{N_i}{N}$，所以 C_0 类出现的总概率为：

$$P_0 = \sum_{i=f_{min}}^{T} P(i) \tag{13-8}$$

均值为：

$$\mu_0 = \sum_{i=f_{min}}^{T} \frac{iP(i)}{P_0} \tag{13-9}$$

同样的，C_1 类出现的总概率为：

$$P_1 = \sum_{i=T+1}^{f_{max}} P(i) \tag{13-10}$$

均值为：

$$\mu_1 = \sum_{i=T+1}^{f_{max}} \frac{iP(i)}{P_1} \tag{13-11}$$

设图像 $f(x, y)$ 的平均值为 μ，那么 μ 为：

$$\mu = \sum_{i=f_{min}}^{f_{max}} iP(i) = \sum_{i=f_{min}}^{T} iP(i) + \sum_{i=T+1}^{f_{max}} iP(i) = P_0\mu_0 + P_1\mu_1 \tag{13-12}$$

那么将 C_0 与 C_1 的类间方差记作 $\sigma^2(T)$，有：

$$\sigma^2(T) = P_0(\mu - \mu_0)^2 + P_1(\mu - \mu_1)^2 \tag{13-13}$$

当 $\sigma^2(T)$ 取得最大值时，认为之前选取的 T 即为最优阈值 T^*：

$$T^* = \{T^* \mid \sigma^2(T^*) \geqslant \sigma^2(T), \forall T \in [f_{min}, f_{max}]\} \tag{13-14}$$

当图像的灰度分布直方图中双峰不明显时，使用直方图双峰法的误差很大，最大类间方差法可以避免这一问题，通过计算确定灰度值阈值。如图 13-8 所示，是一幅灰度图像在使用最大类间方差法获得灰度阈值后，所得到的二值图像与原始灰度图像的对比结果。

13.1.4.3　迭代阈值法

迭代阈值法则通过迭代运算的收敛来获得灰度阈值，其具体过程为：

（1）设 T_0 为图像整体的灰度均值，并将其作为初始灰度阈值，将图像内的像素点分为两类 D_0 和 D_1：

$$D_0 = \{f_1(x,y) \mid f_{\min} \leqslant f(x,y) < T_0\}$$
$$D_1 = \{f_2(x,y) \mid f_{\max} \geqslant f(x,y) \geqslant T_0\}$$

(13-15)

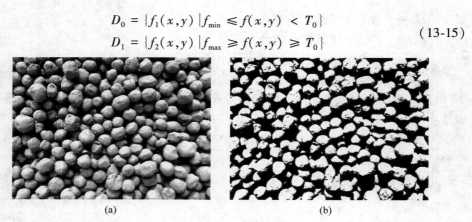

(a)   (b)

图 13-8   最大类间方差法
(a) 灰度图像；(b) 最大类间方差二值比

(2) 计算 D_0 和 D_1 内像素点的灰度均值 T_A 和 T_B：

$$T_A = \sum_{(x,y)}^{(x,y) \in D_0} f(x,y)$$

$$T_B = \sum_{(x,y)}^{(x,y) \in D_1} f(x,y)$$

(13-16)

(3) 获得新的灰度阈值 T_1：

$$T_0 = T_1 = \frac{T_A + T_B}{2}$$

(13-17)

重复（1）和（2），收敛获得灰度阈值。

当迭代运算的结果收敛于一个最终结果时，将最终结果作为确定的灰度阈值。如图 13-9 所示，是一幅灰度图像在使用迭代法获得灰度阈值后，所得到的二值图像与原始灰度图像的对比结果。

(a)   (b)

图 13-9   迭代法阈值分割
(a) 灰度图像；(b) 迭代阈值二值化

13.1.4.4 自适应阈值法

13.1.4.1 节、13.1.4.2 节和 13.1.4.3 节中所介绍的阈值确定算法得到的都是单一阈值，但在实际的矿石图像中，由于光照的不均匀以及矿石表面纹理的复杂性，仅依靠一个阈值就对图像做二值分割，区分效果可能并不理想。为此，需要针对不同的区域，采用不同的阈值，即使用多阈值来进行二值化计算，自适应阈值法可以得到多个阈值。

将图像整体分为若干子区域后，自适应阈值法可以针对不同区域分别确定灰度阈值。使用不同的灰度阈值处理子区域，减小由于光照不均匀以及颗粒表面纹理对二值图像结果的影响。如图 13-10 所示，是采用自适应阈值法得到的二值图像。

(a)   (b)

图 13-10 自适应阈值分割结果

(a) 灰度图像；(b) 自适应阈值二值比

为了方便对比，图 13-11 给出了更为直观的对比结果，四幅图像分别为直方图双峰法、最大类间方差法、迭代阈值法以及自适应阈值法的结果，图中红色区域为二值化后被识别的目标区域。更直观地，将识别的目标区域在矿石的原始彩色图像中标红，通过对比可以看到，使用自适应阈值法得到的结果中，目标区域（红色部分，见二维码中彩图）对矿石颗粒区域的覆盖率最高。

通过对比发现，使用自适应阈值法得到的结果要由其他三种阈值确定算法，因此，在本研究的试验中，选用自适应阈值法来确定灰度阈值，获得二值图像。

由于矿石表面特征复杂，如图 13-12 所示，在矿石的二值图像中可以看到，在矿石颗粒表面会出现很多的小孔洞，表现为在白色目标区域出现部分黑色小块或者小点集合，在图 13-12 中，这一类的孔洞用椭圆标记。目标区域内的孔洞会影响到后续的图像处理，需要使用算法将孔洞去除。本研究采用面积阈值法来去除目标区域内的孔洞，面积阈值法通过设定阈值，将二值图像中黑色连通区域面积小于设定阈值的区域求反，变为白色区域，实现孔洞的去除。

面积阈值法处理后的结果如图 13-13 所示，通过图中的对比可以看到，经过

(a)   (b)

(c)   (d)

扫码看彩图

图 13-11 不同二值分割方法对比

（a）直方图双峰法；（b）最大类间方差法；（c）迭代阈值法；（d）自适应阈值法

图 13-12 二值图像孔洞

处理后，矿石区域表面的孔洞情况得到明显的改善。

13.1.5 边缘检测

数字图像包含背景区域与目标区域，目标区域与背景区域的交界就是图像边缘。在数字图像中，通常用一组相连的像素点的组合来表示一条边缘，显然，这

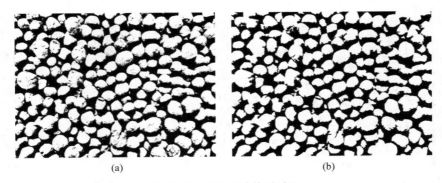

图 13-13 孔洞去除前后对比

（a）初始二值图像；（b）去孔洞后图像

些像素点是分布在两个区域的交界处的。在数字图像中，目标区域与背景区域像素点的灰度值有差异，因此边缘像素点的位置可以通过计算灰度值是否发生突变来确定的。

像素点附近的灰度值的变化可以用其灰度梯度来表示，前人总结了大量的算法来计算灰度梯度，不同的计算方法采用不同的算子，常用的边缘检测算子包括 Roberts 算子、Sobel 算子、Prewitt 算子、拉普拉斯算子以及 Canny 算子。

13.1.5.1 Roberts 算子

设 $f(x, y)$ 表示一幅灰度图像，$R(i, j)$ 为像素点 (i, j) 处的灰度梯度，则有：

$$R(i,j) = |f(i,j) - f(i+1,j+1)| + |f(i+1,j) - f(i,j+1)| \quad (13\text{-}18)$$

其中，$f(i, j)$、$f(i+1, j+1)$、$f(i+1, j)$、$f(i, j+1)$ 分别表示目标像素点 (i, j) 的邻域内对应位置的像素点的灰度值。

用卷积模板表示，变成：

$$R(i,j) = |R_x| + |R_y| \quad (13\text{-}19)$$

其中，R_x 和 R_y 为目标像素点在不同方向上的灰度梯度，可以用以下的卷积模板计算：

$$R_x = \begin{array}{|c|c|} \hline 1 & 0 \\ \hline 0 & -1 \\ \hline \end{array}, R_y = \begin{array}{|c|c|} \hline 0 & -1 \\ \hline 1 & 0 \\ \hline \end{array} \quad (13\text{-}20)$$

实际上，Roberts 算子计算的灰度梯度是在内插点 $\left(i+\dfrac{1}{2}, j+\dfrac{1}{2}\right)$ 上的，是对目标像素点 (i, j) 的近似。

13.1.5.2 Sobel 算子

Sobel 算子考虑目标像素点的 3×3 邻域，可以准确计算目标像素点的灰度梯度。如下所示，考虑目标像素点 (i, j) 邻域内的 8 个像素点 $\{a_0, a_1, a_2, a_3, a_4,$

$a_5, a_6, a_7\}$:

a_0	a_1	a_2
a_7	(i,j)	a_3
a_6	a_5	a_4

(13-21)

则 Sobel 算子计算的灰度梯度 $S(i, j)$ 为:

$$S(i,j) = S_x + S_y$$

$$S_x = (a_2 + 2a_3 + a_4) - (a_0 + 2a_7 + a_6) \tag{13-22}$$

$$S_y = (a_0 + 2a_1 + a_2) - (a_6 + 2a_5 + a_4)$$

同样的, S_x、S_y 也可用卷积模板计算:

$$S_x = \begin{vmatrix} -1 & 0 & 1 \\ -2 & 0 & 2 \\ -1 & 0 & 1 \end{vmatrix}, S_y = \begin{vmatrix} 1 & 2 & 1 \\ 0 & 0 & 0 \\ -1 & -2 & -1 \end{vmatrix} \tag{13-23}$$

可以看出, Sobel 算子更加重视目标像素点上下左右四个相邻像素点的灰度值, 并在卷积模板中给予了更高的权值。

13.1.5.3 Prewitt 算子

Prewitt 算子与 Sobel 算子一样, 也是考虑目标像素点的 3×3 邻域, 二者选用的卷积模板不一样。在 Prewitt 算子中, 对目标像素点周围的八个像素点给予了相同的权值, 其卷积模板如下所示:

$$P_x = \begin{vmatrix} -1 & 0 & 1 \\ -1 & 0 & 1 \\ -1 & 0 & 1 \end{vmatrix}, P_y = \begin{vmatrix} 1 & 1 & 1 \\ 0 & 0 & 0 \\ -1 & -1 & -1 \end{vmatrix} \tag{13-24}$$

13.1.5.4 拉普拉斯算子

前面所述的两种边缘检测算子通过计算灰度值的一阶导数来描述变化情况, 结果中可能出现过多的边缘点。考虑灰度值的二阶导数, 将灰度的二阶导数零点作为边缘像素点, 可以找到更准确的结果。函数 $f(x, y)$ 的二阶导数计算公式如下所示:

$$\nabla^2 f = \frac{\partial^2 f}{\partial x^2} + \frac{\partial^2 f}{\partial y^2} \tag{13-25}$$

像素点 (i, j) 处灰度的二阶导数可以通过差分方程对 x 和 y 方向上的偏导数来作近似计算得到, 以 x 方向为例:

$$\frac{\partial L_x}{\partial x} = \frac{\partial^2 f}{\partial x^2} = \frac{\partial [f(i, j+1) - f(i,j)]}{\partial x}$$

$$= \frac{\partial f(i, j+1)}{\partial x} - \frac{\partial f(i,j)}{\partial x} \tag{13-26}$$

$$= f(i, j+2) - 2f(i, j+1) + f(i,j)$$

这一近似式是以点 $(i, j+1)$ 为中心的，可以用 $j-1$ 替换 j，得到：

$$\frac{\partial^2 f}{\partial x^2} = f(i, j + 1) - 2f(i, j) + f(i, j - 1) \tag{13-27}$$

类似地，

$$\frac{\partial^2 f}{\partial y^2} = f(i + 1, j) - 2f(i, j) + f(i - 1, j) \tag{13-28}$$

将式（13-27）和式（13-28）合并成一个算子，用卷积模板来表示，则可以得到拉普拉斯算子的卷积模板如下所示：

$$\nabla^2 \approx \begin{array}{|c|c|c|} \hline 0 & 1 & 0 \\ \hline 1 & -4 & 1 \\ \hline 0 & 1 & 0 \\ \hline \end{array} \tag{13-29}$$

13.1.5.5 Canny 算子

在 19 世纪 80 年代，Canny 提出了一种新的边缘检测算子。计算过程如下：

（1）设 $f(x, y)$ 为待处理的图像，将其与高斯函数 $G(x, y)$ 做卷积运算，对结果做滤波计算，用 $g(x, y)$ 代表滤波后的图像，则有：

$$G(x, y) = \frac{1}{2\pi\sigma^2} \exp\left(-\frac{x^2 + y^2}{2\sigma^2}\right) \tag{13-30}$$

$$g(x, y) = f(x, y) \times G(x, y)$$

（2）计算 $g(x, y)$ 中各个像素点的灰度梯度 $\nabla g(x, y)$：

$$\nabla g(x, y) = \nabla[G(x, y) \times f(x, y)] = \nabla G(x, y) \times f(x, y) \tag{13-31}$$

设置两个一维的滤波器：

$$\frac{\partial G}{\partial x} = Kx \exp\left(-\frac{x^2 + y^2}{2\sigma^2}\right)$$

$$\frac{\partial G}{\partial y} = Ky \exp\left(-\frac{x^2 + y^2}{2\sigma^2}\right) \tag{13-32}$$

将滤波器分别与 $f(x, y)$ 作卷积，得到：

$$\begin{cases} E_x = \dfrac{\partial G}{\partial x} \times f(x, y) \\ E_y = \dfrac{\partial G}{\partial y} \times f(x, y) \end{cases} \tag{13-33}$$

则 $g(x, y)$ 中每个像素点 (x, y) 的灰度梯度 $|\nabla g(x, y)|$ 及其方向 $\theta(x, y)$ 可以分别表示为：

$$|\nabla g(x, y)| = \sqrt{E_x^2(x, y) + E_y^2(x, y)}$$

$$\theta(x, y) = \arctan\left|\frac{E_y(x, y)}{E_x(x, y)}\right| \tag{13-34}$$

对图像中像素点的边缘检测过程如下:

（1）检索每个像素点，计算其灰度梯度;

（2）设置判别区间，比较灰度梯度与判别区间端点值;

（3）初步确定边缘点：灰度梯度大于判别区间上限的像素;

（4）确定可能的像素点：当像素点的灰度梯度大于区间下限而不大于区间上限时，判断其邻域内是否有边缘点，若有，则该像素点也为边缘点，若无，则不是边缘点。

图 13-14 给出了各种边缘检测算法的结果比较。

图 13-14　不同边缘检测算子结果比较

（a）灰度图像;（b）Sobel 算子;（c）Prewitt 算子;（d）Roberts 算子;

（e）拉普拉斯算子;（f）Canny 算子

经过对比，使用 Canny 算子做边缘检测的效果更好，可以满足计算的需要，所以，本书后续试验中涉及边缘检测的部分均采用 Canny 算子。

13.2　图像分割

在进行矿石参数的提取计算之前，需要在图像中识别出属于待测矿石的目标区域，并区分不同颗粒所占有的区域，这就是图像分割算法的目的。在本书中，图像分割分为两步：一是将背景区域与目标（待测矿石）区域分割开来，二是区分属于不同颗粒的目标区域。

图像二值化可以实现背景区域与目标区域的初步分割，在二值化得到的二值图像中，属于目标区域的像素点的灰度值被置为 1，相反地，属于背景区域的像素点的灰度值则被置为 0。

本节所介绍的算法可以用于第二步的分割，识别目标区域中属于不同矿石的区域，将料堆图像中粘连的矿石颗粒区分开。

13.2.1 连通与图像运算

13.2.1.1 像素的相邻

设 (x, y) 是图像中某一个像素点 P 的坐标，在垂直和水平方向上共有 4 个像素点与之相邻，这 4 个像素点称为其 4 邻接像素点。此外，在其对角方向上也有 4 个像素点与之相邻，这 4 个像素点与 4 个 4 邻接像素点共同组成了像素点 P 的 8 邻接像素点。

$$
\begin{array}{|c|c|c|}
\hline
a_0 & a_1 & a_2 \\
\hline
a_7 & (x,y) & a_3 \\
\hline
a_6 & a_5 & a_4 \\
\hline
\end{array}
\tag{13-35}
$$

式中　　　　　　　a_1，a_3，a_5，a_7——像素点 P 的 4 邻接像素点；

a_0，a_1，a_2，a_3，a_4，a_5，a_6，a_7——像素点 P 的 8 邻接像素点。

13.2.1.2 连通区域

设像素 p 与像素 q 的坐标分别为 (x, y) 和 (s, t)，从像素 p 经过一定的路径可以到达像素 q，经过的路径可以用如下所示的像素点序列表示：

$$
(x_1,y_1),(x_2,y_2),\cdots,(x_n,y_n)
\tag{13-36}
$$

其中，对于 $0 \leqslant i \leqslant n-1$，像素 (x_i, y_i) 和像素 (x_{i+1}, y_{i+1}) 是邻接关系，且有 $(x_0,y_0)=(x,y)$，$(x_n,y_n)=(s,t)$。

若这 $n+1$ 个像素点在灰度值上具有相似的特性（如二值图像中均为目标区域内像素点或均为背景区域内像素点），则称像素 p 与像素 q 是连通的。根据式（13-35）所定义的邻接关系的不同，可以将连通关系分为两种，其中，4 连通关系所涉及的邻接关系为 4 邻接关系，8 连通关系则是由 8 邻接关系得到的。

图像中的连通区域满足：区域内任意两个像素点之间都是连通的。图像分割算法就是要将图像中属性相似的像素点分割成若干个不同的连通区域。

13.2.1.3 图像中的集合运算

基本的集合运算包括并集运算和交集运算，在灰度图像中，并集运算对应于逐点极大值运算（$\vee$），交集运算则用逐点极小值运算（$\wedge$）表示。设图像 f 与 g 具有相同的定义域（像素点矩阵大小相同），则有：

$$
\begin{aligned}
(f \vee g)(x) &= \max[f(x),g(x)] \\
(f \wedge g)(x) &= \min[f(x),g(x)]
\end{aligned}
\tag{13-37}
$$

式中　$(f \vee g)(x)$——两幅图像在像素点 x 处的逐点极大值；

$(f \wedge g)(x)$——两幅图像在像素点 x 处的逐点极小值。

在式（13-37）中，逐点极大值和逐点极小值运算只涉及两个输入，但实际上这两种运算可以扩展到任意数量的输入图像 f_1，多个图像的逐点极大值与逐点极小值运算如式（13-38）所示：

$$\left[\bigvee_i f_i\right](x) = \max_i\left[f_i(x)\right]$$
$$\left[\bigwedge_i f_i\right](x) = \min_i\left[f_i(x)\right]$$

（13-38）

另一个基本的集合运算是取补集，图像 f 的取补运算可以表示为 f^c，其每一个像素的灰度值定义为用于储存图像的数据类型的最大值与图像 f 在对应像素处的差值，即：

$$f^c(x) = t_{\max} - f(x)$$

（13-39）

其中，$t_{\max}$ 为图像中灰度值的最大值，在灰度图像中，$t_{\max} = 255$，在二值图像中，$t_{\max} = 1$。

13.2.2 基于分水岭变换的图像分割

13.2.2.1 距离变换

矿石图像中的灰度分布无明显规律可循，而分水岭变换应用于图像分割需要检索每一个像素点的灰度值，直接对矿石的灰度图像做分水岭变换，不仅计算复杂，计算结果也不理想。一般的做法是对矿石的二值图像做距离变换，再对距离图像使用分水岭变换。

图像中像素点之间的距离有三种计算方法，分别是棋盘距离计算、城市距离计算和欧氏距离计算。设 (x_1, y_1) 和 (x_2, y_2) 是图像中的两个像素点的坐标，则有：

$$d_{\text{chess}} = \max(|x_1 - x_2|, |y_1 - y_2|)$$

（13-40）

$$d_{\text{city}} = |x_1 - x_2| + |y_1 - y_2|$$

（13-41）

$$d_{\text{eucl}} = \sqrt{(x_1 - x_2)^2 + (y_1 - y_2)^2}$$

（13-42）

式中　　d_{chess}——棋盘距离；

　　　　d_{city}——城市距离；

　　　　d_{eucl}——欧氏距离。

距离变换就是要计算二值图像中的每个像素点到最近的背景像素点（灰度值为 0）的距离。设 $D(x, y)$ 为距离变换后的结果图像，则有：

$$d_{ij} = \min_{(x,y) \in B} D[(i,j), (x,y)]$$

（13-43）

式中　　　　　　d_{ij}——$D(x, y)$ 中像素点 (i, j) 处的灰度值；

　　　　　　　　B——背景区域像素点的集合；

$D[(i,j), (x,y)]$——像素点 (i, j) 和像素点 (x, y) 的距离。

在本书中，距离变换过程中的距离计算采用欧氏距离的计算方法。

如图 13-15 所示，右侧为对二值图像做距离变换后的结果，距离图像中，像素点的灰度值即为该像素点处计算得到的最小距离。

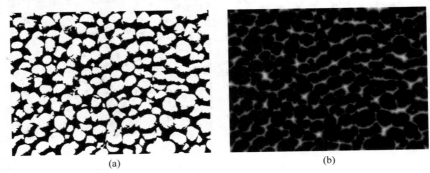

图 13-15　距离变换
（a）二值图像；（b）距离变换结果

13.2.2.2　分水岭变换

将图像类比成地面，则像素点的灰度值对应于地貌描述中的海拔高度。如图 13-16 所示，地貌中盆地的最低点对应图像中的灰度值极小点，分水岭变换的过程可以描述为：

（1）在每个盆地最低点开孔，向上注水；

（2）每个盆地内的水面逐渐升高，当不同盆地的水面即将汇聚时，在汇聚处筑造"堤坝"；

（3）水面升到最高点（灰度最大值），堤坝全部修建完成；

（4）根据"堤坝"的分布，图像被分割成若干个区域，分水岭计算完成。

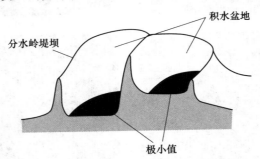

图 13-16　分水岭变换示意图

如图 13-17 所示，图（a）为待处理的二值图像，图（b）为对其距离图像做分水岭变换后的结果，"堤坝"用白色线条标出。可以看到，通过分水岭变换，原始二值图像被分割成多个不同的区域。

从图 13-18 中可以看出，直接将分水岭变换作用于距离图像得到的结果并不

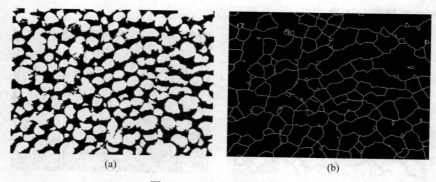

图 13-17 分水岭变换结果
（a）初始二值图像；（b）分水岭变换

理想，存在欠分割现象，欠分割是指本不连通的几块区域未被分割开，而被识别成同一连通区域。这是距离变换后的距离图像中局部极值分布不合理导致的，为了减少这种情况的出现，需要对距离图像做滤波处理。

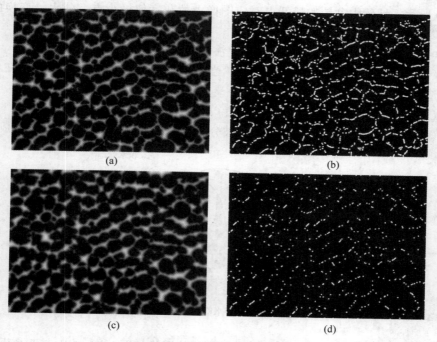

图 13-18 距离图像滤波结果对比
（a）初始距离图像；（b）初始局部极值点分布；
（c）滤波后距离图像；（d）滤波后局部极值点分布

图 13-18 给出了距离图像滤波前后的对比图，其中图（a）与（c）分别为滤

波前后的距离图像，直观上看，距离图像在滤波前后的对比不明显。为了便于比较，图（b）和（d）分别给出了滤波前后距离图像中的局部极值分布情况，图中的白色像素点即为距离图像中的局部极值点。通过对比可以看出，对距离图像做滤波处理后，有效地减少了距离图像中局部极值点的数量，这可以减少后期分水岭变换中的欠分割情况。

图 13-19 给出了滤波后的分水岭变换结果与原二值图像的对比结果，从图中可以看到，相比于滤波前的分水岭变换，在用图像滤波处理距离图像后，欠分割的情况在重新得到的分水岭变换结果中有一定的改善。

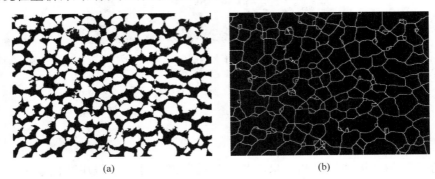

(a)　　　　　　　　　　　　　　(b)

图 13-19　滤波后分水岭变换结果

（a）初始二值图像；（b）滤波后分水岭脊线

12.2.2.3　分水岭分割结果

基于分水岭变换的图像分割流程包括：

（1）完成图像预处理，获得待处理的二值图像；

（2）计算像素距离，获得距离图像；

（3）对距离图像滤波，再做分水岭变换，得到分水岭图像；

（4）求二值图像与分水岭图像的逐点极小值；

（5）对图像运算结果做边缘检测，最终实现图像的分割。

流程示意图如图 13-20 所示。

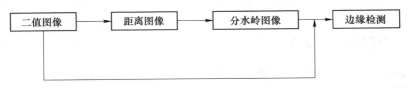

图 13-20　基于分水岭变化的图像分割流程

图 13-21 所示为使用分水岭变换得到的图像分割结果。

图 13-21　分水岭分割结果

13.3　矿石参数计算

13.3.1　测量系统标定

基于图像法得到的最初结果都是目标的图像尺寸，一般用其像素个数来表示，为了与实际尺寸比较，需要建立图像尺寸与实际尺寸的转换关系，将图像尺寸的像素单位转换为实际的长度单位，这需要通过图像标定来完成。标定过程如下：

（1）选择合适的标定物，并测量其实际尺寸 Z（单位是毫米）；

（2）在测量系统中，固定相机与待测标定物的相对位置，拍摄标定物的图像，计算其图像尺寸 Z_{pixel}（单位是像素）；

（3）计算系统的标定系数 h：

$$h = \frac{Z}{Z_{pixel}} \tag{13-44}$$

需要注意的是，当硬件系统内，各个元件的相对位置改变时，需要再次标定。在本研究的试验中，通过在载物板上画出已知长度的线段来计算标定系数 h。

13.3.2　粒度特征参数提取

为了评价矿石的粒度，需要从矿石的图像中提取用于评价矿石大小的特征参数。为了简化图像处理过程，同时避免复杂的图像处理算法影响测量结果，在本章试验中，对矿石在载物板的分布做了人为处理，以确保每个被拍摄矿石颗粒之间不重叠，不接触。拍摄分散的矿石颗粒图像，通过参数提取算法，从图像中提取用于描述矿石大小的几个特征参数。

13.3.2.1　等面积直径

投影面积是指矿石颗粒沿图像采集方向在载物平面上的投影面积，在图像标定之后，矿石颗粒投影面积可以通过统计其投影内所包含的像素个数来完成，计算公式如式（13-45）所示：

$$A = \frac{A_{\text{pixel}}}{h^2} \qquad (13\text{-}45)$$

式中　A_{pixel}——投影区域所包含的像素个数；

　　　A——矿石颗粒的投影面积；

　　　h——测量系统的标定系数。

统计属于颗粒投影区域的像素个数，需要用到前文所介绍的连通区域分割方法，每一个颗粒的投影区域都是连通的，在本研究试验的算法中，使用的是 8 连通定义来计算颗粒的投影内像素个数。

等面积直径是指面积与投影面积相等的圆的直径，计算公式如下所示：

$$D_A = 2\sqrt{A/\pi} \qquad (13\text{-}46)$$

式中　D_A——矿石颗粒的等面积直径。

13.3.2.2　等周长直径

投影周长是通过计算颗粒投影的边缘长度来获得的，投影的边缘是通过对矿石的二值图像做边缘检测得到的，在本研究试验中，采用 Canny 算子作为边缘检测算子。

在获得颗粒投影区域的边缘后，需要进一步计算边缘的长度，这需要用到关于像素邻接的计算，设像素 M 与像素 N 为投影区域边缘上两个具有邻接关系的像素点，边缘处线段 MN 在像素度量下的长度有如下定义：

$$MN = \begin{cases} 1, \text{当 } M, N \text{ 互为 4 邻接} \\ \sqrt{2}, \text{当 } M, N \text{ 互为 8 邻接且不为 4 邻接} \end{cases} \qquad (13\text{-}47)$$

通过计算每一对在边缘处的邻接像素点对组成的线段长度之和，即可以获得边缘长度，即颗粒投影周长，再通过标定的比例系数，获得投影区域的实际周长，计算如式（13-48）所示：

$$P = \frac{P_{\text{pixel}}}{h} \qquad (13\text{-}48)$$

式中　P_{pixel}——边缘长度的图像尺寸；

　　　P——投影区域的实际周长。

类似于等面积直径，等周长直径是指与投影区域周长相等的圆的直径，计算公式如下所示：

$$D_P = P/\pi \qquad (13\text{-}49)$$

式中　D_P——投影区域的等周长直径。

13.3.2.3 最小外接矩形

矿石颗粒在载物板上的投影是一个极其不规则的图形，为了评价区域的大小，考虑投影区域的最小外接矩形。投影区域的最小外接矩形是指可以将投影区域包括在内的最小矩形，选取最小外接矩形一般有两个选取原则：矩形面积最小或者矩形周长最小。在本研究的试验中，选择面积最小原则计算投影区域的最小外接矩形，图 13-22 所示是试验拍摄的烧结矿颗粒图像及其最小外接矩形的计算结果。其中，黑色区域是烧结矿颗粒在载物板上的投影区域，黑色线条是每一个投影区域的最小外接矩形的计算结果。

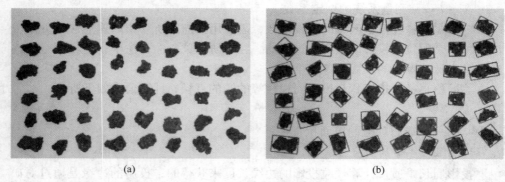

(a)　　　　　　　　　　　　　　　　(b)

图 13-22　烧结矿图像
（a）原始图像；（b）最小外接矩形

计算得到投影区域的最小外接矩形后，选择矩形的长 L 和宽 B 作为评价颗粒投影区域大小的两个特征参数，长度的计算参照周长计算中的像素邻接计算方法。

13.3.3 粒度分布计算

工业生产中传统且常见的粒度分布测量方法多为筛分法，在高炉生产中，需要考虑粒度分布情况的操作工艺采用的大多是基于筛分法得到的结果。为了使基于图像处理得到的结果可以用于指导工业生产，在得到粒度特征参数后，需要通过计算给出一个与筛分法的结果基本一致的粒度分布结果。

颗粒能否通过筛孔不仅仅取决于颗粒的实际尺寸与筛孔的大小关系，也受到筛分的操作条件的影响，是一个概率事件。同时，由于矿石颗粒形状的不规则性，通过颗粒的二维图像无法准确获得颗粒的实际尺寸，所以在本研究的粒度分布计算中，选择采用人工神经网络模式识别的方法来定义矿石的粒度级，同时评估人工神经网络用于粒度计算的准确率，试验过程如下：

（1）利用筛分法对烧结矿颗粒做筛分试验，完成初步粒度分级，给出筛分法下选用的烧结矿样品的粒度分布情况；

（2）利用 CCD 图像传感器拍摄不同粒度级的烧结矿颗粒图像，并利用前文所述方法提取烧结矿的粒度特征参数；

（3）构建人工神经网络，选择（2）中所得部分数据作为神经网络训练样本，调试并优化神经网络参数，得到可用的人工神经网络；

（4）利用（3）中得到的神经网络计算检测样本内烧结矿的粒度级，并与筛分法的结果比较，评估用神经网络计算颗粒分级的可行性。

人工神经网络是仿生学在计算机领域的一大应用，伴随着计算机技术的发展，人工神经网络技术也不断地被应用于各个领域。与动物的神经网络一样，人工神经网络中也包含了多个神经元作为节点，通过神经元之间的信息传递来完成信息的采集与处理。

输入层神经元、隐含层神经元和输出层神经元组成了人工神经网络的基本结构，如图 13-23 所示。借助连接权值与传递函数，不同神经元与不同神经层之间可以实现信息的传递。在本书的应用中，矿石的粒度特征参数经由输入层输入神经网络，经过函数计算后，由输出层输出矿石的粒度级。

由于应用情景的多变性，人工神经网络的参数设置也需要视情况而定，需要考虑的参数主要有学习方式、各层神经元数目、训练样本、训练函数和训练目标与最大训练次数。

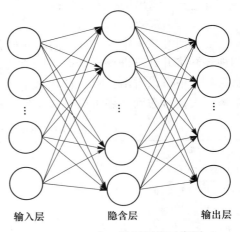

图 13-23　人工神经网络示意图

（1）学习方式。初始的人工神经网络无法对外界刺激做出准确的判断，为此，需要对人工神经网络进行训练。人工神经网络的训练又被称为网络学习，学习方式主要有三种：有师学习、无师学习和强化学习。在本研究的人工神经网络训练中，选择一部分已知粒度的矿石作为训练样本，将这部分矿石的粒度特征参数加载到神经网络的输入层，在输出层得到矿石的粒度级后，将其与实际粒度级比较，计算误差，并依据误差最小原则修正连接权值，这是一种有师学习方式。

（2）各层神经元数目。人工神经网络包含输入层、输出层和隐含层，每一层神经网络内都包含一定数量的神经元，确定每一层神经网络需要包含的神经元数目就成为了构建神经网络中的重要环节。在本研究的试验中，从矿石的图像中提取了 4 个粒度特征参数，相对应地，输入层中所包含的神经元数目应该与特征参数的数量相等，因此，在本研究设计的人工神经网络中，输入层由 4 个神经元组成。

输出层的输出结果为矿石的粒度级，在本研究试验中，采用圆孔筛对烧结矿进行筛分试验，将试验所用矿石筛分成 6 个粒度级：>25mm、20～25mm、15～20mm、10～15mm、5～10mm、<5mm，所以输出层由 6 个神经元组成。

隐含层的神经元数目的设置则更为弹性，如下所示是一个常用的计算隐含层神经元数的方法：

$$n_{\mathrm{h}} = \sqrt{n_{\mathrm{in}} + n_{\mathrm{out}}} + a \qquad (13\text{-}50)$$

式中　n_{h}——隐含层神经元数；

　　　n_{in}——输入层神经元数；

　　　n_{out}——输出层神经元数；

　　　a——常数，$a \in [1,10]$。

在本研究试验中，选择不同的 a 值获得不同的隐含层神经元数目，构建相应的神经网络并计算训练准确率，同时统计训练时长，结果如表 13-1 和表 13-2 所示。从表中可以看出，除个别情况外，隐含层神经元的数目对训练结果的准确率影响不大，考虑到训练时长，选择 8 个神经元组成人工神经网络的隐含层。

表 13-1　不同神经网络训练准确率　　　　　　　（单位：%）

隐藏神经元数 ＼ 训练函数	trainlm	traingdx	trainscg
4	84.1	78.1	65.2
5	83.3	79.8	74.5
6	83.1	73.7	73.1
7	83.6	80.6	74.5
8	84.7	76.7	82.0
9	82.1	72.8	81.7
10	83.1	45.8	66.8
11	79.9	68.4	45.7
12	84.4	78.1	74.0
13	84.6	66.1	67.6

（3）训练样本。本研究所用的神经网络的学习方式为有师学习，需要给出一定数量的训练样本用于人工神经网络的训练，训练样本由矿石颗粒的粒度特征参数及其对应的粒度级组成。在本研究的试验中，矿石颗粒被分为六个不同的粒度级并分别拍摄图像，其中部分图像如图 13-24 所示。

表 13-2 不同神经网络训练时长 （单位：s）

隐藏神经元数 训练函数	trainlm	traingdx	trainscg
4	5.614	0.729	0.394
5	7.665	0.760	0.648
6	8.390	0.765	0.598
7	7.736	0.761	0.600
8	8.753	0.768	0.614
9	16.131	0.749	0.683
10	7.169	0.768	0.585
11	6.841	0.871	0.547
12	15.428	0.764	0.590
13	16.372	0.903	0.646

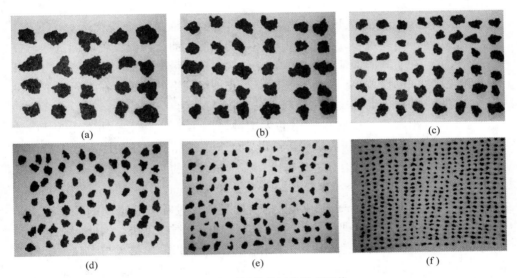

(a)　　　　　　　　　(b)　　　　　　　　　(c)

(d)　　　　　　　　　(e)　　　　　　　　　(f)

图 13-24 不同粒度级烧结矿图像

(a) >25mm；(b) 20~25mm；(c) 15~20mm；(d) 10~15mm；(e) 5~10mm；(f) <5mm

为了保证样本数据的平衡，每个粒度级选取相同数量的颗粒组成样本集，样本的粒度组成如表 13-3 所示。

表 13-3 训练样本组成

粒度级	<5mm	5~10mm	10~15mm	15~20mm	20~25mm	>25mm
颗粒数	161	161	161	161	161	161

（4）训练函数。信息的权值和阈值设置在各层神经网络之间的信息传递过程中扮演着重要的角色，神经网络的训练过程就是通过修正各层神经元的权值和阈值，减小输出结果与期望结果之间的误差，权值与阈值的调整方式就是由训练函数决定的。本研究试验中选取了三种不同的训练函数：基于 Leevenberg-Marquardt 的训练函数 trainlm、结合了动量反向传递和动态自适应学习速率的梯度下降训练函数 traingdx、基于归一化共轭梯度算法的训练函数 trainscg。在本研究试验中，针对不同的训练函数，构建相应的神经网络并计算训练准确率，同时统计训练时长，结果如表 13-1 和表 13-2 所示。从表中可以看出，虽然使用 traingdx 和 trainscg 这两个训练函数会使得训练时长大幅度减小，但使用 trainlm 函数作为训练函数时的训练时长也可以控制在 10s 以内，不会严重影响实际的测量；同时，使用 trainlm 作为训练函数时的训练结果准确率要高于其他两个训练函数，当训练函数为 traingdx 或 trainscg 时，训练的准确率随隐含层神经元的不同而有很大变化，所以本研究的人工神经网络的训练函数最终定为 trainlm。

（5）训练目标与最大训练次数。神经网络的训练是一个迭代运算的过程，为了避免训练的时间过长，在进行神经网络的训练之前，需要设置训练目标与最大训练次数。在实际的训练过程中，当迭代次数达到最大训练次数或者输出结果与期望结果之间的误差小于训练目标时，终止神经网络的训练。在本研究的试验中，神经网络的最大训练次数为 2000 次，训练目标为 0.001。

综上，给出本研究试验中所用的人工神经网络的参数设置如表 13-4 所示。同时，图 13-25 给出了本研究试验最终设置的人工神经网络使用样本数据后训练结果的混合误差矩阵。混合误差矩阵中，横轴与纵轴的 "1"，"2"，"3"，"4"，"5"，"6" 分别对应六个粒度级：>25mm，20~25mm，15~20mm，10~15mm，5~10mm，<5mm；其中，横轴表示目标值即颗粒经过筛分后得到的粒度级，纵轴表示神经网络的输出值即由神经网络计算得到的矿石粒度级。因此，在混合误差矩阵中，对角线上的绿色方块内的数值表示神经网络输出结果与实际结果相符的矿石颗粒数量，红色方块内的数值表示神经网络计算结果与实际筛分结果不一致的颗粒数量，如图所示，可以看到筛分结果中大于 25mm 的 161 个颗粒中，有 134 个颗粒在神经网络的计算结果中仍属于>25mm 这一粒度级，而有 27 个矿石颗粒被识别为 20~25mm 这一粒度级。最下一行与最右侧一列中的灰色方块内的绿色百分值则表示预测准确的颗粒数在总数中的占比，而右下角的蓝色方块内的绿色百分值则表示神经网络对整个数据集合的预测准确率。从图 13-25 中可以看出，神经网络训练结果中，大颗粒（>25mm）与小颗粒（<5mm）的训练准确率要高于其他粒度级的准确率，且在 15~20mm 这一粒度级的训练准确率最低。

表 13-4　人工神经网络参数表

参　数	数值
输入层神经元数目	4
输出层神经元数目	6
隐含层神经元数目	8
训练函数	trainlm
最大训练次数	2000
训练目标	0.001

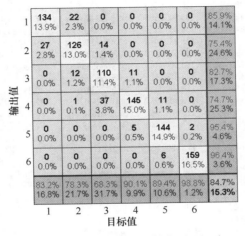

扫码看彩图

图 13-25　神经网络训练混合误差矩阵

　　经过训练后的神经网络即可以用于计算烧结矿的粒度分级，为了评估人工神经网络计算结果的准确度，需要将计算结果与筛分法所得结果进行比较，在本研究试验中，用于检验神经网络的烧结矿样本组成如表 13-5 所示。

表 13-5　检验样本组成

粒度级	<5mm	5~10mm	10~15mm	15~20mm	20~25mm	>25mm
颗粒数	2748	3150	2802	1158	483	498

　　图 13-26 给出部分检验样本的粒度特征参数数据。

　　在神经网络的输入层输入检验样本中的矿石特征参数，在输出层得到粒度计算结果，用混合误差矩阵来比较神经网络训练结果与筛分法所得结果的匹配程度，混合误差矩阵如图 13-27 所示。

　　混合误差矩阵中，横轴与纵轴的"1"，"2"，"3"，"4"，"5"，"6"分别对应六个粒度级：>25mm，20~25mm，15~20mm，10~15mm，5~10mm，<5mm；

其中，横轴表示目标值即颗粒经过筛分后得到的粒度级，纵轴表示神经网络的输出值即由神经网络计算得到的矿石粒度级。因此，在混合误差矩阵中，对角线上的绿色方块内的数值则表示神经网络输出结果与实际结果相符的矿石颗粒数量，红色方块内的数值表示神经网络计算结果与实际筛分结果不一致的颗粒数量，最下一行与最右侧一列中的灰色方块内的绿色百分值则表示预测准确的颗粒数在总数中的占比，而右下角的蓝色方块内的绿色百分值则表示神经网络对整个数据集合的预测准确率。

投影面积/mm²	等面积直径/mm	投影周长/mm	等周长直径/mm	最小外接矩形长/mm	最小外接矩形宽/mm
857.3580247	42.17970738	131.3248889	41.80201044	33.03970552	28.51263609
1695.111111	55.55555556	188.9797778	60.15413156	46.45731912	42.22222222
676.4074074	30.77593448	120.7875556	38.44787308	29.34669759	28.69925798
1710.358025	54.49849531	206.8435556	65.84034864	46.66578482	46.19133763
534.5432099	30.56104787	106.0675556	33.76235155	26.08834133	22.84361154
679.5555556	35.34491863	123.8404444	39.41963776	29.41491129	25.37891129
692.8888889	33.43336804	130.1157778	41.41713842	29.70207961	29.63537949
1207.419753	47.51149284	160.5664444	51.10988664	39.2088584	34.8285341
1355.975309	52.11281884	180.8791111	57.57560927	41.55094926	39.9237816
718.0987654	32.44521665	114.9908889	36.60273676	30.23758828	29.7788752
1109.222222	41.55555556	139.9826667	44.5578667	37.58065456	35.33333333
740.3580247	33.45740281	118.0866667	37.58815344	30.70265647	30.18348481
687.1481481	32.80642584	107.6628889	34.27016191	29.57877948	29.15189127
747.962963	38.3571877	124.3022222	39.5666262	30.85994204	27.43760329
562.0740741	30.7156623	94.11622222	29.95812398	26.75172776	25.06621538
847.5432099	45.02955517	130.0204444	41.38679286	32.85004613	26.83664275
624.5185185	34.47772572	108.3377778	34.48498572	28.19861121	25.76740398
637.8888889	35.17415578	113.0915556	35.99816019	28.49886592	25.09093888
460.037037	28.61774305	93.00688889	29.60501222	24.20201123	21.30893706
675.3580247	40.89009804	120.1491111	38.24464988	29.32392443	25.79672941
478.6419753	25.66666667	90.39266667	28.77287944	24.68655283	23.55555556
544.308642	29.85785289	109.8331111	34.96096509	26.32556338	27.12988944
709.6049383	36.20668285	130.6277778	41.58011308	30.05822797	32.46924465
853.8271605	40.97283035	163.1788889	51.94145355	32.97160149	34.10102767
610.3703704	28.54469228	111.5097778	35.49466468	27.87736882	27.48468434
1407.320988	56.40692523	200.7788889	63.90990527	42.33032877	39.00011692
452.5925926	25.80317625	101.4664444	32.29777237	24.00539078	24.66059751
617.6790123	35.8164767	109.9328889	34.99272535	28.0437755	25.43913963
434.5061728	25.07007415	87.79866667	27.94718359	23.52085121	21.08814272

图 13-26　检验样本部分粒度特征参数数据

从图 13-27 中可以看到，使用神经网络对矿石颗粒进行粒度计算的结果中，对大颗粒（>25mm）与小颗粒（<5mm）的计算准确率要高于其他粒度级的准确率，且在 15~20mm 这一粒度级的计算准确率最低，这与神经网络训练结果的混合误差矩阵情况基本一致，这种情况的出现是由于对大颗粒和小颗粒未进行进一步筛分。在>25mm 这一粒级的颗粒中，存在部分颗粒尺寸远大于 25mm，可以称为极大颗粒；同样的，在<5mm 的颗粒中，存在部分颗粒尺寸远小于 5mm，称为极小颗粒。极大颗粒与极小颗粒的存在，导致神经网络计算准确率在这两个粒级偏高，进一步细分烧结矿可以去除这种差异。总体而言，使用神经网络来计算矿

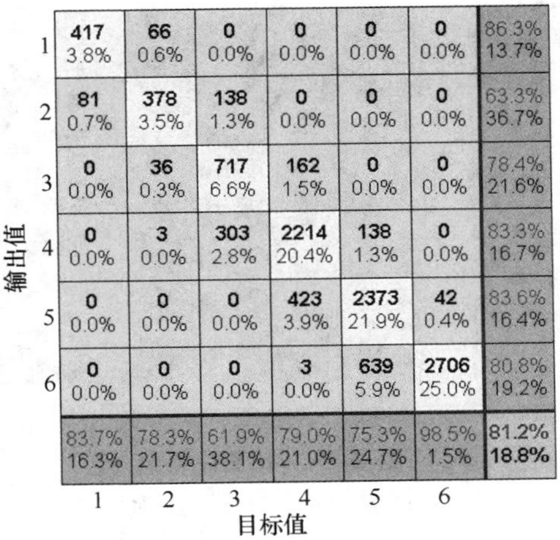

	1	2	3	4	5	6	
1	417 3.8%	66 0.6%	0 0.0%	0 0.0%	0 0.0%	0 0.0%	86.3% 13.7%
2	81 0.7%	378 3.5%	138 1.3%	0 0.0%	0 0.0%	0 0.0%	63.3% 36.7%
3	0 0.0%	36 0.3%	717 6.6%	162 1.5%	0 0.0%	0 0.0%	78.4% 21.6%
4	0 0.0%	3 2.8%	303 2.8%	2214 20.4%	138 1.3%	0 0.0%	83.3% 16.7%
5	0 0.0%	0 0.0%	0 0.0%	423 3.9%	2373 21.9%	42 0.4%	83.6% 16.4%
6	0 0.0%	0 0.0%	0 0.0%	3 0.0%	639 5.9%	2706 25.0%	80.8% 19.2%
	83.7% 16.3%	78.3% 21.7%	61.9% 38.1%	79.0% 21.0%	75.3% 24.7%	98.5% 1.5%	81.2% 18.8%

输出值 / 目标值

扫码看彩图

图 13-27　检验结果混合误差矩阵

石颗粒的粒度级的结果准确率在百分之八十以上，可以满足实际生产需要。

13.3.4　矿石形状参数

　　传统的粒度测量方法仅能得到矿石颗粒的尺寸分布，而基于图像法的矿石颗粒测量技术还可以对矿石颗粒的形状做出评估，这需要从矿石图像中提取用于形状评价的特征参数。在本书中，选择纵横比作为矿石的形状特征参数，纵横比的计算公式如式（13-51）所示：

$$\alpha = \frac{B}{L} \tag{13-51}$$

式中　α——矿石颗粒的纵横比；
　　　B——矿石投影的最小外接矩形宽；
　　　L——矿石投影的最小外接矩形长。

　　试验首先对比了不同类型矿石的纵横比，需要拍摄不同矿石的图像，选取了球团矿、块矿、烧结矿这三类常用的矿石作对比试验。图 13-28 给出了试验获得的部分矿石颗粒图像。

　　按照前文所述方法处理矿石图像后，提取矿石投影最小外接矩形长和宽并计算纵横比，采用累积分布曲线来表征不同种类矿石的纵横比分布情况，结果如图13-29 所示。在累积分布曲线中，曲线上每一个点的横坐标表示纵横比值，对应的纵坐标表示低于该纵横比的矿石个数占总个数的百分比，累积分布曲线越偏左表示矿石的纵横比分布越趋向于低值区间，则矿石总体中狭长形的矿石占比越大；相反地，若累积分布曲线越偏右，则表示矿石的纵横比分布越趋向于高值区间，即矿石总体中接近方形的矿石占比越大。

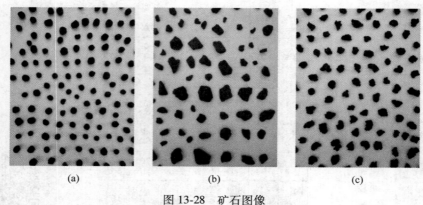

(a)　　　　　　　　　　(b)　　　　　　　　　　(c)

图 13-28　矿石图像

（a）球团矿；（b）块矿；（c）烧结矿

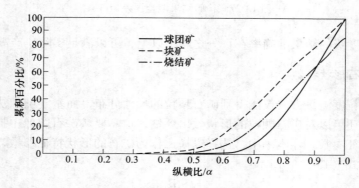

图 13-29　不同种类矿石形状分布对比

　　从图 13-29 中可以看到，试验测量的三种矿石中均没有过于狭长（纵横比小于 0.2）的颗粒；同时，得到的三条累积分布曲线中，块矿的累积分布曲线位于最左侧，说明试验选取的三批矿石中，块矿中狭长形矿石的占比要比其余两种矿石高；相反地，球团矿的累积分布曲线更加靠右侧，这说明试验选取的球团矿样本中，矿石颗粒投影的长与宽更接近，这与球团矿的制备工艺有关，相比于其他两种矿石，球团矿的外形更接近于球形，这使得其投影的外接矩形长与宽趋于相等。同时，注意到试验测得的烧结矿纵横比累积分布曲线在最后一小段呈一条近似垂直的直线，也就是说有约 15% 的烧结矿投影外接矩形长与宽基本相等，这是由于选取的烧结矿随机性以及矿石颗粒投影的随机性导致的。需要指出的是，本试验只是展示用图像法测量矿石形状的可行性与基本过程，受限于测试样本选取的随机性，试验结果没有很强的统计基础。

　　此外，针对烧结矿，试验测试了不同粒度级的烧结矿集合的纵横比分布情况，结果如图 13-30 所示。从图中可以看到，在<5mm 这一粒度级的颗粒中，有超过 50%的颗粒纵横比等于 1，而其余粒度级的烧结矿形状分布有一定的规律性，可以看到，随着粒度级的减小，累积分布曲线呈现左移的趋势，这表明，随着粒度级的减小，烧结矿中狭长形颗粒的占比逐渐增大。

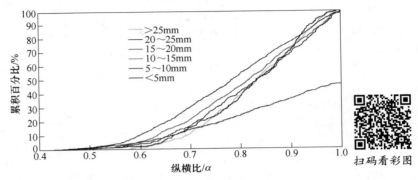

扫码看彩图

图 13-30 不同粒度级烧结矿形状分布对比

需要指出的是，本小节介绍的两个试验是为了验证基于图像法测定矿石形状分布的可行性并给出基本步骤与示例，而由于测试用的样本选取具有一定的随机性，所以测试结果并不能代表一般性规律，若需要找出矿石形状分布的一般性规律，还需要进行大量的统计试验。

13.4 硬件系统与软件设计

为了使基于图像法的炉料测量技术更为可行，本章阐述了实验室用于测量搭建的硬件系统与相应的软件设计。

13.4.1 硬件系统

硬件系统由图像采集装置、光源、样本放置用的载物板以及图像处理所需的计算机等元件组成。

CCD 图像传感器是工业中常用的图像采集装置，本系统选择大恒工业相机系列的 MER-125-30UC USB 接口帧曝光彩色 CCD 工业数字摄像机，其具体参数如表 13-6 所示，其实物图如图 13-31 所示。

表 13-6 MER-125-30UC USB 接口帧曝光彩色 CCD 工业数字摄像机参数

项目	参 数
型号	MER-125-30UC
分辨率	1292（H）×964（V）
帧率	30fps

项目	参 数
传感器类型	1/3′Sony ICX445 CCD
像素尺寸	3.75μm × 3.75μm
光谱	彩色
图像数据格式	MONO8/MONO12/RAW8（Bayer）/RAW12（Bayer）
数据接口	Mini USB2.0
功耗	额定<1W（@ 5V DC）
镜头接口	C
机械尺寸	29mm×29mm×29mm，不含连接件
工作温度	0 ~ 60℃
工作湿度	10% ~ 80%
重量	41g

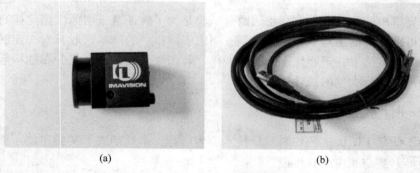

图 13-31　CCD 工业相机及数据传输线

（a）彩色 CCD 工业相机；（b）数据传输线

　　试验所用的硬件系统如图 13-32 所示，硬件系统由 CCD 相机、LED 光源、载物板以及计算机组成。

　　为了增加矿石颗粒的目标区域与背景之间的对比度，本研究试验选用的载物板颜色为白色，且在载物板中有一段已知长度的线段标记，可以用于测量系统的标定。

　　同时，为了避免颗粒在载物板上的投影带来的误差影响试验结果，系统中选用了两个 LED 光源，分别放置在载物板的两侧，以便消除单侧打光带来的颗粒阴影。

　　由 CCD 相机获得待测颗粒图像后，经由 USB 数据传输线将图像传输到计算机中，并以图片格式保存等待后续的软件处理。

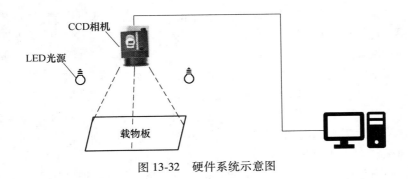

图 13-32　硬件系统示意图

13.4.2　软件系统

　　为了便于操作，本研究设计了一种与测量系统配套的软件系统，以便用于后期的图像处理，得到待测矿石的特征参数。MATLAB 作为一款强大的科研软件，内含丰富的图像处理函数库，也提供函数的编写功能，此外，在图形用户界面（graphical user interface，GUI）设计上，MATLAB 也有着强大的能力，本研究所设计的软件系统就是基于 MATLBA 的 GUI 界面设计完成的。

　　如图 13-33 所示即为本研究设计的测量软件界面，其中包含多个按钮，通过点击按钮可以实现包括图像载入、系统标定以及测量计算功能。

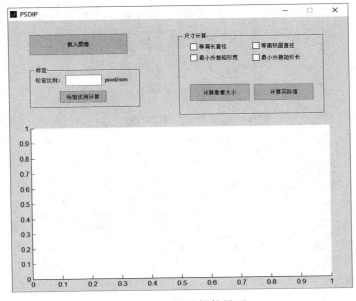

图 13-33　测量软件界面

点击"载入图像"按钮后，弹出对话框，可以在计算机存储中选择需要处理的图像文件，软件提供两种选择模式，可以只载入一张图像，也可以同时载入多张待处理图像。

在"标定"面板上，包含一个输入框与一个按钮，可以实现两种标定比例的输入模式，一种是直接在输入框中输入标定比例的数值，另一种则是点击"标定比例计算"按钮，与"载入图像"按钮一样，在计算机中选择用于标定的图像，标定图像中需含有已知尺寸的目标（一般为线段）。如图 13-34 所示，展示了后一种标定方式的具体过程：在点击"标定比例计算"按钮后，选择标定用的图像，弹出如图 13-34（a）所示的对话框，利用给出的十字叉选择标定用的目标线段的两个端点；端点选择结束后弹出如图 13-34（b）所示的对话框，在框中输入选择的目标线段长度，点击"确定"，则完成标定计算；计算得到的标定比例结果显示在软件界面中，如图 13-34（c）所示。同时，在软件界面的图像显示区域可以显示选择的标定图像，并在标定图像中用蓝色线条标出选择的目标线段，至此，标定过程结束。需要指出的是，当测量所用的硬件系统中 CCD 相机与载物板的相对位置未改变时，所获得的图像可使用统一的标定比例。

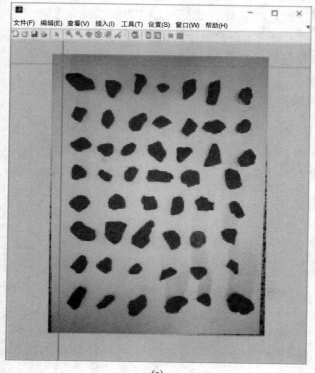

(a)

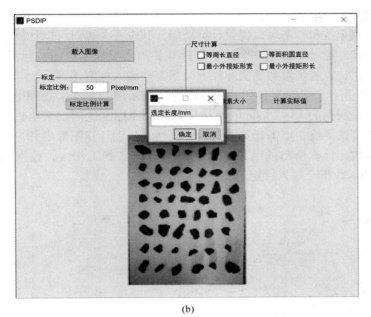

(b)

(c)

图 13-34 标定操作示意图

（a）选择标定目标；（b）输入目标长度；（c）得到标定比例

扫码看彩图

　　在"尺寸计算"面板上则包含四个选择框，分别对应需要从图中提取计算的四个特征参数：等面积直径、等周长直径以及最小外接矩形的长和宽。使用过程中可以通过勾选或取消对应的选择框来决定是否计算相应的特征参数。此外，在面板上还有两个按钮，都可以提供计算功能，其中一个按钮可以计算并给出特征参数的图像尺寸结果，而另一个按钮则计算并给出特征参数的实际尺寸结果。需要指出的是，计算特征参数的实际尺寸结果需要输入标定比例。

如图 13-35 所示，给出了使用软件计算的一个示例，在这次处理中，选择的图像为试验拍摄所得的 15~20mm 的烧结矿图像，而标定比例则采用直接输入的方式，勾选四个选择框，点击计算按钮后，软件将分别计算图像中每一个烧结矿的四个特征参数，计算所得的结果将保存在 MATLAB 的工作区，数据则可以通过 MATLAB 的函数指令写入特定的文件中。

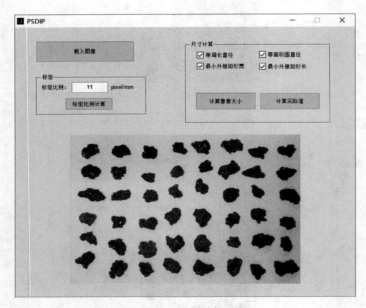

图 13-35   软件计算示例

13.5   小结

本章给出一种基于图像的矿石粒度测量技术，讨论了涉及的图像处理算法，同时给出了基于图像计算矿石粒度的具体流程以及实验室试验阶段得到的测试结果，最后，给出了试验所用的硬件系统以及配套的图像处理软件，具体结论如下：

（1）确定了用到的各种图像预处理算法，其中图像滤波采用小模板的中值滤波，图像增强则采用对比度受限的自适应直方图均衡化，用自适应阈值分割算法获得二值图像，边缘检测算子则选用 Canny 算子。

（2）在进行特征参数提取前，需要完成图像分割，即从图像中识别属于不同矿石的区域，本书在分水岭变换的基础上，提出了一种可用的图像分割算法，得到最终的图像分割结果。

（3）为了评价矿石的粒度，从矿石图像中提取了四个特征参数：等面积圆直径、等周长圆直径、最小外接矩形长和最小外接矩形宽。引入人工神经网络计算矿石的粒度级，通过试验设定了合适的人工神经网络参数，完成训练与结果预测，试验表明，使用人工神经网络计算矿石的粒度级，所得结果与筛分法的结果匹配程度较高，可以用于指导生产。

（4）利用纵横比来评价矿石的外形，并对比了不同种类矿石的外形分布情况以及同一种类不同粒度级的矿石外形分布情况。结果表明块矿中狭长形矿石的占比要比烧结矿与球团矿高，球团矿投影的外接矩形更接近方形，而在烧结矿中，随着粒度的减少，狭长形颗粒的占比有增大的趋势。

（5）选择合适的元件，组成测量用的硬件系统，硬件系统由 CCD 相机、光源、载物板以及计算机组成；基于 MATLAB 的 GUI 设计给出了配套的图像处理软件，软件可以实现图像载入、图像标定以及特征参数计算等功能。

14 高炉三维料面重建

<<<<<<<<<<<<<<<<<<<<<<<<<<<<<<<<<<<<<<<<<<<<<<<<<<<<<<<<

目前在对高炉布料规律的理论研究过程中，重点在于单个炉料颗粒在高炉空区中的运动规律研究。在高炉实际生产过程中，炉料是以料流形式从布料溜槽通过，在空区与煤气流发生相向运动后，被布到高炉炉内，形成实际生产过程的高炉料面。从理论上研究并探讨清楚多相料流运动规律，建立多相料流流动过程中形成的料面形状的数学模型，为实际生产过程中重建高炉料面形状提供理论基础及先验知识是研究重点之一。

开炉之前的料面检测，除了没有煤气流及料层静止外，所用烧结矿、球团、生矿及焦炭、布料流槽及布料设备都是高炉实际生产使用的，此时的料面形状、堆角堆尖位置、料流轨迹等参数的检测，对修正布料数学模型相关参数，使其更加接近实际生产工况有重要意义，对掌握高炉布料规律有重要参考价值。由于高炉炉喉直径为10m左右，布料溜槽以每分钟8圈左右的旋转速度进行布料，并且在该过程中炉料种类、粒度又不断发生变化，炉料下落过程还会产生严重的粉尘，因此结合高炉开炉之前布料特点，在高炉内部建立不干扰高炉料流轨迹的虚拟参考坐标系，研究开发合适的检测技术，测量炉料落点、碰点、堆角及堆尖及三维料面形状等参数，进一步修正高炉布料模型相关参数，使之更加接近实际过程高炉布料规律，对我们研究掌握高炉布料规律有重要作用。

高炉料面是一个三维曲面，测量一个曲面形体，可以转化为测量曲面形体上离散点的坐标，由这些离散点再做些平滑处理等就可以近似生成原曲面形体。高料实际生产过程及炉顶设备的复杂性，决定了高炉布料过程检测数据的不完全性，我们只能得到个别离散点的料面高度，这就要求我们应用理论研究结果、开炉料面检测及实际高炉布料过程的检测数据，研究行之有效的数据融合处理方法，建立布料过程数学模型，研究布料规律，并完善高炉布料理论。

对于同样的测量数据，采用不同重建算法进行计算时所得的重建图像是有差异的；对于同样的算法，采用不同参数值时其重建图像也是有差别的。由此可知，分析研究重建优化算法及算法中的参数设置对于改善或提高重建图像分辨率及精度是十分重要的。因此，研究能够实时快速重建料面形状的算法和增强重建图像的质量也成为重要的研究内容。

14.1 料流轨迹和料面测量理论基础

14.1.1 波的分类

在空间传播的交变电磁场，称电磁波。它在真空中的传播速度约为每秒 30 万公里。电磁波包括无线电波、红外线、可见光、紫外线、X 射线、γ 射线。它们的区别仅在于频率或波长有很大差别。光波的频率比无线电波的频率要高很多，光波的波长比无线电波的波长短很多；而 X 射线和 γ 射线的频率更高，波长更短，无论频率和波长如何变化，其在真空中的传播速度是恒定的。电磁波根据波长的分类如表 14-1 所示。

表 14-1　电磁波分类

名　称	波长/μm	频率/Hz
γ 射线	$\leqslant 10^{-5}$	$\geqslant 3 \times 10^{19}$
X 射线	$10^{-5} \sim 10^{-2}$	$3 \times 10^{19} \sim 3 \times 10^{16}$
紫外线	$10^{-2} \sim 4 \times 10^{-1}$	$3 \times 10^{16} \sim 7.5 \times 10^{14}$
可见光	$0.4 \sim 0.76$	$7.5 \times 10^{14} \sim 3.95 \times 10^{14}$
红外线	$0.76 \sim 10^3$	$3.95 \times 10^{14} \sim 3 \times 10^{11}$
微波	$10^3 \sim 10^6$	$3 \times 10^{11} \sim 3 \times 10^8$
无线电波	$10^6 \sim 10^{11}$	$3 \times 10^8 \sim 3 \times 10^3$

不同的电磁波产生的机理和方式不同。无线电波可以人工制造，由振荡电路中自由电子的周期性的运动产生。红外线、可见光、紫外线，X 射线，γ 射线分别由原子的外层电子、内层电子和原子核受激发后产生。不同波长电磁波具有不同的干涉性和衍射性，由于传播介质的不同，光波的散射特性也不同，因此每个波长的电磁波都有不同的应用范围。

激光光谱覆盖的范围，包括红外区、可见区和紫外区。表 14-2 列出了激光不同波长范围的区分界限。激光的特性：（1）单色性好；（2）方向性好；（3）相干性好；（4）能量集中。激光的这些优点使它在工业领域得到广泛的应用，包括激光测距、激光加工与激光医疗、光信息处理和激光通信、受控核聚变及激光非线性效应。

表 14-2　光波分类

光波/μm											
紫外			可见光						红外			
远紫外	紫外	近紫外	紫光	蓝光	绿光	黄光	橙光	红光	近红外	中红外	远红外	极远红外
0.2	<0.3	<0.38	<0.455	<0.492	<0.557	<0.597	<0.622	<0.76	<1.5	<6	<40	<1000

传统接触式测量受到测量速度、测量范围、测量参数以及被测物体的特性等因素的多方制约，限制了其在工业生产中的更广泛的应用，而激光测量技术以其非接触、自扫描、高精度、快速获取被测物信息等优势和潜力，满足了工业测试的需求。因为激光测量仪器使用现场情况千差万别，而生产商又很难设计出能满足所有工况应用的仪表，只有充分了解仪表特性及现场应用条件，才能正确确定激光的适应场合。这就需要跨学科的背景来完成高炉料流轨迹和料面的测量工作。

由于激光技术可以测量无法接触的物体，如高炉料面、高温燃烧物体，而且测量物体无人为干扰，渐渐被非接触测量所接受，尤其以激光雷达为代表的测量技术。相对于其他遥感技术，激光雷达（light detection and ranging, LIDAR）的相关研究是一个非常新的领域，不论是在提高激光雷达数据精度及质量方面还是在丰富激光雷达数据应用技术方面的研究都相当活跃。与遥感影像技术不同的是，LIDAR 系统可以迅速地获取地表及地表上相应地物的三维地理坐标信息，它的三维特性完全满足研究需求。随着激光雷达传感器的不断进步、目标对象采点密度的逐步提高、单束激光可收回波数目增多，激光雷达将提供更为丰富的目标对象的三维信息。

14.1.2 激光测距原理

光学式测量方法在测量领域占据重要的地位。光学式测量方法（以光学三角法为代表）测量时，传感器无需与物体直接接触，可以避免探针对物体（如贵重文物）表面的损伤，减少探针对表面施加的测量力引起的物面变形，传感器可以远离待测物，测量速度快，因而更适合在线实时检测以及危险区域中的参数测量；另外，利用光波波长的稳定性以及干涉等方法，可以实现波长级以及更高精度的测量。

激光测距的分类方法有多种，按探测器自身有无光源可以分为主动测距和被动测距。被动测距法测距仪本身不带有光源，而是通过探测目标周围的光来获取目标的位置信息，主动测距法的测距仪本身有激光器，激光器向目标发射光束作为探测手段，常用的主动测距方法有相位法和脉冲飞行时间法。按照所用光源来分类，可分为连续波测距和脉冲激光测距。激光脉冲飞行时间法是最常见的测距方法，对于长距离目标，脉冲飞行时间法可以达到足够的测距精度和较快的测距时间。连续波测距中常见的测距方法是相位测距法，对于要求高测距精度的场合，相位测距优于脉冲飞行时间法，其缺点是测距速度慢，结构更复杂。并且对于高速运动目标，可能由于受到多普勒频移效应的影响而不能适用。

针对高炉的工作环境，结合激光测量技术的特点，在高炉上应用的激光技术基本分为两类：激光测距和激光成像。

激光测距方法：根据激光测距的原理，运用光的短脉冲测定从激光光源到目标再从目标返回到检测器的占用时间。根据激光的波长、频率和折射率以及传递介质等参数，分析光束脉冲从光源到检测器通过时间，根据光在介质中的传播速度，得到光源和被测物体的距离。在不同使用环境中，采用不同波长的激光作为发射光源。脉冲测距法测量原理如图 14-1 所示。观测的外形和条件不受限制，直接测距传感器在阳光下或阴暗处工作都很好，它只检测激光波长，检验的正确率在 99% 以上，并实时处理结果，绘制目标位置和形状。相位测距法如图 14-2 所示。

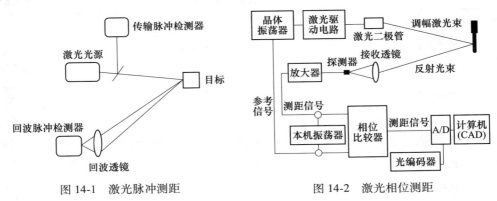

图 14-1　激光脉冲测距　　　　　图 14-2　激光相位测距

激光标定成像方法：根据激光栅格在目标物体形成的标尺，对不同特征点的物理位置进行标定，通过 CCD 获得图像，提取图像特征点信息，运用模式识别技术建立料面分布料流轨迹。激光标定成像方法如图 14-3 所示。在密闭的容器中，由于无辅助光源，必须增加红外激光设备，以便增强获取图像质量。

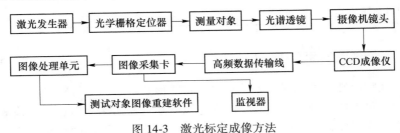

图 14-3　激光标定成像方法

14.2　料流轨迹模型验证

激光测量料流轨迹方法主要是利用激光的单色性和散射特性，在高炉内部形成极坐标激光栅格，通过对激光栅格的物理位置标定，以及布料过程中料流轨迹的位置分布，采用图像分析软件确定料流轨迹的落点和料流宽度。

　　测量系统包括激光发生器、极坐标光学栅格、摄像镜头、CCD 成像仪、监视器、数据采集卡、高频数据线等。根据系统和现场工作环境，对测试系统主要设备参数选取如表 14-3 所示，其中激光波长必须根据现场条件调整选择。高速图像采集部分由专用视频解码器、图像缓冲以及控制接口电路组成。图像处理单元主要采用专用集成芯片（ASCI）、数字信号处理器（DSP）或现场可编程门阵列（FPAG）等设计的全硬件处理器。它可以实时高速完成各种低级图像处理计算，减轻计算机的处理负荷，提高整个系统的运行速度。

表 14-3　系统组成单元和参数

技术参数指标	技术参数选择
激光波长	红外波段、可见光波段、紫外光波段可选
激光功率	PG-5W、10W、15W、20W
扫描系统	精密步进电机
激光效果	直线型极坐标栅格
栅格编辑	专用控制器、存储多种栅格图像
控制接口	Pangolin 控制系统、控制端口
播放方式	声控、自动、专用控台控制
机器类型	大容量高速单片机
电源/功耗	110V/220V、50~60Hz、150W
尺寸	350mm、205mm、115mm
质量	25kg
连续工作时间	关机后建议休息 3h 再开启

14. 2. 1　料流轨迹多目识别

　　立体视觉原理是利用视差原理获取景物的形状信息，其过程是在不同角度采集景物的一对图像，利用它们之间的视差来恢复景物的深度信息。视差测量是在分析对应点或对应特征基础上进行的，不同的视差指示不同的相对深度。典型的立体视觉过程包括 5 个主要部分：（1）建立成像模型；（2）提取特征；（3）特征匹配；（4）视差和位置计算；（5）深度位置信息内插。具体方法是将极坐标光栅图像投射到被测物表面，从某角度可以观察到，光栅受物体的影响而发生变化，其反映了测量布料料流宽度和轨迹。从另一个角度看，可以接收到同一时刻的不同图像信息，采集变形光路并对其进行解析，恢复出相位和极轴信息，进而确定料流形状和落点位置。

　　立体视觉是基于三角原理进行测量的，即两个摄像机的图像平面和被测量物体之间构成一个三角形，图 14-4（a）所示为用双摄像机观测同一景物时的情形。物体上的点 P 在相机 1 中的成像点为 P_1，它是通过从 P 点发出的光线经过透镜中心 C_1 与图像平面相交而形成的。相反，若已知图像平面上的一点 P_1 和透镜中心 C_1 可唯一地确定一条射线 P_1C_1，所有可成像在 P_1 点的物体点必定在这条 P_1C_1 射线上。如果能找到同一物体点 P 在另一相机中的成像点 P_2，那么根据第 2 个图像点 P_2 与相应透镜中心 C_2 决定的第 2 条射线 P_2C_2 与 P_1C_1 的交点就可以确定物体点 P 的位置。在 C_1P_1 的延长线上的点 P'，在相机 1 中的成像与 P 点重合，无法分析其景深距离，在相机 2 中 P' 点的位置 P'_2 就出现距离差，利用几何关系可以获得 P 点和 P' 点景深距离。因此，如果已知两台摄像机的几何位置，并且相机是线性的，同时知道同一物体在两个相机中的成像位置，那么利用三角原理就可以测量两台摄像机公共视场内物体的三维尺寸及空间物体特征点的三维坐标。

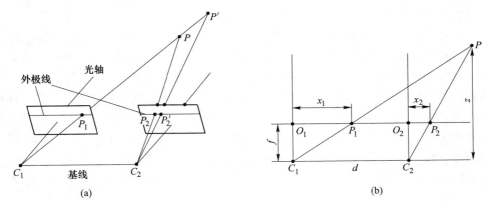

图 14-4　立体视觉测量原理

（a）双摄像机观测同一景物；（b）两相机的光轴平行并且相机的水平扫描线位于同一平面时

　　如果已知空间点在一个图像平面中的成像点要寻找在另一图像平面中的对应点时，只需沿此图像平面中的外极线搜索即可。图 14-4（b）所示为两相机的光轴平行，并且相机的水平扫描线位于同一平面时的情形，d 为平行光轴距离，f 是相机的像距，z 是 P 点距成像平面的距离。P 点在左、右图像平面中成像点相对于坐标原点 O_1 和 O_2（O_1 和 O_2 是左、右相机透镜光轴，与图像平面的交点的距离分别为 x_1、x_2）。P 点在左、右图像平面中成像点位置差 x_1-x_2 被称为视差。视差的计算是双目立体视觉进行三维测量的基础，它表示为空间物体的同一特征点在两幅图像内的图像坐标差。而视差的计算又依赖于图像对应点的匹配。有了特征点的对应图像坐标后，还要根据摄像机的内外参数如焦距、视角等，才能求得物体三维空间坐标。

14.2.2 料流轨迹光学栅测量

料流轨迹光学栅格法是以三角测量方法原理，结合机器立体视觉理论，采用合理的光谱范围建立极坐标光学栅格，使用专业 CCD 图像采集和专用光谱通光镜头，以及专业图像处理模块对布料轨迹图像分析，得到布料轨迹和不同料线料流落点半径，同时可以得到不同料线高度的料流宽度以及同一时刻多点位置的料流宽度。利用图像三维重现技术，直观地重现无钟炉顶布料的信息。无钟炉顶料流轨迹检测已应用于国内多家钢铁企业 2500m³ 及以上高炉的工业现场，取得了良好的使用效果。

为了得到理想的特征点图像，对于激光产生的极坐标光学栅格坐标点进行了提前标定，得到光学栅格与高炉内部实际物理位置的对应坐标数值。再通过料流轨迹在该光学平面形成的轨迹线与光学特征点的对比分析，获取料流轨迹的二维坐标数值。最后利用三角法确定多点料流轨迹的坐标位置，在极坐标范围内绘制出布料的料流轨迹。

通过建立同一时刻料流轨迹两幅图像的一一对应关系，求取两台摄像机之间的极线约束关系，从而得出基本矩阵（或本质矩阵），并在基本矩阵的指导下，求得更多的匹配对应点，根据这些对应点计算出最佳极线约束。根据摄像机标定所得的摄像机内外参数和立体图像对应的匹配结果，计算出物体与摄像机的距离，获得物体的立体信息，算法见立体视觉三角几何算法。通过激光 CCD1（与 Z 轴夹角为 60°）获取平面料流图像和激光 CCD2（与 Z 轴夹角为 45°）获取的平面图像，如图 14-5 所示。首先对图像采取去噪声，平滑预处理，然后提取图像中的特征点，分析同一时刻物体在 CCD1 和 CCD2 上获取的两幅图像的特征值，

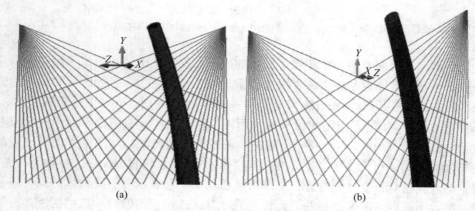

图 14-5 三角法立体视觉平面图像

（a）CCD1 获取平面料流图像；（b）CCD2 获取平面料流图像

例如，激光栅格对应的坐标原点和料流轨迹边缘，分析图像的标定值，得到成像距离差，获得物体的景深数据。激光 CCD1 和激光 CCD2 对应立体三角法中的 C_1 和 C_2 点，图像中的三维坐标原点对应获得图像对应光轴的 O_1 和 O_2 点，料流轨迹上的某一点对应图 14-4 中的成像点 P。按照立体视觉三角法的景深合成算法，重建料流轨迹的三维图像。

14.2.3　料流轨迹图像分析

　　料流轨迹特征点的提取。首先将高炉布料过程的轨迹图像进行灰度变化，转变成灰度图像后，对其进行图像二值化。一般采用阈值分割技术，其基本思想是灰度值不小于阈值的像素被判决为属于提取的特征点，用"1"表示，否则这些像素点被排除在特征区域以外，表示为"0"，表示背景。对于高炉现场环境，由于干扰因素复杂，图像处理量大，对布料的料流轨迹采用迭代阈值分割法，即首先选择一个近似阈值 T，将图像分割成两部分 R_1 和 R_2，计算区域 R_1 和 R_2 的均值 μ_1 和 μ_2，再选择新的分割阈值 $T=(\mu_1+\mu_2)/2$，重复上述步骤直到 μ_1 和 μ_2 不再变化为止。具体算法的实现步骤如下：

　　（1）首先求出图像中的最小和最大灰度值 $\chi_{\min}$ 和 $\chi_{\max}$，令近似阈值为：

$$T = T^0 = \frac{\chi_{\min} + \chi_{\max}}{2} \tag{14-1}$$

　　（2）再根据阈值将图像分割成目标和背景两部分，求出两部分的平均灰度值 μ_1 和 μ_2。

$$\mu_1 = \frac{\sum\limits_{x(i,j)<T^k} x(i,j) \times n(i,j)}{\sum\limits_{x(i,j)<T^k} n(i,j)} \quad k=0,1,2,3,\cdots,n \tag{14-2}$$

$$\mu_2 = \frac{\sum\limits_{x(i,j)>T^k} x(i,j) \times n(i,j)}{\sum\limits_{x(i,j)>T^k} n(i,j)} \quad k=0,1,2,3,\cdots,n \tag{14-3}$$

式中　$x(i,j)$——图像上 (i,j) 点的灰度值；
　　　　$n(i,j)$——(i,j) 点的权重系数，一般 $n(i,j)=1$。
　　（3）求出新的阈值：

$$T^{k+1} = \frac{\mu_1+\mu_2}{2} \quad k=0,1,2,3,\cdots,n \tag{14-4}$$

　　（4）如果 $T^k=T^{k+1}$，则结束，否则令 $k=k+1$，继续执行式（14-3）～式（14-4）计算。

　　二值化后的图像，采用如图 14-6 所示的 8 个方向进行判断。在算法里可以设定一个特征半径的参数 R（R 可以根据预估计的大小事先设定），然后再按照这 8 个方向依次延伸长度为 R 的像素，将这些点 N 领域内的像素灰度值分别沿 8 个方向相加，得到 8 个方向上的像素和。如果点 N 是特征点，那么这 8 个方向的像素和将没有一个为 0，即该点在这 8 个方向上的 R 长度的延伸都有灰度为 1 的背景点，进而可由此判断点 N 为非特征点；相反，可以得到在特征半径参数范围内的 8 个方向上的像素和都为 0，则该点是特征点，把特征点的极坐标与标定坐标相对应，则特征点的提取和数值化完成。

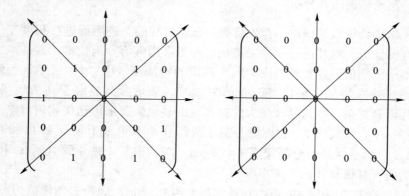

图 14-6　特征点 8 个方向的提取

使用公式表达特征点提取算法如式（14-5）所示：

$$
f(x,y) = \begin{cases} 1, & \sum_{i=1}^{8} R_i = 0\,(8\text{ 个方向上长度为 }R\text{ 的像素和任意一个不为 }0,\text{ 是}\\ & \text{非特征点})\\ 0, & \sum_{i=1}^{8} R_i = 1\,(8\text{ 个方向上长度为 }R\text{ 的像素和全部为 }0,\text{ 是特征点}) \end{cases}
$$

$$(14\text{-}5)$$

如果特征半径选取合适，对图像进行一次扫描就可以准确完成特征点的提取。另外，在采用本算法对图像处理前，用中值滤波器对图像进行滤波，滤去一些小的噪声以减少计算时间，提高算法的执行效率。通过特征提取算法获得料流轨迹的坐标数值，其特征半径 R 必须根据光学栅格的大小来确定，如果光学栅格交点的特征点多，则特征半径 R 选取的就要大，否则，特征半径 R 取值较小。在本算法中特征半径 R 取 10~20 像素较为合理。

根据高炉布料过程，采用特征点提取算法，对图像分析处理，通过三角几何法算出料流轨迹的具体坐标值。分析出料流外侧和内侧在炉喉处的分布距离和位置，得到不同溜槽倾角下布料过程的料流轨迹信息。光学栅格料流轨迹采集图像如图 14-7 和图 14-8 所示，从高速图像采集编码器获得的料流轨迹图像由于不能直接提取料流轨迹数字信息，因此必须对测试出的料流轨迹进行图像分析，得到料流轨迹的边缘数据。通过图像处理软件对料流轨迹的边缘数据进行图像增强，最后得到料流轨迹的数字信息。

图 14-7　溜槽倾角小角度高炉实测料流轨迹　　　图 14-8　溜槽角度大角度高炉实测料流轨迹

14.2.4　料流宽度分析

　　根据料流轨迹图像特征点的提取信息，对料流的外侧和内侧在炉喉分布的距离和位置进行确定，得到不同料线深度的料流轨迹。通过图像分析获得的承钢 2500m³ 高炉的料流落点和宽度数据如表 14-4 和表 14-5 所示。表 14-4 显示了从零料线开始，每个 200mm 高度情况下，高炉实际布料过程中溜槽不同倾角时焦炭料流外侧距高炉中心的距离。布料溜槽主要参数：溜槽长度 4060mm，溜槽宽度 1060mm，溜槽转速 8.34r/min，溜槽倾角范围 10°~45°，溜槽内壁采用特殊高耐磨的陶瓷复合材料衬板，溜槽底部与炉喉零料线相距 1700mm。

　　根据表 14-4 中数据可以得到，焦炭料流轨迹在同一溜槽角度，焦炭落点与高炉中心的距离随着料线深度的增加而增大。在溜槽角度为 16° 时，焦炭外侧零料线落点与 2500mm 落点的差距为 790mm，随着溜槽角度的增加，在溜槽角度为 21° 时，焦炭外侧零料线落点与 2500mm 落点的差距为 970mm，溜槽角度达到 29° 时，焦炭外侧零料线落点与 2500mm 落点的差距达到 1130mm。对于焦炭料流轨迹在同一料线高度，布料倾角相差 1° 时（16°~17°），落点距高炉中心距离最大相差为 270mm，最小为 70mm，平均落点差距为 166mm；布料倾角相差 1° 时（20°~21°），落点距高炉中心距离最大相差为 250mm，最小为 50mm，平均落点差距为 154mm。布料倾角相差 3° 时（17°~20°），落点距高炉中心距离最大相差为 490mm，最小为 290mm，平均落点差距为 391mm；布料倾角相差 3° 时（23°~26°），落点距高炉中心距离最大相差为 420mm，最小为 260mm，平均落点差距为 332mm；布料倾角相差 3° 时（26°~29°），落点距高炉中心距离最大相差为 510mm，最小为 280mm，平均落点差距为 351mm。由上分析，在溜槽角度相差 1°时，同一料线的落点距离相差约为 150mm，溜槽角度相差 3°时，同一料线的落点距离相差约为 360mm；同一溜槽角度，不同料线位置，随着料线深度增加，料流落点的位置也在远离高炉中心，溜槽倾角越大，落点位置差距越大。

表 14-4　料流阀开度 γ=58°焦炭料流外侧距高炉中心距离（实测）

（单位：m）

料线深度/m　　布料角度/(°)	16	17	20	21	23	26	29
0	1.08	1.21	1.50	1.69	1.93	2.35	2.63
0.2	1.08	1.22	1.60	1.72	2.03	2.41	2.69
0.4	1.06	1.29	1.65	1.79	2.08	2.44	2.75
0.6	1.23	1.30	1.76	1.97	2.19	2.56	2.85
0.8	1.44	1.54	1.85	2.10	2.28	2.66	2.98
1.0	1.48	1.61	1.96	2.17	2.39	2.70	3.07
1.2	1.48	1.75	2.10	2.22	2.52	2.79	3.15
1.4	1.59	1.77	2.16	2.26	2.58	2.87	3.24
1.6	1.56	1.78	2.20	2.40	2.65	2.97	3.32
1.8	1.67	1.89	2.31	2.36	2.73	3.05	3.44
2.0	1.74	1.90	2.39	2.47	2.81	3.11	3.49
2.5	1.87	2.01	2.48	2.66	2.99	3.25	3.76

根据表 14-5 中数据可以得到，焦炭料流宽度在同一溜槽角度时，随着料线的增加料流宽度也在不断地增加。在溜槽角度为 16°时，料线深度每增加 200mm，料流宽度平均增加 241mm；在溜槽角度为 21°时，料线深度每增加 200mm，料流宽度平均增加 234mm；在溜槽角度为 26°时，料线深度每增加 200mm，料流宽度平均增加 194mm；在溜槽角度为 29°时，料线深度每增加 200mm，料流宽度平均增加 162mm；随着溜槽角度的增加，料流宽度的增加幅度在减小。对于焦炭料流宽度在同一料线高度，布料倾角相差 1°时（16°~17°），料流宽度平均相差为 214mm，最大料流宽度差距 315mm，最小差距 170mm，布料倾角相差 1°时（20°~21°），料流宽度最大相差为 390mm，最小为 20mm，平均落点差距为 217mm；布料倾角相差 3°时（17°~20°），料流宽度最大相差为 780mm，最小为 80mm，平均落点差距为 531mm，布料倾角相差 3°时（20°~23°），料流宽度最大相差为 420mm，最小为 390mm，平均落点差距为 403mm，布料倾角相差 3°时（26°~29°），料流宽度最大相差为 600mm，最小为 170mm，平均落点差距为 313mm。由上分析，溜槽倾角在极限角度下限附近在溜槽角度相差 1°时，同一料线的料流宽度相差约为 190mm，溜槽角度相差 3°时，同一料线

的料流宽度呈现非线型关系，溜槽倾角较大时料流宽度的增加幅度小于溜槽倾角较小时的增加幅度。溜槽倾角在 20°~30° 之间，溜槽角度相差 3° 度时平均增幅约为 400mm。

表 14-5 料流阀开度 $\gamma=58°$ 焦炭料流宽度（实测） （单位：m）

料线深度/m \ 布料角度/(°)	16	17	20	21	23	26	29
0	0.379	0.4095	0.470	0.431	0.512	0.524	0.543
0.2	0.396	0.4025	0.479	0.443	0.520	0.526	0.548
0.4	0.417	0.4375	0.487	0.466	0.528	0.535	0.559
0.6	0.424	0.4305	0.493	0.488	0.534	0.546	0.571
0.8	0.421	0.4445	0.510	0.512	0.550	0.563	0.592
1.0	0.421	0.4515	0.526	0.520	0.567	0.582	0.609
1.2	0.431	0.4620	0.540	0.534	0.580	0.588	0.624
1.4	0.466	0.4830	0.543	0.541	0.583	0.599	0.635
1.6	0.493	0.5110	0.543	0.562	0.583	0.605	0.646
1.8	0.518	0.5495	0.560	0.583	0.600	0.619	0.658
2.0	0.552	0.5740	0.566	0.603	0.605	0.624	0.641
2.5	0.614	0.6335	0.574	0.639	0.613	0.630	0.690

从图 14-9 可以看到随着溜槽布料角度的增大，炉料落点偏向外侧的幅度越来越大。特别是料线越深，布料角度越大，落点越容易碰撞炉墙，同时，炉料的终点速度就会越大，越容易破碎。这说明无钟炉顶设备安装越高，或溜槽越长，既当布料角度为零时，溜槽末端离开零料线位置越高，溜槽的可调角度范围就越小，布料就越不灵活，越来越失去无钟布料的优势。因此，应

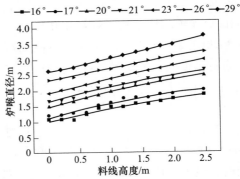

图 14-9 料流轨迹测试曲线图

尽可能压低无钟炉顶高度。从图 14-10 中可以看到随着布料角度的增大、料线的加深，料流宽度也在增加。当料线深度超过 1.3m 时，较小的布料角度其料流宽度增加的幅度比较大布料角度的料流宽度增加的要快，这种现象的出现一方面由于中心气流的影响，另一方面是并罐布料炉料偏析导致的。因此，在进行高炉操作时，大于 1.3m 料线时，必须要考虑料流宽度的影响。

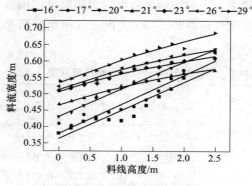

图 14-10 料流宽度测试曲线

14.2.5 料流轨迹重建

由于在高炉工作现场视频采集受干扰严重，必须对图像进行滤波处理，然后采用不同的边缘算子对图像分析，获得布料过程中料流上下边缘轨迹和落点位置信息。根据现场采集的图像，对料流轨迹的边缘分别采用 Roberts、Sobel、Prewitt、Canny 四种经典边缘算子对图像进行对比分析，得到不同粉尘干扰情况下的合理算子。

（1）Roberts 边缘检测算子。Roberts 算子是最简单的梯度算子，由两个 2×2 模板组成边缘检测器，通常取两个模板检测结果中幅度较大的作为输出值。Roberts 边缘检测算子是一种利用局部差分算子寻找边缘的算子，它采用对角线方向相邻两像素之差近似梯度幅值检测边缘。检测垂直边缘的效果好于斜向边缘，定位精度高，但对噪声敏感。它由公式（14-6）获得信息：

$$g(x,y) = \left\{ \left[\sqrt{f(x,y)} - \sqrt{f(x+1,y+1)} \right] + \left[\sqrt{f(x+1,y)} + \sqrt{f(x,y+1)} \right] \right\}^{1/2}$$

$$(14-6)$$

（2）Sobel 边缘检测算子。Sobel 梯度算子是先加权平均，再微分求梯度。Sobel 边缘算子的每个点都用公式（14-7）做卷积，其中 $Vxf(x,y)$ 对通常的垂直边缘响应最大，$Vyf(x,y)$ 对水平边缘响应最大，取二者的最大值作为该点的输出位，结果是边缘最大幅度图像。

$$\begin{cases} Vxf(x,y) = f(x-1,y+1) + 2f(x,y+1) + f(x+1,y+1) - \\ \qquad\qquad f(x-1,y-1) - 2f(x,y-1) - f(x+1,y-1) \\ Vyf(x,y) = f(x-1,y-1) + 2f(x-1,y) + f(x-1,y+1) - \\ \qquad\qquad f(x+1,y-1) - 2f(x+1,y) - f(x+1,y+1) \\ P(x,y) = \max(\mid Vxf(x,y) \mid, \mid Vyf(x,y) \mid) \end{cases} \quad (14-7)$$

（3）Prewitt 边缘检测算子。Prewitt 算子是利用像素点上下、左右邻点的灰度差，在边缘处达到极值检测边缘，去掉部分伪边缘，对噪声具有平滑作用。其原理是在图像空间利用两个方向模板与图像进行邻域卷积来完成的，这两个方向模板一个检测水平边缘，一个检测垂直边缘。凡灰度新值大于或等于阈值的像素点都是边缘点。即选择适当的阈值 THZ，若 $P(x,y) \geq$ THZ，则 (x,y) 为边缘点，$P(x,y)$ 为边缘图像。对数字图像 $f(x,y)$，Prewitt 算子如公式（14-8）：

$$\begin{cases} Gx = |f(x-1,y-1) + f(x-1,y) + f(x-1,y+1) - \\ \qquad f(x+1,y-1) + f(x+1,y) + f(x+1,y+1)| \\ Gy = |f(x-1,y+1) + f(x,y+1) + f(x+1,y+1) - \\ \qquad f(x-1,y-1) - f(x,y-1) + f(x+1,y+1)| \\ P(x,y) = Gx + Gy \end{cases} \qquad (14\text{-}8)$$

（4）Canny 边缘检测算子。Canny 于 1986 年提出了基于最优化算法的边缘检测算子，Canny 算子是通过利用高斯函数计算梯度对图像滤波，使用两个阈值去探测强弱边缘，如果弱边缘与强边缘相邻接则弱边缘作为边缘输出，它有效地排除了虚假边缘的干扰，更好地探测到物体的实际边缘，最终得到物体的边缘图像。

高斯滤波函数为：

$$G(x,y) = \exp\left(-\frac{x^2+y^2}{2\sigma^2}\right) \qquad (14\text{-}9)$$

计算幅值和梯度方向公式：

$$M(i,j) = \sqrt{P^2(i,j) + Q^2(i,j)} \qquad (14\text{-}10)$$

$$\theta(i,j) = \arctan\left[\, Q(i,j)/P(i,j)\,\right] \qquad (14\text{-}11)$$

由于高炉布料过程中，料流速度快，采集到的图像容易产生虚假边缘。因此，必须对料流轨迹虚假边缘进行排除。去除料流轨迹虚假边缘，采用两个阈值进行界定，如何确定合理的阈值是决定图像边缘分析的关键问题之一，对图像特征点的提取也是至关重要。如果图像特征点提取到了虚假边缘的信息，对布料轨迹和落点的位置会产生很大的误差，因此，要对 Canny 算子的两个阈值设定必须进行探测，最后根据图像边缘分析效果来决定两个阈值的大小。这是与经典 Canny 算子的固定阈值有极大的区别，这种探测寻优阈值方式，更好地适应了不同的图像质量。在噪声干扰严重，图像边缘分析严重失真的情况下，这种阈值确定方式可以更精确地分析出图像的虚假边缘和真实边缘，为特征数据的提取提供了更准确的依据。

图 14-11～图 14-14 是采用不同边缘检测算子对同一幅料流轨迹图像分析的结果，从处理效果可以看到，Sobel 算子、Prewitt 算子、Roberts 算子三种算子在处理高粉尘图像容易遗漏真实边缘，提取虚假的边缘信息。对于虚假的边缘 Canny 算子由于采用了探测阈值的方式，排除虚假边缘的影响，图像数据的获取得到很

大提高，它有效地抑制了图像的噪声，合理地提取了图像的真实边缘信息，为高炉料流轨迹数据的提取和分析提供了有力的数据基础。

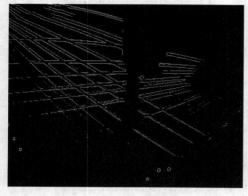

图 14-11 Roberts 边缘检测算子

图 14-12 Sobel 边缘检测算子

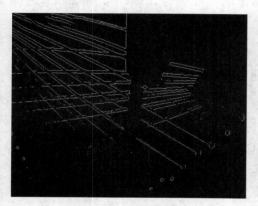

图 14-13 Prewitt 边缘检测算子

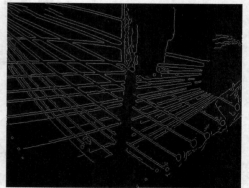

图 14-14 Canny 边缘检测算子

布料图像的重现。对于分析测量出来的料流轨迹的信息，采用 VC 软件图像动态模拟和布料轨迹重现，突出显示料流的布料过程，直观地观察布料，实时地获得落点的轨迹和位置数据。料流重现图像如图 14-15 和图 14-16 所示。

布料轨迹三维重现。对于分析测量出的料流轨迹信息，采用 CAD 计算机辅助三维建模技术重现料流三维形状和布料轨迹特征，显示料流的布料过程轨迹变化，可以更加直观地观察布料，并且实时获得料流轨迹和落点数据。图 14-17（a）是溜槽小角度时料流轨迹的三维重现，图 14-17（b）是溜槽倾角较大时的料流轨迹三维重现。图像的重现结果证实了立体视觉法和光学栅格获取的料流轨迹信息，完全可以满足三维立体重现的数据要求。

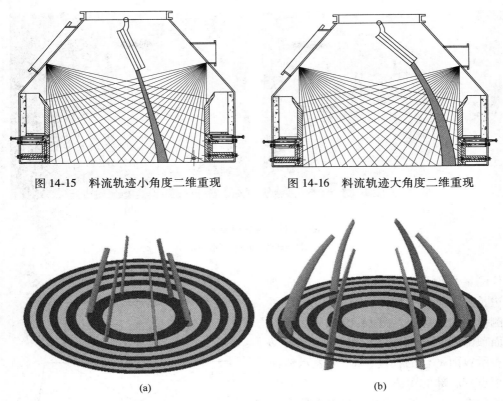

图 14-15　料流轨迹小角度二维重现　　　图 14-16　料流轨迹大角度二维重现

(a)　　　　　　　　　　　　(b)

图 14-17　布料轨迹三维重现

（a）溜槽倾角较小；（b）溜槽倾角较大

14.3　料面形状模型检测

14.3.1　料面形状测量

　　激光光斑穿过炉顶空区，直接落在炉料的料面上形成高低不平的激光点，众多的激光光斑位置在高炉内部形成料面形状，通过图像分析激光光斑位置得到料面的实际形状。在莱钢 $3200m^3$ 高炉开炉过程中料面采集图像如图 14-18（a）所示，由于监测料线较深，在装料过程中该料面呈馒头状，中间高，边缘低；料线较浅时监测的料面为高炉中心和边缘高，中间低，料面曲线呈"W"形状，如图 14-18（b）所示。该方法可以快速，直观地获得高炉料面的形状，与激光测距仪方法相比具有测量时间短的优势。

　　人工测量料面形状。在国内某 $4000m^3$ 高炉开炉装料过程中进行人工测量料面，除了使用照相机以及皮尺测量料面形状以及颗粒分布之外，还使用激光测距

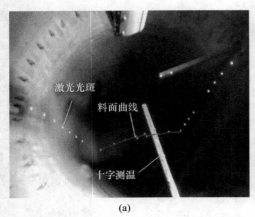 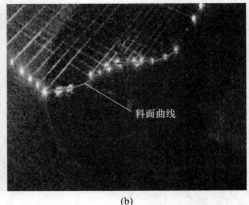

(a) (b)

图 14-18 激光测量料面

（a）料线较深；（b）料线较浅

仪测量料面形状、料面堆角、料面斜边长度以及料线高度。图 14-19 给出了测量值的示意图。图 14-19 中 a 表示料面顶部到冷却水箱下沿的距离，m；b 表示料面平台的长度，m；c 表示料面顶点到底部的距离，m；d 表示料面倾斜角度，（°）；e 表示高炉中心到十字测温底部的距离，m。测试过程中，为了减少测量误差，每个数据测量多次。

表 14-6～表 14-13 分别为按装料顺序测试得到的结果。表 14-6 中数据为加入第 72 批矿时料面情况以及料线高度。溜槽倾角每改变一次，进行一次测量料面形状。

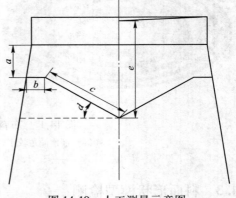

图 14-19 人工测量示意图

表 14-6 第 72 批矿石人工测试料面结果

测量次数 测量参数	1	2	3	4	5	6	7	8
a/m	3.25	3.08						
c/m	6.52							
$d/(°)$	34.20	31.30	34.30	32.40	33.30	34.30	34.50	33.80
e/m	7.90							

表 14-7　第 72 批焦炭人工料面测试结果

测量次数 测量参数	1	2	3	4	5	6	7	8	9	10
a/m	1.92	1.93	1.93	1.92	2.00	1.97	2.02	1.98	2.01	1.98
c/m	6.27	6.17	6.32	6.39	6.21	6.22	6.30	6.43	6.46	6.43
$d/(°)$	36.10	34.80	33.90	36.60	36.50	35.40	36.50	37.50	35.10	36.60
e/m	7.25									

表 14-8　第 73 批矿石人工料面测试结果

测量次数 测量参数	1	2	3	4	5	6	7	8	9	10
a/m	1.56	1.55	1.56	1.56						
c/m										
$d/(°)$	31.60	32.80	32.20	33.20	32.40	31.90	32.01	32.70	32.50	31.5
e/m	6.00	5.84	5.98	5.84						

表 14-9　第 73 批焦炭人工料面测试结果

测量次数 测量参数	1	2	3	4	5	6	7	8	9	10
a/m	1.43	1.43	1.46	1.45	1.45	1.47	1.46	1.39	1.44	1.47
c/m	5.84	5.72	5.84	5.76	5.80	5.73	5.68	5.73	5.72	5.84
$d/(°)$	36.80	37.20	37.40	37.30	37.70	37.60	37.40	36.90	38.20	37.20
e/m	5.68	5.64	5.63	5.67	5.67					

表 14-10　第 74 批矿石人工料面测试结果

测量次数 测量参数	1	2	3	4	5	6	7	8	9	10
a/m	1.23	1.22	1.28	1.24	1.22	1.25	1.25	1.20	1.24	1.23
c/m	6.04	5.90	6.00	5.93	5.91	5.88	5.95	5.92	5.92	5.83
$d/(°)$	32.50	35.60	35.50	35.60	34.80	33.90	34.20	34.90	35.00	32.50
e/m	5.43	5.41	5.41	5.43	5.43	5.41	5.46	5.46	5.48	5.48

表 14-11　第 74 批焦炭人工料面测试结果

测量次数 测量参数	1	2	3	4	5	6	7	8	9	10
a/m	1.03	1.00	1.00	0.98	1.00	0.98	0.98	0.94	1.04	0.96
b/m	1.06	1.06	1.06	1.05	1.05	1.04	1.04	1.04	1.05	1.06
c/m	4.66	4.70	4.85	4.92	4.68	4.72	4.74	4.82		
$d/(°)$	38.60	38.30	38.90	38.20	38.30	37.90	38.90	39.20	39.30	37.50
e/m	4.85	4.85	4.83	4.83	4.93	4.91	4.89	4.91	4.90	4.89

表 14-12 第 75 批矿石人工料面测试结果

测量参数 \ 测量次数	1	2	3	4	5	6	7	8	9	10
a/m	0.59	0.70	0.65	0.56	0.60	0.60	0.61			
c/m	5.65	5.54	5.61	5.52	5.48	5.55	5.56	5.57	5.71	5.63
$d/(°)$	31.30	31.50	32.30	33.20	32.40	31.30	31.20	30.90	31.50	
e/m	4.08	4.16	4.19	4.15						

表 14-13 第 75 批焦炭人工料面测试结果

测量参数 \ 测量次数	1	2	3	4	5	6	7	8	9	10
a/m	0.34	0.35	0.37	0.40	0.41	0.37	0.38	0.34	0.34	0.32
c/m	5.22	5.42	5.28	5.39	5.40	5.05	5.08	5.58	5.88	5.60
$d/(°)$	33.50	33.10	32.80	34.60	34.70	33.90	34.30	34.50	33.80	33.30
e/m	4.13	4.07	4.13	4.08	4.04	4.09				

根据以上测试结果，利用绘图软件，绘制每批料加入后的料面形状，绘制结果如图 14-20 所示，图中炉内的每一条线代表一批料的料面形状。

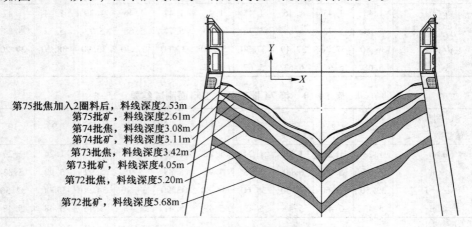

第75批焦加入2圈料后，料线深度2.53m
第75批矿，料线深度2.61m
第74批焦，料线深度3.08m
第74批矿，料线深度3.11m
第73批焦，料线深度3.42m
第73批矿，料线深度4.05m
第72批焦，料线深度5.20m
第72批矿，料线深度5.68m

图 14-20 人工料面测试结果

极坐标激光测距仪测量料面形状。即固定激光测距仪在人孔的位置，通过旋转测距仪测量坐标原点到料面的距离（极轴）与旋转的角度（极角），确定料面的形状曲线。

在高炉开炉布料测试过程中，使用高炉断面激光扫描仪，设备测量范围为 0.1~60m，测量精度为 1mm，测量间隔为 0.05°，高炉激光断面仪如图 14-21 所示。测试过程中，将激光断面仪安装在大方孔位置，设置参数为每隔 0.5°测试一次间距，通过测试一个过高炉中心的断面，得到高炉内的料面形状，如图 14-22 所示。同时，通过转动激光断面仪的底盘，使得测试设备整体转动一个角度，可以测试不同断面上的料面形状，最后得到高炉料面的三维形状。

图 14-21　高炉激光断面仪

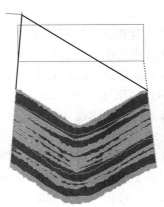

图 14-22　实测二维料面形状

14.3.2　料面形状三维扫描

三维激光扫描法利用激光（波长在 $1.06\mu m$）的反射强度分析测量炉料的距离，确定料线位置。结合极坐标测量出多点料面数据，绘制出炉内料面的形状。在使用激光测距方法测量料面形状时，单色激光在不同粉尘下的衰减程度不同，必须根据粉尘颗粒度的差别进行处理，否则测量距离会出现偏差。该方法把激光测距仪固定在旋转编码盘上，旋转编码盘轴线即为旋转中心和测距原点。根据极坐标系下测量的极角和极轴长度确定料面形状，每一个极角和极轴确定一个料面高度数据。在不同极角下，极坐标原点到料面距离就可以绘制料面的形状。旋转编码盘可以根据炉喉直径和料面深度设定不同的旋转角度范围。一般测定范围在 $10°\sim90°$ 之间，测点数量根据精度要求设定在 $100\sim200$ 点之间。在固定角度范围内，测点数量越多，测量的料面形状越精确。

极坐标扫描法测量高炉断面主要步骤：

（1）数据预处理。数据获取完毕之后的第一步就是对获取的点集合数据和影像数据进行预处理。应用过滤算法剔除原始点集合中的错误点和含有粗大误差的点，对点集合数据进行识别分类，对扫描获取的图像进行几何纠正。

（2）数据拼接匹配。一个完整的三维目标用一幅扫描往往是不能完整地反映实体信息，这需要我们在不同的位置对它进行多幅扫描，这样就会引起多幅扫描结果之间的拼接匹配问题。在扫描过程中，扫描仪的方向和位置都是按预定程序设定的，由于干扰扫描可能会丢掉部分数据，部分极角和极轴数据就会产生跨越，这种跨越必须等到预定程序完成后才能纠正，完成数据拼接的工作。要实现两次或多次扫描的拼接，必须利用公共参照点的办法来实现，选取特定的参照目标当作参照点，利用参照点的信息特性实现扫描影像的定位以及扫描和影像之间的匹配。

（3）建模。在数据预处理和拼接完成后，就可以对目标实体进行建模。而建模的首要工作是数学算法的选择，这是一个几何图形反演的过程。算法选择的恰当与否决定最终模型的精度和数据表达的正确性。

（4）模型建立和纹理镶嵌。选择了合适的算法，可以通过计算机直接对三维目标进行自动建模。点集合数据保证了目标体表面形状的数据，而影像数据保证了边缘和角落的信息完整与准确。通过软件平台，用获取的点云强度信息和相机获取的影像信息对目标体三维模型进行着色贴图处理。

（5）数据的输出与三维显示。基于不同的应用目的，可以把数据输出为不同的形式。直接为空间数据库或工程应用提供数据源，通过三维建模软件建立测试目标的空间形状。

（6）三维料面扫描确定公共坐标点。由于激光测距仪每次执行动作只能在二维空间进行，如果要获得三维数据点，必须通过多次二维扫描的数据融合成空间坐标系内的点，融合的关键点就是确定各次扫描的二维数据的公共坐标点。由于高炉炉顶可以利用的空间有限，仅在人孔附近可以架设激光扫描仪，因此激光扫描仪仅可以得到一条直径的二维料面形状。如图 14-23 所示，激光扫描仪每次扫描高炉炉喉圆形横截面的不同位置处弦的形状和高度，黄色扫描点集合代表直径扫描的数据信息，红色和蓝色扫描点集合代表与直径夹角分别为 ±45° 时，弦的扫描数据信息。如果激光扫描的弦与弦之间角度间隔变小，三维料面形状越细致，数据点越多，三维料面绘制越精确，料层厚度及径向矿焦比的分析精确度越高，但由于高炉现场装料时间紧凑，限制了测试分割角度，测试过程中一般取 5°~10° 为一个单位旋转角度，每间隔一个单位旋转角度测量一次弦的料面形状，多次测量后，通过激光扫描公共坐标点，即激光扫描仪的旋转中心，多个弦的形状和位置，复合出炉喉料面的三维形状。图 14-24 为不同激光扫描旋转角度建立的料面数据，图中（a）为间隔 5° 旋转角度单位建立的三维料面，（b）为间隔 10° 旋转角度单位建立的三维料面。

（7）料层厚度和径向矿焦比数据提取。高炉每加入一批炉料后，料线高度相应减少，激光扫描后获得该料线高度位置处的三维料面形状，通过径向同一位置处的料线高度距离差，得到料层厚度。在高炉加入负荷料时，分别测量两次焦炭和一次矿石的三维料面后，分别计算得到两个料线厚度，取同一径向位置矿石和焦炭层的厚度比，即可得到炉料径向矿焦比的数据。如图 14-25 所示，图中（a）为三维网状矿焦比，（b）为三维线框矿焦比，（c）为三维渲染矿焦比。

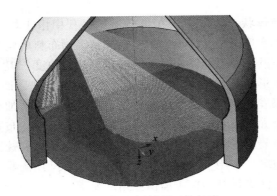

图 14-23 极坐标料面三维扫描

扫码看彩图

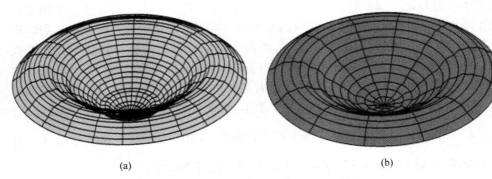

(a)   (b)

图 14-24 不同旋转扫描角度测量的料面

（a）间隔 5°旋转；（b）间隔 10°旋转

通过不同的视角，可以更加方便地观察三维料层矿焦比的信息，相对于二维矿焦比曲线，三维料层矿焦比可以更精确地描述料层厚度和矿焦比分布。

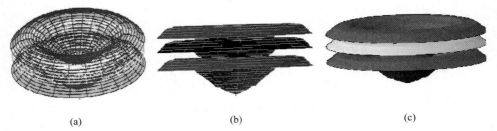

(a)   (b)   (c)

图 14-25 三维料面形状对应的料层矿焦比

（a）三维网状矿焦比；（b）三维线框矿焦比；（c）三维渲染矿焦比

14.4 高炉布料溜槽倾角的测量

布料溜槽倾角调整的准确性不仅与气密箱内倾动机构的精确程度相关，而且与溜槽本身的几何形状相关。溜槽在生产使用过程中由于炉料的不断冲击和摩擦，以及溜槽受热变形等恶劣环境的影响，导致溜槽布料的角度发生变化，进而影响高炉操作。虽然主控室能够实时反映溜槽的倾斜角度，但是在生产过程中溜槽容易受热发生变形导致布料角度出现偏差。主要发生的变形为上翘和下压。溜槽内衬耐磨瓦如果发生翘起，会导致布料轨迹向上偏移，增加布料倾角；如果溜槽耐磨瓦脱落，会导致布料轨迹向下偏移，减少布料倾角。布料溜槽的工作角度对高炉操作十分重要，必须不定期的检查溜槽的工作状态和校正溜槽倾角。由于溜槽悬挂在炉顶空区，采用直接测量角度的方法不仅操作困难，测量时间长，而且测量误差大，无法满足精确校正溜槽倾角的要求。

（1）溜槽倾角测量方法一。根据激光测距原理，提出直线法测量溜槽倾角的方法（已申请国家专利），完全满足溜槽校对的精度要求。该方法是采用定位坐标原点为基准，采用激光测距仪测量溜槽不同高度位置距过测距原点与高炉中心线平行的垂直线的距离，利用三角函数的关系分析出溜槽与高炉中心线的夹角，即溜槽 α 角。为减少测量误差，采用多点计算分析方法，确定溜槽倾角。测量原理如图 14-26 所示。激光测距仪沿着高炉中心线方向上下移动，每次移动的间隔距离为 c，测距仪测量出溜槽底部距测量垂直线的距离 a 和 b，通过公式：$\tan\alpha = \dfrac{b-a}{c}$，计算出溜槽 α 角，因为激光测量时间短，为提高测量的精确性，可以对溜槽的内外表面不同位置进行多次测量，提高测量精度。

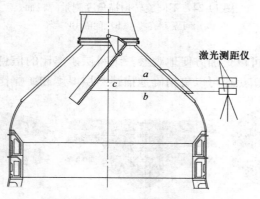

图 14-26　直线法测量溜槽倾角

（2）溜槽倾角测量方法二。激光旋转法（极坐标）测定溜槽倾角已由北京科技大学程树森实验室申请专利，该方法采用水平校准激光位置，通过激光测距仪旋转不同角度测量距溜槽的距离，按照三角函数的关系，即已知三角形两边和两边的夹角，得到溜槽倾斜角度。测量原理如图 14-27 所示：先确定水平线 b 的位置和距离，然后旋转激光测距仪，编码器记录激光测距仪的旋转角度 θ 并测量

出距离 a，通过三角函数关系：$\dfrac{\sin\beta}{a}=\dfrac{\sin(\pi-\theta-\beta)}{b}$，$\alpha=\dfrac{\pi}{2}-\beta$，求出溜槽倾角，其中 a、b、θ 由测量直接得到。旋转法测量溜槽倾角比直线法测量溜槽倾角安装简便，并且设备在人孔的位置可以直接安装，无需开检修方孔，使用便捷。

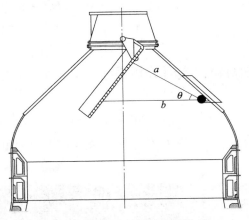

图 14-27　极坐标法测量溜槽倾角

14.5　小结

本章分别介绍了皮带机原燃料粒级实时分析系统、高炉布料过程炉料运动预测系统、高炉红外炉顶成像在线监测系统、高炉风口燃烧带温度场智能监测与诊断系统、高炉冷却壁热流强度智能监测与诊断系统、高炉冷却壁挂渣状态智能监测与诊断系统、高炉炉缸炉底工作状态智能监测与诊断系统和高炉铁水连续测温在线监测系统，以上系统可为高炉安全、长寿、高效、绿色生产提供有力指导。

15 高炉智能监测与诊断系统简介

15.1 皮带机原燃料粒级实时分析系统

15.1.1 硬件系统

皮带机原燃料粒级实时分析硬件系统（图 15-1）主要由工业 CCD 和工控机组成。

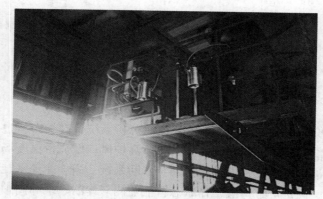

图 15-1 皮带机原燃料粒级实时分析硬件系统

15.1.2 软件系统

皮带机原燃料粒级实时分析软件系统具有以下功能：
（1）皮带机工作状况实时监测；
（2）原燃料粒级实时分析；
（3）原燃料粒级波动预警；
（4）原燃料粒级数据历史查询。

15.2 高炉布料过程炉料运动预测系统

15.2.1 硬件系统

高炉布料过程炉料运动预测系统硬件主要由三维激光扫描仪（图 15-2）和

计算机组成。三维激光扫描仪测量范围为 0.1~60m，测量精度为 1mm，测量间隔为 0.05°。

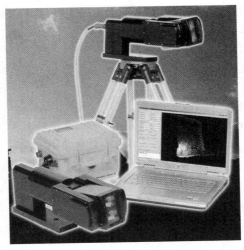

图 15-2　三维激光扫描仪

高炉料面重建过程如图 15-3 所示。

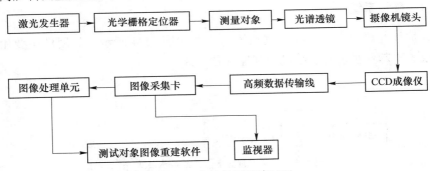

图 15-3　高炉料面重建过程

15.2.2　软件系统

高炉布料过程炉料运动预测系统软件具有以下功能：

（1）料罐容量测定；

（2）料罐内料面形状测定；

（3）料流极限角测定；

（4）排料流量与节流阀开度关系测定；

（5）料流上、下表面轨迹测定；

（6）料流宽度测定；

（7）料面形状测定；

（8）高炉有效容积测定；

（9）炉料压缩比计算；

（10）布料矩阵优化；

（11）炉料内侧落点半径预测；

（12）炉料外侧落点半径预测；

（13）炉料料流宽度预测；

（14）布料最大极限角预测；

（15）料面周向流量偏析预测；

（16）料面周向落点偏析预测；

（17）螺旋布料落点轨迹预测；

（18）料面形状预测；

（19）料面径向矿焦比预测；

（20）历史数据查询。

15.3 高炉红外炉顶成像在线监测系统

15.3.1 硬件系统

高炉红外炉顶成像在线监测系统示意图如图 15-4 所示，其硬件主要由红外成像仪、冷却保护装置、控制箱和监视器组成。

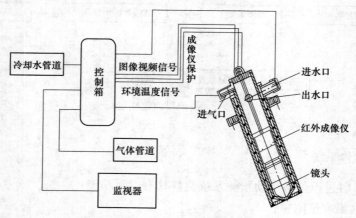

图 15-4 高炉红外炉顶成像系统示意图

15.3.2 软件系统

高炉红外炉顶成像在线监测软件系统具有以下功能：

（1）监测开炉布料测试。高炉红外炉顶成像在线监测系统可在高炉装料的同时进行布料实测工作，主要有：1）节流阀设定值与实际值之间的误差；2）溜槽回转速度的测定；3）在不同料线深度时，监测料流与炉喉钢砖碰撞时溜槽倾角。

（2）实时监测溜槽工作状态。高炉红外炉顶成像在线监测系统可监测溜槽脱落事故，也可以监测炉料在溜槽上的逸料现象。

（3）实时监测料面煤气流分布。通过高炉红外炉顶成像在线监测系统可监测炉顶煤气流的分布情况，如边缘气流过分发展、中心气流过分发展、边缘管道煤气流情况、中心管道煤气流情况，当出现以上情况时，可通过上下部调剂加以解决，有效防止了由于经验判断失误而影响处理失常炉况的时机。

（4）监测炉墙工作状态。在空料线时，高炉红外炉顶成像在线监测系统可以直接观察到炉墙的实际情况，尤其对炉墙是否结厚、结厚的位置和程度都会通过画面直观显示。

（5）监视炉顶料面状态。通过高炉红外炉顶成像在线监测系统可以监视到探尺的工作状态，是否有假尺现象，也可以观察到炉料的大致分布情况，还可以观察到炉料的含粉量等，给高炉管理者的决策提供了科学的依据。

（6）监视炉况。通过高炉红外炉顶成像在线监测系统可以监视到高炉是否悬、崩料，走料是否顺畅；还可通过十字测温，观察到温度场实时分布状态，对高炉操作者采取相应的措施提供了有力的参考依据。

15.4 高炉风口燃烧带温度场智能监测与诊断系统

15.4.1 硬件系统

高炉风口燃烧带温度场智能监测与诊断硬件系统主要由镜头、CCD、冷却装置、数据传输系统和图像存储及数据处理系统组成，如图15-5所示。

15.4.2 软件系统

高炉风口燃烧带温度场智能监测与诊断软件系统具有以下功能：
（1）观察风口明亮程度；
（2）观察风口煤粉燃烧状态；
（3）观察风口粉枪喷煤状态；
（4）观察风口煤粉流状态；
（5）观察风口结焦状态；
（6）观察风口渣皮下落状态；
（7）观察风口冷料下落状态；
（8）风口鼓风动能监测；

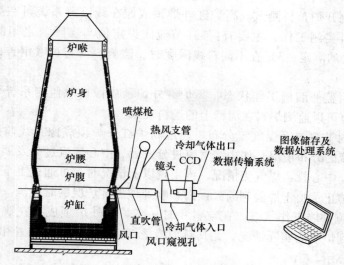

图 15-5 高炉风口燃烧带温度场智能监测与诊断系统示意图

（9）风口鼓风速度监测；

（10）风口鼓风量监测；

（11）监测风口燃烧带温度场；

（12）风口燃烧带局部活跃性监测；

（13）风口燃烧带整体活跃性监测；

（14）风口燃烧带局部均匀性监测；

（15）风口燃烧带整体均匀性监测；

（16）理论燃烧温度预测；

（17）历史数据查询。

15.5 高炉冷却壁热流强度智能监测与诊断系统

15.5.1 硬件系统

该硬件系统采用数字测温传感器，结果信号采用全数字化传输，可以通过无线或有线进行采集通信，精度可达 0.05℃，防护等级为 IP68 级，并且在出厂前全部标定，具有安装维护便捷、集成度高、稳定性高、安全性高等优点。无线数字测温传感器现场安装图和安装示意图如图 15-6、图 15-7 所示。

15.5.2 软件系统

高炉冷却壁热流强度智能监测与诊断软件系统具有以下功能：

（1）可通过颜色实时监测高炉每一块冷却壁工作状态，并且冷却壁工作状

图 15-6　无线数字测温传感器现场安装图

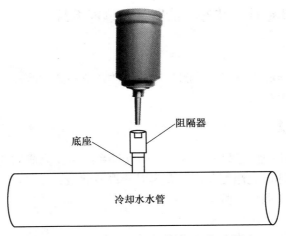

图 15-7　无线数字测温传感器安装示意图

态预警颜色可由用户自定义。默认颜色区分方式为：灰色代表当前冷却壁工作处于异常状态，需要检查；绿色代表当前冷却壁工作处于正常状态；黄色代表当前冷却壁工作处于警告状态；红色代表当前冷却壁工作处于危险状态。

（2）可通过不同预警变量（进水温度、出水温度、水流量、水温差、热流强度）对高炉每一块冷却壁工作状态进行实时监测。

（3）可通过冷却壁上文本实时监测高炉每一块冷却壁工作状态，并且可由用户决定冷却壁上文本显示内容（进水温度、出水温度、水流量、水温差、热流强度）。

（4）可对高炉所有冷却壁预警值进行全局设置。

（5）可通过鼠标右击冷却壁对当前冷却壁预警值进行局部设置。

（6）可通过鼠标右击冷却壁查看当前冷却壁工作状态。

（7）可通过鼠标右击冷却壁查看冷却壁近一周（近一个月、自定义时间范围）进水温度、出水温度、水流量、水温差和热流强度历史曲线。

（8）可通过鼠标右击查看当前冷却壁段数圆周方向上进水温度、出水温度、水流量、进出水温度差和热流强度分布。

（9）可查看高炉不同段冷却壁圆周方向上进水温度、出水温度、水流量、水温差和热流强度分布。

（10）可选择单个或多个冷却壁（最多 4 个）进行历史数据（出水温度、水流量、进出水温度差和热流强度）对比分析，并且可通过鼠标点击获取某一点的具体信息。

（11）可对当前界面进行截图。

（12）可根据当前所有冷却壁工作状态生成评价报告。

15.6　高炉冷却壁挂渣状态智能监测与诊断系统

15.6.1　硬件系统

高炉冷却壁挂渣状态智能监测与诊断硬件系统和高炉冷却壁热流强度智能监测与诊断硬件系统共用。

15.6.2　软件系统

高炉冷却壁挂渣状态智能监测与诊断软件系统主要完成的功能有：

（1）冷却壁热电偶温度及水温差实时读取及滤波；

（2）统计热电偶损坏数量；

（3）冷却壁炉墙网格自动划分；

（4）冷却壁炉墙非稳态温度场自动计算；

（5）耐材导热系数变化异常自动判断自动预警；

（6）串气异常自动判断自动预警；

（7）冷却壁热面温度异常自动预警；

（8）软熔带根部位置预测；

（9）炉墙结瘤自动预警；

（10）冷却壁挂渣厚度计算；

（11）冷却壁渣皮脱落次数统计；

（12）炉墙残衬厚度计算；

（13）冷却壁挂渣知识库自动更新；

（14）历史数据查询；

（15）定期生成冷却壁挂渣状态评价报告。

15.7 高炉炉缸炉底工作状态智能监测与诊断系统

15.7.1 硬件系统

高炉炉缸炉底工作状态智能监测与诊断硬件系统主要由柔性热电偶、热电偶温度采集模块和工控机组成。热电偶优化布置方案如图15-8所示。

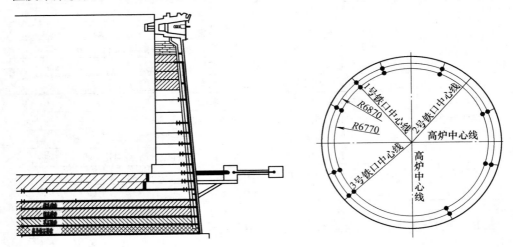

图 15-8　热电偶优化布置方案

15.7.2 软件系统

高炉炉缸炉底工作状态智能监测与诊断软件系统具有的功能如表15-1所示。

表 15-1　高炉炉缸炉底工作状态智能监测与诊断软件系统功能列表

模块名称	功　　能
侵蚀形貌监测与诊断模块	可查看任意角度纵剖面炉缸炉底侵蚀形貌、温度场云图、温度场等值线图
	可查看任意标高横剖面炉缸炉底侵蚀形貌、温度场云图、温度场等值线图
	可通过设定巡检步长对炉缸炉底周向侵蚀形貌、温度场云图、温度场等值线图进行自动巡检
	可通过设定巡检步长对炉缸炉底高度方向上侵蚀形貌、温度场云图、温度场等值线图进行自动巡检
	可通过鼠标拾取当前位置温度、材质
	可修改炉缸炉底背景和结果透明度
	可对任意角度纵剖面炉缸炉底侵蚀形貌、温度场云图、温度场等值线图历史数据截图和录制动画
	可对炉缸炉底温度场云图、温度场等值线图自定义设置配色方案

模块名称	功　能
耐材最薄剩余厚度监测与诊断模块	可查看炉缸耐材最薄剩余厚度圆周分布图
	可查看炉底耐材最薄剩余厚度圆周分布图
	可对炉缸耐材最薄剩余厚度圆周分布图历史数据截图和录制动画
	可对炉底耐材最薄剩余厚度圆周分布图历史数据截图和录制动画
	可对炉缸炉底特定角度耐材最薄剩余厚度历史数据进行曲线对比分析
热电偶工作状态监测与诊断模块	可查看炉缸炉底不同纵剖面热电偶工作状态
	可查看炉缸炉底不同横剖面热电偶工作状态
	可对炉缸炉底单个或多个热电偶温度历史数据进行曲线对比分析
	可对炉缸炉底渗铅、渗铁、渗锌、串气等异常炉况进行诊断
活跃性与均匀性监测与诊断模块	可查看炉缸炉底不同横剖面活跃性工作状态
	可查看炉缸炉底不同横剖面均匀性工作状态
	可对炉缸炉底不同横剖面活跃性历史数据截图和录制动画
	可对炉缸炉底不同横剖面均匀性历史数据截图和录制动画
	可对炉缸炉底不同横剖面活跃性、均匀性历史数据进行曲线对比分析
辅助工具模块	可通过鼠标右击保存当前结果图片
	可对当前炉缸炉底工作状态生成评价报告

15.8　高炉铁水连续测温在线监测系统

15.8.1　硬件系统

　　采用红外测温技术实现对高炉生产中铁水温度的连续测量，铁水连续测温设备如图 15-9 所示。

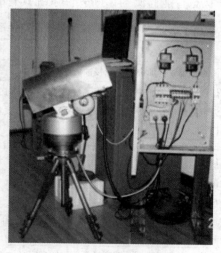

图 15-9　铁水连续测温设备

15.8.2 软件系统

高炉铁水连续测温在线监测软件系统具有以下功能：

（1）连续监测铁水温度；

（2）监控出渣时间；

（3）历史数据查询。

15.9 小结

本章分别介绍了皮带机原燃料粒级实时分析系统、高炉布料过程炉料运动预测系统、高炉红外炉顶成像在线监测系统、高炉风口燃烧带温度场智能监测与诊断系统、高炉冷却壁热流强度智能监测与诊断系统、高炉冷却壁挂渣状态智能监测与诊断系统、高炉炉缸炉底工作状态智能监测与诊断系统和高炉铁水连续测温在线监测系统，以上系统可为高炉安全、长寿、高效、绿色生产提供有力指导。

参 考 文 献

[1] 王筱留. 钢铁冶金学（炼铁部分）[M]. 北京：冶金工业出版社，2013.

[2] 机械工业部第六设计研究院. 建筑结构设计手册 [M]. 北京：中国建筑工业出版社，1996.

[3] 吕水. 赤铁矿型高碱度烧结矿工艺矿物学研究 [D]. 唐山：河北理工大学，2010.

[4] 刘云彩. 高炉布料规律 [M]. 北京：冶金工业出版社，2012.

[5] 毕学工. 高炉过程数学模拟及计算机控制 [M]. 北京：冶金工业出版社，1996.

[6] 李洪钟，郭慕孙. 非流态化气固两相流 [M]. 北京：北京大学出版社，2002.

[7] 罗吉敖. 炼铁学 [M]. 北京：冶金工业出版社，1994.

[8] 傅菊英. 烧结球团学 [M]. 长沙：中南大学出版社，1996.

[9] 梁中渝. 炼铁学 [M]. 北京：冶金工业出版社，2009.

[10] 任贵义. 炼铁学 [M]. 北京：冶金工业出版社，2005.

[11] 王国强，郝万军，王继新，等. 离散单元法及其在 EDEM 上的实践 [M]. 西安：西北工业大学出版社，2010.

[12] 孙其诚，王光谦. 颗粒物质力学导论 [M]. 北京：科学出版社，2009.

[13] 郝素菊，张玉柱，蒋武峰. 高炉炼铁设计与设备 [M]. 北京：冶金工业出版社，2011.

[14] 项钟庸，王筱留. 高炉设计——炼铁工艺设计理论与实践 [M]. 北京：冶金工业出版社，2007.

[15] 万新. 炼铁设备及车间设计 [M]. 北京：冶金工业出版社，2009.

[16] 汪海涛. 冶金机械设计手册 [M]. 北京：中国科技文化出版社，2006.

[17] 中国冶金设备总公司. 现代大型高炉设备及制造技术 [M]. 北京：冶金工业出版社，1996.

[18] 《杨永宜论文集》编辑委员会. 杨永宜论文集 [M]. 北京：冶金工业出版社，1997.

[19] 秦民生，杨天钧. 炼铁过程的解析与模拟 [M]. 北京：冶金工业出版社，1991.

[20] 成兰伯. 高炉炼铁工艺及计算 [M]. 北京：冶金工业出版社，1991.

[21] 傅世敏，刘子久，安云沛. 高炉过程气体动力学 [M]. 北京：冶金工业出版社，1990.

[22] 胡国明. 颗粒系统的离散元素法分析仿真——离散元素法的工业应用与 EDEM 软件简介 [M]. 武汉：武汉理工大学出版社，2010.

[23] 张贺顺，任立军，陈艳波，等. 首钢京唐 2 号高炉大矿批实践 [J]. 炼铁，2012，31 (3)：6~10.

[24] 母先金，郎达慧，杨蕾. 莱钢 3200m³ 高炉大矿批技术的应用 [J]. 炼铁，2012，31 (3)：30~32.

[25] 张波，杜鹏宇. 炉料批重对高炉炉况调节操作的影响 [C]//2012 年全国炼铁生产技术会议暨炼铁学术年会文集（上），中国江苏无锡，2012：516~522.

[26] 车奎生. 矿石批重在高炉实际操作中的合理选择 [C]//2011 年全国炼铁低碳技术研讨会会议论文集，湖南张家界，2011：156~158.

[27] 傅世敏，张隆兴，杜逸菊. 高炉炉身煤气流运动的研究 [J]. 钢铁，1981，16 (9)：10~17.

[28] 张贺顺，王晓朋，王有良，等．首钢京唐 2 号高炉中心加焦冶炼技术特点 [J]．炼铁，2012，31 (6)：7～10.

[29] 张贺顺，陈艳波，王友良，等．首钢京唐 2 号高炉取消中心加焦实践 [J]．炼铁，2013，32 (1)：54～56.

[30] 王晓朋，王有良，李宏伟．首钢京唐 1 号高炉取消中心加焦冶炼实践 [J]．炼铁，2013，32 (2)：24～26.

[31] 成兰伯．论高炉气流的合理分布 [J]．钢铁，1980，15 (7)：1～7.

[32] 陈长冰．基于整体流型的粉体料仓设计分析 [J]．化工设备与管道，2006，43 (3)：34～38.

[33] 邹亚军，黄金华．钢筋混凝土圆料仓双曲线型卸料漏斗设计分析 [J]．特种结构，2003，20 (2)：22～26.

[34] 刘云彩．高炉布料规律——溜槽布料器的布料规律 [J]．钢铁，1978 (4)：1～6.

[35] 刘云彩．高炉布料规律 II——溜槽布料器的布料规律 [J]．钢铁，1982，17 (6)：20～23.

[36] 严允进．高炉无料钟炉顶布料溜槽内物料的运动 [J]．北京科技大学学报，1980 (3)：63～70.

[37] 严允进．高炉无料钟炉顶布料轨迹的计算 [J]．北京科技大学学报，1980 (3)：71～74.

[38] 高道铮，钱人毅，崔立庄．无钟炉顶布料的周向均匀性研究 [J]．首钢科技，1982 (4)：41～46.

[39] 刘慰俭，叶肇宽．无料钟高炉炉顶设备中布料的研究 [J]．钢铁，1983，18 (5)：1～7.

[40] 余艾冰，杜鹤桂．高炉无钟炉顶中炉料运动的理论解析 [J]．东北工学院学报，1986，7 (4)：71～78.

[41] 钱人毅．高炉无钟炉顶布料规律的研究 [J]．钢铁，1987，22 (8)：46～49.

[42] 刘慰俭，虞世鸣．无料钟高炉采用倾角跳变与螺旋布料时布料方程的研究 [J]．炼铁，1987 (1)：55～59.

[43] 杜鹤桂，杜钢．无钟炉顶中炉料运动及料流轨迹的研究 [J]．炼铁，1988，7 (6)：1～5.

[44] 刘云彩．高炉并罐式无钟炉顶的均匀布料法 [J]．钢铁，1993，28 (4)：5～10.

[45] 任廷志，盛义平．高炉溜槽布料器的布料规律 [J]．钢铁，1995，30 (5)：5～8.

[46] 任廷志，刘剑平，郑明会．并罐式无钟高炉周向均匀布料 [J]．东北重型机械学院学报，1997，21 (1)：13～16.

[47] 任延志，赵静一，乔长锁，等．炉料的潜体阻力对高炉布料的影响 [J]．钢铁，1998，33 (5)：9～12.

[48] 任延志．无钟并罐式高炉周向不均匀布料的研究 [J]．钢铁研究学报，1999，11 (3)：1～4.

[49] 任廷志．并罐式无钟高炉均匀布料法 [J]．重型机械，2003 (1)：28～30.

[50] 丁金发，毕学工．无钟炉顶布料模型发展现状及有关问题 [J]．河南冶金，2005，13 (6)：7～9.

[51] 田仙仙，刘广利．无料钟高炉螺线布料模型研究 [J]．冶金自动化，2005 (s1)：

46~48.

[52] 经文波. 无料钟高炉多环布料数学模型研究 [C]//2005 中国钢铁年会论文集. 北京：中国金属学会，2005.

[53] 吴敏，田超，曹卫华. 无料钟高炉布料模型的研究与应用 [J]. 控制工程，2006，13（5）：490~493.

[54] 经文波，谈云兰. 无料钟布料数学模型在南钢高炉布料中的应用 [J]. 江西冶金，2006，26（5）：9~12.

[55] 吴敏，许永华，曹卫华. 无料钟高炉布料模型设计与应用 [J]. 系统仿真学报，2007，19（21）：5051~5054.

[56] 于要伟，白晨光，梁栋. 无料钟炉顶布料模型的技术路线 [J]. 冶金丛刊，2008（2）：1~5.

[57] 于要伟，白晨光，梁栋，等. 无钟高炉布料数学模型的研究 [J]. 钢铁，2008，43（11）：26~30.

[58] 杜鹏宇，程树森，胡祖瑞，等. 高炉无钟炉顶布料料流宽度数学模型及试验研究 [J]. 钢铁，2010，45（1）：14~18.

[59] 杜鹏宇. 无钟炉顶高炉开炉数学模型与布料检测 [D]. 北京：北京科技大学，2010.

[60] 彭先龙，任廷志，乔长锁，等. 高炉无钟布料器螺旋布料规律的研究 [J]. 钢铁，2010，45（3）：23~26.

[61] 滕召杰，程树森，杜鹏宇. 无钟炉顶溜槽内颗粒的三维运动 [J]. 钢铁，2011，46（12）：15~19.

[62] 杜鹏宇，程树森，滕召杰. 并罐式无钟炉顶料蛇形偏料的研究 [J]. 北京科技大学学报，2011，33（4）：479~485.

[63] 王波，朱锦明，华建明. 宝钢 1 号高炉并罐装入模式的演变 [J]. 炼铁，2016，35（1）：20~24.

[64] 陈辉，郑朋超，沈海波，等. 煤气阻力对高炉布料影响的模拟研究 [J]. 河南冶金，2018，26（5）：1~4.

[65] 滕召杰，程树森，赵国磊. 溜槽截面形状及参数对高炉布料的影响 [J]. 钢铁，2014，49（9）：34~37.

[66] 滕召杰，程树森，赵国磊. 并罐式无钟炉顶布料料面中心研究 [J]. 钢铁研究学报，2014，26（6）：5~10.

[67] 黄永东，李清忠. 高炉料层形状仿真系统的开发及应用 [J]. 冶金自动化，2014，38（4）：52~56.

[68] 杜续恩. 串罐无料钟高炉布料数学模型开发与应用 [J]. 鞍钢技术，2012（6）：10~13.

[69] 石畑翠. 烧结矿 FeO 含量的研究 [J]. 烧结球团，2004，9（3）：19~22.

[70] 竺维春，张雪松. 风口焦炭取样研究对高炉操作的指导 [J]. 钢铁研究，2009，37（2）：13~16.

[71] 吕青青，任华伟. 高炉风口焦炭的特点及分析 [J]. 燃料与化工，2018，49（3）：16~21.

[72] Р.，ИГ. 风量对大型高炉冶炼进程的影响 [J]. 世界钢铁，1989（4）：16~17.

[73] 张思斌，王涛，李颖. 首钢外购焦炭质量恶化后的高炉生产实践 [J]. 炼铁，2004，23（1）：18~19.

[74] 左静宇. 石钢炼铁配矿结构研究 [D]. 北京：北京科技大学，2008.

[75] Mousa E A，Senk D，Babich A. 小块焦对碱性烧结矿和酸性球团矿还原行为的影响 [J]. 世界钢铁，2013，13（4）：27~34.

[76] 徐万仁，姜伟忠，张龙来，等. 高炉风口取样技术及其在宝钢的应用 [J]. 炼铁，2004，23（1）：13~17.

[77] 徐万仁，张龙来，张永忠，等. 高煤比条件下高炉风口前现象的取样研究 [J]. 宝钢技术，2004，2：37~42.

[78] 竺维春，张卫东，王冬青，等. 超大型高炉风口焦炭取样分析研究 [J]. 钢铁研究，2014，42（2）：9~13.

[79] 程素森，薛庆国. 高炉炉料运动过程数学模型的建立及其数值模拟 [J]. 金属学报，1999（4）：407~410.

[80] 杨永宜，朱景康. 高炉悬料力学机理的研究 [J]. 金属学报，1965（2）：157~164.

[81] 朱清天，程树森. 高炉料流轨迹的数学模型 [J]. 北京科技大学学报，2007，9（29）：932~936.

[82] 杨天钧，段国锦，周渝生，等. 高炉无料钟布料炉料分布预测模型的开发研究 [J]. 钢铁，1991，26（11）：10~15.

[83] 高绪东，程树森，杜鹏宇. 无料钟布料料面形状数学模型研究 [J]. 冶金自动化增刊，2009：652~655.

[84] 李爱峰，陈泉，苏莉，等. 安钢1高炉炉缸炉底侵蚀调研及机理分析 [C]//2018年全国高炉炼铁学术年会，西安，2018.

[85] 杨永宜. 高炉气流压强梯度场研究及其理论和实际意义 [J]. 钢铁，1980，15（4）：1~6.

[86] 高征铠，高泰. 激光在线探测高炉料面形状技术的新进展 [C]//2014年全国炼铁生产技术会暨炼铁学术年会文集. 北京：中国金属学会，2014.

[87] 陈先中，丁爱华，吴昀. 高炉雷达料面成像系统的设计与实现 [J]. 冶金自动化，2009，33（2）：52~56.

[88] 魏纪东，马金芳，万雷，等. 沿高炉料面径向的机械摆动雷达料形测量系统 [J]. 钢铁，2015，50（6）：94~100.

[89] 张建. 首钢京唐5500m³高炉炉顶1:1布料试验 [J]. 炼铁，2010，29（6）：38~42.

[90] 王平. 无料钟料流运动轨迹数学模拟 [J]. 钢铁研究学报，2006，18（5）：5~9.

[91] 邱家用，高征铠，张建良，等. 无料钟炉顶高炉中炉料流动轨迹的模拟 [J]. 过程工程学报，2011，11（3）：368~375.

[92] 马富涛. 高炉偏析布料料面的数值模拟 [J]. 钢铁，2013，48（8）：19~23.

[93] 国宏伟，张建良，陈令坤，等. 高炉无钟布料仿真系统 [J]. 过程工程学报，2009，9（s1）：415~419.

[94] 张建良，张雪松，国宏伟，等. 无钟炉顶多环布料数学模型的开发 [J]. 钢铁，2008，43（12）：19~23.

[95] 高征凯，杨大钧，赵永福，等．无钟布料仿真模型在美钢联 Fairfield 厂 8 号高炉的应用 [C]//全国炼铁生产技术会议暨炼铁年会文集．北京：中国金属学会，2002．

[96] 经文波，陈小雷．无料钟高炉布料数学模型研究 [J]．冶金自动化，2003，27（1）：29~31．

[97] 陈令坤，于仲洁，周曼丽．高炉布料数学模型的开发及应用 [J]．钢铁，2006，41（11）：13~16．

[98] 车玉满，李连成，孙波，等．鞍钢无料钟布料数学模型研制与应用 [J]．鞍钢技术，2008（5）：16~22．

[99] 林成城，杜鹤桂．离散单元法高炉无钟炉顶布料模拟研究 [J]．钢铁，1998，33（3）：4~8．

[100] 邱家用，张建良，孙辉，等．并罐式无钟炉顶装料行为的离散元模拟及实验研究 [J]．应用数学和力学，2014，35（6）：598~609．

[101] 邱廷省，吴紧钢，邱小平，等．无料钟并罐装料过程的离散单元模拟 [J]．计算机与应用化学，2015，32（5）：527~533．

[102] 吴紧钢，邱廷省，邱小平，等．多粒径颗粒并罐装料偏析行为的离散单元模拟 [J]．计算机与应用化学，2015，32（9）：1031~1038．

[103] 李超，程树森，赵国磊，等．串罐式无钟高炉炉顶炉料运动的离散元分析 [J]．过程工程学报，2015，15（1）：1~8．

[104] 朱文睿，雷丽萍，曾攀．溜槽对高炉无料钟布料粒度偏析的影响研究 [J]．力学与实践，2014，36（6）：764~769．

[105] 张建良，邱家用，国宏伟，等．基于三维离散元法的无钟高炉装料行为 [J]．北京科技大学学报，2013，35（12）：1643~1652．

[106] Yang S C, Hsiau S S. The simulation and experimental study of granular materials discharged from a silo with the placement of inserts [J]. Powder Technology, 2001, 120: 244~255.

[107] Exander A, Muzzio F J, Shinbrot T. Segregation patterns in V-blenders [J]. Chem. Eng. Sci., 2003, 58: 487~496.

[108] Mad K, Smalley I J. Observation of particle segregation in vibrated granular systems [J]. Powder Technology, 1973, 8: 69~75.

[109] Drahun J A, Bridgwater J. The mechanisms of free surface segregation [J]. Powder Technol, 1983, 36: 39~53.

[110] Nakano K, Sunahara K, Inada T. Advanced supporting system for burden distribution control at blast furnace top [J]. ISIJ International, 2010, 50 (7): 994~999.

[111] Jenike A W, Bulletin No. 108, Utah Etah Eng. Experimental Station, Salt Lake City, 1961, 1~32.

[112] Jung S K, Lee Y J, Suh Y K, et al. Burden distribution control for maintain the central gas flow at No. 1 blast furnace in Pohang works [C]//Ironmaking Conference Proceedings, 1995: 241.

[113] Jung S K, Choi T H, Kim H D. Development of charging mode for strengthening the central gas flow [C]//Ironmaking Conference Proceedings, 2000: 107.

［114］ Maysui Y, Kasai A, Ito K, et. al Stabilizing burden trajectory into blast furnace top under high ore to coke ratio operation ［J］. ISIJ International, 2003, 27 (8): 1159~1166.

［115］ Nag S, Guha M, Kundu S, et al. Mass distribution in the falling stream of burden materials ［J］. ISIJ International, 2008, 48 (9): 1316~1318.

［116］ Hattori M, Iino B, Shimomura A, et al. Development of burden distribution simulation model for bell-less top in a large blast furnace and its application ［J］. ISIJ International, 1993, 33 (10): 1070~1077.

［117］ Radhakrishnan V R, Maruthy R K. Mathematical model for predictive control of the bell-less top charging system of a blast furnace ［J］. Journal of Process Control, 2001, 11 (5): 565~586.

［118］ Nag S, Koranne V M. Development of material trajectory simulation model for blast furnace compact bell-less top ［J］. Ironmaking and Steelmaking, 2009, 36 (5): 371~378.

［119］ Park J I, Jung H J, Jo M K, et al. Mathematical modeling of the burden distribution in the blast furnace shaft ［J］. Metals and Materials International, 2011, 17 (3): 485~496.

［120］ Xu J, Wu S, Kou M, et al. Circumferential burden distribution behaviors at bell-less top blast furnace with parallel type hoppers ［J］. Applied Mathematical Modelling, 2011, 35 (3): 1439~1455.

［121］ Zhao H, Zhu M, Du P, et al. Uneven distribution of burden materials at blast furnace top in bell-less top with parallel bunkers ［J］. ISIJ International, 2012, 52 (12): 2177~2185.

［122］ Teng Z J, Cheng S S, Zhao G L, et al. Effect of chute rotation on particles movement for bell-less top blast furnace ［J］. Journal of Iron and Steel Research International, 2013, 20 (12): 33~39.

［123］ Teng Z J, Cheng S S, Du P Y, et al. Mathematical model of burden distribution for the bell-less top of a blast furnace ［J］. International Journal of Minerals, Metallurgy and Materials, 2013, 20 (7): 620~626.

［124］ Mitra T, Saxen H. Model for fast evaluation of charging programs in the blast furnace ［J］. Metallurgical and Materials Transactions B, 2014, 45 (6): 2382~2394.

［125］ Shi P Y, Zhou P, Fu D, et al. Mathematical model for burden distribution in blast furnace ［J］. Ironmaking and Steelmaking, 2016, 43 (1): 74~81.

［126］ Panigraphy S C. The effect of MgO addition on strength characteristics of iron ore sinter ［J］. Ironmaking and Steelmaking, 1984, 11 (1): 17~22.

［127］ Panigraphy S C. The influence of MgO addition on mineralogy of iron sinter ［J］. Metallurgical Transaction, 1984, 15 (1): 23~32.

［128］ Dawson P R. Recent developments in iron ore sintering new development for sintering ［J］. Ironmaking and Steelmaking, 1993, 10 (2): 135~136.

［129］ Iwanaga Y. Coke properties sampled at tuyere and control of deadman zone ［J］. Ironmaking and Steelmaking, 1991, 18 (2): 102~106.

［130］ Sushil Gupta, Zhuozhu Ye, Riku Kanniala, et al. Coke graphitization and degradation across the tuyere regions in a blast furnace ［J］. Fuel, 2013, 113: 77~85.

[131] Sushil Gupta, Zhuozhu Ye, Byong-chul Kim, Olavi Kerkkonen, Riku Kanniala, Veena Sahajwalla. Mineralogy and reactivity of cokes in a working blast furnace [J]. Fuel Processing Technology, 2014, 117: 30~37.

[132] Matsui Y, Yamaguchi Y, Sawayama M, et al. Analyses on Blast Furnace Raceway Formation by Micro Wave Reflection Gunned through Tuyere [J]. ISIJ International, 2005, 45 (10): 1432~1438.

[133] Sasaki K, Hatano M, Watanabe M, et al. Investigation of Quenched No. 2 Blast Furnace at Kokura Works [J]. Tetsu-to-Hagane, 1976, 62 (5): 580~591.

[134] Umekage T, Kadowaki M, Yuu S. Numerical Simulation of Effect of Tuyere Angle and Wall Scaffolding on Unsteady Gas and Particle Flows Including Raceway in Blast Furnace [J]. ISIJ International, 2007, 47 (5): 659~668.

[135] Raipala K. On Hearth Phenomena and Hot Metal Carbon Content in Blast Furnace [D]. Helsinki University of Technology, 2003.

[136] Hiroshi T, Kouser K, Takao T. Two Dimensional Analysis of Burden Flow in Blast Furnace Based on Plasticity Theory [J]. ISIJ International, 1989, 29 (2:): 117~124.

[137] Yoshiyuki M, Mutsumi T, Muneyoshi S, et al. Analyses on Dynamic Solid Flow in Blast Furnace Lower Part by Deadman Shape and Raceway Depth Measurement [J]. ISIJ International, 2005, 45 (10): 1445~1451.

[138] Matsuzaki S. Estimation of stack profile of burden at peripheral zone of blast furnace top [J]. ISIJ International, 2003, 43 (5): 620~629.

[139] Ariyama T, Natsui S, Kon T, et al. Recent progress on advanced blast furnace mathematical models based on discrete method [J]. ISIJ International, 2014, 54 (7): 1457~1471.

[140] Zhou Z, Zhu H, Yu A, et al. Discrete particle simulation of solid flow in a model blast furnace [J]. ISIJ International, 2005, 45 (12): 1828~1837.

[141] Mio H, Yamamoto K, Shimosaka A, et al. Modeling of solid particle flow in blast furnace considering actual operation by large-scale discrete element method [J]. ISIJ International, 2007, 47 (12): 1745~1752.

[142] Yang W J, Zhou Z Y, Yu A B. Discrete particle simulation of solid flow in a three-dimensional blast furnace sector model [J]. Chemical Engineering Journal, 2015, 278: 339~352.

[143] Singh V, Gupta G S, Sarkar S. Study of gas cavity size hysteresis in a packed bed using DEM [J]. Chemical Engineering Science, 2007, 62 (22): 6102~6111.

[144] Yuu S, Umekage T, Kadowaki M. Numerical simulation of particle and air velocity fields in raceway in model blast furnace and comparison with experimental data (cold model) [J]. ISIJ International, 2010, 50 (8): 1107~1116.

[145] Cundall P A. The measurement and analysis of acceleration on rock slopes [D]. London: University of London, 1971.

[146] Cundall P A, Strack O D L. A discrete numerical model for granular assemblies [J]. Geotechnique, 1979, 29 (1): 47~65.

[147] Ren T Z, Xin J, Ben H Y, et al. Burden distribution for bell-less top with two parallel hoppers [J]. Journal of Iron and Steel Research, International, 2006, 13 (2): 14~17.

[148] Goda T J, Ebert F. Three-dimensional discrete element simulations in hoppers and silos [J]. Powder Technology, 2005, 158 (1): 58~68.

[149] Zhu H P, Yu A B, Wu Y H. Numerical investigation of steady and unsteady state hopper flows [J]. Powder Technology, 2006, 170 (3): 125~134.

[150] Ketterhagen W R, Curtis J S, Wassgren C R, et al. Predicting the flow mode from hoppers using the discrete element method [J]. Powder Technology, 2009, 195 (1): 1~10.

[151] Yu Y, Saxen H. Experimental and DEM study of segregation of ternary size particles in a blast furnace top bunker model [J]. Chemical Engineering Science, 2010, 65 (18): 5237~5250.

[152] Yu Y, Saxen H. Segregation behavior of particles in a top hopper of a blast furnace [J]. Powder Technology, 2014, 262: 233~241.

[153] Wu S L, Kou M Y, Xu J, et al. DEM simulation of particle size segregation behavior during charging into and discharging from a Paul-Wurth type hopper [J]. Chemical Engineering Science, 2013, 99: 314~323.

[154] Mio H, Komatsuki S, Akashi M, et al. Validation of particle size segregation of sintered ore during flowing through laboratory-scale chute by discrete element method [J]. ISIJ International, 2008, 48 (12): 1696~1703.

[155] Mio H, Komatsuki S, Akashi M, et al. Effect of chute angle on charging behavior of sintered ore particles at bell-less type charging system of blast furnace by discrete element method [J]. ISIJ International, 2009, 49 (4): 479~486.

[156] Mio H, Komatsuki S, Akashi M, et al. Analysis of traveling behavior of nut coke particles in bell-type charging process of blast furnace by using discrete element method [J]. ISIJ International, 2010, 50 (7): 1000~1009.

[157] Mio H, Kadowaki M, Matsuzaki S, et al. Development of particle flow simulator in charging process of blast furnace by discrete element method [J]. Minerals Engineering, 2012, 33: 27~33.

[158] Yu Y, Saxen H. Analysis of rapid flow of particles down and from an inclined chute using small scale experiments and discrete element simulation [J]. Ironmaking and Steelmaking, 2011, 38 (6): 432~441.

[159] Yu Y, Saxen H. Flow of pellet and coke particles in and from a fixed chute [J]. Industrial & Engineering Chemistry Research, 2012, 51 (21): 7383~7397.

[160] Yu Y, Saxen H. Particle flow and behavior at bell-less charging of the blast furnace [J]. Steel Research International, 2013, 84 (10): 1018~1033.

[161] Mitra T, Saxen H. Simulation of burden distribution and charging in an ironmaking blast furnace [J]. IFAC-PapersOnLine, 2015, 48 (17): 183~188.

[162] Shirsath S S, Padding J T, Deen N G, et al. Experimental study of monodisperse granular flow through an inclined rotating chute [J]. Powder Technology, 2013, 246: 235~246.

[163] Shirsath S S, Padding J T, Kuipers J A M, et al. Numerical investigation of monodisperse

granular flow through an inclined rotating chute ［J］. AIChE Journal, 2014, 60 (10): 3424~3441.

［164］ Zhang J, Qiu J, Guo H, et al. Simulation of particle flow in a bell-less type charging system of a blast furnace using the discrete element method ［J］. Particuology, 2014, 16: 167~177.

［165］ Liu S, Zhou Z, Dong K, et al. Numerical investigation of burden distribution in a blast furnace ［J］. Steel Research International, 2015, 86 (6): 651~661.

［166］ Ho C K, Wu S M, Zhu H P, et al. Experimental and numerical investigations of gouge formation related to blast furnace burden distribution ［J］. Minerals Engineering, 2009, 22 (11): 986~994.

［167］ Ishihara S, Soda R, Zhang Q, et al. DEM simulation of collapse phenomena of packed bed of raw materials for iron ore sinter during charging ［J］. ISIJ International, 2013, 53 (9): 1555~1560.

冶金工业出版社部分图书推荐书目

书　　名	作　　者	定价（元）
中国冶金百科全书·金属材料	本书编委会	229.00
中国冶金百科全书·金属塑性加工	本书编委会	248.00
高炉高效低耗炼铁理论与实践	项钟庸	200.00
高炉解剖研究	张建良	200.00
宝钢大型高炉操作与管理	朱仁良	160.00
特殊钢丝新产品新技术	徐效谦	138.00
现代材料表面技术科学	戴达煌	99.00
物理化学（第4版）（国规教材）	王淑兰	45.00
钢铁冶金学（炼铁部分）（第4版）（本科教材）	吴胜利	65.00
现代冶金工艺学——钢铁冶金卷（第2版）（国规教材）	朱苗勇	75.00
冶金物理化学研究方法（第4版）（本科教材）	王常珍	69.00
冶金与材料热力学（第2版）（本科教材）	李文超	70.00
热工测量仪表（第2版）（国规教材）	张　华	46.00
金属材料学（第3版）（国规教材）	强文江	66.00
钢铁冶金原理（第4版）（本科教材）	黄希祜	82.00
冶金物理化学（本科教材）	张家芸	39.00
金属学原理（第3版）上册（本科教材）	余永宁	78.00
金属学原理（第3版）（中册）（本科教材）	余永宁	64.00
金属学原理（第3版）（下册）（本科教材）	余永宁	55.00
传输原理（第2版）（本科教材）	朱光俊	55.00
钢冶金学（本科教材）	高泽平	49.00
冶金设备基础（本科教材）	朱　云	55.00
耐火材料（第2版）（本科教材）	薛群虎	35.00
钢铁冶金原燃料及辅助材料（本科教材）	储满生	59.00
炼铁工艺学（本科教材）	那树人	45.00
炼铁学（本科教材）	梁中渝	45.00
热工实验原理和技术（本科教材）	邢桂菊	25.00
复合矿与二次资源综合利用（本科教材）	孟繁明	36.00
物理化学（第2版）（高职高专国规教材）	邓基芹	36.00
冶金原理（第2版）（高职高专国规教材）	卢宇飞	45.00
炼铁技术（高职高专教材）	卢宇飞	29.00
高炉冶炼操作与控制（高职高专教材）	侯向东	49.00
转炉炼钢操作与控制（高职高专教材）	李　荣	39.00